高等数学

第二版

上册

● 主编 闫统江 费祥历
亓 健 孙建国

高等教育出版社·北京

内容简介

本书共 12 章，分上、下两册出版。上册是第 1—6 章，包括函数与极限、一元函数的导数与微分、微分中值定理与导数的应用、不定积分、定积分及其应用和微分方程初步。下册是第 7—12 章，包括空间解析几何与向量代数、多元函数微分学、数量值函数的积分学、向量值函数的积分学、无穷级数和微分方程(续)。上册部分的微分方程是利用一元函数微积分方法求解的微分方程，方便与大学物理等其他课程衔接。下册部分的微分方程(续)是利用多元函数微分法、无穷级数理论求解的微分方程。空间解析几何在下册可以和多元函数微积分理论形成一个整体。

本书可作为高等学校理工类专业高等数学课程的教材，可供学生进行自主学习，也可供其他专业及学习高等数学的读者阅读。

图书在版编目(CIP)数据

高等数学.上册/闫统江等主编. --2 版. --北京：高等教育出版社，2021.8

ISBN 978-7-04-056713-7

Ⅰ.①高… Ⅱ.①闫… Ⅲ.①高等数学-高等学校-教材 Ⅳ.①O13

中国版本图书馆 CIP 数据核字(2021)第 159775 号

Gaodeng Shuxue

策划编辑 于丽娜　　责任编辑 安　琪　　封面设计 张雨微　　版式设计 杜微言
插图绘制 于　博　　责任校对 吕红颖　　责任印制 田　甜

出版发行 高等教育出版社
社　　址 北京市西城区德外大街 4 号
邮政编码 100120
印　　刷 北京七色印务有限公司
开　　本 787mm×1092mm 1/16
印　　张 22.25
字　　数 510 千字
购书热线 010-58581118
咨询电话 400-810-0598

网　　址 http://www.hep.edu.cn
　　　　 http://www.hep.com.cn
网上订购 http://www.hepmall.com.cn
　　　　 http://www.hepmall.com
　　　　 http://www.hepmall.cn
版　　次 2015 年 8 月第 1 版
　　　　 2021 年 8 月第 2 版
印　　次 2021 年 8 月第 1 次印刷
定　　价 42.70 元

物 料 号 56713-00

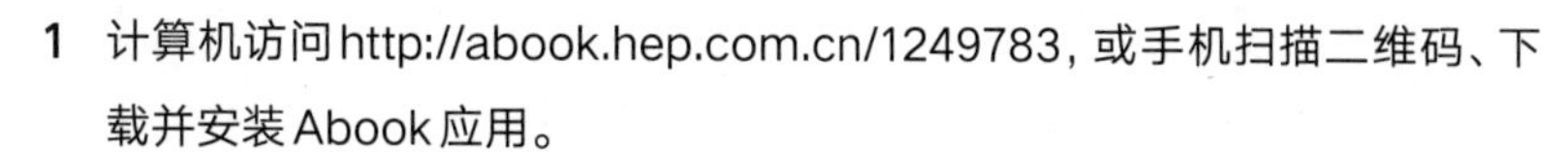

高等数学

第二版　上册

主　编

闫统江

费祥历

亓　健

孙建国

1 计算机访问http://abook.hep.com.cn/1249783，或手机扫描二维码、下载并安装Abook应用。

2 注册并登录，进入“我的课程”。

3 输入封底数字课程账号（20位密码，刮开涂层可见），或通过Abook应用扫描封底数字课程账号二维码，完成课程绑定。

4 单击“进入课程”按钮，开始本数字课程的学习。

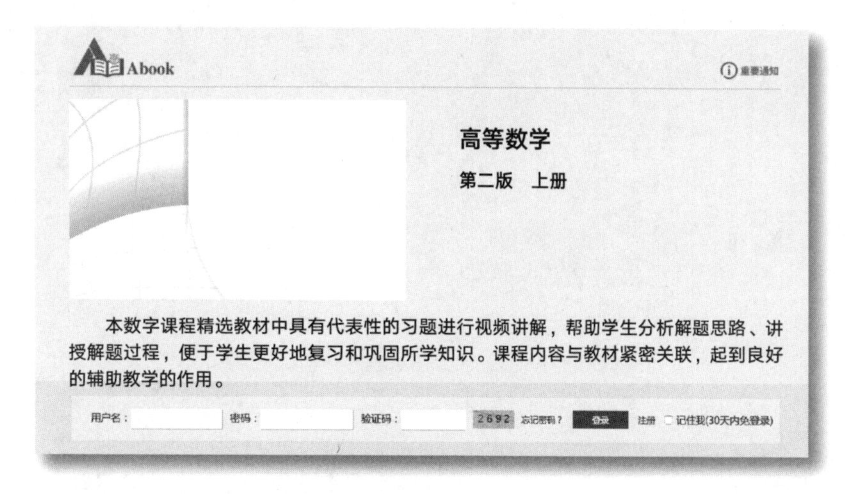

课程绑定后一年为数字课程使用有效期。受硬件限制，部分内容无法在手机端显示，请按提示通过计算机访问学习。

如有使用问题，请发邮件至abook@hep.com.cn。

http://abook.hep.com.cn/1249783

第二版前言

教材的研究伴随着教学改革的步伐,是一个持续的过程。本教材自第一版出版以来,一直在中国石油大学使用至今,几个轮次的教学实践证明教材能较好地适应当前高等数学的教学需求。为了应对教学改革的新形势和新变化,编者经过几年的教学积累,决定对教材进行一次修订。

本次修订是在国家一流课程建设要求和2020年9月召开的全国教材工作会议精神的指引下进行的。面对新时代人才培养需求和信息化教学模式的巨大变化,本教材的改版主要是为了配合线上线下混合式教学等新型教学模式的实施,借助信息化教学的巨大优势,力求充分发挥教材铸魂育人、关键支撑、固本培元、文化交流等功能和作用。

本次修订在保持原教材知识体系不变的前提下,对整体内容作了较大幅度的数字资源拓展,较难的例题用“#”号表示,针对重点例题、重点习题制作了视频微课(以标识),分析解题思路、讲授解题过程,读者登录数字课程平台即可自主学习;为开展混合式教学的需要,提升学生课前预习的效率,特别在每一节设置了预习检测内容,学生扫描二维码即可进行自测,检验预习效果;每章后的选读内容以二维码形式呈现,一是进一步体现数学的应用,二是向读者适度开放了解现代数学的窗口,可作为研究性教学的扩展知识案例。

中国石油大学作为国家能源行业重点大学,历来十分重视基础课程教学及教材建设,本书已列入学校“十四五”规划教材建设项目。

多年来,从事高等数学教学的青年教师,包括吕炜、张丹青、王健、纪凤辉、智红燕、李锋杰、侯英敏、吴瑞华、邢丽丽、陈永刚、李小平、江玲玲、李洪芳、排新颖、赵旭波、于娟、王娟、刘珊、王静、胡哲、吴淑君、张艳华、石丽娜、张海军、孙新国、牛其华、李磊、纪艳菊、许晓婕、左文杰、吕川、张会娜、梁锡军等,在教学实践中一直参与本教材的建设和研究工作,提出了不少宝贵意见和建议。

本教材配套视频由中国石油大学(华东)信息化建设处录制完成,参与录制的有董晓芳、宋晓丽、张勇波、安琪、徐海。在此表示衷心感谢!

限于编者水平和理念不同,书中不当之处在所难免,敬请同行和读者批评指导,以利改进。

编　者
2021年3月

第一版前言

高等数学是高等学校理工类及经济管理类各专业的重要基础课。高等数学的主要研究对象是连续变量,研究内容是函数的微观性质和宏观性质,主要有函数的极限、连续、变化率、逼近以及函数的各类积分。高等数学的思想方法能使我们将变化的、辩证的观点培养成具备逻辑思维、量化思维、模型思维的数学素养。高等数学的内容十分丰富,思想方法深邃,通过高等数学的学习,我们可以为进一步学习理工类专业课打下坚实的知识基础。

高等数学的核心思想已成为现代科学技术不断创新的重要源泉,比较中外高等数学教材,其核心知识点差异不大。但是,作为教材,在内容的逻辑次序、叙述方式、例题和练习选择等方面,其编写指导思想各有特色。

本教材按照教育部高等学校大学数学课程教学指导委员会颁布的2014年版《大学数学课程教学基本要求》,由费祥历、亓健编写。教材的前身是2000年中国石油大学出版社出版的《高等数学》,由费祥历、马铭福和刘奋编写,2008年由费祥历、马铭福和亓健修订为第三版。本教材经过两次修订,一直使用至今,第二版曾于2008年获得山东省高等学校优秀教材一等奖。本次编写的指导思想与此前版本基本一致,但对整体内容作了较大幅度的修改,在概念的引入、定理的叙述、例题的选择等方面,着重体现研究性、探索性和自主性学习的理念。和一些弱化不定积分计算的教材比较,本教材保持了不定积分教学应有的高度。我们认为,不定积分计算是定积分计算和微分方程求解的基础,不定积分的计算对学生解题能力、逻辑思维能力的训练类似于平面几何证明题对学生逻辑思维能力的训练。教材中的大量图形借助数学软件 Mathematica 画出,读者可以从图形格式上看出来。Mathematica 等数学软件功能强大,是学习、科研和工程设计的有力工具,读者可以自主学习掌握。

中国石油大学作为国家能源类重点大学,历来十分重视基础课教学及教材建设,把高等数学课程教材列为学校“十五”“十一五”和“十二五”规划教材。教材的研究伴随着教学改革的步伐,是一个持续的过程。从事高等数学教学的教师,包括金贵荣、吕炜、张丹青副教授,付红斐、纪凤辉、王健、智红燕、李锋杰、侯英敏、许晓婕、陈晓静、左文杰、吴瑞华、邢丽丽、陈永刚、孙建国、李小平、江玲玲、李红芳、张会娜、排新颖、黄玲玲、赵旭波、于娟、王娟、梁锡军博士,吴淑君、张艳华、刘珊、王静、石丽娜、张海军、李磊、吕川、胡哲等青年教师,他们在教学实践中一直参与教材建设和研究工作。

本书在编写过程中参考了大量的国内外教材和教学研究成果,未一一列出,高等教育出版社于丽娜编辑对本教材的编写花费了大量精力,借此一并表示感谢。

限于编写者水平和理念的不同,书中不当之处在所难免,敬请同行和读者批评指导,以利改进。

编　者

2015年3月

目 录

绪　论

四大文明古国——中国、古印度、古埃及、古巴比伦都是古代数学发达的国家,3000 多年前,周公制礼“礼、乐、射、御、书、数”,数学就是贵族子弟必修科目之一.在现代学校教育体系中,我们都要花大量时间学习数学,在大学要学高等数学,那么高等数学研究什么样的问题,与初等数学有何不同之处?在学习中需要注意哪些事项?在深入学习高等数学之前,我们首先对数学的发展历程做一个简单的回顾,对高等数学的概貌有一个总体了解,根据教学经验谈一些学习高等数学的思想方法,相信这些内容对学好这门课程会有所帮助.

0.1　数学的发展概况

数学的发展过程与生产实践和科技进步的需要是密切相关的.根据不同时期数学所具有的不同特点,数学的发展大致可分为五个阶段:

数学的萌芽时期(远古时代—公元前 6 世纪).人类在与大自然的相处及漫长的劳动过程中,由于记录收获物品的数量、比较货物交换多少的需要而结绳计数或屈指数数,逐步形成整数的概念,建立了简单的运算,产生了几何上的一些简单知识.这一时期的数学知识是零碎的,没有命题的证明和演绎推理.

常量数学时期(公元前 6 世纪—17 世纪上半叶).随着劳动技能的提高、智慧的增加和知识的积累,数学从具体、实用的阶段逐步形成了能解决大量实际问题的、比较系统的知识体系及比较抽象的、有独立的演绎系统的学科.中算的《九章算术》与西算的《原本》是这一时期产生的具有深远影响的代表作.现在中学数学的主要内容本质上是这一时期的产物.

变量数学时期(17 世纪上半叶—19 世纪 20 年代).欧洲资本主义的蓬勃发展,机械化大工业生产,航海、军事、天文研究等促使欧洲数学进入了一个繁荣时期,产生了笛卡儿的解析几何,牛顿、莱布尼茨的微积分,围绕微积分的理论及应用发展起来了一大批数学分支.数学研究的对象和方法发生了根本的改观.恩格斯说:“在一切理论成就中,未必再有什么像 17 世纪下半叶微积分的发明那样被看作人类精神的最高胜利了.”

近代数学时期(19 世纪 20 年代—20 世纪 40 年代).数学进入了迅猛发展的历史阶段.微积分的基础的严格化、近世代数的问世、数学公理化、非欧几何的诞生、集合论的创立,都是典型成就.空前的创造精神和严格化思想是这一时期数学发展的主要特点.高等数学及复变函数论、线性代数、概率统计等现行理工类大学生必修的数学课程基本上形成并严格化于 17 世纪中叶至 20 世纪上半叶.

现代数学时期(20 世纪 40 年代—现在).原子能的发现、空间技术的发展、电子计算机的发明、生命科学的复兴以及经济理论的成功应用都与数学的发展息息相关,也极大地促进了数学的发展.拓扑学、泛函分析、模糊数学、控制论、分形几何学、混沌理论等一批新兴数学分支产生、发展并得到广泛应用.这些理论已经进入本科高年级及研究生的学位课程中.数学分支间的相互渗透、数学与其他学科的相互渗透、电子计算机与数学的结合是当代数学的三个特点.

数学的发展历史告诉我们,数学是与国家科学技术、生产力的发展密不可分的,今日数学之应用更是无处不在.日常生活、军事安全、经济运行等方方面面都离不开数学,以计算机应用为特征的当代科学技术本质上是一种数学技术.

学习高等数学课程的主要目的是:为其他课程提供必要的数学知识;培养学生的抽象思维、逻辑推理、科学计算、空间想象以及分析问题和解决问题等方面的能力,在这些能力的培养上,数学的作用是其他学科无法替代的;数学有深刻的文化内涵,较高的数学素养是现代公民不可或缺的.数学既是物质文明的推进剂,也是精神文明的组成部分.在学习过程中,数学对人们的真理观、道德观、审美意识、辩证思维品质都有潜在的巨大影响.数学家追求真理、自甘寂寞、乐于奉献、不畏艰难的勇气和情操会激励我们去克服前进中的各种困难.

0.2 高等数学的基本内容和思想方法

高等数学的基本内容包括四个部分:

微积分学是高等数学的核心,研究函数的连续性以及导数、微分、积分的概念、性质和应用.

常微分方程是用微积分方法研究实际问题的纽带和桥梁,研究微分方程解的性质及解的求法.

向量代数与空间解析几何研究向量的概念及运算,并以向量为工具,研究空间的曲线、曲面的代数描述及函数的几何表示,是平面解析几何的推广.

无穷级数是有限求和的推广,研究级数的收敛性及函数的展开问题.

高等数学与初等数学的主要区别在于研究的对象和研究的方法.初等数学研究的是规则、平直的几何对象和均匀、有限过程的常量;高等数学主要研究的是不规则、弯曲的几何对象和非均匀、无限过程的变量.下面图 0-1 以对照的形式说明二者的区别与联系.

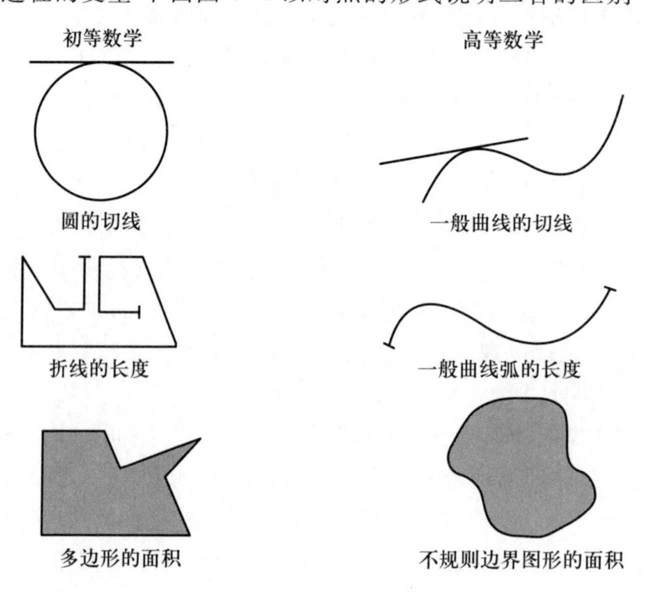

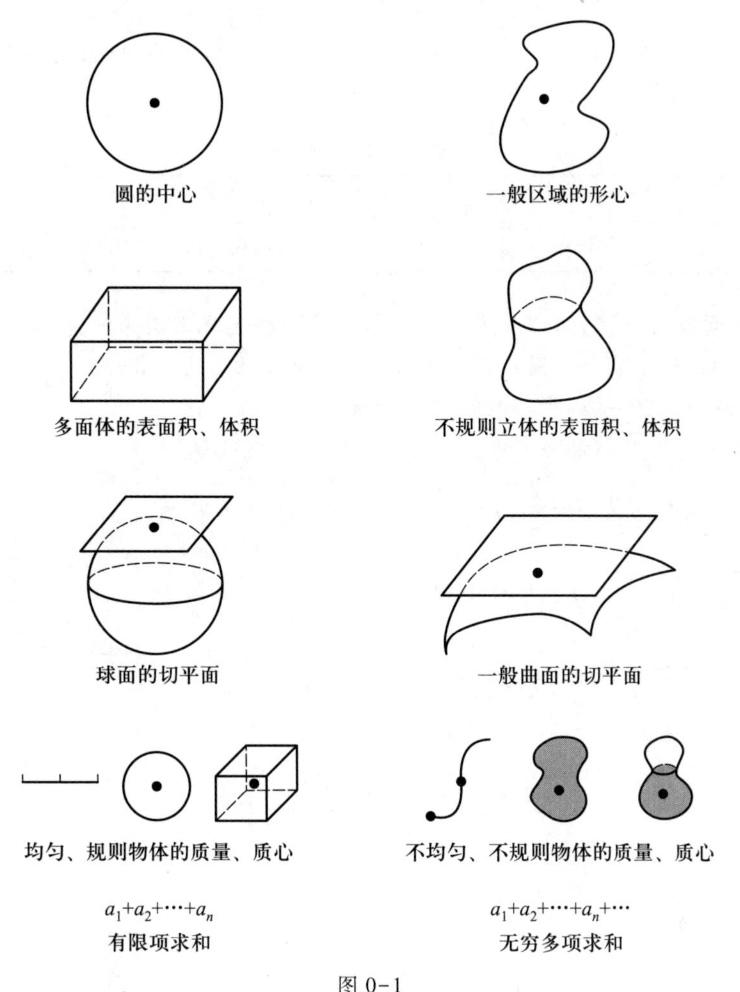

图 0-1

下面三个例子大体上体现了高等数学的思想方法.

例 1(瞬时速度)　自由落体的路程公式是

$$s=\frac{1}{2}gt^2.$$

取 g 的近似值为 10 m/s^2,求落体在 t_0 时的瞬时速度(见图 0-2).

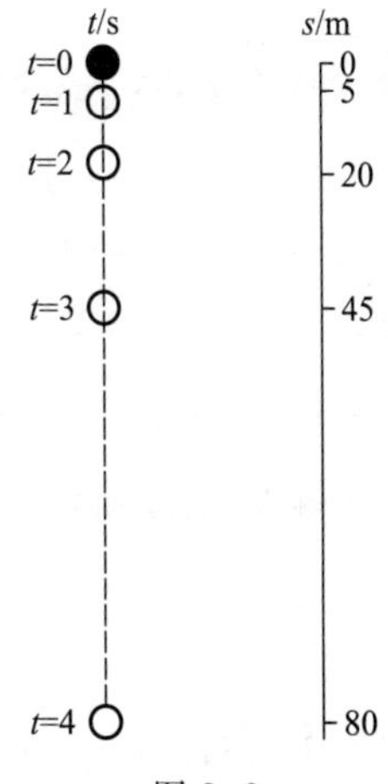

图 0-2

按人们的直觉,在 t_0 时的速度与从 t_0 起始的一个很短时间段内的平均速度应该很接近,设这个时间段为 h,得平均速度

$$\bar{v}=\frac{\frac{1}{2}g(t_0+h)^2-\frac{1}{2}gt_0^2}{h}=t_0g+\frac{1}{2}gh. \qquad (0-1)$$

从式(0-1)可看出,平均速度随着 h 的变化而变化.对每个 $h>0$,$\bar{v}$都是瞬时速度 v 的一个近似值,h 越小,近似程度越好,要达到精确,应该让 h 无限接近于 0.这时$\bar{v}$无限接近于常数 t_0g.t_0g 就可作为落体在 t_0

时的瞬时速度.

取 $t_0=2$,取一串逐渐变小的 h,计算得 $\bar{v}$ 见表 0-1,从中可看出 $\bar{v}$ 越来越接近常数 20,20 就是落体在 $t_0=2$ 时的瞬时速度.

表 0-1 $\bar{v}$ 的不同取值

h/s	10^{-1}	10^{-2}	10^{-3}	10^{-4}	10^{-5}
$\bar{v}/(\mathrm{m}\cdot\mathrm{s}^{-1})$	20.5	20.05	20.005	20.000 5	20.000 05

例 2(面积问题) 现代工程技术经常要求计算一些不规则图形的面积.下面来计算一个由曲线 $y=x^2$,x 轴及直线 $x=1$ 围成的平面曲边梯形的面积(见图 0-3).

问题的困难所在是一条边是曲边.我们尝试把图形用平行于 y 轴的直线分成几个小长条(为方便起见,按等间隔形式分),设直线与 x 轴交点为 $x_i=\dfrac{i}{n}(i=1,2,\cdots,n-1)$.把立在小区间 $[x_{i-1},x_i]$ $(i=1,2,\cdots,n)$ 上的小曲边形用底为 $\dfrac{1}{n}$,高为 $\left(\dfrac{i}{n}\right)^2=y_i$ 的小长方形代替,得小长条面积近似值为 $\left(\dfrac{i}{n}\right)^2\dfrac{1}{n}$,整个图形面积近似值为

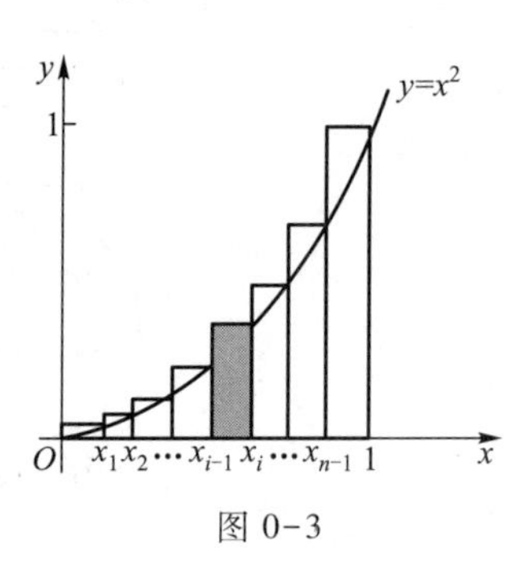

图 0-3

$$
\begin{aligned}
S_n&=\left(\frac{1}{n}\right)^2\frac{1}{n}+\left(\frac{2}{n}\right)^2\frac{1}{n}+\cdots+\left(\frac{n}{n}\right)^2\frac{1}{n}\\
&=\frac{1}{n^3}(1^2+2^2+\cdots+n^2)\\
&=\frac{1}{n^3}\cdot\frac{1}{6}n(n+1)(2n+1)=\frac{1}{3}+\frac{1}{2n}+\frac{1}{6n^2}.
\end{aligned}
\tag{0-2}
$$

根据我们的数学经验与直观分析,随着分点 n 的增加,近似值 S_n 将越来越接近曲边梯形的面积精确值,从下面的表 0-2 看出,这个值应该是 $\dfrac{1}{3}$.

表 0-2 S_n 的取值

n	10	100	1 000	10 000	100 000
S_n	0.384 99	0.338 35	0.333 83	0.333 34	0.333 33

例 3(无限和) 公元前 5 世纪,古希腊哲学家芝诺提出了一个悖论:站在屋子中间距墙 10 m 的一个人永远走不到屋子的墙边.芝诺的理由是,他先要走完到墙边路程的一半,即 $\dfrac{10}{2}$ m,为了走完剩下的 $\dfrac{10}{2}$ m,又要先走完这 $\dfrac{10}{2}$ m 路程的前一半,即 $\dfrac{10}{2^2}$ m 的路程,如此等等.由于人

的生命是有限的,而这个过程将无限制地进行下去,因此人将永远到不了墙边(图 0-4).

从常识判断,上述结论是诡辩,但芝诺的分析似乎也有道理.问题的关键在于下述无穷多项的和

$$\frac{10}{2}+\frac{10}{2^2}+\frac{10}{2^3}+\cdots+\frac{10}{2^n}+\cdots$$

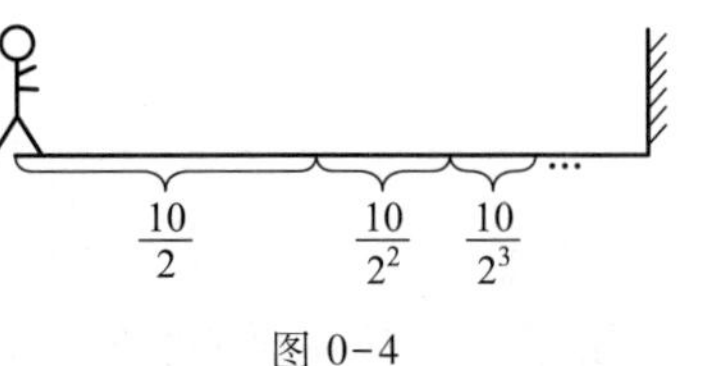

图 0-4

有没有意义?能不能加得有限数?显然人是能走到墙边的,所以上述无穷和的结果应等于 10.但要说清楚,却要用到 2000 多年后的极限及无穷级数的理论.

从上述三个例子看到,用初等数学工具来解决这一类问题,只能得到近似值,得不到最终答案.要得精确答案,必须在一个无限变化的过程中来考虑问题,这正是高等数学的方法.

0.3 学习高等数学过程中应该注意的一些问题

数学的特点 可概括为:概念的抽象性、推理的严谨性、结论的明确性、应用的广泛性和知识的积累特性.这些特性之间是互相关联的,例如,抽象性带来应用的广泛性,严谨性与明确性使数学结论无歧义并且具有较高的可靠程度,这样数学才能成为其他学科的坚实基础,这其实为学习数学带来极大的好处.知识的积累特性决定了学习数学必须脚踏实地,按部就班地由浅入深,由低级到高级,在一门课程中,不能跳跃某个知识片段.

要准确理解基本概念 比如函数、极限、导数、积分等.通过引例理清概念的来龙去脉、物理意义、几何意义,从中培养抽象、归纳、概括能力以及分析问题、解决问题的能力.

要正确理解基本公式和定理 比如,极限、连续的性质定理,微分中值定理,微积分学基本定理等.要理解定理的条件、结论、几何意义、推证思路,会举实例及反例,从中培养思维的严谨性及推理的条理性.

要掌握基本的计算技能 高等数学中最基本的计算是求极限、求导数、求积分、求方程的解.正确熟练地进行各种量的计算是学好数学的基本功.

在高等数学学习中还应该把握好以下几个关系:**有限与无限的关系,静止与变化的关系,离散与连续的关系,一维与高维的关系**.

微积分的基本思想可概括为局部**以直代曲、以常代变,用极限实现近似到精确的转化**.

读一本高等数学教材不同于读一本小说或一张报纸.为了理解书中的内容,而这些内容对一些后续课程的学习是至关重要的,我们常常不得不反复阅读,深入思考.此外,手中应随时有笔和练习纸.任何一门学科都是由知识和技能组成的,数学的技能主要体现在解题能力,即分析问题、解决问题的能力.要勤思考,勤动手,多练习.有人说,数学主要是"做"会的,从一个题到一类题形成一套方法.学习数学没有捷径可走,数学没有王者之路,只有主动、自觉的积极进取精神.

第 1 章　函数与极限

引述　客观事物有各种各样的表象，如味道、声音、颜色、大小、形状等.描述数量关系的数学模型是函数，因此函数是高等数学的主要研究对象，研究函数的基本方法是极限的方法.微积分的主要概念，如连续、导数、积分、收敛等都是用极限来定义的，是否用极限的方法进行研究，也是微积分与代数、几何等其他学科相区别的主要标志之一.正因为如此，微积分的研究在逻辑顺序上是从函数、极限理论开始的.但是，微积分发展的历史记录恰好与此相反.从 17 世纪到 18 世纪，牛顿、莱布尼茨等数学家从物理或几何的观点出发，建立了微积分的基本理论，并把微积分成功地运用于解决大量的实际问题，然而微积分赖以存在的基础，函数、极限的概念则主要靠几何直观，是含混不清的.在相当长的时期内，人们把函数等同于一条曲线，或一个解析式.狄利克雷在 1837 年给出了一个本质上与现在教材中采用的定义相近的函数定义，而函数概念能进一步推广到映射的概念，是 20 世纪初建立在了集合论的基础上.现在教材中的极限的严格定义基本上是在 19 世纪初从柯西开始，最终由魏尔斯特拉斯在 1840 年到 1850 年完成了 $\varepsilon-\delta$ 定义.

本章的主要内容是复习函数概念，系统地学习极限方法，并用极限研究函数的一种重要性质——连续性.准确理解函数概念，熟练掌握极限方法是学好高等数学的基础.

1.1　函数的概念及其初等性质

1.1 预习检测

函数是高等数学研究的基本对象，函数的定义域是数的集合，一般的集合概念也是现代数学的基础.因此，本节将复习集合的概念、运算，复习函数的概念，介绍几个重要而且常用的特殊形式的函数，复习函数的四个初等性质及构造函数的三种初等运算，复习基本初等函数的表达式及性质，并通过几个例子说明函数关系的建立.

1.1.1　集合

集合是现代数学的一个基本概念，可以说几乎全部现代数学是建立在集合理论基础上的.根据集合论的创始人——德国数学家康托尔（Cantor）对集合的描述，我们把具有某种特定性质的事物的全体称为一个集合，具有该性质的事物称为该集合的元素，并说元素属于该集合.集合一般用大写字母 $A,B,\cdots,E,F$ 等表示，集合的元素用小写字母 $a,b,\cdots,x,y$ 等表示.元素 a **属于** A，记为 $a\in A$.不具有该性质的事物 a 称为不属于集合 A 的元素，记为 $a\notin A$ 或者 $a\,\overline{\in}\,A$.

集合一般可以用两种方法表示.一种是**列举法**，即列举出集合中所含的全部元素，表示为 $A=\{a,b,\cdots,x,y\}$，用于表示有限集.一种是**命题式**，用集合 A 的元素所具有的共同性质 $p(x)$ 来确定 x 是否属于 A，表示为 $A=\{x\mid p(x)\}$，即 $x\in A$ 的充要条件是 x 具有性质 $p(x)$.

例如,$\{1,2,3\}$,$\{x \mid x^2-1=0\}$,$\{x \mid 2\leqslant x\leqslant 3\}$等都是集合.特别地,集合$\{x \mid x^2+1=0, x$是实数$\}$不含任何元素,称为**空集**,记为$\varnothing$.

设A,B是两个集合,如果$x\in A$时必有$x\in B$,就称A是B的**子集合**,记作$A\subset B$(读作A包含于B)或$B\supset A$(读作B包含A).集合X的所有子集合的集合称为X的**幂集合**,记为$P(X)$或2^X,即$P(X)=\{A \mid A\subset X\}$.$P(X)$的子集称为$X$的**集族**,记为$\{A_i \mid A_i\subset X, i\in I\}$,$I$是某个指标集.

如果A与B中的元素完全相同,就称A与B**相等**,记为$A=B$.显然,$A=B$的充要条件是$A\subset B$且$B\subset A$.

例如,$\{x \mid x^2-1=0\}\subset\{-1,0,1\}$,$\{x \mid x^2-1=0\}=\{-1,1\}$.

如果集合A的元素是有限多个,则称A为**有限集**,否则称为**无限集**.

通过定义集合之间的运算可以从已有集合构造新的集合.

集合A与B的**并**:$A\cup B=\{x \mid x\in A$或$x\in B\}$.

集合A与B的**交**:$A\cap B=\{x \mid x\in A$且$x\in B\}$.

集合A与B的**差**:$A-B=\{x \mid x\in A$且$x\notin B\}$.

集合A与B的**直积**:$A\times B=\{(x,y) \mid x\in A, y\in B\}$,是由$A$中元素$x$作为第一个分量,$B$中元素$y$作为第二个分量的有序对$(x,y)$所构成的集合.

例如,$A=\{1,2\}$,$B=\{2,3,4\}$,则$A\cup B=\{1,2,3,4\}$,$A\cap B=\{2\}$,$A-B=\{1\}$,$A\times B=\{(1,2),(1,3),(1,4),(2,2),(2,3),(2,4)\}$.

上述运算还可推广到任意多个集合的并、交、直积.例如,设$\{A_i \mid A_i\subset X, i\in I\}$是$X$的一个集族,则

$$\bigcup_{i\in I}A_i=\{x \mid 对某个\ i\in I, x\in A_i\};$$

$$\bigcap_{i\in I}A_i=\{x \mid 对每个\ i\in I, x\in A_i\}.$$

n个集合$A_1,A_2,\cdots,A_n$的直积

$$A_1\times A_2\times\cdots\times A_n=\{(x_1,x_2,\cdots,x_n) \mid x_i\in A_i, i=1,2,\cdots,n\}.$$

特别地,当$A_1=A_2=\cdots=A_n$时,记为A^n.

例如,设$\mathbf{R}$是实数轴,则$\mathbf{R}^2=\{(x,y) \mid x,y$是任意实数$\}$是坐标平面.

高等数学主要在实数范围内讨论各种问题,为方便起见,用$\mathbf{N}$,$\mathbf{Z}$,$\mathbf{Q}$和$\mathbf{R}$分别表示自然数集,整数集,有理数集和实数集.

一般地,如果我们研究的某个问题限定在一个大集合I中,所研究的其他集合A都是I的子集合,此时就称I为**全集**.$I-A$称为A的**余集**或**补集**,记为$\complement_I A$,即$\complement_I A=I-A$.例如,取$A=\{0\}$,如果全集$I=\mathbf{N}$,则$\complement_I A=\mathbf{N}_+=\{1,2,3,\cdots\}$是正整数集合;如果全集$I=\mathbf{Z}$,则$\complement_I A=\{\pm1,\pm2,\cdots\}$是非零整数的集合.

集合的并、交、余运算满足下列运算法则.

设A,B,C为任意三个集合,则

(1) 交换律　$A\cup B=B\cup A$,$A\cap B=B\cap A$;

(2) 结合律　$(A\cup B)\cup C=A\cup(B\cup C)$,

$(A\cap B)\cap C=A\cap(B\cap C)$;

(3) 分配律 $(A\cup B)\cap C=(A\cap C)\cup(B\cap C)$,

$(A\cap B)\cup C=(A\cup C)\cap(B\cup C)$;

(4) 对偶律 $\complement_I(A\cup B)=\complement_I A\cap\complement_I B, \complement_I(A\cap B)=\complement_I A\cup\complement_I B$.

以上这些法则可根据集合相等的定义直接验证,从略.

下面给出实数集的一些特殊集合.

闭区间 $[a,b]=\{x \mid a\leqslant x\leqslant b\}$,

开区间 $(a,b)=\{x \mid a<x<b\}$.

此外还有半开区间 $(a,b]=\{x \mid a<x\leqslant b\}$,无限区间 $(-\infty,+\infty)$,半无限区间 $(-\infty,a]$,$(b,+\infty)$ 等.此处 $-\infty$,$+\infty$ 是两个记号,分别读作负无穷大与正无穷大.$x\in(-\infty,a]$ 表示 x 可以是不超过 a 的任意实数,$x\in(b,+\infty)$ 表示 x 可以是大于 b 的任意实数.

开区间 $(x_0-\delta,x_0+\delta)(\delta>0)$ 称为以 x_0 为中心,δ 为半径的**邻域**,记为 $U(x_0,\delta)$,或者在不需要指明半径 δ 时记为 $U(x_0)$,即

$$U(x_0,\delta)=(x_0-\delta,x_0+\delta)=\{x \mid |x-x_0|<\delta\}.$$

x_0 的去心邻域,记为 $\mathring{U}(x_0,\delta)$,是集合 $\{x \mid |x-x_0|<\delta\}-\{x_0\}$,即

$\mathring{U}(x_0,\delta)=(x_0-\delta,x_0)\cup(x_0,x_0+\delta)=\{x \mid 0<|x-x_0|<\delta\}$.

邻域与去心邻域是高等数学中常用的两个特殊集合,用以描述点的邻近情况,见图 1-1.

图 1-1

可以证明,开区间 (a,b) 有一个重要性质:对每个 $x_0\in(a,b)$,存在 $\delta>0$,使 $U(x_0,\delta)\subset(a,b)$.

为了方便,有时把开区间 $(a-\delta,a)$ 和开区间 $(a,a+\delta)$ 分别称为 a 的左 δ 邻域和右 δ 邻域.

数学的一个特点是用一些简洁的符号表示数学概念,陈述数学命题,使叙述更为严密,思维更为经济.本书的许多地方使用以下四个逻辑符号:$\forall$,$\exists$,$\Rightarrow$,$\Leftrightarrow$.

符号"$\forall$"表示"对任意一个""对每一个",例如,"$\forall\varepsilon>0$"表示"对任意一个正实数 ε","$\forall x\in A$"表示"对每个 x 属于 A";符号"$\exists$"表示"存在",例如,"$\exists N$"表示"存在自然数 N","$\exists\delta>0$"表示"存在正实数 δ";"$\cdots\Rightarrow\cdots$"表示"如果…,则…",例如,"$x>0\Rightarrow x^2>0$";"$\cdots\Leftrightarrow\cdots$"表示"…的充要条件是…""…等价于…",例如,"$x^2-1=0\Leftrightarrow x=-1$ 或者 $x=1$".

1.1.2 常量 变量 函数

在实践中要研究各种不同的量.有些量在所考察的过程中保持不变,取一固定数值,或者我们可以把它当成相对不变的量来处理,这种量称为常量.有些量在所考察的过程中发生变化,取一系列不同的数值,这种量称为变量.例如,汽车在行驶过程中,所花的时间、走过的路程、消耗的燃料都是变量,而汽车上所载货物的质量可看成常量.常量一般用 $a,b,c,\cdots,x_0,y_0$ 等表示,变量一般用 $x,y,z,\cdots,s,t$ 等表示.初等数学主要讨论常量,高等数学主要讨论

变量、变量之间的关系及变化规律.描述变量之间相依关系的数学概念是函数.

定义 1　设 $D\subset\mathbf{R}$ 是一个非空数集,f 是一个确定的法则,如果 $\forall x\in D$,通过法则 f,存在唯一的 $y\in\mathbf{R}$ 与 x 相对应,则称由 f 确定了一个定义于 D 上,取值于 $\mathbf{R}$ 的函数,记为

$$y=f(x),\quad x\in D.$$

习惯上,称 x 为**自变量**,y 为**因变量**,f 为**函数关系**.为了叙述方便,常常把"函数 $y=f(x)$,$x\in D$"简称为"函数 $f(x)$"或者"函数 f".

对取定的 $x_0\in D$,与 x_0 相对应的因变量 y_0,称为函数在 x_0 处的**函数值**,记为 $f(x_0)=y_0$.

表示函数的符号和自变量的字母根据方便可任意选取,如 $y=f(x)$,$u=g(t)$,甚至 $y=y(x)$ 等.如果在同一个问题中涉及几个不同的函数,则表示这些函数的符号必须不同,以示区别.

例如,圆的面积 S 是半径 r 的函数,$S=f(r)=\pi r^2$,$r\in(0,+\infty)$,$f(1)=\pi$ 是半径为 1 的圆的面积.

关于定义 1 再做如下几点说明:

① 定义 1 中 x 可在 D 上取各种不同的值,当 x 的取值发生变化时,在法则 f 下,y 也随之取一系列相应的值,因此函数定义刻画了两个变量 x,y 之间的确定的相依关系,x 的变化范围 D 称为函数的**定义域**,集合 $W=\{y\mid y=f(x),x\in D\}$ 称为函数的**值域**,简记为 $W=f(D)$.当 D 为区间 (a,b),$[a,b]$ 等集合时,值域即为 $f((a,b))$,$f([a,b])$ 等集合.

② 确定一个函数有两个要素:定义域与对应法则 f.通常定义域的确定有两种情况:一种是根据实际问题的意义确定自变量的变化范围;一种是使表示函数的数学算式有意义的自变量的变化范围,称为函数的**自然定义域**或**存在域**.例如,函数 $f(r)=\pi r^2$,如果表示的是圆面积公式,则 $D_1=\{r\mid r>0\}$,如果它是一个一般的数学算式,则 $D_2=\{r\mid -\infty<r<+\infty\}=\mathbf{R}$.如无特别指出,函数的定义域一般指自然定义域.

根据函数的两要素,两个函数 $y=f(x)$,$x\in D_1$ 和 $y=g(x)$,$x\in D_2$ 相等的充要条件是 $D_1=D_2$ 且 $\forall x\in D_1=D_2$,$f(x)=g(x)$.例如,$y=2\lg x$ 与 $y=\lg x^2$ 是两个不同的函数,而函数 $y=\sqrt{x+1}$ 与 $z=\sqrt{t+1}$ 是相等的函数.由此可见,函数定义中变量及函数关系用什么字母表示不是原则问题.

③ 设 $y=f(x)$,$x\in D$ 是一个函数,令

$$G=\{(x,y)\mid y=f(x),x\in D\},$$

则 G 是一个平面点集,称为函数的**图形**.一般情况下,G 是平面上的一条曲线,其特点是:任给 $x\in D$,过 x 作平行于 y 轴的直线,该直线与曲线恰好交于一点.把曲线分别垂直投影到 x 轴及 y 轴上,得到函数的定义域与值域,如图 1-2 所示.

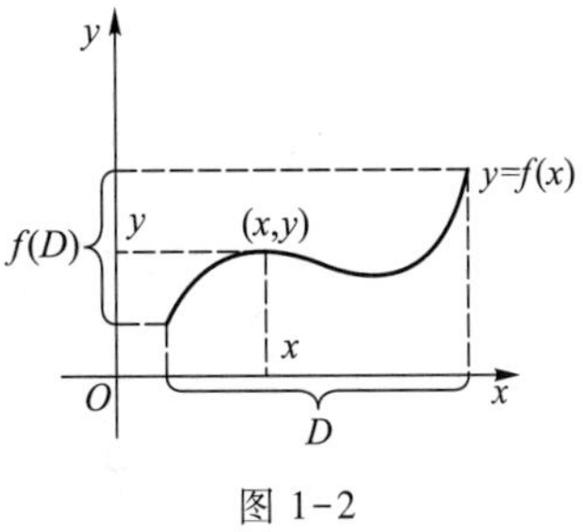

图 1-2

比函数概念更一般的是映射的概念.

定义 2　设 A,B 是两个集合,且 $A\neq\varnothing$,如果集合 $f\subset A\times B$ 满足条件:$\forall x\in A$,存在唯一的 $y\in B$,使得 $(x,y)\in f$,就称 f 为从 A 到 B 的映射,记为 $f:A\to B$ 或 $y=f(x)$,$x\in A$.y 称为 x 在 f 下的**像**,x 称为 y 的**原像**.

显然,集合 $f\subset A\times B$ 是映射当且仅当

（1）$\forall x\in A,\exists y\in B$，使 $(x,y)\in f$（即 A 中每个元素都有像）；

（2）如果 $(x,y_1)\in f,(x,y_2)\in f$，则 $y_1=y_2$（即每个元素的像唯一）.

集合 A 称为 f 的定义域，$f(A)=\{y\in B\mid \exists x\in A$ 使 $y=f(x)\}$ 称为 f 的值域. 一般地，$f(A)\subset B$.

如果 $f(A)=B$，即 $\forall y\in B,\exists x\in A$ 使 $f(x)=y$，就称映射 f 是**满射**；如果 $\forall x_1,x_2\in A,x_1\neq x_2\Rightarrow f(x_1)\neq f(x_2)$，就称 f 为**单射**；如果 f 既是单射又是满射，就称 f 为**双射**，或者**一一对应**.

关于映射，还可以定义映射的复合、逆映射等运算，由于方法与函数的复合、反函数运算完全相同，此处从略.

显然，当 $A\subset\mathbf{R},B\subset\mathbf{R}$ 时，映射就是定义 1 中的函数，因此，定义 1 中的函数常可简记为 $f:D\to\mathbf{R}$. 例如，如果函数 $f(x)$ 定义在区间 $[a,b]$ 上，可记为 $f:[a,b]\to\mathbf{R}$. 在映射的定义中，取 $A=\{(x,y)\mid x,y$ 是某些实数$\}$，即 A 是平面点的某个集合，$B=\mathbf{R}$，则称 f 为二元函数（有两个自变量），记为 $z=f(x,y),(x,y)\in A$. 例如，长方形的面积 S 是长 x 和宽 y 的二元函数 $S=f(x,y)=xy,x>0,y>0$.

定义 1 中的函数称为一元函数. 本课程的上册主要讨论一元函数，下册主要讨论多元函数. 如不特别指出，上册中提到的函数均指一元函数.

在中学我们学过正比例函数、三角函数等许多函数. 下面介绍几个在高等数学中常用的特殊形式的函数.

例 1　绝对值函数（图 1-3）

$$y=|x|=\begin{cases}x, & x\geqslant 0,\\ -x, & x<0.\end{cases}$$

例 2　符号函数（图 1-4）

$$y=\operatorname{sgn}x=\begin{cases}1, & x>0,\\ 0, & x=0,\\ -1, & x<0.\end{cases}$$

利用符号函数，对任一实数 x，有 $x=|x|\operatorname{sgn}x$.

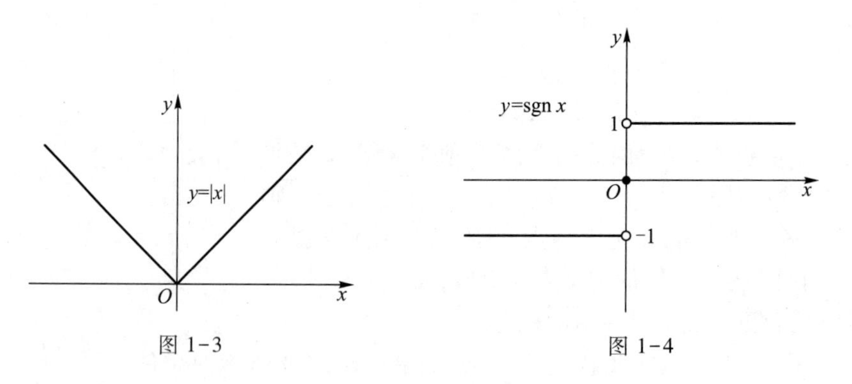

图 1-3　　　　图 1-4

例 3　取整函数（图 1-5）

$$y=[x]=\text{不超过 } x \text{ 的最大整数}.$$

如 $[3.4]=3,[0.7]=0,[-3.4]=-4$.

例 4　狄利克雷函数(图 1-6)

$$D(x)=\begin{cases}1, & x\text{ 是有理数},\\ 0, & x\text{ 是无理数}.\end{cases}$$

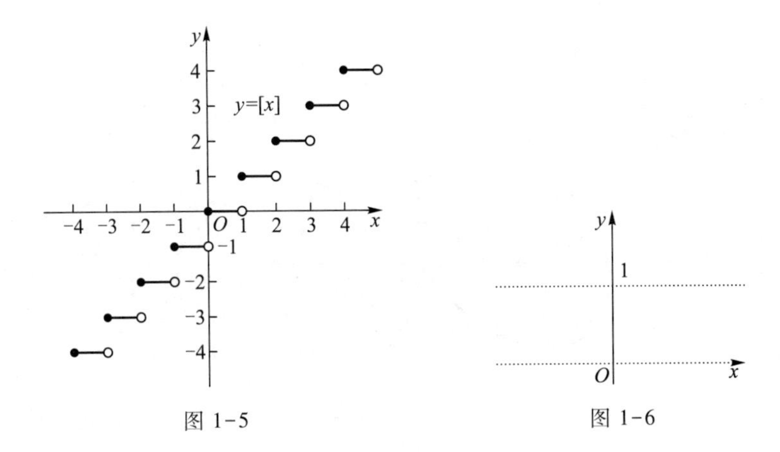

图 1-5　　　　图 1-6

注意,$D(x)$ 的图形实际上是难以精确地画出的.

形如例 2 的函数称为**分段函数**,$x=0$ 为一个分段点.

在中学我们学过用描点法作函数图形的方法.为画 $y=f(x)$,$a\leqslant x\leqslant b$ 的图形,先取一些点 $x_1,x_2,\cdots,x_n$,算出函数值 $y_1,y_2,\cdots,y_n$,把点 $(x_1,y_1),(x_2,y_2),\cdots,(x_n,y_n)$ 用光滑曲线连接,所得图形当成函数 $f(x)$ 的图形.

例如,函数 $y=\sin x, x\in[-3,3]$.计算 7 个点处的函数值(见表 1-1),在平面直角坐标系中描点(见图 1-7(a)),则图 1-7(b),(c)中曲线都过这些点,哪个是正确的呢?当我们学习了微分学后,就可以把握曲线的主要特征,画出比较精确的图形(见第 3 章 3.6 节).

表 1-1　计算 $y=\sin x$ 的函数值

x	-3	-2	-1	0	1	2	3
$\sin x$	-0.14	-0.91	-0.84	0	0.84	0.91	0.14

1.1.3　函数的初等性质

在实践中产生的函数往往有某些特殊的性质,或者在研究函数时需要关注它有什么与众不同的性质.函数的性质是各种各样的,有些性质比较简单,利用函数的定义就可以描述清楚,称为函数的初等性质;有些性质比较复杂,是后面陆续研究的对象,比如连续性,必须用极限来定义.

函数的有界性　设 $f:D\to\mathbf{R}$.

(i) 如果存在常数 M,使得

$$f(x)\leqslant M(\geqslant M),\ \forall x\in D,$$

就称 f 在 D 上**有上界**(**有下界**),M 称为 f 在 D 上的一个上界(下界).

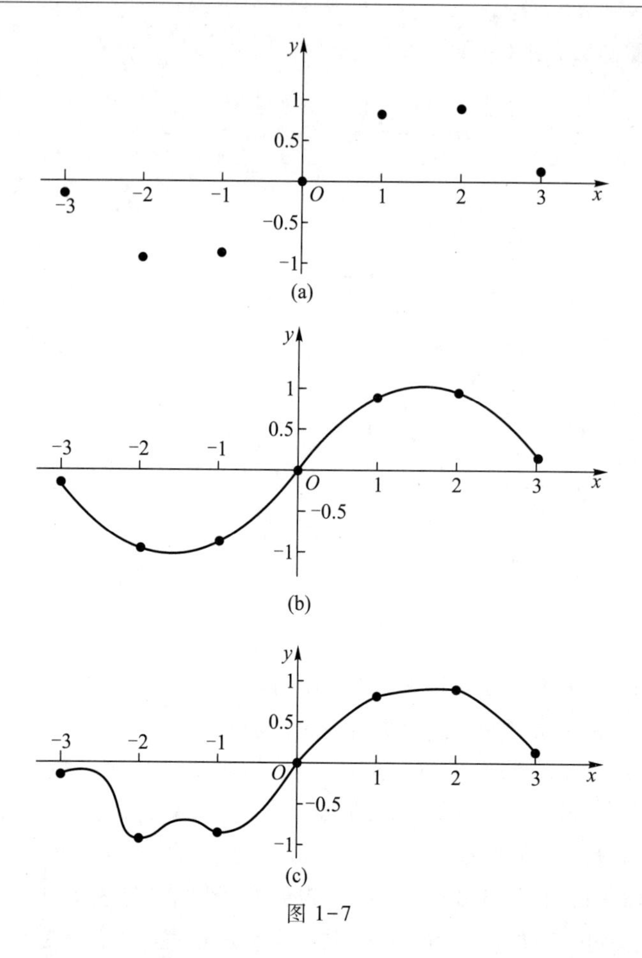

图 1-7

(ii) 如果存在常数 $M \geqslant 0$,使得

$$|f(x)| \leqslant M, \quad \forall x \in D,$$

就称 f 在 D 上**有界**(图 1-8(a)),M 称为 f 在 D 上的一个界,否则称 f 在 D 上**无界**(图 1-8(b)).

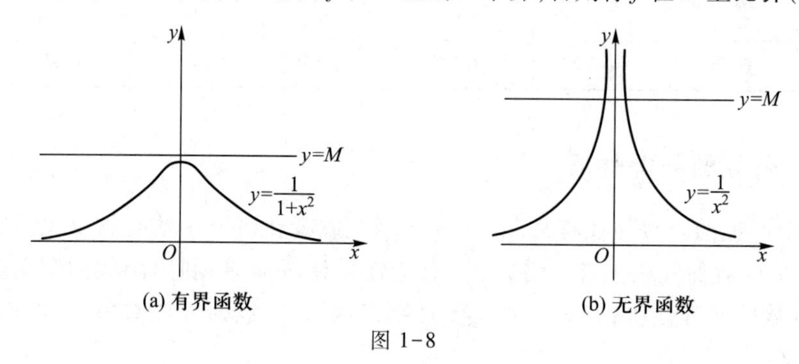

图 1-8

例如,$f(x)=\sin x$, $f(x)=\arctan x$,$f(x)=\dfrac{1}{1+x^2}$在$(-\infty,+\infty)$上有界;$f(x)=\dfrac{1}{x^2}$, $f(x)=\dfrac{1}{1-x^2}$在$(0,1)$上有下界 1,无上界.

显然,函数 f 在 D 上有界的充要条件是 f 在 D 上既有上界又有下界.此外,函数的界不唯一.

函数的单调性　设 $f:D\to\mathbf{R}$,区间 $I\subset D$.

(i) 如果 f 满足

$$\forall x_1,x_2\in I,\text{且 } x_1<x_2\Rightarrow f(x_1)<f(x_2),$$

就称 f 在 I 上是**单调递增**的(图 1-9(a)),I 称为 f 的单调递增区间;

(ii) 如果 f 满足

$$\forall x_1,x_2\in I,\text{且 } x_1<x_2\Rightarrow f(x_1)>f(x_2),$$

就称 f 在 I 上是**单调递减**的(图 1-9(b)),I 称为 f 的单调递减区间.

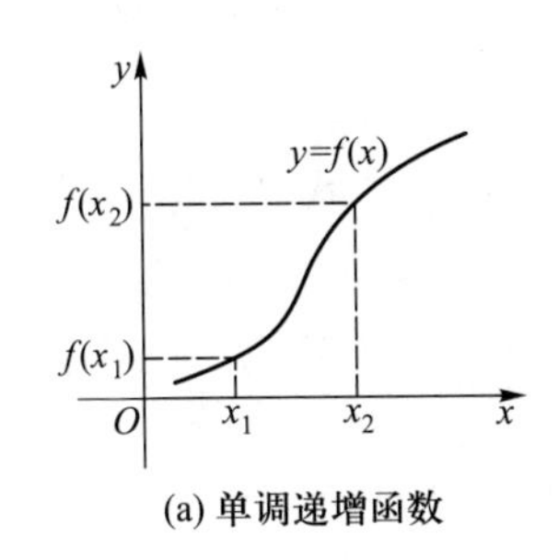

(a) 单调递增函数

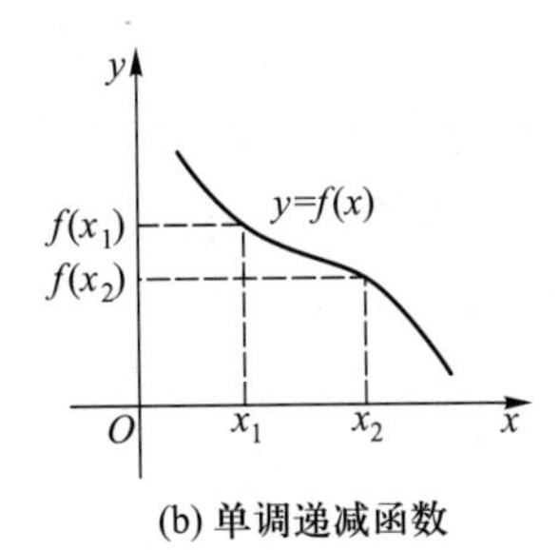

(b) 单调递减函数

图 1-9

当 f 在 I 上单调递增或单调递减时,称 f 在 I 上是单调的.在区间 I 上具有单调性的函数称为该区间上的**单调函数**.

函数 $f(x)=x^2$ 在区间 $[0,+\infty)$ 上是单调递增函数,但是函数 $f(x)=x^2$ 在区间 $(-\infty,+\infty)$ 上不是单调的.事实上 $f(x)=x^2$ 在 $(-\infty,0)$ 上单调递减.因此,说明单调性时要指明在什么范围内单调,或者虽然在整个定义域上不单调,但可以把定义域进行划分,使函数在某一部分上具有单调性.

函数的奇偶性　设 $f:D\to\mathbf{R}$,D 关于原点对称.

(i) 如果 $\forall x\in D$, $f(-x)=-f(x)$,称 f 为**奇函数**;

(ii) 如果 $\forall x\in D$, $f(-x)=f(x)$,称 f 为**偶函数**.

例如,$f(x)=x$,$f(x)=x^3$,$f(x)=\sin x$,$f(x)=x\cos x$ 是 $(-\infty,+\infty)$ 上的奇函数;$f(x)=1$,$f(x)=x^2$,$f(x)=\cos x$,$f(x)=x\sin x$ 是 $(-\infty,+\infty)$ 上的偶函数.奇函数 $y=x^3$ 与偶函数 $y=x^2$ 的图形如图 1-10(a),(b)所示.奇函数的图形关于原点对称,偶函数的图形关于 y 轴对称.

函数的周期性　设 $f:D\to\mathbf{R}$,如果存在常数 $T\neq0$,使得 $\forall x\in D$,有 $x\pm T\in D$,且 $f(x\pm T)=f(x)$,则称 f 为**周期函数**,T 称为 f 的一个**周期**.

如果 T 是 f 的周期,那么 $\forall n\in\mathbf{N}_+$,nT 也是 f 的周期.函数 f 的最小的正周期称为 f 的**最小正周期**.一般求函数周期时都指求最小正周期.

例如,$f(x)=\sin x$,$f(x)=\cos x$ 都是以 2π 为周期的函数,$f(x)=\tan x$,$f(x)=\cot x$ 是以 π 为周期的函数,而狄利克雷函数 $D(x)$,每个非零有理数都是其周期,从而没有最小正周期.

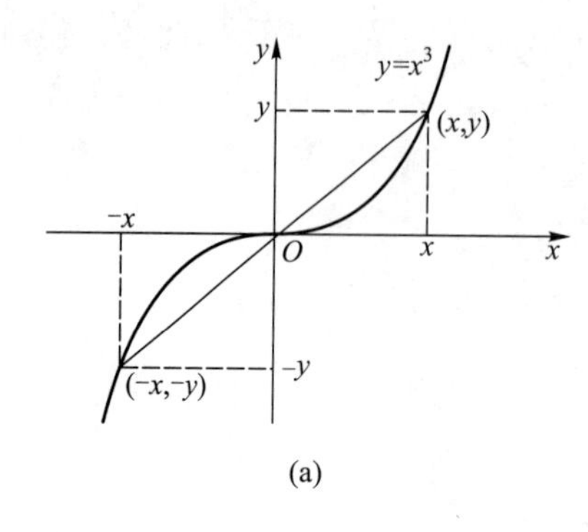

图 1-10

在几何上，T（不妨设 $T>0$）是 f 的周期意味着：f 在任何区间 $(nT,(n+1)T)$ 上的图形是它在区间 $(0,T)$ 上图形的一个拷贝. 因此，只要在长为 T 的某个区间上研究 f 就可知晓全局（见图 1-11）.

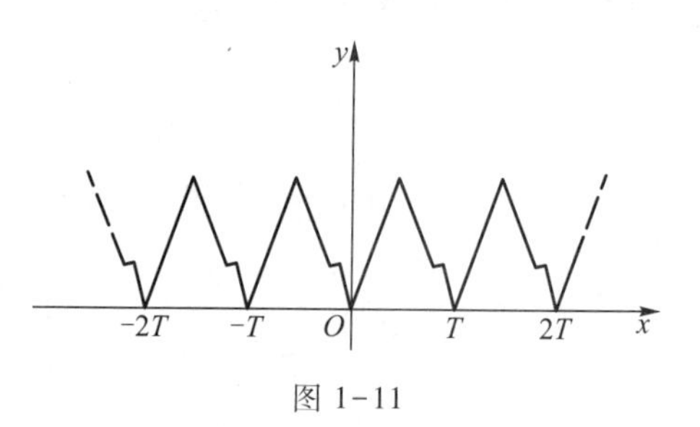

图 1-11

周期函数是重要的，因为许多客观现象的性态呈现出某些周期性特征. 如脑电波、心跳、家用电器的电压和电流都可以近似地看成周期的.

例 5　证明：若 $f:D\to\mathbf{R}$ 是以 T 为最小正周期的周期函数，则 $f(ax+b)\ (a>0)$ 是以 $\dfrac{T}{a}$ 为最小正周期的周期函数.

证　设 $\varphi(x)=f(ax+b)$，则有

$$\varphi\left(x+\frac{T}{a}\right)=f\left(a\left(x+\frac{T}{a}\right)+b\right)=f(ax+b+T)=f(ax+b)=\varphi(x),$$

从而 $\dfrac{T}{a}$ 是 $\varphi(x)$ 的周期. 又设 T' 也是 $\varphi(x)$ 的正周期，则

$$\begin{aligned}f(x+aT')&=f\left(a\left(\frac{x-b}{a}+T'\right)+b\right)=\varphi\left(\frac{x-b}{a}+T'\right)\\&=\varphi\left(\frac{x-b}{a}\right)=f\left(a\left(\frac{x-b}{a}\right)+b\right)=f(x).\end{aligned}$$

可见 aT' 也是 f 的周期，于是 $aT'\geqslant T$，即 $T'\geqslant\dfrac{T}{a}$. 这说明 $\dfrac{T}{a}$ 是 $f(ax+b)$ 的最小正周期.

例如，$f(x)=\sin x$，$f(x)=\tan x$ 分别是最小正周期为 2π，π 的周期函数，则 $f(x)=\sin(2x+3)$，$f(x)=\tan 4x$ 分别是最小正周期为 π，$\dfrac{\pi}{4}$ 的周期函数.

1.1.4　函数的初等运算

函数的运算是利用已知函数构造新函数的常用方法. 本段讨论四则运算、反函数运算和

复合运算这三种初等运算.

函数的四则运算　设 $f:D_1\to\mathbf{R}, g:D_2\to\mathbf{R}, D=D_1\cap D_2\neq\varnothing$.

(i) 函数的**和**与**差**: $f\pm g:D\to\mathbf{R}$,定义为 $(f\pm g)(x)=f(x)\pm g(x), \forall x\in D$;

(ii) 函数的**积**: $f\cdot g:D\to\mathbf{R}$,定义为 $(f\cdot g)(x)=f(x)\cdot g(x), \forall x\in D$;

(iii) 函数的**商**: $\dfrac{f}{g}:D\to\mathbf{R}$,定义为 $\dfrac{f}{g}(x)=\dfrac{f(x)}{g(x)}, \forall x\in D-\{x\mid g(x)=0\}$.

例如,设 $f(x)=x^2, x\in(-\infty,+\infty)$, $g(x)=\sqrt{x}, x\in[0,+\infty)$,则

$$(f\pm g)(x)=x^2\pm\sqrt{x},\quad x\in[0,+\infty);$$

$$(f\cdot g)(x)=x^2\sqrt{x},\quad x\in[0,+\infty);$$

$$\frac{f}{g}(x)=\frac{x^2}{\sqrt{x}},\quad x\in(0,+\infty).$$

函数 $f(x)=\sqrt{1-x^2}$ 与 $g(x)=\sqrt{x^2-4}$ 不能进行四则运算.

例 6　设 f,g 是 $(-\infty,+\infty)$ 上的奇函数,证明:$f+g$ 是奇函数,$f\cdot g$ 是偶函数.

证　设 $\varphi(x)=f(x)+g(x)$, $\psi(x)=f(x)\cdot g(x)$,则 φ,ψ 的定义域是 $(-\infty,+\infty)$,关于原点对称,且

$$\varphi(-x)=f(-x)+g(-x)=-f(x)-g(x)=-\varphi(x),$$

$$\psi(-x)=f(-x)\cdot g(-x)=(-f(x))(-g(x))=\psi(x).$$

因此,φ 是奇函数,ψ 是偶函数.

如 $f(x)=x^3+\sin x$ 是奇函数,$f(x)=x^3\sin x$ 是偶函数.

例 7　设 $f:D\to\mathbf{R}, g:D\to\mathbf{R}$,分别是以 T_1,T_2 为最小正周期的周期函数,且 $\dfrac{T_2}{T_1}$ 是有理数,则 $f+g$ 也是周期函数.

证　设 $\varphi(x)=f(x)+g(x)$, $\dfrac{T_2}{T_1}=\dfrac{m}{n}, n,m\in\mathbf{N}_+$.令 $T=T_1m=T_2n$,则

$$\varphi(x+T)=f(x+T_1m)+g(x+T_2n)=f(x)+g(x)=\varphi(x),$$

因此,T 是 $f+g$ 的周期.

读者仿例 7 还可证明 $f\cdot g, \dfrac{f}{g}$ 也是周期函数.

函数的复合运算　设 $u=f(x), x\in D_1$, $y=g(u), u\in D_2$.如果 $f(D_1)\subset D_2$,那么,$\forall x\in D_1$,通过 f 有唯一的 $u=f(x)\in D_2$ 与 x 对应,又通过 g 有唯一的 $y=g(u)$ 与 u 对应.由此确定了 x 与 y 的函数关系,称为 f 与 g 的**复合函数**(或**复合运算**),记为 $g\circ f$,即

$$y=(g\circ f)(x)=g(f(x)), x\in D_1.$$

u 习惯上称为**中间变量**,g 称为**外函数**,f 称为**内函数**(见图 1-12).

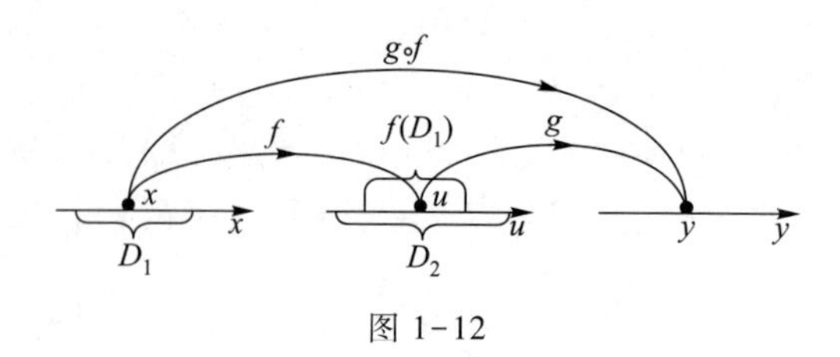

图 1-12

例如，$u=f(x)=\lg x$，$y=g(u)=\sin u$，则 $y=(g\circ f)(x)=\sin\lg x$.

又如，$u=f(x)=-(1+x^2)$，$y=g(u)=\lg u$，$y=h(u)=\arcsin u$，则

$$y=(h\circ f)(x)=\arcsin(-1-x^2),x\in\{0\},$$

$$y=(f\circ g)(x)=-(1+\lg^2 x),$$

$$y=(g\circ f)(x)=\lg(-(1+x^2))$$

无意义，即以 f 为内函数，g 为外函数的复合函数不存在.一般地，$f\circ g\neq g\circ f$.

反函数运算 设 $y=f(x)$，$x\in D$，$W=f(D)$.如果 $\forall x_1,x_2\in D$ 且 $x_1\neq x_2\Rightarrow f(x_1)\neq f(x_2)$，则 f 为 D 到 W 上的一个**一一对应**.此时，$\forall y\in W$，存在唯一的 $x\in D$ 使 $y=f(x)$，由此又确定了 W 上的一个函数.这个函数称为 f 的**反函数**（或**反函数运算**），记为 $f^{-1}:W\to D$，即 $x=f^{-1}(y)$，$y\in W$.记号 f^{-1} 读作"f 逆".注意：-1 不是 f 的指数.如果 f 把 x 对应到 y，则 f^{-1} 把 y 返回到 x.

根据定义，如果 $f^{-1}:W\to D$ 是 $f:D\to W$ 的反函数，那么 f^{-1} 也有反函数，且 $(f^{-1})^{-1}=f$，即 f^{-1} 与 f 互为反函数.f 与 f^{-1} 满足关系式

$$f^{-1}(f(x))=x,\ \forall x\in D,\text{即 } f^{-1}\circ f=I_D,$$

$$f(f^{-1}(y))=y,\ \forall y\in W,\text{即 } f\circ f^{-1}=I_W,$$

其中 I_D，I_W 分别是 D 和 W 上的恒等函数，即 $I_D(x)=x$，$I_W(y)=y$（见图 1-13）.

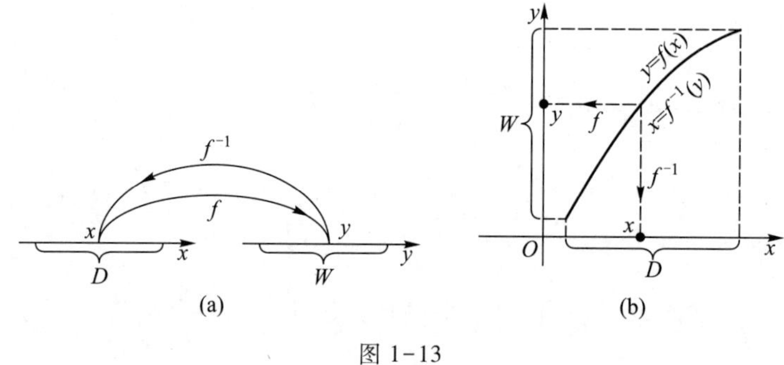

图 1-13

例如，如果 $f(x)=x^3$，则 $f^{-1}(y)=y^{\frac{1}{3}}$，因此

$$f^{-1}(f(x))=[f(x)]^{\frac{1}{3}}=[x^3]^{\frac{1}{3}}=x,\ f(f^{-1}(y))=[f^{-1}(y)]^3=(y^{\frac{1}{3}})^3=y.$$

在几何直观上，有反函数的函数的图形特点是：$\forall y_0\in W=f(D)$，过 y_0 作平行于 x 轴的直线，该直线与函数图形只交于一点.

如果f是定义在D上的单调函数，则$f:D\to f(D)$是一一对应，因此$f^{-1}:f(D)\to D$存在，且f^{-1}与f有相同的单调性.

事实上，f^{-1}的存在性显然.不妨设f是单调递增的，下面证明f^{-1}是$f(D)$上的单调递增函数.$\forall y_1,y_2\in f(D)$，且$y_1<y_2$，由f的单调性及函数定义，存在唯一的$x_1\in D$，使$y_1=f(x_1)$，唯一的$x_2\in D$，使$y_2=f(x_2)$.再由反函数定义，$x_1=f^{-1}(y_1)$，$x_2=f^{-1}(y_2)$.显然$x_1\neq x_2$，如果$x_1>x_2$，由f单调递增，有$y_1=f(x_1)>f(x_2)=y_2$，与$y_1<y_2$矛盾，从而$f^{-1}(y_1)=x_1<x_2=f^{-1}(y_2)$，即$f^{-1}:f(D)\to D$是单调递增函数.

习惯上用x表示自变量，y表示因变量，因此，反函数一般记为$y=f^{-1}(x)$，$x\in W$.此时原来的函数称为直接函数.$y=f(x)$与其反函数$y=f^{-1}(x)$的图形关于直线$y=x$对称（图1-14）.直接函数的图形绕直线$y=x$旋转180°即得反函数的图形.

求反函数的过程是：当函数$y=f(x)$有反函数时，从中解出$x=f^{-1}(y)$，再把x改写为y，y改写为x，即得$y=f^{-1}(x)$.

例如，$y=2x+1$，$x\in(-\infty,+\infty)$是单调递增函数，有反函数，解得$x=\dfrac{y-1}{2}$，则反函数为$y=\dfrac{x-1}{2}$.

又如，函数$y=x^2$，当$x\in(-\infty,+\infty)$时不存在反函数.事实上，$\forall y>0$，从$y=x^2$可解得$x=\pm\sqrt{y}$，不唯一.若限制$x\in[0,+\infty)=D_1$或$x\in(-\infty,0]=D_2$，则$y=x^2$在D_1上有反函数$y=\sqrt{x}$，在D_2上有反函数$y=-\sqrt{x}$.

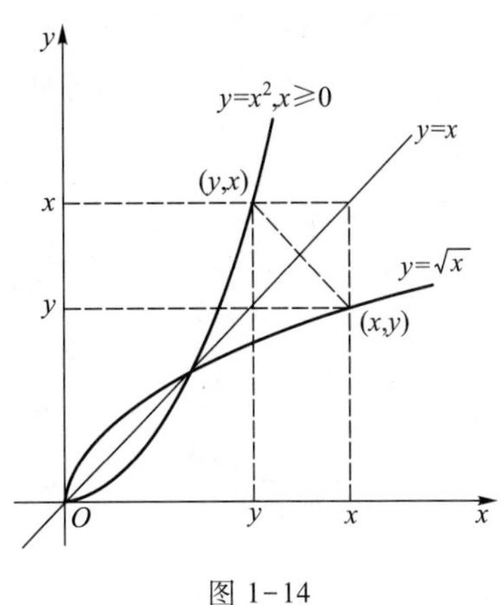

图 1-14

1.1.5 基本初等函数与初等函数

在数学的发展过程中，人们逐步筛选出最简单且常用的六类函数，即**常数函数**、**幂函数**、**指数函数**、**对数函数**、**三角函数与反三角函数**，这六类函数统称为**基本初等函数**.由基本初等函数经过有限次的四则运算与复合运算构成的并且可以用一个式子表示的函数称为**初等函数**.初等函数及由初等函数分段构成的分段函数是高等数学研究的主要函数.

基本初等函数在中学都已学过，为以后查阅方便，我们把它们的主要性质及图形罗列如下

1. 常数函数

$y=C$，$x\in(-\infty,+\infty)$（见图1-15）.

常数函数是周期函数，偶函数，且是有界的.

2. 幂函数

$y=x^{\alpha}$，$x\in D$，α是常数（$x>0$时的图像见图1-16）.

幂函数的定义域D与幂指数α的取值有关.对任何α，$(0,+\infty)\subset D$，单调性、奇偶性也与α有关，曲线都通过点$(1,1)$.

3. 指数函数

$y=a^x$（$0<a<1$或$a>1$），$x\in(-\infty,+\infty)$（见图1-17(a)）.

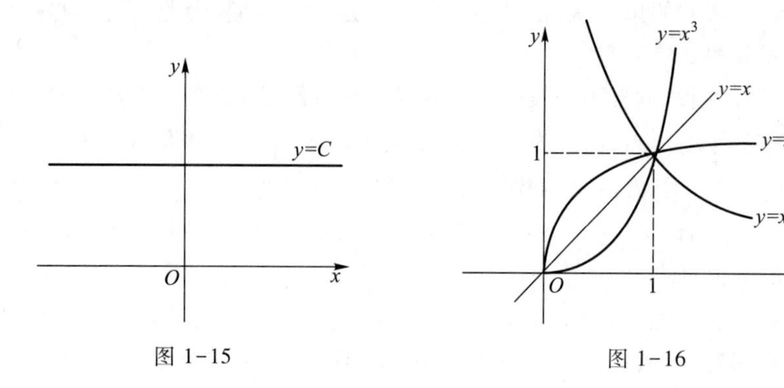

图 1-15　　图 1-16

当 $a>1$ 时，a^x 单调递增；$0<a<1$ 时，a^x 单调递减.a^x 的图像均过点$(0,1)$.

4. 对数函数

$y=\log_a x(0<a<1$ 或 $a>1)$（见图 1-17(b)）.

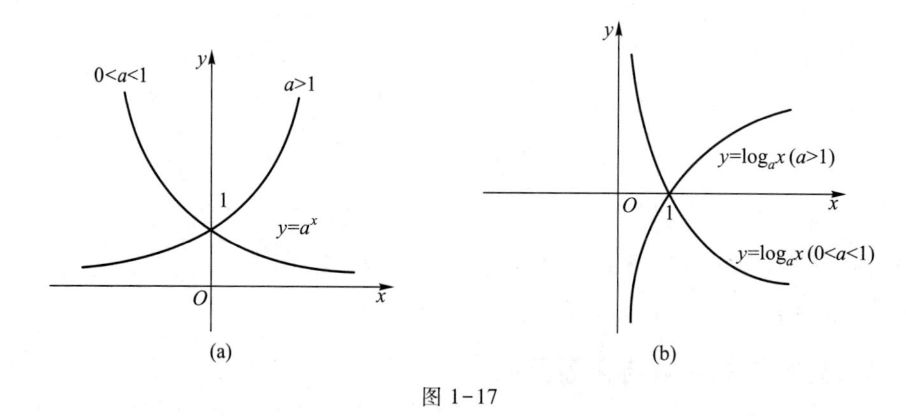

图 1-17

$y=\log_a x$ 是 $y=a^x$ 的反函数.当 $a>1$ 时，$y=\log_a x$ 单调递增；当 $0<a<1$ 时，$y=\log_a x$ 单调递减，图像均过点$(1,0)$.对数有下述运算性质：

$$a^{\log_a x}=x,\quad \log_a a^x=x,$$

$$\log_a(xy)=\log_a x+\log_a y,\quad \log_a\frac{x}{y}=\log_a x-\log_a y,$$

$$\log_a x^n=n\log_a x.$$

取 $a=\mathrm{e}=2.718\cdots$（见本章 1.2.4 小节），以 e 为底的指数函数 $y=\mathrm{e}^x$ 与对数函数 $y=\ln x(=\log_{\mathrm{e}} x)$ 在高等数学中有特殊地位.

5. 三角函数

$$y=\sin x,y=\cos x,x\in(-\infty,+\infty);$$

$$y=\tan x=\frac{\sin x}{\cos x},y=\sec x=\frac{1}{\cos x},x\in\left\{x\ \middle|\ x\neq k\pi+\frac{\pi}{2},k\in\mathbf{Z}\right\};$$

$$y=\cot x=\frac{\cos x}{\sin x},y=\csc x=\frac{1}{\sin x},x\in\{x\mid x\neq k\pi,k\in\mathbf{Z}\}\text{（见图 1-18）}.$$

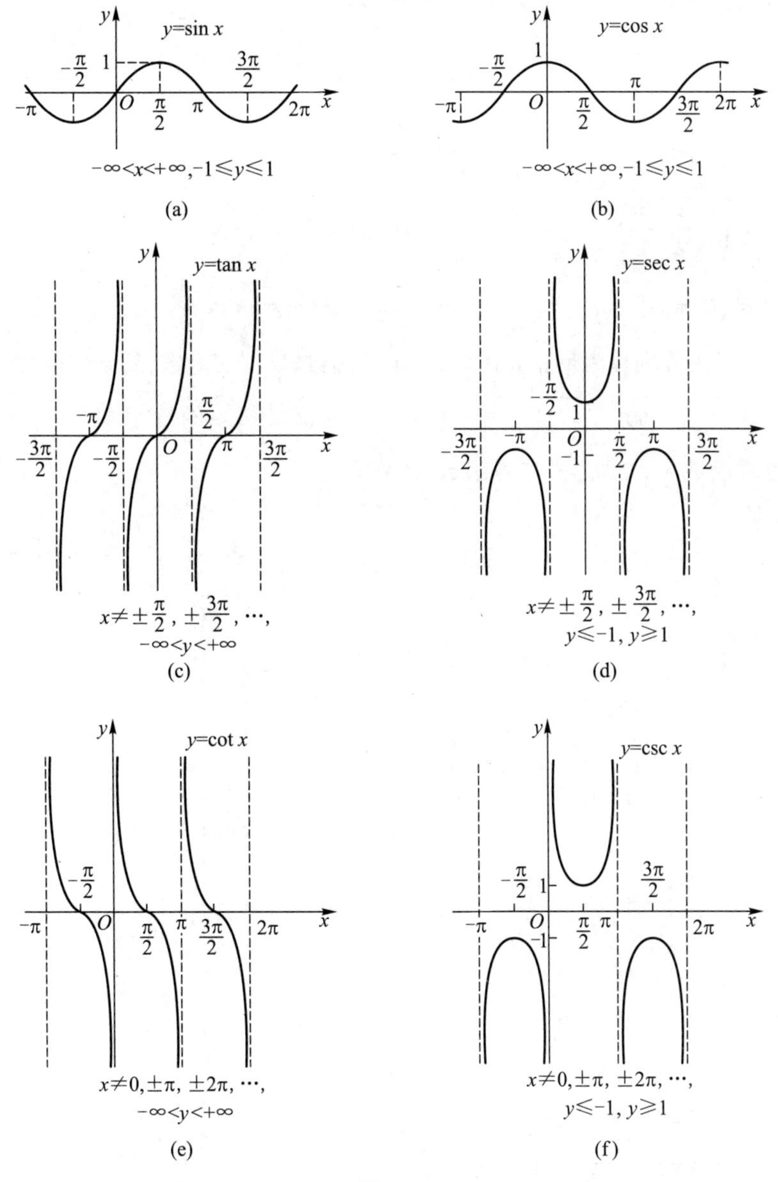

图 1-18

从三角函数的构成可看出,最基本的是 $y=\sin x$,$y=\cos x$.$\left(y=\cos x\right.$ 也可用 $y=\sin x$ 表示:$\left.\cos x=\sin\left(x+\frac{\pi}{2}\right)\right)$,其余都是这两个函数的四则运算的结果.

6. 反三角函数

三角函数在整个定义域上不是一一对应,因而不存在反函数.当限制到单调区间上时,三角函数有反函数,一般取其主值单调区间,对照如下

三角函数	反三角函数
$y=\sin x, x\in\left[-\frac{\pi}{2},\frac{\pi}{2}\right]$	$y=\arcsin x, x\in[-1,1]$
$y=\cos x, x\in[0,\pi]$	$y=\arccos x, x\in[-1,1]$
$y=\tan x, x\in\left(-\frac{\pi}{2},\frac{\pi}{2}\right)$	$y=\arctan x, x\in(-\infty,+\infty)$
$y=\cot x, x\in(0,\pi)$	$y=\operatorname{arccot} x, x\in(-\infty,+\infty)$

上述反三角函数分别称为反正弦函数,反余弦函数,反正切函数,反余切函数(见图1-19).

函数 $y=\sqrt{1-x^2}$, $y=\sin^2\sqrt{1+x^2}$, $y=\ln\sin(x+1)$ 等都是初等函数.例如, $y=\sin^2\sqrt{1+x^2}$ 是由常数函数1与幂函数 x^2 相加,再与幂函数 $u^{\frac{1}{2}}$ 复合,然后与三角函数 $\sin v$ 复合,最后又和幂函数 t^2 复合,即

$$y=t^2, t=\sin v, v=u^{\frac{1}{2}}, u=1+x^2.$$

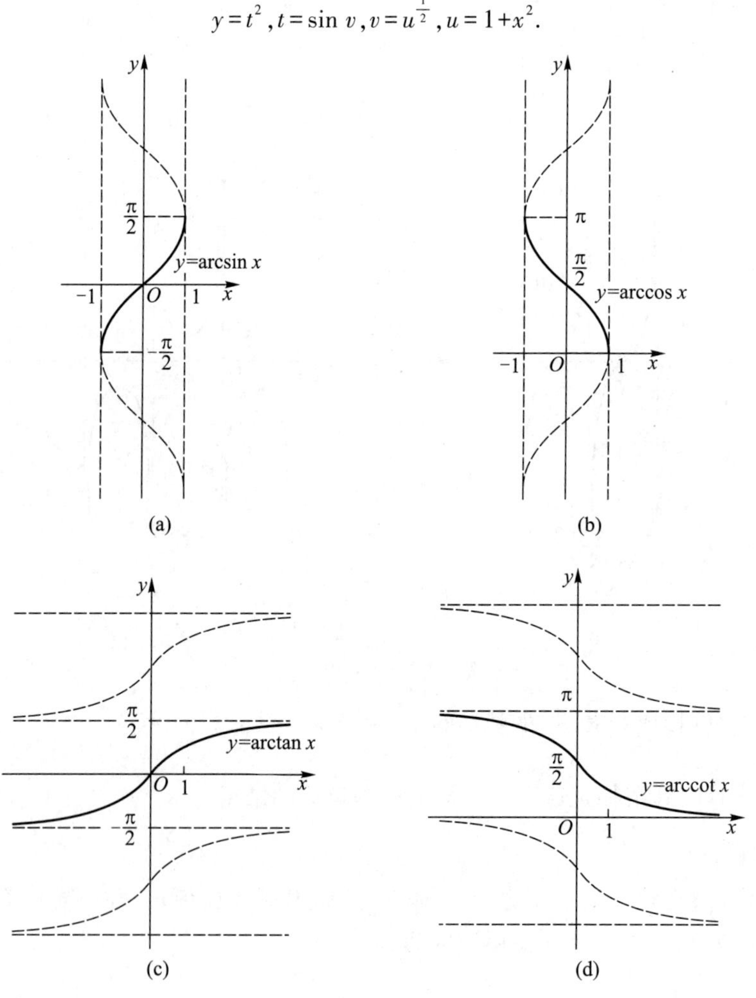

图1-19

函数

$$y=f(x)=\begin{cases}1+x^2, & x\leqslant 0,\\ x^2-1, & x>0\end{cases}$$

是定义在$(-\infty,+\infty)$上的分段函数,在$(-\infty,0]$及$(0,+\infty)$上分别是初等函数$f(x)=1+x^2$和$f(x)=x^2-1$.注意,函数$f(x)$是一个函数,而不是两个函数.

每个定义在以原点为对称点的区间上的函数可以唯一地分解成一个偶函数和一个奇函数的和,分解式是(习题 1.1B 第 3 题)

$$f(x)=\underbrace{\frac{f(x)+f(-x)}{2}}_{\text{偶函数部分}}+\underbrace{\frac{f(x)-f(-x)}{2}}_{\text{奇函数部分}}.$$

按这种方式分解 e^x,得

$$e^x=\frac{e^x+e^{-x}}{2}+\frac{e^x-e^{-x}}{2},$$

e^x 的上述分解的偶函数部分和奇函数部分分别称为双曲余弦与双曲正弦.类比于三角函数的定义,由双曲余弦与双曲正弦可定义双曲正切、双曲余切、双曲正割和双曲余割,下面给出双曲正弦、双曲余弦和双曲正切及其反函数的表达式,图像如图 1-20.

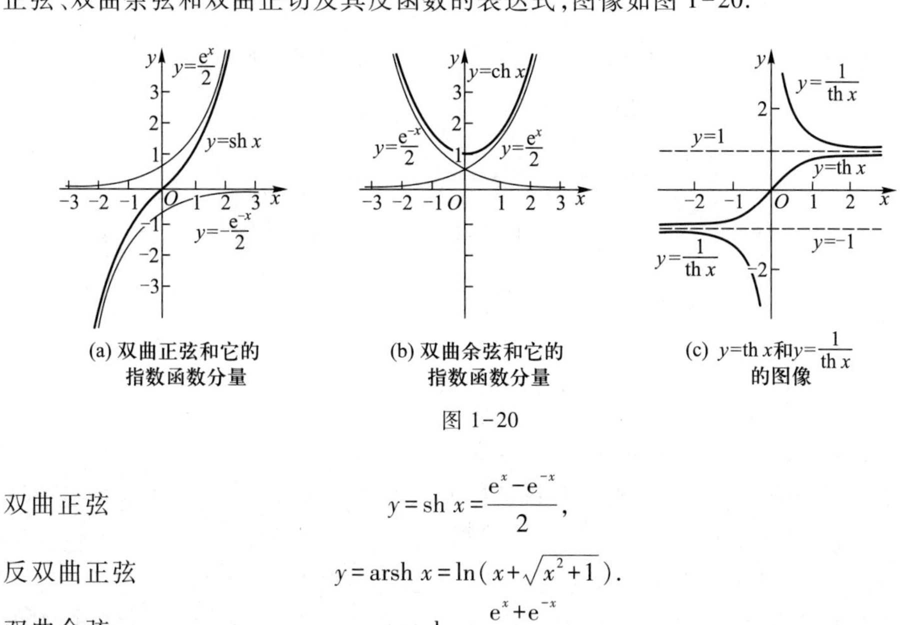

图 1-20

双曲正弦　　$y=\operatorname{sh}x=\dfrac{e^x-e^{-x}}{2},$

反双曲正弦　　$y=\operatorname{arsh}x=\ln(x+\sqrt{x^2+1}).$

双曲余弦　　$y=\operatorname{ch}x=\dfrac{e^x+e^{-x}}{2},$

反双曲余弦　　$y=\operatorname{arch}x=\ln(x+\sqrt{x^2-1}).$

双曲正切　　$y=\operatorname{th}x=\dfrac{\operatorname{sh}x}{\operatorname{ch}x}=\dfrac{e^x-e^{-x}}{e^x+e^{-x}},$

反双曲正切　　$y=\operatorname{arth}x=\dfrac{1}{2}\ln\dfrac{1+x}{1-x}.$

双曲类函数在工程技术中常会用到，比如两端固定并自由悬挂的绳索的形状可表示为 $y=a\mathrm{ch}\,\dfrac{x}{a}$（称为悬链线，$a>0$，见6.3.2例4）.

下面以反双曲正弦为例，说明反双曲函数的求法.

$$y=\frac{\mathrm{e}^{x}-\mathrm{e}^{-x}}{2},\quad 即\quad \mathrm{e}^{2x}-2y\mathrm{e}^{x}-1=0,$$

解得

$$\mathrm{e}^{x}=y\pm\sqrt{y^{2}+1}.$$

因为 $\mathrm{e}^{x}>0$，故取正号，得

$$\mathrm{e}^{x}=y+\sqrt{y^{2}+1}.$$

等式两边取自然对数，得

$$x=\ln(y+\sqrt{y^{2}+1}).$$

因此

$$y=\mathrm{arsh}\,x=\ln(x+\sqrt{x^{2}+1}).$$

这些函数有与三角函数类似的恒等式，读者可直接根据定义验证.

$$\mathrm{sh}(x\pm y)=\mathrm{sh}\,x\,\mathrm{ch}\,y\pm\mathrm{ch}\,x\,\mathrm{sh}\,y,$$

$$\mathrm{ch}(x\pm y)=\mathrm{ch}\,x\,\mathrm{ch}\,y\pm\mathrm{sh}\,x\,\mathrm{sh}\,y,$$

$$\mathrm{ch}^{2}x-\mathrm{sh}^{2}x=1,\ \mathrm{sh}\,2x=2\mathrm{sh}\,x\,\mathrm{ch}\,x,$$

$$\mathrm{sh}^{2}x=\frac{\mathrm{ch}\,2x-1}{2},\ \mathrm{ch}^{2}x=\frac{\mathrm{ch}\,2x+1}{2},$$

$$\mathrm{ch}\,2x=\mathrm{ch}^{2}x+\mathrm{sh}^{2}x.$$

下面给出双曲恒等式 $\mathrm{ch}^{2}x-\mathrm{sh}^{2}x=1$，一个类比于三角恒等式 $\cos^{2}x+\sin^{2}x=1$ 的几何解释. 我们可以把点 $P(\cos x,\sin x)$ 看成中心在坐标原点的单位圆周 $x^{2}+y^{2}=1$ 上的点.同样，点 $P(\mathrm{ch}\,x,\mathrm{sh}\,x)$ 可看成双曲线 $x^{2}-y^{2}=1$ 右半支上的点.

为了研究方便，常把初等函数分为代数函数与超越函数.

由自变量及常数进行有限次的代数运算（加、减、乘、除、开方）所构成的函数称为**代数函数**.不包含对变量进行开方运算的代数函数称为**有理函数**，否则称为**无理函数**.

例如，$y=x^{3}+2x+1$，$y=\dfrac{x+1}{x-1}$ 是有理函数；$y=\sqrt{\dfrac{x-1}{x+1}}$，$y=\dfrac{\sqrt{x}+1}{\sqrt[3]{x}+1}$ 是无理函数.

代数函数之外的其他初等函数称为**超越函数**（超出代数运算范围之意）.

例如，$y=x\mathrm{e}^{x}$，$y=\ln x$，$y=\sin x$ 是超越函数.

1.1.6 函数关系的建立

高等数学研究的对象是函数.在许多实际问题中,描述问题的函数关系往往不是现成的,需要自己去建立.接下来,我们将举例说明建立函数的方法.由于实际问题千差万别,不可能有一个适用于所有问题的一劳永逸的具体函数,也不会有一种普遍适用的建立函数的方法,只能具体问题具体分析处理.

例 8 设 T 代表某市气象站测得的该市 1999 年 7 月中旬的日最高气温,t 表示日期,数据如表 1-2.

表 1-2 某市 1999 年 7 月中旬日最高气温

t/日	11	12	13	14	15	16	17	18	19	20
T/℃	32	33	32	33	34	35	31	30	30	31

取 $D=\{11,12,\cdots,20\}$,$T(t)$表示 t 日的最高温度,则表 1-2 确定了 D 上的一个函数,尽管找不到 $T(t)$的计算公式.这种表示函数的方法称为**表格法**.

例 9 图 1-21 是一个人的心电图.医生可以从图形的变化中诊断出就诊者是否患病及所患病症.心电图显示出,电流为时间的函数,这个函数有一定变化规律,但无须写出公式表示,这种表示函数的方法称为**图像法**.

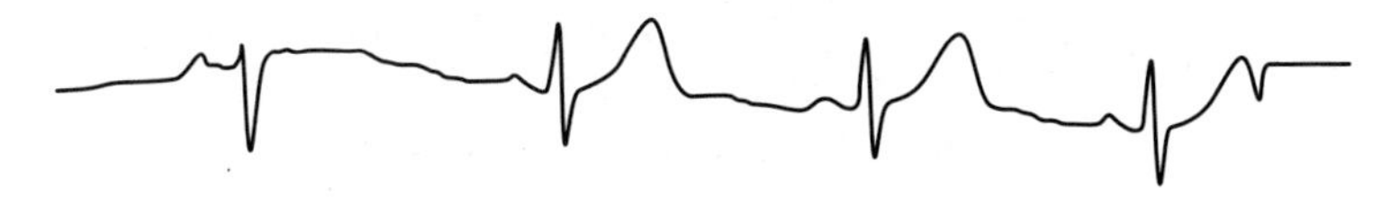

图 1-21 心电图

例 10 脉冲器产生了一个单三角脉冲,其波形如图 1-22 所示,写出电压 u 与时间 t 的函数关系.

解 当 $t\in\left[0,\dfrac{\tau}{2}\right]$ 时,$u=\dfrac{E}{\frac{\tau}{2}}t=\dfrac{2E}{\tau}t$;当 $t\in\left(\dfrac{\tau}{2},\tau\right]$ 时,$u=-\dfrac{2E}{\tau}(t-\tau)$;当 $t\in(\tau,+\infty)$时,$u=0$,归纳起来得

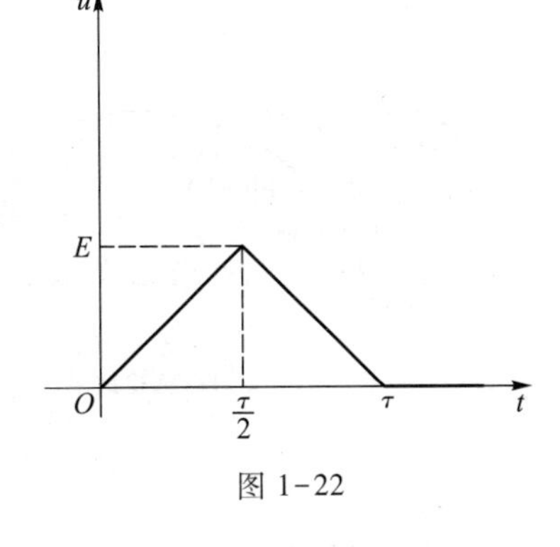

图 1-22

$$u(t)=\begin{cases}\dfrac{2E}{\tau}t, & t\in\left[0,\dfrac{\tau}{2}\right],\\ -\dfrac{2E}{\tau}(t-\tau), & t\in\left(\dfrac{\tau}{2},\tau\right],\\ 0, & t\in(\tau,+\infty).\end{cases}$$

$u(t)$是一个分段函数,定义域 $D=[0,+\infty)$.

例 11 某人从美国到加拿大去度假,他把美元兑换成加元时币面数值增加 12%,回国

后把加元兑换成美元时,币面数值减少12%.把两次兑换的方式用函数表示出来,这样一来一回的兑换产生的两个函数是否互为反函数?

解 设$f(x)$为将x美元兑换成的加元数,$g(x)$为将x加元兑换成的美元数,则

$$f(x)=x+x\cdot 12\%=1.12x,\quad x\geqslant 0,$$

$$g(x)=x-x\cdot 12\%=0.88x,\quad x\geqslant 0,$$

$g(f(x))=0.88\cdot f(x)=0.88\cdot 1.12x=0.985\,6x<x$,故$f,g$不互为反函数.

例 12 曲柄连杆机构是发动机的基本构件之一,由机体组、活塞连杆组和曲轴飞轮组等组成,以实现平动和转动之间的转换,可用图 1-23 简化描述.当飞轮转动时,连杆带动滑块B做往复直线运动.设曲柄OA的长为r,连杆AB的长为l,飞轮的角速度为ω,开始时,曲柄OA与连杆OB重合.求滑块B的运动规律.

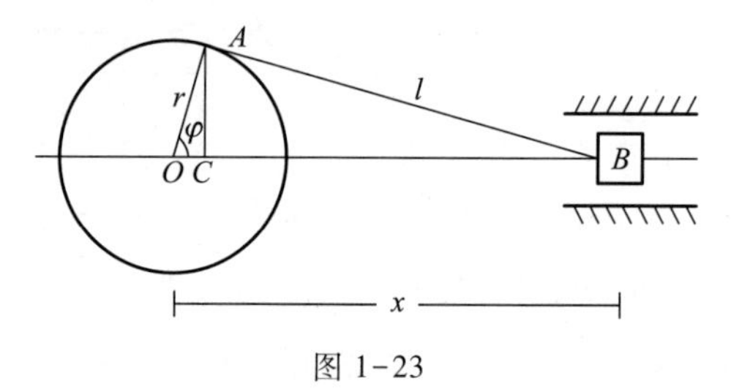

图 1-23

解 设经过时间t飞轮转过的角度为φ(弧度),此时滑块B到点O的距离为x,过A点作$AC\perp OB$,交OB于C,则

$$OC=r\cos\varphi,AC=r\sin\varphi,BC=\sqrt{AB^2-AC^2}=\sqrt{l^2-r^2\sin^2\varphi},$$

因此

$$x=OC+BC=r\cos\varphi+\sqrt{l^2-r^2\sin^2\varphi}.$$

由于$\varphi=\omega t$,从而得滑块B的运动规律为

$$x(t)=r\cos\omega t+\sqrt{l^2-r^2\sin^2\omega t},\quad t\in[0,+\infty).$$

例 13 设半径为r的圆周上有一固定点P,当圆沿一条直线无滑动地滚动时,点P的轨迹称为旋轮线,如图 1-24(a)所示.设开始时点P与坐标原点重合,求旋轮线的参数方程.

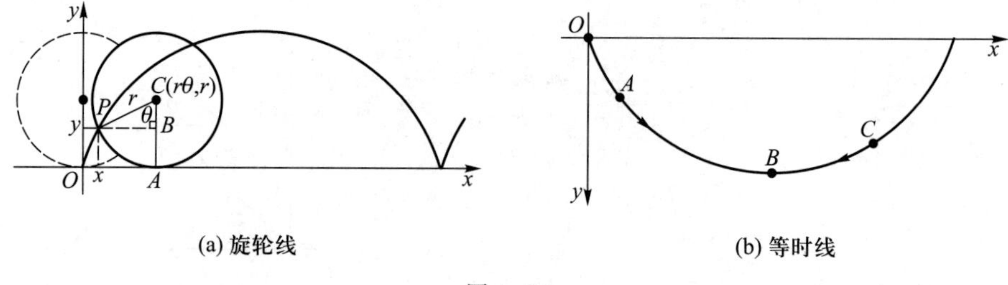

图 1-24

解 取圆的旋转角θ作为参数,如图 1-24(a)所示,则$|OA|=|\overset{\frown}{AP}|=r\theta$,从而圆心坐标是$C(r\theta,r)$.设点$P$的坐标为$(x,y)$,则有

$$x=|OA|-|PB|=r\theta-r\sin\theta=r(\theta-\sin\theta),$$

$$y=|AC|-|BC|=r-r\cos\theta=r(1-\cos\theta).$$

因此可得旋轮线的参数方程为

$$\begin{cases}x=r(\theta-\sin\theta),\\ y=r(1-\cos\theta)\end{cases}\quad(\theta\in\mathbf{R}).$$

当 θ 从 0 变到 2π 时形成旋轮线的一拱，往后重复画出.

虽然通过消去参数可以得到 x,y 之间在直角坐标系下的函数关系，但相当复杂，反而不如用参数方程处理起来简单.在后面我们能求出旋轮线一拱的长度和由 x 轴与一拱所围平面图形的面积.

荷兰物理学家惠更斯曾经证明了旋轮线有等时性质(等时线)：在凹向放置的旋轮线上，无论质点 P 在曲线上何处，滑到最低点的时间都是一样的，见图 1-24(b).

在第 6 章还将说明，旋轮线又被称为速降线，即不在同一铅直线上的不同高度的两点 A，B 处，连接 A，B 的所有曲线中，当质点在重力作用下沿某段旋轮线从 A 滑到 B 时所需时间最短.

例 14 在寒冷地区的地下会形成永久冻土层，在这些地区的地面做工程建设时(如修铁路、铺输油管道等)，应采取适当措施以避免热量的传输使永久冻土层软化.为此，必须考虑全年的空气温度变化，通常可用如下形式的正弦曲线来建模：

$$f(x)=A\sin\left[\frac{2\pi}{B}(x-C)\right]+D,$$

其中 $|A|$ 是幅度，$|B|$ 是周期，C 是水平位移，D 是垂直位移.根据美国阿拉斯加费尔班克斯 30 年记录的日平均气温值，可拟合得该地区的温度函数

$$f(x)=37\sin\left[\frac{2\pi}{365}(x-101)\right]+25,$$

其中 x 是从一年的第一天开始算起的天数，$f(x)$ 是华氏度[①].从图 1-25 可看出，拟合是相当好的.

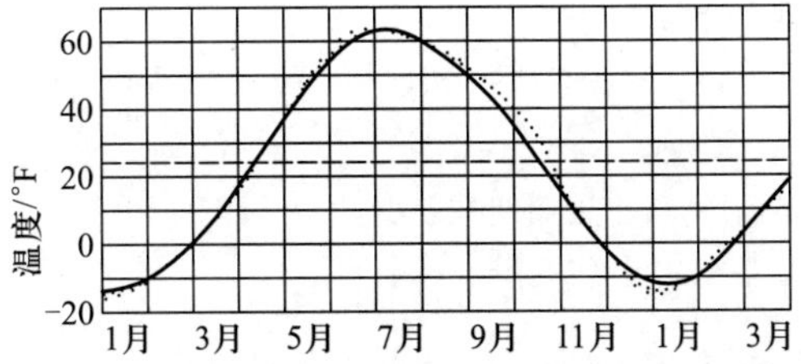

来源："温度曲线是按正弦曲线变化的吗?"
(Is the Curve of Temperature Variation a Sine Curve?)
by B.M.Lando and C.A.Lando. *The Mathematics Teacher*.
Vol.7,No.6(September 1997),Fig.2.P.53

图 1-25 阿拉斯加费尔班克斯的日平均气温拟合图

---

① 华氏度℉与摄氏度℃的换算关系式为 a℉$=\left(\frac{5}{9}a+32\right)$℃.

习题 1.1

A

1. 设 $A=[0,2]$, $B=[1,2]$，写出 $A\cup B$, $A\cap B$, $A-B$, $A\times B$，并指出 $A\times B$ 是平面上一个什么样的图形？

2. 用逻辑符号叙述实数系的阿基米德性质：“对任何无论多么小的正数 ε 及无论多么大的正数 M，总存在一个正整数 n，使 $n\varepsilon>M$.”

3. 对函数 $f(n)=\dfrac{1}{n+1}$, $n\in\mathbf{N}$，为了使 $f(n)<0.01$，n 应大于多少？

4. 对函数 $f(x)=\dfrac{x^2-4}{x-2}$，为了使 $|f(x)-4|<0.01$，x 应属于 2 的一个怎样的去心邻域内？

5. 已知 $f(x)=x^2+5x-1$，求 $f(0)$, $f(-x)$, $f(x-1)$, $f(x^2)$.

6. 已知 $f(x)=\begin{cases}x+1, & x\leqslant 0,\\ x^2-1, & x>0,\end{cases}$ 求 $f(-1)$, $f(0)$, $f(1)$, $f(-x^2)$, $f(x^2+1)$.

7. 写出函数 $f(x)=\sqrt{x(x-3)}$ 及 $g(x)=\ln\dfrac{1+x}{1-x}$ 的定义域和值域.

8. 设 $f(x)=x^2+1$，求 (1) $\dfrac{f(x+h)-f(x)}{h}$；(2) $\dfrac{f(x-h)-f(x)}{h}$.

9. 下列函数对 f,g 是不是同一函数？为什么？

(1) $f(x)=2^{\log_2 x}$, $g(x)=\log_2 2^x$；　　(2) $f(s)=\sqrt{s^2}$, $g(t)=|t|$.

10. 下列函数 $f(x)$ 是否有上界，是否有下界，是否有界？

(1) $\dfrac{2x}{x^2+1}$；　　(2) $\dfrac{1}{\sqrt{x}}$；

(3) $y=\log_2(x-1)$, $x\in(1,2]$.

11. 下列函数在其定义域上是否单调？

(1) $y=x^3$；　　(2) $y=x^2-1$；

(3) $y=\left(\dfrac{1}{2}\right)^x$.

12. 下列函数中哪些函数具有奇偶性？

(1) $y=x^2\sin x$；　　(2) $y=\cos x^3+\sin^2 x$；

(3) $y=|x|+x^5$.

13. 下列函数中哪些是周期函数，最小正周期是多少？

(1) $y=\sin \pi x+1$；　　(2) $y=\sin^2 x$；

(3) $y=x\cos x$.

14. 设 $f(x)=\sqrt{x}(x-1)$, $g(x)=\sin \pi x$，求函数 $f+g$, $f\cdot g$, $\dfrac{g}{f}$ 的表达式及定义域.

15. 设 $y=f(u)=\sqrt{u}$, $z=g(x)=\ln(x^2-1)$，求复合函数 $f\circ g$, $g\circ f$.

16. 分析初等函数 $y=\sin\ln\sqrt{x+1}$ 与 $z=\mathrm{e}^{\sin^2\sqrt{x}}$ 的复合关系.

17. 求函数 $y=\dfrac{1-x}{1+x}$ 及 $y=1+\ln(x+2)$ 的反函数.

18. 假设一块石子抛入湖中产生圆形的波纹，波纹以 60 cm/s 的速度向外扩展，试把受扰湖面的面积 A

表示成时间 t 的函数.

19. 某工厂生产某种产品,年产量为 x 台,每台售价 250 元.当年产量为 600 台以内时,可以全部售出,当年产量超过 600 台时,经广告宣传又可再多售出 200 台,每台平均广告费 20 元,生产再多,本年就售不出去了.请建立本年的销售总收入 R 与年产量 x 的函数关系.

B

1. 设 $f(x)$ 的定义域为 $[0,1]$.试求(1) $f(x+a)\,(a>0)$;(2) $f(\sin x)$;(3) $f(x+a)+f(x-a)\,(a>0)$ 的定义域.

2. 讨论函数 $y=\ln\dfrac{1-x}{1+x}$ 的奇偶性.

3. 设 $f(x)$ 定义在区间 $[-a,a]\,(a>0)$ 上.(1) 讨论函数 $\varphi(x)=f(x)+f(-x)$ 及 $\psi(x)=f(x)-f(-x)$ 的奇偶性;(2) 证明 $f(x)$ 可以表示成奇函数与偶函数之和.

4. 设 $f\left(\dfrac{1}{x}\right)=\ln(x+\sqrt{x^2+1})\,(x>0)$,求 $f(x)$.

5. 设 $f(x)=\begin{cases}\varphi(x), & -1\leqslant x<0,\\ \sqrt{x-x^2}, & 0\leqslant x\leqslant 1.\end{cases}$ 求 $\varphi(x)$,使 $f(x)$ 在 $[-1,1]$ 上是奇函数.

6. 设 $\varphi(x)$ 与 $f(x)$ 互为反函数,求 $f\left(\dfrac{x}{2}\right)$ 的反函数.

7. $f(x)=\begin{cases}\sqrt{x}, & 0\leqslant x<4,\\ x-2, & 4\leqslant x\leqslant 6,\end{cases}$ $g(x)=\begin{cases}x^2, & 0\leqslant x<2,\\ x+2, & 2\leqslant x\leqslant 4.\end{cases}$ 求 $f(g(x))$,$g(f(x))$.

1.2 数列极限

1.2 预习检测

极限方法是一种由近似逼近精确的数学方法,极限主要有数列极限与函数极限.数列极限比较简单且易于理解,本节介绍数列、数列极限及其性质.

1.2.1 数列的概念

如果函数 f 的定义域是 $\mathbf{N}_+$,则其函数值 $f(n)$ 可按自然数 n 从小到大的顺序排列:

$$f(1),f(2),\cdots,f(n),\cdots.$$

记 $a_n=f(n)\,(n=1,2,\cdots)$,称这样一列有次序的数

$$a_1,a_2,\cdots,a_n,\cdots$$

为一个**数列**,记为 $\{a_n\}$.a_n 称为数列的**一般项**或**通项**,有时为了方便也简称"数列 a_n".

例如:

(1) $\left\{\dfrac{n+1}{n}\right\}:\dfrac{1+1}{1},\dfrac{2+1}{2},\cdots,\dfrac{n+1}{n},\cdots$;

(2) (等比数列) $\{aq^{n-1}\}:a,aq,\cdots,aq^{n-1},\cdots\,(q\neq 0)$;

(3) (等差数列) $\{a+(n-1)d\}:a,a+d,\cdots,a+(n-1)d,\cdots\,(d\neq 0)$;

(4) (振动数列) $\{(-1)^{n-1}\}:1,-1,\cdots,(-1)^{n-1},\cdots$;

(5) (常数列) $\{c\}:c,c,\cdots,c,\cdots$.

数列作为一种特殊的函数,也可以定义有界性、单调性、周期性概念.

定义1　设$\{a_n\}$是一个数列.

(i) 如果存在常数M,使

$$a_n \leqslant (\geqslant) M, \quad \forall n \in \mathbf{N}_+,$$

则称$\{a_n\}$**有上(下)界**,M为数列的一个上(下)界.

如果$\exists M>0$,使

$$|a_n| \leqslant M, \forall n \in \mathbf{N}_+,$$

则称$\{a_n\}$为一个**有界数列**,否则称$\{a_n\}$无界.

(ii) 如果$\{a_n\}$满足

$$a_n \leqslant (\geqslant) a_{n+1}, \quad \forall n \in \mathbf{N}_+,$$

则称数列$\{a_n\}$**单调递增(单调递减)**.单调递增数列和单调递减数列统称为**单调数列**.

(iii) 如果存在自然数l,使

$$a_{n+l} = a_n, \quad \forall n \in \mathbf{N}_+,$$

则称$\{a_n\}$为一个**周期数列**,l为一个**周期**.

例如,数列(1)是单调递减有界数列.数列(2)当$a>0,q>1$时是单调递增无界数列,当$a>0,0<q<1$时是单调递减有界数列.数列(4)是一个周期为2的周期数列.

1.2.2　数列极限的概念

在绪论例2中,为了计算由抛物线$y=x^2$,x轴及直线$x=1$所围成的平面图形的面积S,首先得到一个面积的近似值数列$S_n=\dfrac{1}{3}+\dfrac{1}{2n}+\dfrac{1}{6n^2}$.从几何直观上看出,随着$n$的增加,$S_n$越来越逼近该平面图形的面积$S$.可见,研究一个数列当自变量$n$趋于无穷时,能否与一个定常数无限接近的问题有着重要的意义.

再来考察数列$\left\{\dfrac{n+1}{n}\right\}$与$\{(-1)^n\}$.数列$a_n=\dfrac{n+1}{n}=1+\dfrac{1}{n}$,当$n$无限增大时,$a_n$无限接近于1,数列$b_n=(-1)^n$随着$n$的变化,在$-1$与$+1$之间摆动,它不逼近于任何一个确定的常数.这是两个性质很不相同的数列,前者称为**收敛数列**,后者称为**发散数列**.把"当n无限增大时""a_n无限接近于a"这种描述性语言精确化,就得到严格的数列极限定义.从直观的描述性的极限思想到严格的精确的极限概念,数学家们艰苦探索了两百多年,直到19世纪中叶,才由法国数学家柯西、德国数学家魏尔斯特拉斯等予以解决.

下面我们先来分析"当n无限增大时,数列$a_n=1+\dfrac{1}{n}$无限接近于1"应该怎样刻画比较合理.

为了使a_n与1的距离小于0.01,即$|a_n-1|=\dfrac{1}{n}<0.01$,$n$应大到什么程度?显然,从$\dfrac{1}{n}<0.01$可解得$n>100$.那么,只要$n>100$,就有$|a_n-1|<0.01$.

为了使a_n与1的距离小于0.001,即$|a_n-1|=\dfrac{1}{n}<0.001$,$n$又应大到什么程度呢?从$\dfrac{1}{n}<0.001$可解得$n>1\,000$.即只要$n>1\,000$,就有$|a_n-1|<0.001$.

不过,即使 $|a_n-1|<0.001$,也不能说 a_n 与 1 已经无限接近或者已经保证 a_n 与 1 能无限接近,因为 $|a_n-1|<10^{-4},10^{-5},\cdots$ 还不能从这个不等式得出.只有做到 $|a_n-1|$ 要多小就能有多小才能说 a_n 与 1 能无限接近.也就是说,对任意的(无论多么小的) $\varepsilon>0$,总存在自然数 N,只要 $n>N$,就有 $|a_n-a|<\varepsilon$.把这个叙述一般化即得如下定义.

微课
数列极限定义

定义 2($\varepsilon-N$ 定义) 设 $\{a_n\}$ 是一个数列,a 是一个常数.如果对任意的 $\varepsilon>0$,总存在自然数 N,使得对一切大于 N 的 n,都有 a_n 与 a 的距离小于 ε,即 $|a_n-a|<\varepsilon$,则称 $\{a_n\}$ 为**收敛数列**,并称数列 a_n **收敛于** a,a 为数列 a_n 的**极限**,记作

$$\lim_{n\to\infty} a_n = a \quad 或者 \quad a_n \to a(n\to\infty).$$

否则,如果对任何实数 a,上述条件都不能满足,就称 $\{a_n\}$ 为一个**发散数列**,或者说 $\lim\limits_{n\to\infty} a_n$ 不存在.

利用逻辑符号,定义 2 可简短地写为

$$\lim_{n\to\infty} a_n = a \Leftrightarrow \forall \varepsilon > 0, \exists N, \forall n > N, |a_n - a| < \varepsilon. \tag{1-1}$$

在后面的讨论中,经常用式(1-1)这种简短形式.

式(1-1)中不等式 $|a_n-a|<\varepsilon(n>N)$,即 $a-\varepsilon<a_n<a+\varepsilon(n>N)$.从数轴上看,$a_n\to a(n\to\infty)$ 可叙述成:$\forall \varepsilon>0$,在 a 的 ε 邻域 $(a-\varepsilon,a+\varepsilon)$ 之外至多有数列 $\{a_n\}$ 的有限项(见图 1-26).

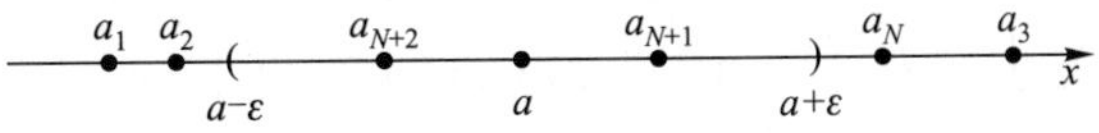

图 1-26

例 1 设 $S_n=\frac{1}{3}+\frac{1}{2n}+\frac{1}{6n^2}$,证明 $\lim\limits_{n\to\infty} S_n=\frac{1}{3}$.

证 $\forall \varepsilon>0$,由

$$\left|S_n-\frac{1}{3}\right|=\frac{1}{2n}+\frac{1}{6n^2}\leqslant\frac{1}{2n}+\frac{1}{2n}=\frac{1}{n}<\varepsilon,$$

解得 $n>\frac{1}{\varepsilon}$,因此,取 $N=\left[\frac{1}{\varepsilon}\right]$,则当 $n>N$ 时,

$$\left|S_n-\frac{1}{3}\right|<\varepsilon,$$

根据 $\varepsilon-N$ 定义,$\lim\limits_{n\to\infty} S_n=\frac{1}{3}$.

例 2 设 $|q|<1$,证明 $\lim\limits_{n\to\infty} q^{n-1}=0$.

证 当 $q=0$ 时显然成立.设 $q\neq0$,$\forall \varepsilon>0$,由(不妨设 $\varepsilon<1$)

$$|q^{n-1}-0|=|q|^{n-1}<\varepsilon,$$

解得 $n>1+\frac{\ln \varepsilon}{\ln |q|}$,因此,取 $N=\left[1+\frac{\ln \varepsilon}{\ln |q|}\right]$,则当 $n>N$ 时,$|q^{n-1}-0|<\varepsilon$.由 $\varepsilon-N$ 定义,得 $\lim\limits_{n\to\infty} q^{n-1}=0$.

#**例 3** 证明 $\lim\limits_{n\to\infty}\sqrt[n]{a}=1(a>0)$.

证 先设 $a>1$,令$\sqrt[n]{a}=1+\alpha_n(\alpha_n>0)$.有

微课
1.2 节例 3

$$a=(1+\alpha_n)^n=1+n\alpha_n+\frac{n(n-1)}{2!}\alpha_n^2+\cdots+\alpha_n^n\geqslant 1+n\alpha_n,$$

因此

$$0\leqslant\alpha_n=\sqrt[n]{a}-1\leqslant\frac{a-1}{n},$$

令$\frac{a-1}{n}<\varepsilon$,得 $n>\frac{a-1}{\varepsilon}$.于是 $\forall\varepsilon>0$,取 $N=\left[\frac{a-1}{\varepsilon}\right]$,当 $n>N$ 时,$|\sqrt[n]{a}-1|<\varepsilon$,故

$$\lim_{n\to\infty}\sqrt[n]{a}=1.$$

再设 $0<a<1$,令 $a=\frac{1}{b}(b>1)$.

$$|\sqrt[n]{a}-1|=\frac{|\sqrt[n]{b}-1|}{\sqrt[n]{b}}\leqslant|\sqrt[n]{b}-1|.$$

由前述证明过程知,$\forall\varepsilon>0,\exists N=\left[\frac{b-1}{\varepsilon}\right]$,当 $n>N$ 时,$|\sqrt[n]{a}-1|\leqslant|\sqrt[n]{b}-1|<\varepsilon$,从而$\lim\limits_{n\to\infty}\sqrt[n]{a}=1$.

当 $a=1$ 时显然结论成立.综合之,即知结论成立.

#例 4 证明$\lim\limits_{n\to\infty}\frac{n^2+4}{2n^2+n+5}=\frac{1}{2}$.

证 $\forall\varepsilon>0$,解不等式

$$\left|\frac{n^2+4}{2n^2+n+5}-\frac{1}{2}\right|=\frac{|n-3|}{2(2n^2+n+5)}<\varepsilon. \tag{1-2}$$

从式(1-2)解关于 n 和 ε 的不等式不易,考虑适当地放大不等式

$$\frac{|n-3|}{2(2n^2+n+5)}\leqslant\frac{n+3}{2(2n^2+n+5)}\leqslant\frac{n+3}{2n^2+n+5}\leqslant\frac{n+3n}{2n^2+n+5}\leqslant\frac{4n}{2n^2}=\frac{2}{n},$$

只要$\frac{2}{n}<\varepsilon$,即 $n>\frac{2}{\varepsilon}$,就有式(1-2)成立,即

$$\forall\varepsilon>0,\exists N=\left[\frac{2}{\varepsilon}\right],\forall n>N,\left|\frac{n^2+4}{2n^2+n+5}-\frac{1}{2}\right|<\varepsilon,$$

由 $\varepsilon-N$ 定义,$\lim\limits_{n\to\infty}\frac{n^2+4}{2n^2+n+5}=\frac{1}{2}$.

从极限的 $\varepsilon-N$ 定义及例 1—例 4 可以看出,定义中的 ε 是可以任意小的正数,它定量地描述了 a_n对 a 的逼近程度.N 保证了只要 $n>N$,就有$|a_n-a|<\varepsilon$ 成立.一般来说,N 依赖于 ε,N 随着 ε 变小而增大.极限是否存在,证明的关键是通过解不等式$|a_n-a|<\varepsilon$ 发现 n 和 ε 的关

系,找到符合要求的 N.N 只要存在就行,可以不唯一,不同的不等式通过不同的放大方式找到的 N 可能不同.例如,例 4 证明中,还可以放大不等式为

$$\frac{n+3}{2(2n^2+n+5)}\leqslant\frac{n+3n}{2(2n^2+n)}\leqslant\frac{1}{n},\frac{n+3}{2(2n^2+n+5)}\leqslant\frac{n+3n}{n^2}\leqslant\frac{4}{n}.$$

放大不等式往往需要相当的技巧,请读者证明下面的极限来体会不等式的放大方法:

$$\lim_{n\to\infty}\frac{n^2-3}{2n^2+n-5}=\frac{1}{2},\lim_{n\to\infty}\frac{n^2-3}{2n^2-n-5}=\frac{1}{2}.$$

1.2.3 收敛数列的性质

性质 1(唯一性) 设 $\{a_n\}$ 是收敛数列,则其极限唯一.

证 设 $\lim\limits_{n\to\infty}a_n=a$, $\lim\limits_{n\to\infty}a_n=b$,要证 $a=b$. $\forall\varepsilon>0$.

由 $\lim\limits_{n\to\infty}a_n=a\Rightarrow\exists N_1$,当 $n>N_1$ 时,

$$|a_n-a|<\varepsilon,\tag{1-3}$$

由 $\lim\limits_{n\to\infty}a_n=b\Rightarrow\exists N_2$,当 $n>N_2$ 时,

$$|a_n-b|<\varepsilon.\tag{1-4}$$

取 $N=\max\{N_1,N_2\}$[①],则当 $n>N$ 时式(1-3),(1-4)同时成立,因而

$$|a-b|\leqslant|a-a_n|+|a_n-b|<2\varepsilon,$$

由 ε 的任意性,$a=b$.

性质 2(有界性) 设 $\{a_n\}$ 是收敛数列,则 $\{a_n\}$ 有界.

证 设 $\lim\limits_{n\to\infty}a_n=a$.对 $\varepsilon=1$, $\exists N$, $\forall n>N$, $|a_n-a|<1$.从而,当 $n>N$ 时,

$$|a_n|=|a_n-a+a|\leqslant|a_n-a|+|a|\leqslant1+|a|.$$

令 $M=\max\{|a_1|,|a_2|,\cdots,|a_N|,1+|a|\}$,则有

$$|a_n|\leqslant M,\quad\forall n\in\mathbf{N}_+.$$

根据性质 2,无界数列显然发散,但是有界数列也不一定收敛.例如,$a_n=(-1)^{n-1}$ 是有界数列,但不收敛.这从下面所介绍的子列与数列收敛性的关系中易于得出.

设数列 $a_n=f(n)(n=1,2,\cdots)$,其中 $f:\mathbf{N}_+\to\mathbf{R}$.假定 $\mathbf{N}'=\{n_k\mid n_k<n_{k+1},k=1,2,\cdots\}$ 是 $\mathbf{N}_+$ 的无限子集,把 f 的定义域限制在 $\mathbf{N}_+$ 的子集 $\mathbf{N}'$ 上,得到一列有次序的数 $a_{n_k}=f(n_k)$ $(k=1,2,\cdots)$,即

$$a_{n_1},a_{n_2},\cdots,a_{n_k},\cdots.$$

① $\max\{a_1,a_2,\cdots,a_n\}$ 表示 $a_1,a_2,\cdots,a_n$ 中的最大者,$\min\{a_1,a_2,\cdots,a_n\}$ 表示 $a_1,a_2,\cdots,a_n$ 中的最小者.例如,$\max\{1,2,3\}=3$, $\min\{1,2,3\}=1$.

这也是一个数列,称为原数列$\{a_n\}$的**子列**.

注 子列$\{a_{n_k}\}$中a_{n_k}是子列的第k项,是原数列的第n_k项.由于子集$\mathbf{N}'$的取法有无穷多种,从原数列中抽取的子列也各种各样.

性质3(收敛数列与子列间的关系) 如果$\{a_n\}$是一个收敛数列,并且收敛于极限a,那么它的任一个子列也收敛且收敛于a.

证 设$\lim\limits_{n\to\infty}a_n=a$,$\{a_{n_k}\}$是$\{a_n\}$的任一子列.$\forall\varepsilon>0$,由

$$\lim_{n\to\infty}a_n=a\Rightarrow\exists N,\text{当 }n>N\text{ 时},|a_n-a|<\varepsilon.$$

$n_k<n_{k+1}\to\infty\ (k\to\infty)$,从而$\exists K$,使$n_K>N$.于是,当$k>K$时,$n_k>n_K>N$,有

$$|a_{n_k}-a|<\varepsilon.$$

由$\varepsilon-N$定义,$\lim\limits_{k\to\infty}a_{n_k}=a$.

根据性质3,如果数列$\{a_n\}$有两个子列不收敛于同一个极限,或者存在子列不收敛,那么$\lim\limits_{n\to\infty}a_n$必不存在.

例如,数列$a_n=(-1)^{n-1}(n=1,2,\cdots)$.奇子列$a_{2n-1}=1$,偶子列$a_{2n}=-1$,显然,$\lim\limits_{n\to\infty}a_{2n-1}=1$,$\lim\limits_{n\to\infty}a_{2n}=-1$,故$\lim\limits_{n\to\infty}a_n$不存在.请读者判断数列$\left\{\dfrac{1+(-1)^n}{2}n\right\}$是否收敛.

性质4(四则运算) 设$\lim\limits_{n\to\infty}a_n=a$,$\lim\limits_{n\to\infty}b_n=b$,则

(i) $\lim\limits_{n\to\infty}(a_n\pm b_n)=\lim\limits_{n\to\infty}a_n\pm\lim\limits_{n\to\infty}b_n=a\pm b$.

(ii) $\lim\limits_{n\to\infty}(a_n\cdot b_n)=\lim\limits_{n\to\infty}a_n\cdot\lim\limits_{n\to\infty}b_n=ab$.

特别地,设C为常数,则$\lim\limits_{n\to\infty}(Ca_n)=C\lim\limits_{n\to\infty}a_n=Ca$.

(iii) $\lim\limits_{n\to\infty}\dfrac{a_n}{b_n}=\dfrac{\lim\limits_{n\to\infty}a_n}{\lim\limits_{n\to\infty}b_n}=\dfrac{a}{b}\quad(b\neq0)$.

性质4的证明在1.4节给出.

例5 求下列极限:

(1) $\lim\limits_{n\to\infty}(\sqrt{n^2+n}-n)$; (2) $\lim\limits_{n\to\infty}\dfrac{\sqrt[n]{2}(n^2+n)}{2n^2+1}$.

解 (1) $\lim\limits_{n\to\infty}(\sqrt{n^2+n}-n)=\lim\limits_{n\to\infty}\dfrac{n}{\sqrt{n^2+n}+n}=\dfrac{1}{\lim\limits_{n\to\infty}\sqrt{1+\dfrac{1}{n}}+1}=\dfrac{1}{2}$.

(2) $\lim\limits_{n\to\infty}\dfrac{\sqrt[n]{2}(n^2+n)}{2n^2+1}=\lim\limits_{n\to\infty}\sqrt[n]{2}\lim\limits_{n\to\infty}\dfrac{1+\dfrac{1}{n}}{2+\dfrac{1}{n^2}}=1\times\dfrac{1}{2}=\dfrac{1}{2}$.

1.2.4 数列收敛的判别法

对一个数列$\{a_n\}$,如果能观察出$\lim\limits_{n\to\infty}a_n=a$,那么$\varepsilon-N$定义可以帮助我们验证观察是否正

确.如果难以观察出这个数 a,就无法用 $\varepsilon-N$ 定义证明数列是否收敛.直接通过数列本身判定在什么条件下数列收敛有重要意义.

定理 1(夹逼定理) 设数列 $\{a_n\}$,$\{b_n\}$,$\{x_n\}$ 满足条件

(i) $a_n\leqslant x_n\leqslant b_n$;

(ii) $\lim\limits_{n\to\infty}a_n=a=\lim\limits_{n\to\infty}b_n$,

则 $\{x_n\}$ 收敛,且 $\lim\limits_{n\to\infty}x_n=a$.

证 $\forall\varepsilon>0$,由 $a_n\to a, b_n\to a(n\to\infty)$ 及性质 1 的证明过程知,$\exists N$,当 $n>N$ 时,

$$|a_n-a|<\varepsilon,\ |b_n-a|<\varepsilon.$$

即

$$a-\varepsilon<a_n<a+\varepsilon,\quad a-\varepsilon<b_n<a+\varepsilon,$$

得

$$a-\varepsilon<a_n\leqslant x_n\leqslant b_n<a+\varepsilon,$$

从而

$$|x_n-a|<\varepsilon,$$

即

$$\lim_{n\to\infty}x_n=a.$$

例 6 求下列极限:

(1) $\lim\limits_{n\to\infty}\sqrt[n]{1+2^n+3^n}$;　　(2) $\lim\limits_{n\to\infty}\left(\dfrac{1}{n^2+1}+\dfrac{2}{n^2+2}+\cdots+\dfrac{n}{n^2+n}\right)$.

解 (1) $3=\sqrt[n]{3^n}\leqslant\sqrt[n]{1+2^n+3^n}\leqslant\sqrt[n]{3\cdot3^n}=3\cdot\sqrt[n]{3}$,

$$\lim_{n\to\infty}3=3,\lim_{n\to\infty}3\cdot\sqrt[n]{3}=3,$$

由夹逼定理得

$$\lim_{n\to\infty}\sqrt[n]{1+2^n+3^n}=3.$$

(2) $\dfrac{n(n+1)}{2}\cdot\dfrac{1}{n^2+n}\leqslant\dfrac{1}{n^2+1}+\dfrac{2}{n^2+2}+\cdots+\dfrac{n}{n^2+n}\leqslant\dfrac{n(n+1)}{2}\cdot\dfrac{1}{n^2+1}$,

$$\lim_{n\to\infty}\frac{n(n+1)}{2(n^2+n)}=\frac{1}{2},\lim_{n\to\infty}\frac{n(n+1)}{2(n^2+1)}=\frac{1}{2},$$

故原式 $=\dfrac{1}{2}$.

由例 6 可看出,用夹逼定理判断数列的收敛性及求极限时,关键是适当地用放缩方法使原数列夹在两个较简单且收敛于同一极限的数列之间.

定理 2(单调有界定理) 单调有界数列必有极限.

定理 2 的证明超出本课程范围,从略.

微课
1.2 节例 7

#**例 7** 证明 $\lim\limits_{n\to\infty}\left(1+\dfrac{1}{n}\right)^n$ 存在.

证 由几何—算术平均不等式

$$\sqrt[n]{a_1a_2\cdots a_n}\leqslant\frac{a_1+a_2+\cdots+a_n}{n}\quad(a_i\geqslant 0,1\leqslant i\leqslant n),$$

得

$$\begin{aligned}x_n&=\left(1+\frac{1}{n}\right)^n=1\cdot\underbrace{\left(1+\frac{1}{n}\right)\cdots\left(1+\frac{1}{n}\right)}_{n\text{ 项}}\\&\leqslant\left(\frac{1}{n+1}\right)^{n+1}\left[1+\left(1+\frac{1}{n}\right)+\cdots+\left(1+\frac{1}{n}\right)\right]^{n+1}\\&=\left(1+\frac{1}{n+1}\right)^{n+1}=x_{n+1}\quad(n=1,2,\cdots).\end{aligned}$$

可见$\left\{\left(1+\frac{1}{n}\right)^n\right\}$单调递增.

$$\begin{aligned}x_n&=\left(1+\frac{1}{n}\right)^n\\&=1+1+\frac{n(n-1)}{2!}\frac{1}{n^2}+\cdots+\frac{n(n-1)\cdots(n-k+1)}{k!}\frac{1}{n^k}+\cdots+\frac{n!}{n!}\frac{1}{n^n}\\&\leqslant 1+1+\frac{1}{2!}+\frac{1}{3!}+\cdots+\frac{1}{n!}\\&\leqslant 1+1+\frac{1}{2}+\frac{1}{2^2}+\cdots+\frac{1}{2^{n-1}}=1+\frac{1-\frac{1}{2^n}}{1-\frac{1}{2}}\leqslant 3.\end{aligned}$$

因此,$\left\{\left(1+\frac{1}{n}\right)^n\right\}$是单调有界数列,由单调有界定理,$\left\{\left(1+\frac{1}{n}\right)^n\right\}$收敛.记极限值为 e,即

$$\mathrm{e}=\lim_{n\to\infty}\left(1+\frac{1}{n}\right)^n.$$

这个极限是瑞士数学家欧拉(Euler)最早发现的,e 是一个无理数,它与 π 一样是一个重要常数.通过数值近似计算可知

$$\mathrm{e}=2.718\ 281\ 828\ 459\ 045\cdots.$$

例 8 设 $x_1=a>0,x_{n+1}=\frac{1}{2}\left(x_n+\frac{a}{x_n}\right)(n=1,2,\cdots)$,证明$\lim\limits_{n\to\infty}x_n$ 存在并求出极限.

解 $x_{n+1}=\frac{1}{2}\left(x_n+\frac{a}{x_n}\right)\geqslant\sqrt{x_n\cdot\frac{a}{x_n}}=\sqrt{a}$,

$$x_{n+1}=\frac{1}{2}\left(x_n+\frac{a}{x_n}\right)=\frac{x_n^2+a}{2x_n}\leqslant\frac{1}{2}\frac{x_n^2+x_n^2}{x_n}=x_n(n\geqslant 2).$$

所以,当 $n\geqslant 2$ 时,$\{x_n\}$是单调递减有下界的数列,故$\{x_n\}$收敛.

设$\lim\limits_{n\to\infty}x_n=A$.在 $x_{n+1}=\frac{1}{2}\left(x_n+\frac{a}{x_n}\right)$两边取极限,得

$$A=\frac{1}{2}\left(A+\frac{a}{A}\right),$$

从而 $A=\sqrt{a}$ ($A=-\sqrt{a}$ 舍去).

利用这个递推数列可求得 a 的平方根的近似值.取 $a=2$,

$$x_2=\frac{1}{2}\left(2+\frac{2}{2}\right)=1.5, \quad x_3=\frac{1}{2}\left(1.5+\frac{2}{1.5}\right)=1.416\ 6,\cdots.$$

*__定理 3(柯西(Cauchy)收敛准则)__ 数列$\{x_n\}$收敛的充分必要条件是:对任给 $\varepsilon>0$,存在正整数 N,使得只要 $n>N,m>N$,就有 $|x_n-x_m|<\varepsilon$.即

$$\lim_{n\to\infty}x_n \text{ 存在} \Leftrightarrow \forall\,\varepsilon>0,\ \exists\,N,\ \forall\,n,m>N,\ |x_n-x_m|<\varepsilon.$$

定理证明从略.

单调有界定理与夹逼定理给出了特殊类型的数列收敛的充分条件,而柯西收敛准则揭示了收敛数列的本质特征:数列中下标充分大的项之间要能互相任意接近.

例 9 设 $x_n=1+\frac{1}{1!}+\frac{1}{2!}+\cdots+\frac{1}{n!}$,证明:$\lim\limits_{n\to\infty}x_n$ 存在.

证 不妨设 $n>m\geqslant 2$,则

$$\begin{aligned}|x_n-x_m|&=\frac{1}{(m+1)!}+\frac{1}{(m+2)!}+\cdots+\frac{1}{n!}\\&\leqslant\frac{1}{m(m+1)}+\frac{1}{(m+1)(m+2)}+\cdots+\frac{1}{(n-1)n}\\&=\left(\frac{1}{m}-\frac{1}{m+1}\right)+\left(\frac{1}{m+1}-\frac{1}{m+2}\right)+\cdots+\left(\frac{1}{n-1}-\frac{1}{n}\right)\\&=\frac{1}{m}-\frac{1}{n}<\frac{1}{m},\end{aligned}$$

所以,$\forall\,\varepsilon>0$,只要取 $N=\left[\frac{1}{\varepsilon}\right]$,则 $\forall\,m>N,n>m$,$|x_n-x_m|<\varepsilon$,由柯西收敛准则可知,$\{x_n\}$收敛,故 $\lim\limits_{n\to\infty}x_n$ 存在.

例 10 设 $x_n=1+\frac{1}{2}+\frac{1}{3}+\cdots+\frac{1}{n}$,证明:$\lim\limits_{n\to\infty}x_n$ 不存在.

证 对任意 N,及 $n>N$,

$$\begin{aligned}|x_{2n}-x_n|&=\frac{1}{n+1}+\frac{1}{n+2}+\cdots+\frac{1}{n+n}\\&\geqslant\frac{1}{2n}+\frac{1}{2n}+\cdots+\frac{1}{2n}=\frac{1}{2},\end{aligned}$$

因此,对 $\varepsilon=\dfrac{1}{2}$,无论 N 多么大,总存在 $n>N,m=2n>N$, $|x_m-x_n|\geqslant\dfrac{1}{2}$,由柯西收敛准则可知, $\lim\limits_{n\to\infty}x_n$ 不存在.

单调有界定理和柯西收敛准则各自从不同的侧面反映了实数集的一个特别重要的性质:完备性,或称连续性.即数轴上的点与实数集能建立一一对应关系,单调有界定理和柯西收敛准则在实数集内成立,有理数集就不具备这个性质.例如,例 7 和例 8($a=2$)中的数列都是有理数列,它们的极限都是无理数.因此,极限理论,乃至微积分理论是建立在实数集上的,如无特别申明,高等数学的讨论设定在实数范围.

习题 1.2

A

1. 已知 $x_n=\dfrac{1+(-1)^n}{2^n}$,写出 $\{x_n\}$ 的偶子列与奇子列并观察出 $\lim\limits_{n\to\infty}x_n$.

2. 已知 $x_n=\dfrac{n!}{n^n}$,写出 $\{x_n\}$ 的前 5 项并求 $\lim\limits_{n\to\infty}\dfrac{n!}{n^n}$.

3. 用 $\varepsilon-N$ 定义证明下列极限:

(1) $\lim\limits_{n\to\infty}\dfrac{\cos^2 n}{n}=0$; (2) $\lim\limits_{n\to\infty}\dfrac{3n+1}{2n+1}=\dfrac{3}{2}$.

4. 设 $x_n=(-1)^{n+1},y_n=(-1)^n,z_n=\dfrac{(-1)^n}{n}$,讨论下列极限:

(1) $\lim\limits_{n\to\infty}(x_n+y_n)$; (2) $\lim\limits_{n\to\infty}(x_n-y_n)$;

(3) $\lim\limits_{n\to\infty}x_ny_n$; (4) $\lim\limits_{n\to\infty}(x_n+z_n)$.

5. 已知 $x_n=1+\dfrac{1}{1\times2}+\dfrac{1}{2\times3}+\cdots+\dfrac{1}{n(n+1)}$,求 $\lim\limits_{n\to\infty}x_n$.

6. 计算 $\lim\limits_{n\to\infty}(\sqrt{n+1}-\sqrt{n})$.

7. 已知 $x_n=\dfrac{n}{n^2+\pi}+\dfrac{n}{n^2+2\pi}+\cdots+\dfrac{n}{n^2+n\pi}$,求 $\lim\limits_{n\to\infty}x_n$.

8. 设 $x_1=\sqrt{2},x_{n+1}=\sqrt{2+x_n}\quad(n=1,2,\cdots)$,证明 $\lim\limits_{n\to\infty}x_n$ 存在并求出极限.

9. 计算 $\lim\limits_{n\to\infty}\dfrac{3n^2+2n-1}{n^2+n+1}$.

10. 计算 $\lim\limits_{n\to\infty}\left(1+\dfrac{1}{n}\right)^{-5n}$.

11. 计算 $\lim\limits_{n\to\infty}\left(1+\dfrac{1}{2}\right)\left(1+\dfrac{1}{2^2}\right)\left(1+\dfrac{1}{2^4}\right)\cdots\left(1+\dfrac{1}{2^{2^n}}\right)$.

*12. 设 $x_n=1+\dfrac{1}{2^2}+\dfrac{1}{3^2}+\cdots+\dfrac{1}{n^2}$,用柯西收敛准则证明 $\lim\limits_{n\to\infty}x_n$ 存在.

B

1. 计算下列极限：

(1) $\lim\limits_{n\to\infty}\left(\dfrac{1+2+\cdots+n}{n^2}-\dfrac{1}{2}\right)$；　　(2) $\lim\limits_{n\to\infty}\sum\limits_{k=1}^{n}\dfrac{k}{(k+1)!}$；

(3) $\lim\limits_{n\to\infty}\dfrac{2(-3)^n+3(-2)^n}{3^n}$.

2. 设 $\lim\limits_{n\to\infty}x_n=a$，证明 $\lim\limits_{n\to\infty}|x_n|=|a|$，反之是否成立？何时成立？

3. 设 $\{x_n\}$ 有界，$\lim\limits_{n\to\infty}y_n=0$，证明 $\lim\limits_{n\to\infty}x_ny_n=0$.

4. 设 $0<x_1<1$，$x_{n+1}=2x_n-x_n^2$，证明 $\lim\limits_{n\to\infty}x_n$ 存在并求出极限.

5. 设 $a_k>0(k=1,2,\cdots,m)$，$x_n=\sqrt[n]{a_1^n+a_2^n+\cdots+a_m^n}$，证明 $\lim\limits_{n\to\infty}x_n$ 存在并求出极限.

6. 已知 $x_n=\left(1+\dfrac{1}{\sqrt{n}}\right)\sin\dfrac{\pi\sqrt{n}}{2}$，讨论极限 $\lim\limits_{n\to\infty}x_n$.

7. 证明：$\lim\limits_{n\to\infty}a_n=a\Leftrightarrow\lim\limits_{n\to\infty}a_{2n}=a=\lim\limits_{n\to\infty}a_{2n-1}$.

1.3　函数极限

1.3 预习检测

1.3.1　函数极限的概念

数列是一种特殊的函数，研究数列 $a_n=f(n)(n=1,2,\cdots)$ 的收敛性问题，实质上是考察随着自变量 n 无限增大，函数 $f(n)$ 是否能与某一定常数 A 无限接近的问题.对一般的自变量连续变化的函数 $f(x)$，同样有必要研究它随自变量 x 的无限变化过程，以及函数能否与某个定常数无限接近的问题，这就是函数极限问题.

对连续变化的 x，x 的无限变化过程可以是 x 趋于无穷，也可以是趋于一个有限数，函数极限的定义形式相应地有所不同，可分为六种情况：

设 $y=f(x)$，$x\in D$.

$D\supset(a,+\infty)$，$x\to+\infty$；

$D\supset(-\infty,a)$，$x\to-\infty$；

$D\supset(-\infty,a)\cup(b,+\infty)$，$|x|\to+\infty$，记为 $x\to\infty$；

$D\supset(x_0,x_0+\delta_1)$，$x>x_0$ 且 x 趋于 x_0，记为 $x\to x_0^+$；

$D\supset(x_0-\delta_1,x_0)$，$x<x_0$ 且 x 趋于 x_0，记为 $x\to x_0^-$；

$D\supset\mathring{U}(x_0,\delta_1)$，$x\neq x_0$ 且 x 趋于 x_0，记为 $x\to x_0$.

1. 自变量趋于无穷时的函数极限

定义 1（ε-X 定义）　(i) 设函数 $f(x)$ 当 $x\geqslant a$ 时有定义，A 是常数.如果 $\forall\varepsilon>0$，$\exists X\geqslant a$，当 $x>X$ 时，就有

$$|f(x)-A|<\varepsilon,$$

则称 A 为 **x 趋于正无穷时，函数 $f(x)$ 的极限**，记为

$$\lim_{x\to+\infty} f(x)=A \quad 或 \quad f(x)\to A(x\to+\infty). \tag{1-5}$$

（ii）设函数 $f(x)$ 当 $x\leqslant a$ 时有定义，A 是常数. 如果 $\forall\varepsilon>0$，$\exists X\leqslant a$，当 $x<X$ 时，就有

$$|f(x)-A|<\varepsilon,$$

则称 A 为 x **趋于负无穷时，函数 $f(x)$ 的极限**，记为

$$\lim_{x\to-\infty} f(x)=A \quad 或 \quad f(x)\to A(x\to-\infty). \tag{1-6}$$

（iii）设函数 $f(x)$ 当 $|x|\geqslant a$ 时有定义，A 是常数，$a\geqslant 0$. 如果 $\forall\varepsilon>0$，$\exists X>a$，当 $|x|>X$ 时，就有

$$|f(x)-A|<\varepsilon,$$

则称 A 为 x **趋于无穷时，函数 $f(x)$ 的极限**，记为

$$\lim_{x\to\infty} f(x)=A \quad 或 \quad f(x)\to A(x\to\infty). \tag{1-7}$$

定义 1 的直观表示见图 1-27.

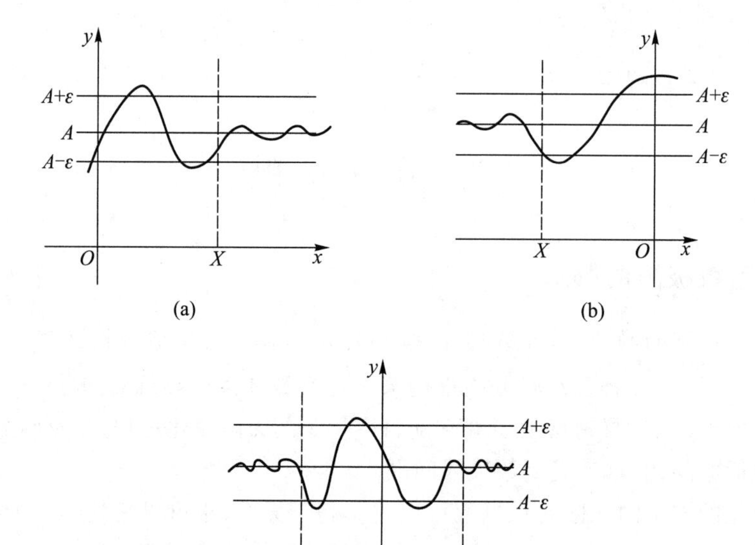

图 1-27

比较数列极限的 ε-N 定义与函数极限的 ε-X 定义可看出，定义中 ε 的作用是一样的，X 的作用与 N 的作用相当. 用 ε-X 定义证明这类函数极限的方法与数列极限情形类似.

从 ε-X 定义的式(1-7)和式(1-5)、式(1-6)可见，如下结论成立：

$$\lim_{x\to\infty} f(x)=A \Leftrightarrow \lim_{x\to+\infty} f(x)=A=\lim_{x\to-\infty} f(x). \tag{1-8}$$

请读者自己证明式(1-8).

例 1　证明下列极限：

（1）$\lim\limits_{x\to\infty}\dfrac{\sin x}{x}=0$；　　　　（2）$\lim\limits_{x\to-\infty} 2^x=0$；

(3) $\lim\limits_{x\to\infty}\dfrac{2x^2+x+2}{x^2+1}=2$;　　(4) $\lim\limits_{x\to+\infty}\dfrac{1}{x^k}=0$($k>0$ 是常数).

证 (1) $\forall\varepsilon>0$,由

$$\left|\frac{\sin x}{x}-0\right|=\left|\frac{\sin x}{x}\right|\leqslant\frac{1}{|x|}<\varepsilon,$$

可得 $|x|>\dfrac{1}{\varepsilon}$.因此取 $X=\dfrac{1}{\varepsilon}$,则当 $|x|>X$ 时,有 $\left|\dfrac{\sin x}{x}-0\right|<\varepsilon$.由 $\varepsilon-X$ 定义可知,$\lim\limits_{x\to\infty}\dfrac{\sin x}{x}=0$.

(2) $\forall\varepsilon>0$,由

$$|2^x-0|=2^x<\varepsilon,$$

可得 $x\lg 2<\lg\varepsilon$,即 $x<\dfrac{\lg\varepsilon}{\lg 2}$.因此取 $X=\dfrac{\lg\varepsilon}{\lg 2}$,则当 $x<X$ 时,有 $|2^x-0|<\varepsilon$.由 $\varepsilon-X$ 定义可知,

$$\lim_{x\to-\infty}2^x=0.$$

(3) $\forall\varepsilon>0$,由

$$\left|\frac{2x^2+x+2}{x^2+1}-2\right|=\frac{|x|}{x^2+1}\overset{x\neq0}{\leqslant}\frac{1}{|x|}<\varepsilon,$$

得 $|x|>\dfrac{1}{\varepsilon}$.因此,取 $X=\dfrac{1}{\varepsilon}$,则当 $|x|>X$ 时,$\left|\dfrac{2x^2+x+2}{x^2+1}-2\right|<\varepsilon$.由 $\varepsilon-X$ 定义可知,

$$\lim_{x\to\infty}\frac{2x^2+x+2}{x^2+1}=2.$$

(4) $\forall\varepsilon>0$,由

$$\left|\frac{1}{x^k}-0\right|\xlongequal{x>0}\frac{1}{x^k}<\varepsilon,$$

得 $x>\left(\dfrac{1}{\varepsilon}\right)^{\frac{1}{k}}$,因此,取 $X=\left(\dfrac{1}{\varepsilon}\right)^{\frac{1}{k}}$,当 $x>X$ 时,$\left|\dfrac{1}{x^k}-0\right|<\varepsilon$.由 $\varepsilon-X$ 定义可知,$\lim\limits_{x\to+\infty}\dfrac{1}{x^k}=0$.

2. 自变量趋于有限数时的函数极限

为了刻画自变量趋于有限数时函数的极限,先来分析函数 $f(x)=\dfrac{x^2-4}{x-2}$在 x 趋于 2 时的变化趋势.当 $x\neq2$ 时,$f(x)=\dfrac{(x+2)(x-2)}{x-2}=x+2$.根据直觉,当 $x\to2$ 时应有 $f(x)\to4$.事实上,对 0.01,为了

$$|f(x)-4|\xlongequal{x\neq2}|x+2-4|=|x-2|<0.01,$$

只要 x 满足 $0<|x-2|<0.01$ 就可以了.

对 0.001,为了

$$|f(x)-4|\xlongequal{x\neq2}|x-2|<0.001,$$

只要 x 满足 $0<|x-2|<0.001$ 就可以了.

对任意的一个无论多小的正数 ε,如果取 $\delta=\varepsilon$,只要 x 满足 $0<|x-2|<\delta$,就有 $|f(x)-4|<\varepsilon$.这些事实定量地描述了"x 趋于 2"时"$f(x)$ 无限接近 4"的内涵,一般化即得

定义 2($\varepsilon-\delta$ 定义)　(i) 设函数 $f(x)$ 在 x_0 的某个去心邻域内有定义,A 是一个常数.如果 $\forall\varepsilon>0$, $\exists\delta>0$,当 $x\in\mathring{U}(x_0,\delta)$ 时,

$$|f(x)-A|<\varepsilon,$$

称 A 为 x 趋于 x_0 时,函数 $f(x)$ 的**极限**,记为

$$\lim_{x\to x_0}f(x)=A \quad 或 \quad f(x)\to A(x\to x_0). \tag{1-9}$$

(ii) 设 $f(x)$ 在 x_0 的右邻域 $(x_0,x_0+\delta_1)$ 内有定义,A 是一个常数.如果 $\forall\varepsilon>0$, $\exists\delta>0(\delta\leqslant\delta_1)$,当 $x\in(x_0,x_0+\delta)$ 时,

$$|f(x)-A|<\varepsilon,$$

称 A 为 x 从 x_0 的右侧趋于 x_0 时,函数 $f(x)$ 的**右极限**,记为

$$\lim_{x\to x_0^+}f(x)=A \quad 或 \quad f(x_0^+)=A \quad 或 \quad f(x)\to A(x\to x_0^+). \tag{1-10}$$

(iii) 设 $f(x)$ 在 x_0 的左邻域 $(x_0-\delta_1,x_0)$ 内有定义,A 是一个常数,如果 $\forall\varepsilon>0$, $\exists\delta>0(\delta\leqslant\delta_1)$,当 $x\in(x_0-\delta,x_0)$ 时,

$$|f(x)-A|<\varepsilon,$$

称 A 为 x 从 x_0 的左侧趋于 x_0 时,函数 $f(x)$ 的**左极限**,记为

$$\lim_{x\to x_0^-}f(x)=A \quad 或 \quad f(x_0^-)=A \quad 或 \quad f(x)\to A(x\to x_0^-). \tag{1-11}$$

定义 2 的直观表示见图 1-28.

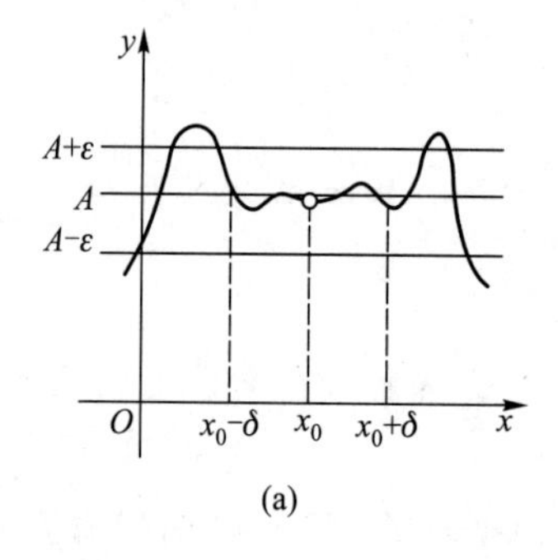

(a)

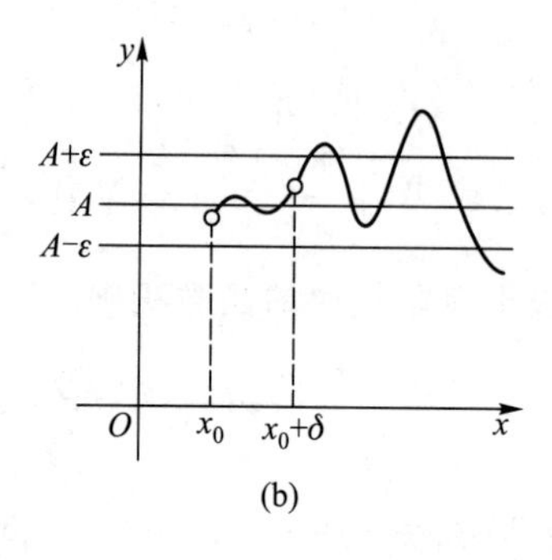

(b)

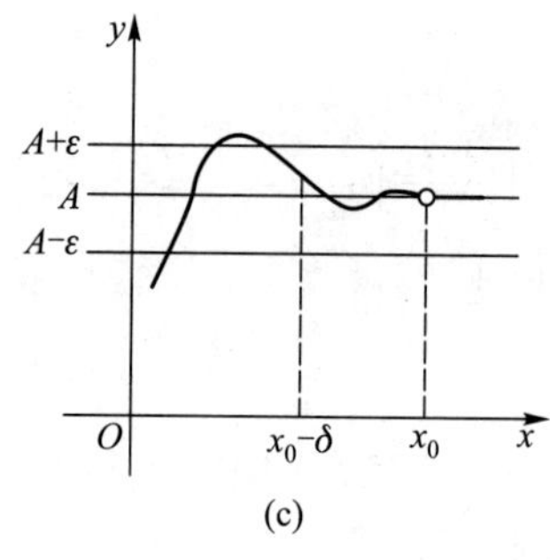

(c)

图 1-28

比较定义 2 中式(1-9)和式(1-10)、式(1-11)可以看出,有

$$\lim_{x\to x_0} f(x)=A \Leftrightarrow \lim_{x\to x_0^+} f(x)=A=\lim_{x\to x_0^-} f(x). \tag{1-12}$$

一般把 $\lim\limits_{x\to+\infty} f(x)$, $\lim\limits_{x\to-\infty} f(x)$, $\lim\limits_{x\to x_0^+} f(x)$, $\lim\limits_{x\to x_0^-} f(x)$ 称为**单侧极限**, $\lim\limits_{x\to\infty} f(x)$, $\lim\limits_{x\to x_0} f(x)$ 称为**双侧极限**.单侧极限与双侧极限的关系由式(1-8),式(1-12)给出.

定义 2 中 ε,δ 与定义 1 中 ε,X 的作用相当.

例 2 由图形观察函数极限.设函数 $f(x)$ 的图形如图 1-29 所示,则

当 $x_0=0$ 时, $\lim\limits_{x\to0^+} f(x)=1$, $\lim\limits_{x\to0^-} f(x)$ 和 $\lim\limits_{x\to0} f(x)$ 不存在;

当 $x_0=1$ 时, $\lim\limits_{x\to1^-} f(x)=0$, $\lim\limits_{x\to1^+} f(x)=1$, $\lim\limits_{x\to1} f(x)$ 不存在;

当 $x_0=2$ 时, $\lim\limits_{x\to2} f(x)=1$,尽管 $f(2)=2$;

当 $x_0=3$ 时, $\lim\limits_{x\to3} f(x)=2=f(3)$;

当 $x_0=4$ 时, $\lim\limits_{x\to4^-} f(x)=1$, $\lim\limits_{x\to4^+} f(x)$ 不存在.

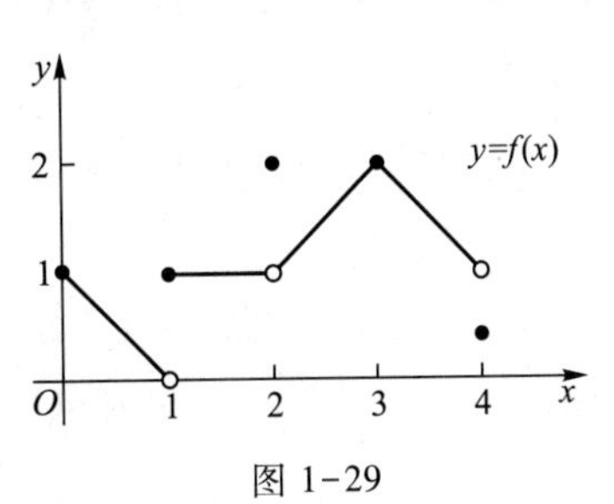

图 1-29

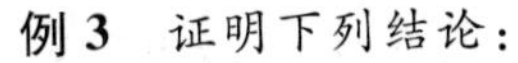

例 3 证明下列结论:

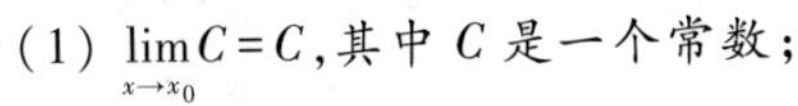

(1) $\lim\limits_{x\to x_0} C=C$,其中 C 是一个常数;

(2) $\lim\limits_{x\to x_0} x=x_0$;

(3) $\lim\limits_{x\to4}\dfrac{1}{\sqrt{x}}=\dfrac{1}{2}$;

(4) $\lim\limits_{x\to0^+}\sqrt[k]{x}=0$ ($k>0$ 是常数).

证 (1) $\forall\varepsilon>0$,由于 $|f(x)-A|=|C-C|<\varepsilon$ 恒成立,可任取一个 $\delta>0$,当 $x\in\mathring{U}(x_0,\delta)$ 时, $|f(x)-A|=|C-C|<\varepsilon$,由 $\varepsilon-\delta$ 定义可知, $\lim\limits_{x\to x_0} C=C$.

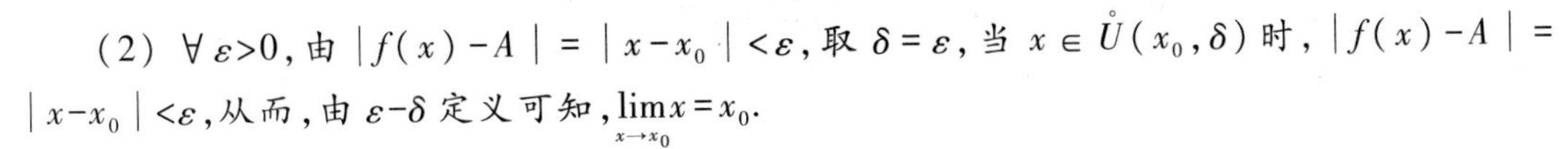

(2) $\forall\varepsilon>0$,由 $|f(x)-A|=|x-x_0|<\varepsilon$,取 $\delta=\varepsilon$,当 $x\in\mathring{U}(x_0,\delta)$ 时, $|f(x)-A|=|x-x_0|<\varepsilon$,从而,由 $\varepsilon-\delta$ 定义可知, $\lim\limits_{x\to x_0} x=x_0$.

(3) $\forall\varepsilon>0$.由

$$|f(x)-A|=\left|\frac{1}{\sqrt{x}}-\frac{1}{2}\right|=\frac{|2-\sqrt{x}|}{2\sqrt{x}}=\frac{|x-4|}{2\sqrt{x}(\sqrt{x}+2)}$$

$$\overset{3\leqslant x\leqslant5}{\leqslant}\frac{|x-4|}{2\sqrt{3}(\sqrt{3}+2)}<|x-4|<\varepsilon. \tag{1-13}$$

取 $\delta=\min\{1,\varepsilon\}$,当 $x\in\mathring{U}(4,\delta)$ 时, $\left|\dfrac{1}{\sqrt{x}}-\dfrac{1}{2}\right|<\varepsilon$.由 $\varepsilon-\delta$ 定义可知, $\lim\limits_{x\to4}\dfrac{1}{\sqrt{x}}=\dfrac{1}{2}$.

(4) $\forall\varepsilon>0$,由 $|\sqrt[k]{x}-0|=\sqrt[k]{x}<\varepsilon$,得 $x<\varepsilon^k$.因此取 $\delta=\varepsilon^k$,当 $0<x<\delta$ 时, $|\sqrt[k]{x}-0|<\varepsilon$,由 $\varepsilon-\delta$ 定义可知, $\lim\limits_{x\to0^+}\sqrt[k]{x}=0$.

注 式(1-13)中不等式也可估计为 $\dfrac{|x-4|}{2\sqrt{3}(\sqrt{3}+2)}<\varepsilon$,从而可取 $\delta=\min\{1,2\sqrt{3}(\sqrt{3}+2)\varepsilon\}$,或

者$\dfrac{|x-4|}{2\sqrt{3}(\sqrt{3}+2)}\leqslant\dfrac{|x-4|}{6}<\varepsilon$，取$\delta=\min\{1,6\varepsilon\}$，等等.另外，由于考虑的是$x$无限接近4的变化过程，为了易于解$|x-4|$与$\varepsilon$的不等式，作不等式放大估计时可事先假设$0<|x-4|\leqslant 1$.类似于例3(3)，对任一$x_0>0$，都有$\lim\limits_{x\to x_0}\sqrt{x}=\sqrt{x_0}$，请读者自己证之.

下面的定理刻画了数列极限与函数极限的关系.

定理1(海涅(Heine)定理) 设$f(x)$在x_0的去心邻域$\mathring{U}(x_0,\delta_1)$内有定义，则$\lim\limits_{x\to x_0}f(x)=A$的充要条件是：对满足$x_n\in\mathring{U}(x_0,\delta_1)$，并且$x_n\to x_0$的任一数列$\{x_n\}$，数列$\{f(x_n)\}$收敛且$\lim\limits_{n\to\infty}f(x_n)=A$.

***证** 设$\lim\limits_{x\to x_0}f(x)=A$. $\forall\varepsilon>0$，由$\varepsilon-\delta$定义，$\exists\delta>0$，当$x\in\mathring{U}(x_0,\delta)$时，

$$|f(x)-A|<\varepsilon. \tag{1-14}$$

设$x_n\in\mathring{U}(x_0,\delta_1)$，且$x_n\to x_0$.则对上述$\delta>0$，$\exists N$，当$n>N$时，$x_n\in\mathring{U}(x_0,\delta)$.由式(1-14)得$|f(x_n)-A|<\varepsilon$.由$\varepsilon-N$定义可得，$\lim\limits_{n\to\infty}f(x_n)=A$.

反之，假设$\lim\limits_{x\to x_0}f(x)\neq A$，则定义2(i)不满足.于是，$\exists\varepsilon_0>0$，$\forall\delta_n>0$，$\exists x_n\in\mathring{U}(x_0,\delta_n)$，使得$|f(x_n)-A|\geqslant\varepsilon_0$.特别地，对$\delta_n=\dfrac{\delta_1}{n}$，$\exists x_n\in\mathring{U}(x_0,\delta_n)$，使

$$|f(x_n)-A|\geqslant\varepsilon_0\quad(n=1,2,\cdots). \tag{1-15}$$

由于$0<|x_n-x_0|<\delta_n\to 0(n\to\infty)$，从而$x_n\to x_0$，但是式(1-15)表明$\lim\limits_{n\to\infty}f(x_n)\neq A$，与题设矛盾.

由海涅定理的必要性，可借助函数极限求数列极限.由海涅定理的充分性，能把数列极限的结论转移到函数极限上来.

海涅定理提供了一种说明函数极限不存在的方法.若存在$x_n\to x_0$，使$\lim\limits_{n\to\infty}f(x_n)$不存在，或者存在$x_n\to x_0$，$x_n'\to x_0$，$\lim\limits_{n\to\infty}f(x_n)\neq\lim\limits_{n\to\infty}f(x_n')$，则$\lim\limits_{x\to x_0}f(x)$不存在.

对函数极限的其他五种形式($x\to x_0^+$，$x\to x_0^-$，$x\to\infty$，$x\to+\infty$，$x\to-\infty$)也有海涅定理类似结论成立，请读者自己写出.

例4 讨论极限$\lim\limits_{x\to 0}\sin\dfrac{1}{x}$(图1-30).

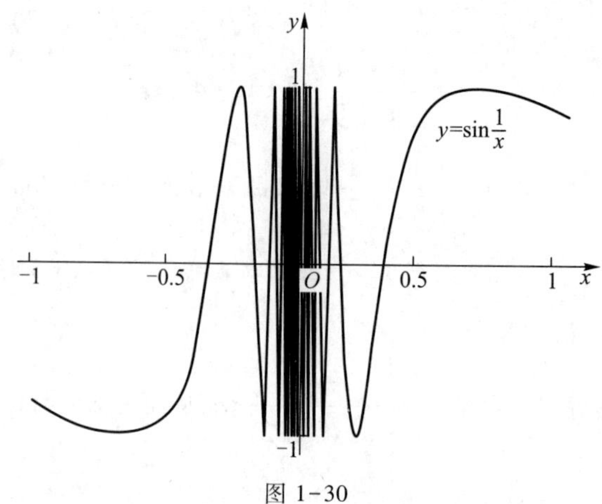

图1-30

解 取 $x_n=\frac{1}{2n\pi}, x_n'=\frac{1}{2n\pi+\frac{\pi}{2}}$，则当 $n\to\infty$ 时，$x_n\to 0, x_n'\to 0$，而

$$f(x_n)=\sin(2n\pi)=0,\ f(x_n')=\sin\left(2n\pi+\frac{\pi}{2}\right)=1,$$

因此 $\lim\limits_{x\to 0}\sin\frac{1}{x}$ 不存在.

1.3.2 函数极限的性质

本段给出的函数极限性质对六种极限过程都成立，用 $\lim\limits_{x\to\square}$ 表示六种极限过程 $x\to+\infty$，$x\to-\infty$，$x\to\infty$，$x\to x_0$，$x\to x_0^+$，$x\to x_0^-$ 中的任一种. 当叙述不方便时选一种极限过程为代表，其他极限过程下的结论请读者自己写出并证明.

性质 1（唯一性） 如果 $\lim\limits_{x\to\square}f(x)$ 存在，则极限唯一.

可仿数列极限唯一性证明方法，读者自己证之.

性质 2（局部有界性） 如果 $\lim\limits_{x\to x_0}f(x)$ 存在，则 $f(x)$ 在 x_0 的某个去心邻域内有界.

证 设 $\lim\limits_{x\to x_0}f(x)=A$. 对 $\varepsilon=1$，$\exists\delta>0$，当 $x\in\mathring{U}(x_0,\delta)$ 时，

$$|f(x)-A|<1,$$

从而 $\forall x\in\mathring{U}(x_0,\delta)$，

$$|f(x)|\leqslant|f(x)-A|+|A|\leqslant 1+|A|=M,$$

即 $f(x)$ 在 $\mathring{U}(x_0,\delta)$ 内有界.

性质 3（局部保号性） 设 $\lim\limits_{x\to x_0}f(x)=A\neq 0$，则 $f(x)$ 在 x_0 的某个去心邻域内与 A 同号.

证 不妨设 $A>0$，对 $\varepsilon=\frac{A}{2}>0$，$\exists\delta>0$，当 $x\in\mathring{U}(x_0,\delta)$ 时，

$$|f(x)-A|<\varepsilon,$$

即 $\forall x\in\mathring{U}(x_0,\delta)$，

$$f(x)>A-\varepsilon=A-\frac{A}{2}=\frac{A}{2}>0.$$

由性质 3 的证明过程可得如下推论：

推论 设 $\lim\limits_{x\to x_0}f(x)=A\neq 0$，则 $\exists\delta>0$，当 $x\in\mathring{U}(x_0,\delta)$ 时，$|f(x)|\geqslant\frac{|A|}{2}$.

性质 4（四则运算） 设 $\lim\limits_{x\to\square}f(x)=A$，$\lim\limits_{x\to\square}g(x)=B$，则

(i) $\lim\limits_{x\to\square}(f(x)\pm g(x))=\lim\limits_{x\to\square}f(x)\pm\lim\limits_{x\to\square}g(x)=A\pm B$.

(ii) $\lim\limits_{x\to\square}(f(x)\cdot g(x))=\lim\limits_{x\to\square}f(x)\cdot\lim\limits_{x\to\square}g(x)=A\cdot B$.

特别地，$\lim\limits_{x\to\square}(kf(x))=k\lim\limits_{x\to\square}f(x)=kA$，其中 k 是常数.

(iii) $\lim\limits_{x\to\square}\dfrac{f(x)}{g(x)}=\dfrac{\lim\limits_{x\to\square}f(x)}{\lim\limits_{x\to\square}g(x)}=\dfrac{A}{B}\quad(B\neq 0)$.

性质4的证明在1.4节中给出.

性质5(不等式性质)　设 $f(x)$，$g(x)$ 在 x_0 的某个去心邻域内有定义，且 $f(x)\leqslant g(x)$，$\lim\limits_{x\to x_0}f(x)=A$，$\lim\limits_{x\to x_0}g(x)=B$，则 $A\leqslant B$，即 $\lim\limits_{x\to x_0}f(x)\leqslant\lim\limits_{x\to x_0}g(x)$.

证　反证法.设有 $A>B$，则 $A-B>0$，且

$$\lim_{x\to x_0}(f(x)-g(x))=\lim_{x\to x_0}f(x)-\lim_{x\to x_0}g(x)=A-B>0.$$

由局部保号性，在 x_0 的某个去心邻域内，$f(x)-g(x)>0$，即 $f(x)>g(x)$，与题设矛盾.

函数极限的这些性质的应用贯穿整个高等数学的学习过程，要深刻理解并掌握.

例5　计算下列极限：

(1) $\lim\limits_{x\to 1}\dfrac{2x+1}{x^2+x+1}$；　　(2) $\lim\limits_{x\to\infty}\dfrac{3x^2+4x-1}{x^2+2x+3}$；

(3) $\lim\limits_{x\to 1}\dfrac{x^2-1}{x^2+x-2}$.

解　(1) $\lim\limits_{x\to 1}\dfrac{2x+1}{x^2+x+1}=\dfrac{\lim\limits_{x\to 1}(2x+1)}{\lim\limits_{x\to 1}(x^2+x+1)}=\dfrac{2\lim\limits_{x\to 1}x+1}{\lim\limits_{x\to 1}x^2+\lim\limits_{x\to 1}x+1}=\dfrac{3}{3}=1$.

(2) $\lim\limits_{x\to\infty}\dfrac{3x^2+4x-1}{x^2+2x+3}=\dfrac{\lim\limits_{x\to\infty}\left(3+\dfrac{4}{x}-\dfrac{1}{x^2}\right)}{\lim\limits_{x\to\infty}\left(1+\dfrac{2}{x}+\dfrac{3}{x^2}\right)}=\dfrac{3}{1}=3$.

(3) $\lim\limits_{x\to 1}\dfrac{x^2-1}{x^2+x-2}=\lim\limits_{x\to 1}\dfrac{(x-1)(x+1)}{(x-1)(x+2)}=\lim\limits_{x\to 1}\dfrac{x+1}{x+2}=\dfrac{2}{3}$.

例6　设 $f(x)=\begin{cases}x^2+1, & x\leqslant 1,\\ ax-1, & x>1.\end{cases}$ 求 $\lim\limits_{x\to 1}f(x)$.

解　$\lim\limits_{x\to 1^-}f(x)=\lim\limits_{x\to 1^-}(x^2+1)=2$，$\lim\limits_{x\to 1^+}f(x)=\lim\limits_{x\to 1^+}(ax-1)=a-1$. 当 $a-1=2$，即 $a=3$ 时，$\lim\limits_{x\to 1}f(x)=2$；当 $a\neq 3$ 时，$\lim\limits_{x\to 1}f(x)$ 不存在.

定理2(极限的变量代换)　设 $\lim\limits_{x\to x_0}u(x)=a$，$\lim\limits_{u\to a}f(u)=A$，且当 $x\in\mathring{U}(x_0,\delta_1)$ 时，$u(x)\neq a$，则

$$\lim_{x\to x_0}f(u(x))=\lim_{u\to a}f(u)=A.$$

证　$\forall\varepsilon>0$，由 $\lim\limits_{u\to a}f(u)=A$ 得，$\exists\delta'>0$，当 $u\in\mathring{U}(a,\delta')$ 时，

$$|f(u)-A|<\varepsilon.$$

对上述 $\delta'>0$,由 $\lim\limits_{x\to x_0}u(x)=a$ 及 $u(x)\neq a$, $\exists\,\delta>0$,当 $x\in\mathring{U}(x_0,\delta)$ 时,$0<|u(x)-a|<\delta'$,即 $u(x)\in\mathring{U}(a,\delta')$,从而

$$|f(u(x))-A|<\varepsilon.$$

因此,$\lim\limits_{x\to x_0}f(u(x))=A=\lim\limits_{u\to a}f(u)$.

例 7 求 $\lim\limits_{x\to 0}\dfrac{\sqrt[n]{x+1}-1}{x}$.

解 $\lim\limits_{x\to 0}\dfrac{\sqrt[n]{x+1}-1}{x}\xlongequal{\sqrt[n]{x+1}-1=y}\lim\limits_{y\to 0}\dfrac{y}{(y+1)^n-1}=\lim\limits_{y\to 0}\dfrac{y}{y^n+ny^{n-1}+\cdots+ny}=\dfrac{1}{n}$.

1.3.3 收敛判别法与两个重要极限

定理 3(夹逼定理) 设 $f(x),g(x),h(x)$ 在 x_0 的某去心邻域 $\mathring{U}(x_0,\delta_0)$ 内有定义且满足

(i) $f(x)\leqslant h(x)\leqslant g(x)$, $\forall\,x\in\mathring{U}(x_0,\delta_0)$;

(ii) $\lim\limits_{x\to x_0}f(x)=A=\lim\limits_{x\to x_0}g(x)$,

则 $\lim\limits_{x\to x_0}h(x)=A$.

证 设 $x_n\in\mathring{U}(x_0,\delta_0)$ 且 $x_n\to x_0$,由定理 3 的条件及海涅定理得

$$f(x_n)\leqslant h(x_n)\leqslant g(x_n)\text{ 及 }\lim_{n\to\infty}f(x_n)=A=\lim_{n\to\infty}g(x_n).$$

由数列极限的夹逼定理,$\lim\limits_{n\to\infty}h(x_n)=A$. 再由海涅定理得,$\lim\limits_{x\to x_0}h(x)=A$.

定理的几何直观解释如图 1-31 所示.

定理 3 对其他五种极限过程也成立.

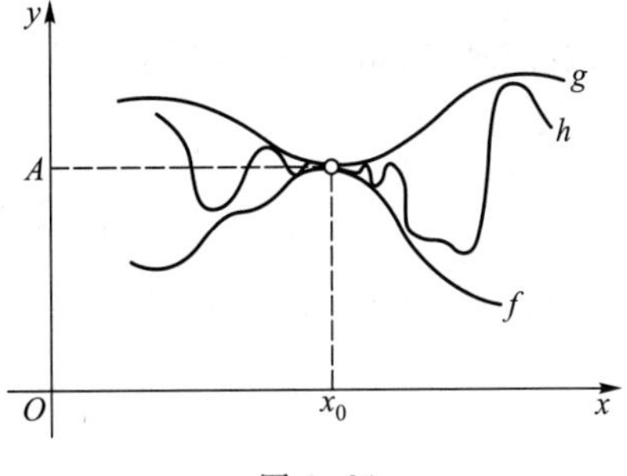

图 1-31

重要极限 I $\lim\limits_{x\to 0}\dfrac{\sin x}{x}=1$.

函数 $y=\dfrac{\sin x}{x}$ 的数值计算见表 1-3,图形如图 1-32.

表 1-3 函数 $y=\dfrac{\sin x}{x}$ 的数值计算

x	$\sin x$	$\dfrac{\sin x}{x}$
0.1	0.099 833 417	0.998 334 166
0.01	0.009 999 833	0.999 983 333
0.001	0.000 999 999	0.999 999 833
0.000 1	0.000 099 999	0.999 999 998

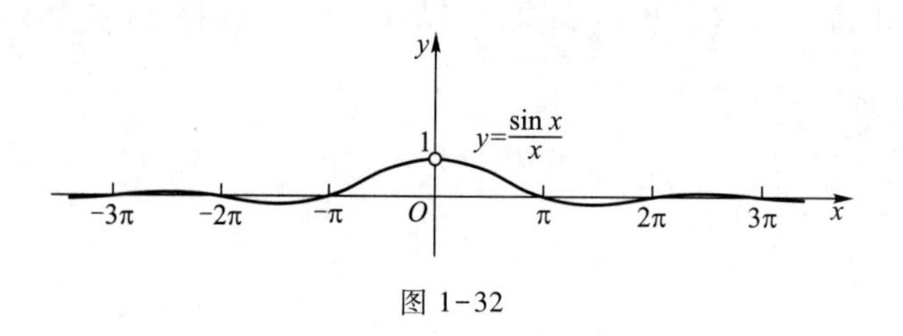

图 1-32

重要极限Ⅰ的证明　先证 $\lim\limits_{x\to0^+}\frac{\sin x}{x}=1$.

设 $0<x<\frac{\pi}{2}$.在如图 1-33 的单位圆内取圆心角为 x,则 $\triangle OAB$,扇形 OAB 及 $\triangle OAC$ 的面积依次为 $\frac{1}{2}\sin x,\frac{1}{2}x,\frac{1}{2}\tan x$,它们之间有关系

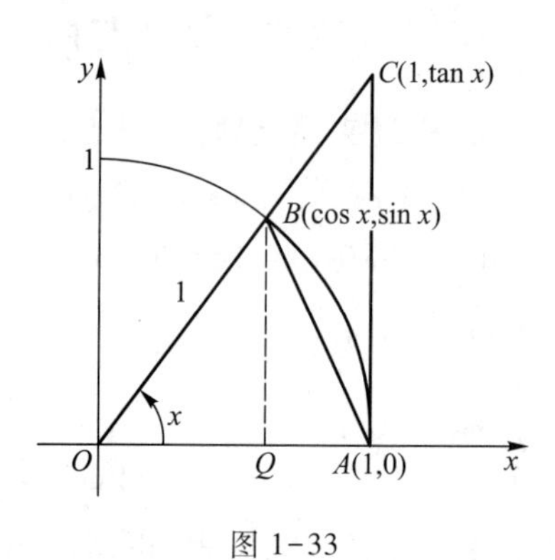

图 1-33

$$\frac{1}{2}\sin x<\frac{1}{2}x<\frac{1}{2}\tan x.$$

得 $\cos x<\frac{\sin x}{x}<1$ 及 $\sin x<x$.从而

$$0\leqslant1-\cos x=2\sin^2\frac{x}{2}<2\cdot\left(\frac{x}{2}\right)^2=\frac{x^2}{2}.$$

由夹逼定理,有 $\lim\limits_{x\to0}\cos x=1$,进一步得

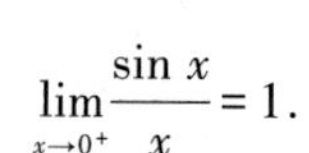

$$\lim_{x\to0^+}\frac{\sin x}{x}=1.$$

当 $-\frac{\pi}{2}<x<0$ 时,

$$\lim_{x\to0^-}\frac{\sin x}{x}\xlongequal{x=-y}\lim_{y\to0^+}\frac{\sin y}{y}=1.$$

由式(1-12)知,$\lim\limits_{x\to0}\frac{\sin x}{x}=1$.

注　(1) 由证明过程可得重要不等式

$$|\sin x|\leqslant|x|,\quad\forall x\in\mathbf{R}.$$

三角函数的极限问题往往要借助于这个重要极限计算.

(2) 由于 $\triangle OAB$ 是等腰三角形,弧 $\widehat{AB}$ 的长 $|\widehat{AB}|=x$,弦 AB 的长 $|AB|=2\sin\frac{x}{2}$,从而

$$\lim_{|\widehat{AB}|\to0}\frac{|\widehat{AB}|}{|AB|}=\lim_{x\to0}\frac{x}{2\sin\frac{x}{2}}=1.$$

这一结论对很多一般的弧也是成立的.

例 8 计算下列极限:

(1) $\lim\limits_{h\to 0}\dfrac{h}{\tan h}$;　　(2) $\lim\limits_{x\to 0}\dfrac{1-\cos x}{x^2}$;

(3) $\lim\limits_{x\to \frac{\pi}{4}}\dfrac{\sin x-\cos x}{x-\dfrac{\pi}{4}}$.

解 (1) $\lim\limits_{h\to 0}\dfrac{h}{\tan h}=\lim\limits_{h\to 0}\dfrac{h}{\sin h}\cdot\cos h=\lim\limits_{h\to 0}\dfrac{h}{\sin h}\cdot\lim\limits_{h\to 0}\cos h=1.$

(2) $\lim\limits_{x\to 0}\dfrac{1-\cos x}{x^2}=\lim\limits_{x\to 0}\dfrac{2\sin^2\dfrac{x}{2}}{x^2}=\dfrac{1}{2}\lim\limits_{x\to 0}\left(\dfrac{\sin\dfrac{x}{2}}{\dfrac{x}{2}}\right)^2=\dfrac{1}{2}.$

(3) $\lim\limits_{x\to \frac{\pi}{4}}\dfrac{\sin x-\cos x}{x-\dfrac{\pi}{4}}=\lim\limits_{x\to \frac{\pi}{4}}\dfrac{\sqrt{2}\sin\left(x-\dfrac{\pi}{4}\right)}{x-\dfrac{\pi}{4}}\xlongequal{t=x-\frac{\pi}{4}}\sqrt{2}\lim\limits_{t\to 0}\dfrac{\sin t}{t}=\sqrt{2}.$

一般地, $\lim\limits_{f(x)\to 0}\dfrac{\sin f(x)}{f(x)}=1.$

微课
重要极限 Ⅱ

重要极限 Ⅱ $\lim\limits_{x\to\infty}\left(1+\dfrac{1}{x}\right)^x=\mathrm{e}.$

先计算 $\lim\limits_{x\to+\infty}\left(1+\dfrac{1}{x}\right)^x=\mathrm{e}$.对任何 $x\geqslant 1$,有

$$\left(1+\frac{1}{[x]+1}\right)^{[x]}\leqslant\left(1+\frac{1}{x}\right)^x\leqslant\left(1+\frac{1}{[x]}\right)^{[x]+1},$$

由 $\lim\limits_{n\to\infty}\left(1+\dfrac{1}{n}\right)^n=\mathrm{e}$,得

$$\lim_{x\to+\infty}\left(1+\frac{1}{[x]+1}\right)^{[x]}=\lim_{x\to+\infty}\left(1+\frac{1}{[x]+1}\right)^{[x]+1}\frac{1}{\left(1+\dfrac{1}{[x]+1}\right)}=\mathrm{e},$$

$$\lim_{x\to+\infty}\left(1+\frac{1}{[x]}\right)^{[x]+1}=\lim_{x\to+\infty}\left(1+\frac{1}{[x]}\right)^{[x]}\left(1+\frac{1}{[x]}\right)=\mathrm{e}.$$

由夹逼定理,得

$$\lim_{x\to+\infty}\left(1+\frac{1}{x}\right)^x=\mathrm{e}.$$

$$\lim_{x\to-\infty}\left(1+\frac{1}{x}\right)^{x}\xlongequal{x=-(y+1)}\lim_{y\to+\infty}\left(1-\frac{1}{y+1}\right)^{-y-1}$$

$$=\lim_{y\to+\infty}\left(1+\frac{1}{y}\right)^{y}\left(1+\frac{1}{y}\right)=\mathrm{e}.$$

由式(1-8)得

$$\lim_{x\to\infty}\left(1+\frac{1}{x}\right)^{x}=\mathrm{e}.$$

重要极限Ⅱ对计算形如 $y=u(x)^{v(x)}$ 的幂指函数,当 $u(x)\to1,v(x)\to\infty$ 时的极限有很大帮助.

例9　计算下列极限:

(1) $\lim\limits_{x\to\infty}\left(1-\frac{k}{x}\right)^{x}$($k$ 为正整数);　　(2) $\lim\limits_{x\to\infty}\left(\frac{1+x}{2+x}\right)^{x}$;

(3) $\lim\limits_{x\to0}\left(\frac{1+x}{1+2x}\right)^{\frac{4}{x}}$.

解　(1) $\lim\limits_{x\to\infty}\left(1-\frac{k}{x}\right)^{x}\xlongequal{-\frac{k}{x}=\frac{1}{y}}\lim\limits_{y\to\infty}\left(1+\frac{1}{y}\right)^{-yk}=\dfrac{1}{\left[\lim\limits_{y\to\infty}\left(1+\frac{1}{y}\right)^{y}\right]^{k}}=\dfrac{1}{\mathrm{e}^{k}}.$

(2) $$\lim_{x\to\infty}\left(\frac{1+x}{2+x}\right)^{x}=\lim_{x\to\infty}\left(1+\frac{-1}{x+2}\right)^{\frac{x+2}{-1}\cdot(-1)}\left(1+\frac{-1}{x+2}\right)^{-2}$$

$$=\frac{1}{\lim\limits_{x\to\infty}\left(1+\frac{-1}{x+2}\right)^{-(x+2)}}\cdot\frac{1}{\lim\limits_{x\to\infty}\left(1+\frac{-1}{x+2}\right)^{2}}=\frac{1}{\mathrm{e}}.$$

(3) $$\lim_{x\to0}\left(\frac{1+x}{1+2x}\right)^{\frac{4}{x}}=\frac{\lim\limits_{x\to0}(1+x)^{\frac{4}{x}}}{\lim\limits_{x\to0}(1+2x)^{\frac{1}{2x}\cdot8}}=\frac{\mathrm{e}^{4}}{\mathrm{e}^{8}}=\mathrm{e}^{-4}.$$

一般地,$\lim\limits_{f(x)\to\infty}\left(1+\frac{1}{f(x)}\right)^{f(x)}=\mathrm{e}$ 或者 $\lim\limits_{f(x)\to0}(1+f(x))^{\frac{1}{f(x)}}=\mathrm{e}$.

习题 1.3

A

1. 用 $\varepsilon-X$ 定义证明下列极限:

(1) $\lim\limits_{x\to+\infty}\frac{\sin x}{\sqrt{x}}=0$;　　　　(2) $\lim\limits_{x\to\infty}\frac{1+x^{2}}{2x^{2}}=\frac{1}{2}$.

2. 用ε-δ定义证明下列极限：

(1) $\lim\limits_{x\to1}(2x+3)=5$； (2) $\lim\limits_{x\to1}\dfrac{x^2-1}{x-1}=2$.

3. 计算下列极限：

(1) $\lim\limits_{x\to\infty}\dfrac{x^3+x^2+1}{2x^3+1}$； (2) $\lim\limits_{x\to+\infty}\dfrac{1+e^{2x}}{1-e^{2x}}$；

(3) $\lim\limits_{x\to1}\dfrac{x+1}{3\sqrt{x}+1}$； (4) $\lim\limits_{x\to0}\dfrac{2x^2}{x^2-x}$.

4. 讨论极限$\lim\limits_{x\to1}\dfrac{|x-1|}{x-1}$的存在性.

5. 计算下列极限：

(1) $\lim\limits_{x\to0}\dfrac{\sin 2x}{x}$； (2) $\lim\limits_{x\to1}\dfrac{\sin(x^2-1)}{x-1}$；

(3) $\lim\limits_{x\to x_0}\dfrac{\sin x-\sin x_0}{x-x_0}$； (4) $\lim\limits_{x\to a}\dfrac{x^n-a^n}{x-a}$($n$是正整数)；

(5) $\lim\limits_{x\to0}(1-2x)^{\frac{1}{x}}$； (6) $\lim\limits_{x\to\infty}\left(\dfrac{x-1}{x+1}\right)^x$；

(7) $f(x)=\begin{cases}x^2-x+1, & -1<x<0,\\ x^2+a, & 0<x<1,\end{cases}$求$\lim\limits_{x\to0}f(x)$；

(8) $\lim\limits_{x\to1}\dfrac{\sqrt{3-x}-\sqrt{1+x}}{x^2+x-2}$.

6. $f(x)=x\sin x$，讨论极限$\lim\limits_{x\to+\infty}x\sin x$.

7. 证明：$\lim\limits_{x\to\infty}f(x)=A$的充要条件是$\lim\limits_{x\to+\infty}f(x)=A=\lim\limits_{x\to-\infty}f(x)$.

B

1. 证明$\lim\limits_{x\to3}\dfrac{x^2-x-6}{x-3}=5$.

2. 计算下列极限：

(1) $\lim\limits_{x\to+\infty}(\sqrt{x^2+1}-\sqrt{x^2+x})$； (2) $\lim\limits_{x\to2}\dfrac{\sqrt{3x-1}-\sqrt{5}}{\sqrt{x-1}-1}$；

(3) $\lim\limits_{x\to1}\left(\dfrac{1}{1-x}-\dfrac{2}{1-x^2}\right)$； (4) $f(x)=\begin{cases}\dfrac{2}{1+e^{\frac{1}{x}}}, & x<0,\\ \dfrac{\sin kx}{x}, & x>0,\end{cases}$求$\lim\limits_{x\to0}f(x)$.

3. 设$\lim\limits_{x\to\infty}\left(\dfrac{x^2+3}{x-2}+ax+b\right)=0$，求$a,b$.

4. 证明：$\lim\limits_{x\to x_0}f(x)=A$的充要条件是$\lim\limits_{x\to x_0^+}f(x)=\lim\limits_{x\to x_0^-}f(x)=A$.

5. 已知$f(x)=x|x|-\sqrt[3]{x^2}\sin\sqrt[3]{x}$，求$\lim\limits_{x\to0^+}\dfrac{f(x)-f(0)}{x}$.

6. 求极限$\lim\limits_{n\to\infty}\left(\sin\dfrac{\pi}{\sqrt{n^2+1}}+\sin\dfrac{\pi}{\sqrt{n^2+2}}+\cdots+\sin\dfrac{\pi}{\sqrt{n^2+n}}\right)$.

1.4 预习检测

1.4　无穷小与无穷大

无穷小是微积分的一个重要概念,在17世纪微积分的建立初期,创立微积分的先驱者们就是用无穷小定义了函数的微分概念,不过当时的无穷小概念是模糊不清的,甚至有逻辑上的矛盾.有了极限的严格概念后,可以用极限定义无穷小.事实上,极限概念和无穷小概念是相通的.本节将讨论无穷小和无穷大的概念与性质.用等价无穷小代换求极限是一种很有效的简化极限计算的方法.

本节约定 x 表示自变量,u,v,w 等表示 x 的函数,x 可以是连续变量,也可以是自然数,u,v,w 也可以表示数列.$\lim\limits_{x\to\square}u$ 等泛指数列极限及六种函数极限中的任一种极限.不便统一表述的地方,只给出某一种特殊情况,请读者类比得出其他情况下的结论.

1.4.1　无穷小及其性质

定义1　如果 $\lim\limits_{x\to\square}u=0$,则称变量 u 为该极限过程 $x\to\square$ 中的无穷小.

例如,

$\sqrt{x-1},x^2-1\quad(x\to1^+)$;　　$\sin x,\tan x\quad(x\to0)$;

$\dfrac{1}{x},\mathrm{e}^{-x}\quad(x\to+\infty)$;　　$\mathrm{e}^x,\dfrac{\pi}{2}+\arctan x\quad(x\to-\infty)$

都是无穷小.

根据定义1,无穷小是一个变量并且伴随一个极限过程.不能说 x^2 或 $\dfrac{1}{x}$ 是无穷小,只能说 x^2 当 $x\to0$ 时是无穷小,$\dfrac{1}{x}$ 当 $x\to\infty$ 时是无穷小,等等.

定理1　$\lim\limits_{x\to x_0}f(x)=A\Leftrightarrow f(x)=A+\alpha$,其中 α 是该极限过程 $x\to x_0$ 中的无穷小.

证　设 $\lim\limits_{x\to x_0}f(x)=A$,令 $\alpha=f(x)-A$,则 $\forall\varepsilon>0,\exists\delta>0$,当 $x\in\mathring{U}(x_0,\delta)$ 时,$|\alpha|=|f(x)-A|<\varepsilon$,从而 $\lim\limits_{x\to x_0}\alpha=0$,即 α 是无穷小,并且 $f(x)=A+\alpha$.

反之,如果 $f(x)=A+\alpha$,α 是无穷小,那么 $\forall\varepsilon>0,\exists\delta>0$,当 $x\in\mathring{U}(x_0,\delta)$ 时,$|f(x)-A|=|\alpha|<\varepsilon$,因此 $\lim\limits_{x\to x_0}f(x)=A$.

定理1表明,极限概念可以用无穷小来刻画,这一事实的重要性在于:可以用无穷小概念系统地展开微积分理论.

定理2

(i) 有限个无穷小的和是无穷小.

(ii) 有界函数与无穷小的积是无穷小.

(iii) 如果 $\lim\limits_{x\to\square}f(x)=A\neq0$,$\alpha$ 是与 f 同一极限过程 $x\to\square$ 中的无穷小,则 $\dfrac{\alpha}{f(x)}$ 是该极限过程中的无穷小.

证　(i) 为便于表述,设 u,v 当 $x\to x_0$ 时是无穷小,那么 $\forall\varepsilon>0$, $\exists\delta>0$,当 $x\in\mathring{U}(x_0,\delta)$ 时,$|u|<\dfrac{\varepsilon}{2}$, $|v|<\dfrac{\varepsilon}{2}$.从而

$$|u+v|\leqslant|u|+|v|<\varepsilon,$$

即 $\lim\limits_{x\to x_0}(u+v)=0$,因此,当 $x\to x_0$ 时,$u+v$ 是无穷小.

(ii) 设 u 在 $\mathring{U}(x_0,\delta_1)$ 内有界,即 $\exists M>0$,使 $|u|\leqslant M$.设 $\lim\limits_{x\to x_0}v=0$,则 $\forall\varepsilon>0$, $\exists\delta'>0$,当 $x\in\mathring{U}(x_0,\delta')$ 时,$|v|<\dfrac{\varepsilon}{M}$,取 $\delta=\min\{\delta_1,\delta'\}$,当 $x\in\mathring{U}(x_0,\delta)$ 时,

$$|uv|=|u|\,|v|<M\cdot\frac{\varepsilon}{M}=\varepsilon.$$

因此,当 $x\to x_0$ 时,uv 是无穷小.

(iii) 不妨设 $\lim\limits_{x\to x_0}f(x)=A\neq0$, $\lim\limits_{x\to x_0}\alpha=0$,由 1.3 节(局部保号性)及推论,$\exists\delta_1>0$,当 $x\in\mathring{U}(x_0,\delta_1)$ 时,$|f(x)|\geqslant\dfrac{|A|}{2}>0$,从而 $\left|\dfrac{1}{f(x)}\right|\leqslant\dfrac{2}{|A|}$,即 $\dfrac{1}{f}$ 在 $\mathring{U}(x_0,\delta_1)$ 上有界.由(ii)知,$\dfrac{\alpha}{f(x)}$ 当 $x\to x_0$ 时是无穷小.

例 1　求极限 $\lim\limits_{x\to0}x\sin\dfrac{1}{x}$(图 1-34).

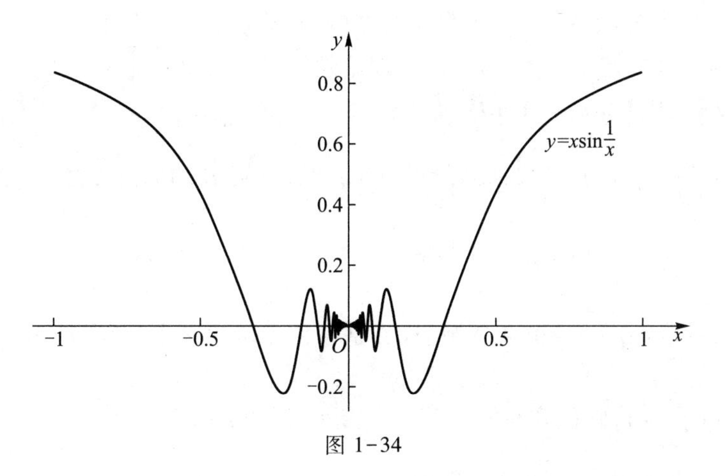

图 1-34

解　$\left|\sin\dfrac{1}{x}\right|\leqslant1$, $\lim\limits_{x\to0}x=0$,因此,$\lim\limits_{x\to0}x\sin\dfrac{1}{x}=0$.

下面用无穷小分析法给出极限的四则运算法则的证明.

定理 3　设 $\lim\limits_{x\to\square}u=A$, $\lim\limits_{x\to\square}v=B$,则有

(i) $\lim\limits_{x\to\square}(u\pm v)=\lim\limits_{x\to\square}u\pm\lim\limits_{x\to\square}v=A\pm B$.

(ii) $\lim\limits_{x\to\square}(uv)=\lim\limits_{x\to\square}u\,\lim\limits_{x\to\square}v=AB$.

特别地，对常数 k，$\lim\limits_{x\to\square} ku = k\lim\limits_{x\to\square} u = kA$.

（iii）$\lim\limits_{x\to\square}\dfrac{v}{u}=\dfrac{\lim\limits_{x\to\square} v}{\lim\limits_{x\to\square} u}=\dfrac{B}{A}(A\neq 0)$.

证　由定理1及 $\lim\limits_{x\to\square} u = A$，$\lim\limits_{x\to\square} v = B$，有 $u=A+\alpha$，$v=B+\beta$，其中 α，β 是无穷小.

（i）$u\pm v=(A+\alpha)\pm(B+\beta)=(A\pm B)+(\alpha\pm\beta)$. $\alpha\pm\beta$ 是无穷小，因此，由定理1，$\lim\limits_{x\to\square}(u\pm v)=A\pm B=\lim\limits_{x\to\square} u\pm\lim\limits_{x\to\square} v$.

（ii）$uv=(A+\alpha)(B+\beta)=AB+(A\beta+B\alpha+\alpha\beta)$，$A\beta+B\alpha+\alpha\beta$ 是无穷小，因此，$\lim\limits_{x\to\square}(uv)=AB=\lim\limits_{x\to\square} u\ \lim\limits_{x\to\square} v$.

（iii）只要证明 $\lim\limits_{x\to\square}\dfrac{1}{u}=\dfrac{1}{A}$.

$$\frac{1}{u}-\frac{1}{A}=\frac{1}{A+\alpha}-\frac{1}{A}=\frac{-\alpha}{A(A+\alpha)}.$$

$\lim\limits_{x\to\square} A(A+\alpha)=A^2\neq 0$. 由定理2(iii)，$\dfrac{\alpha}{A(A+\alpha)}$ 是无穷小，因此，$\lim\limits_{x\to\square}\dfrac{1}{u}=\dfrac{1}{A}$.

于是 $\lim\limits_{x\to\square}\dfrac{v}{u}=\lim\limits_{x\to\square} v\cdot\lim\limits_{x\to\square}\dfrac{1}{u}=\dfrac{B}{A}$.

1.4.2　无穷小阶的比较

当 $x\to 0$ 时，x，x^2，$\sin x$，$1-\cos x$ 等都是无穷小，但是它们趋于0的速度有快有慢.把定性的快慢概念严格化成能定量计算的概念，在理论及实践上有重要意义.

定义2　设 $\alpha\neq 0$，$\lim\limits_{x\to\square}\alpha=0$，$\lim\limits_{x\to\square}\beta=0$.

（i）如果 $\lim\limits_{x\to\square}\dfrac{\beta}{\alpha}=0$，称 β 是 α 的高阶无穷小，或称 α 是 β 的低阶无穷小，记为 $\beta=o(\alpha)$.

（ii）如果 $\lim\limits_{x\to\square}\dfrac{\beta}{\alpha}=C\neq 0$，称 β 与 α 是同阶无穷小，记为 $\beta=O(\alpha)$.

（iii）如果 $\lim\limits_{x\to\square}\dfrac{\beta}{\alpha^k}=C\neq 0$，$k$ 是正常数，称 β 是 α 的 k 阶无穷小，记为 $\beta=O(\alpha^k)$.

（iv）如果 $\lim\limits_{x\to\square}\dfrac{\beta}{\alpha}=1$，则称 β 与 α 是等价无穷小，记为 $\beta\sim\alpha$.

例如，$x^3=o(x)$，$1-\cos x=o(x)\quad(x\to 0)$；

$x^2-9=O((x-3))$，$\sin x-\sin 3=O((x-3))\quad(x\to 3)$；

$\sqrt[n]{1+x}-1\sim\dfrac{x}{n}$，　$\sin x\sim x$，　$\tan x\sim x$，　$1-\cos x\sim\dfrac{x^2}{2}$，　$\arcsin x\sim x$，　$\arctan x\sim x(x\to 0)$.

此外还有（见1.5节例5）

$$e^x-1\sim x,\ \ln(1+x)\sim x\quad(x\to 0).$$

注　$\beta=O(\alpha)$ 只是一个定性的记号，不能由 $\beta=O(\alpha)$，$\gamma=O(\alpha)$ 得出 $\beta=\gamma$，记号 $\beta=o(\alpha)$ 也是如此.另外，由 $\beta=o(\alpha)$，$\gamma=o(\alpha)$，可得 $\beta+\gamma=o(\alpha)$. $\beta=O(\alpha)$ 也有类似的性质.

定理 4 (i) $\alpha\sim\beta\Leftrightarrow\beta=\alpha+o(\alpha)$.

(ii) 如果 $\alpha\sim\alpha'$,那么

$$\lim_{x\to\square}(\alpha u)=\lim_{x\to\square}(\alpha' u),\lim_{x\to\square}\frac{u}{\alpha}=\lim_{x\to\square}\frac{u}{\alpha'},$$

假定极限$\lim\limits_{x\to\square}(\alpha' u),\lim\limits_{x\to\square}\dfrac{u}{\alpha'}$都存在.

证 (i) 设 $\alpha\sim\beta$,则

$$\lim_{x\to\square}\frac{\beta-\alpha}{\alpha}=\lim_{x\to\square}\left(\frac{\beta}{\alpha}-1\right)=\lim_{x\to\square}\frac{\beta}{\alpha}-1=0.$$

因此,$\beta-\alpha=o(\alpha)$,即 $\beta=\alpha+o(\alpha)$.

反之,设 $\beta=\alpha+o(\alpha)$,则

$$\lim_{x\to\square}\frac{\beta}{\alpha}=\lim_{x\to\square}\left(\frac{\alpha}{\alpha}+\frac{o(\alpha)}{\alpha}\right)=1+\lim_{x\to\square}\frac{o(\alpha)}{\alpha}=1.$$

因此 $\alpha\sim\beta$.

(ii) $\lim\limits_{x\to\square}\alpha u=\lim\limits_{x\to\square}\alpha' u\cdot\dfrac{\alpha}{\alpha'}=\lim\limits_{x\to\square}\alpha' u,\quad \lim\limits_{x\to\square}\dfrac{u}{\alpha}=\lim\limits_{x\to\square}\dfrac{\alpha'}{\alpha}\cdot\dfrac{u}{\alpha'}=\lim\limits_{x\to\square}\dfrac{u}{\alpha'}.$

由定理 4,求极限时,无穷小因子可用等价无穷小代换以简化极限计算.但是要注意,和、差运算时不能对某一项进行这种代换.

例 2 求下列极限:

(1) $\lim\limits_{x\to0}\dfrac{x+\sin^2 x}{\sqrt{1+x}-1}$;　　(2) $\lim\limits_{x\to0}\dfrac{\tan x-\sin x}{\sin x^3}$;

(3) $\lim\limits_{x\to0}\dfrac{\ln(1+3x)\arcsin x}{\sin^2 x}$;　　(4) $\lim\limits_{x\to0}\dfrac{e^{2x^2}-1}{1-\cos x}$.

解 (1) $\lim\limits_{x\to0}\dfrac{x+\sin^2 x}{\sqrt{1+x}-1}=\lim\limits_{x\to0}\dfrac{x+\sin^2 x}{\dfrac{x}{2}}=\lim\limits_{x\to0}\left(2+2\dfrac{\sin^2 x}{x}\right)=2.$

(2) $\lim\limits_{x\to0}\dfrac{\tan x-\sin x}{\sin x^3}=\lim\limits_{x\to0}\dfrac{\sin x}{x^3}\cdot\dfrac{1-\cos x}{\cos x}=\lim\limits_{x\to0}\dfrac{\sin x}{x}\cdot\dfrac{\dfrac{x^2}{2}}{x^2}\cdot\dfrac{1}{\cos x}=\dfrac{1}{2}.$

(3) $\lim\limits_{x\to0}\dfrac{\ln(1+3x)\arcsin x}{\sin^2 x}=\lim\limits_{x\to0}\dfrac{3x\cdot x}{x^2}=3.$

(4) $\lim\limits_{x\to0}\dfrac{e^{2x^2}-1}{1-\cos x}=\lim\limits_{x\to0}\dfrac{2x^2}{\dfrac{x^2}{2}}=4.$

设

$$\alpha(x)=ax^k+o(x^k)\quad(x\to0),$$

其中 $a\neq 0,k>0$ 是常数,则称 ax^k 是 $\alpha(x)$ 的 k 阶无穷小主部(ax^k 是 $\alpha(x)$ 的主要部分,另一部分 $o(x^k)$ 可忽略不计之意).特别,当 $k=1$ 时,ax 称为**线性主部**.

例如,$\sin x=x+o(x)$,x 是 $\sin x$ 的线性主部.

在应用中,常用记号 $\alpha=O(1)$ 表示 α 是有界变量,$\alpha=o(1)$ 表示 α 是无穷小.

1.4.3　无穷大及其性质

定义 3　设 $f(x)$ 在 x_0 的某去心邻域内有定义,如果 $\forall M>0$,$\exists \delta>0$,当 $x\in \mathring{U}(x_0,\delta)$ 时,

$$|f(x)|>M\ (\text{或} f(x)>M,\text{或} f(x)<-M),$$

就称 $f(x)$ 当 $x\to x_0$ 时是无穷大(或正无穷大,或负无穷大),记为

$$\lim_{x\to x_0}f(x)=\infty\ (\text{或}\lim_{x\to x_0}f(x)=+\infty,\text{或}\lim_{x\to x_0}f(x)=-\infty).$$

例如,

$$\lim_{x\to 1}\frac{1}{x-1}=\infty,\quad \lim_{x\to 0^+}\ln x=-\infty,$$

$$\lim_{x\to+\infty}\mathrm{e}^x=+\infty,\quad \lim_{x\to\frac{\pi}{2}}\tan x=\infty.$$

仅证 $\lim\limits_{x\to 1}\dfrac{1}{x-1}=\infty$.

$\forall M>0$,令 $\left|\dfrac{1}{x-1}\right|=\dfrac{1}{|x-1|}>M$,解得 $|x-1|<\dfrac{1}{M}$.因此,取 $\delta=\dfrac{1}{M}$,则 $\forall x\in\mathring{U}(1,\delta)$,有 $\left|\dfrac{1}{x-1}\right|>M$,即 $\lim\limits_{x\to 1}\dfrac{1}{x-1}=\infty$.

无穷大也是一个变量并且伴随一个极限过程.无穷大与函数的无界性是两个完全不同的概念.此外,记号 $\lim\limits_{x\to\square}f(x)=\infty$ 只是无穷大的一个方便的写法,不表示极限 $\lim\limits_{x\to\square}f(x)$ 存在.

在几何直观上看,如果 $\lim\limits_{x\to x_0}f(x)=\infty$,那么直线 $x=x_0$ 是曲线 $y=f(x)$ 的一条**铅直渐近线**.

定理 5　设 $f(x)\neq 0$,$x\in\mathring{U}(x_0,\delta_1)$,则

$$\lim_{x\to x_0}f(x)=0\Leftrightarrow\lim_{x\to x_0}\frac{1}{f(x)}=\infty.$$

即,非零的无穷小的倒数是无穷大,反之亦然.

证　设 $f(x)\neq 0$,且 $\lim\limits_{x\to x_0}f(x)=0$. $\forall M>0$.由 $\lim\limits_{x\to x_0}f(x)=0$ 得,对 $\varepsilon=\dfrac{1}{M}>0$,$\exists\delta>0$,当 $x\in\mathring{U}(x_0,\delta)$ 时,$|f(x)|<\varepsilon$,即

$$\frac{1}{|f(x)|}>\frac{1}{\varepsilon}=M.$$

因此 $\lim\limits_{x\to x_0}\dfrac{1}{f(x)}=\infty$.

反之,设$\lim\limits_{x\to x_0}\dfrac{1}{f(x)}=\infty$. $\forall\varepsilon>0$,由$\lim\limits_{x\to x_0}\dfrac{1}{f(x)}=\infty$得,对$M=\dfrac{1}{\varepsilon}>0$, $\exists\delta>0$,当$x\in\mathring{U}(x_0,\delta)$时,$\left|\dfrac{1}{f(x)}\right|>M$,即$|f(x)|<\varepsilon$,从而$\lim\limits_{x\to x_0}f(x)=0$.

例 3 讨论极限$\lim\limits_{x\to\infty}\dfrac{x^3+1}{3x^2+2x+1}$.

解 因为

$$\lim_{x\to\infty}\frac{3x^2+2x+1}{x^3+1}=\lim_{x\to\infty}\frac{\dfrac{3}{x}+\dfrac{2}{x^2}+\dfrac{1}{x^3}}{1+\dfrac{1}{x^3}}=0,$$

所以 $\lim\limits_{x\to\infty}\dfrac{x^3+1}{3x^2+2x+1}=\infty$.

一般地,对有理函数

$$R(x)=\frac{a_0+a_1x+\cdots+a_nx^n}{b_0+b_1x+\cdots+b_mx^m}\quad(a_n\neq 0,b_m\neq 0).$$

容易证明下式成立

$$\lim_{x\to\infty}R(x)=\begin{cases}0, & n<m,\\ \dfrac{a_n}{b_m}, & n=m,\\ \infty, & n>m.\end{cases}$$

关于无穷大,也有与定义 2 类似的阶的比较.

例如,设$\lim\limits_{x\to x_0}f(x)=\infty$,$\lim\limits_{x\to x_0}g(x)=\infty$.如果$\lim\limits_{x\to x_0}\dfrac{f(x)}{g(x)}=\infty$,就称当$x\to x_0$时,$f(x)$是$g(x)$的高阶无穷大;如果$\lim\limits_{x\to x_0}\dfrac{f(x)}{g(x)}=c\neq 0$,就称当$x\to x_0$时,$f(x)$与$g(x)$是同阶无穷大.

应该注意,无穷大的和不一定是无穷大,有界函数与无穷大的积也不一定是无穷大.

习题 1.4

A

1. 证明当$x\to 3$时,$\dfrac{x-3}{x}$是无穷小.

2. k为何值,当$x\to 0^+$时,$x^k\sin\dfrac{1}{x}$是无穷小?

3. 证明当$x\to 1$时,$\dfrac{x}{x-1}$是无穷大.

4. 函数$f(x)=\dfrac{x^2-1}{x(x-1)}$,当自变量$x$趋于何值时,$f(x)$是无穷小? x趋于何值时,$f(x)$是无穷大?

5. 利用等价无穷小性质,求下列极限:

(1) $\lim\limits_{x\to 0}\dfrac{\tan 3x}{2x}$; (2) $\lim\limits_{x\to 0}\dfrac{\sin x^n}{(\sin x)^m}$($n,m$ 为正整数);

(3) $\lim\limits_{x\to 0}\dfrac{\ln(1+\sin x)}{\arcsin x}$; (4) $\lim\limits_{x\to 0}\dfrac{e^{\sin x}-1}{x}$.

6. 已知 $f(x)=\dfrac{1}{x}\cos\dfrac{1}{x}, x\in(0,1)$.

(1) $f(x)$在$(0,1)$上是不是有界函数?

(2) $\lim\limits_{x\to 0^+}f(x)$是否存在?

(3) 当 $x\to 0^+$时,$f(x)$是不是无穷大?

7. 证明当 $x\to 1^+$时,$\dfrac{1}{(x-1)^k}$是$\dfrac{1}{x-1}$的高阶无穷大($k>1$ 是常数).

B

1. 计算下列极限:

(1) $\lim\limits_{x\to 0}\dfrac{(e^{3x}-e^{x})\ln(1+x)}{1-\cos x}$; (2) $\lim\limits_{x\to 0}\sin 5x\cdot\cot 3x$;

(3) $\lim\limits_{x\to\infty}x^2\sin\dfrac{1}{x^2}$; (4) $\lim\limits_{x\to\infty}\left(x\sin\dfrac{1}{x}-\dfrac{1}{x}\sin x\right)$.

2. 设当 $x\to x_0$ 时,$\alpha(x)\to 0,\beta(x)\to 0$,且 $\alpha(x)-\beta(x)\neq 0$.证明当 $x\to x_0$ 时,$e^{\alpha(x)}-e^{\beta(x)}$与$\alpha(x)-\beta(x)$是等价无穷小.

3. 设 $f(x)=x^3$,记 $\Delta y=f(x)-f(1)$,$\Delta x=x-1$.证明

$$\Delta y-3\Delta x=o(\Delta x)\quad(\Delta x\to 0).$$

4. 求极限$\lim\limits_{x\to 0}\dfrac{\sqrt{1-\cos x}}{x}$.

5. 若当 $x\to 0$ 时,$(1-ax^2)^{\frac{1}{4}}-1$ 与 $x\sin x$ 是等价无穷小,求 a 的值.

1.5 函数的连续性

1.5 预习检测

1.5.1 函数的连续与间断

自然界有一类现象,其变化比较平稳.比如,一天之内某地点的气温,随时间的变化平稳地升降;一个人的身高,随时间的变化平稳变化.描述这类现象的函数,其特点是当自变量发生微小改变时函数的变化也很小,这种函数称为连续函数.还有一类现象,其变化过程在某个时刻会发生剧变.如一个气球,随着往里不断充气,气球体积不断增加,当达到气球所能承受的气体压力极限时再充气就会突然爆炸,气球的体积瞬间变成无穷大;桥梁当所受压力或震动过大时就会突然断裂.描述这类现象的函数,其特点是在自变量变化到某个时刻后,再发生微小的改变时,函数发生剧烈改变,这类现象称为函数的间断性.把上述“平稳”“剧变”精确化就是函数的连续与间断概念.

设函数 $f(x)$ 在 x_0 的某一邻域 $U(x_0,\delta)$ 内有定义.任取 $x\in U(x_0,\delta)$,记 $\Delta x=x-x_0$,$\Delta y=$

$f(x_0+\Delta x)-f(x_0)$. Δx 和 Δy 分别称为自变量 x 在 x_0 处的改变量及函数 f 在 x_0 处的改变量,简称**自变量改变量**与**函数改变量**(图 1-35).

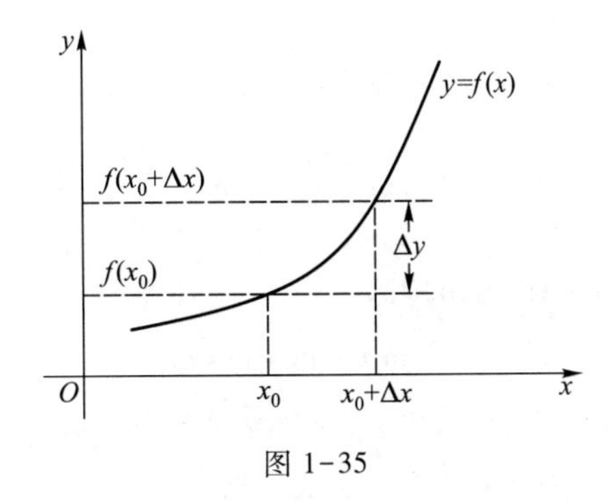

图 1-35

定义 1 设函数 $f(x)$ 在 x_0 的某个邻域内有定义,如果

$$\lim_{\Delta x\to 0}\Delta y=0, \tag{1-16}$$

则称 $f(x)$ 在 x_0 处**连续**,x_0 为 $f(x)$ 的**连续点**.

$x_0+\Delta x=x$, $\Delta x\to 0$, 即 $x\to x_0$, $\Delta y=f(x)-f(x_0)$, $\Delta y\to 0$, 即 $f(x)\to f(x_0)$.
定义 1 可写成:

定义 1′ 设函数 $f(x)$ 在 x_0 的某个邻域内有定义,如果

$$\lim_{x\to x_0}f(x)=f(x_0), \tag{1-17}$$

则称 $f(x)$ 在 x_0 处连续.

把式(1-17)用函数极限的 ε-δ 语言叙述,即为

定义 1″ 设函数 $f(x)$ 在 x_0 的某个邻域内有定义,如果 $\forall\varepsilon>0$, $\exists\delta>0$, 当 $x\in U(x_0,\delta)$ 时,有

$$|f(x)-f(x_0)|<\varepsilon,$$

则称 f 在 x_0 处连续.

根据双侧极限与单侧极限的关系,有

$$\lim_{x\to x_0}f(x)=f(x_0)\Leftrightarrow\lim_{x\to x_0^+}f(x)=f(x_0)=\lim_{x\to x_0^-}f(x).$$

当 $\lim\limits_{x\to x_0^+}f(x)=f(x_0)$ 时,称 f 在 x_0 处**右连续**.当 $\lim\limits_{x\to x_0^-}f(x)=f(x_0)$ 时,称 f 在 x_0 处**左连续**.因此,函数在一点连续的充要条件是在该点左、右连续.

如果函数 f 在区间 (a,b) 内每一点处都连续,就称 f 为**开区间 (a,b) 内的连续函数**.如果 f 定义在闭区间 $[a,b]$ 上,在 (a,b) 内每一点连续,在端点 a 处右连续,b 处左连续,就称 f 为**闭区间 $[a,b]$ 上的连续函数**.

根据定义 1′的式(1-17),函数 f 要在 x_0 处连续,首先 f 要在 x_0 处有定义,极限 $\lim\limits_{x\to x_0}f(x)=A$ 存在,还要 $A=f(x_0)$,缺一不可.

例1　研究下列函数的连续性：

(1) $f(x)=\sin x, x\in(-\infty,+\infty)$；

(2) $f(x)=e^x, x\in(-\infty,+\infty)$.

解　(1) 任意取定一点 $x_0\in(-\infty,+\infty)$，

$$|\sin x-\sin x_0|=2\left|\sin\frac{x-x_0}{2}\right|\left|\cos\frac{x+x_0}{2}\right|\leqslant|x-x_0|.$$

因此，$\forall\varepsilon>0$，取 $\delta=\varepsilon>0$，当 $x\in U(x_0,\delta)$ 时，

$$|\sin x-\sin x_0|<\varepsilon.$$

由连续定义1″，$\sin x$ 在 x_0 处连续. 由 x_0 的任意性可知，$\sin x$ 在 $(-\infty,+\infty)$ 上连续.

类似可证 $\cos x$ 在 $(-\infty,+\infty)$ 上连续.

(2) 先证 e^x 在 $x_0=0$ 处连续.

$\forall\varepsilon>0$（不妨设 $0<\varepsilon<1$），解不等式

$$|e^x-e^0|<\varepsilon,\text{即 } 1-\varepsilon<e^x<1+\varepsilon,$$

得 $\ln(1-\varepsilon)<x<\ln(1+\varepsilon)$. 取 $\delta=\min\{-\ln(1-\varepsilon),\ln(1+\varepsilon)\}=\ln(1+\varepsilon)$，则当 $x\in U(0,\delta)$ 时，$|e^x-e^0|<\varepsilon$. 因此 e^x 在0处连续. $\forall x_0\in(-\infty,+\infty)$，

$$e^x-e^{x_0}=e^{x_0}(e^{x-x_0}-1).$$

由 e^x 在0处连续，$x\to x_0$ 时，$e^{x-x_0}\to 1$，从而 $\lim\limits_{x\to x_0}e^x=e^{x_0}$. 由 x_0 的任意性可知，e^x 在 $(-\infty,+\infty)$ 上连续.

根据定义1′，如果式(1-17)不成立，函数 $f(x)$ 在 x_0 处就不连续，则称 f 在 x_0 处**间断**，x_0 称为 f 的**间断点**.

如果 $\lim\limits_{x\to x_0}f(x)=A$ 存在，但 f 在 x_0 处无定义，或者虽然有定义，但是 $A\neq f(x_0)$，则称 x_0 为 f 的**可去间断点**.

如果 $\lim\limits_{x\to x_0^+}f(x)$ 与 $\lim\limits_{x\to x_0^-}f(x)$ 都存在但不相等，则称 x_0 为 f 的**跳跃间断点**.

可去间断点与跳跃间断点合称为**第一类间断点**.

如果 $\lim\limits_{x\to x_0^+}f(x)$ 与 $\lim\limits_{x\to x_0^-}f(x)$ 中至少有一个不存在，则称 x_0 为 f 的**第二类间断点**.

例2　讨论下列函数在指定点处的间断性及间断点的类型：

(1) $f(x)=\dfrac{\sin x}{x}$ 在 $x=0$ 处（见图1-32）；

(2) $f(x)=\begin{cases}x^2-1, & x<0,\\ 0, & x=0,\\ x+1, & x>0\end{cases}$ 在 $x=0$ 处（见图1-36）；

(3) $f(x)=\sin\dfrac{1}{x}$ 在 $x=0$ 处（见图1-30）；

(4) $f(x)=\tan x$ 在 $x=\dfrac{\pi}{2}$ 处（见图1-18(c)）；

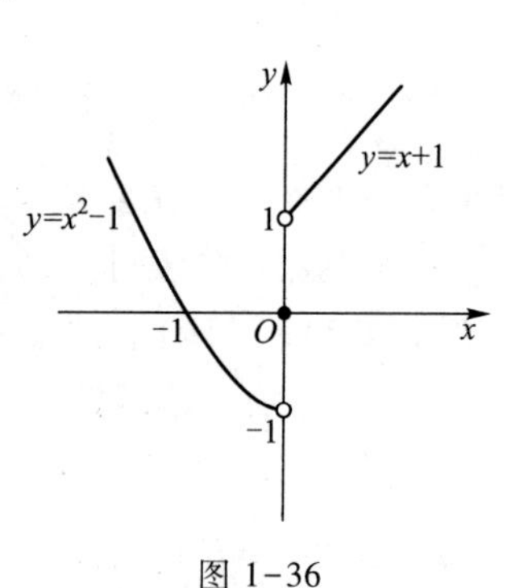

图1-36

解 (1) $\lim\limits_{x\to 0}\dfrac{\sin x}{x}=1$,但$\dfrac{\sin x}{x}$在 $x=0$ 处没有定义,因此 $x=0$ 是可去间断点.

(2) $\lim\limits_{x\to 0^-}f(x)=\lim\limits_{x\to 0^-}(x^2-1)=-1$,$\lim\limits_{x\to 0^+}f(x)=\lim\limits_{x\to 0^+}(x+1)=1$,因此,$x=0$ 是跳跃间断点.

(3) 当 $x\to 0$ 时,$\sin\dfrac{1}{x}$在$+1$与-1之间无限次振动,$\lim\limits_{x\to 0}\sin\dfrac{1}{x}$不存在,$x=0$ 为第二类间断点.这类间断点也称为**振荡间断点**.

(4) $\lim\limits_{x\to \frac{\pi}{2}^+}\tan x=-\infty$,$\lim\limits_{x\to \frac{\pi}{2}^-}\tan x=+\infty$,$x=\dfrac{\pi}{2}$是第二类间断点.这类间断点也称为**无穷间断点**.

对可去间断点,可通过适当地修改或补充函数在该点处的值使函数在该点处连续.例如,对函数$f(x)=\dfrac{\sin x}{x}$作如下修改

$$F(x)=\begin{cases}f(x), & x\neq 0,\\ 1, & x=0,\end{cases}$$

则 F 的定义域为$(-\infty,+\infty)$,F 在 $x=0$ 处连续,在 $\mathbf{R}-\{0\}$ 上 $F=f$.

请读者想想,对一个一般函数 $y=f(x)$,若 x_0 为可去间断点,如何修改或补充函数在该点处的值使之连续?对其他类型间断点可否通过修改一个点处的函数值做这种连续扩张?

1.5.2 连续函数的运算

定理 1(四则运算) 设 $f,g:(a,b)\to\mathbf{R}$,$x_0\in(a,b)$.若 $f(x)$,$g(x)$在 x_0 处连续(或在(a,b)上连续),那么

(i) $\alpha f(x)\pm\beta g(x)$在 x_0 处连续(或在(a,b)上连续),α,β 是任意常数;

(ii) $f(x)\cdot g(x)$在 x_0 处连续(或在(a,b)上连续);

(iii) $f(x)/g(x)$在 x_0 处连续($g(x_0)\neq 0$)(或在$(a,b)-\{x\mid g(x)=0\}$上连续).

定理 1 由函数极限的四则运算性质及连续性定义立即得出.证明从略.

定理 2(反函数连续性) 设 $f:(a,b)\to\mathbf{R}$ 单调且连续,则反函数 $x=f^{-1}(y)$在 $f((a,b))$上也单调且连续.

定理 2 证明从略.从几何直观上来看,反函数 $x=f^{-1}(y)$的图形(以 y 轴为自变量轴)与直接函数 $y=f(x)$(以 x 轴为自变量轴)的图形其实是同一条曲线.

定理 3(复合函数连续性) 设函数 $u=\varphi(x)$在 x_0 处连续,$y=f(u)$在 $u_0=\varphi(x_0)$处连续,则复合函数

$$y=f(\varphi(x))$$

在 x_0 处连续,即

$$\lim_{x\to x_0}f(\varphi(x))=f(\lim_{x\to x_0}\varphi(x))=f(\varphi(x_0)).$$

比定理 3 条件稍弱的如下结论也成立:

定理 4 设$\lim\limits_{x\to x_0}\varphi(x)=a$ 存在,$y=f(u)$在 $u=a$ 处连续,则

$$\lim_{x\to x_0} f(\varphi(x))=f(\lim_{x\to x_0}\varphi(x))=f(a).$$

下面证明定理4.

由$f(u)$在$u=a$处连续得，$\lim\limits_{u\to a}f(u)=f(a)$.因此，$\forall\varepsilon>0$，$\exists\delta'>0$，当$u\in U(a,\delta')$时，

$$|f(u)-f(a)|<\varepsilon.$$

再由$\lim\limits_{x\to x_0}\varphi(x)=a$，对上述$\delta'>0$，$\exists\delta>0$，当$x\in\mathring{U}(x_0,\delta)$时，

$$|\varphi(x)-a|<\delta',$$

即$u=\varphi(x)\in U(a,\delta')$，从而

$$|f(\varphi(x))-f(a)|<\varepsilon.$$

即得$\lim\limits_{x\to x_0}f(\varphi(x))=f(a)=f(\lim\limits_{x\to x_0}\varphi(x))$.

由例1，$y=\sin x$及$y=\cos x$在$(-\infty,+\infty)$上连续；由定理1，所有三角函数在其定义域内连续；在其单调区间上，由定理2其反函数也连续.从而三角函数及反三角函数在其定义域内是连续的.

指数函数$y=\mathrm{e}^x$在$(-\infty,+\infty)$上连续，其反函数$y=\ln x$在$(0,+\infty)$内连续.一般地，同理可证指数函数$y=a^x(a>0$且$a\neq1)$及对数函数$y=\log_a x(a>0$且$a\neq1)$在其定义域内连续.

幂函数$y=x^\mu=\mathrm{e}^{\mu\ln x}$作为$y=\mathrm{e}^u$与$u=\mu\ln x$的复合函数，在区间$(0,+\infty)$内连续.

总之，**基本初等函数在其定义域内连续**.

由初等函数的定义及连续函数的运算性质，**初等函数在定义区间内连续**.所谓**定义区间**是指包含在定义域内的区间.

函数的连续性是函数的一种重要性质，微积分中可微函数是连续函数(见第2章)，函数连续性保证了函数的可积性(见第4、5章).

函数的连续性还提供了一种计算极限的方法.若$f(x)$在x_0处连续，则计算$\lim\limits_{x\to x_0}f(x)$相当于计算$f(x_0)$.例如，若$f(x)$是初等函数，当$x_0$在定义区间内时就可用这种方法求极限.

例3　讨论函数$f(x)=\begin{cases}\mathrm{e}^{\frac{1}{x}}, & x<0,\\ 0, & x=0,\\ \dfrac{\sin x}{x}+k, & x>0\end{cases}$的连续性，$k$是常数.

解　在$(-\infty,0)$及$(0,+\infty)$内，$f(x)$分别是初等函数$\mathrm{e}^{\frac{1}{x}}$及$\dfrac{\sin x}{x}+k$，从而$f(x)$连续.在分段点$x=0$处，

$$\lim_{x\to0^-}f(x)=\lim_{x\to0^-}\mathrm{e}^{\frac{1}{x}}=0,\ \lim_{x\to0^+}f(x)=\lim_{x\to0^+}\left(\frac{\sin x}{x}+k\right)=k+1.$$

当$k=-1$时，$\lim\limits_{x\to0}f(x)=0=f(0)$，$f$在$x=0$处连续；

当$k\neq-1$时，$\lim\limits_{x\to0}f(x)$不存在，且$x=0$是$f(x)$的第一类间断点.

例4　设$\lim\limits_{x\to x_0}u(x)=A>0$，$\lim\limits_{x\to x_0}v(x)=B$，证明

$$\lim_{x\to x_0} u(x)^{v(x)}=\left[\lim_{x\to x_0} u(x)\right]^{\lim\limits_{x\to x_0} v(x)}=A^B.$$

证　$u(x)^{v(x)}=\mathrm{e}^{v(x)\ln u(x)}$,

$\lim\limits_{x\to x_0} u(x)^{v(x)}=\mathrm{e}^{\lim\limits_{x\to x_0} v(x)\ln u(x)}=\mathrm{e}^{\lim\limits_{x\to x_0} v(x)\cdot\ln\lim\limits_{x\to x_0} u(x)}=\mathrm{e}^{B\cdot\ln A}=A^B.$

例 5　求下列极限:

(1) $\lim\limits_{x\to 0}\dfrac{\ln(1+x)}{x}$;　　(2) $\lim\limits_{x\to 0}\dfrac{a^x-1}{x}$;

(3) $\lim\limits_{x\to 0}(\cos^2 x)^{\frac{1}{x^2}}$.

解　(1) $\lim\limits_{x\to 0}\dfrac{\ln(1+x)}{x}=\lim\limits_{x\to 0}\ln(1+x)^{\frac{1}{x}}=\ln\lim\limits_{x\to 0}(1+x)^{\frac{1}{x}}=\ln \mathrm{e}=1.$

(2) $\lim\limits_{x\to 0}\dfrac{a^x-1}{x}\xlongequal{a^x-1=y}\lim\limits_{y\to 0}\dfrac{y\ln a}{\ln(1+y)}=\ln a.$

(3) $\lim\limits_{x\to 0}(\cos^2 x)^{\frac{1}{x^2}}=\lim\limits_{x\to 0}(1-\sin^2 x)^{\frac{-1}{\sin^2 x}\cdot\frac{-\sin^2 x}{x^2}}$

$=\left[\lim\limits_{x\to 0}(1-\sin^2 x)^{\frac{-1}{\sin^2 x}}\right]^{-\lim\limits_{x\to 0}\frac{\sin^2 x}{x^2}}=\dfrac{1}{\mathrm{e}}.$

由例 5(1)有 $\ln(1+x)\sim x$,由(2)有 $a^x-1\sim x\ln a\,(x\to 0)$.

*1.5.3　函数的一致连续性

$f(x)$在区间 I 上连续,是指$f(x)$在 I 上每一点 x_0 处都连续,根据函数在一点连续的定义 1″有,$\forall x_0\in I$, $\forall \varepsilon>0$, $\exists \delta>0$,当 $|x-x_0|<\delta$ 时,就有

$$|f(x)-f(x_0)|<\varepsilon. \tag{1-18}$$

假设 $\varepsilon>0$ 给定,如果 x_0 在 I 上的位置不同,使式(1-18)成立的 δ 有可能也不同.如果对任意给定的 $\varepsilon>0$,存在使式(1-18)成立的 δ 对 I 上不同的 x_0 都一致适用,这种连续性对函数的要求就更高,称为函数的一致连续性.

定义 2　设函数$f(x)$在区间 I 上有定义.如果 $\forall \varepsilon>0$, $\exists \delta>0$, $\forall x_1, x_2\in I$,当 $|x_2-x_1|<\delta$ 时,有

$$|f(x_2)-f(x_1)|<\varepsilon,$$

就称$f(x)$在 I 上**一致连续**,其中 δ 仅与 ε 有关,与 x 无关.

根据定义 1″与定义 2,函数在区间 I 上的连续性刻画了$f(x)$在 I 内各点处的局部性态,一致连续性则刻画了$f(x)$在 I 上的全局性态.显然,当函数$f(x)$在 I 上一致连续时,必在 I 上处处连续,反过来不一定成立.

例 6　考察$f(x)=\dfrac{1}{x}$在区间$[k,1]$($0<k<1$, k 是常数)和区间$(0,1]$上的连续性与一致连续性.

解　显然$\dfrac{1}{x}$作为初等函数在$[k,1]$和$(0,1]$都连续.下面讨论一致连续性.

在$[k,1]$上，$\forall x_1,x_2\in[k,1]$，则

$$|f(x_2)-f(x_1)|=\frac{|x_2-x_1|}{x_2x_1}\leqslant\frac{|x_2-x_1|}{k^2}.$$

因此，$\forall\varepsilon>0$，可取$\delta=k^2\varepsilon$，只要$|x_2-x_1|<\delta$，就有$|f(x_2)-f(x_1)|<\varepsilon$，根据定义2，$f(x)$在$[k,1]$上一致连续.

在$(0,1]$上，取$\varepsilon_0=\frac{1}{2}$，无论$\delta$多么小，可取$x_1=\frac{1}{n}$，$x_2=\frac{1}{n+1}\in(0,1]$，只要$n$充分大，就可使$|x_2-x_1|=\frac{1}{n(n+1)}<\delta$，但是

$$|f(x_2)-f(x_1)|=\left|\frac{1}{\frac{1}{n}}-\frac{1}{\frac{1}{n+1}}\right|=1>\varepsilon_0.$$

因此对这个ε_0，就找不到定义2中一致适用的δ，从而$f(x)$在$(0,1]$上不是一致连续的.

习题 1.5

A

1. 用ε-δ定义证明函数$f(x)=3x+1$在$x=1$处连续.

2. 试求下列函数的间断点.若有间断点，指出间断点的类型；若是可去间断点，补充函数定义，使函数在该点处连续.

(1) $y=\frac{x^2-1}{x^2-3x+2}$；　　(2) $y=\frac{x}{\tan x}$；

(3) $y=\frac{x-1}{x^2+x+1}$；　　(4) $y=x\sin\frac{1}{x}$；

(5) $y=\begin{cases}x-1, & x\leqslant 1,\\ 2-x^2, & x>1.\end{cases}$

3. 利用函数连续性求下列极限：

(1) $\lim\limits_{x\to 1}\sqrt{x^2-2x+2}$；　　(2) $\lim\limits_{x\to\infty}e^{\frac{1}{x}}$；

(3) $\lim\limits_{x\to 0}\ln\frac{\sin 2x}{x}$；　　(4) $\lim\limits_{x\to 0}(1+3\tan^2x)^{\cot^2x}$.

*4. 证明：$\sin x$在$(-\infty,+\infty)$上一致连续，而$\sin\frac{1}{x}$在$(0,1)$上非一致连续.

B

1. 讨论下列函数的连续性：

(1) $f(x)=\begin{cases}\frac{\sin x}{x}, & x<0,\\ 1, & x=0,\\ \frac{e^{2x}-1}{2x}, & x>0;\end{cases}$　　(2) $f(x)=\frac{x(x^2-1)}{\sin\pi x}$.

2. 求下列极限：

(1) $\lim\limits_{x\to 0}(\cos x+\sin x)^{\frac{1}{x}}$；　　　(2) $\lim\limits_{x\to 0}\left(\dfrac{3-\mathrm{e}^{x}}{2+x}\right)^{\frac{1}{\sin x}}$.

3. 设 $f(x)=ax+o(x)\ (x\to 0)$，$F(x)=\begin{cases}\dfrac{f(x)+3\sin x}{x}, & x\neq 0,\\ 1, & x=0.\end{cases}$ 求 a，使 $F(x)$ 在 $x=0$ 处连续.

4. 设 $\lim\limits_{x\to\infty}\left(\dfrac{x+2a}{x-a}\right)^{x}=8$，求常数 a.

5. 设 $f(x)=\lim\limits_{n\to\infty}\dfrac{1+x}{1+x^{2n}}$，讨论函数的连续性.

1.6　闭区间上连续函数的性质

1.6 预习检测

定义　设 $f: D\to\mathbf{R}$. 如果 $\exists x_0\in D$，使得

$$f(x)\leqslant(\text{或者}\geqslant)f(x_0),\ \forall x\in D,$$

称函数 f 在 D 上取得**最大值**(或者**最小值**) $f(x_0)$，x_0 称为 f 的**最大值**(或者**最小值**)**点**.

最大值与最小值统称为**最值**，最大值点与最小值点统称为**最值点**.

当函数不连续，或者定义域 D 不是闭区间时，函数有可能在 D 上取不到最值.

例如，函数 $f(x)=\begin{cases}\dfrac{1}{x}, & x\in(0,1],\\ 0, & x=0\end{cases}$ 在 $[0,1]$ 上有定义，但是 f 在 $[0,1]$ 上取不到最大值.

又如函数 $g(x)=x$，$x\in(0,1)$，g 在定义域上连续，但 g 在 $(0,1)$ 上取不到最大值与最小值.

然而，对闭区间上的连续函数，我们有

定理 1(最值定理)　设 $f:[a,b]\to\mathbf{R}$ 是连续函数，则 f 在 $[a,b]$ 上取得最大值与最小值，即 $\exists x_1, x_2\in[a,b]$，使

$$m=f(x_1)\leqslant f(x)\leqslant f(x_2)=M,\quad \forall x\in[a,b].$$

推论(有界性定理)　设 $f:[a,b]\to\mathbf{R}$ 是连续函数，则 f 在 $[a,b]$ 上有界，即 $\exists M>0$，使

$$|f(x)|\leqslant M,\ \forall x\in[a,b].$$

定理 1 的证明超出本书范围，从略. 读者可从定理 1 推证上述推论.

求一个函数在定义域上的最大值、最小值称为函数**最优化问题**，使函数取得最值的自变量的值称为函数的**最优解**. 最优化问题在实践上与理论上都有重要意义，定理 1 提供了最优化问题解的存在性的一个充分条件. 至于如何求出最优解是数学中的一个重要问题，在第 3 章将给出一种解法.

例 1　将正数 a 分成两个非负数之和，是否存在一种分法，使这两个数之积最大？

解　设 $a=x+(a-x)$，$0\leqslant x\leqslant a$，则问题归结为求函数

$$f(x)=x(a-x),\quad 0\leqslant x\leqslant a$$

的最大值. 由于 f 在 $[0,a]$ 上连续，这个最值问题必有解.

$f(x)$是一个二次函数,用初等数学方法可以求出此问题的最优解.结论是,当 $x=\frac{a}{2}$时,$f(x)$取最大值$\frac{a^2}{4}$.

定理 2(零点定理) 设$f:[a,b]\to\mathbf{R}$ 满足

(i) f在$[a,b]$上连续;

(ii) $f(a)\cdot f(b)<0$,

则在(a,b)内至少存在一点 ξ,使$f(\xi)=0$.

定理 2 的几何直观表示如图 1-37 所示.连续曲线从 x 轴的一侧只有穿过 x 轴并与 x 轴相交才能到另一侧,这个交点就是函数的零点.定理证明从略.

定理 2 中并没有给出这个零点的求法,不过我们可用一些方法求得零点的近似值.

图 1-37

下面给出一种构思比较简单的近似计算方法.不妨设$f(a)<0,f(b)>0$.

第一步,求出$f\left(\frac{a+b}{2}\right)$,如果$f\left(\frac{a+b}{2}\right)=0$,则 $x_0=\frac{a+b}{2}$即为一个零点,否则,看$f\left(\frac{a+b}{2}\right)$与$f(a)$,$f(b)$中哪一个同号,不妨设$f\left(\frac{a+b}{2}\right)$与$f(b)$同号.第二步,令 $b_1=\frac{a+b}{2}$,$a_1=a$,取区间$[a_1,b_1]$,f在$[a_1,b_1]$上必有零点,将其二等分,重复上述步骤,得到数列$\{a_n\}$,$\{b_n\}$.这两个数列具有性质:

(1) $f(a_n)<0$, $f(b_n)>0$;

(2) $a_n\leqslant a_{n+1}$,$b_{n+1}\leqslant b_n$,即$[a_{n+1},b_{n+1}]\subset[a_n,b_n]$;

(3) $b_{n+1}-a_{n+1}=\frac{b_n-a_n}{2}=\frac{b-a}{2^{n+1}}$.

因而当$\frac{b-a}{2^{n+1}}<\varepsilon$时,$[a_{n+1},b_{n+1}]$中任何一个数都可以作为这个区间上零点的误差不超过 ε 的近似值.这种方法一般称为**二分法**.

读者容易证明,$\lim\limits_{n\to\infty}a_n=\lim\limits_{n\to\infty}b_n=\xi$, $f(\xi)=0$.

例 2 证明方程 $x^5-3x+1=0$ 在$(1,2)$内至少有一实根.

证 令$f(x)=x^5-3x+1$,f在闭区间$[1,2]$上连续,$f(1)=-1<0$,$f(2)=27>0$.因此,f满足零点定理条件,$\exists\xi\in(1,2)$,使$f(\xi)=0$.

类似于例 2,请读者证明,一般地,对 n 次代数方程

$$a_0x^n+a_1x^{n-1}+\cdots+a_n=0\,(a_0\neq 0),$$

当 n 是正奇整数时必有实根;当 n 是正偶整数时,若 $a_0a_n<0$,则方程也有实根;当 $a_0a_n>0$ 时可能没有实根(试举一反例).

例 3 拉一根橡皮筋,一头朝左拉,同时另一头朝右拉,在橡皮筋不拉断的情况下,试证

明橡皮筋上至少有一点在拉伸前后位置不变.

证 建立数学模型(如图 1-38).

橡皮筋不拉断:函数 $f(x)$ 在区间 $[a,b]$ 上连续.

至少有一点在拉伸前后位置不变:在开区间 (a,b) 内至少存在一点 ξ,使得 $f(\xi)=\xi$.

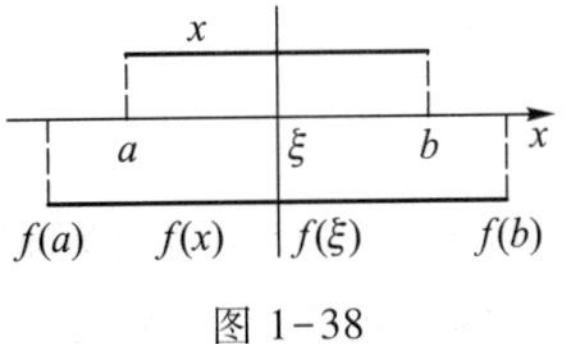

图 1-38

上述实际问题转化成如下数学问题:

设函数 $f(x)$ 在闭区间 $[a,b]$ 上连续,且 $f(a)<a$,$f(b)>b$.证明:在开区间 (a,b) 内至少存在一点 ξ,使得 $f(\xi)=\xi$.

令 $F(x)=f(x)-x$.

(1) $F(x)$ 在 $[a,b]$ 上连续;

(2) $F(a)=f(a)-a<0$,$F(b)=f(b)-b>0$,

由零点定理可知,至少存在一点 $\xi\in(a,b)$,使 $F(\xi)=0$,即 $f(\xi)=\xi$.

可知在橡皮筋不拉断的情况下,橡皮筋上至少有一点在拉伸前后位置不变.

比零点定理更一般的是

定理 3(介值定理) 设 $f:[a,b]\to\mathbf{R}$ 是连续函数,$f(a)\neq f(b)$,任取介于 $f(a)$ 与 $f(b)$ 之间的常数 C,则在 (a,b) 内至少存在一点 ξ,使

$$f(\xi)=C.$$

证 不妨设 $f(a)<C<f(b)$,令

$$\varphi(x)=f(x)-C,\quad x\in[a,b],$$

则 φ 在 $[a,b]$ 上连续,$\varphi(a)<0$,$\varphi(b)>0$,由零点定理,$\exists\xi\in(a,b)$,使 $\varphi(\xi)=0$,即

$$f(\xi)=C.$$

介值定理的直观表示见图 1-39.直线 $y=C$(C 在 $f(a)$,$f(b)$ 之间)必然与曲线相交,交点的横坐标即为 ξ.

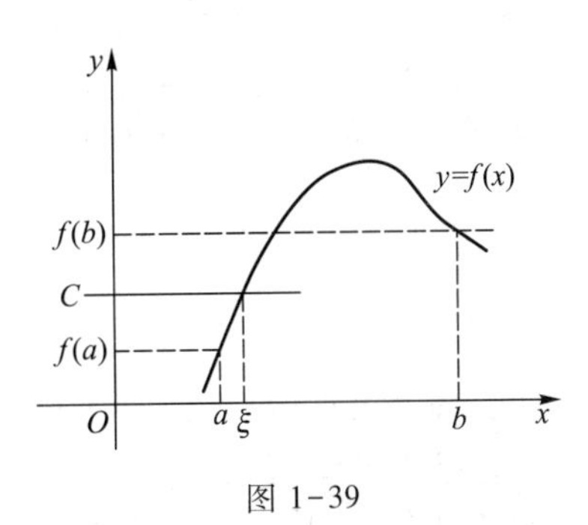

图 1-39

定理 4(连通性定理) 设 $f:[a,b]\to\mathbf{R}$ 是连续函数,m,M 分别是 f 在 $[a,b]$ 上的最小值与最大值,则

$$f([a,b])=[m,M],$$

即 f 把闭区间映射为闭区间.因此,任取 $k\in[m,M]$,存在 $\xi\in[a,b]$,使得 $f(\xi)=k$.

定理 4 的直观表示如图 1-40 所示.定理证明从略.

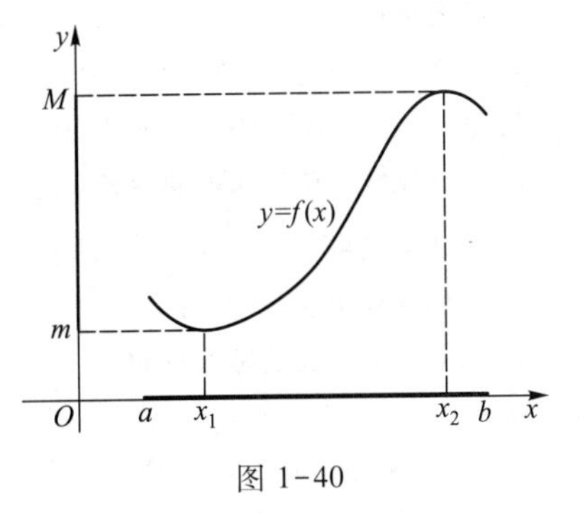

图 1-40

必须指出,当 f 不连续或者把闭区间 $[a,b]$ 换为开区间或其他非闭区间时,定理 2—4 的结论不一定成立.请读者用几何直观及具体函数之例说明.

***定理 5(一致连续性定理)** 设 $f(x)$ 在闭区间 $[a,b]$ 上连续,则 $f(x)$ 在 $[a,b]$ 上一致连续.

习题 1.6

A

1. 证明下列方程在所给的区间内存在一个根:

(1) $x^5-2x^4-x-3=0,(2,3)$; (2) $x^2=\sqrt{x+1},(1,2)$.

2. 设 $f(x)=\begin{cases}1-x^2, & 0\leqslant x\leqslant 1,\\ 1+\dfrac{x}{2}, & 1<x\leqslant 2.\end{cases}$ 回答下列问题:

(1) f 在 $[0,2]$ 上是否连续? (2) $f([0,2])=[1,2]$ 是否成立?

3. 设 $f(x)=x^3-x^2+x$,证明存在一个数 C,使得 $f(C)=10$.

4. 证明存在实数 C,使 $C^2=2$,即证明$\sqrt{2}$的存在性.

B

1. 证明方程 $x2^x=1$ 至少有一个小于 1 的正根.

2. 设 $f:[a,b]\to[a,b]$ 连续,证明存在 $\xi\in[a,b]$,使 $f(\xi)=\xi$.

3. 设 $f(x)$ 在 $[0,2a]$ 上连续,$f(0)=f(2a)$,$f(a)\neq f(0)$,证明存在 $\xi\in(0,a)$,使

$$f(\xi)=f(\xi+a).$$

4. 设 $f(x)$ 在 $[a,b]$ 上连续,$a<x_1<x_2<\cdots<x_n<b$,证明存在 $\xi\in[x_1,x_n]$,使

$$f(\xi)=\frac{f(x_1)+f(x_2)+\cdots+f(x_n)}{n}.$$

5. 设 $f:[a,+\infty)\to\mathbf{R}$ 连续,且 $\lim\limits_{x\to+\infty}f(x)=A$ 存在.证明:

(1) $f(x)$ 在 $[a,+\infty)$ 上有界;

*(2) $f(x)$ 在 $[a,+\infty)$ 上一致连续.

复习题一

1. 构成函数的两个要素是什么?如何确定函数的定义域?

2. 若有某条平面曲线 C,且平行于 y 轴的某条直线与该曲线相交多于两点,则该曲线能否成为某个函数的图形?为什么?

3. 函数的四个初等性质是什么?你能画出这些性质的几何直观表示吗?

4. 两个奇函数之和、积是否仍为奇函数?奇函数与偶函数之和、积的奇偶性如何?

5. 某函数的图形与平行于 x 轴的某条直线有两个交点,这个函数是否存在反函数?

6. 一个函数与其反函数的图形有何关系?如何求一个函数的反函数?

7. 两个函数可以复合成新函数的条件是什么?$y=\ln(u-1)$ 和 $y=\sqrt{1-u}$ 与 $u=\sin x$ 能否复合?$y=\mathrm{e}^{\arctan\ln(x-1)}$ 的复合关系是什么?

8. 基本初等函数是哪几类函数?初等函数是如何构成的?

9. 极限的 $\varepsilon-N$ 定义、$\varepsilon-X$ 定义、$\varepsilon-\delta$ 定义是如何叙述的?极限有哪些基本性质?

10. 下列说法与 $\varepsilon-N$ 定义是否等价:"$\forall\varepsilon>0$,在邻域 $(a-\varepsilon,a+\varepsilon)$ 之内都有数列 $\{a_n\}$ 的无穷多项";"对

任意自然数 k，存在 N，邻域$\left(a-\dfrac{1}{k},a+\dfrac{1}{k}\right)$之内含有数列$\{a_n\}$从项 a_N 以后的所有项".

11. 如何用单侧极限确定双侧极限？分段函数在分段点处的极限如何求？

12. 建立数列极限与函数极限之间关系的是哪个定理？利用该定理如何说明函数极限不存在？

13. 函数的无界性与无穷大有何不同？

14. 无穷小与无穷大是如何定义的？有哪些性质？10^{-100}，10^{100}，$\ln x(x\to0^+)$，$\ln x(x\to1)$，0 中哪些是无穷小，哪些是无穷大？

15. 根据你的体会，两个重要极限的重要性是如何体现的？

16. 单调有界原理在有理数范围内是否成立？能否在有理数范围内建立极限理论？

17. 如何用等价无穷小代换求极限？你知道哪些等价无穷小？

18. 函数的连续性与间断性是如何定义的？间断点有哪些类型？

19. 关于基本初等函数及初等函数的连续性有什么结论？初等运算对连续性有何影响？

*20. 函数的连续性与一致连续性在函数性态的刻画上有何不同？有何联系？

21. 闭区间上的连续函数有哪些重要性质？如何用零点定理证明方程有根？如何求根的近似值？

总习题一

1. 设 $f(x)=\begin{cases}1, & |x|\leqslant1,\\0, & |x|>1,\end{cases}$ 求 $f\{f[f(x)]\}$ 的表达式.

2. 求函数 $y=10^{x-1}-2$ 的反函数.

3. 用 $\varepsilon-\delta$ 定义证明 $\lim\limits_{x\to0^-}f(x)=2$，$\lim\limits_{x\to0^+}f(x)=3$，其中

$$f(x)=\begin{cases}x+2, & x<0,\\3\cos x, & x>0.\end{cases}$$

4. 求下列极限：

(1) $\lim\limits_{n\to\infty}\sqrt[n]{a^n+b^n+c^n}\quad(a,b,c\geqslant0)$；

(2) 设常数 $a\neq\dfrac{1}{2}$，求极限 $\lim\limits_{n\to\infty}\ln\left[\dfrac{n-2na+1}{n(1-2a)}\right]^n$；

(3) $\lim\limits_{x\to\infty}\left(\dfrac{3x^2-2}{3x^2+4}\right)^{x(x+1)}$；

(4) $\lim\limits_{x\to\infty}\dfrac{x+\sin x}{x+\cos x}$；

(5) $\lim\limits_{x\to0}\dfrac{e^{\tan x}-e^{\sin x}}{\tan x-\sin x}$；

(6) $\lim\limits_{x\to+\infty}\left(\sqrt{x^2+x+1}-\sqrt{x^2-2x+3}\right)$；

(7) $\lim\limits_{x\to1}\dfrac{x^x-1}{x\ln x}$.

5. 讨论下列极限的存在性：

(1) $\lim\limits_{x\to1}e^{\frac{1}{x-1}}$；

(2) $\lim\limits_{x\to1}\arctan\dfrac{1}{x-1}$；

(3) $\lim\limits_{x\to0}\dfrac{\sin x}{|x|}$；

(4) $\lim\limits_{x\to0}\dfrac{\tan kx}{\ln(1+x^2)}$.

6. 设 $f(x)=\begin{cases}\dfrac{\arctan ax}{x}, & x\neq0,\\2, & x=0\end{cases}$ 在 $x=0$ 处连续，求 a 的值.

7. 已知$f(x)=\dfrac{2e^{\frac{1}{x}}+3}{3e^{\frac{1}{x}}-2}$,求$f(x)$的间断点,并指出其类型.

8. 证明方程$x=a\sin x+b(a>0,b>0)$存在正根,其值不超过$a+b$.

9. 确定参数a,b的值.

(1) 求a,b,使$\lim\limits_{x\to 0}\dfrac{\sqrt{ax+b}-2}{x}=1$;

(2) 若$\lim\limits_{x\to 0}\dfrac{\sin x}{e^x-a}(\cos x-b)=5$,则$a,b$的值分别为多少?

10. 证明:若$f(x)$在$[a,b]$上连续,则$|f(x)|$在$[a,b]$上连续,但反之不成立.

11. 设当$x\to 0$时,$(1-\cos x)\ln(1+x^2)$是比$x\sin x^n$高阶的无穷小,而$x\sin x^n$是比$(e^{x^2}-1)$高阶的无穷小,求正整数n的取值.

12. 求极限$\lim\limits_{t\to x}\left(\dfrac{\sin t}{\sin x}\right)^{\frac{x}{\sin t-\sin x}}$,记此极限为$f(x)$,求函数$f(x)$的间断点并指出其类型.

选　读

经济学中的常用函数

为了实现经济学的目标,需要对经济变量进行定量分析,数理经济学研究方法就是用数学公式来描述经济系统中的基本环节,如需求函数、利润函数、库存函数等.

第 2 章　一元函数的导数与微分

引述　公元前 300 年，欧几里得给出了圆周上一点的切线的概念，即过圆周上一点且垂直于圆的半径的直线.虽然后来又有一些数学家给出了一些特殊曲线的切线，但是一般曲线的切线的确定直到 17 世纪时仍是一个没有解决的问题.17 世纪初，笛卡儿把求曲线的切线问题看成最有用最一般的问题.切线问题与光线射入弯曲的镜头的角度有关，与函数的极值有关，在力学中切线问题与速度的方向有关.1823 年，柯西在综合切线斜率、瞬时速度的计算模式的基础上给出了现在教科书中导数的定义，微分作为函数改变量的现代定义则是拉格朗日首先提出、柯西最后确定的.

本章将研究导数与微分的概念、性质和计算问题.我们将看到，导数是对客观事物中各种各样的变化率的一种统一的数学描述，虽然导数的概念起源于切线、速度这样的具体问题，但是这种方法具有普遍性，广泛应用于自然科学和社会科学等许多领域，并且常用常新.微积分诞生 300 多年来的应用实践表明，微积分在阐明和解决来自数学、物理学、工程科学以及经济学、管理科学、社会学和生物学、化学各领域中的问题时有强大的威力，并且新的应用还在不断出现.

2.1　导数的概念

2.1 预习检测

2.1.1　导数概念的实例

用极限定义的导数，是微积分的一个基本概念.历史上，英国的牛顿研究物体做变速直线运动的瞬时速度，德国的莱布尼茨研究一般曲线的切线的斜率，从不同的角度产生了具有相同模式的导数概念.深刻理解这两个实际背景，有助于理解导数概念的定义公式及导数的意义.本节将学习导数的定义、记号、性质、计算和一些简单的几何应用.

瞬时速度　在中学物理中我们知道，在离地面一定高度的地方，当一个物体做自由落体运动时(自由落体运动指的是，在落体下落到地面的过程中，只受到地球吸引而产生的重力作用，空气阻力等其他的因素都忽略不计的理想运动)，下落距离 s 与下落所花的时间 t 的关系为 $s=s(t)=\dfrac{1}{2}gt^2$，其中 $g=9.8\ \mathrm{m/s^2}$ 称为重力加速度.经验告诉我们，落体下落得会越来越快.我们关心落体在开始下落后一秒钟，或者两秒钟，或者接触地面的一瞬间，或者在下落过程中的任意时刻落体的速度是多少？下面考虑在下落过程中的任意一个时刻 t_0，落体的瞬时速度.

先考虑落体在时刻 t_0 到 $t_0+\Delta t$ 这个时间段内的平均速度

$$\frac{\Delta s}{\Delta t}=\frac{s(t_0+\Delta t)-s(t_0)}{\Delta t}=\frac{1}{2}g\,\frac{(t_0+\Delta t)^2-t_0^2}{\Delta t}=gt_0+\frac{1}{2}g\Delta t,$$

Δt 越小,这个平均速度$\frac{\Delta s}{\Delta t}$就能够越好地反映时刻 t_0的瞬时快慢程度,我们令$\Delta t\to 0$,求极限

$$\lim_{\Delta t\to 0}\frac{\Delta s}{\Delta t}=\lim_{\Delta t\to 0}\frac{s(t_0+\Delta t)-s(t_0)}{\Delta t}=\lim_{\Delta t\to 0}\left(gt_0+\frac{1}{2}g\Delta t\right),$$

得$\lim\limits_{\Delta t\to 0}\frac{\Delta s}{\Delta t}=gt_0$,我们把这个极限作为落体在时刻 t_0的瞬时速度.

从这个计算结果看出,落体在下落过程中的瞬时速度是变化的,且越来越快.

切线斜率 路程函数 $s=s(t)=\frac{1}{2}gt^2$从几何的观点来看,其图形是一条抛物线.图 2-1 中所表示的是一条一般的路程函数 $s(t)$的曲线.$\frac{\Delta s}{\Delta t}=\frac{s(t_0+\Delta t)-s(t_0)}{\Delta t}$表示过曲线 $s=s(t)$上两点 $M(t_0,s(t_0))$和 $P(t_0+\Delta t,s(t_0+\Delta t))$的直线(称为曲线的割线)的斜率.$\Delta t\to 0$ 时,动点 $P(t_0+\Delta t,s(t_0+\Delta t))$沿着曲线 $s=s(t)$无限接近于固定点 $M(t_0,s(t_0))$,变动的割线 MP 与固定的直线 MT 的夹角趋于零,这条固定的直线就称为曲线的切线.因此,切线是割线的极限位置直线,可以用$\lim\limits_{\Delta t\to 0}\frac{\Delta s}{\Delta t}=\lim\limits_{\Delta t\to 0}\frac{s(t_0+\Delta t)-s(t_0)}{\Delta t}$计算曲线切线的斜率.

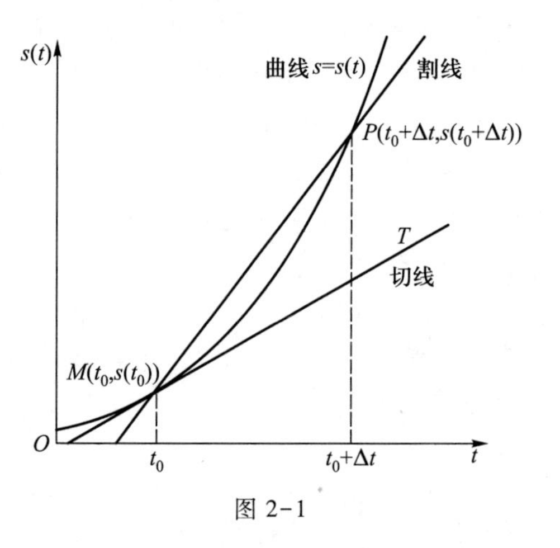

图 2-1

2.1.2 导数的定义

微课
导数的定义

从上面的实际例子我们看到,物理学中运动的瞬时速度计算问题和几何学中一般曲线的切线斜率计算问题,都可以归结为函数改变量与自变量改变量之比的极限这一模式.除了前述瞬时速度和切线斜率的实际例子,还有大量的问题的解决都归结为这种模式,抛开实际背景,这种比的极限本质上是函数 $y=f(x)$的因变量 y 关于自变量 x 的变化率,我们抽象成如下的数学概念.

定义 设函数 $y=f(x)$在区间(a,b)内有定义,取定一个 $x_0\in(a,b)$.取$|\Delta x|$充分小,使得 $x_0+\Delta x\in(a,b)$.如果极限

$$\lim_{\Delta x\to 0}\frac{\Delta y}{\Delta x}=\lim_{\Delta x\to 0}\frac{f(x_0+\Delta x)-f(x_0)}{\Delta x}\tag{2-1}$$

存在,称函数$f(x)$在 x_0点**可导**,极限值称为 $f(x)$在点 x_0处的**导数**,记为$f'(x_0)$,即

$$f'(x_0)=\lim_{\Delta x\to 0}\frac{\Delta y}{\Delta x}=\lim_{\Delta x\to 0}\frac{f(x_0+\Delta x)-f(x_0)}{\Delta x}.$$

注 由于沿袭下来的习惯,$f(x)$在点 x_0处的导数还有如下的常用记法

$$\left.\frac{\mathrm{d}y}{\mathrm{d}x}\right|_{x=x_0},\left.\frac{\mathrm{d}f(x)}{\mathrm{d}x}\right|_{x=x_0},\left.y'\right|_{x=x_0},$$

等等.记号 $f'(x_0)$ 读作"f 一撇 x_0"或者"$f(x)$ 在点 x_0 处的导数",$\left.\frac{\mathrm{d}y}{\mathrm{d}x}\right|_{x=x_0}$ 读作"$\mathrm{d}y\mathrm{d}xx_0$",其余类推.计算极限 $\lim\limits_{\Delta x\to 0}\frac{\Delta y}{\Delta x}$,就是对函数 $f(x)$ 在点 x_0 处求导数.

如果 $f(x)$ 在区间 (a,b) 内的每一点 x 处都可导,那么只要在 (a,b) 内的每一点 x 处求导数,就定义了一个新的函数,称为 $f(x)$ 的导函数,记为 $f'(x)$.也可记为 $y',\frac{\mathrm{d}y}{\mathrm{d}x},\frac{\mathrm{d}f(x)}{\mathrm{d}x}$. 根据导数的定义公式,

$$f'(x)=\lim_{\Delta x\to 0}\frac{f(x+\Delta x)-f(x)}{\Delta x}. \tag{2-2}$$

如无特别申明,下面在一般点处求导数时,就是指求导函数,简称求导数.

导数的定义还可以等价地写为

$$f'(x_0)=\lim_{x\to x_0}\frac{f(x)-f(x_0)}{x-x_0}\quad 或者\quad f'(x_0)=\lim_{h\to 0}\frac{f(x_0+h)-f(x_0)}{h}.$$

根据函数极限和左、右极限的关系,关于导数的存在性,我们有

$$\lim_{\Delta x\to 0}\frac{f(x_0+\Delta x)-f(x_0)}{\Delta x}=f'(x_0)$$

$$\Leftrightarrow \lim_{\Delta x\to 0^+}\frac{f(x_0+\Delta x)-f(x_0)}{\Delta x}=f'(x_0)=\lim_{\Delta x\to 0^-}\frac{f(x_0+\Delta x)-f(x_0)}{\Delta x}.$$

左极限 $\lim\limits_{\Delta x\to 0^-}\frac{f(x_0+\Delta x)-f(x_0)}{\Delta x}$ 和右极限 $\lim\limits_{\Delta x\to 0^+}\frac{f(x_0+\Delta x)-f(x_0)}{\Delta x}$ 分别称为 $f(x)$ 在点 x_0 处的**左导数**和**右导数**,分别记为 $f'_-(x_0)$ 和 $f'_+(x_0)$,即 $f'(x_0)$ 存在 $\Leftrightarrow f'_-(x_0)$ 和 $f'_+(x_0)$ 都存在且相等.

如果函数 $f(x)$ 在区间 (a,b) 内的每一点 x 处都可导,且 $f'_+(a)$ 和 $f'_-(b)$ 存在,称 $f(x)$ 在闭区间 $[a,b]$ 上可导.

例 1 判断函数 $f(x)=|x|$ 在点 $x=0$ 处的可导性.

解 计算在点 $x=0$ 处的左导数和右导数

$$f'_-(0)=\lim_{x\to 0^-}\frac{|x|-0}{x-0}=\lim_{x\to 0^-}\frac{-x}{x}=-1,$$

$$f'_+(0)=\lim_{x\to 0^+}\frac{|x|-0}{x-0}=\lim_{x\to 0^+}\frac{x}{x}=1,$$

所以 $f(x)$ 在点 $x=0$ 处不可导.$f(x)=|x|$ 的图形如图 2-2 所示,这种情况下,曲线在 $(0,0)$ 点没有切线.

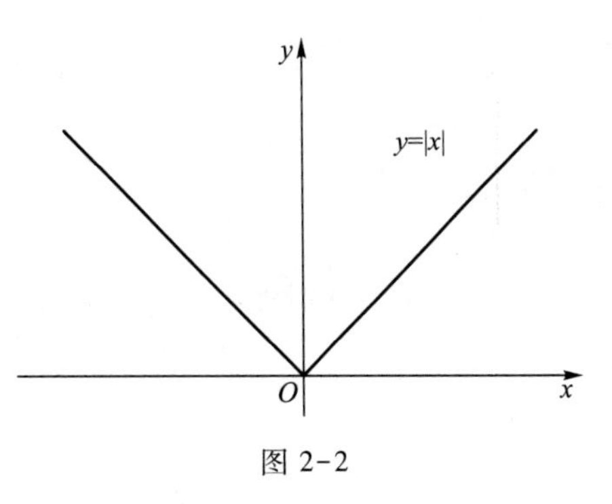

图 2-2

根据导数概念的物理和几何背景,我们可以说

导数的物理意义是:做直线运动的物体的瞬时速度;

导数的几何意义是:曲线的切线的斜率.

如果曲线的方程是 $y=f(x)$,那么曲线上点(x_0,y_0)处的切线方程是

$$y-y_0=f'(x_0)(x-x_0).$$

曲线 $y=f(x)$ 在点(x_0,y_0)处的法线是过点(x_0,y_0)且垂直于切线的直线,如果$f'(x_0)\neq 0$,则法线的斜率是$-\dfrac{1}{f'(x_0)}$,法线方程是

$$y-y_0=-\frac{1}{f'(x_0)}(x-x_0).$$

当 $f'(x_0)=0$ 时,切线是水平的,切线方程是 $y=y_0$;法线是铅直的,法线方程是$x=x_0$.

例 2 求曲线 $y=x^3$ 在点(1,1)处和点(0,0)处的切线方程和法线方程.

解 曲线 $y=x^3$ 在任意点(x_0,y_0)处的切线斜率是

$$f'(x_0)=\lim_{\Delta x\to 0}\frac{(x_0+\Delta x)^3-x_0^3}{\Delta x}=\lim_{\Delta x\to 0}(3x_0^2+3x_0\Delta x+(\Delta x)^2)=3x_0^2,$$

则在点(1,1)处,切线斜率 $f'(1)=3$,所以切线方程是

$$y-1=3(x-1),\quad 即\ y=3x-2.$$

法线方程是

$$y-1=-\frac{1}{3}(x-1),\quad 即\ y=-\frac{1}{3}x+\frac{4}{3}.$$

在点(0,0)处,切线斜率 $f'(0)=0$,因此切线方程是

$$y-0=0\cdot(x-0),\quad 即\ y=0.$$

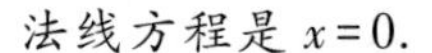

法线方程是 $x=0$.

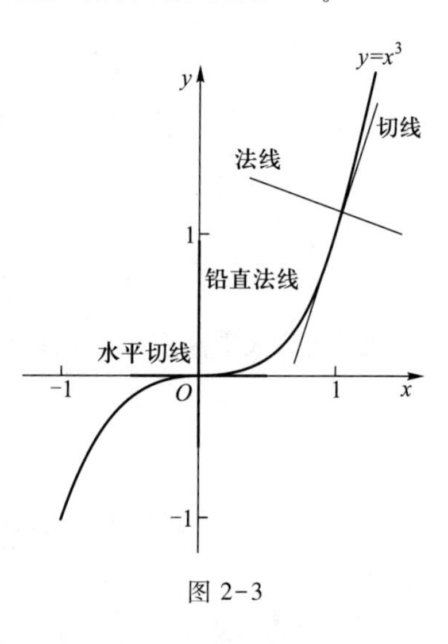

图 2-3

例 2 的示意图如图 2-3 所示.

注 上面我们只计算了物体沿直线运动的瞬时速度,由于物体的一般运动可以分解为沿坐标轴的直线运动,因此,只要会计算沿直线运动情况的瞬时速度,便可以算出一般运动的瞬时速度.导数$\dfrac{\mathrm{d}y}{\mathrm{d}x}$的一般意义是变量 y 关于变量 x 的变化率.

由导数的定义公式(2-2)及极限的性质,当$|\Delta x|$充分小时,

$$f'(x)\approx\frac{f(x+\Delta x)-f(x)}{\Delta x}=\bar{f}(x).$$

我们取

$$f(x)=x^2\cos x,x\in[-2,2],$$

图 2-4(a)和(b)分别表示

$$\Delta x=0.25,0.125$$

时,平均函数$\bar{f}(x)$ 对导函数$f'(x)$ 的逼近情况的直观表示.

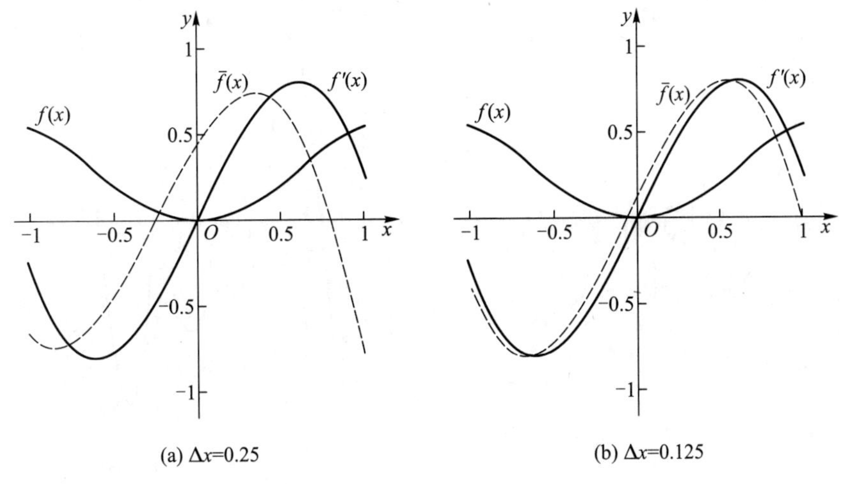

(a) $\Delta x=0.25$ (b) $\Delta x=0.125$

图 2-4

2.1.3 可导与连续的关系

连续性与可导性都是函数的重要性质,它们之间有如下的关系:

定理 设函数 $f(x)$ 在点 x_0 处可导,则 $f(x)$ 在点 x_0 处连续.

证 $\lim\limits_{\Delta x\to 0}\Delta y=\lim\limits_{\Delta x\to 0}\left(\dfrac{\Delta y}{\Delta x}\cdot\Delta x\right)=\lim\limits_{\Delta x\to 0}\dfrac{\Delta y}{\Delta x}\cdot\lim\limits_{\Delta x\to 0}\Delta x=f'(x_0)\cdot 0=0.$

由定理,如果 $f(x)$ 在点 x_0 处不连续,那么 $f(x)$ 在点 x_0 处必然不可导.

例如,设 $f(x)=\begin{cases}x+1, & x\leqslant 0,\\ x-1, & x>0,\end{cases}$ 则极限 $\lim\limits_{x\to 0}f(x)$ 不存在,因为直接计算得

$$\lim_{x\to 0^-}f(x)=\lim_{x\to 0^-}(x+1)=1,$$

$$\lim_{x\to 0^+}f(x)=\lim_{x\to 0^-}(x-1)=-1,$$

所以 $f(x)$ 在 $x=0$ 处不连续,因此 $f(x)$ 在 $x=0$ 处不可导.

例 1 中的函数 $|x|$ 在 $x=0$ 处不可导,但是 $|x|$ 在 $x=0$ 处连续.

综合可见,函数连续是可导的必要条件,而非充分条件.

#**例 3** 考察函数 $f(x)=\begin{cases}x\sin\dfrac{1}{x}, & x\neq 0,\\ 0, & x=0\end{cases}$ 和函数 $g(x)=\begin{cases}x^2\sin\dfrac{1}{x}, & x\neq 0,\\ 0, & x=0\end{cases}$ 在 $x=0$ 处的连续性与可导性.

解 容易证明函数 $f(x)$,$g(x)$ 在 $x=0$ 处都是连续的.

$$\lim_{x\to 0}\frac{f(x)-f(0)}{x}=\lim_{x\to 0}\sin\frac{1}{x},$$

微课
2.1 节例 3

这个极限不存在,因此,$f(x)$ 在 $x=0$ 处不可导,几何直观见图 2-5(a).

$\lim\limits_{x\to 0}\dfrac{g(x)-g(0)}{x}=\lim\limits_{x\to 0}x\sin\dfrac{1}{x}=0.$ 因此,$g(x)$ 在 $x=0$ 处可导.几何直观见图 2-5(b).

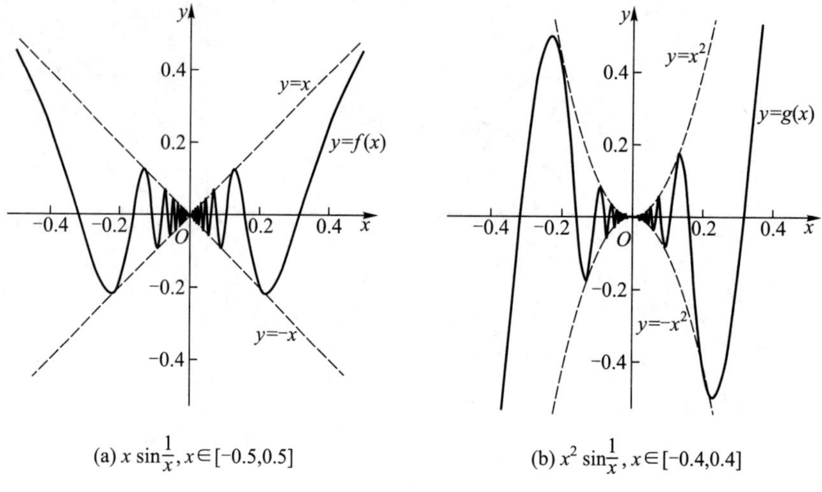

(a) $x\sin\frac{1}{x}, x\in[-0.5,0.5]$　　　　(b) $x^2\sin\frac{1}{x}, x\in[-0.4,0.4]$

图 2-5

2.1.4　求导数举例

为了熟悉求导数公式,下面是用导数定义公式计算几个简单函数的导数的例子.

例 4　常数函数 $f(x)=C$ 的导数.

解　$f'(x)=\lim\limits_{\Delta x\to 0}\dfrac{f(x+\Delta x)-f(x)}{\Delta x}=\lim\limits_{\Delta x\to 0}\dfrac{C-C}{\Delta x}=0.$

请读者从导数的物理意义和几何意义的角度给出例 4 的解释.

例 5　幂函数 $y=x^n$ 的导数.

解　先设 n 是正整数,则

$$(x^n)'=\lim_{\Delta x\to 0}\frac{(x+\Delta x)^n-x^n}{\Delta x}=\lim_{\Delta x\to 0}\frac{x^n+nx^{n-1}\Delta x+\dfrac{n(n-1)}{2!}x^{n-2}(\Delta x)^2+\cdots+(\Delta x)^n-x^n}{\Delta x}$$

$$=\lim_{\Delta x\to 0}\left[nx^{n-1}+\frac{n(n-1)}{2!}x^{n-2}\Delta x+\cdots+(\Delta x)^{n-1}\right]=nx^{n-1},$$

即 $(x^n)'=nx^{n-1}$.如果 n 是一般的实数 α,也有 $(x^\alpha)'=\alpha x^{\alpha-1}$.这里先承认它,后面将给出一个说明.

利用例 5 的结果,可得

$$(x^{10})'=10x^9,(\sqrt{x})'=\frac{1}{2\sqrt{x}},\left(\frac{1}{x}\right)'=\frac{-1}{x^2}.$$

例 6　正弦函数 $y=\sin x$ 和余弦函数 $y=\cos x$ 的导数.

解　先求 $(\sin x)'$.

$$(\sin x)'=\lim_{\Delta x\to 0}\frac{\sin(x+\Delta x)-\sin x}{\Delta x}=\lim_{\Delta x\to 0}\frac{1}{\Delta x}\left[2\cos\left(x+\frac{\Delta x}{2}\right)\cdot\sin\frac{\Delta x}{2}\right]$$

$$=\lim_{\Delta x\to 0}\cos\left(x+\frac{\Delta x}{2}\right)\cdot\lim_{\Delta x\to 0}\frac{\sin\frac{\Delta x}{2}}{\frac{\Delta x}{2}}.$$

此处由 $y=\cos x$ 的连续性，

$$\lim_{\Delta x\to 0}\cos\left(x+\frac{\Delta x}{2}\right)=\cos x,$$

由重要极限 I，

$$\lim_{\Delta x\to 0}\frac{\sin\frac{\Delta x}{2}}{\frac{\Delta x}{2}}\overset{t=\frac{\Delta x}{2}}{=\!=\!=}\lim_{t\to 0}\frac{\sin t}{t}=1.$$

即 $(\sin x)'=\cos x$.

同理可得，$(\cos x)'=-\sin x$，请读者自己进行推导.

注　三角恒等式：$\sin\alpha-\sin\beta=2\cos\frac{\alpha+\beta}{2}\sin\frac{\alpha-\beta}{2}$.

例 7　指数函数 $y=\mathrm{e}^x$ 的导数.

解　$(\mathrm{e}^x)'=\lim\limits_{\Delta x\to 0}\frac{\mathrm{e}^{x+\Delta x}-\mathrm{e}^x}{\Delta x}=\lim\limits_{\Delta x\to 0}\frac{\mathrm{e}^x(\mathrm{e}^{\Delta x}-1)}{\Delta x}=\mathrm{e}^x\lim\limits_{\Delta x\to 0}\frac{\mathrm{e}^{\Delta x}-1}{\Delta x}=\mathrm{e}^x.$

此处利用了等价无穷小代换求极限，$\mathrm{e}^{\Delta x}-1\sim\Delta x(\Delta x\to 0)$.

即，$(\mathrm{e}^x)'=\mathrm{e}^x$. 一般地，$(a^x)'=a^x\ln a(a>0$ 且 $a\neq 1)$，请读者推之.

例 8　对数函数 $y=\log_a x(a>0$ 且 $a\neq 1)$ 的导数.

解　$$(\log_a x)'=\lim_{\Delta x\to 0}\frac{1}{\Delta x}[\log_a(x+\Delta x)-\log_a x]$$

$$=\lim_{\Delta x\to 0}\frac{1}{\Delta x}\log_a\left(1+\frac{\Delta x}{x}\right)=\frac{1}{x}\lim_{\Delta x\to 0}\log_a\left(1+\frac{\Delta x}{x}\right)^{\frac{x}{\Delta x}}$$

$$=\frac{1}{x}\log_a\lim_{\Delta x\to 0}\left(1+\frac{\Delta x}{x}\right)^{\frac{x}{\Delta x}}=\frac{1}{x}\log_a\mathrm{e}=\frac{1}{x\ln a},$$

即 $(\log_a x)'=\frac{1}{x\ln a}$. 特别地，$(\ln x)'=\frac{1}{x}$.

以 e 为底的指数函数和对数函数，其导数公式比较简单，因此在高等数学中和实际应用中常取以 e 为底的指数函数和对数函数.

前面讨论了导数的概念和可导性与连续性的关系，举例说明了用导数的定义求导数的方法. 下面给出函数在一点不可导的几种常见情形，以加深对导数概念的理解.

（1）函数 $f(x)$ 在点 x_0 处不连续. 如函数 $f(x)=\begin{cases}x+1, & x\leqslant 0,\\ x-1, & x>0\end{cases}$ 在点 $x_0=0$ 处不连续，从而不可导，曲线在该点处不可能有切线，见图 2-6.

（2）函数 $f(x)$ 在点 x_0 处连续，$f'_-(x_0)$，$f'_+(x_0)$ 存在，但是 $f'_-(x_0)\neq f'_+(x_0)$. 如函数 $f(x)=$

$|x|$在点$x_0=0$处，$f'_-(0)=-1\neq 1=f'_+(0)$.这时，曲线在该点处形成一个折角，见图2-2.

(3) 函数$f(x)$在点x_0处连续，$f'(x_0)=\lim\limits_{\Delta x\to 0}\dfrac{\Delta y}{\Delta x}=+\infty\ (-\infty)$.如函数$f(x)=x^{\frac{1}{3}}$在点$x_0=0$处，

$$f'(0)=\lim_{\Delta x\to 0}\frac{\Delta y}{\Delta x}=\lim_{\Delta x\to 0}\frac{1}{\sqrt[3]{(\Delta x)^2}}=+\infty.$$

这时，曲线在该点处有垂直于x轴的切线，切线对x轴的倾斜角是$\dfrac{\pi}{2}$，见图2-7.

(4) 函数$f(x)$在点x_0处连续，$f'_\pm(x_0)=\lim\limits_{\Delta x\to 0^\pm}\dfrac{\Delta y}{\Delta x}=\pm\infty\ (\mp\infty)$，即左、右导数有确定的相反符号的无穷大.如函数$f(x)=x^{\frac{2}{3}}$在点$x_0=0$处，

$$f'_\pm(0)=\lim_{x\to 0^\pm}\frac{1}{\sqrt[3]{x}}=\pm\infty.$$

这时，曲线在该点处有一个尖点，见图2-8.

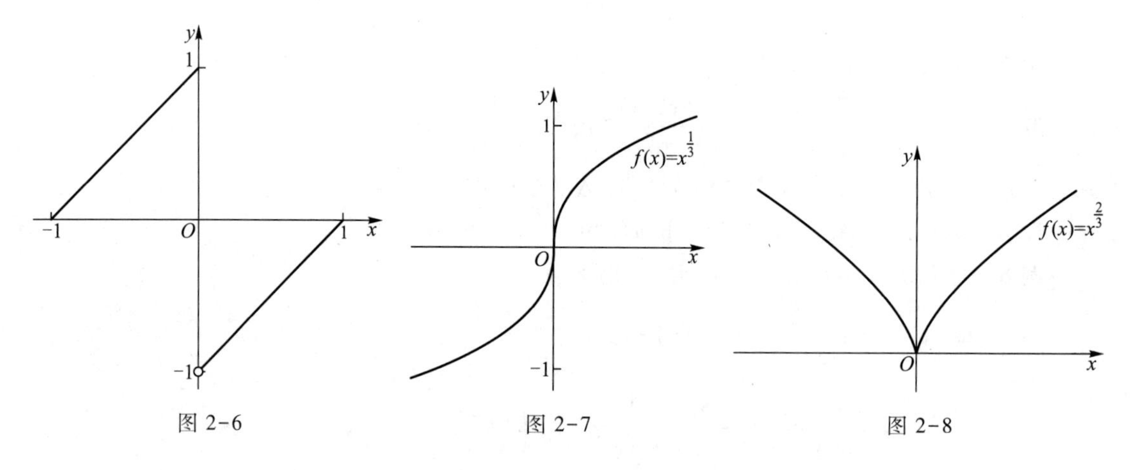

图2-6 图2-7 图2-8

(5) 函数$f(x)$在点x_0处连续，$f'_+(x_0)$，$f'_-(x_0)$不存在，也不为无穷大，见图2-5(a).

习题 2.1

A

1. 将一个物体垂直上抛，设经过时间t后，物体上升的高度为$s=10t-\dfrac{1}{2}gt^2$，求物体在时刻t_0的瞬时速度.

2. 设有长度为a的质量分布不均匀的细杆，取杆的一端为坐标原点，杆所在的直线为x轴，并用$m(x)$表示细杆在区间$[0,x]$中的质量，试确定细杆在点x_0处的线密度.

3. 当物体温度高于室内温度时，物体就会逐渐冷却，设物体温度T与时间t的函数关系为$T=T(t)$，试求物体在时刻t_0的冷却速率.

4. 设函数f在点x_0处可导，根据导数定义求下列极限：

(1) $\lim\limits_{h\to 0}\dfrac{f(x_0-h)-f(x_0)}{h}$；　(2) $\lim\limits_{h\to 0}\dfrac{f(x_0+h)-f(x_0-h)}{h}$.

5. 利用导数定义求函数在指定点处的导数：

(1) $f(x)=-5, x_0=2$；　(2) $f(x)=-3x+1, x_0=1$；

(3) $f(x)=\cos x, x_0=\dfrac{\pi}{2}$；　(4) $f(x)=\sqrt{x}, x_0=4$；

(5) $f(x)=\dfrac{1}{2x}, x_0=2$.

6. 求曲线 $y=\sin x$ 在点$\left(\dfrac{\pi}{4},\dfrac{\sqrt{2}}{2}\right)$处的切线方程和法线方程.

B

1. 设函数 $f(x)$ 在点 $x=0$ 处可导且 $f(0)=0$，求$\lim\limits_{x\to 0}\dfrac{f(x)}{x}$.

2. 如果函数 $f(x)$ 为偶函数，且 $f'(0)$ 存在，证明 $f'(0)=0$.

3. 设函数 $f(x)$ 在点 x_0 处可导，求$\lim\limits_{h\to 0}\dfrac{f\left(x_0-\dfrac{h}{a}\right)-f\left(x_0+\dfrac{h}{a}\right)}{h}$.

4. 讨论下列函数在点 $x=0$ 处的连续性和可导性：

(1) $y=|\sin x|$；　(2) $y=\begin{cases}\sin x, & x\geqslant 0,\\ x-1, & x<0.\end{cases}$

5. 设函数 $f(x)=\begin{cases}x^2, & x\leqslant x_0,\\ ax+b, & x>x_0,\end{cases}$ 为了使函数 f 在点 x_0 处连续且可导，应当如何选取系数 a 和 b？

6. 求曲线 $y=\ln x$ 在点$(\mathrm{e},1)$处的切线方程和法线方程.

7. 在抛物线 $y=x^2$ 上取横坐标为 $x_1=1$ 及 $x_2=3$ 的两点，作过这两点的割线.问该抛物线上哪一点的切线平行于这条割线？

8. 已知 $f'(3)=2$，求极限 $\lim\limits_{h\to 0}\dfrac{f(3-h)-f(3)}{2h}$.

9. 函数 $f(x)=(x^2-x-2)|x^3-x|$ 有几个不可导点？

10. 设函数 $f(x)=\begin{cases}\dfrac{1-\cos x}{\sqrt{x}}, & x>0,\\ x^2g(x), & x\leqslant 0,\end{cases}$ 其中 $g(x)$ 是有界函数，试问 $f(x)$ 在点 $x=0$ 处是否可导，为什么？

2.2　导数的计算

2.2 预习检测

导数的定义提供了求导数的方法，但对一些复杂的函数，用定义求导数不仅烦琐，而且需要相当的技巧.从本节开始，我们将逐步介绍几个基本的求导法则和一些基本初等函数的导数公式，以便解决导数的计算问题.

2.2.1　导数的四则运算

定理 1　设函数 $u=u(x)$ 和 $v=v(x)$ 在点 x 处都可导，则

(i) 函数 $u(x)\pm v(x)$ 在点 x 处可导,并且

$$[u(x)\pm v(x)]'=u'(x)\pm v'(x),$$

简记为 $(u\pm v)'=u'\pm v'$.

(ii) 函数 $u(x)v(x)$ 在点 x 处可导,并且

$$[u(x)v(x)]'=u'(x)v(x)+u(x)v'(x),$$

简记为 $(uv)'=u'v+uv'$.

(iii) 对于任意常数 C,函数 $Cu(x)$ 在点 x 处可导,并且

$$[Cu(x)]'=Cu'(x),$$

简记为 $(Cu)'=Cu'$.

(iv) 如果 $v(x)\neq 0$,函数 $\dfrac{1}{v(x)},\dfrac{u(x)}{v(x)}$ 在点 x 处可导,并且

$$\left[\frac{1}{v(x)}\right]'=-\frac{v'(x)}{[v(x)]^2},\left[\frac{u(x)}{v(x)}\right]'=\frac{u'(x)v(x)-u(x)v'(x)}{[v(x)]^2},$$

简记为

$$\left(\frac{1}{v}\right)'=-\frac{v'}{v^2},\quad \left(\frac{u}{v}\right)'=\frac{u'v-uv'}{v^2}.$$

证 根据导数的定义及函数在点 x 处可导必定在点 x 处连续,利用极限的运算法则,推证如下:

(i) $$\begin{aligned}&[u(x)\pm v(x)]'\\&=\lim_{\Delta x\to 0}\frac{[u(x+\Delta x)\pm v(x+\Delta x)]-[u(x)\pm v(x)]}{\Delta x}\\&=\lim_{\Delta x\to 0}\left[\frac{u(x+\Delta x)-u(x)}{\Delta x}\pm\frac{v(x+\Delta x)-v(x)}{\Delta x}\right]=u'(x)\pm v'(x).\end{aligned}$$

(ii) $$\begin{aligned}&[u(x)v(x)]'\\&=\lim_{\Delta x\to 0}\frac{u(x+\Delta x)v(x+\Delta x)-u(x)v(x)}{\Delta x}\\&=\lim_{\Delta x\to 0}\left[\frac{u(x+\Delta x)v(x+\Delta x)-u(x)v(x+\Delta x)}{\Delta x}+\frac{u(x)v(x+\Delta x)-u(x)v(x)}{\Delta x}\right]\\&=\lim_{\Delta x\to 0}\left[\frac{u(x+\Delta x)-u(x)}{\Delta x}v(x+\Delta x)+u(x)\frac{v(x+\Delta x)-v(x)}{\Delta x}\right]\\&=u'(x)v(x)+u(x)v'(x).\end{aligned}$$

(iii) 利用上述结果,当 $v(x)\equiv C$ 时,$(C)'=0$,

$$[Cu(x)]'=(C)'u(x)+Cu'(x)=Cu'(x).$$

(iv) $$\begin{aligned}\left[\frac{1}{v(x)}\right]'&=\lim_{\Delta x\to 0}\frac{\dfrac{1}{v(x+\Delta x)}-\dfrac{1}{v(x)}}{\Delta x}=\lim_{\Delta x\to 0}\frac{-[v(x+\Delta x)-v(x)]}{\Delta x v(x+\Delta x)v(x)}\\&=\lim_{\Delta x\to 0}\left[\frac{v(x+\Delta x)-v(x)}{\Delta x}\,\frac{-1}{v(x+\Delta x)v(x)}\right]=\frac{-v'(x)}{[v(x)]^2}.\end{aligned}$$

利用(ii)的结果,可得

$$\left[\frac{u(x)}{v(x)}\right]'=\left[\frac{1}{v(x)}\right]'u(x)+\frac{1}{v(x)}u'(x)$$

$$=-\frac{v'(x)}{[v(x)]^2}u(x)+\frac{u'(x)}{v(x)}$$

$$=\frac{u'(x)v(x)-u(x)v'(x)}{[v(x)]^2}.$$

上述导数的加、减和乘法法则,还可推广到有限个函数的情形,如

$$[u(x)+v(x)+w(x)]'=u'(x)+v'(x)+w'(x).$$

例 1 设 $y=3\sin x-2\cos x+5\ln x$,求 y'.

解 $y'=(3\sin x)'-(2\cos x)'+(5\ln x)'$

$$=3(\sin x)'-2(\cos x)'+5(\ln x)'=3\cos x+2\sin x+\frac{5}{x}.$$

例 2 $y=x^2\cos x+3e^x\sin x$,求 y'.

解 $y'=(x^2\cos x)'+(3e^x\sin x)'$

$$=[(x^2)'\cos x+x^2(\cos x)']+3[(e^x)'\sin x+e^x(\sin x)']$$

$$=2x\cos x+x^2(-\sin x)+3[e^x\sin x+e^x\cos x]$$

$$=2x\cos x-x^2\sin x+3e^x\sin x+3e^x\cos x.$$

例 3 求 $(\tan x)'$ 和 $(\cot x)'$.

解 $(\tan x)'=\left(\dfrac{\sin x}{\cos x}\right)'=\dfrac{(\sin x)'\cos x-\sin x(\cos x)'}{\cos^2 x}$

$$=\frac{\cos^2 x+\sin^2 x}{\cos^2 x}=\frac{1}{\cos^2 x}=\sec^2 x.$$

同理可得 $(\cot x)'=-\dfrac{1}{\sin^2 x}=-\csc^2 x$.

例 4 求 $(\sec x)'$ 和 $(\csc x)'$.

解 $(\sec x)'=\left(\dfrac{1}{\cos x}\right)'=\dfrac{-(\cos x)'}{\cos^2 x}=\dfrac{\sin x}{\cos^2 x}=\sec x\tan x$.

同理可得 $(\csc x)'=-\csc x\cot x$.

2.2.2 反函数的求导法则

定理 2 设函数 $y=f(x)$ 在某区间 I_x 与函数 $x=\varphi(y)$ 在某区间 I_y 互为反函数,如果 $x=\varphi(y)$ 在 I_y 内单调、可导且 $\varphi'(y)\neq 0$,则其反函数 $y=f(x)$ 在 I_x 也可导,并且

$$f'(x)=\frac{1}{\varphi'(y)},\quad 即\frac{dy}{dx}=\frac{1}{\frac{dx}{dy}}.$$

证 任取 $x\in I_x$,给 x 以改变量 Δx, $\Delta x\neq 0$,且 $x+\Delta x\in I_x$,由函数和反函数的单调性和连续性关系,当 $\Delta x\neq 0$ 时,$\Delta y\neq 0$,并且 $\Delta x\to 0$ 时,$\Delta y\to 0$,从而

$$\frac{\mathrm{d}y}{\mathrm{d}x}=\lim_{\Delta x\to 0}\frac{\Delta y}{\Delta x}=\frac{1}{\lim\limits_{\Delta y\to 0}\frac{\Delta x}{\Delta y}}=\frac{1}{\frac{\mathrm{d}x}{\mathrm{d}y}}.$$

我们可以对定理2的结论给出一个几何解释(图2-9)：

在同一个坐标系里，反函数 $y=f(x)$ 和函数 $x=\varphi(y)$ 的图形分别是自变量在 x 轴和 y 轴上变化时的曲线，因此实际上是同一条曲线.设 β 和 α 分别是曲线在 (x,y) 点处的切线(是同一条直线)关于 y 轴正向和 x 轴正向的夹角，则 $\alpha=\frac{\pi}{2}-\beta$，从而有

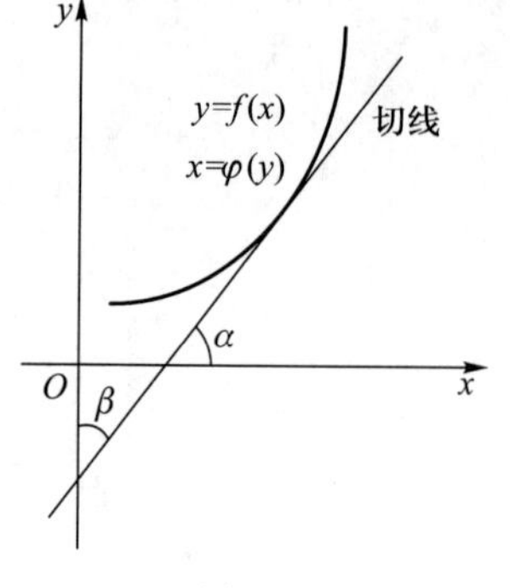

图 2-9

$$f'(x)=\tan\alpha=\tan\left(\frac{\pi}{2}-\beta\right)=\cot\beta=\frac{1}{\tan\beta}=\frac{1}{\varphi'(y)}.$$

例 5　求 $(\arcsin x)'$ 和 $(\arccos x)'$.

解　注意到 $y=\arcsin x$ 与 $x=\sin y$ 互为反函数，$-1<x<1$，$-\frac{\pi}{2}<y<\frac{\pi}{2}$，$(\sin y)'=\cos y>0$，由定理2得到

$$(\arcsin x)'=\frac{1}{(\sin y)'}=\frac{1}{\cos y}=\frac{1}{\sqrt{1-\sin^2 y}}=\frac{1}{\sqrt{1-x^2}}.$$

同样可以得到

$$(\arccos x)'=-\frac{1}{\sqrt{1-x^2}}.$$

例 6　求 $(\arctan x)'$ 和 $(\operatorname{arccot} x)'$.

解　注意到 $y=\arctan x$ 与 $x=\tan y$ 互为反函数，$-\infty<x<+\infty$，$-\frac{\pi}{2}<y<\frac{\pi}{2}$，$(\tan y)'=\sec^2 y\neq 0$，由定理2得

$$(\arctan x)'=\frac{1}{(\tan y)'}=\frac{1}{\sec^2 y}=\frac{1}{1+\tan^2 y}=\frac{1}{1+x^2}.$$

同样可以得到

$$(\operatorname{arccot} x)'=-\frac{1}{1+x^2}.$$

2.2.3　复合函数的求导法则

定理 3　如果函数 $u=\varphi(x)$ 在点 x 处可导，函数 $y=f(u)$ 在点 $u=\varphi(x)$ 处可导，则复合函数 $y=f[\varphi(x)]$ 在点 x 处可导，并且

$$\frac{\mathrm{d}y}{\mathrm{d}x}=f'(u)\varphi'(x)\quad 或者\quad \frac{\mathrm{d}y}{\mathrm{d}x}=\frac{\mathrm{d}y}{\mathrm{d}u}\frac{\mathrm{d}u}{\mathrm{d}x}.$$

证　当自变量在点 x 处有改变量 Δx 时，记

$$\Delta u=\varphi(x+\Delta x)-\varphi(x),\quad \Delta y=f(u+\Delta u)-f(u).$$

由于 $f(u)$ 可导，故

$$\lim_{\Delta u\to 0}\frac{\Delta y}{\Delta u}=f'(u)$$

极限存在,于是根据极限与无穷小的关系,有

$$\frac{\Delta y}{\Delta u}=f'(u)+\alpha,$$

其中 α 是 $\Delta u\to 0$ 时的无穷小.当 $\Delta u\neq 0$ 时,用 Δu 乘等式两边,得

$$\Delta y=[f'(u)+\alpha]\Delta u. \tag{2-3}$$

当 $\Delta u=0$ 时,$\Delta y=f(u+\Delta u)-f(u)=0$,上式仍然成立(这时规定 $\alpha=0$).注意到 Δy 也是复合函数 $y=f[\varphi(x)]$ 关于 Δx 的改变量①,现用 $\Delta x\neq 0$ 除式(2-3)两端,得

$$\frac{\Delta y}{\Delta x}=[f'(u)+\alpha]\frac{\Delta u}{\Delta x}.$$

由于函数 $u=\varphi(x)$ 可导,则必在点 x 处连续,当 $\Delta x\to 0$ 时 $\Delta u\to 0$,因而 $\alpha\to 0$,等式两端当 $\Delta x\to 0$时取极限,得

$$\begin{aligned}\lim_{\Delta x\to 0}\frac{\Delta y}{\Delta x}&=\lim_{\Delta x\to 0}[f'(u)+\alpha]\frac{\Delta u}{\Delta x}=[\lim_{\Delta x\to 0}f'(u)+\lim_{\Delta u\to 0}\alpha]\lim_{\Delta x\to 0}\frac{\Delta u}{\Delta x}\\&=[f'(u)+0]\varphi'(x)=f'(u)\varphi'(x),\end{aligned}$$

即

$$\frac{\mathrm{d}y}{\mathrm{d}x}=\frac{\mathrm{d}y}{\mathrm{d}u}\frac{\mathrm{d}u}{\mathrm{d}x}.$$

注 复合函数的求导法则又称为链式法则,是求导运算时所用到的重要法则,它可以推广到有限个复合函数的情形.复合函数求导数时,要先搞清楚所讨论函数的复合关系,先对中间变量求导数,再乘中间变量对自变量的导数.

上面的三个求导法则说明了三种初等运算对函数的可导性具有保持性,我们应当回忆起,初等运算对连续性也有保持性(分母为零的点除外).

例 7 设 $y=\cos(\ln x+5)$,求 $y'(x)$.

解 令 $u=\ln x+5$,有 $y=\cos u$,所以

$$\frac{\mathrm{d}y}{\mathrm{d}x}=\frac{\mathrm{d}y}{\mathrm{d}u}\frac{\mathrm{d}u}{\mathrm{d}x}=(-\sin u)\left(\frac{1}{x}+0\right)=-\frac{\sin(\ln x+5)}{x}.$$

例 8 设 $y=a^{\cos x-5\sin x}$,求 y'.

解 令 $u=\cos x-5\sin x$,有 $y=a^u$,所以

$$\begin{aligned}\frac{\mathrm{d}y}{\mathrm{d}x}&=\frac{\mathrm{d}y}{\mathrm{d}u}\frac{\mathrm{d}u}{\mathrm{d}x}=(a^u\ln a)(\cos x-5\sin x)'\\&=a^{\cos x-5\sin x}(-\sin x-5\cos x)\ln a.\end{aligned}$$

例 9 幂函数 $y=x^\mu,x>0,\mu$ 为任意非零实数,求 $(x^\mu)'$.

解 $(x^\mu)'=(\mathrm{e}^{\mu\ln x})'=\mathrm{e}^{\mu\ln x}(\mu\ln x)'=x^\mu\cdot\mu\cdot\dfrac{1}{x}=\mu x^{\mu-1}$.

方法熟练后,可以省略书写中间变量的步骤.

例 10 设 $y=\left(\dfrac{x^2+1}{x-1}\right)^{\frac{3}{2}}$,求 $y'(x)$.

---

① 因为 $\Delta y=f(u+\Delta u)-f(u)=f[\varphi(x)+\varphi(x+\Delta x)-\varphi(x)]-f[\varphi(x)]=f[\varphi(x+\Delta x)]-f[\varphi(x)]$.

解 $y'=\frac{3}{2}\left(\frac{x^2+1}{x-1}\right)^{\frac{3}{2}-1}\left(\frac{x^2+1}{x-1}\right)'$

$$=\frac{3}{2}\left(\frac{x^2+1}{x-1}\right)^{\frac{1}{2}}\frac{(x^2+1)'(x-1)-(x^2+1)(x-1)'}{(x-1)^2}$$

$$=\frac{3}{2}\left(\frac{x^2+1}{x-1}\right)^{\frac{1}{2}}\frac{2x(x-1)-(x^2+1)}{(x-1)^2}=\frac{3(x^2+1)^{\frac{1}{2}}(x^2-2x-1)}{2(x-1)^{\frac{5}{2}}}.$$

例 11 求双曲函数 $\operatorname{sh} x=\frac{\mathrm{e}^x-\mathrm{e}^{-x}}{2}$ 和 $\operatorname{ch} x=\frac{\mathrm{e}^x+\mathrm{e}^{-x}}{2}$ 的导数.

解 $(\operatorname{sh} x)'=\left(\frac{\mathrm{e}^x-\mathrm{e}^{-x}}{2}\right)'=\frac{\mathrm{e}^x+\mathrm{e}^{-x}}{2}=\operatorname{ch} x;$

$$(\operatorname{ch} x)'=\left(\frac{\mathrm{e}^x+\mathrm{e}^{-x}}{2}\right)'=\frac{\mathrm{e}^x-\mathrm{e}^{-x}}{2}=\operatorname{sh} x.$$

2.2.4 初等函数的求导法则

现在,我们将所有基本初等函数的导数公式汇集如下

(1) $(C)'=0$ (C 为任意常数); (2) $(x^\mu)'=\mu x^{\mu-1}$ ($x>0,\mu\in\mathbf{R}$);

(3) $(a^x)'=a^x\ln a$ ($a>0$ 且 $a\neq 1$), $(\mathrm{e}^x)'=\mathrm{e}^x$;

(4) $(\log_a x)'=\frac{1}{x\ln a}$ ($a>0$ 且 $a\neq 1$), $(\ln x)'=\frac{1}{x}$;

(5) $(\sin x)'=\cos x$; (6) $(\cos x)'=-\sin x$;

(7) $(\tan x)'=\sec^2 x$; (8) $(\cot x)'=-\csc^2 x$;

(9) $(\sec x)'=\sec x\tan x$; (10) $(\csc x)'=-\csc x\cot x$;

(11) $(\arcsin x)'=\frac{1}{\sqrt{1-x^2}}$; (12) $(\arccos x)'=-\frac{1}{\sqrt{1-x^2}}$;

(13) $(\arctan x)'=\frac{1}{1+x^2}$; (14) $(\operatorname{arccot} x)'=-\frac{1}{1+x^2}$;

(15) $(\operatorname{sh} x)'=\operatorname{ch} x$; (16) $(\operatorname{ch} x)'=\operatorname{sh} x$.

由于我们已经推导出了基本初等函数的导数公式、导数的四则运算法则和复合函数的求导法则,而初等函数是由基本初等函数经过有限次四则运算和有限次复合构成的,所以任何初等函数都可以在其可导点处求出其导数.

求初等函数的导数,要将其分解为若干基本初等函数,遇到四则运算,则用导数的四则运算法则;遇到复合函数,则用链式法则,“由表及里,逐层剥开”.再看下面的例子.

例 12 计算下列函数的导数:

(1) $y=\sin(x^2-x)$; (2) $y=(3x^4+2x-1)^{200}$.

解 (1) 函数 $y=\sin(x^2-x)$ 可分解成复合函数关系, $y=\sin u, u=x^2-x$. 因此,

$$y'=(\sin u)'(x^2-x)'=\cos u\cdot(2x-1)=(2x-1)\cos(x^2-x).$$

(2) 函数 $y=(3x^4+2x-1)^{200}$ 可分解成复合函数关系, $y=u^{200}, u=3x^4+2x-1$. 因此,

$$y'=(u^{200})'(3x^4+2x-1)'=200(3x^4+2x-1)^{199}(12x^3+2).$$

注 对复合函数能够正确地进行分解,是复合函数求导数的关键.一般来说,分解时把复合函数分解成基本初等函数和易于求导数的简单函数的复合关系即可.

例 13 计算下列函数的导数:

(1) $y=\ln(x+\sqrt{1+x^2})$;　　(2) $y=e^{\sin^2\frac{1}{x}}$.

解 (1) $y'=(\ln u)'(x+\sqrt{1+x^2})'=\dfrac{1}{u}[x'+(\sqrt{1+x^2})']$

$$=\frac{1}{x+\sqrt{1+x^2}}\left(1+\frac{x}{\sqrt{1+x^2}}\right)=\frac{1}{\sqrt{1+x^2}}.$$

(2) $y=e^{\sin^2\frac{1}{x}}$是多层复合关系,$y=e^u,u=v^2,v=\sin t,t=\dfrac{1}{x}$.因此,

$$y'=(e^u)'(v^2)'(\sin t)'(x^{-1})'=e^u\cdot 2v\cdot\cos t\cdot\frac{-1}{x^2}=-\frac{1}{x^2}e^{\sin^2\frac{1}{x}}\sin\frac{2}{x}.$$

[#]**例 14** 设函数$f(x)$是可导函数,计算函数 $y=f(e^x)+\cos f(x)$的导数.

微课
2.2 节例 14

解 $y'=(f(e^x))'+(\cos f(x))'$

$$=(f(u))'\big|_{u=e^x}(e^x)'+(\cos v)'\big|_{v=f(x)}f'(x)$$

$$=e^x f'(e^x)-f'(x)\sin f(x).$$

在例 14 中的函数中,外函数和内函数既有抽象函数,也有具体函数.计算导数时先根据题目中所给的条件,判断所给函数是否可导,可导时仍然运用求导法则,对抽象函数部分求导只需要使用导数符号即可,如上例中的$f'(u)$,$f'(x)$.求完导数后再把中间变量代换成最终自变量 x 的函数,如上例中的$f'(e^x)$.

例 15(弧度与度) 基本求导公式中 $\sin x,\cos x$ 的导数公式都是在 x 取弧度为单位的前提下得到的.如果取度为单位计算导数,则会使求导运算变得不够简洁:

$$\frac{d}{dx}\sin(x^\circ)=\frac{d}{dx}\sin\left(\frac{\pi x}{180}\right)=\frac{\pi}{180}\cos\left(\frac{\pi x}{180}\right)=\frac{\pi}{180}\cos(x^\circ).$$

习题 2.2

A

1. 求下列函数的导数:

(1) $y=2\sqrt[3]{x^2}-\dfrac{1}{x^2}+1$;　　(2) $s=t^2(2+\sqrt{t})$;

(3) $y=\dfrac{x^2+x}{\sqrt{x\sqrt{x\sqrt{x}}}}$;　　(4) $\rho=\sqrt{\varphi}\sin\varphi$;

(5) $y=3e^x\cos x$;　　(6) $z=\sqrt{y}+\ln y-\dfrac{1}{\sqrt{y}}$;

(7) $r=\theta e^{\theta}(1+\ln\theta)$;　　(8) $y=\arctan x+\dfrac{\tan x}{2^x+1}+\dfrac{2}{e}$;

(9) $y=\dfrac{2}{\tan x}+\sec x+\ln 3$;　　(10) $y=x\arcsin x-\dfrac{2\csc x}{x}+\sqrt{x}\,a^x+\cos\dfrac{\pi}{4}$.

2. 设曲线方程为 $y=\sin(4-x^2)-x$,求此曲线在 $x=2$ 处的切线方程和法线方程.

3. 求函数 $y=x+\ln x\,(x>0)$ 的反函数 $x=f^{-1}(y)$ 的导数$\dfrac{dx}{dy}$.

4. 求过曲线 $y=\arctan x$ 上横坐标为 1 的点处的切线方程和法线方程.

5. 设 $y=\arctan e^x-\ln\sqrt{\dfrac{e^{2x}}{e^{2x}+1}}$,求$\left.\dfrac{dy}{dx}\right|_{x=1}$.

B

1. 求下列函数的导数:

(1) $y=\sqrt{3-2x}$;　　(2) $p=\cos^2(q^2+1)$;

(3) $y=\tan(e^{-2x}+1)+e^{-\sin^2\frac{3}{x}}$;　　(4) $y=\arctan(\sqrt{x^3-2x})$;

(5) $u=\ln\dfrac{1}{\sqrt{1+v^2}}$;　　(6) $b=\ln\dfrac{2+\sin a}{2-\sin a}$;

(7) $y=\sin[\cos^2(\tan^2 x)]$;　　(8) $y=\arcsin e^{-\sqrt{x}}$;

(9) $y=e^{\tan\frac{1}{x}}\sin\dfrac{1}{x}$;　　(10) $y=\cos x^2\sin^2\dfrac{1}{x}$;

(11) $y=(x+e^{-\frac{x}{2}})^{\frac{2}{3}}$;　　(12) $y=\ln\sqrt{\dfrac{1-x}{1+x^2}}$.

2. 设 $f(x)$ 可导,$y=f(\sin^2x)+f(\cos^2x)$,求$\dfrac{dy}{dx}$.

3. 设 $F(x)=f[\varphi^2(x)+\varphi(x)]$,其中 $f(x)$,$\varphi(x)$ 都可导,求 $F'(x)$.

4. 一质点沿抛物线 $y=(8-x)x$ 运动,其横坐标随时间 t 的变化规律 $x=t\sqrt{t}$(t 的单位:s,x 的单位:m),求该质点的纵坐标在点 $M(1,7)$ 处的变化速率.

5. 求过曲线 $y=\dfrac{1}{3}x^3+\dfrac{1}{2}x^2+6x+1$ 上点 $(0,1)$ 处的切线与 x 轴的交点坐标.

6. 设 $f(t)=\lim\limits_{x\to\infty}t\left(1+\dfrac{1}{x}\right)^{2tx}$,求 $f'(t)$.

7. 设 $f(x)=\begin{cases}x^{\lambda}\cos\dfrac{1}{x}, & x\neq 0,\\ 0, & x=0,\end{cases}$ 其导函数在 $x=0$ 处连续,求正整数 λ 的取值范围.

2.3　高阶导数

2.3 预习检测

2.3.1　高阶导数的概念

如果函数 f 在区间 I 上可导,则其导函数 $f'(x)$ 就是定义在区间 I 上的一个函数.如果这个导函数 $f'(x)$ 在区间 I 上仍然可导,则 $f'(x)$ 的导函数称为原来函

数 f 的**二阶导数**,记为

$$f''(x),y'',\frac{\mathrm{d}^2y}{\mathrm{d}x^2},\frac{\mathrm{d}^2f}{\mathrm{d}x^2}.$$

即

$$f''(x)=\lim_{\Delta x\to 0}\frac{f'(x+\Delta x)-f'(x)}{\Delta x}\quad \text{或}\quad \frac{\mathrm{d}^2y}{\mathrm{d}x^2}=\frac{\mathrm{d}}{\mathrm{d}x}\left(\frac{\mathrm{d}y}{\mathrm{d}x}\right).$$

类似地,函数 f 的二阶导数 $f''(x)$ 仍是 x 的函数,二阶导数 $f''(x)$ 的导数称为 f 的**三阶导数**,记为

$$f'''(x),y''',\frac{\mathrm{d}^3y}{\mathrm{d}x^3},\frac{\mathrm{d}^3f}{\mathrm{d}x^3}.$$

三阶导数 $f'''(x)$ 的导数称为 f 的**四阶导数**.记为

$$f^{(4)}(x),y^{(4)},\frac{\mathrm{d}^4y}{\mathrm{d}x^4},\frac{\mathrm{d}^4f}{\mathrm{d}x^4}.$$

这个过程可以一直进行下去.一般地,函数 f 的 $n-1$ 阶导数 $f^{(n-1)}(x)$ 的导数称为函数 f 的 **n 阶导数**,记为

$$f^{(n)}(x),y^{(n)},\frac{\mathrm{d}^ny}{\mathrm{d}x^n},\frac{\mathrm{d}^nf}{\mathrm{d}x^n}.$$

二阶和二阶以上的导数统称为**高阶导数**.显然,如果函数 f 在点 x 处有 n 阶导数,则 f 在点 x 的附近必定具有一切低于 n 阶的导数,并且一切低于 $n-1$ 阶的导数在 x 附近是连续的.对具有 n 阶导数的函数也常说成 **n 阶可导**.

二阶导数具有明显的物理意义.对于一个做直线运动的物体而言,如果其位移是时间的函数 $s=s(t)$,则 $s'(t)=\frac{\mathrm{d}s}{\mathrm{d}t}$是物体运动的速度 $v(t)$,而 $s''(t)=v'(t)=\frac{\mathrm{d}v}{\mathrm{d}t}$就是物体运动的加速度 $a(t)$.

加速度的突然改变称为"急推",记为 $j(t)$.当人们坐火车或汽车时,由于急刹车,杯中的饮料洒了出来,这种现象的发生不是由于速度或加速度的大小而是由于加速度的突然改变引起的.

急推的计算:$j(t)=\frac{\mathrm{d}a}{\mathrm{d}t}=\frac{\mathrm{d}^2v}{\mathrm{d}t^2}=\frac{\mathrm{d}^3s}{\mathrm{d}t^3}$.例如,重力加速度的急推为零:$j(t)=\frac{\mathrm{d}}{\mathrm{d}t}(g)=0$,即物体在自由落体期间没有急推.

函数 f 的二阶导数 $f''(x)$ 的几何意义,是曲线 $y=f(x)$ 在对应点 $(x,f(x))$ 处的切线转动的速率,精确刻画切线转动的快慢.由此,可判断出曲线的弯曲程度、弯曲方向与二阶导数有关系(图 2-10).更高阶的导数在函数的研究中也是很有用的,在以后的泰勒公式中将会看到.

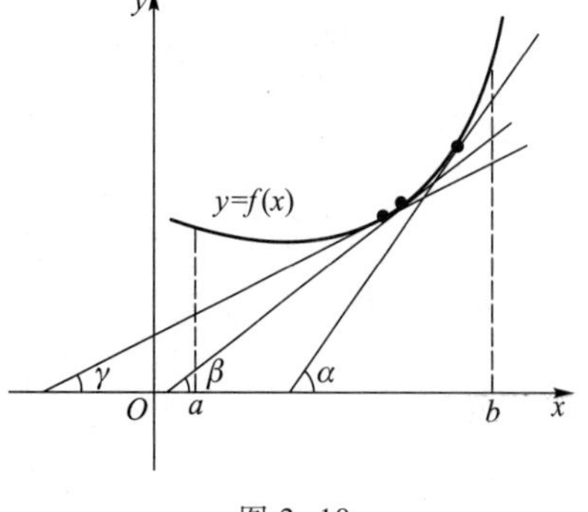

图 2-10

2.3.2 高阶导数的计算

求一个函数的高阶导数,就是多次接连地求导数,所以只要多次应用前面学过的求导方法即可.

例 1 设 $y=\arctan x+x^2$,求 y',y''.

解 $y'=\dfrac{1}{1+x^2}+2x$,$y''=\dfrac{-2x}{(1+x^2)^2}+2$.

例 2 求指数函数 $y=e^x$ 的 n 阶导数.

解 $y'=e^x$,$y''=e^x$,$y'''=e^x$,$\cdots$,一般可得 $y^{(n)}=(e^x)^{(n)}=e^x$.

例 3 求多项式函数 $y=a_nx^n+a_{n-1}x^{n-1}+\cdots+a_1x+a_0$ 的 n 阶导数.

解 $y'=na_nx^{n-1}+(n-1)a_{n-1}x^{n-2}+\cdots+2a_2x+a_1$,

$y''=n(n-1)a_nx^{n-2}+\cdots+2a_2$,

$y'''=n(n-1)(n-2)a_nx^{n-3}+\cdots+3\cdot 2a_3$,

$\cdots$

$y^{(n)}=(n!)a_n$,

$y^{(n+1)}=y^{(n+2)}=\cdots=0$.

从例 3 的求解过程可以看出,正整数次幂函数 $y=x^n(n\in\mathbf{N}_+)$,其 n 阶导数为 $(x^n)^{(n)}=n!$,$n+1$ 阶导数为 $(x^n)^{(n+1)}=0$.这个性质可用来简化多项式函数求高阶导数的计算.例如,设 $y=2x(3x^2+5)(x+6)^3$,此多项式的展开式中最高次幂项应为 $6x^6$,其余项次数均低于 6,可知 $y^{(6)}=6\cdot(6!)$,$y^{(7)}=0$.

例 4 设 $y=a^x$,求 $y^{(n)}$.

解 $y'=a^x\ln a$,$y''=a^x(\ln a)^2$,$y'''=a^x(\ln a)^3$,$\cdots$,$y^{(n)}=a^x(\ln a)^n$.

例 5 求 $y=\sin x$ 的 n 阶导数.

解 $y'=(\sin x)'=\cos x=\sin\left(x+\dfrac{\pi}{2}\right)$,

$$y''=\left[\sin\left(x+\frac{\pi}{2}\right)\right]'=\cos\left(x+\frac{\pi}{2}\right)=\sin\left(x+\frac{\pi}{2}+\frac{\pi}{2}\right)=\sin\left(x+2\cdot\frac{\pi}{2}\right),$$

$$y'''=\left[\sin\left(x+2\cdot\frac{\pi}{2}\right)\right]'=\cos\left(x+2\cdot\frac{\pi}{2}\right)=\sin\left(x+3\cdot\frac{\pi}{2}\right),$$

$$\cdots$$

$$y^{(n)}=\sin\left(x+n\cdot\frac{\pi}{2}\right),\text{即}(\sin x)^{(n)}=\sin\left(x+\frac{n\pi}{2}\right),$$

用类似方法可得

$$(\cos x)^{(n)}=\cos\left(x+\frac{n\pi}{2}\right).$$

例 6 求 $f(x)=\ln(1+x)$ 的 n 阶导数.

解 $f'(x)=\dfrac{1}{1+x}$,$f''(x)=\dfrac{-1}{(1+x)^2}$,$f'''(x)=\dfrac{1\cdot 2}{(1+x)^3}$,

$$f^{(4)}(x)=\frac{-1\cdot 2\cdot 3}{(1+x)^4},\cdots,f^{(n)}(x)=(-1)^{n-1}\frac{(n-1)!}{(1+x)^n}.$$

通常规定 $0!=1$，所以这个公式当 $n=1$ 时也成立.

2.3.3 高阶导数的运算法则

如果函数 $u=u(x)$ 和 $v=v(x)$ 在点 x 处具有 n 阶导数，就有

(1) $[u\pm v]^{(n)}=u^{(n)}\pm v^{(n)}$；

(2) $[Cu]^{(n)}=Cu^{(n)}$，C 为常数.

接下来考虑乘积 $(uv)^{(n)}$ 的运算法则，我们逐阶考察：

$$(uv)'=u'v+uv',$$

$$(uv)''=(u'v+uv')'=u''v+u'v'+u'v'+uv''=u''v+2u'v'+uv'',$$

$$\begin{aligned}(uv)'''&=(u''v+2u'v'+uv'')'=u'''v+u''v'+2u''v'+2u'v''+u'v''+uv'''\\&=u'''v+3u''v'+3u'v''+uv'''.\end{aligned}$$

后两个公式很像二项和 $(u+v)^2$，$(u+v)^3$ 的展开式，用数学归纳法可以证明这个规律适合一般的正整数 $n>1$，结合一阶导数的乘积的法则就有

(3) $(uv)^{(n)}=\sum\limits_{k=0}^{n}\mathrm{C}_n^k u^{(n-k)}v^{(k)}$，

其中零阶导数理解为函数本身，此公式称为**莱布尼茨公式**.

例 7 设函数 $y=\mathrm{e}^x\cos x$，求 $y^{(5)}$.

解 应用莱布尼茨公式，取 $u(x)=\mathrm{e}^x$，$v(x)=\cos x$，有 $u^{(n)}=\mathrm{e}^x$，$v^{(n)}=\cos\left(x+\frac{n\pi}{2}\right)$，所以

$$\begin{aligned}y^{(5)}&=\mathrm{e}^x\cos x+5\mathrm{e}^x\cos\left(x+\frac{\pi}{2}\right)+10\mathrm{e}^x\cos\left(x+\frac{2\pi}{2}\right)+\\&\quad 10\mathrm{e}^x\cos\left(x+\frac{3\pi}{2}\right)+5\mathrm{e}^x\cos\left(x+\frac{4\pi}{2}\right)+\mathrm{e}^x\cos\left(x+\frac{5\pi}{2}\right)\\&=4\mathrm{e}^x(\sin x-\cos x).\end{aligned}$$

例 8 设 $y=x^2\sin x$，求 $y^{(80)}$.

解 由于 $(x^2)'=2x$，$(x^2)''=2$，$(x^2)'''=\cdots=(x^2)^{(n)}=0\ (n\geqslant 3)$.

$$(\sin x)^{(80)}=\sin\left(x+\frac{80\pi}{2}\right)=\sin x,$$

$$(\sin x)^{(79)}=\sin\left(x+\frac{79\pi}{2}\right)=-\cos x,$$

$$(\sin x)^{(78)}=\sin\left(x+\frac{78\pi}{2}\right)=-\sin x.$$

所以应用莱布尼茨公式，得

$$\begin{aligned}y^{(80)}&=(x^2\sin x)^{(80)}\\&=x^2\sin x+80\cdot 2x\cdot(-\cos x)+\frac{79\cdot 80}{2}\cdot 2\cdot(-\sin x)\end{aligned}$$

$$= x^2\sin x-160x\cos x-6\,320\sin x.$$

对分段函数在分界点处求高阶导数,需按照定义去做.

例 9　设 $f(x)=\begin{cases}x^3, & x\geqslant 0,\\ x^2, & x<0,\end{cases}$ 求 $f'(x)$, $f''(x)$.

微课
2.3 节例 9

解　当 $x>0$ 时, $f(x)=x^3$,故 $f'(x)=3x^2$;当 $x<0$ 时, $f(x)=x^2$,故 $f'(x)=2x$;当 $x=0$ 时,需分别考察左、右导数:

$$f'_+(0)=\lim_{\Delta x\to 0^+}\frac{f(0+\Delta x)-f(0)}{\Delta x}=\lim_{\Delta x\to 0^+}\Delta x^2=0,$$

$$f'_-(0)=\lim_{\Delta x\to 0^-}\frac{f(0+\Delta x)-f(0)}{\Delta x}=\lim_{\Delta x\to 0^-}\Delta x=0.$$

两者相等,故 $f'(0)=0$,又 $3x^2\big|_{x=0}=0$,可得

$$f'(x)=\begin{cases}3x^2, & x\geqslant 0,\\ 2x, & x<0.\end{cases}$$

由此可知,当 $x>0$ 时, $f''(x)=6x$;当 $x<0$ 时, $f''(x)=2$.现考察 $x=0$ 处的 $f''(x)$,由导数定义,求

$$f''_+(0)=\lim_{x\to 0^+}\frac{f'(x)-f'(0)}{x-0}=\lim_{x\to 0^+}\frac{3x^2-0}{x}=0,$$

$$f''_-(0)=\lim_{x\to 0^-}\frac{f'(x)-f'(0)}{x-0}=\lim_{x\to 0^-}\frac{2x-0}{x}=2.$$

两者不相等,故 $f''(x)$ 在 $x=0$ 处无定义,于是

$$f''(x)=\begin{cases}6x, & x>0,\\ 2, & x<0.\end{cases}$$

例 10　设 $f(x)=x|x|$,求 $f'(x)$, $f''(x)$ 并画出其图形.

解　直接计算可得

$$f(x)=\begin{cases}x^2, & x\geqslant 0,\\ -x^2, & x<0,\end{cases}\quad f'(x)=\begin{cases}2x, & x\geqslant 0,\\ -2x, & x<0\end{cases}=2|x|,\quad f''(x)=\begin{cases}2, & x>0,\\ -2, & x<0.\end{cases}$$

$f(x)$, $f'(x)$, $f''(x)$ 的图形分别如图 2-11(a),(b),(c)所示.

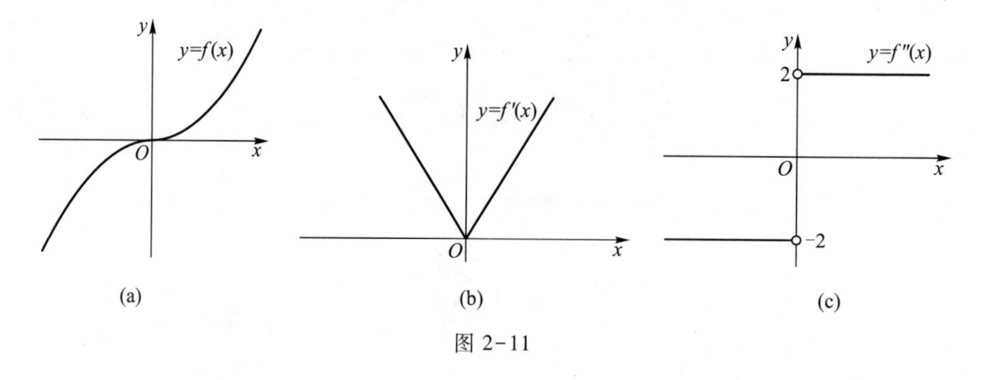

图 2-11

由图形可见,对函数求导可能使得函数的性质变差.原来的函数 $f(x)$ 处处可导,其一阶导数 $f'(x)$ 出现不可导点 $x_0=0$,二阶导数 $f''(x)$ 甚至在 $x_0=0$ 处不连续.

习题 2.3

A

1. 设 $y=\sqrt{a^2-x^2}$，求 y''.
2. 设 $y=\cos^2 x\ln x$，求 y''.
3. 设 $y=\mathrm{e}^{ax}$，求 $y^{(n)}$.
4. 设 $y=x^{\mu}(x>0,\mu$ 为任意实数)，求 $y^{(n)}$.
5. 设 $y=\mathrm{e}^{2x}+\mathrm{e}^{-x}$，求 y'''.
6. 设 $y=\ln(x+\sqrt{1+x^2})$，求 y''.
7. 设 $y=\dfrac{1}{1+2x}$，求 $y^{(n)}$.
8. 设 $f(x)=\begin{cases}2x^3, & x\geqslant 0,\\ -x^4, & x<0,\end{cases}$ 求 $f''(x)$.

B

1. 设 $y=x^3\ln(2x+1)$，求 y''.
2. 设 $y=f[x\varphi(x)]$，f,φ 有二阶导数，求 $\dfrac{\mathrm{d}^2y}{\mathrm{d}x^2}$.
3. 设 $y=\sqrt[m]{1+x}$，求 $y^{(n)}$.
4. 设 $y=\dfrac{1}{x^2-3x+2}$，求 $y^{(n)}$.
5. 设 $y=x^2\cos x$，求 $y^{(30)}$.
6. 设 $y=x^2\mathrm{e}^{2x}$，求 $y^{(20)}$.
7. 设 $y=\sin^4 x+\cos^4 x$，求 $y^{(n)}$.
8. 设 $y=f(x)$ 可导，试从 $\dfrac{\mathrm{d}x}{\mathrm{d}y}=\dfrac{1}{y'}$ 导出：(1) $\dfrac{\mathrm{d}^2x}{\mathrm{d}y^2}=-\dfrac{y''}{(y')^3}$；(2) $\dfrac{\mathrm{d}^3x}{\mathrm{d}y^3}=\dfrac{3(y'')^2-y'y'''}{(y')^5}$.

2.4　几种特殊类型函数的求导方法

2.4 预习检测

2.4.1　隐函数的求导法

前面我们所讨论的函数，都是一个变量明显地用另一个变量表示的形式，例如

$$y=x^2\cos x,$$

用这种方式 $y=f(x)$ 表示的函数称为**显函数**.然而，表示函数的变量间对应关系的方法有多种，如果函数的自变量 x 和因变量 y 之间的函数关系 f 由方程 $F(x,y)=0$ 所确定，则说方程 $F(x,y)=0$ 确定了一个**隐函数**.例如

$$x^2+y^2=25\quad 或\quad x^3+y^3=6xy$$

所确定的函数 $y(x)$ 称为隐函数.

对于某些特殊情形的隐函数可以化为显函数,称为**隐函数的显化**.例如,解方程 $x^2+y^2=25$,可以得到 $y=\pm\sqrt{25-x^2}$,因而由方程 $x^2+y^2=25$ 确定的隐函数化成了显函数 $f(x)=\sqrt{25-x^2}$ 和 $g(x)=-\sqrt{25-x^2}$,$f(x)$ 和 $g(x)$ 的图形分别是圆 $x^2+y^2=25$ 的上、下部分,如图 2-12 所示.

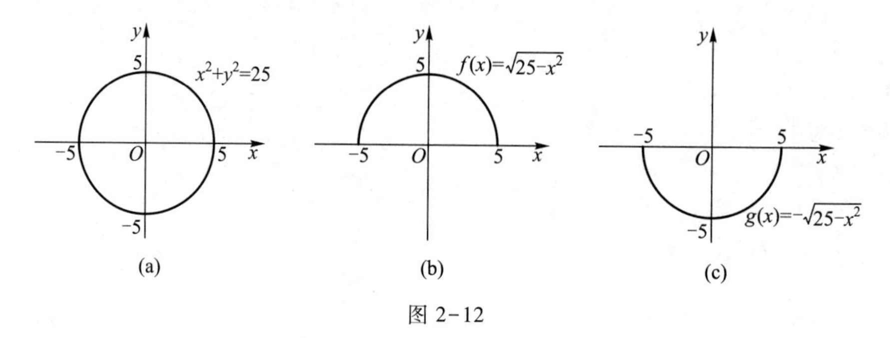

图 2-12

对于方程 $x^3+y^3=6xy$ 确定的隐函数 $y(x)$,要把其显化就非常困难,这要涉及三次方程的求根.有些方程确定的隐函数是无法显化为初等函数的,因此希望有一种方法可以直接通过方程求所确定的隐函数的导数,而并不关心隐函数的显化.

隐函数的求导法的基本思想,是把方程 $F(x,y)=0$ 中的 y 看作 x 的函数$y(x)$,方程两端对 x 求导数,然后解出$\frac{\mathrm{d}y}{\mathrm{d}x}$.以下我们总假设由方程 $F(x,y)=0$ 所确定的隐函数 $y(x)$存在并且是可导函数,从而可以应用隐函数求导法.

例 1 (1) 设 $x^2+y^2=25$,求$\frac{\mathrm{d}y}{\mathrm{d}x}$;

(2) 求圆 $x^2+y^2=25$ 在点$(3,4)$处的切线方程.

解 (1) 方程 $x^2+y^2=25$ 两端对 x 求导(注意 y 是 x 的函数),得

$$2x+2y\frac{\mathrm{d}y}{\mathrm{d}x}=0,$$

从而

$$\frac{\mathrm{d}y}{\mathrm{d}x}=-\frac{x}{y}.$$

(2) 在点$(3,4)$处,$x=3,y=4$,故$\frac{\mathrm{d}y}{\mathrm{d}x}=-\frac{3}{4}$,因此所求的切线方程为

$$y-4=-\frac{3}{4}(x-3) \text{ 或 } 3x+4y=25.$$

此题如果把方程 $x^2+y^2=25$ 确定的隐函数化为显函数 $f(x)=\sqrt{25-x^2}$ 和 $g(x)=-\sqrt{25-x^2}$,求出的导数为

$$f'(x)=(\sqrt{25-x^2})'=\frac{-2x}{2\sqrt{25-x^2}}=-\frac{x}{\sqrt{25-x^2}}=-\frac{x}{y},$$

$$g'(x)=(-\sqrt{25-x^2})'=-\frac{-2x}{2\sqrt{25-x^2}}=-\frac{x}{-\sqrt{25-x^2}}=-\frac{x}{y},$$

所得的结果与隐函数求导法完全相同.从此例可看出,即使是可以显化的情形,用隐函数求导法仍然较为方便,而且表达式$\frac{\mathrm{d}y}{\mathrm{d}x}=-\frac{x}{y}$同时适合两个函数$f(x)=\sqrt{25-x^2}$和$g(x)=-\sqrt{25-x^2}$.

例 2　方程$x^3+y^3=6xy$确定隐函数$y(x)$,求$\frac{\mathrm{d}y}{\mathrm{d}x}$.

解　方程$x^3+y^3=6xy$两端对x求导(注意y是x的函数$y(x)$),得

$$3x^2+3y^2\frac{\mathrm{d}y}{\mathrm{d}x}=6y+6x\frac{\mathrm{d}y}{\mathrm{d}x},$$

解出

$$\frac{\mathrm{d}y}{\mathrm{d}x}=\frac{2y-x^2}{y^2-2x}.$$

微课
2.4 节例 3

#例 3　求由方程$\mathrm{e}^y=xy$所确定的函数$y(x)$的二阶导数$\frac{\mathrm{d}^2y}{\mathrm{d}x^2}$.

解　方程两端对x求导(注意y是x的函数$y(x)$),得

$$\mathrm{e}^y\frac{\mathrm{d}y}{\mathrm{d}x}=y+x\frac{\mathrm{d}y}{\mathrm{d}x},$$

于是

$$\frac{\mathrm{d}y}{\mathrm{d}x}=\frac{y}{\mathrm{e}^y-x}.$$

上式两端再对x求导,得

$$\frac{\mathrm{d}^2y}{\mathrm{d}x^2}=\frac{\frac{\mathrm{d}y}{\mathrm{d}x}(\mathrm{e}^y-x)-y\left(\mathrm{e}^y\frac{\mathrm{d}y}{\mathrm{d}x}-1\right)}{(\mathrm{e}^y-x)^2},$$

所以

$$\frac{\mathrm{d}^2y}{\mathrm{d}x^2}=\frac{\frac{y}{\mathrm{e}^y-x}(\mathrm{e}^y-x)-y\left(\mathrm{e}^y\frac{y}{\mathrm{e}^y-x}-1\right)}{(\mathrm{e}^y-x)^2}=\frac{2(\mathrm{e}^y-x)y-y^2\mathrm{e}^y}{(\mathrm{e}^y-x)^3}.$$

2.4.2　对数求导法

对于形如$u(x)^{v(x)}$的函数,或者乘除和开方运算比较复杂的函数,可以先对该函数取对数,再求导数.例如

$$y=u(x)^{v(x)},$$

函数两边取对数,得

$$\ln y=\ln u(x)^{v(x)}=v(x)\ln u(x),$$

两边对x求导,得

$$\frac{1}{y}\frac{\mathrm{d}y}{\mathrm{d}x}=[v(x)\ln u(x)]'.$$

所以

$$\frac{\mathrm{d}y}{\mathrm{d}x}=y\left[v'(x)\ln u(x)+v(x)\frac{u'(x)}{u(x)}\right]$$

$$=u(x)^{v(x)}\left[v'(x)\ln u(x)+v(x)\frac{u'(x)}{u(x)}\right].$$

例 4　设 $y=x^x(x>0)$，求$\frac{\mathrm{d}y}{\mathrm{d}x}$.

解　函数两边取对数，得

$$\ln y=x\ln x,$$

两边对 x 求导，得

$$\frac{1}{y}\frac{\mathrm{d}y}{\mathrm{d}x}=\ln x+x\cdot\frac{1}{x}=\ln x+1,$$

所以

$$\frac{\mathrm{d}y}{\mathrm{d}x}=y(\ln x+1),$$

即

$$\frac{\mathrm{d}y}{\mathrm{d}x}=x^x(\ln x+1).$$

例 5　设 $y=x^{\mu}$（μ 为实常数），求 y'.

解　当 $x\neq 0$ 时，依次对函数两端取绝对值和对数，得

$$\ln|y|=\mu\ln|x|,$$

两边对 x 求导，注意$(\ln|x|)'=\frac{1}{x}\left(\text{当 } x>0 \text{ 时}, (\ln x)'=\frac{1}{x}; \text{当 } x<0 \text{ 时}, [\ln(-x)]'=\frac{1}{-x}\cdot(-1)=\frac{1}{x}\right)$，$\frac{\mathrm{d}}{\mathrm{d}x}(\ln|y|)=\frac{1}{y}\frac{\mathrm{d}y}{\mathrm{d}x}$，

$$\frac{1}{y}\frac{\mathrm{d}y}{\mathrm{d}x}=\frac{\mu}{x}.$$

因此

$$\frac{\mathrm{d}y}{\mathrm{d}x}=y\frac{\mu}{x}=x^{\mu}\cdot\frac{\mu}{x}=\mu x^{\mu-1}.$$

又由导数的定义直接求得$\left.\frac{\mathrm{d}y}{\mathrm{d}x}\right|_{x=0}=0(\mu>1)$，即当 $\mu>1$ 时，$x=0$ 也满足上式，总之有

$$(x^{\mu})'=\mu x^{\mu-1}.$$

例 6　设 $y=\sqrt[3]{\frac{(x-1)(x-2)^2}{(x-3)(x-4)^2}}$，求$\frac{\mathrm{d}y}{\mathrm{d}x}$.

解　函数两边取对数，得

$$\ln|y|=\frac{1}{3}\ln|x-1|+\frac{2}{3}\ln|x-2|-\frac{1}{3}\ln|x-3|-\frac{2}{3}\ln|x-4|,$$

两边对 x 求导,得

$$\frac{1}{y}\frac{\mathrm{d}y}{\mathrm{d}x}=\frac{1}{3}\frac{1}{x-1}+\frac{2}{3}\frac{1}{x-2}-\frac{1}{3}\frac{1}{x-3}-\frac{2}{3}\frac{1}{x-4},$$

所以

$$\frac{\mathrm{d}y}{\mathrm{d}x}=\sqrt[3]{\frac{(x-1)(x-2)^2}{(x-3)(x-4)^2}}\left[\frac{1}{3(x-1)}+\frac{2}{3(x-2)}-\frac{1}{3(x-3)}-\frac{2}{3(x-4)}\right].$$

2.4.3 由参数方程所确定的函数的导数

有些函数关系可以用参数方程

$$\begin{cases}x=\varphi(t),\\ y=\psi(t),\end{cases}\quad a\leqslant t\leqslant b$$

来确定.例如圆 $x^2+y^2=R^2$ 的参数方程是

$$\begin{cases}x=R\cos t,\\ y=R\sin t,\end{cases}\quad 0\leqslant t\leqslant 2\pi.$$

通过参数 t,确定了变量 x 与 y 之间的函数关系.

在参数方程确定函数 $y(x)$ 时,如何求 y 对 x 的导数呢?

设 $x=\varphi(t)$ 具有单调连续的反函数 $t=\varphi^{-1}(x)$,并且 $\varphi(t)$,$\psi(t)$ 都可导,$\varphi'(t)\neq 0$,这时有复合函数

$$y=\psi(t)=\psi[\varphi^{-1}(x)],$$

参数 t 是中间变量.由复合函数的求导法则,

$$\frac{\mathrm{d}y}{\mathrm{d}x}=\frac{\mathrm{d}y}{\mathrm{d}t}\frac{\mathrm{d}t}{\mathrm{d}x}=\frac{\mathrm{d}y}{\mathrm{d}t}\frac{1}{\frac{\mathrm{d}x}{\mathrm{d}t}}=\frac{\psi'(t)}{\varphi'(t)},$$

这就是参数方程确定的函数的求导公式,也可写为

$$\frac{\mathrm{d}y}{\mathrm{d}x}=\frac{\frac{\mathrm{d}y}{\mathrm{d}t}}{\frac{\mathrm{d}x}{\mathrm{d}t}}.$$

如果 $x=\varphi(t)$ 和 $y=\psi(t)$ 都存在二阶导数,则

$$\frac{\mathrm{d}^2y}{\mathrm{d}x^2}=\frac{\mathrm{d}}{\mathrm{d}x}\left(\frac{\mathrm{d}y}{\mathrm{d}x}\right)=\frac{\mathrm{d}}{\mathrm{d}t}\left[\frac{\psi'(t)}{\varphi'(t)}\right]\frac{\mathrm{d}t}{\mathrm{d}x}=\frac{\mathrm{d}}{\mathrm{d}t}\left[\frac{\psi'(t)}{\varphi'(t)}\right]\frac{1}{\frac{\mathrm{d}x}{\mathrm{d}t}}$$

$$=\frac{\psi''(t)\varphi'(t)-\psi'(t)\varphi''(t)}{[\varphi'(t)]^2}\frac{1}{\varphi'(t)}=\frac{\psi''(t)\varphi'(t)-\psi'(t)\varphi''(t)}{[\varphi'(t)]^3}.$$

实际进行求导计算时,只要遵循上述思想方法即可,不一定要套用此公式.

例 7 设 $\begin{cases}x=a\left(\ln\tan\frac{t}{2}+\cos t\right),\\ y=a\sin t\end{cases}$ $(a>0,0<t<\pi)$,求 $\frac{\mathrm{d}y}{\mathrm{d}x}$.

解 $\dfrac{\mathrm{d}y}{\mathrm{d}x}=\dfrac{\dfrac{\mathrm{d}y}{\mathrm{d}t}}{\dfrac{\mathrm{d}x}{\mathrm{d}t}}=\dfrac{a\cos t}{a\left(\dfrac{1}{\tan\dfrac{t}{2}}\cdot\dfrac{1}{2}\cdot\sec^2\dfrac{t}{2}-\sin t\right)}=\dfrac{a\cos t}{\dfrac{a\cos^2 t}{\sin t}}=\tan t.$

例 8 椭圆的参数方程为$\begin{cases}x=a\cos t,\\ y=b\sin t\end{cases}$ $(a>0,b>0,0\leqslant t\leqslant 2\pi)$，求$\dfrac{\mathrm{d}y}{\mathrm{d}x},\dfrac{\mathrm{d}^2y}{\mathrm{d}x^2}$及在 $t=\dfrac{\pi}{4}$时曲线的切线方程.

解

$$\frac{\mathrm{d}y}{\mathrm{d}x}=\frac{(b\sin t)'}{(a\cos t)'}=\frac{b\cos t}{-a\sin t}=-\frac{b}{a}\cot t,$$

$$\frac{\mathrm{d}^2y}{\mathrm{d}x^2}=\frac{\mathrm{d}}{\mathrm{d}x}\left(\frac{\mathrm{d}y}{\mathrm{d}x}\right)=\frac{\mathrm{d}}{\mathrm{d}t}\left(-\frac{b}{a}\cot t\right)\frac{1}{\dfrac{\mathrm{d}x}{\mathrm{d}t}}$$

$$=-\frac{b}{a}\left(-\frac{1}{\sin^2 t}\right)\frac{1}{-a\sin t}=-\frac{b}{a^2}\frac{1}{\sin^3 t}.$$

当 $t=\dfrac{\pi}{4}$时，$x=a\cos\dfrac{\pi}{4}=\dfrac{\sqrt{2}}{2}a,y=b\sin\dfrac{\pi}{4}=\dfrac{\sqrt{2}}{2}b$，

$$\left.\frac{\mathrm{d}y}{\mathrm{d}x}\right|_{t=\frac{\pi}{4}}=-\frac{b}{a}\cot\frac{\pi}{4}=-\frac{b}{a}.$$

曲线的切线方程是

$$y-\frac{b\sqrt{2}}{2}=-\frac{b}{a}\left(x-\frac{a\sqrt{2}}{2}\right),$$

即

$$bx+ay-\sqrt{2}ab=0.$$

#**例 9** 已知抛射体运动轨迹的参数方程

$$\begin{cases}x=v_1 t,\\ y=v_2 t-\dfrac{1}{2}gt^2,\end{cases}$$

其中参数 t 表示时间，求在时刻 t 抛射体运动速度的大小和方向.这里 v_1 是初始速度的水平分量，v_2 是初始速度的铅直分量，g 是重力加速度，如图 2-13 所示.

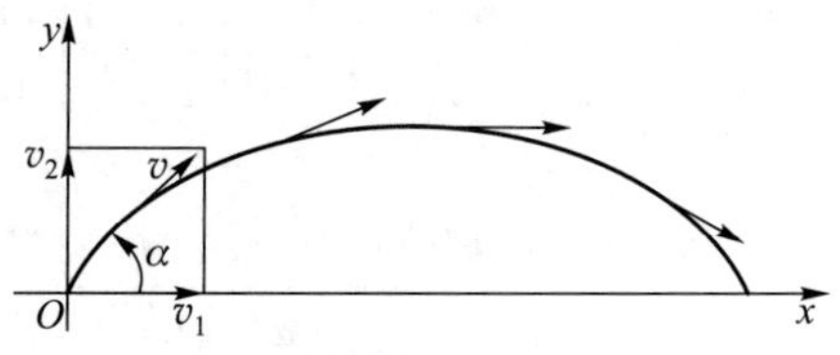

图 2-13

解 在任意时刻 t，速度的水平分量是$\dfrac{\mathrm{d}x}{\mathrm{d}t}=v_1$，速度的铅直分量是$\dfrac{\mathrm{d}y}{\mathrm{d}t}=v_2-gt$，所以抛射体运动的速度的大小(或速率)为

$$v=\sqrt{\left(\frac{\mathrm{d}x}{\mathrm{d}t}\right)^2+\left(\frac{\mathrm{d}y}{\mathrm{d}t}\right)^2}=\sqrt{v_1^2+(v_2-gt)^2},$$

而速度的方向就是轨道的切线方向.若切线与 x 轴正向的夹角为 α,由导数的几何意义

$$\tan\alpha=\frac{\mathrm{d}y}{\mathrm{d}x}=\frac{\frac{\mathrm{d}y}{\mathrm{d}t}}{\frac{\mathrm{d}x}{\mathrm{d}t}}=\frac{v_2-gt}{v_1},$$

所以

$$\alpha=\arctan\frac{v_2-gt}{v_1}.$$

2.4.4 相关变化率

如果两个变量 x 与 y 之间的函数关系通过参数 t 联系,$x=x(t)$,$y=y(t)$(实际问题中常用 t 表示时间),设 $x(t)$ 和 $y(t)$ 都是可导函数,那么变化率$\frac{\mathrm{d}x}{\mathrm{d}t}$与$\frac{\mathrm{d}y}{\mathrm{d}t}$之间也存在一定的关系.这两个相互依赖的变化率称为**相关变化率**.为了从其中的一个变化率求出另一个变化率,通常先建立联系 x 和 y 的方程,设 $y=f(x)$,然后利用求导法则在方程两端对 t 求导,得到变化率之间的方程$\frac{\mathrm{d}y}{\mathrm{d}t}=f'(x)\frac{\mathrm{d}x}{\mathrm{d}t}$,将已知信息代入,便得到所求变化率.

例 10 将水注入圆锥体容器中,其速率是 $4\ \mathrm{m}^3/\mathrm{min}$,设圆锥体容器高 8 m,顶直径为 6 m,如图 2-14 所示.求当水深为 2 m 时水面上升的速率.

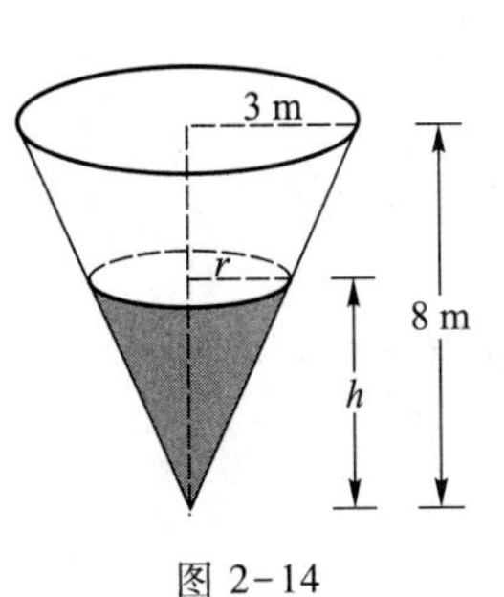

图 2-14

解 用 V,r,h 分别表示任意时刻 t 时水的体积、水面半径、水深度.先建立 V 和 h 之间的关系.由圆锥体体积公式

$$V=\frac{1}{3}\pi r^2h,$$

从相似三角形可知

$$\frac{h}{8}=\frac{r}{3},\quad r=\frac{3h}{8},$$

这样 V 和 h 满足

$$V=\frac{1}{3}\pi\left(\frac{3h}{8}\right)^2h=\frac{3\pi}{64}h^3,$$

两边对 t 求导,得

$$\frac{\mathrm{d}V}{\mathrm{d}t}=\frac{9\pi}{64}h^2\frac{\mathrm{d}h}{\mathrm{d}t}.$$

由已知条件$\frac{\mathrm{d}V}{\mathrm{d}t}=4$,$h=2$,代入得

$$4=\frac{9\pi}{64}\cdot2^2\cdot\frac{\mathrm{d}h}{\mathrm{d}t}=\frac{9\pi}{16}\frac{\mathrm{d}h}{\mathrm{d}t},$$

所以

$$\frac{\mathrm{d}h}{\mathrm{d}t}=\frac{64}{9\pi},$$

即水面上升的速率为$\frac{64}{9\pi}$m/min.

例 11　一个正在充气的球形气球，其体积以 100 cm³/s 的速率增加，问半径为 25 cm 时气球半径的增加率是多少？

解　设气球的半径和体积分别为 r 和 V，已知信息是$\frac{\mathrm{d}V}{\mathrm{d}t}=100$，要求 $r=25$ 时的$\frac{\mathrm{d}r}{\mathrm{d}t}$. 首先建立体积 V 和 r 之间的关系，根据球体的体积公式

$$V=\frac{4}{3}\pi r^3,$$

两端对 t 求导，得

$$\frac{\mathrm{d}V}{\mathrm{d}t}=\frac{4\pi}{3}\cdot 3r^2\cdot\frac{\mathrm{d}r}{\mathrm{d}t}=4\pi r^2\frac{\mathrm{d}r}{\mathrm{d}t},$$

最后将信息 $r=25,\frac{\mathrm{d}V}{\mathrm{d}t}=100$ 代入，可得

$$\frac{\mathrm{d}r}{\mathrm{d}t}=\frac{1}{4\pi 25^2}\cdot 100=\frac{1}{25\pi},$$

即气球的半径以$\frac{1}{25\pi}$cm/s 的速率增加.

习题 2.4

A

1. 求由下列方程所确定的隐函数 $y(x)$ 的导数$\frac{\mathrm{d}y}{\mathrm{d}x}$：

(1) $3x^2+y^2=4$；　　(2) $y\sin x-\cos(x+y)=0$；

(3) $\mathrm{e}^x-\mathrm{e}^y=\sin xy$；　　(4) $\sin(x^2+y^2)+\mathrm{e}^x=xy^2$.

2. 用对数求导法求下列函数的导数：

(1) $y=(x^2+1)^3(x+2)^2x^6$；　　(2) $y=x^x\sin x\quad(x>0)$；

(3) $y=(x+\sqrt{1+x^2})^x$.

3. 求摆线$\begin{cases}x=a(t-\sin t),\\ y=a(1-\cos t)\end{cases}$在 $t=\frac{\pi}{2}$处的切线的斜率.

4. 设$\begin{cases}x=k\sin t+\sin kt,\\ y=k\cos t+\cos kt,\end{cases}$其中 k 为非零常数，求$\left.\frac{\mathrm{d}y}{\mathrm{d}x}\right|_{t=0}$.

5. 设函数 $y=f(x)$ 由方程 $xy+2\ln x=y^4$ 所确定，求曲线 $y=f(x)$ 在点$(1,1)$处的切线方程.

6. 设$\begin{cases}x=\ln(1+t^2),\\ y=\arctan t,\end{cases}$求$\frac{\mathrm{d}y}{\mathrm{d}x},\frac{\mathrm{d}^2y}{\mathrm{d}x^2}$.

7. 设$\begin{cases}x=t-\ln(1+t),\\ y=t^3+t^2,\end{cases}$求$\dfrac{\mathrm{d}^2y}{\mathrm{d}x^2}$.

8. 一气球从距离观察员 500 m 处从地面铅直上升,其速率为 140 m/min.当气球高度为 500 m 时,观察员视线的仰角增加率是多少?

B

1. 求下列方程确定的隐函数 $y(x)$ 的二阶导数$\dfrac{\mathrm{d}^2y}{\mathrm{d}x^2}$:

(1) $\cos(x+y)=y$;　　　　(2) $y=1+xe^y$.

2. 已知$\begin{cases}x=\ln\sqrt{1+\sin^2t},\\ y=\cos 2t,\end{cases}$求$\dfrac{\mathrm{d}y}{\mathrm{d}x},\dfrac{\mathrm{d}^2y}{\mathrm{d}x^2}$.

3. 设$\begin{cases}x=f'(t),\\ y=tf'(t)-f(t),\end{cases}$ $f(t)$为三阶可导且$f''(t)\neq0$,求$\dfrac{\mathrm{d}y}{\mathrm{d}x},\dfrac{\mathrm{d}^2y}{\mathrm{d}x^2}$.

4. 设曲线方程为$\begin{cases}x=2t+3+\arctan t,\\ y=2-3t+\ln(1+t^2),\end{cases}$求曲线在 $x=3$ 处的切线方程.

5. 设顶点在下的正圆锥体容器,高 10 m,容器口半径是 5 m,若在空的容器内以 2 $\mathrm{m^3}$/min 的速率注入水,求当水面高度为 4 m 时,(1) 水面上升的速率;(2) 水的上表面面积的增长率.

6. 假设甲车以 70 km/h 的速度从东向西行驶,乙车以 80 km/h 的速度从北向南行驶,两车均驶向两条路的交叉处.为避免两车相撞就要提前刹车,这时要研究两车靠近的快慢.求当甲车和乙车分别距交叉处 0.3 km和 0.4 km 时,两车相互靠近的速率.

7. 设函数 $y=f(x)$ 由方程 $e^{2x+y}-\cos(xy)=e-1$ 所确定,求曲线 $y=f(x)$ 在点$(0,1)$处的法线方程.

2.5 函数的微分与线性逼近

2.5 预习检测

2.5.1 微分的概念

我们已经知道,函数 $y=f(x)$ 在点 x_0 处的导数 $f'(x_0)$ 是因变量对于自变量 x 的变化率,是函数的改变量 Δy 与自变量的改变量 Δx 的比值$\dfrac{\Delta y}{\Delta x}$在 $\Delta x\to0$ 时的极限.在研究两个变量之间的关系时,我们在前几节中考虑的是两个变量的改变量的比值问题,这仅仅讨论了该问题的一个方面.在实际问题中,需要我们研究该问题的另一个方面:当自变量有一个微小改变量 Δx 时,如何计算函数的改变量 Δy.一般说来,Δy 对 Δx 的依赖关系比较复杂,我们要寻找用 Δx 表示 Δy 的近似公式,使 Δy 便于计算,而产生的误差又小.下面先考察一个实际例子.

设一个很薄的金属圆盘,半径为 r,面积 $S=\pi r^2$.当圆盘受热膨胀,半径增加了 Δr 时,计算其面积的增加量 ΔS.如图 2-15 所示.

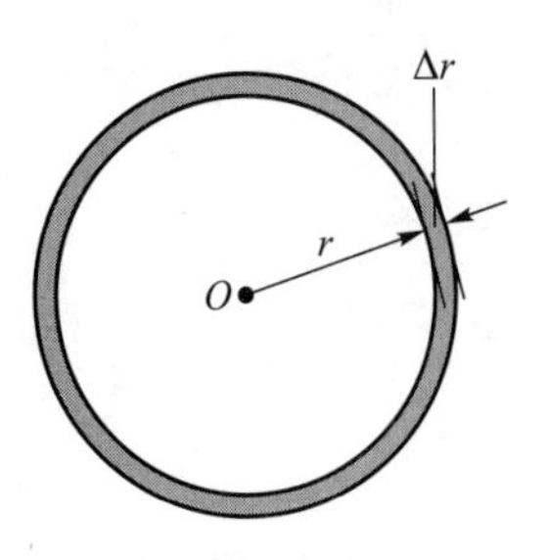

图 2-15

计算圆盘的面积可以得出

$$\Delta S=\pi(r+\Delta r)^2-\pi r^2=2\pi r\Delta r+\pi(\Delta r)^2.$$

从上式可以看出,ΔS 分成两部分,第一部分是 Δr 的线性函数，第二部分是当 $\Delta r\to 0$ 时较 Δr 高阶的无穷小.因此，当 Δr 很小时，面积改变量 ΔS 可近似地用第一部分来代替，于是得近似公式：$\Delta S\approx 2\pi r\Delta r$.注意到这里 Δr 的线性函数 $2\pi r\Delta r$ 的系数为 $2\pi r$，恰好是 $S'(r)=(\pi r^2)'=2\pi r$.由于线性函数是比较简单的函数，这样做可使函数改变量的复杂计算大为简化，而且产生的误差又小.

一般地，一个函数 $y=f(x)$ 的改变量 Δy 可否类似地进行计算呢？这需要引进可微的定义：

微课
微分的定义与性质

定义 设函数 $y=f(x)$ 在点 x_0 的某邻域有定义，当 x 在点 x_0 有改变量 Δx 时，函数改变量 $\Delta y=f(x_0+\Delta x)-f(x_0)$，如果有

$$\Delta y=A\Delta x+o(\Delta x),$$

其中 A 只依赖于 x_0 而不依赖于 Δx，$o(\Delta x)$ 是比 Δx 高阶的无穷小，那么称函数 f 在点 x_0 处可微.$A\Delta x$ 叫做函数 f 在点 x_0 的微分，记为

$$\mathrm{d}y\big|_{x=x_0}=A\Delta x.$$

显然，微分具有两个特点：$\mathrm{d}y$ 是关于 Δx 的线性函数，$\mathrm{d}y$ 与 Δy 之差是比 Δx 高阶的无穷小$(\Delta x\to 0)$.因此，微分 $\mathrm{d}y$ 是 Δy 的线性主要部分，当取 $\Delta y\approx \mathrm{d}y$ 时，$|\Delta x|$ 越小，精确度越高.

现在我们要问，如果函数 f 在点 x_0 可微，即 $\mathrm{d}y\big|_{x=x_0}=A\Delta x$，那么 A 等于什么？这可以由下面的定理来回答.

定理 函数 $y=f(x)$ 在点 x_0 处可微的充分必要条件是该函数在点 x_0 处可导，且 $\mathrm{d}y\big|_{x=x_0}=f'(x_0)\Delta x$.

证 必要性.如果函数 f 在点 x_0 处可微，当 x 在点 x_0 有改变量 Δx 时，则有

$$\Delta y=A\Delta x+o(\Delta x),$$

两边同除以 Δx，得

$$\frac{\Delta y}{\Delta x}=A+\frac{o(\Delta x)}{\Delta x},$$

令 $\Delta x\to 0$，得

$$A=\lim_{\Delta x\to 0}\frac{\Delta y}{\Delta x}=f'(x_0),$$

所以函数 f 在点 x_0 处可导，并且 $\mathrm{d}y\big|_{x=x_0}=f'(x_0)\Delta x$.

充分性.如果函数 $y=f(x)$ 在点 x_0 处可导，即

$$\lim_{\Delta x\to 0}\frac{\Delta y}{\Delta x}=f'(x_0).$$

根据函数极限与无穷小的关系，就有

$$\frac{\Delta y}{\Delta x}=f'(x_0)+\alpha,$$

其中 $\alpha\to 0(\Delta x\to 0)$，因此

$$\Delta y=f'(x_0)\Delta x+\alpha\Delta x,$$

而 $\alpha\Delta x=o(\Delta x)$，$f'(x_0)$ 不依赖于 Δx，故函数 f 在点 x_0 处可微.

注 此定理说明，函数 f 在点 x_0 处可微与可导是等价的，并且函数 f 在点 x_0 的微分可表示为

$$dy\big|_{x=x_0}=f'(x_0)\Delta x.$$

当$f'(x_0)\neq 0$时,有

$$\lim_{\Delta x\to 0}\frac{\Delta y}{dy}=\lim_{\Delta x\to 0}\frac{\Delta y}{f'(x_0)\Delta x}=\frac{1}{f'(x_0)}\lim_{\Delta x\to 0}\frac{\Delta y}{\Delta x}=1.$$

从而,当$\Delta x\to 0$时,Δy与dy是等价无穷小.

对比一下函数f在点x_0处可导与可微的定义,并不能直接看出“可导”和“可微”这两个概念之间的联系,通过上述定理,可知这两个概念是从不同的侧面刻画了函数的两个变量变化的内在规律.

2.5.2 微分的几何意义

为了对微分有比较直观的认识,我们来看微分的几何意义.如图 2-16 所示,函数$y=f(x)$的图形是一条曲线,对应于x_0,曲线上点为$P(x_0, y_0)$,当自变量x有改变量Δx时,对应的曲线上点是$Q(x_0+\Delta x, y_0+\Delta y)$.

$$PS=\Delta x,\quad SQ=\Delta y,$$

曲线在点$P(x_0,y_0)$的切线斜率为$\tan\alpha=f'(x_0)$,于是

$$RS=PS\tan\alpha=\Delta x f'(x_0)=dy.$$

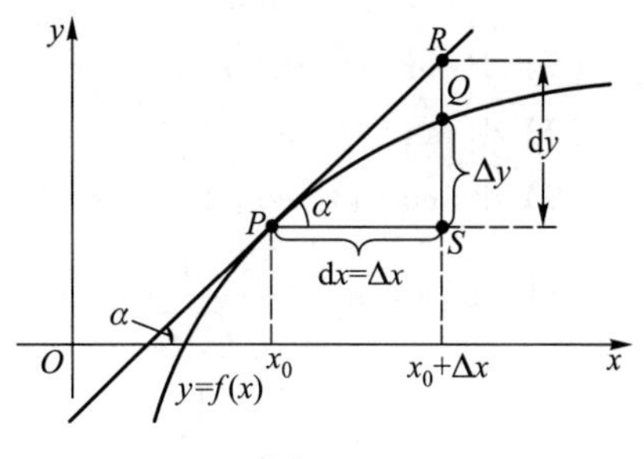

图 2-16

由此可见,Δy是曲线$y=f(x)$上的点的纵坐标的改变量,dy是曲线的切线上点的纵坐标的改变量.当$|\Delta x|$很小时,$|\Delta y-dy|$比$|\Delta x|$小得多.因此在点P附近可以用切线段来近似代替曲线段,即“**以直代曲**”.

如果函数$y=f(x)$对于区间(a,b)内每一点x处都可微,则称函数f**在区间**(a,b)**上可微**.函数f在区间(a,b)上的微分记为

$$dy=f'(x)\Delta x.$$

注 函数在区间上的微分dy是关于变量x的函数,同时也依赖于改变量Δx,这里x和Δx是各自独立变化的.

为了保持书写形式上的对称性,我们也称自变量的改变量Δx为自变量的微分,记为dx,即

$$dx=\Delta x.$$

于是函数的微分又可记为

$$dy=f'(x)dx.$$

因此,我们又可以得到一个重要事实,即

$$\frac{dy}{dx}=f'(x).$$

这就是说,函数的微分dy与自变量的微分dx之商$\frac{dy}{dx}$等于函数的导数,故导数又称为“**微商**”.以上几节中,我们总是把导数$\frac{dy}{dx}$看作一个完整的符号,现在根据微分的概念,也可以看作微分dy与dx之比.这样,在具体运用时,有许多方便之处.

2.5.3　微分的计算

计算函数的微分的基础当然是公式

$$dy=f'(x)dx,$$

这个公式指出,在计算函数的微分时,只要算出该函数的导函数,再乘以自变量的微分就可以了.因此函数的微分的计算归结为导函数的计算,这也是我们常常称求导运算的方法为“微分法”的原因.

根据 2.2.4 节的导数公式,可得到基本初等函数的微分公式,现列表如下

(1) $d(C)=0$　(C 为任意常数);　　(2) $d(x^{\mu})=\mu x^{\mu-1}dx$　($x>0,\mu\in\mathbf{R}$);

(3) $d(a^x)=a^x\ln a dx$　($a>0$ 且 $a\neq1$),$d(e^x)=e^x dx$;

(4) $d(\log_a x)=\dfrac{1}{x\ln a}dx$　($a>0$ 且 $a\neq1$),$d(\ln x)=\dfrac{dx}{x}$;

(5) $d(\sin x)=\cos x dx$;　　(6) $d(\cos x)=-\sin x dx$;

(7) $d(\tan x)=\sec^2 x dx$;　　(8) $d(\cot x)=-\csc^2 x dx$;

(9) $d(\sec x)=\sec x\tan x dx$;　　(10) $d(\csc x)=-\csc x\cot x dx$;

(11) $d(\arcsin x)=\dfrac{1}{\sqrt{1-x^2}}dx$;　　(12) $d(\arccos x)=-\dfrac{1}{\sqrt{1-x^2}}dx$;

(13) $d(\arctan x)=\dfrac{1}{1+x^2}dx$;　　(14) $d(\text{arccot}\, x)=-\dfrac{1}{1+x^2}dx$;

(15) $d(\text{sh}\, x)=\text{ch}\, x dx$;　　(16) $d(\text{ch}\, x)=\text{sh}\, x dx$.

根据函数的和、差、积、商的求导法则,同样可以得到求函数的和、差、积、商的微分法则.设函数 $u=u(x)$,$v=v(x)$ 都在点 x 处可微,则

(1) $d(u\pm v)=du\pm dv$;

(2) $d(Cu)=Cdu$　(C 为常数);

(3) $d(uv)=vdu+udv$;

(4) $d\left(\dfrac{u}{v}\right)=\dfrac{vdu-udv}{v^2}$,其中 $v(x)\neq0$.

这里我们证明法则(4),其他三条法则推导方法是相仿的.

由于 $u(x)$,$v(x)$ 都可微且 $v(x)\neq0$,有

$$du=u'dx,dv=v'dx,\left(\frac{u}{v}\right)'=\frac{u'v-uv'}{v^2}.$$

因此,可得

$$d\left(\frac{u}{v}\right)=\left(\frac{u}{v}\right)'dx=\frac{u'v-uv'}{v^2}dx=\frac{vdu-udv}{v^2}.$$

特别值得注意的是,对于由 $y=f(u)$,$u=\varphi(x)$ 复合而成的函数 $y=f[\varphi(x)]$,它的微分是(u 是中间变量)

$$dy=\{f[\varphi(x)]\}'dx=f'(u)\varphi'(x)dx=f'(u)du.$$

如果 $y=f(u)$ 中 u 是自变量,则由微分计算公式有 $dy=f'(u)du$.这两式说明,不论是将 y

看成自变量 u 的函数,还是将 y 看成以 x 为自变量,u 为中间变量的函数,它的微分在形式上可以写成一样的.这种性质称为一阶微分的**形式不变性**.

例 1　设 $y=\frac{4}{x^2}+4\sqrt{x}$,求 $dy\big|_{x=1}$.

解　根据 $dy\big|_{x=x_0}=f'(x_0)dx$,先求 $f'(x)$,可得

$$f'(x)=\left(\frac{4}{x^2}+4\sqrt{x}\right)'=-\frac{8}{x^3}+\frac{2}{\sqrt{x}},$$

故

$$dy\big|_{x=1}=f'(1)dx=\left(-\frac{8}{x^3}+\frac{2}{\sqrt{x}}\right)\bigg|_{x=1}dx=-6dx.$$

例 2　设 $y=2x^5$,求当 $x=1,\Delta x=-0.02$ 时函数的微分.

解　$y'=(2x^5)'=10x^4$,

$$dy\big|_{\substack{x=1\\ \Delta x=-0.02}}=(10x^4\Delta x)\big|_{\substack{x=1\\ \Delta x=-0.02}}=10(-0.02)=-0.2.$$

例 3　设 $y=e^{-ax}\sin bx$,计算 dy.

解法一　根据公式 $dy=f'(x)dx$,先求 $f'(x)$,可得

$$\begin{aligned}f'(x)&=(e^{-ax}\sin bx)'=(e^{-ax})'\sin bx+e^{-ax}(\sin bx)'\\&=-ae^{-ax}\sin bx+be^{-ax}\cos bx=e^{-ax}(-a\sin bx+b\cos bx),\end{aligned}$$

所以

$$dy=e^{-ax}(-a\sin bx+b\cos bx)dx.$$

解法二　根据微分法则和一阶微分形式不变性,可得

$$\begin{aligned}dy&=d(e^{-ax}\sin bx)=d(e^{-ax})\sin bx+e^{-ax}d(\sin bx)\\&=e^{-ax}d(-ax)\sin bx+e^{-ax}\cos bx\,d(bx)\\&=e^{-ax}(-adx)\sin bx+e^{-ax}\cos bx(bdx)\\&=e^{-ax}(-a\sin bx+b\cos bx)dx.\end{aligned}$$

2.5.4　函数的一阶线性逼近

设函数 $y=f(x)$ 在点 x_0 处可微,根据微分的定义,函数的改变量 $\Delta y=f(x_0+\Delta x)-f(x_0)$ 可表示为

$$\Delta y=f'(x_0)\Delta x+o(\Delta x),$$

其中 $dy\big|_{x=x_0}=f'(x_0)\Delta x$,当 $|\Delta x|$ 比较小时,可取

$$\Delta y\approx dy\big|_{x=x_0}.$$

于是

$$f(x_0+\Delta x)-f(x_0)\approx f'(x_0)\Delta x,$$

或者

$$f(x_0+\Delta x)\approx f(x_0)+f'(x_0)\Delta x.$$

如果记 $x=x_0+\Delta x,\Delta x=x-x_0$,可写成

$$f(x)\approx f(x_0)+f'(x_0)(x-x_0).\qquad(2\text{-}4)$$

此式说明，在点 x_0 附近的函数值可以利用右端的式子近似计算.注意到曲线 $y=f(x)$ 在点 $(x_0,f(x_0))$ 的切线方程为 $y=f(x_0)+f'(x_0)(x-x_0)$，当我们采用式(2-4)的时候，实际上是用点 $(x_0,f(x_0))$ 处的切线(直线)近似代替曲线 $y=f(x)$.因此，近似公式

$$f(x)\approx f(x_0)+f'(x_0)(x-x_0)$$

称为函数 $f(x)$ 在点 x_0 处的**线性近似式**，而线性函数

$$L(x)=f(x_0)+f'(x_0)(x-x_0)$$

称为函数 $f(x)$ 在点 x_0 处的**线性逼近**.

例 4 求函数 $f(x)=\sqrt{x+3}$ 在 $x=1$ 处的线性逼近，并用它求 $\sqrt{3.98}$ 和 $\sqrt{4.05}$ 的近似值.

解 函数 $f(x)=\sqrt{x+3}$ 的导数为

$$f'(x)=\frac{1}{2\sqrt{x+3}},$$

所以 $f(1)=2, f'(1)=\frac{1}{4}$，将这些值代入

$$L(x)=f(x_0)+f'(x_0)(x-x_0),$$

得到函数的线性近似

$$L(x)=f(1)+f'(1)(x-1)=2+\frac{1}{4}(x-1)=\frac{7}{4}+\frac{x}{4},$$

对应的线性近似式成为

$$\sqrt{x+3}\approx\frac{7}{4}+\frac{x}{4}.$$

特别地，

$$\sqrt{3.98}\approx\frac{7}{4}+\frac{0.98}{4}=1.995,\quad \sqrt{4.05}\approx\frac{7}{4}+\frac{1.05}{4}=2.012\ 5.$$

例 4 中的函数及其线性逼近的图形如图 2-17.

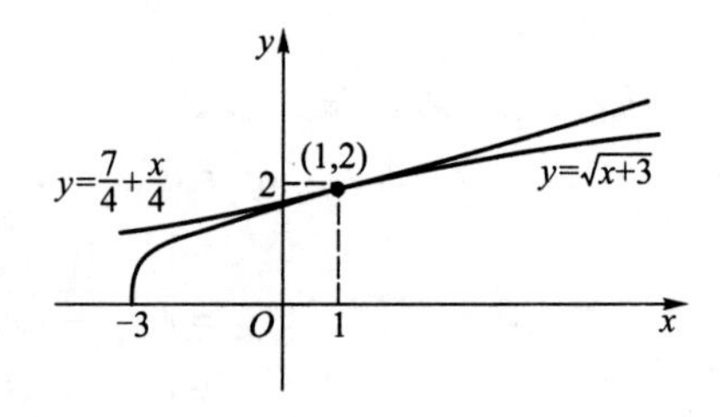

图 2-17

#**例 5** 质量到能量的转化.从 $(1-x)^{-\frac{1}{2}}\approx 1+\frac{1}{2}x$，可得

微课
2.5 节例 5

$$\frac{1}{\sqrt{1-x^2}}\approx 1+\frac{1}{2}x^2. \tag{2-5}$$

在牛顿经典力学中，牛顿第二定律可表示为

$$F=\frac{\mathrm{d}}{\mathrm{d}t}(mv)=m\frac{\mathrm{d}v}{\mathrm{d}t}=ma.$$

此处假定质量 m 是常数，但是根据爱因斯坦相对论，一个物体的质量是随着其运动速度的变化而变化的，且有

$$m=\frac{m_0}{\sqrt{1-\frac{v^2}{c^2}}}, \tag{2-6}$$

其中 m_0 kg 表示物体的静止质量，v m/s 表示物体的运动速度，$c=3\times10^8$ m/s 是光速. 当 v 与 c 相比很小时，$\frac{v^2}{c^2}$很小，从而由式(2-5)得

$$\frac{1}{\sqrt{1-\frac{v^2}{c^2}}}\approx 1+\frac{v^2}{2c^2},$$

于是

$$m=\frac{m_0}{\sqrt{1-\frac{v^2}{c^2}}}\approx m_0\left(1+\frac{v^2}{2c^2}\right)=m_0+\frac{m_0v^2}{2c^2}. \tag{2-7}$$

方程(2-7)表明，质量是随速度的增加而增加的.

在牛顿力学中，$\frac{1}{2}m_0v^2$ 是物体的动能，方程(2-7)可改写为

$$(m-m_0)c^2\approx\frac{1}{2}m_0v^2$$

或者

$$(m-m_0)c^2\approx\frac{1}{2}m_0v^2-\frac{1}{2}m_0 0^2.$$

如果用 Δm，$\Delta(KE)$ 分别表示物体的质量改变量与动能改变量，就有

$$(\Delta m)c^2\approx\Delta(KE). \tag{2-8}$$

换句话说，当速度从 0 m/s 增加到 v m/s 时，动能的改变量 $\Delta(KE)$ 大约等于 $(\Delta m)c^2$. 由于 $c=3\times10^8$ m/s，方程(2-8)成为

$$\Delta(KE)\approx 9\times10^{16}\Delta m \text{ J}.$$

由此可看出质量上很小的改变便可创造出能量上巨大的改变(根据能量守恒定律，动能可转化为其他形式的能量). 例如，一颗 2 万吨级的原子弹爆炸释放出的能量只相当于把 1 g 的质量转换成能量.

例 6 利用微分计算 sin 30°30′的近似值.

解 设 $f(x)=\sin x$，$f'(x)=\cos x$，取 $x_0=\frac{\pi}{6}$，则

$$f\left(\frac{\pi}{6}\right)=\sin\frac{\pi}{6}=\frac{1}{2}, f'\left(\frac{\pi}{6}\right)=\cos\frac{\pi}{6}=\frac{\sqrt{3}}{2},$$

并且 $\Delta x=\frac{\pi}{360}$是比较小的，应用公式

$$f(x_0+\Delta x)\approx f(x_0)+f'(x_0)\Delta x,$$

可得

$$\sin 30°30'=\sin\left(\frac{\pi}{6}+\frac{\pi}{360}\right)\approx\sin\frac{\pi}{6}+\cos\frac{\pi}{6}\cdot\frac{\pi}{360}$$

$$=\frac{1}{2}+\frac{\sqrt{3}}{2}\cdot\frac{\pi}{360}\approx 0.5+0.007\,6=0.507\,6.$$

在函数值的近似计算中，通常在式(2-4)中取 $x_0=0$，于是得函数 $f(x)$ 在点 $x=0$ 处的线性近似式

$$f(x)\approx f(0)+f'(0)x. \tag{2-9}$$

应用此式可推出在工程技术上常用的近似公式（下面都假定 $|x|$ 是很小的数值）：

(1) $\sqrt[n]{1+x}\approx 1+\frac{1}{n}x$；　　(2) $\sin x\approx x$ （x 的单位：rad）；

(3) $\tan x\approx x$ （x 的单位：rad）；　　(4) $e^x\approx 1+x$；

(5) $\ln(1+x)\approx x$.

这些公式已经在 1.4.2 节给出过．这里利用微分只证明公式(1)，其余从略．在公式(1)中，取 $f(x)=\sqrt[n]{1+x}$，$f(0)=1$，则

$$f'(0)=\frac{1}{n}(1+x)^{\frac{1}{n}-1}\Big|_{x=0}=\frac{1}{n},$$

代入式(2-9)便得

$$\sqrt[n]{1+x}\approx 1+\frac{1}{n}x.$$

习题 2.5

A

1. 已知 $y=2x^3-3x^2$，计算当 $x=2$，$\Delta x=-0.01$ 时的 Δy 和 dy.

2. 函数 $y=f(x)$ 在某点 x_0 处的改变量 $\Delta x=0.2$，对应的函数改变量 Δy 的线性主部等于0.8，试求该函数在点 x_0 处的导数.

3. 求下列函数的微分：

(1) $y=(1+x-x^2)^3$；　　(2) $y=\frac{\cos x}{1-x^2}$；

(3) $y=e^x\sin^2 x$；　　(4) $y=\arctan e^x$.

4. 设函数 $y=f(x)$ 可导且 $f'(x_0)=\frac{1}{2}$，试问当 $\Delta x\to 0$ 时，$f(x)$ 在点 x_0 处的微分 dy 与 Δx 比较是高阶无穷小还是同阶无穷小？

5. 设函数 $y=f(u)$ 可导，$y=f(x^2)$ 当自变量 x 在 $x=-1$ 处取得改变量 $\Delta x=-0.1$ 时，相应的函数改变量 Δy 的线性主部为 0.1，求 $f'(1)$.

6. 设 $x+y=\tan y$ 确定隐函数 $y(x)$，求 dy.

7. 设 $y=y(x)$ 是由方程 $2y-x=(x-y)\ln(x-y)$ 确定的隐函数，求 dy.

B

1. 将适当的函数填入下列括号内，使等式成立：

(1) d(　　) $=e^{-2x}dx$；　　(2) d(　　) $=\sec^2 3x dx$；

(3) d(　　) = $3^x \mathrm{d}x$;　　　　(4) d(　　) = $\dfrac{x}{1+x^2}\mathrm{d}x$;

(5) $\mathrm{d}(x^x+\arctan x)$ = (　　) $\mathrm{d}x$;　　　　(6) $\mathrm{d}(\mathrm{e}^{x^2}\sin 2x)$ = (　　) $\mathrm{d}x$.

2. 设$f(x)$与$\Phi(x)$都是可导函数,又$y=f[\Phi(2-x^2)]$,当$\Delta x\to 0$时,求无穷小量Δy关于Δx的线性主部($f'(x)\neq 0,\Phi'(x)\neq 0,x\neq 0$).

3. 测得一张圆形盘片的半径为 24 cm,且已知其最大可能的测量误差为 0.2 cm,用微分估计在计算盘片面积时的最大误差.

4. 有一批半径为 1 cm 的球,为了提高球面的光洁度,要镀上一层铜,厚度定为 0.01 cm,估计一下每只球需用铜多少克(铜的密度是 8.9 g/cm^3)?

5. 求函数$f(x)=\dfrac{1}{(1+2x)^4}$在$x=0$处的线性近似.

6. 求函数$f(x)=\sqrt[n]{1+x}$在$x=0$处的线性近似,并用它求$\sqrt[6]{65}$的近似值.

复习题二

1. 如果函数f在点x_0处连续,那么函数f在点x_0处是否可导,为什么?

2. 如果函数f在点x_0处可导,那么函数f在点x_0处是否连续,为什么?

3. 如果函数f在点x_0处的左导数$f'_-(x_0)$和右导数$f'_+(x_0)$都存在,函数f在点x_0处是否可导?是否连续?

4. 函数f在点x_0处可导是函数f在点x_0处可微的________条件(在“充分”“必要”“充分必要”三者中选一个正确者).

5. 函数$f(x)=\sqrt[3]{x}$在点$x=0$处是否可导?曲线$y=\sqrt[3]{x}$在点$(0,0)$处是否存在切线?

6. 函数$f(x)=\begin{cases}x^3\sin\dfrac{1}{x}, & x\neq 0,\\ 0, & x=0\end{cases}$在点$x=0$处是否可导?导函数$f'(x)$在点$x=0$处是否连续与可导?

7. 初等函数的导数是否仍是初等函数?两者的定义域是否相同?举例说明.

8. 确定如下说法是否正确:

(1) 如果$f(x)$和$g(x)$可微,则$\dfrac{\mathrm{d}}{\mathrm{d}x}[f(x)-g(x)]=f'(x)-g'(x)$;

(2) 如果$f(x)$和$g(x)$可微,则$\dfrac{\mathrm{d}}{\mathrm{d}x}[f(x)g(x)]=f'(x)g'(x)$;

(3) 如果$f(x)$和$g(x)$可微,则$\dfrac{\mathrm{d}}{\mathrm{d}x}\left[\dfrac{f(x)}{g(x)}\right]=\dfrac{f'(x)}{g'(x)}$;

(4) 如果$f(x)$和$g(x)$可微,则$\dfrac{\mathrm{d}}{\mathrm{d}x}[f(g(x))]=f'(g(x))g'(x)$;

(5) 如果$f(x)$可导,则$\dfrac{\mathrm{d}}{\mathrm{d}x}[f(\sqrt{x})]=\dfrac{f'(x)}{2\sqrt{x}}$;

(6) 如果$x=\varphi(t)$,$y=\psi(t)$有二阶导数,则$\dfrac{\mathrm{d}^2y}{\mathrm{d}x^2}=\dfrac{\psi''(t)}{\varphi''(t)}$.

9. 叙述函数f在点x_0处可导的定义.

10. 叙述函数f在点x_0处可微及微分的定义.

11. 导数的几何意义是什么？物理意义是什么？

12. 微分的几何意义是什么？如何用函数的微分近似计算？

总习题二

1. 设函数 $f(x)$ 在 $x=x_0$ 处可导，求 $\lim\limits_{x\to x_0}\dfrac{xf(x_0)-x_0f(x)}{x-x_0}$.

2. 求曲线 $y=xe^{-x}$ 在 $x=1$ 处的切线方程和法线方程.

3. 填括号：$d(\quad)=\sec^2\dfrac{x}{4}dx$.

4. 求函数 $f(x)=xe^x$ 的 n 阶导数.

5. 设函数 $f(x)$ 可导，$F(x)=f[f^2(\sin x)]$，求 $\dfrac{dF}{dx}$.

6. 设函数 $f(x)=\begin{cases}b(1+\sin x)+a+2, & x<0,\\ e^{ax}-1, & x\geqslant 0,\end{cases}$ 确定常数 a 与 b，使 $f(x)$ 处处可导，并求 $f'(x)$.

7. 设 $y=x\arcsin\dfrac{x}{3}+\sqrt{9-x^2}+\ln 2$，求 dy.

8. 设 $y=\tan(e^{-2x}+1)+\cos\dfrac{\pi}{4}$，求 y'.

9. $y=\dfrac{x}{2}\sqrt{a^2-x^2}+\dfrac{a^2}{2}\arcsin\dfrac{x}{a}$（$a>0$，$a$ 是常数），求 dy.

10. 设 $y=(\cos x)^{\sin x}$，求 y'.

11. 设 $\arctan\dfrac{y}{x}=\ln\sqrt{x^2+y^2}$ 确定函数 $y(x)$，已知当 $x=1$ 时，$y=0$. 求 $\left.\dfrac{dy}{dx}\right|_{x=1}$，$\left.\dfrac{d^2y}{dx^2}\right|_{x=1}$.

12. 曲线 $y=x^2+ax$ 与 $y=bx^2+c$ 都通过点 $(-1,0)$ 且在该点有公共的切线，求 a,b,c 的值，并写出此公切线方程.

13. 设 $\begin{cases}x=t^2-\arctan t^2,\\ y=\ln(1+t^4)\end{cases}$ 确定 x 是 y 的函数，求 $\dfrac{d^2x}{dy^2}$.

14. 设 $y=1+xe^{xy}$ 确定函数 $y(x)$，求 $\left.\dfrac{dy}{dx}\right|_{x=0}$ 及 $\left.\dfrac{d^2y}{dx^2}\right|_{x=0}$.

15. 已知函数 $f(x)$ 在 $x=1$ 处连续，且 $\lim\limits_{x\to 1}\dfrac{f(x)}{x-1}=2$，求 $f'(1)$.

16. 研究函数 $f(x)=\begin{cases}x^2\sin\dfrac{1}{x}, & x>0,\\ x^3, & x\leqslant 0\end{cases}$ 在 $(-\infty,+\infty)$ 内的连续性与可导性，并求出 $f'(x)$.

17. 判断下列叙述是否正确：

(1) $\dfrac{d}{dx}|x^2+x|=|2x+1|$；

(2) 如果 $g(x)=x^5$，则 $\lim\limits_{x\to 2}\dfrac{g(x)-g(2)}{x-2}=80$；

(3) $\dfrac{d^2y}{dx^2}=\left(\dfrac{dy}{dx}\right)^2$；

(4) $d(\tan^2x)=d(\sec^2x)$；

(5) $\dfrac{d}{dx}(10^x)=x\cdot 10^{x-1}$；

(6) 方程 $e^{xy}=3xy$ 确定的函数 $y(x)$ 的导数 $\dfrac{dy}{dx}=\dfrac{3x}{e^{xy}-3x}$.

18. 证明双曲线 $xy=a^2$ 上任意一点处的切线与两坐标轴构成的三角形的面积都等于 $2a^2$.

19. 一个长为 5 m 的梯子斜靠在墙上,如果梯子下端以 0.5 m/s 的速度滑离墙壁,试求

(1) 当梯子下端离墙 3 m 时,梯子上端向下滑落的速率;

(2) 当梯子与墙的夹角为 $\frac{\pi}{3}$ 时,该夹角的增加率.

20. 设 $\begin{cases} x=\arctan t, \\ 2y-ty^2+\mathrm{e}^t=5, \end{cases}$ 求 $\frac{\mathrm{d}y}{\mathrm{d}x}$.

选　读

导数在经济分析中的应用(Ⅰ):边际与弹性

当代经济学理论的一个突出特点是定量化、信息化,本质上是一种数学化.近些年来,诺贝尔经济学奖的获奖者工作中大部分与数学应用相关.他们要么是以数学为研究基础,将数学分析应用于经济研究之中;要么就是在经济分析中大量应用数学研究成果.西方经济学中的边际分析和弹性分析就是利用导数概念给出的一些微观经济分析方法.

第3章　微分中值定理与导数的应用

引述　上一章介绍了导数的概念与计算方法,并应用于解决曲线的切线、法线,运动的瞬时速度等变化率问题.为了把导数和微分有效地应用于研究函数的性质,需要在导数与函数之间建立某种紧密的等式关系,本章中介绍的罗尔定理、拉格朗日中值定理、柯西中值定理及泰勒中值定理都是这种类型的关系定理.以微分中值定理为基础就可以利用导数来研究函数的重要性态,如单调性、极值、凹凸性、拐点、曲率等,进而正确地预测和分析函数图形的形状.首先介绍几个中值定理,它们是微分学的重要基础理论.

3.1　微分中值定理

3.1.1　罗尔定理

3.1 预习检测

罗尔定理是微分学中的一个重要的定理,是微积分学中其他几个中值定理的基础.1691年,罗尔(Rolle)在其论文《任意次方程的一个解法的证明》中指出:在多项式方程$f(x)=0$的两个相邻的实根之间,方程$f'(x)=0$至少有一个根.1846年,尤斯托·贝拉维蒂斯(Giusto Bellavitis)将这一定理推广到可微函数,并把此定理命名为罗尔定理.

假设一质点做直线运动,其运动方程为$s=s(t)$,并设$s'(t)$在$[T_1,T_2]$上连续,易知$\dfrac{s(T_2)-s(T_1)}{T_2-T_1}$是质点在$[T_1,T_2]$上的平均速率,由于$s'(t)$在$[T_1,T_2]$上连续,所以$s'(t)$在$[T_1,T_2]$上有最大值$M$及最小值$m$,又

$$m\leqslant\frac{s(T_2)-s(T_1)}{T_2-T_1}\leqslant M,$$

由介值定理知,存在$\xi\in[T_1,T_2]$,使

$$s'(\xi)=\frac{s(T_2)-s(T_1)}{T_2-T_1},$$

这就是本节的拉格朗日中值定理.特别地,令$s(T_2)=s(T_1)$,即$s'(\xi)=0$,就得到本节的罗尔定理.

罗尔定理　设$f(x)$满足

(i) 在闭区间$[a,b]$上连续;

(ii) 在开区间(a,b)内可导;

(iii) $f(a)=f(b)$,

则在开区间(a,b)内至少存在一点ξ,使得

$$f'(\xi)=0.$$

罗尔定理的三个已知条件的直观意义：$f(x)$在$[a,b]$上连续表明曲线连同端点在内是连续不断的曲线，$f(x)$在(a,b)内可导表明曲线$y=f(x)$在每一点处有切线存在，$f(a)=f(b)$表明曲线两个端点的连线平行于x轴(图 3-1 直线AB)．

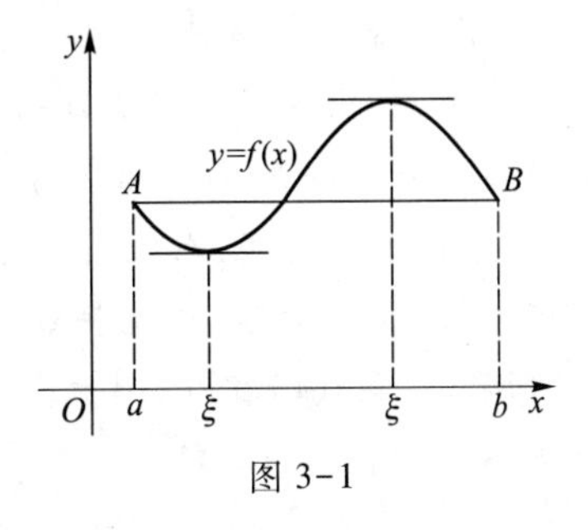

图 3-1

罗尔定理的直观意义：在(a,b)内至少能找到一点ξ，使$f'(\xi)=0$，表明曲线上至少有一点的切线斜率为0，从而切线平行于直线AB，也就平行于x轴．

注　(1) 定理中的ξ不唯一，定理只表明ξ的存在性；

(2) 定理中的三个条件是结论成立的充分条件而非必要条件．

另一方面，当定理中三个条件的某一个不满足时，定理结论可能不成立．例如，$f(x)=\begin{cases}x, & 0<x\leqslant 1,\\ 1, & x=0,\end{cases}$ $f(x)$满足在$(0,1)$内连续，在$(0,1)$内可导且$f(0)=f(1)$，但$f'(x)=1(0<x<1)$，所以并不存在$\xi\in(0,1)$，使$f'(\xi)=0$．

又如$f(x)=|x|(-1\leqslant x\leqslant 1)$，$f(x)$满足在$[-1,1]$上连续，在$(-1,0)\cup(0,1)$内可导且$f(-1)=f(1)$，但$f'(x)=\begin{cases}-1, & -1<x<0,\\ \text{不存在}, & x=0,\\ 1, & 0<x<1,\end{cases}$ 所以并不存在$\xi\in(-1,1)$，使$f'(\xi)=0$．

下面给出定理的证明．

证　由于$f(x)$在闭区间$[a,b]$上连续，所以由闭区间上连续函数的最大值最小值定理，$f(x)$有最大值M与最小值m．若$M=m$，则$f(x)$在$[a,b]$上恒为常数，即$f(x)=M$．此时在(a,b)内任取一点ξ，均有$f'(\xi)=0$．以下假设$M\neq m$，由于$f(a)=f(b)$，M与m至少有一个不等于$f(a)=f(b)$，不妨设$M\neq f(a)$(如果$m\neq f(a)$，证法类似)，此时存在$\xi\in(a,b)$，使$f(\xi)=M$，下证$f'(\xi)=0$．

由于$f(x)$在(a,b)内可导，所以$f(x)$在ξ处可导，即$f'(\xi)$存在，因此

$$f'_+(\xi)=f'_-(\xi)=f'(\xi).$$

而

$$f'_-(\xi)=\lim_{x\to\xi^-}\frac{f(x)-f(\xi)}{x-\xi}=\lim_{x\to\xi^-}\frac{f(x)-M}{x-\xi}\geqslant 0,$$

$$f'_+(\xi)=\lim_{x\to\xi^+}\frac{f(x)-f(\xi)}{x-\xi}=\lim_{x\to\xi^+}\frac{f(x)-M}{x-\xi}\leqslant 0,$$

即

$$0\leqslant f'_-(\xi)=f'(\xi)=f'_+(\xi)\leqslant 0,$$

所以

$$f'(\xi)=0.$$

罗尔定理可以用来证明方程$f'(x)=0$有实根，以及含有导数的一些等式．

例 1　证明方程$x^3+2x-1=0$有且仅有一个实根．

证　令$f(x)=x^3+2x-1$，那么$f(x)$的零点就是所给方程的根．

首先，我们证明$f(x)$有一个实的零点．$f(x)$是一个多项式，自然是处处连续，而且$f(0)=-1<0$，$f(1)=2>0$，根据连续函数零点定理，在$(0,1)$中至少存在一个点ξ，使得$f(\xi)=0$，即

$x=\xi$是$f(x)$的一个零点.

其次,我们再用反证法证明$f(x)$不可能有两个或两个以上的实零点,假设$x=x_1$,$x=x_2$是$f(x)$的两个实零点,即$f(x_1)=f(x_2)=0$.由于$f(x)$是多项式,在$[x_1,x_2]$上连续,在(x_1,x_2)内可导,根据罗尔定理,在(x_1,x_2)内至少有一点c,使得$f'(c)=0$.但是$f'(x)=3x^2+2$,对x的任何值$f'(x)$恒不为零,这就导致矛盾.因此$f(x)$不可能有两个或两个以上的实零点.

#例2　设$f(x)$在$[0,1]$上连续,在$(0,1)$内可导,且$f(0)=0$,对任意$x\in(0,1)$,有$f(x)\neq 0$,证明:存在$\xi\in(0,1)$,使

$$\frac{f'(\xi)}{f(\xi)}=\frac{f'(1-\xi)}{f(1-\xi)}.$$

证　分析:$\dfrac{f'(\xi)}{f(\xi)}=\dfrac{f'(1-\xi)}{f(1-\xi)}$成立,当且仅当$f'(\xi)f(1-\xi)-f(\xi)f'(1-\xi)=0$即

$$[f(x)f(1-x)]'\big|_{x=\xi}=0.$$

为此,令$F(x)=f(x)f(1-x)$,则$F(x)$在$[0,1]$上连续,在$(0,1)$内可导,且满足$F(0)=F(1)$.由罗尔定理知,存在$\xi\in(0,1)$,使$F'(\xi)=0$,即

$$\frac{f'(\xi)}{f(\xi)}=\frac{f'(1-\xi)}{f(1-\xi)}.$$

例3　已知函数$f(x)$在$[0,1]$上连续,在$(0,1)$内可导,且$f(1)=0$,证明:至少存在一点$\xi\in(0,1)$,使得$f'(\xi)=-\dfrac{2f(\xi)}{\xi}$.

证　分析:结论$f'(\xi)=-\dfrac{2f(\xi)}{\xi}$成立,即要证$[2f(x)+xf'(x)]\big|_{x=\xi}=0$.

设辅助函数为$F(x)=x^2f(x)$,则$F(x)$在$[0,1]$上连续,在$(0,1)$内可导,且满足$F(1)=f(1)=0=F(0)$.

于是由罗尔定理可知,至少存在一点$\xi\in(0,1)$,使得

$$F'(\xi)=2\xi f(\xi)+\xi^2f'(\xi)=\xi[2f(\xi)+\xi f'(\xi)]=0,$$

故有$f'(\xi)=-\dfrac{2f(\xi)}{\xi}$.

#例4　已知函数$f(x)$在$[0,a]$上连续,在$(0,a)$内可导,且$f(0)=f(a)=0$,证明:至少存在一点$\xi\in(0,a)$,使得$f'(\xi)-2f(\xi)=0$.

微课
3.1节例4

证　设辅助函数$F(x)=\mathrm{e}^{-2x}f(x)$,则$F(x)$在$[0,a]$上连续,在$(0,a)$内可导,且满足$F(0)=F(a)=0$.

于是由罗尔定理可知,至少存在一点$\xi\in(0,a)$,使得

$$F'(\xi)=-2\mathrm{e}^{-2\xi}f(\xi)+\mathrm{e}^{-2\xi}f'(\xi)=\mathrm{e}^{-2\xi}[f'(\xi)-2f(\xi)]=0,$$

所以$f'(\xi)-2f(\xi)=0$.

3.1.2　拉格朗日中值定理

拉格朗日(Lagrange)中值定理　设$f(x)$满足

(i) 在闭区间$[a,b]$上连续;

(ii) 在开区间(a,b)内可导，

则在开区间(a,b)内至少存在一点ξ，使得

$$\frac{f(b)-f(a)}{b-a}=f'(\xi). \tag{3-1}$$

在此定理中，若令$f(a)=f(b)$，则有$f'(\xi)=0$，所以罗尔定理实质上是拉格朗日中值定理的一个特例.由于$\frac{f(b)-f(a)}{b-a}=f'(\xi)$，即$f'(\xi)-\frac{f(b)-f(a)}{b-a}=0$成立，也就是

$$\left[f(x)-\frac{f(b)-f(a)}{b-a}x\right]'\bigg|_{x=\xi}=0,$$

所以为证定理的结论成立，即要证明$f(x)-\frac{f(b)-f(a)}{b-a}x$的导数有零点.

证 令$F(x)=f(x)-\frac{f(b)-f(a)}{b-a}x$，则$F(x)$在$[a,b]$上连续，在$(a,b)$内可导，且

$$F(a)=f(a)-\frac{f(b)-f(a)}{b-a}a=\frac{bf(a)-af(b)}{b-a},$$

$$F(b)=f(b)-\frac{f(b)-f(a)}{b-a}b=\frac{bf(a)-af(b)}{b-a},$$

即$F(a)=F(b)$.由罗尔定理知，存在$\xi\in(a,b)$，使$F'(\xi)=0$，即

$$\frac{f(b)-f(a)}{b-a}=f'(\xi).$$

从几何上来看，拉格朗日中值定理结论的直观意义：当$f(x)$满足定理中的两个条件时，曲线$y=f(x)$上至少存在一点$(\xi,f(\xi))$，使过该点的切线平行于连接曲线端点$A(a,f(a))$与$B(b,f(b))$的直线段AB，如图 3-2.

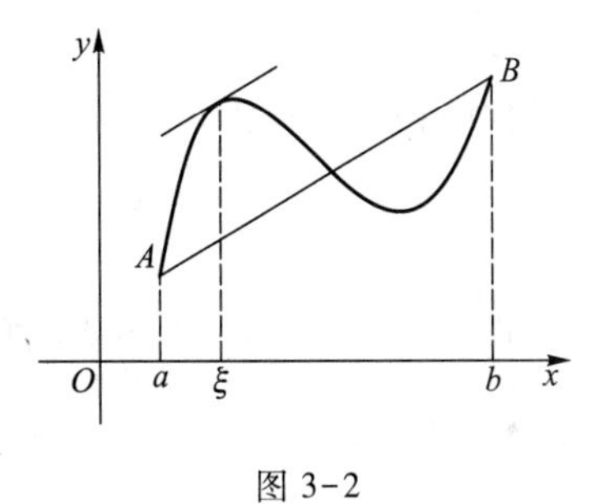

图 3-2

在图 3-2 中，直线段AB的斜率$k_{AB}=\frac{f(b)-f(a)}{b-a}$，直线段$AB$的方程为

$$y=f(a)+\frac{f(b)-f(a)}{b-a}(x-a),$$

因此，在证明拉格朗日中值定理时，也可以构造函数

$$F(x)=f(x)-\left[f(a)+\frac{f(b)-f(a)}{b-a}(x-a)\right].$$

拉格朗日中值定理建立了函数与导数的等式关系，由此就可以用导数研究函数的性质.

例 5 证明不等式$|\arctan y-\arctan x|\leqslant|y-x|$.

证 当$x\neq y$时，令$f(t)=\arctan t$，由拉格朗日中值定理可知，存在$\xi\in(x,y)$或(y,x)，使得

$$\arctan y-\arctan x=\frac{y-x}{1+\xi^2},$$

所以

$$|\arctan y-\arctan x|=\frac{1}{1+\xi^2}|y-x|\leqslant|y-x|.$$

当 $x=y$ 时，显然成立.

微课
3.1节例6

#例6　证明不等式 $\frac{a^{\frac{1}{n+1}}}{(n+1)^2}<\frac{a^{\frac{1}{n}}-a^{\frac{1}{n+1}}}{\ln a}<\frac{a^{\frac{1}{n}}}{n^2}\ (a>1,n\geqslant 1)$.

证　令 $f(x)=a^{\frac{1}{x}},x\in[n,n+1]$，由拉格朗日中值定理可知，存在 $\xi\in(n,n+1)$，使

$$a^{\frac{1}{n+1}}-a^{\frac{1}{n}}=-\frac{a^{\frac{1}{\xi}}}{\xi^2}\ln a,$$

所以

$$\frac{a^{\frac{1}{n}}-a^{\frac{1}{n+1}}}{\ln a}=\frac{a^{\frac{1}{\xi}}}{\xi^2}.$$

因为

$$\frac{1}{n+1}<\frac{1}{\xi}<\frac{1}{n},$$

故有

$$\frac{a^{\frac{1}{n+1}}}{(n+1)^2}<\frac{a^{\frac{1}{n}}-a^{\frac{1}{n+1}}}{\ln a}<\frac{a^{\frac{1}{n}}}{n^2}.$$

设 $x_0,x_0+\Delta x$ 是 $[a,b]$ 上的任意两点，在以 x_0 与 $x_0+\Delta x$ 为端点的区间上，得到公式(3-1)的另外两种表示形式：

$$f(x_0+\Delta x)-f(x_0)=f'(\xi)\Delta x\quad(\xi\text{ 在 }x_0\text{ 与 }x_0+\Delta x\text{ 之间}),\tag{3-2}$$

$$f(x_0+\Delta x)-f(x_0)=f'(x_0+\theta\Delta x)\Delta x\quad(0<\theta<1).\tag{3-3}$$

在公式(3-2)中取 $\xi=x_0+\theta\Delta x$，便得到公式(3-3).事实上，当 $\Delta x>0$ 时，$x_0<\xi<x_0+\Delta x$，即 $0<\frac{\xi-x_0}{\Delta x}<1$，取 $\theta=\frac{\xi-x_0}{\Delta x}$ 得到 $\xi=x_0+\theta\Delta x$，$\Delta x<0$ 的情况完全类似.

公式(3-1)也叫有限改变量公式.

推论　设 $f(x)$ 在 (a,b) 内可导，且 $f'(x)\equiv 0$，则在 (a,b) 内 $f(x)\equiv$ 常数.

证　在 (a,b) 内取一固定点 x_0，$\forall x\in(a,b)$，只要证明 $f(x)\equiv f(x_0)$ 即可.因为 $[x_0,x]$ 或 $[x,x_0]\subset[a,b]$，所以 $f(x)$ 在 $[x_0,x]$ 或 $[x,x_0]$ 上连续，在 (x_0,x) 或 (x,x_0) 内可导，利用拉格朗日中值定理，得

$$f(x)-f(x_0)=f'(\xi)(x-x_0),\quad \xi\in(x_0,x)\text{ 或 }\xi\in(x,x_0).$$

由题设 $f'(\xi)=0$，所以 $f(x)-f(x_0)\equiv 0$，即 $f(x)\equiv f(x_0)$.

例7　证明 $\arctan x+\operatorname{arccot} x\equiv\frac{\pi}{2}$.

证　令 $f(x)=\arctan x+\operatorname{arccot} x$，则

$$f'(x)=\frac{1}{1+x^2}-\frac{1}{1+x^2}\equiv 0,$$

所以 $f(x)=\arctan x+\operatorname{arccot} x\equiv$ 常数，x 取一个固定值代入，比如 $x=0$ 得

$$f(0)=\arctan 0+\operatorname{arccot} 0=\frac{\pi}{2}.$$

由 $f(x)\equiv f(0)$，得

$$\arctan x+\operatorname{arccot} x\equiv\frac{\pi}{2}.$$

3.1.3 柯西中值定理

在 XOY 平面上考虑参数方程

$$\begin{cases}X=g(x),\\ Y=f(x),\end{cases}\quad x\in[a,b].$$

设 $f(x)$，$g(x)$ 在 $[a,b]$ 上连续，在 (a,b) 内可导，且 $g'(x)\neq 0$，则此参数方程表示 XOY 平面上的一条连续、光滑曲线.

由拉格朗日中值定理的几何意义知，在曲线上至少有一点 $(g(\xi),f(\xi))$（记对应的参数值 $x=\xi$），使过该点的切线平行于连接点 $A(g(a),f(a))$、点 $B(g(b),f(b))$ 的直线 AB，见图 3-3.

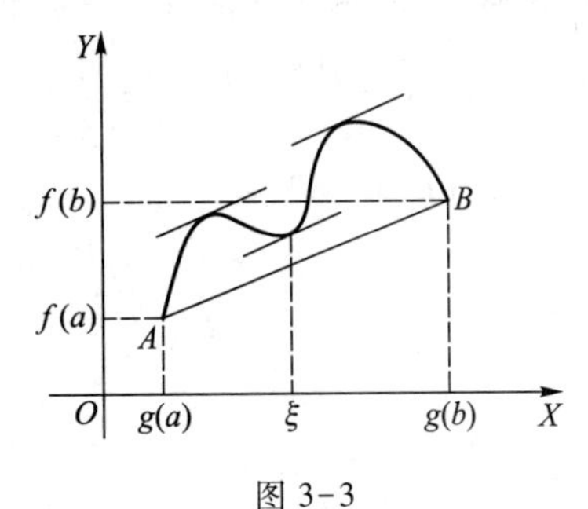

图 3-3

因为当 $x=\xi$ 时，切线斜率为

$$\left.\frac{\mathrm{d}Y}{\mathrm{d}X}\right|_{x=\xi}=\left.\frac{f'(x)}{g'(x)}\right|_{x=\xi}=\frac{f'(\xi)}{g'(\xi)},$$

故该几何事实可表示为

$$\frac{f(b)-f(a)}{g(b)-g(a)}=\frac{f'(\xi)}{g'(\xi)}\quad(a<\xi<b).$$

柯西中值定理 设 $f(x)$，$g(x)$ 满足

(i) 在闭区间 $[a,b]$ 上连续；

(ii) 在开区间 (a,b) 内可导，且 $g'(x)\neq 0$，

则在开区间 (a,b) 内至少存在一点 ξ，使得

$$\frac{f(b)-f(a)}{g(b)-g(a)}=\frac{f'(\xi)}{g'(\xi)}.$$

证 分析：首先由于 $g'(x)\neq 0$，那么 $g(b)-g(a)=g'(\xi)(b-a)\neq 0$，$\xi\in(a,b)$. 将 ξ 换为 x，并将所证结论变形为 $[f(b)-f(a)]g'(x)-[g(b)-g(a)]f'(x)=0$，于是可设辅助函数为

$$F(x)=[f(b)-f(a)]g(x)-[g(b)-g(a)]f(x),$$

则 $F(x)$ 满足在 $[a,b]$ 上连续，(a,b) 内可导，且有

$$\begin{aligned}F(a)&=[f(b)-f(a)]g(a)-[g(b)-g(a)]f(a)\\&=f(b)g(a)-g(b)f(a),\\F(b)&=[f(b)-f(a)]g(b)-[g(b)-g(a)]f(b)\\&=f(b)g(a)-g(b)f(a),\end{aligned}$$

即 $F(a)=F(b)$. 由罗尔定理知，存在 $\xi\in(a,b)$，使 $F'(\xi)=0$，即

$$[f(b)-f(a)]g'(\xi)-[g(b)-g(a)]f'(\xi)=0. \tag{3-4}$$

由于 $g(b)-g(a)=g'(\xi)(b-a)\neq 0$，将式(3-4)变形为

$$\frac{f(b)-f(a)}{g(b)-g(a)}=\frac{f'(\xi)}{g'(\xi)}.$$

在柯西中值定理中，取 $g(x)=x$，则柯西定理便成为拉格朗日中值定理.

例 8　设 $0<a<b$，函数 $f(x)$ 在闭区间 $[a,b]$ 上连续，在开区间 (a,b) 内可导，证明：至少存在一点 $\xi\in(a,b)$，满足

$$\frac{af(b)-bf(a)}{b-a}=\xi f'(\xi)-f(\xi).$$

证　分析：待证结论可表示为 $\dfrac{\dfrac{f(b)}{b}-\dfrac{f(a)}{a}}{\dfrac{1}{b}-\dfrac{1}{a}}=f(\xi)-\xi f'(\xi)$，显然包含两个函数 $\dfrac{f(x)}{x}$ 以及 $\dfrac{1}{x}$ 在区间 $[a,b]$ 两个端点处的函数值之差的比值，可考虑用柯西中值定理证明.

令 $g(x)=\dfrac{f(x)}{x}$，$h(x)=\dfrac{1}{x}$，则两个函数均在 $[a,b]$ 上连续，在 (a,b) 内可导，对于函数 $g(x)$ 和 $h(x)$，由柯西中值定理可知，至少存在一点 $\xi\in(a,b)$，使得

$$\frac{\dfrac{f(b)}{b}-\dfrac{f(a)}{a}}{\dfrac{1}{b}-\dfrac{1}{a}}=\frac{g'(\xi)}{h'(\xi)}=\frac{\dfrac{\xi f'(\xi)-f(\xi)}{\xi^2}}{-\dfrac{1}{\xi^2}}=f(\xi)-\xi f'(\xi),$$

也即 $\dfrac{af(b)-bf(a)}{b-a}=\xi f'(\xi)-f(\xi)$，原题得证.

习题 3.1

A

1. 对于函数 $y=x$，在区间 $[-1,1]$ 上罗尔定理的结论是否成立？为什么？

2. 对于函数 $y=\begin{cases}x, & 0\leqslant x<1,\\ x-1, & 1\leqslant x\leqslant 2,\end{cases}$ 在区间 $[0,2]$ 上拉格朗日中值定理是否成立？为什么？

3. 验证罗尔定理对函数 $y=x^3+4x^2-7x-10$ 在区间 $[-1,2]$ 上的正确性.

4. 验证拉格朗日中值定理对函数 $y=\ln x$ 在区间 $[1,\mathrm{e}]$ 上的正确性.

5. 对函数 $f(x)=\sin x$ 及 $g(x)=x+\cos x$，在区间 $\left[0,\dfrac{\pi}{2}\right]$ 上验证柯西中值定理的正确性.

6. 已知函数 $f(x)$ 在 $(-\infty,+\infty)$ 内可导，且

$$\lim_{x\to\infty}f'(x)=\mathrm{e},\quad \lim_{x\to\infty}\left(\frac{x+c}{x-c}\right)^x=\lim_{x\to\infty}[f(x)-f(x-1)],$$

求 c 的值.

7. 设 $0<a<b$，证明不等式

$$\frac{2a}{a^2+b^2}<\frac{\ln b-\ln a}{b-a}.$$

8. 若方程 $a_0x^n+a_1x^{n-1}+\cdots+a_{n-1}x=0$ 有一个正根 $x=x_0$，证明方程 $a_0nx^{n-1}+a_1(n-1)x^{n-2}+\cdots+a_{n-1}=0$ 必有一个小于 x_0 的正根.

B

1. 不用求出函数 $f(x)=(x-1)(x-2)(x-3)(x-4)$ 的导数，说明方程 $f'(x)=0$ 有几个实根，并指出它们所在的区间.

2. 证明：在 $[-1,1]$ 上，$\arcsin x+\arccos x=\dfrac{\pi}{2}$.

3. 设 $0<b<a$，试证

$$\frac{a-b}{a}<\ln\frac{a}{b}<\frac{a-b}{b}.$$

4. 当 $x>1$ 时，证明 $e^x>ex$.

5. 证明方程 $x^5+x-1=0$ 在区间 $(0,1)$ 内有且仅有一个实根.

6. 设函数 $f(x)$ 在 $[0,1]$ 上连续，在 $(0,1)$ 内可导，且 $f(1)=f(0)=0$，对于点 $x_0\in(0,1)$，证明存在点 $\xi\in(0,1)$，使得 $f'(\xi)=f(x_0)$.

7. 设 $f(x)$ 在 $[a,b]$ 上连续，在 (a,b) 内可导，$f(a)=f(b)=0$，λ 为任意常数，证明存在点 $\xi\in(a,b)$，使得 $\lambda f(\xi)+f'(\xi)=0$.

8. 若函数 $f(x)$ 在 (a,b) 内具有二阶导数，且 $f(x_1)=f(x_2)=f(x_3)$，其中 $a<x_1<x_2<x_3<b$，证明在 (x_1,x_3) 内至少有一点 ξ，使得 $f''(\xi)=0$.

9. 证明：若函数 $f(x)$ 在 $(-\infty,+\infty)$ 内满足关系式 $f'(x)=f(x)$，且 $f(0)=1$，则 $f(x)=e^x$.

10. 设 $0<a<b$，函数 $f(x)$ 在 $[a,b]$ 上连续，在 (a,b) 内可导，试用柯西中值定理，证明存在一点 $\xi\in(a,b)$，使 $f(b)-f(a)=\xi f'(\xi)\ln\dfrac{b}{a}$.

11. 设 $f(x)$ 在 $[a,b]$ 上具有二阶导数，且 $f(a)=f(b)=0$，$f'_+(a)f'_-(b)>0$，证明存在 $\xi,\eta\in(a,b)$，使 $f(\xi)=0$ 及 $f''(\eta)=0$ 成立.

3.2　洛必达法则

3.2 预习检测

在自变量的某一变化过程中，两个函数 $f(x)$，$g(x)$ 都趋于零或都趋于无穷大，这时极限 $\lim\limits_{x\to x_0}\dfrac{f(x)}{g(x)}$ 可能存在，也可能不存在，通常把这种极限叫做 $\dfrac{0}{0}$ 型未定式或 $\dfrac{\infty}{\infty}$ 型未定式.未定式的极限在第 1 章中已经遇到过，而且也有了不少求极限的办法，即便如此，有些极限还是很难求的，例如 $\lim\limits_{x\to0^+}x\ln x$，$\lim\limits_{x\to0}xe^{\frac{1}{x^2}}$ 等.在这一节中将介绍求极限的一种新的方法——洛必达(L'Hospital)法则，它将解决用第 1 章的方法不能解决的一些极限问题.

3.2.1　$x\to x_0$ 时的 $\dfrac{0}{0}$ 型未定式的洛必达法则

定理 1　设 $f(x)$，$g(x)$ 满足

(1) $\lim\limits_{x\to x_0}f(x)=0$，$\lim\limits_{x\to x_0}g(x)=0$；

(2) 存在 x_0 的某去心邻域，在该邻域内，$f'(x)$，$g'(x)$ 都存在，且 $g'(x)\neq0$；

(3) $\lim\limits_{x\to x_0}\dfrac{f'(x)}{g'(x)}=k$(或无穷大),

则

$$\lim_{x\to x_0}\frac{f(x)}{g(x)}=\lim_{x\to x_0}\frac{f'(x)}{g'(x)}.$$

证 设 x 是 x_0的某邻域内任一点,定义 $f(x_0)=0,g(x_0)=0$,那么由定理条件,在$[x_0,x]$或$[x,x_0]$上,$f(x),g(x)$满足柯西中值定理的条件,所以有

$$\frac{f(x)-f(x_0)}{g(x)-g(x_0)}=\frac{f'(\xi)}{g'(\xi)}(\xi \text{ 介于 } x_0 \text{ 与 } x \text{ 之间}),$$

即

$$\frac{f(x)}{g(x)}=\frac{f'(\xi)}{g'(\xi)}.$$

上式两边取极限,并注意到 $x\to x_0$时,$\xi\to x_0$,所以

$$\lim_{x\to x_0}\frac{f(x)}{g(x)}=\lim_{x\to x_0}\frac{f'(\xi)}{g'(\xi)}=\lim_{\xi\to x_0}\frac{f'(\xi)}{g'(\xi)}=\lim_{x\to x_0}\frac{f'(x)}{g'(x)}.$$

再作几点说明(不加证明):

(1) 函数 $f(x),g(x)$在 x_0处不要求可导,甚至可以是间断点,结论仍成立.

(2) 如果把定理1中自变量的变化过程 $x\to x_0$换成 $x\to x_0^-,x\to x_0^+,x\to\infty,x\to+\infty,x\to-\infty$,只需对定理1中的条件作相应修改,结论仍成立.简而言之,只要是$\dfrac{0}{0}$型未定式,不管自变量是趋于 x_0或∞,在满足相应的条件时,结论均成立,求未定式极限的这种方法称为洛必达法则.

例1 求$\lim\limits_{x\to 0}\dfrac{\sqrt{1+x}-1}{x}$.

解 设 $f(x)=\sqrt{1+x}-1,g(x)=x$,则

$$\lim_{x\to 0}f(x)=\lim_{x\to 0}g(x)=0.$$

在 $x_0=0$ 的某去心邻域内,$f'(x),g'(x)$都存在,且 $g'(x)=1\neq 0$.又因为

$$\lim_{x\to 0}\frac{f'(x)}{g'(x)}=\lim_{x\to 0}\frac{\frac{1}{2\sqrt{1+x}}}{1}=\frac{1}{2},$$

所以由洛必达法则知,$\lim\limits_{x\to 0}\dfrac{\sqrt{1+x}-1}{x}=\dfrac{1}{2}$.

在应用洛必达法则时,要检查是否为$\dfrac{0}{0}$型未定式,写的格式可以简化,见下面一些例子.

例2 求$\lim\limits_{x\to -1}\dfrac{\ln(2+x)}{(x+1)^2}$.

解 这是$\dfrac{0}{0}$型未定式.用洛必达法则,得

$$\lim_{x\to-1}\frac{\ln(2+x)}{(x+1)^2}=\lim_{x\to-1}\frac{\frac{1}{x+2}}{2(x+1)}=\infty.$$

例 3 求$\lim\limits_{x\to0}\dfrac{x-\sin x}{x^3}$.

解 这是$\dfrac{0}{0}$型未定式.用洛必达法则,得

$$\lim_{x\to0}\frac{x-\sin x}{x^3}=\lim_{x\to0}\frac{1-\cos x}{3x^2}.$$

这仍是$\dfrac{0}{0}$型未定式,可继续用洛必达法则,得

$$\lim_{x\to0}\frac{1-\cos x}{3x^2}=\lim_{x\to0}\frac{\sin x}{6x}=\frac{1}{6}.$$

3.2.2 $x\to x_0$时的$\dfrac{\infty}{\infty}$型未定式的洛必达法则

定理 2 设$f(x)$,$g(x)$满足

(i) $\lim\limits_{x\to x_0}f(x)=\infty$,$\lim\limits_{x\to x_0}g(x)=\infty$;

(ii) 存在x_0的某去心邻域,在该邻域内,$f'(x)$,$g'(x)$都存在,且$g'(x)\neq0$;

(iii) $\lim\limits_{x\to x_0}\dfrac{f'(x)}{g'(x)}=k$ (或无穷大),

则

$$\lim_{x\to x_0}\frac{f(x)}{g(x)}=\lim_{x\to x_0}\frac{f'(x)}{g'(x)}.$$

这个定理的证明比较烦琐,此处省略,有兴趣的读者可参阅有关的数学分析教材.如果把定理 2 中自变量的变化过程$x\to x_0$换成$x\to x_0^-$,$x\to x_0^+$,$x\to\infty$,$x\to+\infty$,$x\to-\infty$,只需对定理 2 中的条件作相应修改,结论仍成立.

例 4 求$\lim\limits_{x\to+\infty}\dfrac{\ln x}{x}$.

解 这是$\dfrac{\infty}{\infty}$型未定式,用洛必达法则,得

$$\lim_{x\to+\infty}\frac{\ln x}{x}=\lim_{x\to+\infty}\frac{\frac{1}{x}}{1}=0.$$

例 5 求$\lim\limits_{x\to+\infty}\dfrac{(\ln x)^n}{x}$ (n为正整数).

解 这是$\dfrac{\infty}{\infty}$型未定式,用洛必达法则,得

$$\lim_{x\to+\infty}\frac{(\ln x)^n}{x}=\lim_{x\to+\infty}\frac{n(\ln x)^{n-1}\frac{1}{x}}{1}=\lim_{x\to+\infty}\frac{n(\ln x)^{n-1}}{x}=\cdots$$
$$=\lim_{x\to+\infty}\frac{n(n-1)\cdots 2\ln x}{x}=\lim_{x\to+\infty}\frac{n!}{x}=0.$$

例 6　求 $\lim\limits_{x\to+\infty}\dfrac{x^n}{e^x}$　(n 为正整数).

解　这是 $\dfrac{\infty}{\infty}$ 型未定式,用洛必达法则,得

$$\lim_{x\to+\infty}\frac{x^n}{e^x}=\lim_{x\to+\infty}\frac{nx^{n-1}}{e^x}=\cdots=\lim_{x\to+\infty}\frac{n!}{e^x}=0.$$

从例 4、例 5、例 6 三个例子中,我们看到当 $x\to+\infty$ 时,不管 n 多大,e^x 增大总比 x^n 快,而 x 增大总比 $(\ln x)^n$ 快.

例 7　求 $\lim\limits_{x\to0^+}\dfrac{\ln\cot x}{\ln x}$.

解　这是 $\dfrac{\infty}{\infty}$ 型未定式,用洛必达法则,得

$$\lim_{x\to0^+}\frac{\ln\cot x}{\ln x}=\lim_{x\to0^+}\frac{\frac{-\csc^2 x}{\cot x}}{\frac{1}{x}}=\lim_{x\to0^+}\frac{-x}{\sin x\cos x}=\lim_{x\to0^+}\frac{-1}{\cos x}\lim_{x\to0^+}\frac{x}{\sin x}=-1.$$

洛必达法则是求未定式极限的一种有效方法,但最好与其他求极限的方法结合使用,例如与等价无穷小代换结合起来,使用效果会更好.

例 8　求 $\lim\limits_{x\to0}\dfrac{x-\sin x}{\tan x(e^{x^2}-1)}$.

解　$\lim\limits_{x\to0}\dfrac{x-\sin x}{\tan x(e^{x^2}-1)}=\lim\limits_{x\to0}\dfrac{x-\sin x}{x\cdot x^2}=\lim\limits_{x\to0}\dfrac{1-\cos x}{3x^2}=\dfrac{1}{6}.$

如果直接使用洛必达法则,计算将是冗长的.

例 9　求 $\lim\limits_{x\to0}\left(\dfrac{1}{\sin^2 x}-\dfrac{\cos^2 x}{x^2}\right)$.

解　$\lim\limits_{x\to0}\left(\dfrac{1}{\sin^2 x}-\dfrac{\cos^2 x}{x^2}\right)=\lim\limits_{x\to0}\dfrac{x^2-\sin^2 x\cos^2 x}{x^2\sin^2 x}=\lim\limits_{x\to0}\dfrac{x^2-\frac{1}{4}\sin^2 2x}{x^2\cdot x^2}$

$$=\lim_{x\to0}\frac{2x-\frac{1}{2}\sin 4x}{4x^3}=\lim_{x\to0}\frac{1-\cos 4x}{6x^2}=\lim_{x\to0}\frac{\frac{1}{2}(4x)^2}{6x^2}=\frac{4}{3}.$$

3.2.3　其他类型的未定式

求极限时还经常会遇到像 $0\cdot\infty$,$\infty-\infty$,1^∞,∞^0,0^0 等类型的未定式,在求这些类型未定

式的极限时，可先将其转化为$\frac{0}{0}$型或$\frac{\infty}{\infty}$型未定式，然后利用洛必达法则.

例 10 求$\lim\limits_{x\to 1}\left(\frac{x}{x-1}-\frac{1}{\ln x}\right)$.

解 这是$\infty-\infty$型未定式.

$$\lim_{x\to 1}\left(\frac{x}{x-1}-\frac{1}{\ln x}\right)=\lim_{x\to 1}\frac{x\ln x-x+1}{(x-1)\ln x}\left(\frac{0}{0}\text{型}\right)$$
$$=\lim_{x\to 1}\frac{\ln x}{\frac{x-1}{x}+\ln x}$$
$$=\lim_{x\to 1}\frac{x\ln x}{x-1+x\ln x}\left(\frac{0}{0}\text{型}\right)$$
$$=\lim_{x\to 1}\frac{1+\ln x}{1+\ln x+1}=\frac{1}{2}.$$

例 11 求$\lim\limits_{x\to 0^+}x^2\ln x$.

解 这是$0\cdot\infty$型未定式.如果将函数改写成$\frac{\ln x}{\frac{1}{x^2}}$就成为$\frac{\infty}{\infty}$型未定式；如果将函数改写成$\frac{x^2}{\frac{1}{\ln x}}$就成为$\frac{0}{0}$型未定式.不过化成第一种形式用洛必达法则更简单，而化成第二种形式用洛必达法则越做越繁，根本无结果得出.因此我们将函数化为$\frac{\infty}{\infty}$型未定式，然后利用洛必达法则.

$$\lim_{x\to 0^+}x^2\ln x=\lim_{x\to 0^+}\frac{\ln x}{\frac{1}{x^2}}=\lim_{x\to 0^+}\frac{\frac{1}{x}}{\frac{-2}{x^3}}=-\frac{1}{2}\lim_{x\to 0^+}x^2=0.$$

例 12 求$\lim\limits_{x\to 0^+}x^{\sin x}$.

解 这是0^0型未定式，通过取对数后转化为$0\cdot\infty$型.

$$\lim_{x\to 0^+}x^{\sin x}=\lim_{x\to 0^+}e^{\sin x\cdot\ln x}=\lim_{x\to 0^+}e^{\frac{\ln x}{\frac{1}{\sin x}}}$$
$$=e^{\lim\limits_{x\to 0^+}\frac{\ln x}{\frac{1}{\sin x}}}=e^{\lim\limits_{x\to 0^+}\frac{\frac{1}{x}}{-\csc x\cot x}}=e^{\lim\limits_{x\to 0^+}\frac{-1}{\cos x}\lim\limits_{x\to 0^+}\frac{\sin^2x}{x}}=e^0=1.$$

例 13 求$\lim\limits_{x\to\frac{\pi}{4}}(\tan x)^{\tan 2x}$.

解 这是1^∞型未定式.

$$\lim_{x\to\frac{\pi}{4}}(\tan x)^{\tan 2x}=e^{\lim\limits_{x\to\frac{\pi}{4}}\tan 2x\ln\tan x}=e^{\lim\limits_{x\to\frac{\pi}{4}}\frac{\ln\tan x}{\cot 2x}}$$

$$=\mathrm{e}^{\lim\limits_{x\to\frac{\pi}{4}}\frac{\frac{\sec^2 x}{\tan x}}{-2\csc^2 2x}}=\mathrm{e}^{-\lim\limits_{x\to\frac{\pi}{4}}\frac{\sin^2 2x}{2\sin x\cos x}}=\mathrm{e}^{-1}.$$

例 14　求 $\lim\limits_{x\to\frac{\pi}{2}^-}(\tan x)^{\left(x-\frac{\pi}{2}\right)}$.

解　这是 ∞^0 型未定式.设 $y=(\tan x)^{\left(x-\frac{\pi}{2}\right)}$，则 $\ln y=\left(x-\dfrac{\pi}{2}\right)\ln\tan x$，而

$$\lim_{x\to\frac{\pi}{2}^-}\left(x-\frac{\pi}{2}\right)\ln\tan x=\lim_{x\to\frac{\pi}{2}^-}\frac{\ln\tan x}{\dfrac{1}{x-\frac{\pi}{2}}}=\lim_{x\to\frac{\pi}{2}^-}\frac{\dfrac{\sec^2 x}{\tan x}}{\dfrac{-1}{\left(x-\frac{\pi}{2}\right)^2}}$$

$$=\lim_{x\to\frac{\pi}{2}^-}\frac{-\left(x-\frac{\pi}{2}\right)^2}{\sin x\cos x}=\lim_{x\to\frac{\pi}{2}^-}\frac{1}{\sin x}\lim_{x\to\frac{\pi}{2}^-}\frac{-\left(x-\frac{\pi}{2}\right)^2}{\cos x}$$

$$=\lim_{x\to\frac{\pi}{2}^-}\frac{-2\left(x-\frac{\pi}{2}\right)}{-\sin x}=0,$$

所以

$$\lim_{x\to\frac{\pi}{2}^-}(\tan x)^{\left(x-\frac{\pi}{2}\right)}=\mathrm{e}^0=1.$$

例 15　求 $\lim\limits_{x\to+\infty}\dfrac{\sqrt{1+x^2}}{x}$.

解　这是 $\dfrac{\infty}{\infty}$ 型未定式.用洛必达法则，得

$$\lim_{x\to+\infty}\frac{\sqrt{1+x^2}}{x}=\lim_{x\to+\infty}\frac{\dfrac{x}{\sqrt{1+x^2}}}{1}=\lim_{x\to+\infty}\frac{x}{\sqrt{1+x^2}}=\lim_{x\to+\infty}\frac{1}{\dfrac{x}{\sqrt{1+x^2}}}=\lim_{x\to+\infty}\frac{\sqrt{1+x^2}}{x}.$$

可见运用两次洛必达法则后，极限又回到了原来的形式，这说明洛必达法则失效，其实本题很容易求得结果.

$$\lim_{x\to+\infty}\frac{\sqrt{1+x^2}}{x}=\lim_{x\to+\infty}\sqrt{\frac{1}{x^2}+1}=1.$$

微课
3.2 节例 16

例 16　求 $\lim\limits_{x\to 0}\dfrac{x^2\sin\frac{1}{x}}{\sin x}$.

解　这是 $\dfrac{0}{0}$ 型未定式.用洛必达法则，得

$$\lim_{x\to0}\frac{\left(x^2\sin\frac{1}{x}\right)'}{(\sin x)'}=\lim_{x\to0}\frac{2x\sin\frac{1}{x}-\cos\frac{1}{x}}{\cos x}.$$

等式右端是振荡而无极限的情况,洛必达法则失效,容易得到

$$\lim_{x\to0}\frac{x^2\sin\frac{1}{x}}{\sin x}=\lim_{x\to0}\frac{x}{\sin x}\lim_{x\to0}x\sin\frac{1}{x}=1\times0=0.$$

例 15、例 16 表明在使用洛必达法则时应当注意,当 $\lim\limits_{x\to x_0}\frac{f'(x)}{g'(x)}$ 不存在时,不能断定 $\lim\limits_{x\to x_0}\frac{f(x)}{g(x)}$ 也不存在.总之,洛必达法则对于求各种未定式极限是一个非常有效的工具,但也不是万能的,我们要善于根据具体问题的特点,选用恰当的方法.

对于数列极限中的 $\frac{0}{0}$,$\frac{\infty}{\infty}$ 型未定式,也可以间接地使用洛必达法则进行计算.根据海涅定理,数列极限 $\lim\limits_{n\to\infty}f(n)$ 可作为函数极限 $\lim\limits_{x\to+\infty}f(x)$ 的特殊情形,如果对连续变量情形的未定式 $\lim\limits_{x\to+\infty}f(x)$ 可以应用洛必达法则,相应的数列极限就可求出.请看下述例子.

例 17 求数列极限 $\lim\limits_{n\to\infty}\sqrt[n]{n}$.

解 由于 $\sqrt[n]{n}=n^{\frac{1}{n}}$,考虑函数 $x^{\frac{1}{x}}(x>0)$ 当 $x\to+\infty$ 时的极限,这是 ∞^0 型未定式,经转换成 $\frac{\infty}{\infty}$ 型未定式后,使用洛必达法则,得

$$\lim_{x\to+\infty}x^{\frac{1}{x}}=\lim_{x\to+\infty}e^{\frac{1}{x}\ln x}=\lim_{x\to+\infty}e^{\frac{\ln x}{x}}=e^{\lim\limits_{x\to+\infty}\frac{\ln x}{x}}=e^0=1,$$

所以

$$\lim_{n\to+\infty}\sqrt[n]{n}=1.$$

为了更好地使用洛必达法则,需注意以下几点:

(1) 不是 $\frac{0}{0}$ 型或 $\frac{\infty}{\infty}$ 型的未定式,不能使用洛必达法则,化为 $\frac{0}{0}$ 型或 $\frac{\infty}{\infty}$ 型未定式后,才可能使用洛必达法则.

(2) 洛必达法则与等价无穷小代换或其他方法综合使用,效果会更好些.

习题 3.2

A

1. 求下列极限:

(1) $\lim\limits_{x\to0}\frac{\sin ax}{\sin bx}$;　　(2) $\lim\limits_{x\to+\infty}x^{\frac{1}{x}}$;

(3) $\lim\limits_{x\to0}\frac{e^x-e^{-x}}{\sin x}$;　　(4) $\lim\limits_{x\to1}\left(\frac{1}{\ln x}-\frac{1}{x-1}\right)$;

(5) $\lim\limits_{x\to\frac{\pi}{2}^-}(\tan x)^{2x-\pi}$；　　(6) $\lim\limits_{x\to 0}\dfrac{\tan x-x}{x^2\sin x}$.

2. 极限 $\lim\limits_{x\to+\infty}\dfrac{x+\sin x}{x-\sin x}$ 存在吗？能否用洛必达法则求出？

B

1. 求下列极限：

(1) $\lim\limits_{x\to\frac{\pi}{2}}\dfrac{\ln\sin x}{(\pi-2x)^2}$；　　(2) $\lim\limits_{x\to 0^+}\dfrac{\ln\tan 7x}{\ln\tan 2x}$；

(3) $\lim\limits_{x\to+\infty}\dfrac{\ln\left(1+\dfrac{1}{x}\right)}{\operatorname{arccot} x}$；　　(4) $\lim\limits_{x\to 0}\dfrac{x-\sin x}{x^3}$；

(5) $\lim\limits_{x\to+\infty} x\left(\dfrac{\pi}{2}-\arctan x\right)$；

(6) $\lim\limits_{x\to 0}\left(\dfrac{a_1^x+a_2^x+\cdots+a_n^x}{n}\right)^{\frac{1}{x}}$　$(a_i>0, i=1,2,\cdots,n)$.

2. 讨论函数 $f(x)=\begin{cases}\left[\dfrac{(1+x)^{\frac{1}{x}}}{\mathrm{e}}\right]^{\frac{1}{x}}, & x>0,\\ \mathrm{e}^{-\frac{1}{2}}, & x\leqslant 0\end{cases}$ 在点 $x=0$ 处的连续性.

3. 设 $f(0)=0$，则函数 $f(x)$ 在点 $x=0$ 可导的充要条件为(　　).

(A) $\lim\limits_{h\to 0}\dfrac{1}{h^2}f(1-\cos h)$ 存在

(B) $\lim\limits_{h\to 0}\dfrac{1}{h}f(1-\mathrm{e}^h)$ 存在

(C) $\lim\limits_{h\to 0}\dfrac{1}{h^2}f(h-\sin h)$ 存在

(D) $\lim\limits_{h\to 0}\dfrac{1}{h}[f(2h)-f(h)]$ 存在

3.3 泰勒公式与函数的高阶多项式逼近

3.3.1 泰勒公式

3.3 预习检测

在近似计算和理论分析中，我们希望用比较简单的函数近似表示比较复杂的函数，以便对复杂的函数进行研究.一般来说，最简单的是多项式，但如何从一个函数得到我们所需要的多项式呢？

当函数 $f(x)$ 在点 x_0 的邻域内一阶可导时，有

$$\Delta y=f(x_0+\Delta x)-f(x_0)=f'(x_0)\Delta x+o(\Delta x).$$

记 $\Delta x=x-x_0$，则上式可写成

$$\Delta y=f(x)-f(x_0)=f'(x_0)(x-x_0)+o(x-x_0),$$

即

$$f(x)=f(x_0)+f'(x_0)(x-x_0)+o(x-x_0).$$

取 $p_1(x)=f(x_0)+f'(x_0)(x-x_0)$，则

$$f(x)=p_1(x)+o(x-x_0).$$

如果函数 $f(x)$ 在点 x_0 的邻域内二阶可导，情形如何呢？

设

$$\alpha=o(x-x_0)=f(x)-f(x_0)-f'(x_0)(x-x_0),$$

$$\lim_{x\to x_0}\frac{\alpha}{(x-x_0)^2}=\lim_{x\to x_0}\frac{f(x)-f(x_0)-f'(x_0)(x-x_0)}{(x-x_0)^2}$$

$$=\lim_{x\to x_0}\frac{f'(x)-f'(x_0)}{2(x-x_0)}=\frac{f''(x_0)}{2}=\frac{f''(x_0)}{2!},$$

即 $\dfrac{\alpha}{(x-x_0)^2}=\dfrac{f''(x_0)}{2!}+\beta$，其中 $\beta\to 0(x\to x_0)$. 于是，

$$\alpha=\frac{f''(x_0)}{2!}(x-x_0)^2+\beta(x-x_0)^2=\frac{f''(x_0)}{2!}(x-x_0)^2+o((x-x_0)^2),$$

$$f(x)=f(x_0)+f'(x_0)(x-x_0)+\frac{f''(x_0)}{2!}(x-x_0)^2+o((x-x_0)^2).$$

取 $p_2(x)=f(x_0)+f'(x_0)(x-x_0)+\dfrac{f''(x_0)}{2!}(x-x_0)^2$，则

$$f(x)=p_2(x)+o((x-x_0)^2).$$

如果 $f(x)$ 在点 x_0 的邻域内三阶可导，令 $\alpha_1=o((x-x_0)^2)$，可得

$$\alpha_1=\frac{f'''(x_0)}{3!}(x-x_0)^3+o((x-x_0)^3),$$

即

$$f(x)=f(x_0)+f'(x_0)(x-x_0)+\frac{f''(x_0)}{2!}(x-x_0)^2+\frac{f'''(x_0)}{3!}(x-x_0)^3+o((x-x_0)^3).$$

用同样的方法做下去，由数学归纳法可得

$$f(x)=f(x_0)+f'(x_0)(x-x_0)+\frac{f''(x_0)}{2!}(x-x_0)^2+\cdots+$$

$$\frac{f^{(n)}(x_0)}{n!}(x-x_0)^n+o((x-x_0)^n),$$

即

$$f(x)=\sum_{k=0}^{n}\frac{f^{(k)}(x_0)}{k!}(x-x_0)^k+o((x-x_0)^n).$$

取 $p_n(x)=f(x_0)+f'(x_0)(x-x_0)+\dfrac{f''(x_0)}{2!}(x-x_0)^2+\cdots+\dfrac{f^{(n)}(x_0)}{n!}(x-x_0)^n$，则

$$f(x)=p_n(x)+o((x-x_0)^n),$$

称多项式

$$p_n(x)=f(x_0)+f'(x_0)(x-x_0)+\frac{f''(x_0)}{2!}(x-x_0)^2+\cdots+\frac{f^{(n)}(x_0)}{n!}(x-x_0)^n$$

为$f(x)$在x_0处的n阶泰勒(Taylor)多项式.

由上述讨论得到,若函数$f(x)$在含有x_0的某个开区间(a,b)内具有$n+1$阶导数,则当$x\in(a,b)$时,

$$f(x)=f(x_0)+f'(x_0)(x-x_0)+\frac{f''(x_0)}{2!}(x-x_0)^2+\cdots+\frac{f^{(n)}(x_0)}{n!}(x-x_0)^n+o((x-x_0)^n). \quad (3-5)$$

若用$p_n(x)$来近似代替$f(x)$,这时误差$f(x)-p_n(x)$是比$(x-x_0)^n$高阶的无穷小,我们希望对误差有一个更加精确的估计.

令$R_n(x)=f(x)-p_n(x)$,得到$f(x)=p_n(x)+R_n(x)$.根据假设可知,$R_n(x)$在(a,b)内具有$n+1$阶导数,且

$$R_n(x_0)=R_n'(x_0)=R_n''(x_0)=\cdots=R_n^{(n)}(x_0)=0.$$

将函数$R_n(x)$,$(x-x_0)^{n+1}$在以x及x_0为端点的区间上应用柯西中值定理得

$$\frac{R_n(x)}{(x-x_0)^{n+1}}=\frac{R_n(x)-R_n(x_0)}{(x-x_0)^{n+1}}=\frac{R_n'(\xi_1)}{(n+1)(\xi_1-x_0)^n} \quad (\xi_1\text{在}x_0\text{与}x\text{之间}).$$

同理,由柯西中值定理得

$$\frac{R_n'(\xi_1)}{(n+1)(\xi_1-x_0)^n}=\frac{R_n'(\xi_1)-R_n'(x_0)}{(n+1)(\xi_1-x_0)^n}=\frac{R_n''(\xi_2)}{(n+1)n(\xi_2-x_0)^{n-1}} \quad (\xi_2\text{在}x_0\text{与}\xi_1\text{之间}).$$

照此方法进行下去,经过$n+1$次后,得到

$$\frac{R_n(x)}{(x-x_0)^{n+1}}=\frac{R_n^{(n+1)}(\xi)}{(n+1)!} \quad (\xi\text{在}x_0\text{与}x\text{之间}).$$

因为$p_n^{(n+1)}(x)=0$,所以

$$R_n^{(n+1)}(x)=f^{(n+1)}(x)-p_n^{(n+1)}(x)=f^{(n+1)}(x).$$

因此

$$R_n(x)=\frac{f^{(n+1)}(\xi)}{(n+1)!}(x-x_0)^{n+1},$$

由此得到

泰勒中值定理 若函数$f(x)$在含有x_0的某个开区间(a,b)内具有$n+1$阶导数,则当$x\in(a,b)$时,

$$f(x)=f(x_0)+f'(x_0)(x-x_0)+\frac{f''(x_0)}{2!}(x-x_0)^2+\cdots+\frac{f^{(n)}(x_0)}{n!}(x-x_0)^n+R_n(x), \quad (3-6)$$

其中

$$R_n(x)=\frac{f^{(n+1)}(\xi)}{(n+1)!}(x-x_0)^{n+1} \quad (\xi\text{在}x_0\text{与}x\text{之间}).$$

称公式(3-6)为$f(x)$的**带有拉格朗日型余项的泰勒公式或泰勒展开式**.

如果用$p_n(x)$近似表示$f(x)$,则其误差为

$$|R_n(x)|=\left|\frac{f^{(n+1)}(\xi)}{(n+1)!}(x-x_0)^{n+1}\right|.$$

若对于某个固定的 n,当 x 在 (a,b) 内变动时, $|f^{(n+1)}(x)|$ 总不超过一个常数 $M>0$,则有误差估计式

$$|R_n(x)|\leqslant\frac{M}{(n+1)!}|(x-x_0)^{n+1}|.$$

显然有

$$\lim_{x\to x_0}\frac{|R_n(x)|}{|x-x_0|^n}=0.$$

即 $R_n(x)=o((x-x_0)^n)$,则公式(3-5)称为 $f(x)$ 的带有佩亚诺(Peano)型余项 $R_n(x)=o((x-x_0)^n)$ 的泰勒公式.

例 1 设 $x\in(0,1)$,试证明: $(1+x)\ln^2(1+x)<x^2$.

证 令 $f(x)=(1+x)\ln^2(1+x)-x^2$,因为

$$f'(x)=\ln^2(1+x)+2\ln(1+x)-2x,$$

$$f''(x)=2\,\frac{\ln(1+x)+1}{x+1}-2,$$

$$f'''(x)=-2\,\frac{\ln(1+x)}{(1+x)^2},$$

由泰勒公式可知, $\exists\xi\in(0,x)$,使

$$f(x)=f(0)+f'(0)x+\frac{1}{2!}f''(0)x^2+\frac{1}{3!}f'''(\xi)x^3=-\frac{\ln(1+\xi)}{3(1+\xi)^2}x^3.$$

由 $\xi\in(0,x)\in(0,1)$,有

$$-\frac{\ln(1+\xi)}{3(1+\xi)^2}<0,$$

因此 $f(x)<0$,即 $(1+x)\ln^2(1+x)<x^2$.

#**例 2** 设 $0<x<\frac{\pi}{2}$,试证明: $\frac{x^2}{3}<1-\cos x<\frac{x^2}{2}$.

证 将 $\cos x$ 在 $x=0$ 处展开成带有拉格朗日型余项的泰勒展开式可以得到

$$\cos x=1-\frac{x^2}{2}+\frac{x^4}{4!}\cos\theta x,0<\theta<1.$$

于是有

$$1-\cos x=x^2\left(\frac{1}{2}-\frac{1}{24}x^2\cos\theta x\right),$$

当 $0<x<\frac{\pi}{2}$ 时,

$$\frac{1}{2}>\frac{1}{2}-\frac{1}{24}x^2\cos\theta x>\frac{1}{2}-\frac{1}{24}\left(\frac{\pi}{2}\right)^2=\frac{1}{2}-\frac{\pi^2}{96}>\frac{1}{3},$$

所以

$$\frac{x^2}{3}<1-\cos x<\frac{x^2}{2}\quad\left(x\in\left(0,\frac{\pi}{2}\right)\right).$$

微课
3.3 节例 3

#例 3 设函数 $f(x)$ 在区间 $[0,1]$ 上是二阶可导的，并且有 $|f(x)|\leqslant a$，$|f''(x)|\leqslant b$，其中 a,b 为非负的常数，试证明：$\forall c\in(0,1)$，都有 $|f'(c)|\leqslant 2a+\frac{b}{2}$.

证 $\forall x\in[0,1]$，$\forall c\in(0,1)$，把函数 $f(x)$ 展开成带有拉格朗日型余项的泰勒公式得

$$f(x)=f(c)+f'(c)(x-c)+\frac{1}{2}f''(\xi)(x-c)^2\quad(\xi\text{ 在 }x\text{ 与 }c\text{ 之间}).$$

令 $x=0$ 得

$$f(0)=f(c)+f'(c)(-c)+\frac{1}{2}f''(\xi_1)c^2\quad(\xi_1\text{ 在 }0\text{ 与 }c\text{ 之间}),\tag{3-7}$$

令 $x=1$ 得

$$f(1)=f(c)+f'(c)(1-c)+\frac{1}{2}f''(\xi_2)(1-c)^2\quad(\xi_2\text{ 在 }c\text{ 与 }1\text{ 之间}).\tag{3-8}$$

由式(3-8)-式(3-7)得到

$$f(1)-f(0)=f'(c)+\frac{1}{2}[f''(\xi_2)(1-c)^2-f''(\xi_1)c^2].$$

将上面的式子两边取绝对值，由于 $c\in(0,1)$，

$$(1-c)^2\leqslant 1-c,\quad c^2\leqslant c\Rightarrow(1-c)^2+c^2\leqslant 1,$$

可以得到

$$\begin{aligned}|f'(c)|&=\left|f(1)-f(0)-\frac{1}{2}[f''(\xi_2)(1-c)^2-f''(\xi_1)c^2]\right|\\&\leqslant|f(1)|+|f(0)|+\frac{1}{2}[|f''(\xi_2)||1-c|^2+|f''(\xi_1)|c^2]\\&\leqslant a+a+\frac{1}{2}[b(1-c)^2+bc^2]\\&\leqslant 2a+\frac{b}{2}.\end{aligned}$$

微课
3.3 节例 4

例 4 设函数 $f(x)$ 是二阶可导的，并且有 $f''(x)<0$，$\lim\limits_{x\to0}\frac{f(x)}{x}=1$，证明：$f(x)\leqslant x$.

证 因为 $f(x)$ 连续，并且有 $\lim\limits_{x\to0}\frac{f(x)}{x}=1$，所以

$$\frac{f(x)}{x}=1+\alpha\text{，其中 }\alpha\to0(x\to0),$$

亦即 $f(x)=x+o(x)x$，因此有 $f(0)=0$. 又

$$f'(0)=\lim_{x\to 0}\frac{f(x)-f(0)}{x}=\lim_{x\to 0}\frac{f(x)}{x}=1,$$

将 $f(x)$ 展开成带有拉格朗日型余项的泰勒展开式得

$$f(x)=f(0)+f'(0)x+\frac{f''(\xi)}{2!}x^2=x+\frac{f''(\xi)}{2!}x^2 \quad (\xi \text{ 在 } 0 \text{ 与 } x \text{ 之间}).$$

由 $f''(x)<0$ 可知,$f''(\xi)<0$,故 $f(x)\leqslant x$.

3.3.2 麦克劳林公式

在泰勒公式中,取 $x_0=0$ 得

$$f(x)=f(0)+f'(0)x+\frac{f''(0)}{2!}x^2+\cdots+\frac{f^{(n)}(0)}{n!}x^n+\frac{f^{(n+1)}(\xi)}{(n+1)!}x^{n+1} \quad (\xi \text{ 在 } 0 \text{ 与 } x \text{ 之间}), \tag{3-9}$$

称式(3-9)为 $f(x)$ 的 n 阶麦克劳林(Maclaurin)公式.

例 5 求 $f(x)=\mathrm{e}^x$ 的 n 阶麦克劳林公式.

解 因为 $f^{(k)}(x)=\mathrm{e}^x$,$f^{(k)}(0)=\mathrm{e}^0=1(k=0,1,2,\cdots)$. 由公式(3-9)得到 e^x 的 n 阶麦克劳林公式

$$\mathrm{e}^x=1+\frac{x}{1!}+\frac{x^2}{2!}+\cdots+\frac{x^n}{n!}+\frac{\mathrm{e}^{\theta x}}{(n+1)!}x^{n+1} \quad (0<\theta<1).$$

从上式可知,如果把 e^x 用它的 n 次多项式近似表达为

$$\mathrm{e}^x\approx 1+x+\frac{x^2}{2!}+\cdots+\frac{x^n}{n!},$$

这时产生的误差为

$$|R_n(x)|=\left|\frac{\mathrm{e}^{\theta x}}{(n+1)!}x^{n+1}\right|<\frac{\mathrm{e}^{|x|}}{(n+1)!}|x|^{n+1} \quad (0<\theta<1).$$

如果取 $x=1$,则得无理数 e 的近似式为

$$\mathrm{e}\approx 1+1+\frac{1}{2!}+\cdots+\frac{1}{n!},$$

其误差为

$$|R_n|<\frac{\mathrm{e}}{(n+1)!}<\frac{3}{(n+1)!}.$$

当 $n=10$ 时,可以算出 $\mathrm{e}\approx 2.718\ 282$,其误差不超过 10^{-6}.

例 6 求 $f(x)=\sin x$ 的 n 阶麦克劳林公式.

解 因为 $f^{(k)}(x)=\sin\left(x+\frac{k\pi}{2}\right)$,$f^{(k)}(0)=\sin\frac{k\pi}{2}(k=0,1,2,\cdots)$,所以 $f(0)=0$,$f'(0)=1$,$f''(0)=0$,$f'''(0)=-1$,$f^{(4)}(0)=0$,$f^{(5)}(0)=1$,$f^{(6)}(0)=0$,$f^{(7)}(0)=-1$,$\cdots$.

根据公式(3-9),取 $n=2m(m=1,2,\cdots)$,得到 $2m$ 阶麦克劳林公式

$$\sin x = x-\frac{x^3}{3!}+\frac{x^5}{5!}-\frac{x^7}{7!}+\cdots+$$

$$(-1)^{m-1}\frac{x^{2m-1}}{(2m-1)!}+\frac{\sin\left(\xi+\frac{(2m+1)\pi}{2}\right)}{(2m+1)!}x^{2m+1}\quad (\xi\text{ 在 }0\text{ 与 }x\text{ 之间}).$$

如果 m 分别取 2 和 3，则可得 $\sin x$ 的 3 次和 5 次多项式近似表示

$$\sin x\approx x-\frac{x^3}{3!}\text{和 }\sin x\approx x-\frac{x^3}{3!}+\frac{x^5}{5!},$$

其误差 $|R_n|$ 依次不超过 $\frac{1}{5!}|x|^5$ 和 $\frac{1}{7!}|x|^7$. 如果取 $m=1$，可得近似公式 $\sin x\approx x$. 下面把正弦函数 $y=\sin x$ 用多个多项式 $p_n(x)$ 近似逼近的图形画在图 3-4，以便于进行比较.

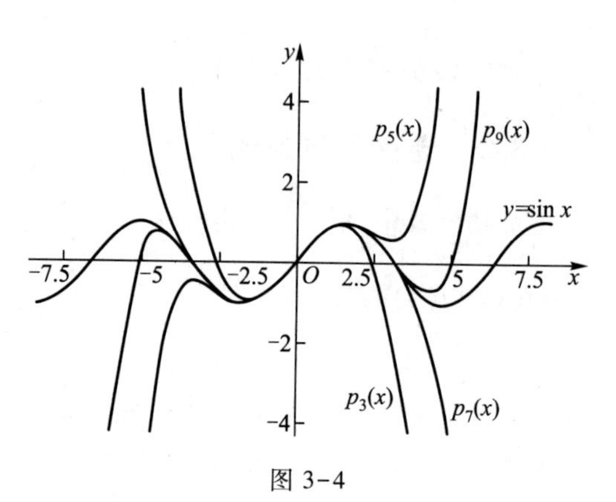

图 3-4

类似地，可以得到 $\cos x$ 的 $2m+1$ 阶麦克劳林公式

$$\cos x=1-\frac{x^2}{2!}+\frac{x^4}{4!}+\cdots+(-1)^m\frac{x^{2m}}{(2m)!}+\frac{\cos\left[\xi+\frac{(2m+2)\pi}{2}\right]}{(2m+2)!}x^{2m+2}\quad (\xi\text{ 在 }0\text{ 与 }x\text{ 之间}).$$

例 7　求 $f(x)=\ln(1+x)$ 的 n 阶麦克劳林公式.

解　因为 $f'(x)=\frac{1}{1+x}$，$f''(x)=\frac{-1}{(1+x)^2}$，$f'''(x)=\frac{2\cdot 1}{(1+x)^3}$，

$$f^{(4)}(x)=\frac{-3\cdot 2\cdot 1}{(1+x)^4},\cdots,\quad f^{(k)}(x)=\frac{(-1)^{k-1}(k-1)!}{(1+x)^k},\cdots,$$

所以

$$f(0)=0, f^{(k)}(0)=(-1)^{k-1}(k-1)!, k=1,2,3,\cdots.$$

因此，可得 $\ln(1+x)$ 的 n 阶麦克劳林公式

$$\ln(1+x)=x-\frac{x^2}{2}+\frac{x^3}{3}-\frac{x^4}{4}+\cdots+(-1)^{n-1}\frac{x^n}{n}+\frac{(-1)^n x^{n+1}}{(n+1)(1+\xi)^{n+1}}\quad (\xi\text{ 在 }0\text{ 与 }x\text{ 之间}).$$

例 8　求极限 $\lim\limits_{x\to 0}\frac{\sin x-x\cos x}{\sin^3 x}$.

解　当 $x\to 0$ 时，分母 $\sin^3 x$ 与 x^3 是等价无穷小，用带佩亚诺型余项的麦克劳林公式展开得

$$\sin x=x-\frac{x^3}{3!}+o(x^3),\quad x\cos x=x-\frac{x^3}{2!}+o(x^3).$$

于是

$$\sin x-x\cos x=\frac{x^3}{3}+o(x^3),$$

故

$$\lim_{x\to 0}\frac{\sin x-x\cos x}{\sin^3 x}=\lim_{x\to 0}\frac{\frac{1}{3}x^3+o(x^3)}{x^3}=\frac{1}{3}.$$

#**例 9** 求极限$\lim\limits_{x\to 0}\dfrac{\cos x-e^{-\frac{x^2}{2}}}{x^4}$.

解 用带佩亚诺型余项的麦克劳林公式展开 $\cos x, e^{-\frac{x^2}{2}}$,则有

$$\cos x=1-\frac{x^2}{2}+\frac{x^4}{24}+o(x^4),$$

$$e^{-\frac{x^2}{2}}=1-\frac{x^2}{2}+\frac{x^4}{8}+o(x^4).$$

因为

$$\cos x-e^{-\frac{x^2}{2}}=-\frac{x^4}{12}+o(x^4),$$

所以

$$\lim_{x\to 0}\frac{\cos x-e^{-\frac{x^2}{2}}}{x^4}=\lim_{x\to 0}\frac{-\frac{x^4}{12}+o(x^4)}{x^4}=-\frac{1}{12}.$$

习题 3.3

A

1. 把函数 $f(x)=x^4-5x^3+x^2-3x+4$ 表示成关于 $(x-4)$ 的幂的多项式.

2. 求 $f(x)=\dfrac{1}{1-x}$ 的 n 阶麦克劳林公式.

3. 求 $f(x)=\ln x$ 在 $x_0=1$ 处的 n 阶泰勒公式.

4. 当 $x_0=-1$ 时,求函数 $f(x)=\dfrac{1}{x}$ 的 n 阶泰勒公式.

B

1. 求函数 $f(x)=\tan x$ 的二阶麦克劳林公式.

2. 求函数 $f(x)=xe^x$ 的 n 阶麦克劳林公式.

3. 当 $x_0=4$ 时,求函数 $f(x)=\sqrt{x}$ 的 3 阶泰勒公式.

4. 用泰勒公式求下列极限:

(1) $\lim\limits_{x\to 0}\dfrac{x-\sin x}{x^3}$;

(2) $\lim\limits_{x\to 0}\dfrac{x^2-\ln(1+x^2)}{x^4}$;

(3) $\lim\limits_{x\to 0}\dfrac{e^x\sin x-x(1+x)}{\sin^3 x}$;

(4) $\lim\limits_{x\to 0}\dfrac{\cos x-1+\frac{x^2}{2}-\frac{x^4}{4!}}{x^6}$.

5. 设函数 $f(x)$ 满足$\lim\limits_{x\to 0}\dfrac{\sin 6x+xf(x)}{x^3}=0$,求$\lim\limits_{x\to 0}\dfrac{6+f(x)}{x^2}$.

6. 求函数 $f(x)=x^2\ln(1+x)$ 在 $x=0$ 处的 n 阶导数 $f^{(n)}(0)(n\geqslant 3)$.

3.4 函数的单调性与凸性

3.4 预习检测

3.4.1 函数单调性的判别法

在1.1节中我们已经讨论过函数在一个区间上单调的概念,本节将利用导数来研究函数的单调性质,我们先从几何性质上观察函数的单调性与导数之间的联系.

在图3-5中,函数在 $[a,b]$ 上单调增加,可以看出函数图形上一点处的切线与 x 轴正向夹角是锐角,斜率是正数;在图3-6中,函数在 $[a,b]$ 上单调减少,可以看出函数图形上一点处的切线与 x 轴正向夹角是钝角,斜率是负数.这些现象反映了函数的单调性与导数符号之间的联系.我们把这种规律归纳成下面的定理.

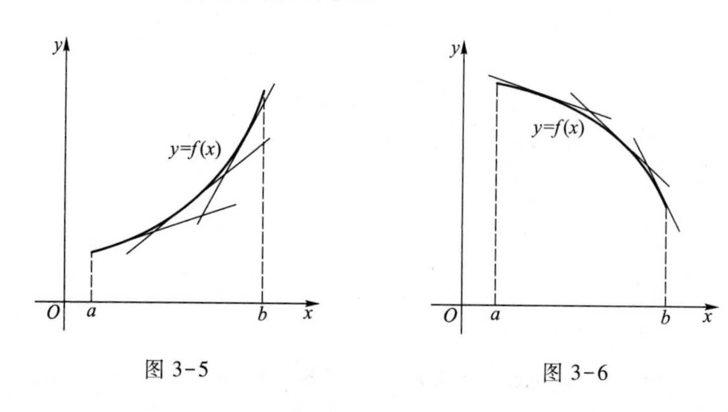

图3-5　　图3-6

定理1 设函数 f 在 $[a,b]$ 上连续,在 (a,b) 内可导.

(i) 如果对一切 $x\in(a,b)$, $f'(x)>0$,则 f 在 $[a,b]$ 上(严格)单调递增;

(ii) 如果对一切 $x\in(a,b)$, $f'(x)<0$,则 f 在 $[a,b]$ 上(严格)单调递减;

(iii) 对一切 $x\in(a,b)$, $f'(x)\geqslant 0$ 的充分必要条件是 f 在 $[a,b]$ 上单调不减,即 $x_1<x_2$ 时, $f(x_1)\leqslant f(x_2)$;

(iv) 对一切 $x\in(a,b)$, $f'(x)\leqslant 0$ 的充分必要条件是 f 在 $[a,b]$ 上单调不增,即 $x_1<x_2$ 时, $f(x_1)\geqslant f(x_2)$.

证 (i) 在 $[a,b]$ 上任取两点 x_1,x_2,且 $x_1<x_2$,在 $[x_1,x_2]$ 上应用拉格朗日中值定理,得到

$$f(x_2)-f(x_1)=f'(\xi)(x_2-x_1),\quad \xi\in(x_1,x_2)\subset(a,b).$$

又由条件知 $f'(\xi)>0$,且 $x_2-x_1>0$,所以

$$f(x_2)-f(x_1)>0\text{ 或 }f(x_1)<f(x_2).$$

因此函数 f 在 $[a,b]$ 上单调递增.

(iii) 必要性的证明同(i)的证明,注意到条件 $f'(x)\geqslant 0$,就可得到

$$f(x_2)-f(x_1)\geqslant 0\text{ 或 }f(x_2)\geqslant f(x_1).$$

因此函数 f 在 $[a,b]$ 上单调不减.

充分性.设函数 f 在$[a,b]$上单调不减，当 $x\in(a,b)$ 时，取 $x+\Delta x\in(a,b)$，就有

$$\frac{f(x+\Delta x)-f(x)}{\Delta x}\geqslant 0.$$

由定理条件，f 在(a,b)内可导.利用极限的保序性，当 $\Delta x\to 0$ 时对上式取极限，可得

$$f'(x)\geqslant 0,\quad x\in(a,b).$$

(ii)、(iv)的证法完全类似，留给读者自己证明.

注　定理 1 中的$[a,b]$如果换成其他区间(包括无穷区间)，结论也是同样成立的.

根据定理 1，讨论一个函数的单调性，只需求出该函数的导数，再判别导数的符号即可.为此，我们要把导数 $f'(x)$ 取正值和负值的区间先划分开来.当导数连续时，$f'(x)$ 取正值和负值的分界点上应有 $f'(x)=0$，因此，讨论函数的单调性可以按以下步骤进行：

(1) 确定函数的定义域；

(2) 求 $f'(x)$，找出 $f'(x)=0$ 的点和 $f'(x)$ 不存在的点，以这些点为分界点，把定义域分为若干个区间；

(3) 在各个区间上判别 $f'(x)$ 的符号，以此来确定函数 $f(x)$ 在该区间上的单调性.

例 1　讨论函数 $f(x)=x^3-6x^2+9x-2$ 的单调性.

解　函数定义域为 $\mathbf{R}$，

$$f'(x)=3x^2-12x+9=3(x-1)(x-3),$$

令 $f'(x)=0$，解得 $x_1=1, x_2=3$，根据定理 1 可知函数的单调性如下表：

x	$(-\infty,1)$	1	$(1,3)$	3	$(3,+\infty)$
$f'(x)$	+	0	−	0	+
$f(x)$	↗		↘		↗

其中符号“↗”表示单调递增，符号“↘”表示单调递减.在$(-\infty,1]$和$[3,+\infty)$上函数单调递增，在$[1,3]$上函数单调递减.

例 2　求函数 $y=(2x-5)x^{\frac{2}{3}}$ 的单调区间.

解　函数定义域为 $\mathbf{R}$，

$$y'=\frac{10}{3}x^{\frac{2}{3}}-\frac{10}{3}x^{-\frac{1}{3}}=\frac{10(x-1)}{3\sqrt[3]{x}}.$$

函数在 $x=0$ 处不可导，在 $x=1$ 处 $y'=0$，根据定理 1，可知函数的单调性如下表：

x	$(-\infty,0)$	0	$(0,1)$	1	$(1,+\infty)$
y'	+	不存在	−	0	+
y	↗		↘		↗

由此可见，函数的单调递增区间是$(-\infty,0]$和$[1,+\infty)$；单调递减区间是$[0,1]$.

利用函数的单调性的判别法则，可以证明一些不等式.如图 3-7 所示，如果函数 f 在$[a,b]$上连续，在(a,b)内可导，对一切 $x\in(a,b)$，有 $f'(x)>0$，则推出 $f(x)$ 单调递增，所以有 $f(x)>f(a)=0$.这就提供了证明不等式的依据.

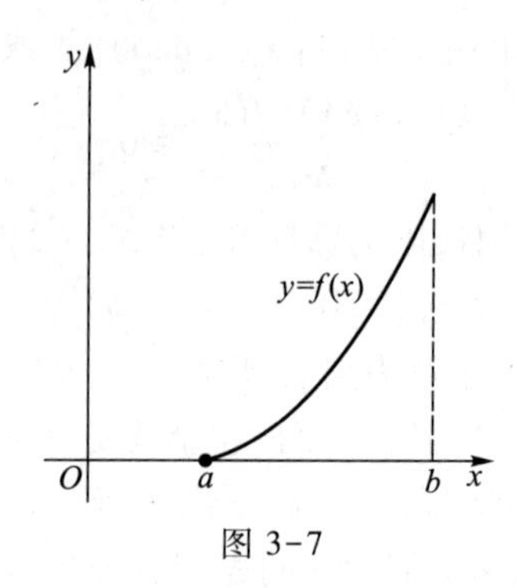

图 3-7

微课
3.4 节例 3

例 3　设 $x>1$,试证明 $0<\ln x+\dfrac{4}{x+1}-2<\dfrac{1}{12}(x-1)^3$.

证　设 $f(x)=\ln x+\dfrac{4}{x+1}-2$,则当 $x>1$ 时,

$$f'(x)=\frac{1}{x}-\frac{4}{(x+1)^2}=\frac{(x-1)^2}{x(x+1)^2}>0,$$

所以 $f(x)$ 是单调递增的,$f(x)>f(1)=0$,即

$$\ln x+\frac{4}{x+1}-2>0.$$

设 $g(x)=\ln x+\dfrac{4}{x+1}-2-\dfrac{1}{12}(x-1)^3$,则当 $x>1$ 时,

$$g'(x)=\frac{1}{x}-\frac{4}{(x+1)^2}-\frac{1}{4}(x-1)^2=(x-1)^2\left[\frac{1}{x(x+1)^2}-\frac{1}{4}\right]<0,$$

所以 $g(x)$ 在区间 $[1,+\infty)$ 上是单调递减的,$g(x)<g(1)=0$,即

$$\ln x+\frac{4}{x+1}-2<\frac{1}{12}(x-1)^3.$$

故当 $x>1$ 时,$0<\ln x+\dfrac{4}{x+1}-2<\dfrac{1}{12}(x-1)^3$ 成立.

由于函数 $y=f(x)$ 在单调区间上的图形至多与 x 轴有一个交点,因此可由函数的单调区间的个数推得方程 $f(x)=0$ 至多有几个实根;然后在每个单调区间上用零点定理检验,就可确定方程有几个实根.

例 4　确定方程 $2x^3-3x^2-12x+25=0$ 有几个实根.

解　设 $f(x)=2x^3-3x^2-12x+25$,定义域为 $\mathbf{R}$,

$$f'(x)=6x^2-6x-12=6(x+1)(x-2),$$

令 $f'(x)=0$,解得 $x=-1$ 或 $x=2$.函数没有不可导点,单调性如下表:

x	$(-\infty,-1)$	-1	$(-1,2)$	2	$(2,+\infty)$
$f'(x)$	+	0	−	0	+
$f(x)$	↗		↘		↗

由此可见函数 $f(x)$ 在 $(-\infty,-1)$ 和 $(2,+\infty)$ 上都单调递增，在 $[-1,2]$ 上单调递减. 由于 $f(2)=5>0$，可推知在 $[-1,2]$ 和 $[2,+\infty)$ 上方程都没有根；而 $f(-1)=32>0$，取 $x=-3$ 试算，得 $f(-3)=-20<0$，根据零点定理推知在 $(-3,-1)$ 内方程有一根. 综上所述方程有且仅有一个实根在 $(-3,-1)$ 内.

注　讨论方程 $f(x)=0$ 在无穷区间 $(a,+\infty)$ 上的实根的存在性时，设函数 $f(x)$ 在 $(a,+\infty)$ 内连续，如果 $\lim\limits_{x\to a^+}f(x)=A(A>0$ 或为 $+\infty)$ 且 $\lim\limits_{x\to+\infty}f(x)=B(B<0$ 或为 $-\infty)$，则由零点定理，方程 $f(x)=0$ 在 $(a,+\infty)$ 内至少有一实根.

例 5　设 $f(x)$ 在 $(-\infty,+\infty)$ 可导，若存在实数 a，使 $f'(x)+af(x)<0$，证明方程 $f(x)=0$ 最多只有一个实根.

微课
3.4 节例 5

证　令 $F(x)=\mathrm{e}^{ax}f(x)$，则

$$F'(x)=\mathrm{e}^{ax}(f'(x)+af(x))<0,$$

所以 $F(x)$ 在 $(-\infty,+\infty)$ 上单调递减且连续，方程 $F(x)=\mathrm{e}^{ax}f(x)=0$ 最多只有一个实根，即 $f(x)=0$ 最多只有一个实根.

3.4.2　函数凸性的判别法

前面我们利用函数的导数，讨论了函数的单调性. 但仅仅依据这些，还不能准确地反映函数值变化的特征. 同样是单调递增（或递减）的函数，情形可能很不相同. 譬如在图 3-8 中，函数 $y=\sqrt{x}$ 和 $y=x^2$ 都在 $(0,+\infty)$ 内单调递增，但两者的图形有明显差别，表现在曲线的弯曲方向不同. 为了刻画这些差别，我们先给出下述定义.

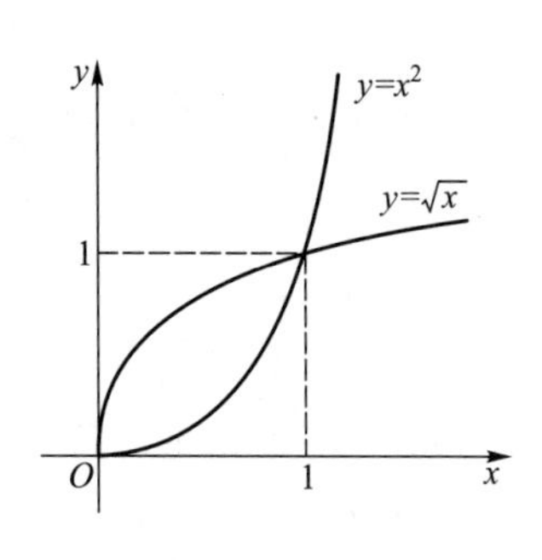

图 3-8

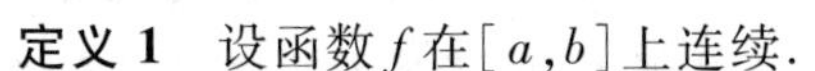

定义 1　设函数 f 在 $[a,b]$ 上连续.

(i) 如果对 $[a,b]$ 上任意不同的两点 x_1 和 x_2，都有

$$f\left(\frac{x_1+x_2}{2}\right)<\frac{f(x_1)+f(x_2)}{2},$$

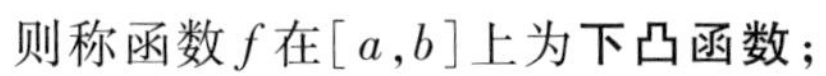

则称函数 f 在 $[a,b]$ 上为**下凸函数**；

(ii) 如果对 $[a,b]$ 上任意不同的两点 x_1 和 x_2，都有

$$f\left(\frac{x_1+x_2}{2}\right)>\frac{f(x_1)+f(x_2)}{2},$$

则称函数 f 在 $[a,b]$ 上为**上凸函数**.

我们观察上述定义反映的函数图形的几何性质. 在图 3-9 和图 3-10 中，$\dfrac{x_1+x_2}{2}$ 是区间 $[x_1,x_2]$ 的中点，$f\left(\dfrac{x_1+x_2}{2}\right)$ 是曲线 $y=f(x)$ 上对应于中点的高度，而 $\dfrac{f(x_1)+f(x_2)}{2}$ 则是弦 AB 上对应于中点的高度. 定义 1 告诉我们，如果连接曲线上任意两点的弦（直线线段）总是在该两点的曲线弧之上，那么该段曲线弧为**下凸**的；反之，如果弦总是在该曲线弧之下，则曲线弧为**上凸**的. 这里，我们把函数的凸性和函数的图形所对应的曲线的凸性视为同一概念.

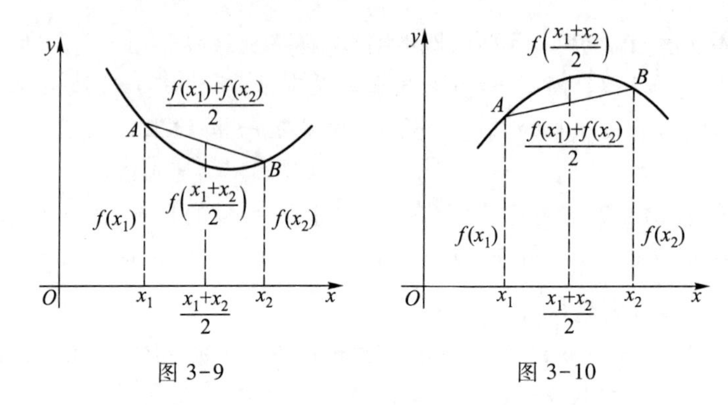

图 3-9　　图 3-10

如果从另一个角度来观察下凸弧、上凸弧的几何特征,如图 3-11 所示,可以看出,下凸弧上过任意一点的切线都在曲线弧之下,而上凸弧上过任意一点的切线都在曲线弧之上.

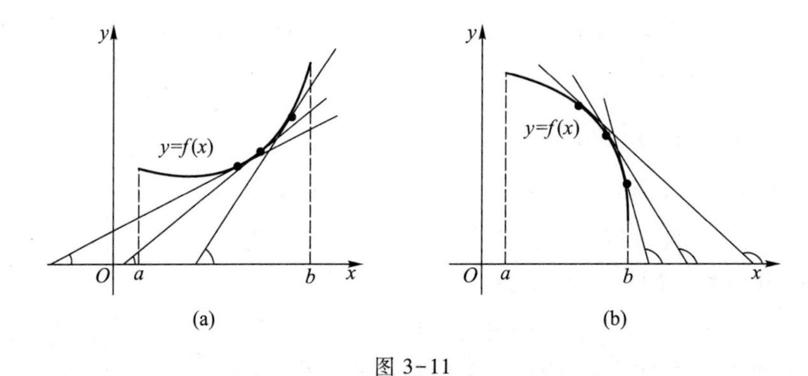

图 3-11

接下来我们讨论函数的凸性和函数的导数之间的联系.在图 3-11 中,可以观察到,在下凸弧上,曲线各点的切线斜率随着 x 的增加而增大;在上凸弧上,曲线各点的切线斜率随着 x 的增加而减小.这就提示我们,设函数 f 在 (a,b) 内可导,如果函数 f 在 (a,b) 下凸(或上凸),则 $f'(x)$ 将是 (a,b) 上的单调递增函数(或单调递减函数).由此,我们得到了函数的凸性的一个判别法,即定理 2.

定理 2　设函数 f 在 $[a,b]$ 上连续,在 (a,b) 内存在二阶导数 $f''(x)$,

(i) 如果对于一切 $x\in(a,b)$,$f''(x)>0$,则函数 f 在 $[a,b]$ 上是下凸的;

(ii) 如果对于一切 $x\in(a,b)$,$f''(x)<0$,则函数 f 在 $[a,b]$ 上是上凸的.

证　只证情形(i),情形(ii)的证明完全类似.

在 (a,b) 内任取 x_1,x_2,且 $x_1<x_2$,记 $x_0=\dfrac{x_1+x_2}{2}$,$h=x_0-x_1=x_2-x_0$,则

$$x_1=x_0-h,\quad x_2=x_0+h.$$

由拉格朗日中值定理,得

$$f(x_0+h)-f(x_0)=f'(x_0+\theta_1 h)h,\quad 0<\theta_1<1,$$
$$f(x_0-h)-f(x_0)=-f'(x_0-\theta_2 h)h,\quad 0<\theta_2<1,$$

上两式相加,得

$$f(x_0+h)+f(x_0-h)-2f(x_0)=[f'(x_0+\theta_1 h)-f'(x_0-\theta_2 h)]h.$$

对 $f'(x)$ 在 $[x_0-\theta_2 h, x_0+\theta_1 h]$ 上再用拉格朗日中值定理,得

$$f'(x_0+\theta_1 h)-f'(x_0-\theta_2 h)=f''(\xi)(\theta_1+\theta_2)h,\quad x_0-\theta_2 h<\xi<x_0+\theta_1 h.$$

由 $f''(\xi)>0, \theta_1+\theta_2>0$,所以

$$[f'(x_0+\theta_1 h)-f'(x_0-\theta_2 h)]h=f''(\xi)(\theta_1+\theta_2)h^2>0,$$

即

$$f(x_0+h)+f(x_0-h)-2f(x_0)>0.$$

因此

$$\frac{f(x_0+h)+f(x_0-h)}{2}>f(x_0),$$

即

$$\frac{f(x_1)+f(x_2)}{2}>f\left(\frac{x_1+x_2}{2}\right).$$

由定义 1 知 $f(x)$ 的图形是下凸的.

例 6　判断 $y=\ln x$ 的凸性.

解　$y'=\dfrac{1}{x},\quad y''=-\dfrac{1}{x^2}.$

因为 $y=\ln x$ 的定义域是 $(0,+\infty)$,当 $x\in(0,+\infty)$ 时,$y''<0$,因此 $y=\ln x$ 在 $(0,+\infty)$ 内是上凸的.

例 7　判定 $y=\arctan x$ 的凸性.

解　$y'=\dfrac{1}{1+x^2}, y''=-\dfrac{2x}{(1+x^2)^2}, x\in(-\infty,+\infty).$

令 $y''<0$,解得 $x>0$,因此 y 在 $(0,+\infty)$ 内是上凸的;令 $y''>0$,解得 $x<0$,因此 y 在 $(-\infty,0)$ 内是下凸的.

例 8　判断 $y=\sqrt[3]{x}$ 的凸性.

解　$y'=\dfrac{1}{3}x^{-\frac{2}{3}}, y''=-\dfrac{2}{9}x^{-\frac{5}{3}}, x\in(-\infty,+\infty).$

当 $-\infty<x<0$ 时,$y''>0$,因此 $y=\sqrt[3]{x}$ 在 $(-\infty,0)$ 内是下凸的;当 $0<x<+\infty$ 时,$y''<0$,因此 $y=\sqrt[3]{x}$ 在 $(0,+\infty)$ 内是上凸的.

从例 7、例 8 可以发现,一个函数在其整个定义域内既不是上凸的也不是下凸的,但是若将其二阶导数为 0 的点(例 7 中的 $x=0$)及二阶导数不存在的点(例 8 中的 $x=0$)作为分点,总可以将定义域划分为若干上凸区间和下凸区间.

在例 7、例 8 中的曲线 $y=\arctan x$ 及 $y=\sqrt[3]{x}$ 上有一点 $(0,0)$,它是曲线上凸与下凸发生变化的分界点,这个点称为曲线的拐点.

定义 2　曲线上使曲线的上凸与下凸发生变化的分界点 $(x_0, f(x_0))$ 称为曲线的**拐点**.

下面给出求拐点的步骤:

(1) 在定义域内求出使 $f''(x)=0$ 的点及 $f''(x)$ 不存在的点,设其为 x_0;

(2) 检查在 x_0 的左、右邻近 $f''(x)$ 是否改变符号,若改变,则 $(x_0, f(x_0))$ 为拐点,否则就

不是拐点.

例 9 判断 $y=3x^4-4x^3+1$ 的凸性并求拐点.

解 (1) $y'=12x^3-12x^2$, $y''=36x^2-24x=36x\left(x-\frac{2}{3}\right)$.

(2) 令 $y''=0$,得 $x=0,\frac{2}{3}$.

(3) 用 $0,\frac{2}{3}$ 作为分点将函数的定义域分成 $(-\infty,0)$,$\left(0,\frac{2}{3}\right)$ 和 $\left(\frac{2}{3},+\infty\right)$.

由 $y''=36x^2-24x=36x\left(x-\frac{2}{3}\right)$ 考察每个子区间内 y'' 的符号,列表如下

x	$(-\infty,0)$	0	$\left(0,\frac{2}{3}\right)$	$\frac{2}{3}$	$\left(\frac{2}{3},+\infty\right)$
$f''(x)$	>0	0	<0	0	>0
$f(x)$	下凸	拐点 $(0,1)$	上凸	拐点 $\left(\frac{2}{3},\frac{11}{27}\right)$	下凸

例 10 判断 $f(x)=(x-1)\sqrt[3]{x^5}$ 的凸性并求拐点.

解 (1) $y'=\frac{8}{3}x^{\frac{5}{3}}-\frac{5}{3}x^{\frac{2}{3}}$, $y''=\frac{10(4x-1)}{9\sqrt[3]{x}}$.

(2) 令 $y''=0$,得 $x=\frac{1}{4}$. 当 $x=0$ 时,$f''(x)$ 不存在.

(3) 用 $0,\frac{1}{4}$ 作为分点将函数的定义域分成 $(-\infty,0)$,$\left(0,\frac{1}{4}\right)$,$\left(\frac{1}{4},+\infty\right)$.

由 $y''=\frac{10(4x-1)}{9\sqrt[3]{x}}$ 考察每个子区间内 y'' 的符号,列表如下

x	$(-\infty,0)$	0	$\left(0,\frac{1}{4}\right)$	$\frac{1}{4}$	$\left(\frac{1}{4},+\infty\right)$
$f''(x)$	>0	不存在	<0	0	>0
$f(x)$	下凸	拐点 $(0,0)$	上凸	拐点 $\left(\frac{1}{4},\frac{-3}{16\sqrt[3]{16}}\right)$	下凸

习题 3.4

A

1. 确定下列函数的单调区间:

(1) $y=3x^2-x^3-3x+5$; (2) $y=e^{-x^2}$;

(3) $y=\ln x-x$; (4) $y=e^x+\arctan x$.

2. 判断下列函数的凸性并求拐点:

(1) $y=x^3-5x^2+3x+5$;　(2) $y=xe^{-x}$;

(3) $y=(x+1)^4+e^x$;　(4) $y=\ln(x^2+1)$.

B

1. 证明下列不等式:

(1) 当 $x>0$ 时, $1+x\ln(x+\sqrt{1+x^2})>\sqrt{1+x^2}$;

(2) 当 $0<x<\dfrac{\pi}{2}$ 时, $\sin x+\tan x>2x$;

(3) 当 $0<x<\dfrac{\pi}{2}$ 时, $\tan x>x+\dfrac{1}{3}x^3$;

(4) 当 $x>4$ 时, $2^x>x^2$.

2. 试证方程 $\sin x=x$ 只有一个实根.

3. 讨论方程 $\ln x=ax$(其中 $a>0$)有几个实根?

4. 证明曲线 $y=\dfrac{x-1}{x^2+1}$ 有三个拐点位于同一直线上.

5. 试求 $y=k(x^2-3)^2$ 中的 k 值,使曲线的拐点处的法线通过原点.

6. 问 a,b 为何值时,点 $(1,3)$ 为曲线 $y=ax^3+bx^2$ 的拐点.

7. 设函数 $f(x)$ 对任意的 x 都满足关系式 $f''(x)+[f'(x)]^2=x$,且 $f'(0)=0$,试问点 $(0,f(0))$ 是否曲线 $y=f(x)$ 的拐点? 为什么?

3.5　函数极值与最值的求法

3.5 预习检测

3.5.1　函数极值的求法

定义　设函数 $f(x)$ 在 (a,b) 内有定义, x_0 是 (a,b) 内的一个点,若存在 x_0 的某去心邻域,使对在该邻域内的任何 x,都有 $f(x)<f(x_0)$ ($f(x)>f(x_0)$),则称 $f(x_0)$ 为 $f(x)$ 的一个**极大值**(**极小值**), x_0 称为 $f(x)$ 的一个**极大值点**(**极小值点**).

极大值与极小值统称为**极值**,极大值点与极小值点统称为**极值点**.

值得注意的是,函数的极大值和极小值概念是局部性的,如果 $f(x_0)$ 是函数 $f(x)$ 的一个极大值,那只是就 x_0 附近的一个局部范围来说, $f(x_0)$ 是 $f(x)$ 的一个最大值.如果就 $f(x)$ 的整个定义域来说, $f(x_0)$ 不一定是最大值.极小值的概念也类似.

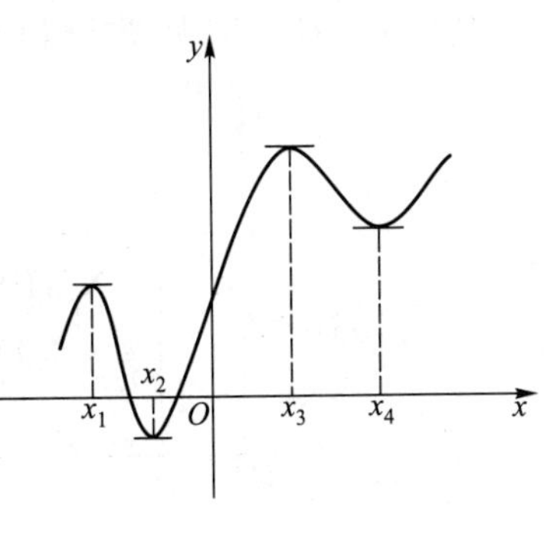

图 3-12

在图 3-12 中, $f(x_1)$, $f(x_3)$ 为 $f(x)$ 的两个极大值, $f(x_2)$, $f(x_4)$ 为 $f(x)$ 的两个极小值,但极小值 $f(x_4)$ 却比极大值 $f(x_1)$ 还要大.

从图 3-12 中我们还看到,如果函数曲线在极值点处有切线,则切线是水平的,即如果函数在极值点处可导,则导数为零,这就是函数取极值的必要条件.

定理 1(函数取极值的必要条件)　设函数 $f(x)$ 在点 x_0 处具有导数,且在 x_0 处取得极值,那么该函数在点 x_0 处的导数 $f'(x_0)=0$.

证　不妨设 $f(x_0)$ 是极大值,根据极大值的定义,存在 x_0 的去心邻域,在该邻域内,$f(x)<f(x_0)$ 成立.于是,

$$f'_-(x_0)=\lim_{x\to x_0^-}\frac{f(x)-f(x_0)}{x-x_0}\geqslant 0,$$

$$f'_+(x_0)=\lim_{x\to x_0^+}\frac{f(x)-f(x_0)}{x-x_0}\leqslant 0.$$

但 $0\leqslant f'_-(x_0)=f'(x_0)=f'_+(x_0)\leqslant 0$,即

$$f'(x_0)=0.$$

称使 $f'(x)=0$ 的点为 $f(x)$ 的**驻点**,定理 1 表明,对可导函数而言,极值点一定是驻点.反过来,函数的驻点不一定是极值点,例如 $y=x^3$,$x=0$ 是 $y=x^3$ 的驻点,但却不是极值点.极值点不一定是驻点,因为极值点处函数可能不可导.如函数 $y=|x|$ 在 $x=0$ 处取极小值,但 $|x|$ 在 $x=0$ 处不可导.

通过上面的分析可知,函数可能取得极值的点是 $f(x)$ 的驻点或导数不存在的点.当我们求得 $f(x)$ 的全部驻点和导数不存在的点后,可用下面函数取极值的充分条件判断是否极值点.

定理 2(函数取极值的第一种充分条件)　设 $f(x)$ 在 x_0 的某去心邻域内可导,在点 x_0 处连续,x_0 是驻点或 $f'(x_0)$ 不存在.

(i) 如果当 x 取 x_0 左侧邻近的值时,$f'(x)>0$,当 x 取 x_0 右侧邻近的值时,$f'(x)<0$,那么函数 $f(x)$ 在 x_0 处取极大值;

(ii) 如果当 x 取 x_0 左侧邻近的值时,$f'(x)<0$,当 x 取 x_0 右侧邻近的值时,$f'(x)>0$,那么函数 $f(x)$ 在 x_0 处取极小值;

(iii) 如果当 x 在 x_0 的左右两侧邻近取值时,$f'(x)$ 的符号不改变,则 $f(x)$ 在 x_0 处不取极值.

事实上就情况(i)来说,根据函数单调性的判定法则,函数在 x_0 的左侧邻近处是单调递增的,在 x_0 的右侧邻近处是单调递减的,因此在 x_0 的某邻域内,$f(x_0)$ 是最大值,从而是 $f(x)$ 的一个极大值,如图 3-13.

类似地,情况(ii)见图 3-14.

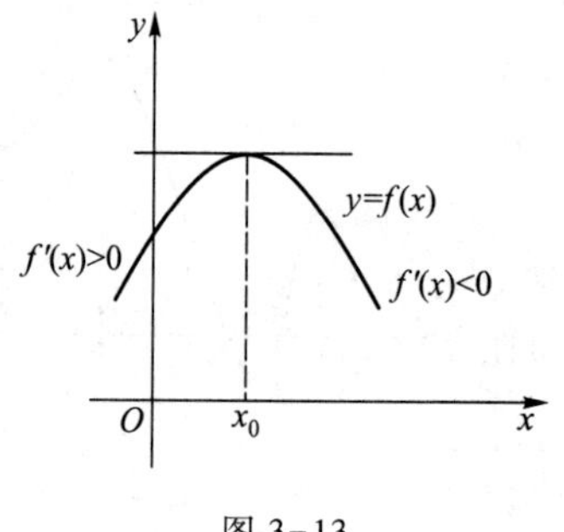

图 3-13

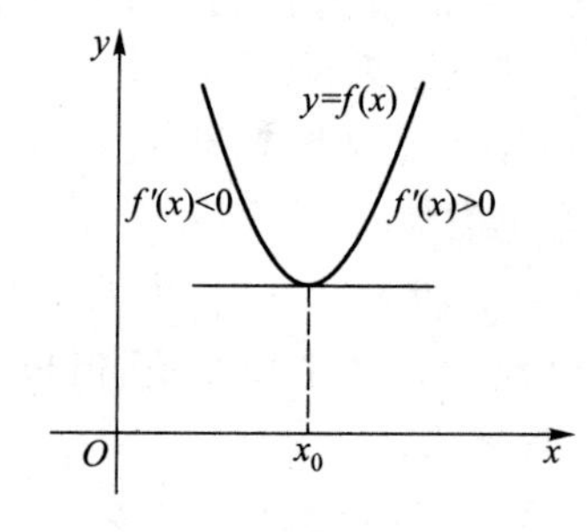

图 3-14

根据定理 2 可以按下列步骤来求 $f(x)$ 的极值点和极值.

(1) 求出导数 $f'(x)$;

(2) 求出 $f(x)$ 的全部驻点及 $f'(x)$ 不存在的点;

(3) 利用函数取极值的第一种充分条件来确定(2)中求出的点是否为极值点;

(4) 求出各极值点处的函数值,即得 $f(x)$ 的全部极值.

例 1　求函数 $f(x)=x^3-3x^2-9x+5$ 的极值.

解　$f'(x)=3x^2-6x-9=3(x+1)(x-3)$,令 $f'(x)=0$,得驻点 $x_1=-1, x_2=3$.

当 $x<-1$ 时,$f'(x)>0$;当 $-1<x<3$ 时,$f'(x)<0$,所以 $f(-1)=10$ 为极大值,同理可确定 $f(3)=-22$ 为极小值.

例 2　求函数 $f(x)=1-(x-2)^{\frac{2}{3}}$ 的极值.

解　当 $x\neq 2$ 时,$f'(x)=-\dfrac{2}{3\sqrt[3]{x-2}}$;当 $x=2$ 时,$f'(x)$ 不存在.

当 $x\in(-\infty,2)$ 时,$f'(x)>0$;当 $x\in(2,+\infty)$ 时,$f'(x)<0$,所以 $f(2)=1$ 为 $f(x)$ 的极大值.

当函数 $f(x)$ 在驻点的二阶导数存在且不为零时,也可以用下列定理来判断 $f(x)$ 在驻点处是取极大值还是极小值.

定理 3(函数取极值的第二种充分条件)　设 $f(x)$ 在驻点 x_0 处二阶导数存在,那么

(i) 若 $f''(x_0)>0$,则 $f(x_0)$ 为极小值;

(ii) 若 $f''(x_0)<0$,则 $f(x_0)$ 为极大值;

(iii) 若 $f''(x_0)=0$,则不能判断 $f(x_0)$ 是否为极值.

证　由 $f''(x_0)$ 的定义,有

$$f''(x_0)=\lim_{x\to x_0}\frac{f'(x)-f'(x_0)}{x-x_0}=\lim_{x\to x_0}\frac{f'(x)}{x-x_0}.$$

当 $f''(x_0)>0$ 时,由极限的保号性知,在 x_0 的某去心邻域内恒有 $\dfrac{f'(x)}{x-x_0}>0$,则当 x 在 x_0 的左侧邻近处时,有 $f'(x)<0$,当 x 在 x_0 的右侧邻近处时,有 $f'(x)>0$,所以 $f(x_0)$ 为极小值.

对于情形(iii),可考察函数 $f(x)=x^4$ 与 $f(x)=x^3$. 显然 $x=0$ 是 $f(x)=x^4$ 和 $f(x)=x^3$ 的驻点,且在 $x=0$ 处二阶导数为 0,但 $x=0$ 是 $f(x)=x^4$ 的极小值点,而不是 $f(x)=x^3$ 的极值点.

例 3　求函数 $f(x)=(x^2-1)^3+1$ 的极值.

解　$f'(x)=6x(x^2-1)^2$,令 $f'(x)=0$,得驻点 $x=-1,0,1$,

$$f''(x)=6(x^2-1)(5x^2-1).$$

因为 $f''(0)>0$,所以 $f(0)$ 为极小值.

因为 $f''(-1)=f''(1)=0$,所以必须用函数取极值的第一种充分条件判别,但在 $x=\pm1$ 的左、右邻近处,$f'(x)$ 不改变符号,所以 $f(\pm1)$ 不是极值.见图 3-15.

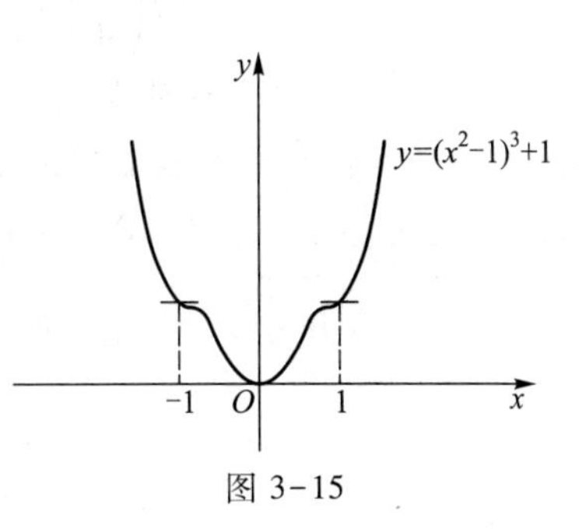

图 3-15

例 4　设 $f(x)$ 是 $(-a,a)$ $(a>0)$ 上连续的偶函数,且在 $x=0$ 处的二阶导数为正,证明 $f(0)$ 是 $f(x)$ 的极小值.

证　因为 $f(-x)=f(x)$,且 $f''(0)>0$,故 $f(x)$ 在 $x=0$

及其邻域内可导,所以$-f'(-x)=f'(x)$,$f'(0)=0$,由此知$f(0)$是$f(x)$的极小值.

例5 设$f(x)$在$(-\infty,+\infty)$内可微,证明当$F(x)=\dfrac{f(x)}{x}$在$x=a\neq 0$处有极值时,曲线$y=f(x)$在$x=a$处的切线必通过原点.

证 $F'(x)=\dfrac{xf'(x)-f(x)}{x^2}$,当$F(x)$在$x=a\neq 0$处有极值时,必有$F'(a)=0$,即

$$af'(a)-f(a)=0.$$

另一方面,$y=f(x)$在$x=a$处的切线方程是

$$y-f(a)=f'(a)(x-a),$$

即$y=f'(a)x$,它通过原点.

3.5.2 函数最值的求法

在工农业生产、工程技术及科学实验中,常常遇到求在一定条件下,怎样使"产品最多""用料最省""成本最低""效率最高"等问题.这类问题在数学上有时可以归纳为求某一函数的最大值或最小值的问题.

由闭区间上连续函数的最大值最小值定理知,若$f(x)$在$[a,b]$上连续,则$f(x)$一定有最大值和最小值.下面讨论求函数在一个区间上的最大值和最小值的方法.

设$f(x)$在$[a,b]$上连续,在(a,b)内$f'(x)$不存在的点和驻点有有限多个,$f(x)$在$[a,b]$上的最大(小)值只可能是它的极大(小)值或端点处的函数值.因此,可按下面的步骤求$f(x)$在$[a,b]$上的最大值和最小值.

(1) 在(a,b)内求出$f(x)$的驻点以及$f'(x)$不存在的点,并设为$x_1,x_2,x_3,\cdots,x_n$;

(2) 计算$f(a),f(b),f(x_1),f(x_2),\cdots,f(x_n)$;

(3) 比较$f(a),f(b),f(x_1),f(x_2),\cdots,f(x_n)$的大小,从而求出

$$\max_{x\in[a,b]} f(x)=\max\{f(a),f(b),f(x_1),f(x_2),\cdots,f(x_n)\},$$
$$\min_{x\in[a,b]} f(x)=\min\{f(a),f(b),f(x_1),f(x_2),\cdots,f(x_n)\}.$$

例6 求$f(x)=2x-\sin 2x$在$\left[\dfrac{\pi}{4},\pi\right]$上的最大值与最小值.

解 $f'(x)=2-2\cos 2x\geqslant 0$,所以$f(x)$在$\left[\dfrac{\pi}{4},\pi\right]$上单调递增,$f(x)$在$\left[\dfrac{\pi}{4},\pi\right]$上的最大值为$f(\pi)=2\pi$,最小值为$f\left(\dfrac{\pi}{4}\right)=\dfrac{\pi}{2}-1$.

例7 某房地产公司有50套公寓要出租,当每套公寓的租金定为每月1 000元时,公寓会全部租出去,当每月租金增加50元时,就有一套公寓租不出去,而租出去的公寓每月需花费100元的整修维护费,试问房租定为多少可获得最大收入?

解 设每月房租为x元,那么租出去的房子有$50-\left(\dfrac{x-1\ 000}{50}\right)$套,每月总收入为

$$R(x)=(x-100)\left[50-\left(\frac{x-1\ 000}{50}\right)\right]=(x-100)\left(70-\frac{x}{50}\right),$$

$$R'(x)=\left(70-\frac{x}{50}\right)+(x-100)\left(-\frac{1}{50}\right)=72-\frac{x}{25}.$$

令 $R'(x)=0$,得 $x=1\ 800$(唯一驻点),故当每月每套公寓的租金为 1 800 元时收入最高.最大收入为

$$R(x)=(1\ 800-100)\left(70-\frac{1\ 800}{50}\right)=57\ 800(\text{元}).$$

此时,没租出去的公寓有 $\frac{1\ 800-1\ 000}{50}=16$(套).

对于实际问题,往往根据问题的性质就可判定可导函数 $f(x)$ 在定义区间内确有最大值或最小值,这时,如果 $f'(x)=0$ 在定义区间内只有一个根 x_0,那么不必讨论 $f(x_0)$ 是否为极值,就可直接判定 $f(x_0)$ 是最大值或最小值.

例 8 设点 D 是等腰三角形 ABC 底边 BC 的中点,BC 之长为 a,顶角 $\angle A$ 不超过 $120°$,点 P 是中线 AD 上的点.证明:当点 P 与点 D 的距离为 $\frac{a}{2\sqrt{3}}$ 时,PA,PB,PC 三线段长度之和为最小值(图 3-16).

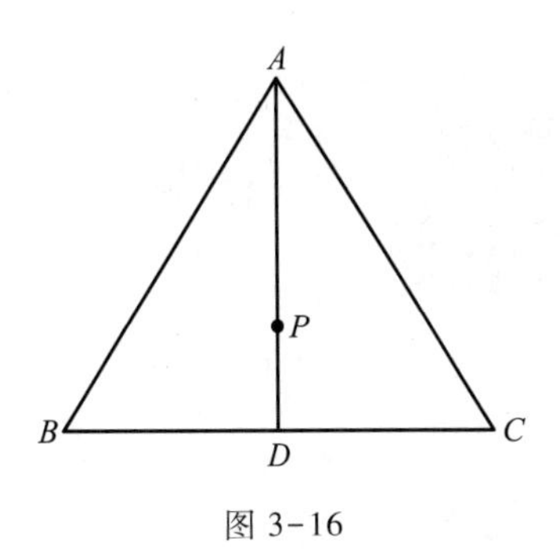

图 3-16

解 设 PD 长度为 x,PA,PB,PC 三线段长度之和为 $f(x)$,又设 AD 的长为 h,由于

$$\frac{a}{2h}=\tan\frac{\angle A}{2}\leqslant\tan 60°=\sqrt{3},$$

故 $h\geqslant\frac{a}{2\sqrt{3}}$,得

$$f(x)=(h-x)+2\sqrt{x^2+\frac{a^2}{4}},0\leqslant x\leqslant h,$$

所以

$$f'(x)=-1+\frac{4x}{\sqrt{4x^2+a^2}},\quad f''(x)=\frac{4a^2}{(4x^2+a^2)^{\frac{3}{2}}}>0.$$

令 $f'(x)=0$,得驻点 $x=\frac{a}{2\sqrt{3}}$.当 $x=\frac{a}{2\sqrt{3}}$ 时,$f(x)$ 有最小值.

例 9 设排水阴沟的横截面面积一定,截面的上部是半圆形,下部是矩形,问圆半径 r 与矩形高 h 之比为何值时,建沟所用材料(包括顶部、底部及侧壁)最省.

解 如图 3-17,横截面面积 $S=\frac{1}{2}\pi r^2+2rh$,故得 $h=\frac{S}{2r}-\frac{\pi r}{4}$,截面的周长为

$$f(r)=\pi r+2r+2\left(\frac{S}{2r}-\frac{\pi r}{4}\right)$$

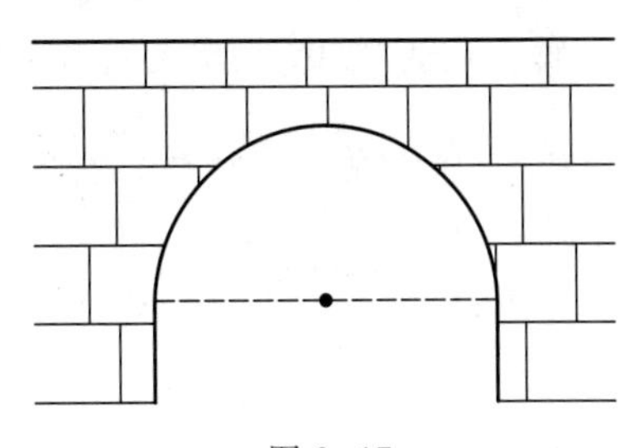
图 3-17

$$=2r+\frac{S}{r}+\frac{\pi r}{2},\quad 0<r\leqslant\sqrt{\frac{2S}{\pi}}.$$

$$f'(r)=2-\frac{S}{r^2}+\frac{\pi}{2}.$$

令$f'(r)=0$，得唯一驻点$r_0=\sqrt{\frac{2S}{4+\pi}}$，又$f''(r_0)=\frac{2S}{r_0^3}>0$，故当$r=\sqrt{\frac{2S}{4+\pi}}$时，$f(r)$最小，此时，$h=\sqrt{\frac{2S}{4+\pi}}$，故当$r$与$h$之比为1时，建沟所用材料最省.

还可以利用函数的最大值M与最小值m来证明不等式，基本思路是当x_0是函数$f(x)$在区间I上的唯一驻点，且还是极值点时，$f(x_0)$是函数$f(x)$在这个区间上的最值，即$\forall x\in I$都有$m\leqslant f(x)$或$f(x)\leqslant M$.

微课
3.5节例10

#例10　设$0<x<1$，试证明：$x^n(1-x)<\frac{1}{ne}$，其中$n\in\mathbf{N}_+$.

证　令$f(x)=nx^n(1-x)$，则

$$f'(x)=n[nx^{n-1}(1-x)-x^n]=nx^{n-1}[n(1-x)-x]=nx^{n-1}[n-x(n+1)].$$

令$f'(x)=0$，则$x_0=\frac{n}{n+1}$，且x_0唯一.

当$0<x<x_0$时，$f'(x)>0$，当$x_0<x<1$时，$f'(x)<0$，所以在开区间$(0,1)$上$f(x)$在点$x=x_0$处取到最大值，所以

$$f(x)\leqslant f(x_0)=n\left(\frac{n}{n+1}\right)^n\left(1-\frac{n}{n+1}\right)=\left(\frac{n}{n+1}\right)^{n+1}.$$

又因为$\left(\frac{n+1}{n}\right)^{n+1}=\left(1+\frac{1}{n}\right)^{n+1}$单调递减，并且$\lim\limits_{n\to+\infty}\left(1+\frac{1}{n}\right)^{n+1}=\mathrm{e}$，对于$n=1,2,3,\cdots$，可以得到$\left(\frac{n+1}{n}\right)^{n+1}>\mathrm{e}$，所以$\left(\frac{n}{n+1}\right)^{n+1}<\frac{1}{\mathrm{e}}$.从而有$f(x)<\frac{1}{\mathrm{e}}$，即当$0<x<1$时，$x^n(1-x)<\frac{1}{ne}$成立，其中$n\in\mathbf{N}_+$.

例11　在宽度为a m的河流上修筑一条宽为b m的运河，二者成直角相交，问能驶进该运河的船，其最大长度为多少？

分析　如图3-18，要求船的长度尽可能长，即船长为过B点与两河岸相交的线段AC的长度，又船可以驶进运河，即船长度为线段AC的最小值(不考虑船的宽度).

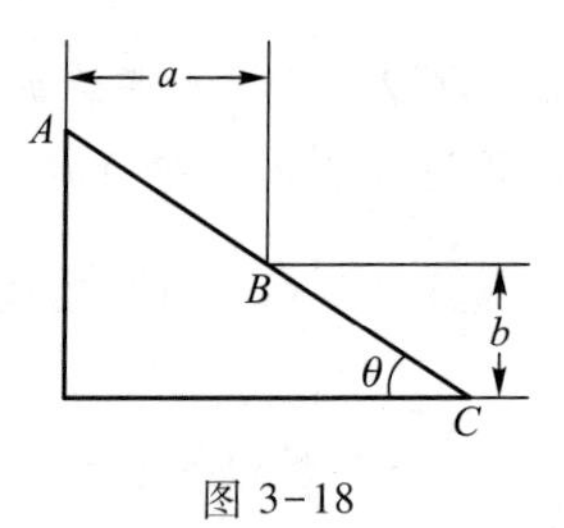

图3-18

解　设线段AC长度为l，与运河岸边的夹角为θ，则

$$l(\theta)=AB+BC=\frac{a}{\cos\theta}+\frac{b}{\sin\theta}\quad\left(0<\theta<\frac{\pi}{2}\right),$$

令$l'(\theta)=\frac{b\sin\theta}{\cos^2\theta}\left(\frac{a}{b}-\cot^3\theta\right)=0$，得$\cot\theta=\sqrt[3]{\frac{a}{b}}$，

即 $\theta_0=\operatorname{arccot}\sqrt[3]{\dfrac{a}{b}}$，且它为唯一驻点.

因为 $y=\cot\theta$ 在 $0<\theta<\dfrac{\pi}{2}$ 时单调减少，当 $0<\theta<\theta_0$ 时，$l'<0$；而当 $\theta_0<\theta<\dfrac{\pi}{2}$ 时，$l'>0$，即当 $\theta=\theta_0$ 时 l 有极小值，亦为最小值.

此时 $$l(\theta_0)=\frac{a}{\cos\theta_0}+\frac{b}{\sin\theta_0}=a\frac{\sqrt{1+\left(\sqrt[3]{\dfrac{a}{b}}\right)^2}}{\sqrt[3]{\dfrac{a}{b}}}+b\sqrt{1+\left(\sqrt[3]{\dfrac{a}{b}}\right)^2}=\left(a^{\frac{2}{3}}+b^{\frac{2}{3}}\right)^{\frac{3}{2}},$$

即过 B 点与两岸相交的线段 AC 的最小长度为 $\left(a^{\frac{2}{3}}+b^{\frac{2}{3}}\right)^{\frac{3}{2}}$.

故能驶进运河的船的最大长度为 $\left(a^{\frac{2}{3}}+b^{\frac{2}{3}}\right)^{\frac{3}{2}}$ m.

习题 3.5

A

1. 求下列函数的极值：

(1) $y=2x^3-3x^2$；　(2) $y=2x^3-6x^2-18x+7$；

(3) $y=x-\ln(1+x)$；　(4) $y=-x^4+2x^2$；

(5) $y=x^{\frac{1}{x}}$；　(6) $y=2-(x-1)^{\frac{2}{3}}$；

(7) $y=3-2(x+1)^{\frac{1}{3}}$；　(8) $y=x+\tan x$.

2. 求函数 $y=2x^3+3x^2-12x+14$ 在 $[-3,4]$ 上的最大值和最小值.

3. 求函数 $y=x+\sqrt{1-x}$ 在 $[-5,1]$ 上的最值.

4. 函数 $y=x^2-\dfrac{54}{x}$ 在 $(-\infty,0)$ 内何处取得最小值.

B

1. 试问当 a 为何值时，函数 $f(x)=a\sin x+\dfrac{1}{3}\sin 3x$ 在 $x=\dfrac{\pi}{3}$ 处取得极值？并求此极值.

2. 设函数 $y=f(x)$ 在点 x_0 的某邻域内有连续的三阶导数，如果 $f'(x_0)=0$，$f''(x_0)=0$，而 $f'''(x_0)\neq 0$，试问 x_0 是不是极值点？为什么？又 $(x_0,f(x_0))$ 是不是拐点？为什么？

3. 在椭圆 $\dfrac{x^2}{a^2}+\dfrac{y^2}{b^2}=1(a>0,b>0)$ 的内接矩形（各边平行于坐标轴）中，求其面积最大者.

4. 边长为 a m$(a>0)$ 的正方形铁皮各角剪去同样大小的小方块，做成无盖的长方体盒子，问怎样剪才使盒子的容积最大.

5. 用长度为 L m$(L>0)$ 的篱笆在直的河岸边围成三面是篱笆，一面是河的矩形场地，求矩形场地的最大面积.

6. 试在曲线段 $y=x^2(0<x<8)$ 上求一点 M 的坐标，使得由曲线在点 M 的切线与直线 $x=8$，$y=0$ 所围成的三角形面积最大.

7. 防空洞的横截面是矩形上加半圆，已知周长是 15 m，问底宽多少才能使横截面积最大？

8. 方程 $\ln x-\dfrac{x}{\mathrm{e}}+k=0(k>0)$ 在 $(0,+\infty)$ 内有几个实根？为什么？

3.6　弧微分　曲率　函数作图

3.6 预习检测

3.6.1　弧微分

作为曲率的预备知识，也是为了在第 5 章计算平面曲线的长度的需要，这里先介绍弧微分的概念.

设函数 f 在 (a,b) 内具有连续导数，在曲线 $y=f(x)$ 上取定一点 $M_0(x_0,y_0)$ 作为度量曲线弧长度的基点，如图 3-19 所示，规定按照变量 x 增加的方向作为曲线的正向，对曲线上任意一点 $M(x,y)$，规定有向弧段 $\widehat{M_0M}$ 的值 s：s 的绝对值等于这段弧的长度，当 $\widehat{M_0M}$ 与曲线的正向一致时 $s>0$，相反时 $s<0$. 则 $\widehat{M_0M}$①是 x 的函数，记为 $s=s(x)$，$s(x)$ 是关于 x 的单调递增函数.

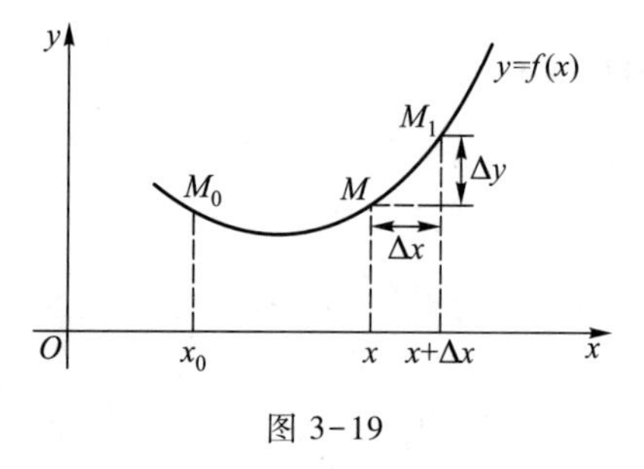

图 3-19

下面求函数 $s(x)$ 的微分. 设 $x\in(a,b)$，当自变量有改变量 Δx，$x+\Delta x\in(a,b)$ 时，函数 $s(x)$ 的改变量 Δs 为

$$\Delta s=\widehat{M_0M_1}-\widehat{M_0M}=\widehat{MM_1},$$

其中点的坐标为 $M(x,y)$，$M_1(x+\Delta x,y+\Delta y)$.

于是

$$\left(\frac{\Delta s}{\Delta x}\right)^2=\left(\frac{\widehat{MM_1}}{\Delta x}\right)^2=\left(\frac{\widehat{MM_1}}{|MM_1|}\right)^2\left(\frac{|MM_1|}{\Delta x}\right)^2$$

$$=\left(\frac{\widehat{MM_1}}{|MM_1|}\right)^2\frac{(\Delta x)^2+(\Delta y)^2}{(\Delta x)^2}=\left(\frac{\widehat{MM_1}}{|MM_1|}\right)^2\left[1+\left(\frac{\Delta y}{\Delta x}\right)^2\right].$$

因为当 $\Delta x\to 0$ 时，$M_1\to M$，这时弧的长度 $\widehat{MM_1}$ 与弦 $|MM_1|$ 长度之比的极限等于 1，即

$$\lim_{M_1\to M}\left(\frac{\widehat{MM_1}}{|MM_1|}\right)^2=1.$$

于是

$$\left(\frac{\mathrm{d}s}{\mathrm{d}x}\right)^2=\lim_{\Delta x\to 0}\left(\frac{\Delta s}{\Delta x}\right)^2=1+\left(\frac{\mathrm{d}y}{\mathrm{d}x}\right)^2,$$

因此

① $\widehat{M_0M}$ 既表示有向弧段，又表示有向弧段的值.

$$\frac{\mathrm{d}s}{\mathrm{d}x}=\pm\sqrt{1+[y'(x)]^2}.$$

由于 $s(x)$ 是单调递增的函数，从而根式前应取正号，可得

$$\frac{\mathrm{d}s}{\mathrm{d}x}=\sqrt{1+[y'(x)]^2},$$

或函数 $s(x)$ 关于 x 的微分为

$$\mathrm{d}s=\sqrt{1+[y'(x)]^2}\,\mathrm{d}x,\quad \text{或者}\quad \mathrm{d}s=\sqrt{(\mathrm{d}x)^2+(\mathrm{d}y)^2}. \tag{3-10}$$

这就是**弧微分公式**.

3.6.2 曲率及其计算

在社会生产实践中，常常要考虑曲线的弯曲程度.如大桥或厂房构件中的钢梁，它在外力的作用下会发生弯曲，弯曲到一定程度就可能发生断裂.因此，在设计钢梁时，就必须考虑它们的弯曲程度.另外，在进行公路、铁路的设计时，也要研究线路的弯道的弯曲程度.

梁和路的弯曲程度，反映在数学上就是一条曲线 $y=f(x)$ 的弯曲程度问题.怎样刻画曲线的弯曲程度呢？

假设两段曲线弧 $\overset{\frown}{M_1M_2}$ 和 $\overset{\frown}{N_1N_2}$ 的长度相等.如图 3-20 所示，观察可知随着曲线的弯曲程度不同，它们的切线转过的角度 φ 和 β 是不同的，较平直的弧段 $\overset{\frown}{M_1M_2}$ 的切线转动角 φ 要比弯曲较厉害的弧段 $\overset{\frown}{N_1N_2}$ 的切线转角 β 来得小些.这说明，曲线的弯曲程度与其切线转角是成正比的.

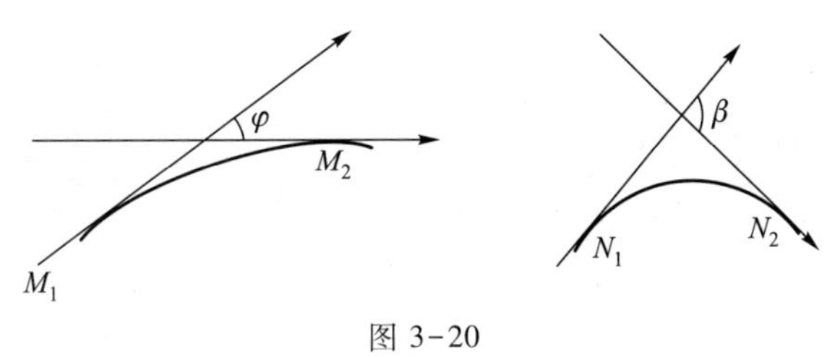

图 3-20

然而只考虑切线转动的角度还不能完全反映曲线的弯曲程度.图 3-21 中，两曲线弧段的切线转过的角度相同，而长度较短的弧段 $\overset{\frown}{N_1N_2}$ 要比长度较长的弧段 $\overset{\frown}{M_1M_2}$ 弯曲得厉害些.这说明，曲线的弯曲程度与弧段的长度成反比.

从以上分析中，可以总结出描述一段曲线弯曲程度的方法，一般地，设曲线 $y=f(x)$ 具有连续转动的切线（此时称曲线是**光滑的**，当函数 f 的导数连续时，曲线即是光滑曲线），如图 3-22所示，在曲线上任取一段弧 $\overset{\frown}{MM_1}$，弧段的切线转角为 $|\Delta\alpha|$，弧段 $\overset{\frown}{MM_1}$ 的长度为 $|\Delta s|$，我们用比值 $\left|\frac{\Delta\alpha}{\Delta s}\right|$ 来表示弧段 $\overset{\frown}{MM_1}$ 的平均弯曲程度，称它为弧段 $\overset{\frown}{MM_1}$ 的**平均曲率**，记作 $\overline{K}$.即

$$\overline{K}=\left|\frac{\Delta\alpha}{\Delta s}\right|.$$

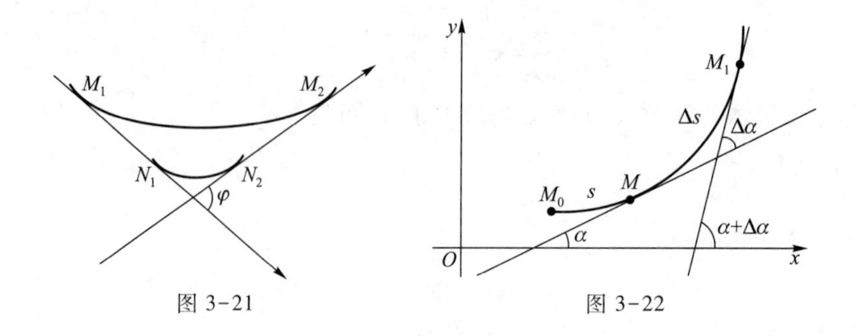

图 3-21　　　　　　　　图 3-22

类似于从平均速度引进瞬时速度的方法，当 Δs 越小时，$\left|\dfrac{\Delta\alpha}{\Delta s}\right|$ 就越精确地刻画曲线在点 M 附近的弯曲程度，当点 $M_1\to M$ 时，即 $\Delta s\to 0$ 时，平均曲率的极限如果存在，则称其为曲线在点 M 处的**曲率**，记为 K，即

$$K=\lim_{\Delta s\to 0}\left|\frac{\Delta\alpha}{\Delta s}\right| \quad \text{或者} \quad K=\left|\frac{\mathrm{d}\alpha}{\mathrm{d}s}\right|. \tag{3-11}$$

例 1　对于直线，其切线就是本身，当点沿直线移动时，切线转动的角度 $\Delta\alpha=0$，故 $\dfrac{\Delta\alpha}{\Delta s}=0$，从而平均曲率 $\overline{K}=0$，曲率 $K=0$.这表明直线上任意点处的曲率均为零，即直线不弯曲.

例 2　求半径为 R 的圆的曲率.

解　如图 3-23 所示，在圆上任意一点 M 和附近的另一点 M_1 的切线的夹角为 $\Delta\alpha$，根据平面几何知识可得 $\Delta\alpha=\angle MPM_1$.由于中心角 $\angle MPM_1=\dfrac{\Delta s}{R}$，于是

$$\overline{K}=\left|\frac{\Delta\alpha}{\Delta s}\right|=\left|\frac{\Delta s}{R\Delta s}\right|=\frac{1}{R},$$

所以

$$K=\lim_{\Delta s\to 0}\left|\frac{\Delta\alpha}{\Delta s}\right|=\frac{1}{R}.$$

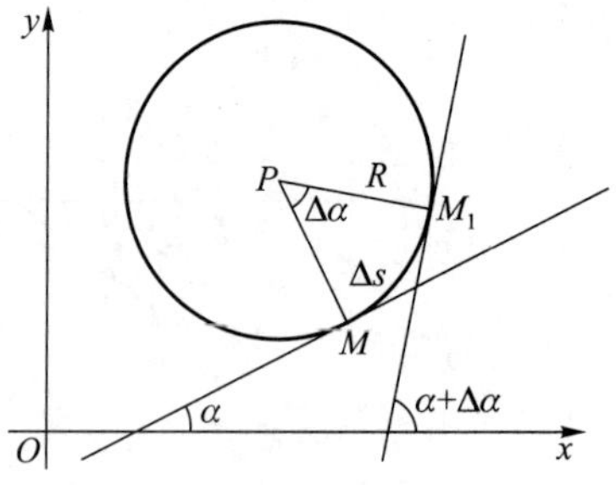

图 3-23

这表明，圆上各点处的曲率都等于半径 R 的倒数 $\dfrac{1}{R}$，也就是说圆在各点处的弯曲程度是一样的，并且半径越小，曲率越大，即弯曲得越厉害.这也说明曲率作为描述曲线弯曲程度的概念符合实际情况.

下面，我们根据式(3-11)来推导出便于计算的曲率公式.

设曲线方程为 $y=f(x)$，$a<x<b$，并且函数 f 具有二阶导数，因为

$$\tan\alpha=f'(x)=y', \quad \alpha=\arctan y',$$

$$\mathrm{d}\alpha=\frac{y''}{1+(y')^2}\mathrm{d}x.$$

又由式(3-10)知，$\mathrm{d}s=\sqrt{1+(y')^2}\,\mathrm{d}x$，从而得**曲率公式**

$$K=\left|\frac{\mathrm{d}\alpha}{\mathrm{d}s}\right|=\frac{|y''|}{[1+(y')^2]^{\frac{3}{2}}}. \tag{3-12}$$

例 3　求抛物线 $y=x^2$ 上任意一点处的曲率及各点处曲率的最大值.

解　因 $y'=2x, y''=2$,故由公式(3-12),得曲线上任意点(x,x^2)处的曲率

$$K=\frac{|y''|}{[1+(y')^2]^{\frac{3}{2}}}=\frac{2}{(1+4x^2)^{\frac{3}{2}}}.$$

从曲率表达式中看出,抛物线 $y=x^2$ 在原点处的曲率最大,且

$$K_{\max}=2.$$

例 4　计算摆线$\begin{cases}x=a(t-\sin t),\\y=a(1-\cos t)\end{cases}$在 $t=\frac{\pi}{2}$处的曲率.

解　因为$\frac{\mathrm{d}y}{\mathrm{d}x}=\frac{a\sin t}{a(1-\cos t)}=\cot\left(\frac{t}{2}\right)$,

$$\frac{\mathrm{d}^2y}{\mathrm{d}x^2}=\frac{\mathrm{d}}{\mathrm{d}x}\left(\frac{\mathrm{d}y}{\mathrm{d}x}\right)=\frac{\mathrm{d}}{\mathrm{d}t}\left(\frac{\mathrm{d}y}{\mathrm{d}x}\right)\frac{\mathrm{d}t}{\mathrm{d}x}=\frac{\left[\cot\left(\frac{t}{2}\right)\right]'}{[a(t-\sin t)]'}$$

$$=\frac{-\frac{1}{2}\csc^2\left(\frac{t}{2}\right)}{a(1-\cos t)}=-\frac{1}{4a}\csc^4\left(\frac{t}{2}\right),$$

根据公式(3-12)得

$$K=\frac{\frac{1}{4a}\csc^4\left(\frac{t}{2}\right)}{\left[1+\cot^2\left(\frac{t}{2}\right)\right]^{\frac{3}{2}}}=\frac{\csc\left(\frac{t}{2}\right)}{4a}.$$

令 $t=\frac{\pi}{2}$,得曲率 $K=\frac{\sqrt{2}}{4a}$.

在例 2 中,我们知道半径为 R 的圆上各点的曲率等于$\frac{1}{R}$.仿此,通常把曲线 C 上点 M 处的曲率的倒数称为此曲线在 M 点的**曲率半径**,记为 ρ,即

$$\rho=\frac{1}{K}.$$

如图 3-24 所示,设 $K\neq 0$,过点 M 作半径为 $\rho=\frac{1}{K}$的圆 O',使它在点 M 与曲线 C 的切线相切,并且使其与曲线位于切线的同侧,由曲线在点 M 处的曲率公式可知,曲线 C 与圆 O'在点 M 有相同的切线、凸性与曲率,从而圆 O'与曲

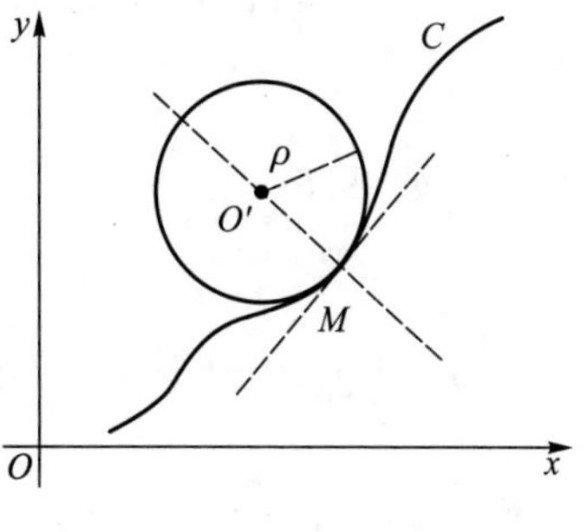

图 3-24

线 C 所对应的函数在点 M 有相同的函数值、一阶导数值和二阶导数值.

我们把圆 O' 称为曲线 C 在点 M 的**曲率圆**,圆心 O' 称为**曲率中心**.在工程设计中,点 M 附近的曲线 C 可以用曲率圆近似代替.读者可以求出曲率圆的中心和曲率圆的方程.

例 5　汽车连同载重共 5 t,在抛物线形拱桥上行驶,速度为 21.6 km/h,桥的跨度为 10 m,拱的矢高为 0.25 m(如图 3-25),求汽车越过桥顶时对桥的压力.

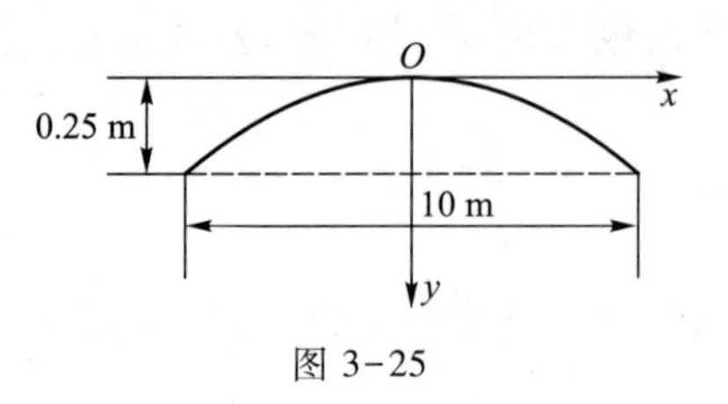

图 3-25

解　如图 3-25 取直角坐标系,设抛物线形拱桥的方程为 $y=ax^2$,由于抛物线过点(5,0.25),代入方程得

$$a=\frac{0.25}{25}=0.01.$$

又　$y'\Big|_{x=0}=2ax\Big|_{x=0}=0,y''\Big|_{x=0}=2a=0.02,$

故　$\rho\Big|_{x=0}=\frac{(1+y'^2)^{\frac{3}{2}}}{|y''|}\Big|_{x=0}=\frac{(1+0^2)^{\frac{3}{2}}}{0.02}=50$,因而向心力

$$F=\frac{mv^2}{\rho}=\frac{5\times10^3\left(\frac{21.6\times10^3}{3\ 600}\right)^2}{50}=3\ 600(\mathrm{N}).$$

由于汽车连同载重共为 5 t,所以汽车越过桥顶时对桥的压力为 $5\times10^3\times9.8-3\ 600=45\ 400(\mathrm{N})$.

3.6.3　曲线的渐近线

当曲线 $y=f(x)$ 上一动点 P 沿着曲线无限地远离原点时,如果点 P 到某定直线 L 的距离趋向于零,则该直线 L 就称为曲线 $y=f(x)$ 的一条渐近线.一般地,如果我们知道一条连续曲线的渐近线,即使不能全部画出这条曲线,也可以知道曲线无限延伸时的走向及变化趋势.

渐近线分铅直渐近线、水平渐近线和斜渐近线三种,下面给出它们的求法.

(1) 如果 $\lim\limits_{x\to x_0}f(x)=\infty$(或者 $\lim\limits_{x\to x_0^+}f(x)=\infty$, $\lim\limits_{x\to x_0^-}f(x)=\infty$),则 $x=x_0$ 为 $y=f(x)$ 的一条铅直渐近线;

(2) 如果 $\lim\limits_{x\to\infty}f(x)=A$(或者 $\lim\limits_{x\to+\infty}f(x)=A$, $\lim\limits_{x\to-\infty}f(x)=A$),则 $y=A$ 为 $y=f(x)$ 的一条水平渐近线;

(3) 如果 $\lim\limits_{\substack{x\to\infty\\(x\to+\infty)\\(x\to-\infty)}}\frac{f(x)}{x}=a\neq0$, $\lim\limits_{\substack{x\to\infty\\(x\to+\infty)\\(x\to-\infty)}}[f(x)-ax]=b$,则 $y=ax+b$ 是 $y=f(x)$ 的一条斜渐近线.

例 6　求 $f(x)=\ln\left(\mathrm{e}+\frac{1}{x}\right)$ 的渐近线.

解　$\lim\limits_{x\to0^+}\ln\left(\mathrm{e}+\frac{1}{x}\right)=+\infty$, $\lim\limits_{x\to\left(-\frac{1}{\mathrm{e}}\right)^-}\ln\left(\mathrm{e}+\frac{1}{x}\right)=-\infty$,因此,$x=0,x=-\frac{1}{\mathrm{e}}$ 是两条铅直渐近线.

$\lim\limits_{x\to+\infty}\ln\left(e+\dfrac{1}{x}\right)=1$,因此,$y=1$ 是一条水平渐近线.没有斜渐近线.这些渐近线如图 3-26.

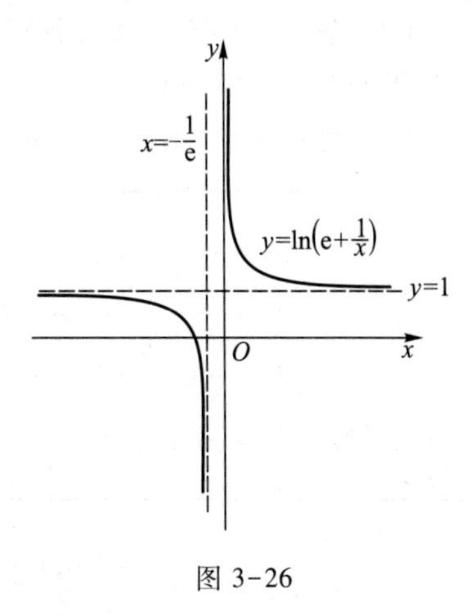

图 3-26

例 7 求 $y=2x+\arctan\dfrac{x}{2}$ 的渐近线.

解 显然曲线没有铅直及水平渐近线,但

$$\lim_{x\to+\infty}\frac{f(x)}{x}=\lim_{x\to+\infty}\left(2+\frac{\arctan\dfrac{x}{2}}{x}\right)=2,$$

$$\lim_{x\to+\infty}[f(x)-2x]=\lim_{x\to+\infty}\arctan\frac{x}{2}=\frac{\pi}{2},$$

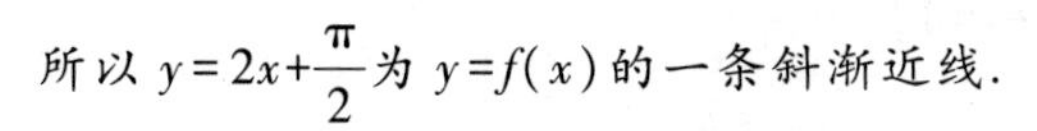

所以 $y=2x+\dfrac{\pi}{2}$ 为 $y=f(x)$ 的一条斜渐近线.

又因为 $\lim\limits_{x\to-\infty}\dfrac{f(x)}{x}=2$,

$$\lim_{x\to-\infty}[f(x)-2x]=\lim_{x\to-\infty}\arctan\frac{x}{2}=-\frac{\pi}{2},$$

所以 $y=2x-\dfrac{\pi}{2}$ 为 $y=f(x)$ 的一条斜渐近线.

例 8 求 $y=x+\ln x$ 的斜渐近线.

解 $a=\lim\limits_{x\to+\infty}\dfrac{f(x)}{x}=\lim\limits_{x\to+\infty}\left(1+\dfrac{\ln x}{x}\right)=1$,$b=\lim\limits_{x\to+\infty}[f(x)-ax]=\lim\limits_{x\to+\infty}\ln x=+\infty$,

因为 b 不存在,故曲线无斜渐近线.

3.6.4 函数图形的描绘

描点法是描绘图形最基本的方法,它适用于某些简单函数图形的描绘.对于稍复杂的函数,若用描点法描绘,则计算函数值的工作量很大,且描点法具有盲目性.现在利用导数,对函数的单调性、极值、凸性、拐点,还有渐近线作充分的讨论,可以把握函数的主要特征,再加上函数的奇偶性、周期性及某些特殊点的补充,我们就能够把函数的图形描绘得比较精确.

利用导数描绘图形的一般步骤如下

(1) 确定函数 $y=f(x)$ 的定义域,讨论奇偶性和周期性,并求 $f'(x)$ 及 $f''(x)$;

(2) 求出方程 $f'(x)=0$ 和 $f''(x)=0$ 在定义域内的全部零点以及一阶导数、二阶导数不存在的点,这些点把函数的定义域划分成若干部分区间;

(3) 列表表示函数在上述区间内的单调性、极值、凸性、拐点;

(4) 确定函数图形的渐近线及其他变化趋势;

(5) 根据上述信息,画出函数图形.

例 9 描绘函数 $y=x-2\arctan x$ 的图形.

解 (1) 所给函数的定义域为 $(-\infty,+\infty)$,且为奇函数,$y'=\dfrac{x^2-1}{x^2+1}$,$y''=\dfrac{4x}{(1+x^2)^2}$.

(2) 令 $y'=0$,得 $x=\pm1$;令 $y''=0$,得 $x=0$.以 $-1,0,1$ 为分点将 $(-\infty,+\infty)$ 分为 $(-\infty,-1)$, $(-1,0)$, $(0,1)$, $(1,+\infty)$;

(3) 列表如下(由于此函数为奇函数,只要画出 $(0,+\infty)$ 上的图形即可)

x	0	$(0,1)$	1	$(1,+\infty)$
y'	<0	<0	0	>0
y''	0	>0	>0	>0
y 的图形	拐点 $(0,0)$	↘下凸	极小值 $1-\dfrac{\pi}{2}$	↗下凸

(4) $a=\lim\limits_{x\to\infty}\dfrac{y}{x}=\lim\limits_{x\to\infty}\dfrac{x-2\arctan x}{x}=1-\lim\limits_{x\to\infty}\dfrac{2\arctan x}{x}=1$,

$b=\lim\limits_{x\to\pm\infty}[y-x]=\lim\limits_{x\to\pm\infty}(-2\arctan x)=\mp\pi$,

因此,曲线有两条斜渐近线 $y=x\pm\pi$.

(5) 画出函数图形如图 3-27 所示.

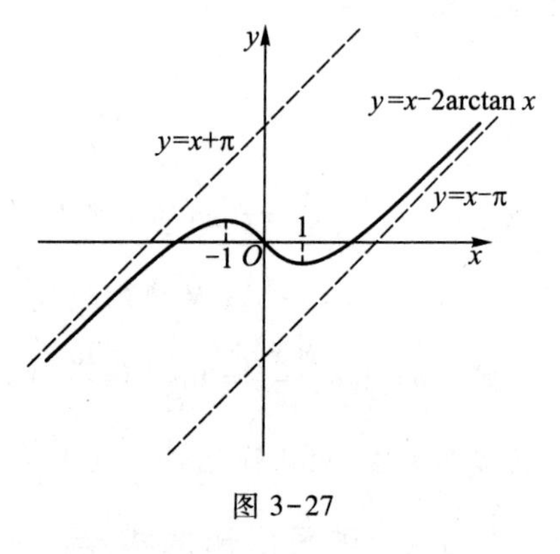

图 3-27

例 10 描绘函数 $y=\dfrac{x^2}{x+1}$ 的图形.

解 (1) 所给函数的定义域为 $(-\infty,-1)\cup(-1,+\infty)$, $y'=\dfrac{x(x+2)}{(x+1)^2}$, $y''=\dfrac{2}{(x+1)^3}$;

(2) 令 $y'=0$,得 $x=-2,0$,以 $-2,0$ 为分点将定义域 $(-\infty,-1)\cup(-1,+\infty)$ 分为 $(-\infty,-2)$, $(-2,-1)$, $(-1,0)$, $(0,+\infty)$;

(3) 列表如下

x	$(-\infty,-2)$	-2	$(-2,-1)$	$(-1,0)$	0	$(0,+\infty)$
y'	>0	0	<0	<0	0	>0
y''	<0	<0	<0	>0	>0	>0
y 的图形	↗上凸	极大值 -4	↘上凸	↘下凸	极小值 0	↗下凸

(4) 由 $\lim\limits_{x\to-1^-}y=-\infty$ 及 $\lim\limits_{x\to-1^+}y=+\infty$,得铅直渐近线 $x=-1$.因为 $\lim\limits_{x\to\infty}y=\infty$,所以无水平渐近线.

又

$$a=\lim_{x\to\infty}\frac{y}{x}=\lim_{x\to\infty}\frac{x}{x+1}=1,$$

$$b=\lim_{x\to\infty}[y-x]=\lim_{x\to\infty}\left(\frac{x^2}{x+1}-x\right)=\lim_{x\to\infty}\frac{-x}{x+1}=-1,$$

所以 $y=x-1$ 为一条斜渐近线.

(5) 画出函数图形如图 3-28 所示.

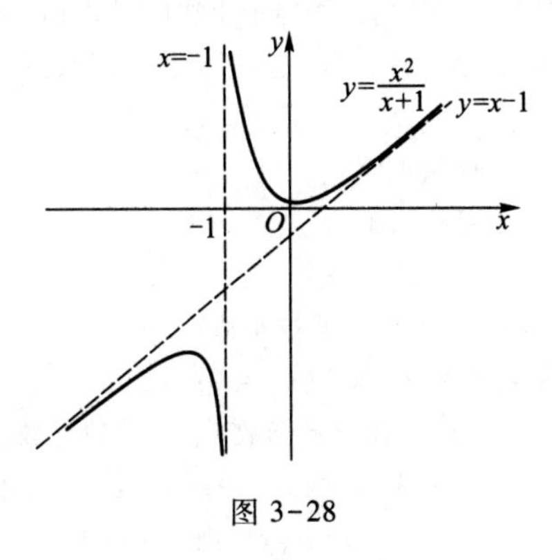

图 3-28

习题 3.6

A

1. 求椭圆 $4x^2+y^2=4$ 在点(0,2)处的曲率.
2. 求抛物线 $y=x^2-4x+3$ 在其顶点处的曲率及曲率半径.
3. 求曲线 $x=a\cos^3 t, y=a\sin^3 t$ 在 $t=t_0$ 处的曲率.
4. 求曲线 $y=\mathrm{e}^{-\frac{1}{x^2}}$ 的渐近线.
5. 求曲线 $y=\dfrac{x^3}{x^2+2x-3}$ 的渐近线.

B

1. 对数曲线 $y=\ln x$ 上哪一点的曲率半径最小？求出该点处的曲率半径.
2. 求曲线 $y=\sqrt{1+x^2}$ 的曲率及曲率的最大值.
3. 描绘 $y=\dfrac{2x^2}{x^2-1}$ 的图形.
4. 描绘 $y=\dfrac{(x-3)^2}{4(x-1)}$ 的图形.
5. 描绘 $y=\dfrac{1}{5}(x^4-6x^2+8x+7)$ 的图形.
6. 描绘 $y=3+\dfrac{x}{(x-2)^2}$ 的图形.

复习题三

1. 叙述罗尔定理、拉格朗日中值定理及柯西中值定理的条件与结论,指出这些定理之间的关系.
2. 对于 $\dfrac{0}{0}$ 型或 $\dfrac{\infty}{\infty}$ 型未定式,一定能用洛必达法则求出极限吗?

3. 叙述泰勒中值定理的条件和结论.

4. 如果函数 f 在 (a,b) 内可导且单调递增,是否能推出在 (a,b) 内 $f'(x)>0$?

5. 如果函数 f 在 (a,b) 存在二阶导数且 $f''(x)>0$,是否能推出函数在 (a,b) 内是下凸的?

6. 函数 f 在点 x_0 满足 $f''(x_0)=0$,点 $(x_0,f(x_0))$ 是否必定为拐点?

7. 函数 f 在 (a,b) 内的驻点一定是极值点吗?

8. 函数 f 在 $[a,b]$ 上的最大值是不是极大值?

9. 判断下列叙述是否正确:

(1) 如果 $f'(x_0)=0$,则函数 f 在点 x_0 取极大或极小值;

(2) 如果函数 f 在点 x_0 取极大或极小值,则 $f'(x_0)=0$;

(3) 如果曲线 $y=f(x)$ 以点 $(x_0,f(x_0))$ 为拐点且函数 f 存在二阶导数,则 $f''(x_0)=0$;

(4) 如果函数 f 和 g 都在区间 I 上单调递增,则 $f(x)+g(x)$ 也在 I 上单调递增;

(5) 如果可导函数 f 和 g 当 $x>a$ 时,有 $f'(x)>g'(x)$,则当 $x>a$ 时,有 $f(x)>g(x)$;

(6) 如果函数 f 是区间 I 上的恒大于 0 的单调递增函数,则函数 $g(x)=\dfrac{1}{f(x)}$ 在 I 上单调递减.

10. 如何求曲线在一点的曲率? 如何求曲线的渐近线?

总习题三

1. 设函数 f 在 $[0,b]$ 上连续,在 $(0,b)$ 内可导,且 $f(b)=0$,证明存在一点 $\xi\in(0,b)$, 使 $f(\xi)+\xi f'(\xi)=0$.

2. 求下列极限:

(1) $\lim\limits_{x\to 0}\dfrac{e^x-e^{\sin x}}{x^2\ln(1+x)}$;

(2) $\lim\limits_{x\to 0}(\sin x)^x$;

(3) $\lim\limits_{x\to\infty}\left(\dfrac{a_1^{\frac{1}{x}}+a_2^{\frac{1}{x}}+\cdots+a_n^{\frac{1}{x}}}{n}\right)^{nx}$　(其中 $a_1,a_2,\cdots,a_n$ 均大于零);

(4) $\lim\limits_{x\to 1}\dfrac{x-x^x}{1-x+\ln x}$.

3. 写出函数 $y=\arcsin x$ 的三阶麦克劳林公式.

4. 求数列 $\{\sqrt[n]{n}\}$ 的最大项.

5. 设函数 f 和 g 有二阶导数,$f(0)=g(0)$,$f'(0)=g'(0)$,当 $x\geqslant 0$ 时,$f''(x)<g''(x)$,证明当 $x>0$ 时,$f(x)<g(x)$.

6. 证明下列不等式:

(1) 当 $0<x_1<x_2<\dfrac{\pi}{2}$ 时,$\dfrac{\tan x_2}{\tan x_1}>\dfrac{x_2}{x_1}$;　　(2) 当 $x<1$ 时,$e^x\leqslant\dfrac{1}{1-x}$.

7. 证明方程 $\ln x=\dfrac{x}{2e}$ 恰有两个实根.

8. 在曲线 $y=x^2-1(x>0)$ 上的点 P(位于第四象限)处作该曲线的切线,使切线与坐标轴所围成的三角形面积最小,求点 P 的坐标.

9. 设不恒为常数的函数 $f(x)$ 在 $[a,b]$ 上连续,在 (a,b) 内可导,且 $f(a)=f(b)$,证明在 (a,b) 内至少存在一点 ξ,使得 $f'(\xi)>0$.

10. 已知函数 $y=\dfrac{2x^2}{(1-x)^2}$,讨论其单调区间、凸性、极值和函数图形的拐点、渐近线,并画出该函数的图形.

11. 设函数 f 在 $[0,1]$ 上二阶可导,连接点 $A(0,f(0))$ 与 $B(1,f(1))$ 的线段与曲线 $y=f(x)$ 交于点 $D(d,f(d))(0<d<1)$.证明在 $(0,1)$ 内必存在点 ξ,使 $f''(\xi)=0$.

12. 设函数 $f(x)=\begin{cases}\dfrac{g(x)-\cos x}{x}, & x\neq 0,\\ a, & x=0,\end{cases}$ 其中函数 $g(x)$ 具有二阶连续的导数,且 $g(0)=1$.

(1) 确定 a 值,使 $f(x)$ 为连续函数;

(2) 求 $f'(0)$;

(3) 讨论 $f'(x)$ 在 $x=0$ 处的连续性.

13. 设 $f:[a,b]\to\mathbf{R}$ 可导,$f'(a)<C<f'(b)$,证明存在一点 $\xi\in(a,b)$ 使 $f'(\xi)=C$.

14. 设函数 $y=f(x)$ 在 $(-1,1)$ 内具有二阶连续导数,且 $f''(x)\neq 0$,试证:

(1) 对于 $(-1,1)$ 内的任一 $x(\neq 0)$,存在唯一的 $\theta(x)\in(0,1)$,使

$$f(x)=f(0)+xf'[x\theta(x)]$$

成立;

(2) $\lim\limits_{x\to 0}\theta(x)=\dfrac{1}{2}$.

选　读

导数在经济分析中的应用(Ⅱ):管理与决策

在经济活动中,常常需要对经济现象进行分析、预测,对经济方案进行优化、决策.如果一个经济量可以用某个函数 $y=f(x)$ 表示,那么我们就可以用所学的数学知识对其进行更为细致的定量分析.例如,确定最低成本、最大利润的生产规模与生产要素组合,选择最佳进货批量使生产正常进行而库存费用最低等.导数是定量分析经济变化规律的有力工具.

第4章 不定积分

引述 前几章中,主要讨论了一元函数的微分学,本章及下一章将讨论一元函数的积分学.一元函数的积分学主要包含两部分,即不定积分和定积分.微分和积分是对立的统一,从运算的角度看,微分的逆运算是积分.本章主要介绍不定积分的概念、性质和基本积分方法.

4.1 不定积分的概念和性质

4.1 预习检测

在微分学中,我们主要讨论了求已知函数导数或微分的问题.例如,在运动学中,质点做变速直线运动,已知其运动规律(位移 s 与时间 t 的关系)为 $s=s(t)$,则质点在时刻 t 的瞬时速度为

$$v=s'(t).$$

但在物理学中我们会遇到相反的问题,即已知做变速直线运动的质点在时刻 t 的瞬时速度为

$$v=v(t),$$

要求其运动规律

$$s=s(t).$$

例如,已知自由落体的运动速度 $v=gt$,求自由落体运动的路程公式.

设自由落体的路程公式为 $s=s(t)$,由导数的物理意义可知,速度 $v=s'(t)=gt$.联想到 $\left(\frac{1}{2}gt^2\right)'=gt$,并且常数的导数为0,所以 $\left(\frac{1}{2}gt^2+C\right)'=gt$.于是路程公式为

$$s=s(t)=\frac{1}{2}gt^2+C \quad (C\text{ 为任意常数}).$$

又因当 $t=0$ 时,$s(0)=0$,代入上式,可得 $C=0$,故所求的路程公式为

$$s=s(t)=\frac{1}{2}gt^2.$$

上面这个问题,实际上是求函数 $s(t)$,使其满足

$$s'(t)=v(t).$$

此类问题在自然科学及工程技术中是普遍存在的.即已知一个函数的导数或微分,求该函数.为了研究方便,先引入原函数的概念.

4.1.1 原函数的概念

微课
原函数的定义

定义 1 设函数 $f(x)$ 在区间 I 上有定义,如果存在函数 $F(x)$,使得对于任意的 $x\in I$,都有 $F'(x)=f(x)$ 或 $\mathrm{d}F(x)=f(x)\mathrm{d}x$,则称 $F(x)$ 为 $f(x)$ 在区间 I 上的一个**原函数**.

例如,在区间$(-\infty,+\infty)$上,因为$(x^4)'=4x^3$,$(x^4+C)'=4x^3$,因此x^4,x^4+C都是$4x^3$在$(-\infty,+\infty)$上的原函数;又如$(\sin x)'=\cos x$,$x\in(-\infty,+\infty)$,所以$\sin x$是$\cos x$在$(-\infty,+\infty)$上的一个原函数.此外,我们还可以举出很多原函数的例子.

一般地,设$F(x)$是$f(x)$的一个原函数,则形如$F(x)+C$的函数都是$f(x)$的原函数(C为任意常数),也就是说,一个函数如果存在原函数,则其原函数有无穷多个.另一方面,如果$f(x)$存在原函数,关于原函数的结构,我们有如下的结论:

若函数$f(x)$在区间I上存在原函数,则其任意两个原函数之间只差一个常数.

事实上,设$F(x)$,$G(x)$是$f(x)$在区间I上的任意两个原函数,则有

$$F'(x)=f(x),G'(x)=f(x),\quad \forall x\in I.$$

令$H(x)=F(x)-G(x)$,于是有

$$H'(x)=(F(x)-G(x))'=F'(x)-G'(x)=f(x)-f(x)=0,$$

由拉格朗日中值定理的推论可知

$$H(x)=C,\forall x\in I.$$

即

$$F(x)=G(x)+C.$$

在什么情况下,函数的原函数存在呢?我们有如下的原函数存在定理.

定理　如果函数$f(x)$在某一区间内连续,那么在该区间内函数$f(x)$的原函数一定存在.

这个定理的证明将在下一章中给出.

4.1.2　不定积分的概念

定义 2　如果$F(x)$为$f(x)$的一个原函数,则$f(x)$的带有任意常数C的原函数一般形式$F(x)+C$称为函数$f(x)$的**不定积分**,记作$\int f(x)\mathrm{d}x$,即

$$\int f(x)\mathrm{d}x=F(x)+C,\tag{4-1}$$

其中$f(x)$称为**被积函数**,$\int$称为**积分号**,$f(x)\mathrm{d}x$称为**被积表达式**,x称为**积分变量**,C称为**积分常数**.等式(4-1)读作"$f(x)$关于x的不定积分是$F(x)+C$".

求已知函数的不定积分的运算方法称为积分法.求不定积分$\int f(x)\mathrm{d}x$时,只需求出$f(x)$的一个原函数,然后再加任意常数C即可.

例 1　求$\int x^3\mathrm{d}x$.

解　由于$\left(\dfrac{x^4}{4}\right)'=x^3$,所以$\dfrac{x^4}{4}$是$x^3$的一个原函数,因此

$$\int x^3\mathrm{d}x=\frac{x^4}{4}+C.$$

例 2　求$\int\dfrac{1}{\sqrt{1-x^2}}\mathrm{d}x$.

解 因为$(\arcsin x)'=\dfrac{1}{\sqrt{1-x^2}}$,故有

$$\int \frac{1}{\sqrt{1-x^2}}\mathrm{d}x = \arcsin x + C.$$

例 3 求$\int \dfrac{1}{x}\mathrm{d}x$.

解 当$x>0$时,由于$(\ln x)'=\dfrac{1}{x}$,所以$\ln x$是$\dfrac{1}{x}$在$(0,+\infty)$内的一个原函数,因此在区间$(0,+\infty)$上有

$$\int \frac{1}{x}\mathrm{d}x = \ln x + C, \quad x \in (0, +\infty).$$

当$x<0$时,由于$[\ln(-x)]'=\dfrac{1}{-x}(-1)=\dfrac{1}{x}$,所以$\ln(-x)$是$\dfrac{1}{x}$在$(-\infty,0)$内的一个原函数,因此在区间$(-\infty,0)$上有

$$\int \frac{1}{x}\mathrm{d}x = \ln(-x) + C, x \in (-\infty, 0).$$

在不同的区间上,$\dfrac{1}{x}$有两个不同的原函数,因此,上述的积分是两个不同的积分.但为了表达方便,我们往往把它们记成统一的形式,即

$$\int \frac{1}{x}\mathrm{d}x = \ln|x| + C.$$

在实际问题中,往往要求满足某些特定条件的原函数,这时必须附加条件来确定任意常数C.

例 4 一曲线过点$(1,1)$,且其上任一点处的切线的斜率等于横坐标的2倍,求曲线的方程.

解 设所求曲线的方程为$y=y(x)$,由题意可知,该曲线上点(x,y)处的切线的斜率为$2x$,即$y'(x)=2x$,故

$$y = \int 2x\mathrm{d}x = x^2 + C.$$

它是一族抛物线,如图4-1所示.又所求曲线经过点$(1,1)$,把点$(1,1)$代入上述曲线方程,则有$1=y(1)=1^2+C$,可得$C=0$.因此,所求曲线方程为$y=x^2$.

通常把函数$f(x)$在区间I上的原函数$F(x)$的图形称为函数$f(x)$的积分曲线,这条曲线上点$(x,F(x))$处的切线斜率等于$f(x)$,即满足$F'(x)=f(x)$.

由于

$$\int f(x)\mathrm{d}x = F(x) + C$$

在几何上表示一族积分曲线,其方程为

$$y=F(x)+C,$$

当C取不同值时,就得到不同的积分曲线.由于积分曲线族中每一条积分曲线在点x处的切

线斜率都相等且等于$f(x)$,所以它们在点x处的切线相互平行.因为任意两条积分曲线的纵坐标之间只相差一个常数,所以它们都可由曲线$y=F(x)$沿纵坐标轴方向上下平行移动而得到,如图4-2所示.

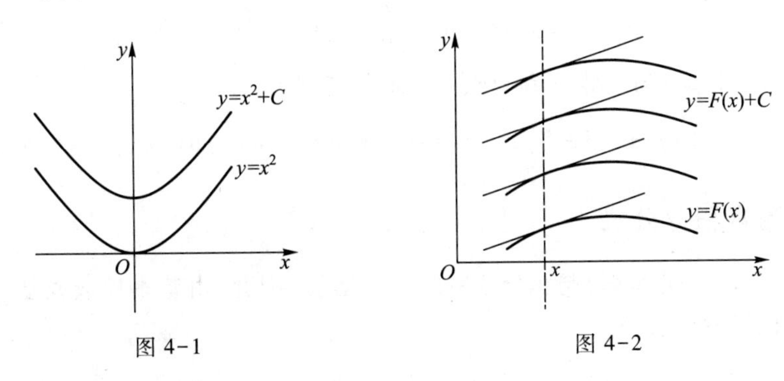

图4-1　　图4-2

4.1.3 不定积分的性质

根据不定积分的定义,在不定积分存在的情况下,不定积分有以下的性质.

性质1

(1) $\dfrac{\mathrm{d}}{\mathrm{d}x}\left[\int f(x)\mathrm{d}x\right]=f(x)$ 或者 $\mathrm{d}\left[\int f(x)\mathrm{d}x\right]=f(x)\mathrm{d}x$;

(2) $\int F'(x)\mathrm{d}x=F(x)+C$ 或者 $\int \mathrm{d}F(x)=F(x)+C$.

性质1反映了求不定积分运算和求导数,或者求微分运算的互逆性,由原函数与不定积分的概念容易得到性质1的结论.例如,对第一个式子,设$F(x)$为$f(x)$的一个原函数,则

$$\frac{\mathrm{d}}{\mathrm{d}x}\left[\int f(x)\mathrm{d}x\right]=\frac{\mathrm{d}}{\mathrm{d}x}[F(x)+C]=f(x),$$

或者

$$\mathrm{d}\left[\int f(x)\mathrm{d}x\right]=\mathrm{d}[F(x)+C]=[F(x)+C]'\mathrm{d}x=f(x)\mathrm{d}x.$$

性质2 $\int kf(x)\mathrm{d}x=k\int f(x)\mathrm{d}x$ (k为非零常数).

由性质2计算不定积分时,被积函数中非零的常数因子可以移到积分号的外面.

证 由导数的性质

$$\left[k\int f(x)\mathrm{d}x\right]'=k\left[\int f(x)\mathrm{d}x\right]'=kf(x),$$

所以

$$\int kf(x)\mathrm{d}x=k\int f(x)\mathrm{d}x.$$

性质3 $\int[f_1(x)\pm f_2(x)]\mathrm{d}x=\int f_1(x)\mathrm{d}x\pm\int f_2(x)\mathrm{d}x.$

即,两个函数的和或差的不定积分等于它们不定积分的和或差.

证 由于

$$\left[\int f_1(x)\mathrm{d}x \pm \int f_2(x)\mathrm{d}x\right]' = \left[\int f_1(x)\mathrm{d}x\right]' \pm \left[\int f_2(x)\mathrm{d}x\right]' = f_1(x) \pm f_2(x),$$

所以

$$\int[f_1(x) \pm f_2(x)]\mathrm{d}x = \int f_1(x)\mathrm{d}x \pm \int f_2(x)\mathrm{d}x.$$

由数学归纳方法,性质 3 容易推广到有限多个函数的情形,即

$$\int[f_1(x) \pm f_2(x) \pm \cdots \pm f_n(x)]\mathrm{d}x = \int f_1(x)\mathrm{d}x \pm \int f_2(x)\mathrm{d}x \pm \cdots \pm \int f_n(x)\mathrm{d}x.$$

4.1.4 基本积分公式

由于导数运算(微分运算)与积分运算互为逆运算,因此,由基本导数或基本微分公式,可以得到相应的基本积分公式.

例如,因为$\left(\frac{1}{\mu+1}x^{\mu+1}\right)'=x^{\mu}(\mu\neq-1)$,所以$\frac{1}{\mu+1}x^{\mu+1}$是 x^{μ} 的原函数,于是得到

$$\int x^{\mu}\mathrm{d}x = \frac{x^{\mu+1}}{\mu+1} + C \quad (\mu\neq-1).$$

类似地,可以得到其他公式,下面给出一个常用的基本积分公式表.

(1) $\int k\mathrm{d}x = kx + C \quad$ (k 是常数);

(2) $\int x^{\mu}\mathrm{d}x = \frac{x^{\mu+1}}{\mu+1} + C \quad (\mu\neq-1)$;

(3) $\int \frac{1}{x}\mathrm{d}x = \ln|x| + C$;

(4) $\int \frac{1}{1+x^2}\mathrm{d}x = \arctan x + C$;

(5) $\int \frac{\mathrm{d}x}{\sqrt{1-x^2}} = \arcsin x + C$;

(6) $\int \cos x\mathrm{d}x = \sin x + C$;

(7) $\int \sin x\mathrm{d}x = -\cos x + C$;

(8) $\int \frac{\mathrm{d}x}{\cos^2 x} = \int \sec^2 x\mathrm{d}x = \tan x + C$;

(9) $\int \frac{\mathrm{d}x}{\sin^2 x} = \int \csc^2 x\mathrm{d}x = -\cot x + C$;

(10) $\int \sec x\tan x\mathrm{d}x = \sec x + C$;

(11) $\int \csc x\cot x\mathrm{d}x = -\csc x + C$;

(12) $\int \mathrm{e}^x\mathrm{d}x = \mathrm{e}^x + C$;

(13) $\int a^x \mathrm{d}x = \frac{a^x}{\ln a} + C \quad (a > 0$ 且 $a \neq 1)$;

(14) $\int \mathrm{sh}\, x\mathrm{d}x = \mathrm{ch}\, x + C$;

(15) $\int \mathrm{ch}\, x\mathrm{d}x = \mathrm{sh}\, x + C$.

以上 15 个基本积分公式组成基本积分公式表.基本积分公式是计算不定积分的基础,要牢记并熟练应用.下面利用不定积分的性质及基本积分公式,求一些简单的初等函数的不定积分.

例 5 求 $\int \sqrt{x}(x^2 - 5)\mathrm{d}x$.

解
$$\int \sqrt{x}(x^2 - 5)\mathrm{d}x = \int (x^{\frac{5}{2}} - 5x^{\frac{1}{2}})\mathrm{d}x = \int x^{\frac{5}{2}}\mathrm{d}x - 5\int x^{\frac{1}{2}}\mathrm{d}x$$
$$= \frac{2}{7}x^{\frac{7}{2}} - \frac{10}{3}x^{\frac{3}{2}} + C.$$

例 6 求 $\int (2^x - 3\sin x)\mathrm{d}x$.

解
$$\int (2^x - 3\sin x)\mathrm{d}x = \int 2^x\mathrm{d}x - \int 3\sin x\mathrm{d}x = \int 2^x\mathrm{d}x - 3\int \sin x\mathrm{d}x$$
$$= \frac{2^x}{\ln 2} + 3\cos x + C.$$

根据不定积分的定义,验证一个积分运算是否正确,只需看所得结果的导数是否等于被积函数即可.例如在例 6 中,因$\left(\frac{2^x}{\ln 2} + 3\cos x + C\right)' = \left(\frac{2^x}{\ln 2}\right)' + (3\cos x)' = 2^x - 3\sin x$,所以上述积分结果是正确的.

例 7 求 $\int \frac{(1+\sqrt{x})^2}{\sqrt[3]{x}}\mathrm{d}x$.

解
$$\int \frac{(1+\sqrt{x})^2}{\sqrt[3]{x}}\mathrm{d}x = \int \frac{1 + 2\sqrt{x} + x}{\sqrt[3]{x}}\mathrm{d}x$$
$$= \int x^{-\frac{1}{3}}\mathrm{d}x + 2\int x^{\left(\frac{1}{2}-\frac{1}{3}\right)}\mathrm{d}x + \int x^{1-\frac{1}{3}}\mathrm{d}x$$
$$= \frac{3}{2}x^{\frac{2}{3}} + \frac{12}{7}x^{\frac{7}{6}} + \frac{3}{5}x^{\frac{5}{3}} + C.$$

例 8 求 $\int \left(\mathrm{e}^{x+1} - \frac{1}{x} + 3^x 4^{-x}\right)\mathrm{d}x$.

解
$$\int \left(\mathrm{e}^{x+1} - \frac{1}{x} + 3^x 4^{-x}\right)\mathrm{d}x = \mathrm{e}\int \mathrm{e}^x\mathrm{d}x - \int \frac{1}{x}\mathrm{d}x + \int \left(\frac{3}{4}\right)^x\mathrm{d}x$$
$$= \mathrm{e}^{x+1} - \ln|x| + \frac{1}{\ln\left(\frac{3}{4}\right)}\left(\frac{3}{4}\right)^x + C.$$

例 9 求 $\int \frac{x^2-1}{x^2+1}\mathrm{d}x$.

解 $\int \frac{x^2-1}{x^2+1}\mathrm{d}x = \int \frac{x^2+1-2}{x^2+1}\mathrm{d}x = \int \left(1-\frac{2}{x^2+1}\right)\mathrm{d}x$

$= x - 2\int \frac{1}{x^2+1}\mathrm{d}x = x - 2\arctan x + C.$

例 10 求 $\int \frac{x^4}{x^2+1}\mathrm{d}x$.

解 $\int \frac{x^4}{x^2+1}\mathrm{d}x = \int \frac{x^4-1+1}{x^2+1}\mathrm{d}x = \int \left(x^2-1+\frac{1}{x^2+1}\right)\mathrm{d}x$

$=\frac{1}{3}x^3-x+\arctan x+C.$

例 11 求 $\int \frac{1+x+x^2}{x(1+x^2)}\mathrm{d}x$.

解 $\int \frac{1+x+x^2}{x(1+x^2)}\mathrm{d}x = \int \frac{(1+x^2)+x}{x(1+x^2)}\mathrm{d}x = \int \frac{1}{x}\mathrm{d}x + \int \frac{1}{1+x^2}\mathrm{d}x$

$=\ln|x|+\arctan x+C.$

例 12 $\int \tan^2 x\mathrm{d}x$.

解 $\int \tan^2 x\mathrm{d}x = \int(\sec^2 x-1)\mathrm{d}x = \int \sec^2 x\mathrm{d}x - x = \tan x - x + C$.

例 13 求 $\int \sin^2\frac{x}{2}\mathrm{d}x$.

解 $\int \sin^2\frac{x}{2}\mathrm{d}x = \int \frac{1-\cos x}{2}\mathrm{d}x = \int \frac{1}{2}\mathrm{d}x - \frac{1}{2}\int \cos x\mathrm{d}x$

$=\frac{1}{2}(x-\sin x)+C.$

我们指出,一个积分可以运用不同的积分方法进行计算,得到的结果的表达形式可能不同,但结果可能都是正确的.

习题 4.1

A

1. 求下列不定积分:

(1) $\int(5x^3+4x+1)\mathrm{d}x$; (2) $\int\left(\frac{3}{\sqrt{x}}+\frac{5}{x^2}-2\right)\mathrm{d}x$;

(3) $\int(\sqrt{x}+1)(\sqrt{x^3}-1)\mathrm{d}x$; (4) $\int\frac{(1-x)^2}{\sqrt{x}}\mathrm{d}x$;

(5) $\int\frac{1-x^2}{1+x^2}\mathrm{d}x$; (6) $\int\frac{(x-\sqrt{x})(1+\sqrt{x})}{\sqrt[3]{x}}\mathrm{d}x$;

(7) $\int (x^2+1)^2\mathrm{d}x$； (8) $\int \frac{x-1}{\sqrt{x}+1}\mathrm{d}x$；

(9) $\int \frac{x^2}{1+x^2}\mathrm{d}x$； (10) $\int \left(\frac{3}{1+x^2}-\frac{2}{\sqrt{1-x^2}}\right)\mathrm{d}x$；

(11) $\int (2^x+x^2)\mathrm{d}x$； (12) $\int \left(2\mathrm{e}^x+\frac{3}{x}\right)\mathrm{d}x$；

(13) $\int 3^x\mathrm{e}^x\mathrm{d}x$； (14) $\int \left(3\sin x-\frac{1}{5\sqrt{x}}+4\right)\mathrm{d}x$；

(15) $\int \cos^2\frac{x}{2}\mathrm{d}x$； (16) $\int \tan^2 x\mathrm{d}x$；

(17) $\int \sqrt{x\sqrt{x\sqrt{x}}}\,\mathrm{d}x$； (18) $\int \left(\frac{3}{\sqrt{4-4x^2}}+\sin x\right)\mathrm{d}x$；

(19) $\int (3\sec^2 x+\csc^2 x)\mathrm{d}x$； (20) $\int \frac{\cos 2x}{\cos^2 x\sin^2 x}\mathrm{d}x$.

2. 验证下列各组中的两个函数是同一函数的原函数：

(1) $y=\ln ax$ 与 $y=\ln x$ $(a>0$ 且 $a\neq 1)$；

(2) $y=(\mathrm{e}^x+\mathrm{e}^{-x})^2$ 与 $y=(\mathrm{e}^x-\mathrm{e}^{-x})^2$；

(3) $y=\left(x+\frac{1}{x}\right)^2+\cos^2 x$ 与 $y=\left(x-\frac{1}{x}\right)^2-\sin^2 x$.

B

1. 求下列不定积分：

(1) $\int x\sqrt{x}\,\mathrm{d}x$； (2) $\int \frac{\mathrm{d}h}{\sqrt{2gh}}$；

(3) $\int \frac{3x^4+3x^2+1}{x^2+1}\mathrm{d}x$； (4) $\int \mathrm{e}^x\left(1-\frac{\mathrm{e}^{-x}}{\sqrt{x}}\right)\mathrm{d}x$；

(5) $\int (2^x+3^x)^2\mathrm{d}x$； (6) $\int \frac{\cos 2x}{\cos x-\sin x}\mathrm{d}x$；

(7) $\int \frac{\mathrm{d}x}{1+\cos 2x}$； (8) $\int \left(1-\frac{1}{x^2}\right)\sqrt{x\sqrt{x}}\,\mathrm{d}x$.

2. 一曲线通过点$(\mathrm{e}^2,3)$，且在任一点处的斜率等于该点横坐标的倒数，求该曲线的方程.

3. 证明 $y=\frac{x^2}{2}\operatorname{sgn} x$ 是 $|x|$ 在 $(-\infty,+\infty)$ 上的一个原函数.

4. 设 $f'(\ln x)=1+x$，求 $f(x)$.

4.2 换元积分法

4.2 预习检测

利用积分性质和基本积分公式只能求出一部分不定积分，实际问题中遇到的求积分问题，仅凭这些方法是远远不够的，我们有必要研究更多的求不定积分的方法.本节所讨论的换元积分法是求不定积分的基本方法之一.换元积分法分成两类，第一类换元积分法和第二类换元积分法.下面先介绍第一类换元积分法.

4.2.1 第一类换元积分法

由于积分是微分的逆运算，因此有一个微分公式就有一个相应的积分公式，有一个微分方法也就有一个相应的积分方法.换元积分法是与复合函数的微分法相对应的积分法.

设 $F'(u)=f(u)$，$u=g(x)$，$G(x)=F[g(x)]$，利用复合函数微分法，可得

$$G'(x)=\frac{\mathrm{d}F}{\mathrm{d}u}\frac{\mathrm{d}u}{\mathrm{d}x}=f(u)g'(x)=f[g(x)]g'(x).$$

这表明 $G(x)$ 是 $f[g(x)]g'(x)$ 的原函数，也就是说若 $f(u)$ 具有原函数 $F(u)$，则 $F[g(x)]$ 是 $f[g(x)]g'(x)$ 的原函数，从而有下述定理：

定理 1 设 $f(u)$ 具有原函数 $F(u)$，即

$$\int f(u)\mathrm{d}u=F(u)+C,$$

$u=g(x)$ 具有连续导数，则有换元公式

$$\int f[g(x)]g'(x)\mathrm{d}x \xlongequal{u=g(x)} \int f(u)\mathrm{d}u=F(u)+C=F[g(x)]+C.$$

该定理的思想方法是：如果被积函数能写成复合函数与其中间变量对自变量导数的乘积形式，即 $\varphi(x)\mathrm{d}x=f(g(x))g'(x)\mathrm{d}x$，则可将中间变量对自变量的导数部分 $g'(x)$ 与 $\mathrm{d}x$ 凑成中间变量的微分 $g'(x)\mathrm{d}x=\mathrm{d}u$，再关于中间变量求积分 $\int f(u)\mathrm{d}u$，假如这个积分是简单积分，求出其不定积分 $\int f(u)\mathrm{d}u=F(u)+C$，最后将中间变量还原即得最后的计算结果 $F[g(x)]+C$.

通常把这个换元法叫做第一类换元积分法，也叫做凑微分法.换元公式还表明，根据不定积分的定义，尽管不定积分的记号 $\int(\quad)\mathrm{d}x$ 是一个整体记号，但是其中的 $\mathrm{d}x$ 可作为微分符号来对待.

例如，要计算 $\int f(ax+b)\mathrm{d}x(a\neq 0)$，显然它等于 $\int\frac{f(ax+b)}{a}a\mathrm{d}x$，而 $a\mathrm{d}x=\mathrm{d}(ax+b)$，取 $g(x)=ax+b$，并令 $u=g(x)$，则由第一类换元积分法得

$$\int f(ax+b)\mathrm{d}x=\frac{1}{a}\int f(ax+b)a\mathrm{d}x=\frac{1}{a}\int f(u)\mathrm{d}u.$$

若易于得到 $f(u)$ 的一个原函数 $F(u)$，则

$$\int f(u)\mathrm{d}u=F(u)+C_1.$$

以 $u=g(x)$ 代入即得

$$\int f(ax+b)\mathrm{d}x=\frac{1}{a}F(ax+b)+C.$$

其中 $C=\frac{C_1}{a}$ 仍然是任意常数.

例 1 求 $\int 2\cos 2x\mathrm{d}x$.

解 被积函数中的 $\cos 2x$ 显然是一个复合函数，可看作 $\cos u, u=2x$，将"$2\mathrm{d}x$"凑成 $\mathrm{d}(2x)=\mathrm{d}u$.于是有

$$\int 2\cos 2x\mathrm{d}x=\int\cos 2x\mathrm{d}(2x)=\int\cos u\mathrm{d}u=\sin u+C=\sin 2x+C.$$

例 2 求 $\int 2x\sqrt{1+x^2}\mathrm{d}x$.

解 这个积分的被积函数不是基本积分公式表中的函数，直接积分比较困难，考虑用第一类换元积分法.被积函数中含有的比较复杂的部分为 $\sqrt{1+x^2}$，又注意到，$2x$ 恰好是 $1+x^2$ 的导数.故应该设中间变量为 $u=1+x^2$，则 $\mathrm{d}u=\mathrm{d}(1+x^2)=(1+x^2)'\mathrm{d}x=2x\mathrm{d}x$.于是有

$$\begin{aligned}\int 2x\sqrt{1+x^2}\mathrm{d}x&=\int\sqrt{1+x^2}(1+x^2)'\mathrm{d}x\\&=\int\sqrt{1+x^2}\mathrm{d}(1+x^2)\xlongequal{u=1+x^2}\int\sqrt{u}\mathrm{d}u\\&=\frac{2}{3}u^{\frac{3}{2}}+C=\frac{2}{3}(1+x^2)^{\frac{3}{2}}+C.\end{aligned}$$

例 3 求 $\int\tan x\mathrm{d}x$.

解 取 $u=\cos x$，则 $\mathrm{d}u=-\sin x\mathrm{d}x$，于是

$$\begin{aligned}\int\tan x\mathrm{d}x&=\int\frac{\sin x}{\cos x}\mathrm{d}x=-\int\frac{\mathrm{d}(\cos x)}{\cos x}=-\int\frac{\mathrm{d}u}{u}\\&=-\ln|u|+C=-\ln|\cos x|+C.\end{aligned}$$

同理可得

$$\int\cot x\mathrm{d}x=\ln|\sin x|+C.$$

一般地，若被积表达式为 $f(\sin x)\cos x\mathrm{d}x$，则可作换元 $u=\sin x$，有

$$f(\sin x)\cos x\mathrm{d}x=f(\sin x)\mathrm{d}(\sin x)=f(u)\mathrm{d}u.$$

读者可类似处理 $f(\cos x)\sin x\mathrm{d}x$.

注 (1) $\int f(u)\mathrm{d}u$ 能方便地积分出来的关键是正确选择 u.换元后，积分变量换成了 u，如果 $f(u)$ 是容易积分的，则

$$\int f(u)\mathrm{d}u=F(u)+C.$$

(2) 因为原来积分的积分变量是 x，故积出的结果应该是 x 的表达式，因此在第二步中得到的 u 的表达式应还原为原积分变量 x 的表达式，从而得到结果为

$$\int\varphi(x)\mathrm{d}x=\int f(u)\mathrm{d}u=F(u)+C=F[g(x)]+C.$$

#例 4 求 $\int\csc x\mathrm{d}x$.

解 $\int\csc x\mathrm{d}x=\int\frac{1}{\sin x}\mathrm{d}x=\frac{1}{2}\int\frac{\mathrm{d}x}{\sin\frac{x}{2}\cos\frac{x}{2}}=\frac{1}{2}\int\frac{\sec^2\frac{x}{2}\mathrm{d}x}{\tan\frac{x}{2}}$

$$=\int\frac{\mathrm{d}\tan\frac{x}{2}}{\tan\frac{x}{2}}=\ln\left|\tan\frac{x}{2}\right|+C.$$

由三角等式 $\tan\frac{x}{2}=\dfrac{\sin\frac{x}{2}}{\cos\frac{x}{2}}=\dfrac{2\sin^2\frac{x}{2}}{2\sin\frac{x}{2}\cos\frac{x}{2}}=\dfrac{1-\cos x}{\sin x}$，例 4 的结果可以写为方便记忆的形式

$$\int\csc x\mathrm{d}x=\ln|\csc x-\cot x|+C.$$

进一步可得

$$\int\sec x\mathrm{d}x=\int\frac{\mathrm{d}x}{\cos x}=\int\frac{\mathrm{d}x}{\sin\left(x+\frac{\pi}{2}\right)}=\int\csc\left(x+\frac{\pi}{2}\right)\mathrm{d}\left(x+\frac{\pi}{2}\right)$$

$$=\ln\left|\csc\left(x+\frac{\pi}{2}\right)-\cot\left(x+\frac{\pi}{2}\right)\right|+C.$$

即

$$\int\sec x\mathrm{d}x=\ln|\sec x+\tan x|+C.$$

例 5 求 $\int\frac{1}{\sqrt{a^2-x^2}}\mathrm{d}x\quad(a>0)$.

解 $\int\frac{1}{\sqrt{a^2-x^2}}\mathrm{d}x=\int\frac{1}{a\sqrt{1-\left(\frac{x}{a}\right)^2}}\mathrm{d}x=\int\frac{1}{\sqrt{1-\left(\frac{x}{a}\right)^2}}\mathrm{d}\left(\frac{x}{a}\right)$

$$=\arcsin\frac{x}{a}+C.$$

例 6 求 $\int\frac{1}{a^2+x^2}\mathrm{d}x$.

解 $\int\frac{1}{a^2+x^2}\mathrm{d}x=\int\frac{1}{a^2\left(1+\frac{x^2}{a^2}\right)}\mathrm{d}x=\frac{1}{a}\int\frac{1}{1+\left(\frac{x}{a}\right)^2}\mathrm{d}\left(\frac{x}{a}\right)$

$$=\frac{1}{a}\arctan\frac{x}{a}+C.$$

例 7 求 $\int\frac{1}{x^2-a^2}\mathrm{d}x\quad(a\neq 0)$.

解 $\int\frac{1}{x^2-a^2}\mathrm{d}x=\int\frac{1}{(x-a)(x+a)}\mathrm{d}x=\int\frac{1}{2a}\left(\frac{1}{x-a}-\frac{1}{x+a}\right)\mathrm{d}x$

$$=\frac{1}{2a}\left[\int\frac{1}{x-a}\mathrm{d}(x-a)-\int\frac{1}{x+a}\mathrm{d}(x+a)\right]$$

$$= \frac{1}{2a}(\ln|x-a| - \ln|x+a|) + C$$

$$= \frac{1}{2a}\ln\left|\frac{x-a}{x+a}\right| + C.$$

同理可得

$$\int \frac{1}{a^2-x^2}dx = \frac{1}{2a}\ln\left|\frac{a+x}{a-x}\right| + C.$$

例 8 求 $\int \frac{A}{(x-a)^n}dx$.

解 $\int \frac{A}{(x-a)^n}dx = A\int \frac{1}{(x-a)^n}d(x-a)$

$$= \begin{cases} A\ln|x-a| + C, & n=1, \\ \frac{A}{1-n}(x-a)^{1-n} + C, & n \neq 1. \end{cases}$$

#**例 9** 求 $\int \frac{x}{x^2-2x-3}dx$.

解 因为 $d(x^2-2x-3)=(2x-2)dx$,所以有

$$\int \frac{x}{x^2-2x-3}dx = \frac{1}{2}\int \frac{2x-2}{x^2-2x-3}dx + \int \frac{dx}{x^2-2x-3}$$

$$= \frac{1}{2}\int \frac{d(x^2-2x-3)}{x^2-2x-3} + \int \frac{dx}{(x-3)(x+1)}$$

$$= \frac{1}{2}\ln|x^2-2x-3| + \frac{1}{4}\int\left(\frac{1}{x-3} - \frac{1}{x+1}\right)dx$$

$$= \frac{1}{2}\ln|x^2-2x-3| + \frac{1}{4}\int\left[\frac{d(x-3)}{x-3} - \frac{d(x+1)}{x+1}\right]$$

$$= \frac{1}{2}\ln|x^2-2x-3| + \frac{1}{4}\ln\left|\frac{x-3}{x+1}\right| + C.$$

例 10 求 $\int (\ln x)^2 \frac{1}{x}dx$.

解 $\int (\ln x)^2 \frac{1}{x}dx = \int (\ln x)^2 d(\ln x) = \frac{1}{3}(\ln x)^3 + C.$

从上面的解题过程中看到,当能熟练运用第一类换元积分法以后,就不必再写出中间变量 u,而是先凑微分,再直接积分.

例 11 求 $\int \left[\frac{1}{x(1+2\ln x)} + \frac{1}{\sqrt{x}}e^{3\sqrt{x}}\right]dx$.

解 $\int \left[\frac{1}{x(1+2\ln x)} + \frac{1}{\sqrt{x}}e^{3\sqrt{x}}\right]dx$

$$= \int \frac{1}{x(1+2\ln x)}dx + \int \frac{1}{\sqrt{x}}e^{3\sqrt{x}}dx$$

$$= \frac{1}{2}\int \frac{1}{1+2\ln x}\mathrm{d}(1+2\ln x) + \frac{2}{3}\int \mathrm{e}^{3\sqrt{x}}\mathrm{d}(3\sqrt{x})$$

$$= \frac{1}{2}\ln|1+2\ln x| + \frac{2}{3}\mathrm{e}^{3\sqrt{x}} + C.$$

例 12 求 $\int \cos^2 x\mathrm{d}x$.

解 $\int \cos^2 x\mathrm{d}x = \int \frac{1+\cos 2x}{2}\mathrm{d}x = \frac{1}{2}\left[\int \mathrm{d}x + \int \cos 2x\mathrm{d}x\right]$

$$= \frac{x}{2} + \frac{1}{4}\int \cos 2x\mathrm{d}(2x) = \frac{x}{2} + \frac{1}{4}\sin 2x + C.$$

例 13 求 $\int \frac{1-\tan x}{1+\tan x}\mathrm{d}x$.

解 $\int \frac{1-\tan x}{1+\tan x}\mathrm{d}x = \int \frac{\cos x - \sin x}{\cos x + \sin x}\mathrm{d}x = \int \frac{1}{\cos x + \sin x}\mathrm{d}(\cos x + \sin x)$

$$= \ln|\cos x + \sin x| + C.$$

例 14 求 $\int \frac{\sin x\cos^3 x}{1+\cos^2 x}\mathrm{d}x$.

解 $\int \frac{\sin x\cos^3 x}{1+\cos^2 x}\mathrm{d}x = \int \frac{-\cos^3 x}{1+\cos^2 x}\mathrm{d}(\cos x) = \int \left(\frac{\cos x}{1+\cos^2 x} - \cos x\right)\mathrm{d}(\cos x)$

$$= \frac{1}{2}\ln(1+\cos^2 x) - \frac{1}{2}\cos^2 x + C.$$

例 15 求 $\int \cot^4 x\csc^2 x\mathrm{d}x$.

解 $\int \cot^4 x\csc^2 x\mathrm{d}x = -\int \cot^4 x\mathrm{d}(\cot x) = -\frac{1}{5}\cot^5 x + C.$

例 16 求 $\int (2\tan x + 3\cot x)^2\mathrm{d}x$.

解 $\int (2\tan x + 3\cot x)^2\mathrm{d}x = \int [4(\tan^2 x + 1) + 9(\cot^2 x + 1) - 1]\mathrm{d}x$

$$= 4\int \sec^2 x\mathrm{d}x + 9\int \csc^2 x\mathrm{d}x - \int \mathrm{d}x$$

$$= 4\tan x - 9\cot x - x + C.$$

例 17 求 $\int (\cos^5 x + \sin^3 x)\mathrm{d}x$.

解 $\int (\cos^5 x + \sin^3 x)\mathrm{d}x = \int (1-\sin^2 x)^2\mathrm{d}(\sin x) + \int (\cos^2 x - 1)\mathrm{d}(\cos x)$

$$= \sin x - \frac{2}{3}\sin^3 x + \frac{1}{5}\sin^5 x + \frac{1}{3}\cos^3 x - \cos x + C.$$

上述各例用的都是第一类换元积分法，即形如 $u=g(x)$ 的变量代换，下面介绍另一种形式的变量代换 $x=\varphi(t)$，即所谓第二类换元积分法.

4.2.2 第二类换元积分法

第一类换元积分法是通过变量代换 $u=g(x)$,将积分 $\int f[g(x)]g'(x)\mathrm{d}x$ 化为 $\int f(u)\mathrm{d}u$,即 $\int f[g(x)]g'(x)\mathrm{d}x=\int f(u)\mathrm{d}u$.我们也常常会遇到相反的情形,即若积分 $\int f[\varphi(t)]\varphi'(t)\mathrm{d}t$ 容易求得,适当选择变量代换 $x=\varphi(t)$,将积分 $\int f(x)\mathrm{d}x$ 化为积分 $\int f[\varphi(t)]\varphi'(t)\mathrm{d}t$.设 $\int f[\varphi(t)]\varphi'(t)\mathrm{d}t=\Phi(t)+C$,则用下述方法可得到

$$\int f(x)\mathrm{d}x=\int f[\varphi(t)]\varphi'(t)\mathrm{d}t=\Phi(t)+C=\Phi[\varphi^{-1}(x)]+C,$$

其中 $t=\varphi^{-1}(x)$ 是 $x=\varphi(t)$ 的反函数.这是另一种形式的换元积分法,称为第二类换元积分法.

定理 2 设 $x=\varphi(t)$ 是单调的可导函数,且 $\varphi'(t)\neq 0$,若 $\Phi(t)$ 是 $f[\varphi(t)]\varphi'(t)$ 的一个原函数,即 $\int f[\varphi(t)]\varphi'(t)\mathrm{d}t=\Phi(t)+C$,则

$$\int f(x)\mathrm{d}x=\int f[\varphi(t)]\varphi'(t)\mathrm{d}t=\Phi[\varphi^{-1}(x)]+C,$$

其中 $t=\varphi^{-1}(x)$ 为 $x=\varphi(t)$ 的反函数.

证 只需要证明 $[\Phi(\varphi^{-1}(x))+C]'=f(x)$ 即可.直接计算得

$$[\Phi(\varphi^{-1}(x))+C]'=\Phi'(t)\frac{\mathrm{d}t}{\mathrm{d}x}=f[\varphi(t)]\varphi'(t)\frac{1}{\varphi'(t)}=f[\varphi(t)]=f(x).$$

第二类换元积分法的一般步骤是:(1) 作变量替换 $x=\varphi(t)$,把积分 $\int f(x)\mathrm{d}x$ 转化为 $\int f[\varphi(t)]\varphi'(t)\mathrm{d}t$;(2) 求解积分 $\int f[\varphi(t)]\varphi'(t)\mathrm{d}t$;(3)把结果中关于 t 的表达式还原为关于 x 的表达式.

例 18 求 $\int\sqrt{a^2-x^2}\mathrm{d}x\quad(a>0)$.

解 这类带有根式的函数,如果不能直接用公式,一般要设法去掉被积函数中的根式,不妨令 $x=a\sin t,t\in\left[-\frac{\pi}{2},\frac{\pi}{2}\right]$,在这个定义域内,由 $x=a\sin t$ 可以方便地解出反函数,这个变换也符合定理 2 的条件,所以得

$$\begin{aligned}\int\sqrt{a^2-x^2}\mathrm{d}x&=\int\sqrt{a^2-(a\sin t)^2}\mathrm{d}(a\sin t)\\&=\int a\sqrt{1-\sin^2 t}\,a\cos t\mathrm{d}t=a^2\int\cos^2 t\mathrm{d}t\\&=a^2\int\frac{1+\cos 2t}{2}\mathrm{d}t=\frac{a^2}{2}t+\frac{a^2}{2}\sin t\cos t+C\\&=\frac{a^2}{2}\arcsin\frac{x}{a}+\frac{1}{2}x\sqrt{a^2-x^2}+C.\end{aligned}$$

例 19 $\int \frac{1}{\sqrt{a^2+x^2}}\mathrm{d}x \quad (a>0)$.

解 与上例类似,利用三角公式

$$1+\tan^2 t=\sec^2 t$$

来去掉根式.设 $x=a\tan t, t\in\left(-\frac{\pi}{2},\frac{\pi}{2}\right)$,于是有

$$\int \frac{1}{\sqrt{a^2+x^2}}\mathrm{d}x=\int \frac{1}{\sqrt{(a\tan t)^2+a^2}}\mathrm{d}(a\tan t)=\int \frac{\sec^2 t}{\sqrt{1+\tan^2 t}}\mathrm{d}t$$

$$=\int \sec t\mathrm{d}t=\ln|\sec t+\tan t|+C.$$

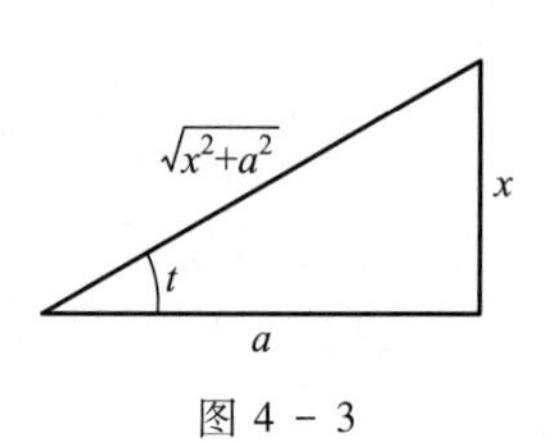

图 4-3

为了把 $\sec t$ 和 $\tan t$ 换成 x 的函数,我们根据 $x=a\tan t$,即 $\tan t=\frac{x}{a}$,作辅助直角三角形,使它的一锐角为 t,t 的对边为 x,另一直角边为 a,如图 4-3 所示,于是有

$$\sec t=\frac{\sqrt{x^2+a^2}}{a}.$$

因此

$$\int \frac{1}{\sqrt{a^2+x^2}}\mathrm{d}x=\ln\left(\frac{x}{a}+\frac{\sqrt{x^2+a^2}}{a}\right)+C_1=\ln(x+\sqrt{x^2+a^2})+C,$$

其中 $C=C_1-\ln a$.

微课
4.2 节例 20

例 20 求 $\int \frac{1}{\sqrt{x^2-a^2}}\mathrm{d}x \quad (a>0)$.

解 和以上两例类似,可以利用公式

$$\sec^2 t-1=\tan^2 t$$

来去掉根式,注意到被积函数的定义域是 $x>a$ 和 $x<-a$ 两个区间,我们在两个区间内分别求不定积分.当 $x>a$ 时,设 $x=a\sec t\left(0<t<\frac{\pi}{2}\right)$,那么

$$\sqrt{x^2-a^2}=\sqrt{a^2\sec^2 t-a^2}=a\sqrt{\sec^2 t-1}=a\tan t, \mathrm{d}x=a\sec t\tan t\mathrm{d}t.$$

于是

$$\int \frac{\mathrm{d}x}{\sqrt{x^2-a^2}}=\int \frac{a\sec t\tan t}{a\tan t}\mathrm{d}t=\int \sec t\mathrm{d}t=\ln|\sec t+\tan t|+C.$$

利用图 4-4 得

$$\tan t=\frac{\sqrt{x^2-a^2}}{a}.$$

因此

$$\int \frac{\mathrm{d}x}{\sqrt{x^2-a^2}}=\ln\left|\frac{x}{a}+\frac{\sqrt{x^2-a^2}}{a}\right|+C$$

$$= \ln\left|x + \sqrt{x^2 - a^2}\right| + C_1,$$

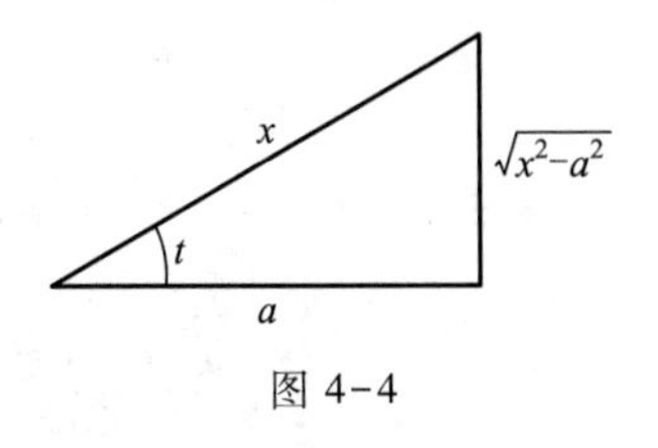

图 4-4

其中 $C_1 = C - \ln a$.

同理,当 $x<-a$ 时,令 $x=-u$,那么 $u>a$,由上段结果,有

$$\int \frac{\mathrm{d}x}{\sqrt{x^2 - a^2}} = -\int \frac{\mathrm{d}u}{\sqrt{u^2 - a^2}} = -\ln\left|-x + \sqrt{x^2 - a^2}\right| + C$$

$$= \ln\left|-x-\sqrt{x^2-a^2}\right| + C_1,$$

其中 $C_1 = C - 2\ln a$.

把在 $x>a$ 及 $x<-a$ 内的结果合起来,可写作

$$\int \frac{\mathrm{d}x}{\sqrt{x^2 - a^2}} = \ln\left|x + \sqrt{x^2 - a^2}\right| + C.$$

从例 18、19、20 可以看出,如果被积函数中含有 $\sqrt{a^2-x^2}$,则令 $x=a\sin t$ 去掉根式;如果被积函数中含有 $\sqrt{a^2+x^2}$,则令 $x=a\tan t$;如果被积函数中含有 $\sqrt{x^2-a^2}$,则令 $x=a\sec t$.

实际上,被积函数中含有 $\sqrt{x^2\pm a^2}$ 时,也可以利用双曲函数代换,如例 19 中,我们可设 $x=a\operatorname{sh} t$,则

$$\int \frac{1}{\sqrt{a^2 + x^2}}\mathrm{d}x = \int \frac{1}{\sqrt{a^2 + (a\operatorname{sh} t)^2}}\mathrm{d}(a\operatorname{sh} t) = \int \frac{\operatorname{ch} t}{\sqrt{1 + \operatorname{sh}^2 t}}\mathrm{d}t$$

$$= \int \frac{\operatorname{ch} t}{\operatorname{ch} t}\mathrm{d}t = t + C_1 = \operatorname{arsh}\frac{x}{a} + C_1$$

$$= \ln\left(\frac{x}{a} + \sqrt{\left(\frac{x}{a}\right)^2 + 1}\right) + C_1 = \ln\left(x + \sqrt{x^2 + a^2}\right) + C,$$

其中 $C = C_1 - \ln a$.

从上面的例题中看到,在利用第二类换元积分法求积分的过程中,难点在于寻找中间代换的函数,并且找到的函数一定要满足定理中的要求,无论是第一类换元积分法,还是第二类换元积分法,目的是把不容易积分的函数转化为能够直接积分或者便于直接积分的函数,从而把积分积出来.

例 21 $\int \frac{x}{\sqrt{a^2 + x^2}}\mathrm{d}x \quad (a > 0)$.

解法一 设 $x=a\tan t$,则 $\sqrt{x^2+a^2}=a\sec t$,$\mathrm{d}x=a\sec^2 t\mathrm{d}t$,于是

$$\int \frac{x}{\sqrt{a^2 + x^2}}\mathrm{d}x = \int \frac{a\tan t}{\sqrt{(a\tan t)^2 + a^2}}\mathrm{d}(a\tan t) = a\int \frac{\tan t\sec^2 t}{\sqrt{1 + \tan^2 t}}\mathrm{d}t$$

$$= a\int \tan t\sec t\mathrm{d}t = a\sec t + C.$$

微课
4.2 节例 21

根据 $x=a\tan t$ 作直角三角形(图 4-3),得到

$$\sec t = \frac{\sqrt{x^2+a^2}}{a}.$$

因此

$$\int \frac{x}{\sqrt{a^2+x^2}}dx=\sqrt{x^2+a^2}+C.$$

解法二 设 $t=\sqrt{x^2+a^2}$，则 $t^2=x^2+a^2$，$2t\mathrm{d}t=2x\mathrm{d}x$，即 $x\mathrm{d}x=t\mathrm{d}t$，于是

$$\int \frac{x}{\sqrt{x^2+a^2}}dx=\int \frac{t\mathrm{d}t}{t}=t+C=\sqrt{x^2+a^2}+C.$$

解法三 还可以直接凑微分得

$$\int \frac{x}{\sqrt{x^2+a^2}}dx=\frac{1}{2}\int \frac{\mathrm{d}(x^2+a^2)}{\sqrt{x^2+a^2}}=\frac{1}{2}\int \frac{\mathrm{d}u}{\sqrt{u}}=\sqrt{u}+C=\sqrt{x^2+a^2}+C.$$

另外，通过例子介绍另一种代换——倒代换，利用它可以消去被积函数分母中的变量因子 x.

例 22 求 $\int \frac{\sqrt{a^2-x^2}}{x^4}dx \quad (x>0)$.

解 本题除了作代换 $x=a\sin t$ 去求解外，还可以有下面的解法.

设 $x=\frac{1}{t}$，则 $\mathrm{d}x=-\frac{1}{t^2}\mathrm{d}t$，于是

$$\int \frac{\sqrt{a^2-x^2}}{x^4}dx=\int \frac{\sqrt{a^2-\frac{1}{t^2}}}{\frac{1}{t^4}}\left(-\frac{1}{t^2}\right)\mathrm{d}t=-\int t\sqrt{a^2t^2-1}\,\mathrm{d}t$$

$$=-\frac{1}{2a^2}\int \sqrt{a^2t^2-1}\,\mathrm{d}(a^2t^2-1)=-\frac{1}{3a^2}(a^2t^2-1)^{\frac{3}{2}}+C$$

$$=-\frac{(a^2-x^2)\sqrt{a^2-x^2}}{3a^2x^3}+C.$$

注 本题在 $x<0$ 时结果也成立.请读者自己完成.

求不定积分时，要分析被积函数的具体情况，选取尽可能简单的代换.

例 23 求 $\int \frac{\mathrm{d}x}{x(ax^n+b)} \quad (a\neq 0,b\neq 0)$.

解 设 $x=\frac{1}{t}$，则 $\mathrm{d}x=-\frac{1}{t^2}\mathrm{d}t$，于是

$$\int \frac{\mathrm{d}x}{x(ax^n+b)}=\int \frac{-\frac{1}{t^2}\mathrm{d}t}{\frac{1}{t}\left(\frac{a}{t^n}+b\right)}=-\int \frac{t^{n-1}\mathrm{d}t}{a+bt^n}=-\frac{1}{nb}\int \frac{\mathrm{d}(a+bt^n)}{a+bt^n}$$

$$=-\frac{1}{nb}\ln|a+bt^n|+C=-\frac{1}{nb}\ln\left|a+\frac{b}{x^n}\right|+C.$$

以后经常遇到前面例题中的某些积分，为了避免重复计算，现将它们补充到基本积分公式表中，可以作为公式直接使用.

(16) $\int \tan x\mathrm{d}x = -\ln|\cos x| + C$;

(17) $\int \cot x\mathrm{d}x = \ln|\sin x| + C$;

(18) $\int \csc x\mathrm{d}x = \ln|\csc x - \cot x| + C$;

(19) $\int \sec x\mathrm{d}x = \ln|\sec x + \tan x| + C$;

(20) $\int \frac{1}{\sqrt{a^2 - x^2}}\mathrm{d}x = \arcsin\frac{x}{a} + C$;

(21) $\int \frac{1}{a^2 + x^2}\mathrm{d}x = \frac{1}{a}\arctan\frac{x}{a} + C$;

(22) $\int \frac{1}{x^2 - a^2}\mathrm{d}x = \frac{1}{2a}\ln\left|\frac{x - a}{x + a}\right| + C$;

(23) $\int \frac{1}{a^2 - x^2}\mathrm{d}x = \frac{1}{2a}\ln\left|\frac{a + x}{a - x}\right| + C$;

(24) $\int \frac{1}{\sqrt{x^2 \pm a^2}}\mathrm{d}x = \ln(x + \sqrt{x^2 \pm a^2}) + C$.

例 24　求 $\int \frac{1}{1 + \sqrt{x}}\mathrm{d}x$.

解　设 $t=\sqrt{x}$，则 $x=t^2, \mathrm{d}x=2t\mathrm{d}t$，于是

$$\int \frac{1}{1 + \sqrt{x}}\mathrm{d}x = \int \frac{1}{1 + t}\mathrm{d}t^2 = \int \frac{2t}{1 + t}\mathrm{d}t = 2\int\left(1 - \frac{1}{1 + t}\right)\mathrm{d}t$$

$$= 2[t-\ln(1+t)]+C = 2[\sqrt{x}-\ln(1+\sqrt{x})]+C.$$

当被积函数的分母中含有 x 的二次式时，一般可用配方法将积分化成积分表中已有的积分形式.

例 25　求 $\int \frac{\mathrm{d}x}{x^2 + 2x + 3}$.

解　$$\int \frac{\mathrm{d}x}{x^2 + 2x + 3} = \int \frac{1}{x^2 + 2x + 1 + 2}\mathrm{d}x = \int \frac{1}{(x + 1)^2 + (\sqrt{2})^2}\mathrm{d}(x + 1)$$

$$= \frac{1}{\sqrt{2}}\arctan\frac{x+1}{\sqrt{2}}+C.$$

例 26　求 $\int \frac{\mathrm{d}x}{\sqrt{-x^2 - 2x + 3}}$.

解　$\int \frac{dx}{\sqrt{-x^2-2x+3}} = \int \frac{d(x+1)}{\sqrt{2^2-(x+1)^2}} = \arcsin \frac{x+1}{2} + C.$

例 27　求 $\int \frac{dx}{\sqrt{9x^2+6x+26}}$.

解　$\int \frac{dx}{\sqrt{9x^2+6x+26}} = \frac{1}{3}\int \frac{d(3x+1)}{\sqrt{5^2+(3x+1)^2}}$

$$= \frac{1}{3}\ln \left|3x+1+\sqrt{9x^2+6x+26}\right| + C.$$

习题 4.2

A

1. 填空：

(1) $dx =$ ________ $d\left(\frac{x}{3}\right)$；　　(2) $dx =$ ________ $d(1-2x)$；

(3) $xdx =$ ________ $d(x^2+1)$；　　(4) $x^2dx =$ ________ $d(2-3x^3)$；

(5) $\frac{dx}{\sqrt{x}} =$ ________ $d\sqrt{x}$；　　(6) $xe^{-2x^2}dx =$ ________ $d(e^{-2x^2})$；

(7) $\frac{dx}{\cos^2 x} =$ ________ $d(3\tan x+1)$；

(8) $\cos\left(\frac{x}{3}-2\right)dx =$ ________ $d\left[\sin\left(\frac{x}{3}-2\right)\right]$；

(9) $\frac{dx}{(2x+3)^2} =$ ________ $d\left(\frac{1}{2x+3}\right)$；

(10) $\frac{dx}{\sqrt{1-x^2}} =$ ________ $d(1-\arcsin x)$.

2. 填空：

(1) $e^{kx}dx = d($________$)$；　　(2) $xdx = d($________$)$；

(3) $x^2dx = d($________$)$；　　(4) $\frac{dx}{x^2} = d($________$)$；

(5) $\frac{dx}{x^3} = d($________$)$；　　(6) $\frac{dx}{x} = d($________$)$；

(7) $\frac{dx}{1+x^2} = d($________$)$；　　(8) $\cos(\omega t+\varphi)dt = d($________$)$；

(9) $\frac{xdx}{\sqrt{x^2+a^2}} = d($________$)$；　　(10) $\sin x\cos xdx = d($________$)$.

3. 求下列不定积分：

(1) $\int \cos(1-2x)dx$；　　(2) $\int xe^{-x^2}dx$；

(3) $\int \frac{dx}{\sqrt{4-x^2}}$；　　(4) $\int (1-2x)^8 dx$；

(5) $\int \sqrt{8-3x}\,\mathrm{d}x$；　(6) $\int \frac{\mathrm{d}x}{\sqrt[3]{2-3x}}$；

(7) $\int \sec^2(1-3x)\,\mathrm{d}x$；　(8) $\int \frac{\mathrm{d}x}{6+4x^2}$；

(9) $\int \frac{x}{\sqrt{2-3x^2}}\mathrm{d}x$；　(10) $\int \frac{\mathrm{d}x}{2x^2-1}$；

(11) $\int \frac{2x-3}{x^2-3x+8}\mathrm{d}x$；　(12) $\int \frac{\mathrm{d}x}{x\ln^2 x}$；

(13) $\int \frac{\mathrm{e}^{2x}}{1+\mathrm{e}^{2x}}\mathrm{d}x$；　(14) $\int \frac{\tan x}{\sqrt{\cos x}}\mathrm{d}x$；

(15) $\int 2^{2x+3}\mathrm{d}x$；　(16) $\int \cos^2(\omega t+\varphi)\,\mathrm{d}t$；

(17) $\int x^2\sqrt{1+x^3}\,\mathrm{d}x$；　(18) $\int \frac{x}{1+x^4}\mathrm{d}x$；

(19) $\int \frac{x^3}{\sqrt{1-x^8}}\mathrm{d}x$；　(20) $\int \frac{1}{x^2}\sin\frac{1}{x}\mathrm{d}x$；

(21) $\int \frac{\tan\sqrt{x}}{\sqrt{x}}\mathrm{d}x$；　(22) $\int \frac{\cos x}{\sin^4 x}\mathrm{d}x$；

(23) $\int \frac{2x-1}{\sqrt{1-x^2}}\mathrm{d}x$；　(24) $\int \frac{1-x}{9+4x^2}\mathrm{d}x$；

(25) $\int \frac{x}{3-2x}\mathrm{d}x$；　(26) $\int \frac{x^2}{x^2+4}\mathrm{d}x$；

(27) $\int\left(\frac{1}{\sqrt{3-x^2}}+\frac{1}{\sqrt{1-3x^2}}\right)\mathrm{d}x$；　(28) $\int (x-1)\mathrm{e}^{x^2-2x+2}\mathrm{d}x$；

(29) $\int \frac{\mathrm{d}x}{\mathrm{e}^x+\mathrm{e}^{-x}}$；　(30) $\int \frac{x^3}{9+x^2}\mathrm{d}x$；

(31) $\int \cos^2 x\,\mathrm{d}x$；　(32) $\int \cos^3 x\,\mathrm{d}x$；

(33) $\int \tan^3 x\,\mathrm{d}x$；　(34) $\int \frac{\mathrm{d}x}{1+\cos x}$；

(35) $\int \sin 2x\cos 3x\,\mathrm{d}x$；　(36) $\int \frac{\sin x+\cos x}{\sqrt[3]{\sin x-\cos x}}\mathrm{d}x$；

(37) $\int \cos x\cos\frac{x}{2}\mathrm{d}x$；　(38) $\int \frac{\mathrm{d}x}{(a^2-x^2)^{\frac{3}{2}}}$；

(39) $\int \frac{\mathrm{d}x}{x\sqrt{x^2-1}}$；　(40) $\int \frac{\mathrm{d}x}{\sqrt{(x^2+1)^3}}$；

(41) $\int \frac{\mathrm{d}x}{\sin^2 x\cos x}$；　(42) $\int \frac{\mathrm{d}x}{3\sin^2 x+4\cos^2 x}$.

B

求下列不定积分：

1. $\int(1+x)^n\mathrm{d}x$.

2. $\int\frac{x^3}{\sqrt{1+x^2}}\mathrm{d}x$.

3. $\int\frac{\mathrm{d}x}{x(x^6+4)}$.

4. $\int\frac{1+\ln x}{(x\ln x)^2}\mathrm{d}x$.

5. $\int\frac{\mathrm{d}x}{\mathrm{e}^x+2}$.

6. $\int\frac{\mathrm{d}x}{1+\sqrt{1-x^2}}$.

7. $\int\frac{\mathrm{d}x}{(2-3x)(2x+1)}$.

8. $\int\frac{\ln\tan x}{\cos x\sin x}\mathrm{d}x$.

9. $\int\frac{10^{2\arccos x}}{\sqrt{1-x^2}}\mathrm{d}x$.

10. $\int\frac{\arctan\sqrt{x}}{\sqrt{x}(1+x)}\mathrm{d}x$.

11. $\int\frac{\mathrm{d}x}{(2-x)\sqrt{1-x}}$.

12. $\int\frac{\mathrm{d}x}{\sqrt{x(4-x)}}$.

13. $\int\tan^3x\sec x\mathrm{d}x$.

14. $\int\frac{\mathrm{d}x}{x^2+x-2}$.

15. $\int\frac{\sqrt{x^2-9}}{x}\mathrm{d}x$.

16. $\int\frac{\ln x}{x\sqrt{1+\ln x}}\mathrm{d}x$.

4.3 分部积分法

4.3 预习检测

分部积分法是另一个重要的积分方法，它本质上来源于乘积的求导法则，表述如下

定理 设函数 $u(x)$ 和 $v(x)$ 在区间 I 上都有连续导数，则在 I 上成立

$$\int u(x)\mathrm{d}v(x)=u(x)v(x)-\int v(x)\mathrm{d}u(x).$$

证 按乘积的求导法则，在 I 上有

$$(uv)'=u'v+uv',$$

即

$$uv'=(uv)'-u'v.$$

由于 uv' 及 $u'v$ 在 I 上连续，它们的不定积分是存在的，又 $(uv)'$ 的不定积分显然存在，由上式积分得

$$\int uv'\mathrm{d}x=uv-\int u'v\mathrm{d}x.$$

由此立刻得到分部积分公式

$$\int u\mathrm{d}v=uv-\int v\mathrm{d}u. \tag{4-2}$$

例 1 求 $\int x\cos x\mathrm{d}x$.

解　若选取 $u=\cos x, \mathrm{d}v=x\mathrm{d}x$，则 $\mathrm{d}u=-\sin x\mathrm{d}x, v=\dfrac{x^2}{2}$，代入公式(4-2)，得

$$\int x\cos x\mathrm{d}x = \frac{x^2}{2}\cos x + \frac{1}{2}\int x^2\sin x\mathrm{d}x.$$

此时积分 $\int x^2\sin x\mathrm{d}x$ 更不易求出，从而说明上述 u 和 v 的选取不恰当.

若选取 $u=x, \mathrm{d}v=\cos x\mathrm{d}x$，则 $\mathrm{d}u=\mathrm{d}x, v=\sin x$，代入公式(4-2)，得

$$\int x\cos x\mathrm{d}x = \int x\mathrm{d}(\sin x) = x\sin x - \int\sin x\mathrm{d}x = x\sin x + \cos x + C.$$

由此可见，正确地选取 u 和 $\mathrm{d}v$ 是应用分部积分的关键.选取 u 和 $\mathrm{d}v$ 必须考虑到使 v 和 $\int v\mathrm{d}u$ 容易求出.

一般地，设 $p_n(x)$ 为 n 次多项式，对积分 $\int p_n(x)\sin\alpha x\mathrm{d}x$，$\int p_n(x)\cos\alpha x\mathrm{d}x$ 进行分部积分时，选取 $u=p_n(x)$，$\mathrm{d}v$ 分别为 $\sin\alpha x\mathrm{d}x$，$\cos\alpha x\mathrm{d}x$.

例 2　求 $\int xa^x\mathrm{d}x\quad(a>0 \text{ 且 } a\neq 1)$.

解　$\displaystyle\int xa^x\mathrm{d}x = \int x\mathrm{d}\left(\frac{a^x}{\ln a}\right) = \frac{xa^x}{\ln a} - \int\frac{a^x}{\ln a}\mathrm{d}x = \frac{xa^x}{\ln a} - \frac{a^x}{\ln^2 a} + C.$

对于积分 $\int p_n(x)\mathrm{e}^{\lambda x}\mathrm{d}x(\lambda\neq 0)$，若用分部积分法则需用 n 次，尤其是当多项式的次数 n 较大时，给计算带来极大不便.下面给出一种较实用的简便计算方法.

考虑积分

$$\int\lambda p_n(x)\mathrm{e}^{\lambda x}\mathrm{d}x,$$

由于多项式与指数函数之积，求导后函数的类型不变，可设

$$\int\lambda p_n(x)\mathrm{e}^{\lambda x}\mathrm{d}x = q_n(x)\mathrm{e}^{\lambda x} + C, \tag{4-3}$$

$$p_n(x)=a_nx^n+a_{n-1}x^{n-1}+\cdots+a_1x+a_0, q_n(x)=b_nx^n+b_{n-1}x^{n-1}+\cdots+b_1x+b_0,$$

其中 $b_n, b_{n-1}, \cdots, b_1, b_0$ 为待定系数.为了确定待定系数，对式(4-3)两边求导，有

$$\begin{aligned}&\lambda(a_nx^n+a_{n-1}x^{n-1}+\cdots+a_1x+a_0)\\ =&\lambda(b_nx^n+b_{n-1}x^{n-1}+\cdots+b_1x+b_0)+nb_nx^{n-1}+(n-1)b_{n-1}x^{n-2}+\cdots+2b_2x+b_1.\end{aligned}$$

比较两边多项式同次幂的系数，得

$$\begin{aligned}\lambda a_n&=\lambda b_n,\\ \lambda a_{n-1}&=\lambda b_{n-1}+nb_n,\\ \lambda a_{n-2}&=\lambda b_{n-2}+(n-1)b_{n-1},\\ &\cdots\\ \lambda a_1&=\lambda b_1+2b_2,\\ \lambda a_0&=\lambda b_0+b_1,\end{aligned}$$

所以有

$$a_n=b_n,b_{n-1}=a_{n-1}-\frac{n}{\lambda}b_n,\ b_{n-2}=a_{n-2}-\frac{n-1}{\lambda}b_{n-1},\cdots,b_1=a_1-\frac{2}{\lambda}b_2,b_0=a_0-\frac{1}{\lambda}b_1.$$

此结果看似麻烦,但是有规律可循的,如下所示:

	a_n	a_{n-1}	a_{n-2}	$\cdots$	a_1	a_0
$-$	0	$\frac{n}{\lambda}b_n$	$\frac{n-1}{\lambda}b_{n-1}$	$\cdots$	$\frac{2}{\lambda}b_2$	$\frac{1}{\lambda}b_1$
	b_n	b_{n-1}	b_{n-2}	$\cdots$	b_1	b_0

因此

$$\int p_n(x)\mathrm{e}^{\lambda x}\mathrm{d}x=\frac{1}{\lambda}(b_nx^n+b_{n-1}x^{n-1}+\cdots+b_1x+b_0)\mathrm{e}^{\lambda x}+C.$$

下面举例说明.

例 3 求 $\int(x^4+4x^3+x^2+3x-1)\mathrm{e}^{5x}\mathrm{d}x.$

解

	a_4	a_3	a_2	a_1	a_0
	1	4	1	3	-1
$-$	0	$\frac{4}{5}\times1$	$\frac{3}{5}\times\frac{16}{5}$	$\frac{2}{5}\times\left(\frac{-23}{25}\right)$	$\frac{1}{5}\times\frac{421}{125}$
	1	$\frac{16}{5}$	$-\frac{23}{25}$	$\frac{421}{125}$	$-\frac{1\ 046}{625}$

于是

$$\int(x^4+4x^3+x^2+3x-1)\mathrm{e}^{5x}\mathrm{d}x=\frac{1}{5}\left(x^4+\frac{16}{5}x^3-\frac{23}{25}x^2+\frac{421}{125}x-\frac{1\ 046}{625}\right)\mathrm{e}^{5x}+C.$$

对比分部积分法求解,便可发现它的巧妙之处.

#例 4 求 $\int\mathrm{e}^x\cos x\mathrm{d}x.$

解 $$\int\mathrm{e}^x\cos x\mathrm{d}x=\int\mathrm{e}^x\mathrm{d}(\sin x)=\mathrm{e}^x\sin x-\int\mathrm{e}^x\sin x\mathrm{d}x$$

$$=\mathrm{e}^x\sin x+\int\mathrm{e}^x\mathrm{d}(\cos x)$$

$$=\mathrm{e}^x\sin x+\mathrm{e}^x\cos x-\int\mathrm{e}^x\cos x\mathrm{d}x,$$

所以

$$\int\mathrm{e}^x\cos x\mathrm{d}x=\frac{1}{2}(\mathrm{e}^x\cos x+\mathrm{e}^x\sin x)+C.$$

本题还可选 $\int\mathrm{e}^x\cos x\mathrm{d}x=\int\cos x\mathrm{d}(\mathrm{e}^x)$ 进行积分计算.

例 5 求 $\int x\arctan x\mathrm{d}x$.

解 $$\int x\arctan x\mathrm{d}x=\int\arctan x\mathrm{d}\left(\frac{x^2}{2}\right)=\frac{1}{2}x^2\arctan x-\frac{1}{2}\int\frac{x^2}{1+x^2}\mathrm{d}x$$
$$=\frac{1}{2}x^2\arctan x-\frac{1}{2}\int\left(1-\frac{1}{1+x^2}\right)\mathrm{d}x$$
$$=\frac{1}{2}x^2\arctan x-\frac{1}{2}x+\frac{1}{2}\arctan x+C.$$

例 6 求 $\int x^2\ln^2x\mathrm{d}x$.

解 $$\int x^2\ln^2x\mathrm{d}x=\int\ln^2x\mathrm{d}\left(\frac{x^3}{3}\right)=\frac{x^3}{3}\ln^2x-\frac{2}{3}\int x^2\ln x\mathrm{d}x$$
$$=\frac{x^3}{3}\ln^2x-\frac{2}{3}\int\ln x\mathrm{d}\left(\frac{x^3}{3}\right)$$
$$=\frac{x^3}{3}\ln^2x-\frac{2}{9}x^3\ln x+\frac{2}{9}\int x^2\mathrm{d}x$$
$$=\frac{x^3}{3}\ln^2x-\frac{2}{9}x^3\ln x+\frac{2}{27}x^3+C.$$

不定积分的计算方法灵活,一个积分往往可选用多种方法进行计算.

例 7 求 $\int\frac{x^2\mathrm{d}x}{\sqrt{(1-x^2)^3}}$.

解法一 分部积分法

$$\int\frac{x^2\mathrm{d}x}{\sqrt{(1-x^2)^3}}=\int x\mathrm{d}\frac{1}{\sqrt{1-x^2}}=\frac{x}{\sqrt{1-x^2}}-\int\frac{\mathrm{d}x}{\sqrt{1-x^2}}$$
$$=\frac{x}{\sqrt{1-x^2}}-\arcsin x+C.$$

解法二 换元法

设 $x=\sin t$,则 $\sqrt{1-x^2}=\cos t$,$\mathrm{d}x=\cos t\mathrm{d}t$,于是

$$\int\frac{x^2\mathrm{d}x}{\sqrt{(1-x^2)^3}}=\int\frac{\sin^2t\cos t\mathrm{d}t}{\cos^3t}=\int\tan^2t\mathrm{d}t=\int(\sec^2t-1)\mathrm{d}t=\tan t-t+C.$$

根据 $x=\sin t$ 作直角三角形(图 4-5),得到

$$\tan t=\frac{x}{\sqrt{1-x^2}},$$

因此

$$\int\frac{x^2\mathrm{d}x}{\sqrt{(1-x^2)^3}}=\frac{x}{\sqrt{1-x^2}}-\arcsin x+C.$$

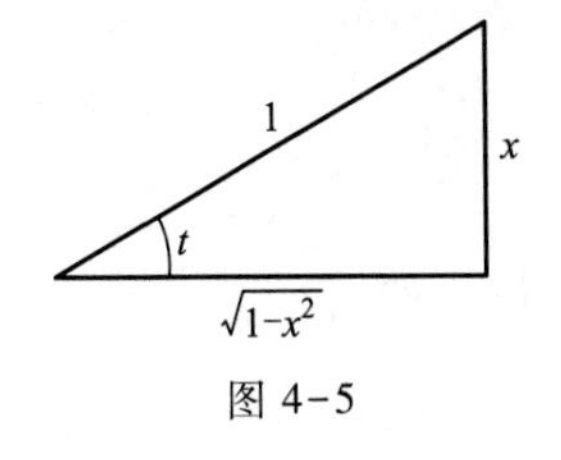

图 4-5

例 8 求 $\int\frac{x\mathrm{e}^{\arctan x}}{(1+x^2)^{\frac{3}{2}}}\mathrm{d}x$.

解 用分部积分法

$$\int \frac{xe^{\arctan x}}{(1+x^2)^{\frac{3}{2}}}dx = \int \frac{x}{\sqrt{1+x^2}}d(e^{\arctan x}) = \frac{xe^{\arctan x}}{\sqrt{1+x^2}} - \int \frac{e^{\arctan x}}{(1+x^2)^{\frac{3}{2}}}dx$$

$$= \frac{xe^{\arctan x}}{\sqrt{1+x^2}} - \int \frac{1}{\sqrt{1+x^2}}d(e^{\arctan x})$$

$$= \frac{xe^{\arctan x}}{\sqrt{1+x^2}} - \frac{e^{\arctan x}}{\sqrt{1+x^2}} - \int \frac{xe^{\arctan x}}{(1+x^2)^{\frac{3}{2}}}dx,$$

移项整理得

$$\int \frac{xe^{\arctan x}}{(1+x^2)^{\frac{3}{2}}}dx = \frac{(x-1)e^{\arctan x}}{2\sqrt{1+x^2}} + C.$$

本题被积函数含有根号$\sqrt{1+x^2}$，可作代换 $x=\tan t$，或由于被积函数含有反三角函数 $\arctan x$，同样可考虑作变换 $t=\arctan x$，即 $x=\tan t$.

设 $x=\tan t$，则

$$\int \frac{xe^{\arctan x}}{(1+x^2)^{\frac{3}{2}}}dx = \int \frac{e^t\tan t}{(1+\tan^2 t)^{\frac{3}{2}}}\sec^2 t dt = \int e^t \sin t dt.$$

用分部积分法可得

$$\int e^t \sin t dt = \frac{1}{2}e^t(\sin t - \cos t) + C.$$

因此

$$\int \frac{xe^{\arctan x}}{(1+x^2)^{\frac{3}{2}}}dx = \frac{1}{2}e^{\arctan x}\left(\frac{x}{\sqrt{1+x^2}} - \frac{1}{\sqrt{1+x^2}}\right) + C$$

$$= \frac{(x-1)e^{\arctan x}}{2\sqrt{1+x^2}} + C.$$

#**例 9** 求 $I_n = \int \frac{dx}{(x^2+a^2)^n} (n=1,2,\cdots)$ 的递推公式.

微课
4.3 节例 9

解 选取 $u=\frac{1}{(x^2+a^2)^n}$，$dv=dx$，用分部积分公式，得

$$I_n = \frac{x}{(x^2+a^2)^n} + n\int \frac{2x^2 dx}{(x^2+a^2)^{n+1}}$$

$$= \frac{x}{(x^2+a^2)^n} + 2n\int \frac{(x^2+a^2)-a^2}{(x^2+a^2)^{n+1}}dx$$

$$= \frac{x}{(x^2+a^2)^n} + 2nI_n - 2na^2 I_{n+1},$$

由此得到

$$I_{n+1} = \frac{1}{2na^2}\frac{x}{(x^2+a^2)^n} + \frac{2n-1}{2na^2}I_n. \tag{4-4}$$

公式(4-4)把计算 I_{n+1} 归结为计算 I_n，即从指标 $n+1$ 降低为 n，这就是所要求的递推公式.

我们已经知道

$$I_1=\frac{1}{a}\arctan\frac{x}{a}+C_1,$$

在公式(4-4)中令 $n=1$，得

$$I_2=\frac{1}{2a^2}\frac{x}{a^2+x^2}+\frac{1}{2a^3}\arctan\frac{x}{a}+C_2,$$

其中 $C_2=\dfrac{C_1}{2a^2}$ 仍为任意常数.

在式(4-4)中令 $n=2$，可得

$$\begin{aligned}I_3&=\frac{1}{4a^2}\frac{x}{(x^2+a^2)^2}+\frac{3}{4a^2}I_2\\&=\frac{1}{4a^2}\frac{x}{(x^2+a^2)^2}+\frac{3}{8a^4}\frac{x}{x^2+a^2}+\frac{3}{8a^5}\arctan\frac{x}{a}+C_3.\end{aligned}$$

以此类推，对任何非零自然数 n，可以得出积分 I_n 的计算结果.

习题 4.3

A

求下列不定积分：

1. $\int x\sin x\mathrm{d}x$.

2. $\int x\cos\frac{x}{2}\mathrm{d}x$.

3. $\int x^2\ln x\mathrm{d}x$.

4. $\int x\mathrm{e}^{-x}\mathrm{d}x$.

5. $\int \mathrm{e}^{-x}\cos x\mathrm{d}x$.

6. $\int x\arctan x\mathrm{d}x$.

7. $\int \arcsin x\mathrm{d}x$.

8. $\int (\ln x)^2\mathrm{d}x$.

9. $\int \frac{x}{\sin^2 x}\mathrm{d}x$.

10. $\int x\sin x\cos x\mathrm{d}x$.

11. $\int x\ln(x-1)\mathrm{d}x$.

12. $\int \cos(\ln x)\mathrm{d}x$.

13. $\int x\tan^2 x\mathrm{d}x$.

14. $\int \csc^3 x\mathrm{d}x$.

15. 已知 $\frac{\sin x}{x}$ 是函数 $f(x)$ 的一个原函数，求 $\int xf'(x)\mathrm{d}x$.

B

求下列不定积分：

1. $\int x\sin^2 x\mathrm{d}x$.

2. $\int x^3\mathrm{e}^{x^2}\mathrm{d}x$.

3. $\int \frac{x+\ln(1-x)}{x^2}\mathrm{d}x$.

4. $\int \frac{\ln x}{(1-x)^2}\mathrm{d}x$.

5. $\int \frac{\ln x-1}{x^2}dx$. 6. $\int \frac{x^2}{1+x^2}\arctan x dx$.

7. $\int (\arcsin x)^2 dx$. 8. $\int e^{2x}(\tan x+1)^2 dx$.

9. $\int (x^2+3x-1)e^{2x}dx$.

4.4 几种特殊类型函数的积分

4.4 预习检测

换元积分法和分部积分法是计算不定积分的两种基本积分方法,从前面的讨论我们看到,对一个初等函数求导数总可以比较容易地得到初等函数形式的计算结果,但是对初等函数求积分,技巧性比较强.在后面我们将看到一些很简单的初等函数,其不定积分其实是积不出来的,而一个积分何时是积不出来的是很难判断的.因此研究哪些类型的函数是能够积出来的就有着重要的意义.这一节我们讨论几种特殊类型函数的积分,按照一定的步骤,原则上总是可以将这些类型函数的积分算出的.

4.4.1 有理函数的积分

设 $P_n(x)=a_0+a_1x+\cdots+a_nx^n$, $Q_m(x)=b_0+b_1x+\cdots+b_mx^m$ 为两个多项式,我们称 $R(x)=\frac{P_n(x)}{Q_m(x)}$为有理式(或有理函数).若 $n<m$,称 $R(x)$为有理真分式;若 $n\geqslant m$,称 $R(x)$为有理假分式.通过多项式除法总可以将一个有理假分式化为一个多项式与一个有理真分式之和.例如

$$\frac{2x^4-x^3-x+1}{x^3-1}=2x-1+\frac{x}{x^3-1}.$$

而多项式是容易积分的,因此在研究有理式的积分时,只需研究有理真分式的积分.代数学中证明了的下述定理是我们的出发点.

定理 设有理真分式 $R(x)=\frac{P_n(x)}{Q_m(x)}$,

$$Q_m(x)=(x-a)^{\alpha}\cdots(x-b)^{\beta}(x^2+px+q)^{\mu}\cdots(x^2+rx+s)^{\nu},$$

其中 $a,\cdots,b,p,q,\cdots,r,s$ 均为实数,$p^2-4q<0,\cdots,r^2-4s<0$;$\alpha,\cdots,\beta,\mu,\cdots,\nu$ 为正整数,则$R(x)$可分解为

$$\begin{aligned}R(x)=&\frac{A_\alpha}{(x-a)^\alpha}+\frac{A_{\alpha-1}}{(x-a)^{\alpha-1}}+\cdots+\frac{A_1}{x-a}+\cdots+\\&\frac{B_\beta}{(x-b)^\beta}+\frac{B_{\beta-1}}{(x-b)^{\beta-1}}+\cdots+\frac{B_1}{x-b}+\\&\frac{K_\mu x+L_\mu}{(x^2+px+q)^\mu}+\frac{K_{\mu-1}x+L_{\mu-1}}{(x^2+px+q)^{\mu-1}}+\cdots+\frac{K_1x+L_1}{x^2+px+q}+\cdots+\\&\frac{M_\nu x+N_\nu}{(x^2+rx+s)^\nu}+\frac{M_{\nu-1}x+N_{\nu-1}}{(x^2+rx+s)^{\nu-1}}+\cdots+\frac{M_1x+N_1}{x^2+rx+s},\end{aligned}\tag{4-5}$$

其中 A_i,B_i,K_i,L_i,M_i,N_i(i 为正整数)都是实数,并且不计求和次序时,分解式(4-5)是唯一的.

由此定理知,有理真分式的积分最终归纳为求下列四种积分:

(1) $\int \frac{A}{x-a}\mathrm{d}x = A\ln|x-a| + C.$

(2) $\int \frac{A\mathrm{d}x}{(x-a)^k} = \frac{A}{-k+1}(x-a)^{-k+1} + C \quad (k \geqslant 2).$

(3)
$$\int \frac{Mx+N}{x^2+px+q}\mathrm{d}x$$
$$=\int \frac{\frac{M}{2}(2x+p)+\left(N-\frac{M}{2}p\right)}{x^2+px+q}\mathrm{d}x$$
$$=\frac{M}{2}\ln|x^2+px+q| + \left(N-\frac{M}{2}p\right)\int \frac{\mathrm{d}\left(x+\frac{p}{2}\right)}{\left(x+\frac{p}{2}\right)^2+\left(q-\frac{p^2}{4}\right)}$$
$$=\frac{M}{2}\ln|x^2+px+q| + \frac{N-\frac{M}{2}p}{\sqrt{q-\frac{p^2}{4}}}\arctan\frac{x+\frac{p}{2}}{\sqrt{q-\frac{p^2}{4}}} + C.$$

(4)
$$\int \frac{Mx+N}{(x^2+px+q)^k}\mathrm{d}x$$
$$=\int \frac{\frac{M}{2}(2x+p)+\left(N-\frac{M}{2}p\right)}{(x^2+px+q)^k}\mathrm{d}x$$
$$=\frac{M}{2}\,\frac{1}{-k+1}(x^2+px+q)^{-k+1} + \left(N-\frac{M}{2}p\right)\int \frac{\mathrm{d}\left(x+\frac{p}{2}\right)}{\left[\left(x+\frac{p}{2}\right)^2+\left(\sqrt{q-\frac{p^2}{4}}\right)^2\right]^k}.$$

若令 $t=x+\frac{p}{2}, a=\sqrt{q-\frac{p^2}{4}}$,则积分

$$\int \frac{\mathrm{d}\left(x+\frac{p}{2}\right)}{\left[\left(x+\frac{p}{2}\right)^2+\left(\sqrt{q-\frac{p^2}{4}}\right)^2\right]^k}$$

化为 $\int \frac{\mathrm{d}t}{(t^2+a^2)^k} \quad (k \geqslant 2).$

此积分在上一节中例9讨论过，由此得出结论：原则上有理函数的原函数是初等函数，因此，积分都是能够积出来的.

例1　求$\int\frac{\mathrm{d}x}{x^3+x^2+x}$.

解　将x^3+x^2+x分解因式

$$x^3+x^2+x=x(x^2+x+1),$$

所以

$$\frac{1}{x^3+x^2+x}=\frac{A}{x}+\frac{Bx+C}{x^2+x+1},$$

去分母并合并同类项，得

$$1=(A+B)x^2+(A+C)x+A.$$

比较同类项的系数，得出A,B,C所满足的方程组

$$\begin{cases}A+B=0,\\A+C=0,\\A=1,\end{cases}$$

从而解得$A=1,B=C=-1$.所以

$$\begin{aligned}\int\frac{\mathrm{d}x}{x^3+x^2+x}&=\int\frac{\mathrm{d}x}{x}-\int\frac{x+1}{x^2+x+1}\mathrm{d}x=\ln|x|-\int\frac{\frac{1}{2}(2x+1)+\frac{1}{2}}{x^2+x+1}\mathrm{d}x\\&=\ln|x|-\frac{1}{2}\ln|x^2+x+1|-\frac{1}{2}\int\frac{\mathrm{d}\left(x+\frac{1}{2}\right)}{\left(x+\frac{1}{2}\right)^2+\left(\frac{\sqrt{3}}{2}\right)^2}\\&=\ln|x|-\frac{1}{2}\ln|x^2+x+1|-\frac{1}{\sqrt{3}}\arctan\frac{2x+1}{\sqrt{3}}+C.\end{aligned}$$

例2　求$\int\frac{x^2+1}{(x-1)(x+1)^2}\mathrm{d}x$.

解　设$\frac{x^2+1}{(x-1)(x+1)^2}=\frac{A}{x-1}+\frac{B}{x+1}+\frac{C}{(x+1)^2}$，去分母，得

$$x^2+1=A(x+1)^2+B(x+1)(x-1)+C(x-1).$$

此处当然可以像在例1中所做的那样，整理、比较同类项的系数，解A,B,C所满足的方程组从而确定它们的值，不过我们还可以用下面的计算特殊点处函数值的方法来确定待定系数.

在所写出的恒等式中，令$x=-1$，于是以A,B为系数的两项为零，立刻得到$2=-2C$，即$C=-1$.同样，令$x=1$可得$A=\frac{1}{2}$.最后，令$x=0$，并注意到$A=\frac{1}{2},C=-1$，可得$1=\frac{3}{2}-B$，即$B=\frac{1}{2}$.所以

$$\int \frac{x^2+1}{(x-1)(x+1)^2}\mathrm{d}x=\int \frac{\mathrm{d}x}{2(x-1)}+\int \frac{\mathrm{d}x}{2(x+1)}-\int \frac{\mathrm{d}x}{(x+1)^2}$$

$$=\frac{1}{2}\ln|x-1|+\frac{1}{2}\ln|x+1|+\frac{1}{x+1}+C.$$

例 3 求 $\int \frac{4\mathrm{d}x}{x^3+4x}$.

解 由 $\frac{4}{x^3+4x}=\frac{1}{x}-\frac{x}{x^2+4}$,所以

$$\int \frac{4\mathrm{d}x}{x^3+4x}=\int \frac{\mathrm{d}x}{x}-\int \frac{x\mathrm{d}x}{x^2+4}=\ln|x|-\frac{1}{2}\ln|x^2+4|+C.$$

前面所讨论的方法适用于任何一个有理函数,但有些特殊的真分式的分解采用其他方法运算更简便些.

例 4 求 $\int \frac{x^2+3x+2}{x^3+2x^2+2x}\mathrm{d}x$.

解 $\int \frac{x^2+3x+2}{x^3+2x^2+2x}\mathrm{d}x=\int \frac{(x^2+2x+2)+x}{x(x^2+2x+2)}\mathrm{d}x=\int \frac{\mathrm{d}x}{x}+\int \frac{\mathrm{d}x}{x^2+2x+2}$

$$=\ln|x|+\int \frac{\mathrm{d}(x+1)}{(x+1)^2+1}$$

$$=\ln|x|+\arctan(x+1)+C.$$

4.4.2 三角函数有理式的积分

由于 $\tan x,\cot x,\sec x,\csc x$ 都可以用 $\sin x,\cos x$ 的有理式表示,因而以这些函数为变量的有理式的积分都可以归纳为 $R(\sin x,\cos x)$ 的积分,其中 $R(u,v)$ 是两个变量 u,v 的有理式.

借助于万能代换 $t=\tan\frac{x}{2}$(也称作半角代换),$\int R(\sin x,\cos x)\mathrm{d}x$ 总可以化为 t 的有理函数的积分.

事实上,由 $t=\tan\frac{x}{2}$ 可得 $x=2\arctan t$,从而 $\mathrm{d}x=\frac{2}{1+t^2}\mathrm{d}t$,而

$$\sin x=\frac{2\sin\frac{x}{2}\cos\frac{x}{2}}{\cos^2\frac{x}{2}+\sin^2\frac{x}{2}}=\frac{2\tan\frac{x}{2}}{1+\tan^2\frac{x}{2}}=\frac{2t}{1+t^2},$$

$$\cos x=\frac{\cos^2\frac{x}{2}-\sin^2\frac{x}{2}}{\cos^2\frac{x}{2}+\sin^2\frac{x}{2}}=\frac{1-\tan^2\frac{x}{2}}{1+\tan^2\frac{x}{2}}=\frac{1-t^2}{1+t^2},$$

所以

$$\int R(\sin x,\cos x)\,\mathrm{d}x=\int R\left(\frac{2t}{1+t^2},\frac{1-t^2}{1+t^2}\right)\frac{2\mathrm{d}t}{1+t^2}.$$

现在被积函数 $R\left(\frac{2t}{1+t^2},\frac{1-t^2}{1+t^2}\right)\frac{2}{1+t^2}$ 是 t 的有理函数,而有理式的积分问题前面已经解决.从而,原则上三角函数有理式的积分都是可以积出来的.

例 5 求 $\int\frac{\mathrm{d}x}{5+4\cos x}$.

解 设 $t=\tan\frac{x}{2}$,则 $x=2\arctan t,\mathrm{d}x=\frac{2\mathrm{d}t}{1+t^2},\cos x=\frac{1-t^2}{1+t^2}$,因此

$$\int\frac{\mathrm{d}x}{5+4\cos x}=\int\frac{\frac{2}{1+t^2}\mathrm{d}t}{5+4\frac{1-t^2}{1+t^2}}=\int\frac{2\mathrm{d}t}{9+t^2}$$

$$=\frac{2}{3}\arctan\frac{t}{3}+C=\frac{2}{3}\arctan\left(\frac{1}{3}\tan\frac{x}{2}\right)+C.$$

例 6 求 $\int\frac{1+\sin x}{\sin x(1+\cos x)}\mathrm{d}x$.

解 设 $t=\tan\frac{x}{2}$,则 $x=2\arctan t,\mathrm{d}x=\frac{2\mathrm{d}t}{1+t^2},\sin x=\frac{2t}{1+t^2},\cos x=\frac{1-t^2}{1+t^2}$,因此

$$\int\frac{1+\sin x}{\sin x(1+\cos x)}\mathrm{d}x=\int\frac{\left(1+\frac{2t}{1+t^2}\right)\frac{2}{1+t^2}\mathrm{d}t}{\frac{2t}{1+t^2}\left(1+\frac{1-t^2}{1+t^2}\right)}=\frac{1}{2}\int\left(t+2+\frac{1}{t}\right)\mathrm{d}t$$

$$=\frac{1}{2}\left(\frac{t^2}{2}+2t+\ln|t|\right)+C$$

$$=\frac{1}{4}\tan^2\frac{x}{2}+\tan\frac{x}{2}+\frac{1}{2}\ln\left|\tan\frac{x}{2}\right|+C.$$

虽然万能代换总能将上述积分转化为有理函数积分,但有时会导致复杂的运算.在某些特殊情形下,其他变换同样可以达到有理化的目的,并且更为简单.

(1) 若 $R(-\sin x,\cos x)=-R(\sin x,\cos x)$, 可令 $t=\cos x$.

(2) 若 $R(\sin x,-\cos x)=-R(\sin x,\cos x)$, 可令 $t=\sin x$.

(3) 若 $R(-\sin x,-\cos x)=R(\sin x,\cos x)$, 可令 $t=\tan x$.

例 7 求 $\int\frac{\mathrm{d}x}{\sin x\cos 2x}$.

解 因为 $\int\frac{\mathrm{d}x}{\sin x\cos 2x}=\int\frac{\mathrm{d}x}{\sin x(2\cos^2x-1)}$,故所求积分属于情形(1),令 $t=\cos x$,得

$$\int\frac{\mathrm{d}x}{\sin x\cos 2x}=\int\frac{\mathrm{d}t}{(1-t^2)(1-2t^2)}=\int\frac{2\mathrm{d}t}{1-2t^2}-\int\frac{\mathrm{d}t}{1-t^2}$$

$$=\frac{\sqrt{2}}{2}\ln\left|\frac{1+\sqrt{2}t}{1-\sqrt{2}t}\right|+\frac{1}{2}\ln\left|\frac{1-t}{1+t}\right|+C$$

$$=\frac{\sqrt{2}}{2}\ln\left|\frac{1+\sqrt{2}\cos x}{1-\sqrt{2}\cos x}\right|+\frac{1}{2}\ln\left|\frac{1-\cos x}{1+\cos x}\right|+C.$$

例 8 求 $\int\sin^4 x\cos^5 x\mathrm{d}x$.

解 这个积分属于情形(2),令 $t=\sin x$,得

$$\begin{aligned}\int\sin^4 x\cos^5 x\mathrm{d}x&=\int\sin^4 x(1-\sin^2 x)^2\mathrm{d}(\sin x)\\&=\int t^4(1-t^2)^2\mathrm{d}t=\int(t^8-2t^6+t^4)\mathrm{d}t\\&=\frac{1}{9}t^9-\frac{2}{7}t^7+\frac{1}{5}t^5+C\\&=\frac{1}{9}\sin^9 x-\frac{2}{7}\sin^7 x+\frac{1}{5}\sin^5 x+C.\end{aligned}$$

例 9 求 $\int\frac{\sin^4 x}{\cos^2 x}\mathrm{d}x$.

解 这个积分属于情形(3),令 $t=\tan x$,得

$$\begin{aligned}\int\frac{\sin^4 x}{\cos^2 x}\mathrm{d}x&=\int\frac{t^4}{(1+t^2)^2}\mathrm{d}t=\int\left[1-\frac{2}{1+t^2}+\frac{1}{(1+t^2)^2}\right]\mathrm{d}t\\&=t-\frac{3}{2}\arctan t+\frac{1}{2}\frac{t}{1+t^2}+C\\&=\tan x-\frac{3}{2}x+\frac{1}{4}\sin 2x+C.\end{aligned}$$

例 10 求 $\int\frac{1-r^2}{1-2r\cos x+r^2}\mathrm{d}x\quad(0<r<1,|x|<\pi)$.

解 所求积分不属于(1),(2),(3)的任何一种,令 $t=\tan\frac{x}{2}$,得

$$\begin{aligned}\int\frac{1-r^2}{1-2r\cos x+r^2}\mathrm{d}x&=2(1-r^2)\int\frac{\mathrm{d}t}{(1-r)^2+(1+r)^2t^2}\\&=2\arctan\left(\frac{1+r}{1-r}t\right)+C=2\arctan\left(\frac{1+r}{1-r}\tan\frac{x}{2}\right)+C.\end{aligned}$$

4.4.3 简单无理函数的积分

这里我们只讨论 $R(x,\sqrt[n_1]{ax+b},\sqrt[n_2]{ax+b},\cdots,\sqrt[n_k]{ax+b})$ 与 $R\left(x,\sqrt[n]{\frac{ax+b}{cx+d}}\right)$ 这两类无理函数的积分.对于积分

$$\int R(x,\sqrt[n_1]{ax+b},\sqrt[n_2]{ax+b},\cdots,\sqrt[n_k]{ax+b})\mathrm{d}x,$$

可作变换 $t=\sqrt[n]{ax+b}$，其中 n 为 $n_1,n_2,\cdots,n_k$ 这 k 个正整数的最小公倍数. 对于积分 $\int R\left(x,\sqrt[n]{\dfrac{ax+b}{cx+d}}\right)\mathrm{d}x$，可作变换 $t=\sqrt[n]{\dfrac{ax+b}{cx+d}}$.

例 11　求 $\displaystyle\int\frac{\mathrm{d}x}{1+\sqrt{x+1}}$.

解　令 $t=\sqrt{x+1}$，则 $x=t^2-1$，$\mathrm{d}x=2t\mathrm{d}t$，因此

$$\int\frac{\mathrm{d}x}{1+\sqrt{x+1}}=\int\frac{2t\mathrm{d}t}{1+t}=2\int\left(1-\frac{1}{t+1}\right)\mathrm{d}t=2t-2\ln|t+1|+C$$

$$=2\sqrt{x+1}-2\ln|1+\sqrt{x+1}|+C.$$

例 12　求 $\displaystyle\int\frac{\mathrm{d}x}{\sqrt{x}(1+\sqrt[3]{x})}$.

解　令 $t=\sqrt[6]{x}$，则 $x=t^6$，$\mathrm{d}x=6t^5\mathrm{d}t$，因此

$$\int\frac{\mathrm{d}x}{\sqrt{x}(1+\sqrt[3]{x})}=\int\frac{6t^5\mathrm{d}t}{t^3(1+t^2)}=\int\frac{6t^2}{1+t^2}\mathrm{d}t=6\int\left(1-\frac{1}{1+t^2}\right)\mathrm{d}t$$

$$=6t-6\arctan t+C=6\sqrt[6]{x}-6\arctan\sqrt[6]{x}+C.$$

例 13　求 $\displaystyle\int\frac{1}{x}\sqrt{\frac{1+x}{x}}\mathrm{d}x$.

解　令 $t=\sqrt{\dfrac{1+x}{x}}$，于是 $\dfrac{1+x}{x}=t^2$，$x=\dfrac{1}{t^2-1}$，$\mathrm{d}x=-\dfrac{2t\mathrm{d}t}{(t^2-1)^2}$，因此

$$\int\frac{1}{x}\sqrt{\frac{1+x}{x}}\mathrm{d}x=\int(t^2-1)\frac{-2t^2}{(t^2-1)^2}\mathrm{d}t=-2\int\frac{t^2}{t^2-1}\mathrm{d}t$$

$$=-2\int\left(1+\frac{1}{t^2-1}\right)\mathrm{d}t=-2t-\ln\left|\frac{t-1}{t+1}\right|+C$$

$$=-2\sqrt{\frac{1+x}{x}}+\ln\left|\sqrt{\frac{1+x}{x}}+1\right|-\ln\left|\sqrt{\frac{1+x}{x}}-1\right|+C.$$

4.4.4　积分表的使用

通过前面的讨论可以看出，积分的运算要比导数的运算来得灵活、复杂. 为了使用方便，人们把常用的积分积出来，以分类的形式汇集成积分公式表. 书末的附录Ⅲ有一个简单的积分表，它按被积函数所属类型分类列出，可供查阅.

我们先举一个可以直接从积分表中查得结果的积分例子.

例 14　求 $\displaystyle\int\sqrt{\frac{x-1}{x-2}}\mathrm{d}x$.

解　被积函数中含有 $\sqrt{\dfrac{x-a}{x-b}}$，在附录Ⅲ的积分表（十）中查得公式 79：

$$\int \sqrt{\frac{x-a}{x-b}}\mathrm{d}x = (x-b)\sqrt{\frac{x-a}{x-b}} + (b-a)\ln\left(\sqrt{|x-a|} + \sqrt{|x-b|}\right) + C.$$

现 $a=1,b=2$，于是

$$\int \sqrt{\frac{x-1}{x-2}}\mathrm{d}x = (x-2)\sqrt{\frac{x-1}{x-2}} + \ln\left(\sqrt{|x-1|} + \sqrt{|x-2|}\right) + C.$$

例 15 求 $\int \frac{\mathrm{d}x}{5+4\sin x}$.

解 被积函数中含有三角函数，在附录Ⅲ的积分表（十一）中查得公式 103 和公式 104，要看 $a^2>b^2$ 还是 $b^2>a^2$，现 $a=5,b=4,a^2>b^2$，于是用公式 103：

$$\int \frac{\mathrm{d}x}{a+b\sin x} = \frac{2}{\sqrt{a^2-b^2}}\arctan\frac{a\tan\frac{x}{2}+b}{\sqrt{a^2-b^2}} + C,$$

所以

$$\int \frac{\mathrm{d}x}{5+4\sin x} = \frac{2}{3}\arctan\frac{5\tan\frac{x}{2}+4}{3} + C.$$

例 16 求 $\int \frac{\mathrm{d}x}{x\sqrt{4x^2+9}}$.

解 附录Ⅲ的积分表（六）中只有公式(37)

$$\int \frac{\mathrm{d}x}{x\sqrt{x^2+a^2}} = \frac{1}{a}\ln\frac{\sqrt{x^2+a^2}-a}{|x|} + C$$

与所求积分相似，将原积分变形，再代入公式，得

$$\int \frac{\mathrm{d}x}{x\sqrt{4x^2+9}} = \int \frac{\mathrm{d}(2x)}{(2x)\sqrt{(2x)^2+3^2}} = \frac{1}{3}\ln\frac{\sqrt{4x^2+9}-3}{|2x|} + C.$$

在工程问题等实际应用中，可通过查积分表节约时间.除了查积分表，还可以用 Mathematica，MATLAB 等功能强大的数学软件计算积分.实际上，大学数学中涉及的许多计算，如求极限、求导数、求积分、求方程的解以及各类数值计算都可以用数学软件来完成.但是只有掌握了前面学过的基本方法，才能正确地使用积分表或者理解数学软件计算的结果.下面是用 Mathematica 求积分的例子.

例 17 计算积分 $\int \frac{1}{1+x^4}\mathrm{d}x$ 和 $\int \frac{(x^2+1)\arcsin x}{x^2\sqrt{1-x^2}}\mathrm{d}x$.

解 输入 Integrate[1/(1+x^4),x]，运算结果输出

$$\frac{-2\mathrm{ArcTan}[1-\sqrt{2}x]+2\mathrm{ArcTan}[1+\sqrt{2}x]-\mathrm{Log}[1-\sqrt{2}x+x^2]+\mathrm{Log}[1+\sqrt{2}x+x^2]}{4\sqrt{2}}.$$

输入 Integrate[((x^2+1)ArcSin[x])/(x^2Sqrt[1-x^2]),x]，运算结果输出

$$-\frac{\sqrt{1-x^2}\,\mathrm{ArcSin}[x]}{x}+\frac{\mathrm{ArcSin}[x]^2}{2}+\mathrm{Log}[x].$$

最后指出，虽然理论上可以证明，初等函数在其定义区间内都有原函数，但是其原函数不一定都是初等函数，有些函数的不定积分不能用初等函数表示.例如，下述形式上很简单的积分，已经证明是积不出来的（其中的 $\sin x$ 换为 $\cos x$ 同样积不出来）：

$$\int e^{x^2}dx, \int e^{\frac{1}{x}}dx, \int \frac{\sin x}{x}dx, \int \sin x^2 dx, \int \frac{e^x}{x}dx, \int \sin\frac{1}{x}dx,$$

$$\int \frac{1}{\ln x}dx, \int \frac{1}{\sqrt{1-k^2\sin^2 x}}dx, \int \sqrt{1-k^2\sin^2 x}\,dx \quad (0<k<1).$$

对这些积分，可用将被积函数展开为幂级数的方法求得非初等函数形式的原函数，我们将在下册中介绍这一方法.

习题 4.4

A

1. 求下列有理函数的积分：

(1) $\int \frac{dx}{x(x^2+1)}$；　(2) $\int \frac{xdx}{(x+1)(x+2)(x+3)}$；

(3) $\int \frac{x^3+1}{x^3-5x^2+6x}dx$；　(4) $\int \frac{dx}{x^3+1}$；

(5) $\int \frac{dx}{(x^2+1)(x^2+x)}$；　(6) $\int \frac{x^5+x^4-8}{x^3-x}dx$.

2. 求下列三角函数有理式的积分：

(1) $\int \frac{dx}{2\sin x-\cos x+5}$；　(2) $\int \frac{dx}{1+\sin x}$；

(3) $\int \frac{dx}{3+\cos x}$；　(4) $\int \frac{dx}{3+\sin^2 x}$；

(5) $\int \frac{\sin x}{1+\sin x}dx$；　(6) $\int \frac{dx}{\sin 2x\cos x}$.

3. 求下列无理函数的积分：

(1) $\int \frac{dx}{1+\sqrt[3]{x+1}}$；　(2) $\int \frac{(\sqrt{x})^3+1}{\sqrt{x}+1}dx$；

(3) $\int \frac{\sqrt{x+1}-1}{\sqrt{x+1}+1}dx$；　(4) $\int \frac{dx}{\sqrt{x^2+10x+21}}$；

(5) $\int \frac{dx}{\sqrt{x}+\sqrt[4]{x}}$；　(6) $\int (x+1)\sqrt{x^2-2x-1}\,dx$.

4. 利用积分表计算下列不定积分：

(1) $\int \sqrt{2x^2+9}\,dx$；　(2) $\int \frac{xdx}{\sqrt{1+x-x^2}}$；

(3) $\int \frac{dx}{x^2+2x+5}$；　(4) $\int e^{-2x}\sin 3x dx$；

(5) $\int \ln^3 x dx$；　(6) $\int \frac{dx}{\sin^3 x}$；

(7) $\int \frac{\sqrt{x-1}}{x}dx$; (8) $\int \frac{xdx}{(2+3x)^2}$.

B

求下列不定积分：

1. $\int \frac{x^2+1}{(x+1)^2(x-1)}dx$. 2. $\int \frac{2x+2}{(x-1)(x^2+1)^2}dx$.

3. $\int \frac{dx}{\sin 2x+2\sin x}$. 4. $\int \frac{\sin x\cos x}{\sin x+\cos x}dx$.

5. $\int \frac{dx}{\sqrt[3]{(x+1)(x-1)^5}}$. 6. $\int \frac{dx}{(x+1)^2\sqrt{x^2+2x+2}}$.

复习题四

1. 何谓函数$f(x)$的原函数？何谓函数$f(x)$的不定积分？二者之间有何关系？

2. 什么样的函数$f(x)$有原函数？若$f(x)$有原函数，是否唯一？若不唯一，有多少个？任意两个原函数之间有什么关系？

3. 设 $g(x)=\begin{cases}\cos x+C, & x\geqslant 0,\\ \frac{1}{2}x^2+C, & x<0,\end{cases}$ $f(x)=\begin{cases}-\sin x, & x\geqslant 0,\\ x, & x<0.\end{cases}$

(1) $g(x)$是$f(x)$的不定积分吗？证明你的结论，并写出$f(x)$的不定积分；

(2) 求过点$(0,1)$的$f(x)$的原函数$F(x)$.

4. 如何用凑微分法求以下常见类型的不定积分？

(1) $\int f(ax+b)dx=$ ________ ; (2) $\int f(ax^n)x^{n-1}dx=$ ________ ;

(3) $\int f(e^x)e^xdx=$ ________ ; (4) $\int f(\ln x)\frac{1}{x}dx=$ ________ ;

(5) $\int f(\cos x)\sin xdx=$ ________ ; (6) $\int f(\sin x)\cos xdx=$ ________ ;

(7) $\int f(\tan x)\frac{dx}{\cos^2 x}=$ ________ ; (8) $\int f(\cot x)\frac{dx}{\sin^2 x}=$ ________ ;

(9) $\int f(\arcsin x)\frac{dx}{\sqrt{1-x^2}}=$ ________ .

5. 所求不定积分的被积函数中含有根式$\sqrt{(a^2-x^2)^m}$，$\sqrt{(a^2+x^2)^m}$，$\sqrt{(x^2-a^2)^m}$时，作何变换去掉根号？

6. 对下列类型的不定积分，用分部积分法时，如何设u和dv？

(1) $\int P_n(x)e^xdx$， $\int P_n(x)\sin xdx$， $\int P_n(x)\cos xdx$;

(2) $\int P_n(x)\ln xdx$， $\int P_n(x)\arcsin xdx$， $\int P_n(x)\arctan xdx$;

(3) $\int e^{\alpha x}\sin bxdx$， $\int e^{\alpha x}\cos bxdx$.

7. 求有理函数、三角函数有理式及简单无理函数的不定积分的一般步骤是什么？

8. 递推公式 $\int \tan^n ax\mathrm{d}x = \dfrac{\tan^{n-1} ax}{a(n-1)} - \int \tan^{n-1} ax\mathrm{d}x$ 是否成立？可否用其来计算积分 $\int \tan^3 \dfrac{x}{3}\mathrm{d}x$？

总习题四

求下列不定积分：

1. $\int \dfrac{1-x^2}{x\sqrt{x}}\mathrm{d}x$.

2. $\int \dfrac{x}{\cos(1-4x^2)}\mathrm{d}x$.

3. $\int \dfrac{\sin 3x}{\sin x}\mathrm{d}x$.

4. $\int \dfrac{\cot x}{\ln(\sin x)}\mathrm{d}x$.

5. $\int \mathrm{e}^{2x^2+\ln x}\mathrm{d}x$.

6. $\int \dfrac{\sin x\mathrm{d}x}{\sin^3 x + \cos^3 x}$.

7. $\int \tan^4 x\mathrm{d}x$.

8. $\int \arctan\sqrt{x}\,\mathrm{d}x$.

9. $\int \dfrac{\sqrt{1+\cos x}}{\sin x}\mathrm{d}x$.

10. $\int x\ln(4+x^2)\mathrm{d}x$.

11. $\int \dfrac{1+\cos^2 x}{1+\cos 2x}\mathrm{d}x$.

12. $\int \dfrac{\sin^2 x}{\cos^3 x}\mathrm{d}x$.

13. $\int \ln(1+x^2)\mathrm{d}x$.

14. $\int \dfrac{\mathrm{d}x}{\sqrt{16x^2+8x+5}}$.

15. $\int \dfrac{\mathrm{d}x}{x^4\sqrt{1+x^2}}$.

16. $\int \sqrt{a^2+x^2}\,\mathrm{d}x$

17. $\int \dfrac{\ln\cos x}{\cos^2 x}\mathrm{d}x$.

18. $\int \dfrac{x+2}{\sqrt{x^2-4x+3}}\mathrm{d}x$.

19. $\int \dfrac{\arcsin\dfrac{x}{2}}{\sqrt{2-x}}\mathrm{d}x$.

20. $\int \dfrac{\mathrm{d}x}{\sqrt{2ax-x^2}}$.

21. $\int \dfrac{\mathrm{d}x}{1+x^4}$.

22. $\int \sqrt{x}\sin\sqrt{x}\,\mathrm{d}x$.

23. $\int \dfrac{\mathrm{d}x}{\sin 2x\cos x}$.

24. $\int (\ln\cos x)\tan x\mathrm{d}x$.

25. $\int \sqrt{\dfrac{\mathrm{e}^x-1}{\mathrm{e}^x+1}}\mathrm{d}x$.

26. $\int \dfrac{x\mathrm{e}^{\arctan x}}{(1+x^2)^{\frac{3}{2}}}\mathrm{d}x$.

27. $\int \mathrm{e}^{-\frac{x}{2}}\dfrac{\cos x-\sin x}{\sqrt{\sin x}}\mathrm{d}x$.

28. $\int \dfrac{\mathrm{d}x}{x(x^n+a)}\quad (a\neq 0, n\neq 0)$.

29. $\int \dfrac{x\cos^4\dfrac{x}{2}}{\sin^3 x}\mathrm{d}x$.

30. $\int \dfrac{\mathrm{d}x}{x+\sqrt{1-x^2}}$.

31. $\int \mathrm{e}^{\sin x}\dfrac{x\cos^3 x-\sin x}{\cos^2 x}\mathrm{d}x$.

32. $\int \dfrac{\cot x}{1+\sin x}\mathrm{d}x$.

33. $\int \dfrac{\mathrm{d}x}{\sqrt{\sin x\cos^7 x}}$.

34. $\int \dfrac{x^{11}}{x^8+3x^4+2}\mathrm{d}x$.

35. $\int \frac{e^x(1+e^x)}{\sqrt{1-e^{2x}}}dx$.　　36. $\int \frac{x+\sin x}{1+\cos x}dx$.

37. $\int \frac{(x^2+1)\arcsin x}{x^2\sqrt{1-x^2}}dx$.　　38. $\int \frac{\arctan e^x}{e^{2x}}dx$.

39. $\int \frac{dx}{(2x^2+1)\sqrt{x^2+1}}$.

40. 已知$f'(\sin^2 x)=\cos^2 x+\tan^2 x, 0<x<1$,求$f(x)$.

41. 已知函数$f(x)$在$(0,+\infty)$内可导,$f(x)>0$, $\lim\limits_{x\to+\infty}f(x)=1$,且满足

$$\lim_{h\to 0}\left[\frac{f(x+hx)}{f(x)}\right]^{\frac{1}{h}}=e^{\frac{1}{x}},$$

求$f(x)$.

42. 一半球体状的雪堆,其体积融化的速率与半球面面积S成正比,比例常数$k>0$,假设在融化过程中雪堆始终保持半球体状,已知半径为r_0的雪堆在开始融化的三个小时内,融化了其体积的$\frac{7}{8}$,问雪堆全部融化需要多少时间?

选　读

函数迭代与混沌

我国著名数学家华罗庚先生曾经说过:"宇宙之大,粒子之微,火箭之速,化工之巧,地球之变,日用之繁,无处不用数学."我们生活的世界存在着很多的规律性,迭代是自然科学乃至人类生活的一个普遍现象.

第 5 章　定积分及其应用

引述　定积分的有关知识是从 17 世纪出现和发展起来的.以下两类问题是导致定积分出现的主要原因:一是几何上的长度、面积及体积的计算;二是物理上的速度、距离与变力做功的计算.尽管某些问题早在公元前就被古希腊人研究过,但直到 17 世纪有了牛顿(Newton)和莱布尼茨(Leibniz)的微积分思想后,这些问题才统一到一起,并且与求原函数的问题联系起来.牛顿和莱布尼茨的定积分思想经过 200 多年的发展,由 19 世纪的德国数学家黎曼(Riemann)给出了严格的定义.在黎曼之后,法国数学家达布(Darboux)又给出了定积分的另一个等价定义,本章所讲的定积分定义是黎曼给出的.定积分是积分学的另一个重要的基本概念,和导数概念一样,它也是在解决各种实际问题中逐渐形成并发展起来的,现已成为解决许多实际问题的有力工具.

本章将首先从实际问题出发引出定积分的概念,给出定积分的几何意义和性质;再通过建立定积分与不定积分的内在联系,解决定积分的计算问题;最后介绍定积分在几何、物理、经济等方面的应用.学习过程中应该深刻理解定积分的思想和定义模式,以后遇到的各类积分其思想方法与定积分的基本一致.

5.1　定积分的概念和性质

5.1 预习检测

5.1.1　几个例子

1. 曲边梯形的面积

用初等数学方法可以计算多边形、圆形和扇形等简单图形的面积,但对于较复杂的曲线所围成的图形(图 5-1)的面积计算则无能为力.如图 5-1 所示,我们总可以用若干互相垂直的直线将图形分割成如阴影部分所示的基本图形,它由两条平行线段,一条与之垂直的线段,以及一条曲线弧所围成,这样的图形称为**曲边梯形**.特别地,当平行线之一缩为一点时,称为**曲边三角形**.

现在求由直线 $x=a,x=b,y=0$ 和连续曲线 $y=f(x)\ (f(x)\geqslant 0)$ 所围成的曲边梯形的面积 S.

如果曲边梯形的高不变,即 $y=C$(常数),则根据矩形面积公式

$$面积 = 底 \times 高,$$

便可求出它的面积.但如果 $y=f(x)$ 是一般曲线,则底边上每一点 x 处的高 $y=f(x)$ 随 x 变化而变化,上述计算公式就不适用.不过,当函数 $y=f(x)$ 连续,且自变量在很小的区间内变化时,函数的变化幅度也很小,由此我们得到解决问题的思路是:用平行于 y 轴的直线将曲边梯形分成许多小长条(图 5-2),每一个长条都用一个适当的矩形去代替,把这些矩形的面积加起来,就近似得到曲边梯形的面积 S.小

图 5-1

长条分得越细,近似程度越好,取"极限"就是面积 S.具体地,分四步来解决:

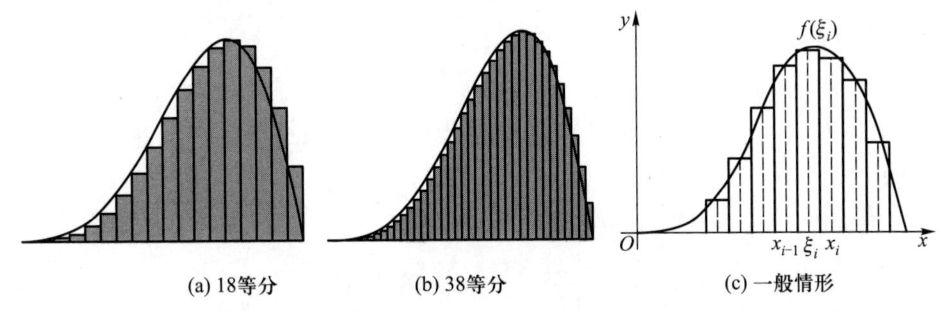

图 5-2 以函数 $f(x)=x^2\sin x, x\in[0,\pi]$ 为曲边的曲边梯形面积近似计算

(1) 分割:在 $[a,b]$ 中任意加入 $n-1$ 个分点

$$a=x_0<x_1<x_2<\cdots<x_{n-1}<x_n=b,$$

将 $[a,b]$ 分成 n 个小区间

$$[x_0,x_1],[x_1,x_2],\cdots,[x_{i-1},x_i],\cdots,[x_{n-1},x_n],$$

这些小区间的长度分别记作 $\Delta x_1,\Delta x_2,\cdots,\Delta x_i,\cdots,\Delta x_n$,即 $\Delta x_i=x_i-x_{i-1}$.

(2) 近似:任意取定一个 $\xi_i\in[x_{i-1},x_i]$,近似地计算第 i 个小曲边梯形的面积

$$\Delta S_i\approx f(\xi_i)\Delta x_i \quad (i=1,2,\cdots,n).$$

(3) 求和:将每个小曲边梯形的面积的近似值加起来得到 S 的近似值

$$S\approx\sum_{i=1}^{n}f(\xi_i)\Delta x_i=f(\xi_1)\Delta x_1+f(\xi_2)\Delta x_2+\cdots+f(\xi_n)\Delta x_n.$$

(4) 取极限:令 λ 为 n 个小区间的长度中的最大者,即

$$\lambda=\max\{\Delta x_1,\Delta x_2,\cdots,\Delta x_n\},$$

则定义所求曲边梯形的面积为

$$S=\lim_{\lambda\to 0}\sum_{i=1}^{n}f(\xi_i)\Delta x_i.$$

2. 变速直线运动的路程

设做直线运动物体的速度为 $v=v(t)\geqslant 0$,求该物体在时间间隔 $[T_1,T_2]$ 内所经过的路程 s.

如果物体做匀速直线运动,即速度是常量,那么

路程=速度×时间.

但现在物体运动的速度是变量,我们可以采取与计算曲边梯形面积相似的方法来计算要求的路程.

(1) 分割:在 $[T_1,T_2]$ 中任意加入 $n-1$ 个分点

$$T_1=t_0<t_1<\cdots<t_{n-1}<t_n=T_2,$$

将 $[T_1,T_2]$ 分成 n 个小区间

$$[t_0,t_1],[t_1,t_2],\cdots,[t_{n-1},t_n],$$

每个小区间的长度分别记作

$$\Delta t_i=t_i-t_{i-1} \quad (i=1,2,\cdots,n),$$

用符号 $\lambda=\max\limits_{1\leqslant i\leqslant n}\{\Delta t_i\}$ 表示这些子区间的最大长度.这样就把路程 s 分割成 n 段路程 $\Delta s_i(i=1,2,\cdots,n)$,显然 $s=\sum\limits_{i=1}^{n}\Delta s_i$.

(2) 近似:当 Δt_i 很小时,速度 $v(t)$ 的变化也很小,可以近似地看作不变,在第 i 个子区间 $[t_{i-1},t_i]$ 上任取一点 ξ_i,则在时间段 $[t_{i-1},t_i]$ 上物体近似地以速度 $v(\xi_i)$ 匀速运动,于是有

$$\Delta s_i\approx v(\xi_i)\Delta t_i\quad(i=1,2,\cdots,n).$$

(3) 求和:把 n 个子区间 $[t_{i-1},t_i]$ 上按匀速运动计算出的路程近似值加起来,就得到

$$s\approx\sum_{i=1}^{n}v(\xi_i)\Delta t_i.$$

(4) 取极限:不难想到,当对时间间隔 $[T_1,T_2]$ 的分割越来越细,小区间段上看作匀速运动时的路程之和就越来越接近 s.于是当 $\lambda\to 0$ 时,把和式的极限定义为 s 的精确值

$$s=\lim_{\lambda\to 0}\sum_{i=1}^{n}v(\xi_i)\Delta t_i.$$

3. 变力沿直线做功

物体做直线运动时,如果力 F 的方向与模不变,且力 F 的方向与物体运动方向保持一致,则经过路程 s,力 F 所做的功(记为 W)为

$$W=|F|s.$$

当力 F 的模变化时,就不能直接用这个公式计算了,需要寻找求变力做功的一般方法.

设力 F 的模是路程 s 的连续函数

$$|F|=F(s).$$

力 F 与运动方向一致,求物体由点 a 到点 b 时,力 F 所做的功(图 5-3).

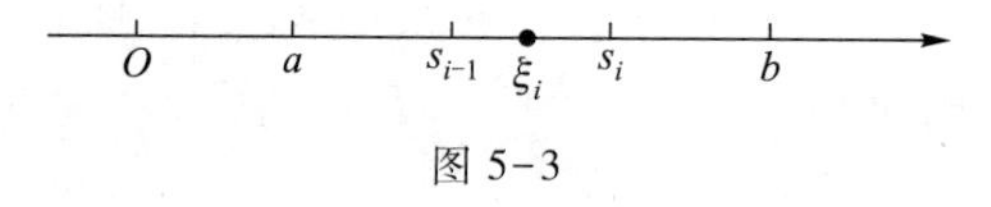

图 5-3

(1) 分割:在 $[a,b]$ 中任意加入 $n-1$ 个分点,

$$a=s_0<s_1<s_2<\cdots<s_{n-1}<s_n=b,$$

将 $[a,b]$ 分成 n 个小区间

$$[s_0,s_1],[s_1,s_2],\cdots,[s_{n-1},s_n],$$

这些小区间的长度分别记作 $\Delta s_1,\Delta s_2,\cdots,\Delta s_n$.

(2) 近似:近似地计算物体在力 F 的作用下,由 s_{i-1} 移到 s_i 时,力 F 做的功 ΔW_i,则

$$\Delta W_i\approx F(\xi_i)\Delta s_i,\text{其中 }\xi_i\in[s_{i-1},s_i]\quad(i=1,2,\cdots,n).$$

(3) 求和:计算功 W 的近似值.

$$W\approx\sum_{i=1}^{n}F(\xi_i)\Delta s_i.$$

(4) 取极限:令 $\lambda=\max\{\Delta s_1,\Delta s_2,\cdots,\Delta s_n\}$,则

$$W=\lim_{\lambda\to 0}\sum_{i=1}^{n}F(\xi_i)\Delta s_i.$$

以上三个问题虽然研究的对象不同,但解决它们的思路及模式是相同的,抛开这些问题

的具体意义,从数学结构上抽象概括这些共同之处就形成了定积分的概念.

5.1.2 定积分的定义

定义 设函数 $f(x)$ 在 $[a,b]$ 上有界.在 $[a,b]$ 中任意加入 $n-1$ 个分点

$$a=x_0<x_1<x_2<\cdots<x_{n-1}<x_n=b,$$

将 $[a,b]$ 分成 n 个小区间 $[x_0,x_1],[x_1,x_2],\cdots,[x_{n-1},x_n]$,记这些子区间的长度分别为 Δx_1, $\Delta x_2,\cdots,\Delta x_n$.任取 $\xi_i\in[x_{i-1},x_i],i=1,2,\cdots,n$,作和 $\sum\limits_{i=1}^{n}f(\xi_i)\Delta x_i$.记 $\lambda=\max\{\Delta x_1,\Delta x_2,\cdots,\Delta x_n\}$.若极限

$$\lim_{\lambda\to 0}\sum_{i=1}^{n}f(\xi_i)\Delta x_i$$

存在,则称函数 $f(x)$ **在** $[a,b]$ **上可积**,称此极限为函数 $f(x)$ 在 $[a,b]$ 上的**定积分**,记为 $\int_a^b f(x)\mathrm{d}x$,即

$$\int_a^b f(x)\mathrm{d}x=\lim_{\lambda\to 0}\sum_{i=1}^{n}f(\xi_i)\Delta x_i,$$

微课
定积分的定义

其中 x 称为**积分变量**,$f(x)$ 称为**被积函数**,$f(x)\mathrm{d}x$ 称为**被积表达式**,$[a,b]$ 称为**积分区间**,a 称为**积分下限**,b 称为**积分上限**,$\int$ 称为**积分号**.

根据定积分的定义,前面三个例子可以表示为

$$S=\int_a^b f(x)\mathrm{d}x \qquad (曲边梯形的面积);$$

$$s=\int_{T_1}^{T_2} v(t)\mathrm{d}t \qquad (变速直线运动的路程);$$

$$W=\int_a^b F(s)\mathrm{d}s \qquad (变力做功).$$

由定积分的定义可知:

(1) 定积分 $\int_a^b f(x)\mathrm{d}x$ 只与被积函数 $f(x)$ 的对应法则以及定义区间 $[a,b]$ 有关,而与表示积分变量的字母无关,因而

$$\int_a^b f(x)\mathrm{d}x=\int_a^b f(t)\mathrm{d}t.$$

a,b 是常数时,定积分 $\int_a^b f(x)\mathrm{d}x$ 是一常数.

(2) 定积分 $\int_a^b f(x)\mathrm{d}x$ 的实质是和式 $\sum\limits_{i=1}^{n}f(\xi_i)\Delta x_i$ 的极限($n\to\infty$ 同时 $\lambda=\max\{\Delta x_i\}\to 0$),是一种特殊形式的和式的极限.所谓极限存在,指的是无论对 $[a,b]$ 怎么分割,也无论 ξ_i 在小区间 $[x_{i-1},x_i]$ 上如何选取,极限 $\lim\limits_{\lambda\to 0}\sum\limits_{i=1}^{n}f(\xi_i)\Delta x_i$ 都存在且相等.

关于定积分,首要问题是,函数 $f(x)$ 满足什么条件时,它在 $[a,b]$ 上可积?下面给出一个必要条件和两个充分条件,证明从略.

定理 (i) 如果$f(x)$在$[a,b]$上可积,那么$f(x)$在$[a,b]$上有界;

(ii) 如果$f(x)$在$[a,b]$上连续,则$f(x)$在$[a,b]$上可积;

(iii) 如果$f(x)$在$[a,b]$上有界,且除了有限个第一类间断点外在$[a,b]$上连续,那么$f(x)$在$[a,b]$上可积.

注 可积函数必有界,但是有界函数不一定可积.读者可以用定积分的定义验证,狄利克雷函数$D(x)$(见第一章 1.1.2 例 4)在$[0,1]$上不可积.

在定积分的定义中假设$a<b$,为了计算方便,规定:

(1) 当$a=b$时,$\int_a^b f(x)\mathrm{d}x=0$;

(2) 当$a>b$时,$\int_a^b f(x)\mathrm{d}x$亦有意义,且

$$\int_a^b f(x)\mathrm{d}x=-\int_b^a f(x)\mathrm{d}x.$$

从几何上看,当$f(x)\geqslant 0$时,$\int_a^b f(x)\mathrm{d}x$表示曲线$y=0,y=f(x),x=a,x=b$所围曲边梯形的面积;当$f(x)\leqslant 0$时,曲边梯形在x轴的下方,定积分$\int_a^b f(x)\mathrm{d}x$表示曲边梯形面积的负值;当$f(x)$在$[a,b]$上有正、负时,如果我们约定:给面积赋予正、负号(图 5-4),在x轴上方的图形的面积为正,在x轴下方的图形的面积为负,则定积分$\int_a^b f(x)\mathrm{d}x$的几何意义是界于$x=a,x=b$和x轴上、下图形的面积的代数和.

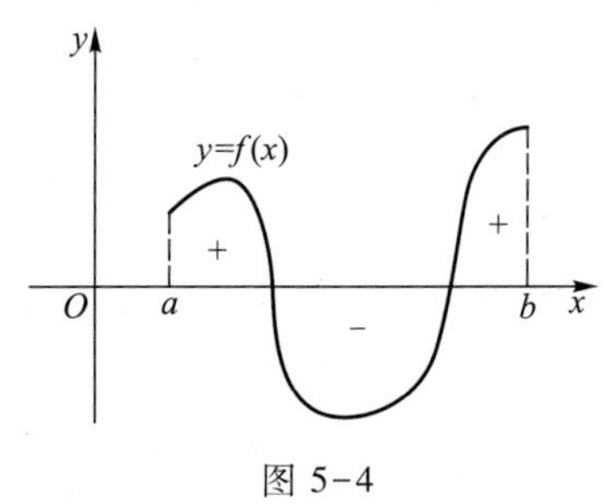

图 5-4

5.1.3 定积分的性质

下列各性质中,积分上、下限的大小如不特别声明,均不加限制,而有些性质则必须限制积分下限小于上限,我们假定所讨论的函数在所讨论的区间上是可积的.

性质 1 $\int_a^b[f(x)\pm g(x)]\mathrm{d}x=\int_a^b f(x)\mathrm{d}x\pm\int_a^b g(x)\mathrm{d}x.$

证
$$\begin{aligned}\int_a^b[f(x)\pm g(x)]\mathrm{d}x&=\lim_{\lambda\to 0}\sum_{i=1}^n[f(\xi_i)\pm g(\xi_i)]\Delta x_i\\&=\lim_{\lambda\to 0}\left[\sum_{i=1}^n f(\xi_i)\Delta x_i\pm\sum_{i=1}^n g(\xi_i)\Delta x_i\right]\\&=\lim_{\lambda\to 0}\sum_{i=1}^n f(\xi_i)\Delta x_i\pm\lim_{\lambda\to 0}\sum_{i=1}^n g(\xi_i)\Delta x_i\\&=\int_a^b f(x)\mathrm{d}x\pm\int_a^b g(x)\mathrm{d}x.\end{aligned}$$

性质 2 $\int_a^b kf(x)\mathrm{d}x=k\int_a^b f(x)\mathrm{d}x$ (k为常数).

证明与性质 1 类似,性质 1 和性质 2 合起来反映了定积分的线性性质.

性质 3(区间可加性)　$\int_a^b f(x)\mathrm{d}x=\int_a^c f(x)\mathrm{d}x+\int_c^b f(x)\mathrm{d}x$.

其中 c 可以在$[a,b]$内,也可以在$[a,b]$之外,只要函数在区间$[\min\{a,b,c\},\max\{a,b,c\}]$上可积就行.

这个性质我们只作一个几何解释,见图 5-5,$c\in[a,b]$,显然有

$$\int_a^b f(x)\mathrm{d}x=\int_a^c f(x)\mathrm{d}x+\int_c^b f(x)\mathrm{d}x.$$

若 c 在$[a,b]$之外,见图 5-6, 则有

$$\int_c^b f(x)\mathrm{d}x=\int_c^a f(x)\mathrm{d}x+\int_a^b f(x)\mathrm{d}x.$$

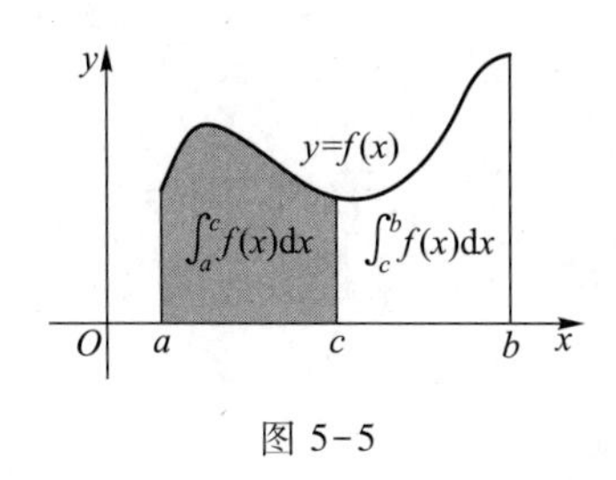

图 5-5

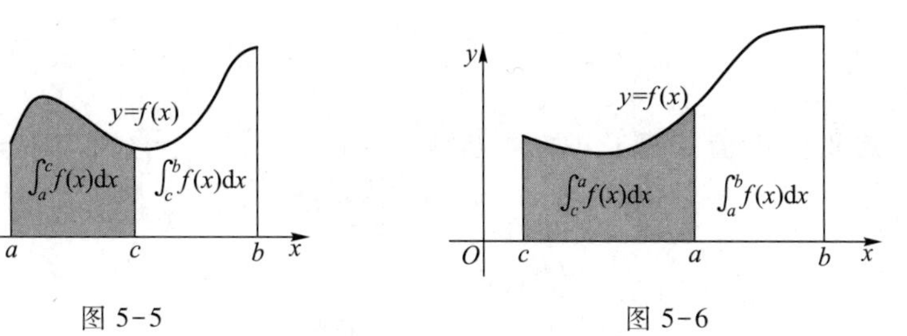

图 5-6

因为 $\int_c^a f(x)\mathrm{d}x=-\int_a^c f(x)\mathrm{d}x$, 所以

$$\int_c^b f(x)\mathrm{d}x=-\int_a^c f(x)\mathrm{d}x+\int_a^b f(x)\mathrm{d}x,$$

即

$$\int_a^b f(x)\mathrm{d}x=\int_a^c f(x)\mathrm{d}x+\int_c^b f(x)\mathrm{d}x.$$

性质 4　当 $f(x)=1$ 时,$\int_a^b \mathrm{d}x=b-a$.

性质 5(保序性)　若在$[a,b]$上,$f(x)\geqslant g(x)$,则

$$\int_a^b f(x)\mathrm{d}x\geqslant\int_a^b g(x)\mathrm{d}x.$$

证　令 $\varphi(x)=f(x)-g(x)\geqslant 0$,则

$$\sum_{i=1}^{n}\varphi(\xi_i)\Delta x_i=\sum_{i=1}^{n}[f(\xi_i)-g(\xi_i)]\Delta x_i\geqslant 0,$$

即

$$\sum_{i=1}^{n}f(\xi_i)\Delta x_i\geqslant\sum_{i=1}^{n}g(\xi_i)\Delta x_i,$$

所以由极限的保序性

$$\lim_{\lambda\to 0}\sum_{i=1}^{n}f(\xi_i)\Delta x_i\geqslant\lim_{\lambda\to 0}\sum_{i=1}^{n}g(\xi_i)\Delta x_i,$$

即

$$\int_a^b f(x)\,\mathrm{d}x \geqslant \int_a^b g(x)\,\mathrm{d}x.$$

性质 6(估值定理) 设在$[a,b]$上有$m\leqslant f(x)\leqslant M$,其中$M,m$为常数,则

$$m(b-a)\leqslant \int_a^b f(x)\,\mathrm{d}x \leqslant M(b-a).$$

证 因为$m\leqslant f(x)\leqslant M$,由性质5可得

$$\int_a^b m\,\mathrm{d}x \leqslant \int_a^b f(x)\,\mathrm{d}x \leqslant \int_a^b M\,\mathrm{d}x.$$

即

$$m(b-a)\leqslant \int_a^b f(x)\,\mathrm{d}x \leqslant M(b-a).$$

性质 7(定积分中值定理) 如果函数$f(x)$在$[a,b]$上连续,则至少存在一点$\xi\in[a,b]$,使

$$\int_a^b f(x)\,\mathrm{d}x = f(\xi)(b-a).$$

证 因为$f(x)$在$[a,b]$上连续,所以存在最大值M和最小值m,即$m\leqslant f(x)\leqslant M$.由性质6,得

$$m(b-a)\leqslant \int_a^b f(x)\,\mathrm{d}x \leqslant M(b-a).$$

由此得

$$m\leqslant \frac{1}{b-a}\int_a^b f(x)\,\mathrm{d}x \leqslant M.$$

令$\mu=\dfrac{1}{b-a}\displaystyle\int_a^b f(x)\,\mathrm{d}x$,则$m\leqslant\mu\leqslant M$.由连续函数的介值定理知,存在$\xi\in[a,b]$,使得$f(\xi)=\mu$,则

$$\frac{1}{b-a}\int_a^b f(x)\,\mathrm{d}x = f(\xi),$$

即

$$\int_a^b f(x)\,\mathrm{d}x = f(\xi)(b-a).$$

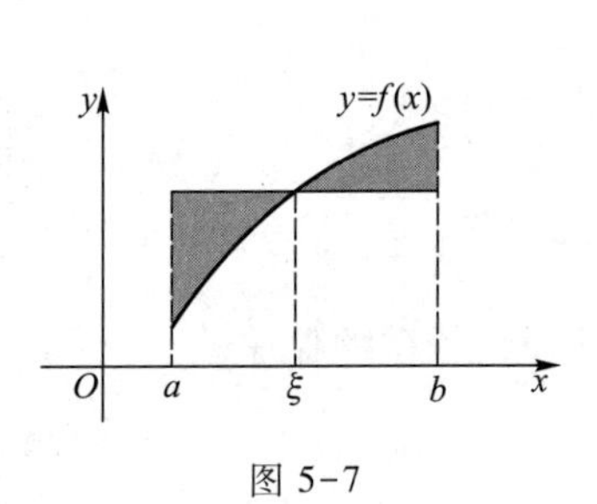

图 5-7

定积分中值定理的几何意义是:设$f(x)\geqslant 0$,则在$[a,b]$上至少有一点ξ,使得以$f(\xi)$为高,$b-a$为底的长方形面积等于以曲线$y=f(x)$为曲边的曲边梯形的面积(图5-7).

由于不知道ξ是$[a,b]$上的哪一点,所以由它并不能直接计算出定积分,但在下一节将看到它在证明定积分的基本

公式中起着重要的作用.

例 1 计算 $\int_0^1 \mathrm{e}^x \mathrm{d}x$.

解 因为 e^x 在 $[0,1]$ 上连续,所以定积分 $\int_0^1 \mathrm{e}^x \mathrm{d}x$ 存在,因而定积分值与区间 $[0,1]$ 的分法及 ξ_i 的选取无关,为方便计算,将 $[0,1]$ n 等分(图 5-8),且取 ξ_i 为每一个子区间的左端点,即

$$\xi_i=\frac{i-1}{n}\quad(i=1,2,\cdots,n),\Delta x_i=\frac{1}{n},$$

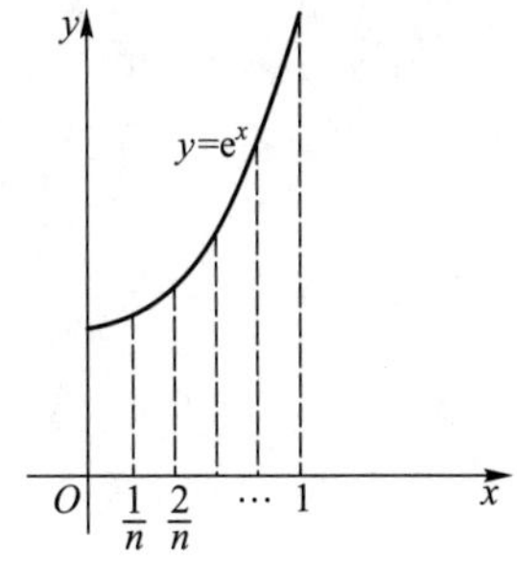

图 5-8

则

$$\begin{aligned}\sum_{i=1}^{n} f(\xi_i)\Delta x_i &= \sum_{i=1}^{n} f\left(\frac{i-1}{n}\right)\frac{1}{n}=\mathrm{e}^0\frac{1}{n}+\mathrm{e}^{\frac{1}{n}}\frac{1}{n}+\cdots+\mathrm{e}^{\frac{n-1}{n}}\frac{1}{n}\\ &=\frac{1}{n}(\mathrm{e}^0+\mathrm{e}^{\frac{1}{n}}+\cdots+\mathrm{e}^{\frac{n-1}{n}})=\frac{1}{n}\frac{1-(\mathrm{e}^{\frac{1}{n}})^n}{1-\mathrm{e}^{\frac{1}{n}}}\\ &=(\mathrm{e}-1)\frac{\frac{1}{n}}{\mathrm{e}^{\frac{1}{n}}-1}.\end{aligned}$$

注意到此时 $\lambda=\frac{1}{n}$,当 $\lambda\to 0$ 时,$n\to\infty$,于是有

$$\int_0^1 \mathrm{e}^x \mathrm{d}x=\lim_{\lambda\to 0}\sum_{i=1}^{n} f(\xi_i)\Delta x_i=\lim_{n\to\infty}(\mathrm{e}-1)\frac{\frac{1}{n}}{\mathrm{e}^{\frac{1}{n}}-1}=\mathrm{e}-1.$$

例 2 用定义求定积分 $\int_1^{\mathrm{e}} \ln x \mathrm{d}x$.

微课
5.1 节例 2

解 若采用等差分点分割 $[1,\mathrm{e}]$,则第 i 个小区间为 $\left[1+\frac{i-1}{n}(\mathrm{e}-1),1+\frac{i}{n}(\mathrm{e}-1)\right]$,区间长度为 $\Delta x_i=\frac{\mathrm{e}-1}{n}$.若取区间分点 $\xi_i=1+\frac{i}{n}(\mathrm{e}-1)$,则

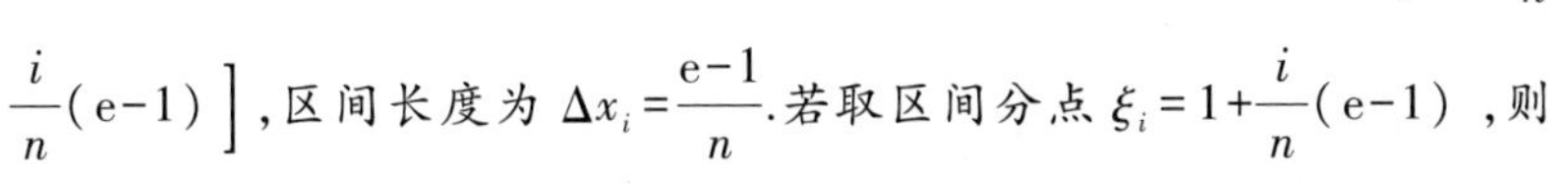

$$\int_1^{\mathrm{e}} \ln x \mathrm{d}x=\lim_{n\to\infty}\sum_{i=1}^{n} f(\xi_i)\Delta x_i=\lim_{n\to\infty}\sum_{i=1}^{n}\ln\left[1+\frac{i}{n}(\mathrm{e}-1)\right]\frac{\mathrm{e}-1}{n}.$$

此和式的极限不易求得.

若采用等比分点 $1=q^0<q^1<q^2<\cdots<q^{n-1}<q^n=\mathrm{e}$,则第 i 个小区间的区间长度为 $\Delta x_i=q^i-q^{i-1}=\mathrm{e}^{\frac{i}{n}}-\mathrm{e}^{\frac{i-1}{n}}$,取 $\xi_i=q^i=\mathrm{e}^{\frac{i}{n}}$,则

$$\begin{aligned}\sum_{i=1}^{n} f(\xi_i)\Delta x_i &= \sum_{i=1}^{n}\frac{i}{n}(\mathrm{e}^{\frac{i}{n}}-\mathrm{e}^{\frac{i-1}{n}})\\ &=\frac{1}{n}\left[(\mathrm{e}^{\frac{1}{n}}-1)+2(\mathrm{e}^{\frac{2}{n}}-\mathrm{e}^{\frac{1}{n}})+3(\mathrm{e}^{\frac{3}{n}}-\mathrm{e}^{\frac{2}{n}})+\cdots+n(\mathrm{e}^{\frac{n}{n}}-\mathrm{e}^{\frac{n-1}{n}})\right]\end{aligned}$$

$$=\frac{1}{n}\left[-1-e^{\frac{1}{n}}-e^{\frac{2}{n}}-\cdots-e^{\frac{n-1}{n}}+ne\right]$$

$$=\frac{1}{n}\left[-\frac{1-e}{1-e^{\frac{1}{n}}}+ne\right]=\frac{\frac{1}{n}}{e^{\frac{1}{n}}-1}(1-e)+e.$$

所以有

$$\int_1^e \ln x\mathrm{d}x=\lim_{n\to\infty}\left[\frac{\frac{1}{n}}{e^{\frac{1}{n}}-1}(1-e)+e\right]=1\ .$$

#例 3 估计积分 $\int_{-1}^{2} e^{-x^2}\mathrm{d}x$.

解 先求出 $f(x)=e^{-x^2}$ 在 $[-1,2]$ 上的最大值与最小值.

$$f'(x)=-2xe^{-x^2},$$

驻点为 $x=0$. $f(0)=1$, $f(-1)=e^{-1}$, $f(2)=e^{-4}$. 由此得最大值 $f(0)=1$, 最小值 $f(2)=e^{-4}$, 所以

$$[2-(-1)]f(2)\leqslant\int_{-1}^{2} e^{-x^2}\mathrm{d}x\leqslant[2-(-1)]f(0),$$

即

$$3e^{-4}\leqslant\int_{-1}^{2} e^{-x^2}\mathrm{d}x\leqslant 3.$$

习题 5.1

A

1. 利用定积分的定义计算下列积分：

(1) $\int_a^b x\mathrm{d}x \quad (a<b)$； (2) $\int_0^1 x^2\mathrm{d}x$.

2. 比较下列各组积分的大小：

(1) $\int_{-2}^{-1} e^{-x^3}\mathrm{d}x$ 与 $\int_{-2}^{-1} e^{x^3}\mathrm{d}x$； (2) $\int_1^2 x\mathrm{d}x$ 与 $\int_1^2 x^2\mathrm{d}x$；

(3) $\int_0^1 e^x\mathrm{d}x$ 与 $\int_0^1 e^{x^2}\mathrm{d}x$； (4) $\int_3^4 \ln x\mathrm{d}x$ 与 $\int_3^4 (\ln x)^2\mathrm{d}x$.

3. 估计下列积分的值：

(1) $\int_1^4 (x^2+1)\mathrm{d}x$； (2) $\int_{\frac{1}{4}\pi}^{\frac{5}{4}\pi}(1+\sin^2 x)\mathrm{d}x$；

(3) $\int_{\frac{1}{\sqrt{3}}}^{\sqrt{3}} x\arctan x\mathrm{d}x$； (4) $\int_2^0 e^{x^2-x}\mathrm{d}x$.

4. 把极限 $\lim\limits_{n\to\infty}\ln\sqrt[n]{\left(1+\frac{1}{n}\right)^2\left(1+\frac{2}{n}\right)^2\cdots\left(1+\frac{n}{n}\right)^2}$ 用定积分表示.

B

1. 利用定积分的定义计算以[1,3]为底,抛物线 $y=x^2+1$ 为曲边的曲边梯形的面积.

2. 利用定积分的几何意义,说明下列等式:

(1) $\int_0^1 2x\mathrm{d}x = 1$; (2) $\int_0^1 \sqrt{1-x^2}\mathrm{d}x = \frac{\pi}{4}$;

(3) $\int_{-\pi}^{\pi} \sin x\mathrm{d}x = 0$; (4) $\int_{-\frac{\pi}{2}}^{\frac{\pi}{2}} \cos x\mathrm{d}x = 2\int_0^{\frac{\pi}{2}} \cos x\mathrm{d}x$.

3. 利用定积分的性质证明:$\frac{1}{2} \leqslant \int_{\frac{\pi}{4}}^{\frac{\pi}{2}} \frac{\sin x}{x}\mathrm{d}x \leqslant \frac{\sqrt{2}}{2}$.

4. 设 $f(x)$,$g(x)$ 在 $[a,b]$ 上连续,证明:

(1) 若在 $[a,b]$ 上,$f(x) \geqslant 0$ 且 $\int_a^b f(x)\mathrm{d}x = 0$,则在 $[a,b]$ 上 $f(x) \equiv 0$;

(2) 若在 $[a,b]$ 上,$f(x) \geqslant 0$ 且 $f(x)$ 不恒等于零,则 $\int_a^b f(x)\mathrm{d}x > 0$;

(3) 若在 $[a,b]$ 上,$f(x) \leqslant g(x)$ 且 $\int_a^b f(x)\mathrm{d}x = \int_a^b g(x)\mathrm{d}x$,则在 $[a,b]$ 上 $f(x) \equiv g(x)$.

5. 设函数 $f(x)$,$g(x)$ 在 $[a,b]$ 上连续,且 $g(x) > 0$,利用闭区间上连续函数的性质,证明存在一点 $\xi \in [a,b]$,使 $\int_a^b f(x)g(x)\mathrm{d}x = f(\xi)\int_a^b g(x)\mathrm{d}x$.

6. 设函数 $f(x)$ 与 $g(x)$ 在 $[0,1]$ 上连续,且 $f(x) \leqslant g(x)$,则对任何 $c \in (0,1)$,下列不等式中成立的是(　　).

(A) $\int_{\frac{1}{2}}^{c} f(t)\mathrm{d}t \geqslant \int_{\frac{1}{2}}^{c} g(t)\mathrm{d}t$ (B) $\int_{\frac{1}{2}}^{c} f(t)\mathrm{d}t \leqslant \int_{\frac{1}{2}}^{c} g(t)\mathrm{d}t$

(C) $\int_c^1 f(t)\mathrm{d}t \geqslant \int_c^1 g(t)\mathrm{d}t$ (D) $\int_c^1 f(t)\mathrm{d}t \leqslant \int_c^1 g(t)\mathrm{d}t$

5.2 牛顿-莱布尼茨公式

5.2 预习检测

我们知道,定积分是求总量的数学模型,根据其定义可以通过分割、近似、求和、取极限的四步法求出,步骤十分清楚,但是实际计算中求积分和式极限是十分困难的.这也是定积分的思想方法虽然早在公元前就已经有了,但是一直没有成为解决实际问题的有力工具的根本原因.幸运的是,通过一代又一代数学家的努力,最终由牛顿(Newton)、莱布尼茨(Leibnitz)等人从另一个角度揭示了微分和积分的内在联系,把定积分的计算归结为不定积分计算问题,并由此推导出计算定积分的简便公式,从而为计算定积分另辟蹊径.

从上一节知道,物体在时间间隔 $[t_1,t_2]$ 内经过的路程可以用速度函数 $v=v(t)$ 在 $[t_1,t_2]$ 上的定积分 $\int_{t_1}^{t_2} v(t)\mathrm{d}t$ 来表达,另一方面,这段路程又可以通过位置函数 $s(t)$ 在区间 $[t_1,t_2]$ 上的改变量 $s(t_2)-s(t_1)$ 来表达.由此可见,位置函数 $s(t)$ 与速度函数 $v(t)$ 之间有如下关系

$$\int_{t_1}^{t_2} v(t)\mathrm{d}t = s(t_2) - s(t_1).$$

因为 $s'(t)=v(t)$，即位置函数是速度函数 $v(t)$ 的原函数，以上关系式是说：速度函数 $v(t)$ 在 $[t_1,t_2]$ 上的定积分等于 $v(t)$ 的原函数 $s(t)$ 在 $[t_1,t_2]$ 上的改变量 $s(t_2)-s(t_1)$.

上述从特殊问题中得出来的关系，在一定条件下，具有普遍性，即所谓的牛顿-莱布尼茨公式，又称为微积分基本公式.

5.2.1 积分上限函数

设函数 $f(x)$ 在 $[a,b]$ 上连续，则 $\forall x\in[a,b]$，$f(x)$ 在 $[a,x]$ 上连续，所以积分 $\int_a^x f(x)\mathrm{d}x$ 是唯一确定的，且随着积分上限 x 的变化而变化，因此是积分上限 x 的函数. $\int_a^x f(x)\mathrm{d}x$ 中作为积分上限的 x 和作为积分变量的 x 含义是完全不同的，为避免初学者混淆，可以把积分变量 x 换写成其他字母，例如 t，于是上面的定积分可以写成 $\int_a^x f(t)\mathrm{d}t$. 若记 $\Phi(x)=\int_a^x f(t)\mathrm{d}t$，称 $\Phi(x)$ 为积分上限函数，此函数定义在闭区间 $[a,b]$ 上.

函数 $\Phi(x)$ 具有下述重要性质.

定理 1 如果函数 $f(x)$ 在 $[a,b]$ 上连续，则积分上限函数 $\Phi(x)=\int_a^x f(t)\mathrm{d}t$ 在 $[a,b]$ 上可导，且 $\forall x\in[a,b]$，有

$$\Phi'(x)=\frac{\mathrm{d}}{\mathrm{d}x}\int_a^x f(t)\mathrm{d}t=f(x).$$

证 给上限 x 一改变量 Δx，则函数 $\Phi(x)$ 在 $x+\Delta x(a\leqslant x+\Delta x\leqslant b)$ 处的函数值为 $\Phi(x+\Delta x)=\int_a^{x+\Delta x} f(t)\mathrm{d}t$，因此函数的改变量为

$$\Delta\Phi=\Phi(x+\Delta x)-\Phi(x)=\int_a^{x+\Delta x} f(t)\mathrm{d}t-\int_a^x f(t)\mathrm{d}t=\int_x^{x+\Delta x} f(t)\mathrm{d}t.$$

由积分中值定理得到

$$\Delta\Phi=f(\xi)(x+\Delta x-x)=f(\xi)\Delta x,$$

其中 ξ 在 x 与 $x+\Delta x$ 之间.由此得

$$\frac{\Delta\Phi}{\Delta x}=f(\xi).$$

因为当 $\Delta x\to 0$ 时，$\xi\to x$，又 $f(x)$ 在 $[a,b]$ 上连续，所以

$$\lim_{\Delta x\to 0}\frac{\Delta\Phi}{\Delta x}=\lim_{\Delta x\to 0}f(\xi)=\lim_{\xi\to x}f(\xi)=f(x).$$

上述定理告诉我们：

连续函数的积分上限函数的导数等于被积函数，这表明连续函数的积分上限函数是被积函数的一个原函数，从而给出了原函数存在定理.这个定理揭示了微分（或导数）与（变上限）定积分之间的内在联系，使得微分与积分从理论上成为一个整体，因而称为**微积分基本定理**.

例 1　设 $y=\int_0^x \sin t\mathrm{d}t$，求 $y'(0)$，$y'\left(\frac{\pi}{4}\right)$.

解　$y'=\sin x$，所以 $y'(0)=\sin 0=0$，$y'\left(\frac{\pi}{4}\right)=\frac{\sqrt{2}}{2}$.

由复合函数的求导法，可得

$$\frac{\mathrm{d}}{\mathrm{d}x}\int_a^{u(x)} f(t)\mathrm{d}t=f[u(x)]u'(x).$$

对积分下限函数 $\int_x^b f(t)\mathrm{d}t$，有

$$\frac{\mathrm{d}}{\mathrm{d}x}\int_x^b f(t)\mathrm{d}t=-f(x),\frac{\mathrm{d}}{\mathrm{d}x}\int_{v(x)}^b f(t)\mathrm{d}t=-f[v(x)]v'(x).$$

更一般地，

$$\frac{\mathrm{d}}{\mathrm{d}x}\int_{v(x)}^{u(x)} f(t)\mathrm{d}t=f[u(x)]u'(x)-f[v(x)]v'(x).$$

例 2　设 $y=\int_{\sin x}^{\cos x}\cos(\pi t^2)\mathrm{d}t$，求 y'.

解　$y'=\cos(\pi\cos^2 x)(-\sin x)-\cos(\pi\sin^2 x)\cos x$

$=-\sin x\cos(\pi\cos^2 x)-\cos x\cos(\pi\sin^2 x)$.

例 3　设函数 $y=y(x)$ 由参数方程 $\begin{cases}x=1+2t^2,\\ y=\int_1^{1+2\ln t}\frac{\mathrm{e}^u}{u}\mathrm{d}u\end{cases}(t>1)$ 所确定，求 $\left.\frac{\mathrm{d}^2y}{\mathrm{d}x^2}\right|_{x=9}$.

微课
5.2 节例 3

解　本题为参数方程求二阶导数，按参数方程求导的公式进行计算即可.注意当 $x=9$ 时，可相应地确定参数 t 的取值.由

$$\frac{\mathrm{d}y}{\mathrm{d}t}=\frac{\mathrm{e}^{1+2\ln t}}{1+2\ln t}\frac{2}{t}=\frac{2\mathrm{e}t}{1+2\ln t},\quad \frac{\mathrm{d}x}{\mathrm{d}t}=4t,$$

得

$$\frac{\mathrm{d}y}{\mathrm{d}x}=\frac{\frac{\mathrm{d}y}{\mathrm{d}t}}{\frac{\mathrm{d}x}{\mathrm{d}t}}=\frac{\frac{2\mathrm{e}t}{1+2\ln t}}{4t}=\frac{\mathrm{e}}{2(1+2\ln t)},$$

所以

$$\frac{\mathrm{d}^2y}{\mathrm{d}x^2}=\frac{\mathrm{d}}{\mathrm{d}t}\left(\frac{\mathrm{d}y}{\mathrm{d}x}\right)\frac{1}{\frac{\mathrm{d}x}{\mathrm{d}t}}=\frac{\mathrm{e}}{2}\frac{-1}{(1+2\ln t)^2}\frac{2}{t}\frac{1}{4t}=-\frac{\mathrm{e}}{4t^2(1+2\ln t)^2}.$$

当 $x=9$ 时，由 $x=1+2t^2$ 及 $t>1$ 得 $t=2$，故

$$\left.\frac{\mathrm{d}^2y}{\mathrm{d}x^2}\right|_{x=9}=-\left.\frac{\mathrm{e}}{4t^2(1+2\ln t)^2}\right|_{t=2}=-\frac{\mathrm{e}}{16(1+2\ln 2)^2}.$$

例 4　求 $\lim\limits_{x\to 0}\frac{\int_{\cos x}^1 \mathrm{e}^{-t^2}\mathrm{d}t}{x^2}$.

解 这是一个$\frac{0}{0}$型未定式,用洛必达法则求极限

$$\lim_{x\to 0}\frac{\int_{\cos x}^{1}e^{-t^2}dt}{x^2}=\lim_{x\to 0}\frac{-e^{-\cos^2 x}(-\sin x)}{2x}=\frac{1}{2e}.$$

5.2.2 牛顿-莱布尼茨公式

定理 2 设$f(x)$在闭区间$[a,b]$上连续,$F(x)$为$f(x)$的一个原函数,那么

$$\int_a^b f(x)\,dx=F(b)-F(a)=F(x)\Big|_a^b. \tag{5-1}$$

证 已知$F(x)$为$f(x)$的一个原函数,而由5.2.1中的定理1知

$$\Phi(x)=\int_a^x f(x)\,dx$$

也是$f(x)$的原函数,因此,在区间$[a,b]$上,

$$\Phi(x)=F(x)+C,$$

其中C为某一个常数.

于是在上式中令$x=a$,得

$$\Phi(a)=F(a)+C.$$

令$x=b$,得

$$\Phi(b)=F(b)+C.$$

可得

$$\Phi(b)-\Phi(a)=F(b)-F(a),$$

由于$\Phi(b)=\int_a^b f(x)\,dx$,$\Phi(a)=\int_a^a f(x)\,dx=0$,所以

$$\int_a^b f(x)\,dx=F(b)-F(a).$$

公式(5-1)叫做牛顿-莱布尼茨公式.这个公式揭示了定积分与原函数之间的密切关系:把定积分的计算问题归结为求被积函数的原函数在上、下限处函数值之差的问题,从而巧妙地避开了求和式极限的艰难道路,为定积分的计算提供了简便有效的方法,使得定积分模型成为解决实际问题强有力的工具.读者应该由此体会到科学理论研究对技术进步的伟大意义.

例 5 求$\int_0^1 e^x dx$.

解 由于e^x是e^x的一个原函数,所以由公式(5-1),有

$$\int_0^1 e^x dx=e^x\Big|_0^1=e-1.$$

例 6 求$\int_{-1}^1\frac{dx}{1+x^2}$.

解 由于$\arctan x$是$\frac{1}{1+x^2}$的一个原函数,所以由公式(5-1),有

$$\int_{-1}^{1}\frac{\mathrm{d}x}{1+x^2}=\arctan x\Big|_{-1}^{1}=\arctan 1-\arctan(-1)$$

$$=\frac{\pi}{4}-\left(-\frac{\pi}{4}\right)=\frac{\pi}{2}.$$

例 7 求 $\int_{-2}^{-1}\frac{\mathrm{d}x}{x}$.

解 由于 $\ln|x|$ 是 $\frac{1}{x}$ 的一个原函数，所以由公式(5-1)，有

$$\int_{-2}^{-1}\frac{\mathrm{d}x}{x}=\ln|x|\Big|_{-2}^{-1}=-\ln 2.$$

如果在积分区间上，被积函数是分段函数，那么可利用定积分的区间可加性将定积分分段计算.

例 8 求 $\int_{-\frac{\pi}{2}}^{\frac{\pi}{2}}\sqrt{1-\cos 2x}\,\mathrm{d}x$.

解 $\sqrt{1-\cos 2x}=\sqrt{2\sin^2 x}=\sqrt{2}\,|\sin x|$,

$$|\sin x|=\begin{cases}-\sin x, & x\in\left[-\frac{\pi}{2},0\right],\\ \sin x, & x\in\left[0,\frac{\pi}{2}\right].\end{cases}$$

于是

$$\int_{-\frac{\pi}{2}}^{\frac{\pi}{2}}\sqrt{1-\cos 2x}\,\mathrm{d}x=-\int_{-\frac{\pi}{2}}^{0}\sqrt{2}\sin x\mathrm{d}x+\int_{0}^{\frac{\pi}{2}}\sqrt{2}\sin x\mathrm{d}x$$

$$=\sqrt{2}\cos x\Big|_{-\frac{\pi}{2}}^{0}-\sqrt{2}\cos x\Big|_{0}^{\frac{\pi}{2}}$$

$$=\sqrt{2}(1-0)-\sqrt{2}(0-1)=2\sqrt{2}.$$

注 如果忽视在 $\left[-\frac{\pi}{2},0\right]$ 上 $\sqrt{1-\cos 2x}\,\mathrm{d}x=-\sqrt{2}\sin x$，而按 $\sqrt{1-\cos 2x}\,\mathrm{d}x=\sqrt{2}\sin x$ 计算，就会得出

$$\int_{-\frac{\pi}{2}}^{\frac{\pi}{2}}\sqrt{1-\cos 2x}\,\mathrm{d}x=\sqrt{2}\int_{-\frac{\pi}{2}}^{\frac{\pi}{2}}\sin x\mathrm{d}x=-\sqrt{2}\cos x\Big|_{-\frac{\pi}{2}}^{\frac{\pi}{2}}=0$$

的错误结果.

例 9 汽车以 36 km/h 的速度行驶，到某处需要减速停车，设汽车以等加速度 $a=-5\ \mathrm{m/s^2}$ 刹车，问从开始刹车到停车，汽车走了多远？

解 当 $t=0$ 时，$v_0=10$，$v(t)=v_0+at=10-5t$，令 $0=v(t)=10-5t$，得 $t=2$. 故

$$s=\int_0^2 v(t)\mathrm{d}t=\int_0^2(10-5t)\mathrm{d}t=10(\mathrm{m}).$$

即刹车后,汽车需要走 10 m 才能停住.

#例 10 在区间$[a,b]$上设函数$f(x)$是一阶可导的,试证明:

$$|f(x)| \leqslant \int_0^1 [\,|f(x)| + |f'(x)|\,]\mathrm{d}x.$$

证 由积分中值定理知,$\exists \xi \in (0,1)$,使

$$\int_0^1 f(x)\mathrm{d}x = f(\xi).$$

因为$f(x)=\int_\xi^x f'(t)\mathrm{d}t+f(\xi)$,$x\in(0,1)$,又

$$|f(x)| \leqslant |f(\xi)| + \int_\xi^x |f'(x)|\mathrm{d}x \leqslant \int_0^1 [\,|f(x)| + |f'(x)|\,]\mathrm{d}x,$$

所以

$$|f(x)| \leqslant \int_0^1 [\,|f(x)| + |f'(x)|\,]\mathrm{d}x.$$

微课
5.2 节例 11

#例 11 对任意的$a,b(b>a)$,求使等式

$$\int_a^b f(x)\mathrm{d}x = \frac{b-a}{2}[f(a)+f(b)]$$

成立的连续函数$f(x)$.

解 设$\int_a^x f(t)\mathrm{d}t = \frac{x-a}{2}[f(x)+f(a)]\ (x>a)$,由于$\int_a^x f(t)\mathrm{d}t$关于$x$可导,上式两边对$x$求导数并化简,得

$$f(x)-f(a)=f'(x)(x-a).$$

由上式及$f(x)$关于x可导知$f''(x)$存在,上式两边对x求导数并化简,得

$$f''(x)(x-a)=0.$$

因$x>a$,故$f''(x)=0$,从而$f(x)=kx+c$,即$f(x)$为线性函数.

5.3.3 中会讲到公式$\int_a^b f(x)\mathrm{d}x \approx \frac{b-a}{2}[f(a)+f(b)]$为积分近似计算的梯形公式,当$f(x)$为线性函数时梯形公式精确成立.而例 11 则证明了对任意的a,b,使梯形公式精确成立的函数$f(x)$必为线性函数,这一点从几何意义上是很容易理解的.

#例 12 设函数$f(x)$在$[0,1]$上连续且单调递减,证明对任意的$a\in(0,1)$,均有

$$\int_0^a f(x)\mathrm{d}x > a\int_0^1 f(x)\mathrm{d}x.$$

证 构造函数$F(x)=\frac{1}{x}\int_0^x f(t)\mathrm{d}t\ (0<x\leqslant 1)$,则

$$F'(x)=\frac{f(x)x-\int_0^x f(t)\mathrm{d}t}{x^2}=\frac{f(x)x-f(\xi)x}{x^2}=\frac{f(x)-f(\xi)}{x}\quad(0<\xi<x).$$

因为$f(x)$在$[0,1]$上单调递减,所以当$0<\xi<x$时,$f(\xi)>f(x)$,从而当$0<x\leqslant 1$时,$F'(x)<0$.故$F(x)$在$(0,1]$上单调递减,于是$\forall a\in(0,1)$,有$F(a)>F(1)$,即

$$\frac{1}{a}\int_0^a f(x)\,\mathrm{d}x > \int_0^1 f(x)\,\mathrm{d}x,$$

所以

$$\int_0^a f(x)\,\mathrm{d}x > a\int_0^1 f(x)\,\mathrm{d}x.$$

习题 5.2

A

1. 求下列导数：

(1) $\dfrac{\mathrm{d}}{\mathrm{d}x}\displaystyle\int_0^{x^2}\sqrt{1+t^2}\,\mathrm{d}t$；

(2) $x=\displaystyle\int_0^t \sin u\mathrm{d}u, y=\int_0^t \cos u\mathrm{d}u$，求$\dfrac{\mathrm{d}y}{\mathrm{d}x}$.

2. 求下列极限：

(1) $\displaystyle\lim_{x\to 0}\frac{\int_0^x \cos t^2\mathrm{d}t}{x}$；

(2) $\displaystyle\lim_{x\to+\infty}\frac{\int_0^x (\arctan t)^2\mathrm{d}t}{\sqrt{x^2+1}}$；

(3) $\displaystyle\lim_{x\to 0}\frac{\int_0^x\left[\int_0^{u^2}\arctan(1+t)\mathrm{d}t\right]\mathrm{d}u}{x(1-\cos x)}$；

(4) $\displaystyle\lim_{x\to 0}\frac{\int_0^x (\mathrm{e}^t-\mathrm{e}^{-t})\mathrm{d}t}{1-\cos x}$.

3. 证明：当 $x\to+\infty$ 时，$\displaystyle\int_0^x \mathrm{e}^{t^2}\mathrm{d}t \sim \frac{1}{2x}\mathrm{e}^{x^2}$.

4. 求由 $\displaystyle\int_0^y \mathrm{e}^t\mathrm{d}t+\int_0^x \cos t\mathrm{d}t=0$ 所确定的隐函数 y 对 x 的导数$\dfrac{\mathrm{d}y}{\mathrm{d}x}$.

5. 当 x 为何值时，函数 $I(x)=\displaystyle\int_0^x t\mathrm{e}^{-t^2}\mathrm{d}t$ 有极值.

6. 计算下列定积分：

(1) $\displaystyle\int_0^5 \frac{x^3}{x^2+1}\mathrm{d}x$；

(2) $\displaystyle\int_{-1}^1 \frac{x}{(x^2+1)^2}\mathrm{d}x$；

(3) $\displaystyle\int_{-1}^1 (x^3-3x^2)\mathrm{d}x$；

(4) $\displaystyle\int_a^b \mathrm{e}^{-x}\mathrm{d}x$；

(5) $\displaystyle\int_0^{\pi}\sin^2 x\mathrm{d}x$；

(6) $\displaystyle\int_{-1}^{\sqrt{3}}\frac{\mathrm{d}x}{1+x^2}$；

(7) $\displaystyle\int_0^2 |x-1|\mathrm{d}x$.

7. 用定积分的定义求极限：

(1) $\displaystyle\lim_{n\to\infty}\left(\frac{n}{n^2+1}+\frac{n}{n^2+2^2}+\cdots+\frac{n}{n^2+n^2}\right)$；

(2) $\displaystyle\lim_{n\to\infty}\frac{1}{n}\left(\sin\frac{\pi}{n}+\sin\frac{2\pi}{n}+\cdots+\sin\frac{n-1}{n}\pi\right)$.

8. 设 $f(x)$ 为连续函数且 $f(x)>0$，证明当 $x>0$ 时，函数

$$\varphi(x)=\frac{\int_0^x tf(t)\mathrm{d}t}{\int_0^x f(t)\mathrm{d}t}$$

单调递增.

9. 设$f(x)=\begin{cases}x^2, & 0\leqslant x<1,\\ x, & 1\leqslant x\leqslant 2,\end{cases}$求$\Phi(x)=\int_0^x f(t)\mathrm{d}t$在$[0,2]$上的表达式,并讨论$\Phi(x)$在$(0,2)$内的连续性与可导性.

10. 已知曲线$y=f(x)$与$y=\int_0^{\arctan x}\mathrm{e}^{-t^2}\mathrm{d}t$在点$(0,0)$处的切线相同,写出此切线方程,并求极限$\lim\limits_{n\to\infty}nf\left(\dfrac{2}{n}\right)$.

B

1. 求下列导数:

(1) $\dfrac{\mathrm{d}}{\mathrm{d}x}\int_{\frac{1}{x}}^{\sqrt{x}}\cos t^2\mathrm{d}t$;　　(2) $\dfrac{\mathrm{d}}{\mathrm{d}x}\int_a^b\sin x^2\mathrm{d}x$;

(3) $\dfrac{\mathrm{d}}{\mathrm{d}a}\int_a^b\sin x^2\mathrm{d}x$;　　(4) $\dfrac{\mathrm{d}}{\mathrm{d}b}\int_a^b\sin x^2\mathrm{d}x$;

(5) $\dfrac{\mathrm{d}}{\mathrm{d}x}\left[x^2\int_{2x}^0\cos t^2\mathrm{d}t\right]$.

2. 求下列极限:

(1) $\lim\limits_{x\to 0}\dfrac{1}{\sin x}\int_{\sin x}^0\cos t^2\mathrm{d}t$;　　(2) $\lim\limits_{x\to+\infty}\dfrac{\left(\int_0^x\mathrm{e}^{2t^2}\mathrm{d}t\right)^2}{\int_0^{x^2}\mathrm{e}^{2t^2}\mathrm{d}t}$.

3. 计算下列定积分:

(1) $\int_{-\pi}^{\pi}|\cos x|\mathrm{d}x$;

(2) 设$f(x)=\begin{cases}x^2, & 0\leqslant x<1,\\ 2-x, & 1<x\leqslant 2,\end{cases}$求$\int_0^2 f(x)\mathrm{d}x$.

4. 写出函数$F(x)=\int_{-1}^x(1-|t|)\mathrm{d}t\quad(x\geqslant -1)$的非积分型表达式.

5. 已知$f(x)=\begin{cases}\int_0^x t\cos t\mathrm{d}t, & x\geqslant 0,\\ x^2, & x<0,\end{cases}$

(1) 考察$f(x)$的连续性,写出它的连续区间;

(2) 考察$f(x)$在$x=0$处是否可导,若可导,求$f'(0)$.

6. 设$f(x)$在$[a,b]$上连续,在(a,b)内可导,且$f'(x)\geqslant 0$,设

$$F(x)=\frac{1}{x-a}\int_a^x f(t)\mathrm{d}t.$$

证明:在(a,b)内有

(1) $F(x)\leqslant f(x)$;　　(2) $F'(x)\geqslant 0$.

7. 把$x\to 0^+$时的无穷小量$\alpha=\int_0^x\cos t^2\mathrm{d}t$,$\beta=\int_0^{x^2}\tan\sqrt{t}\mathrm{d}t$,$\gamma=\int_0^{\sqrt{x}}\sin t^3\mathrm{d}t$排列起来,使排在后面的是前一个的高阶无穷小.

5.3 定积分的计算

5.3 预习检测

依据牛顿-莱布尼茨公式给出的步骤求定积分时,先求被积函数的一个原函数,再求原函数在上、下限处的函数值之差.这是计算定积分的基本方法.相应于不定积分的换元积分法和分部积分法,本节我们介绍定积分的换元积分法与分部积分法,由于定积分自身的特点,换元时无需回代原来的变量.根据被积函数类型选择积分方法,其原则与不定积分法相同.

5.3.1 定积分的换元积分法

定理 设

(i) $f(x)$在$[a,b]$上连续;

(ii) $x=\varphi(t)$在$[\alpha,\beta]$上具有一阶连续的导数$\varphi'(t)$,且$\varphi'(t)\neq 0$;

(iii) 当t在$[\alpha,\beta]$上变化时,$x=\varphi(t)$的值域不超出$[a,b]$,且端点处的函数值匹配,即$\varphi(\alpha)=a,\varphi(\beta)=b$,则有定积分的换元积分公式

$$\int_a^b f(x)\,\mathrm{d}x=\int_\alpha^\beta f[\varphi(t)]\varphi'(t)\,\mathrm{d}t.$$

证 因为$f(x)$连续,所以存在原函数$F(x)$,且

$$\int_a^b f(x)\,\mathrm{d}x=F(x)\Big|_a^b=F(b)-F(a).$$

再由$\int f[\varphi(t)]\varphi'(t)\,\mathrm{d}t=F[\varphi(t)]+C$,得

$$\int_\alpha^\beta f[\varphi(t)]\varphi'(t)\,\mathrm{d}t=F[\varphi(t)]\Big|_\alpha^\beta=F[\varphi(\beta)]-F[\varphi(\alpha)]=F(b)-F(a),$$

所以

$$\int_a^b f(x)\,\mathrm{d}x=\int_\alpha^\beta f[\varphi(t)]\varphi'(t)\,\mathrm{d}t.$$

根据上述换元法应用定积分换元公式,在作变量代换的同时,只需相应地替换积分上、下限,而不必代回原来的变量,因此计算起来比较简单.

例 1 求$\displaystyle\int_{-a}^{a}\frac{\mathrm{d}x}{(a^2+x^2)^{\frac{3}{2}}}\quad(a>0)$.

解 设$x=a\tan t$,那么$\mathrm{d}x=a\sec^2 t\mathrm{d}t$,且当$x=-a$时,$t=-\dfrac{\pi}{4}$,当$x=a$时,$t=\dfrac{\pi}{4}$,于是

$$\int_{-a}^{a}\frac{\mathrm{d}x}{(a^2+x^2)^{\frac{3}{2}}}=\int_{-\frac{\pi}{4}}^{\frac{\pi}{4}}\frac{a\sec^2 t\mathrm{d}t}{a^3\sec^3 t}=\int_{-\frac{\pi}{4}}^{\frac{\pi}{4}}\frac{1}{a^2}\cos t\mathrm{d}t$$

$$=\frac{1}{a^2}\sin t\Big|_{-\frac{\pi}{4}}^{\frac{\pi}{4}}=\frac{1}{a^2}\left[\frac{\sqrt{2}}{2}-\left(-\frac{\sqrt{2}}{2}\right)\right]=\frac{\sqrt{2}}{a^2}.$$

例 2 求$\displaystyle\int_0^4\frac{1}{1+\sqrt{x}}\,\mathrm{d}x$.

解 令 $x=t^2$，则 $dx=2tdt$. 当 $t\in[0,2]$ 时，函数 $x=t^2$ 是单调的，且 $\sqrt{x}=t$，即当 $x=0$ 时，$t=0$；当 $x=4$ 时，$t=2$，所以

$$\int_0^4 \frac{1}{1+\sqrt{x}}dx=\int_0^2\frac{2t}{1+t}dt=2\int_0^2\left(1-\frac{1}{1+t}\right)dt$$

$$=2(t-\ln|1+t|)\Big|_0^2=4-2\ln 3.$$

微课
5.3节例3

#**例3** 设函数 $f(x)$ 连续，且 $f(0)\neq 0$，求 $\lim\limits_{x\to 0}\dfrac{\int_0^x (x-t)f(t)dt}{x\int_0^x f(x-t)dt}$.

解 此类未定式极限，典型方法是用洛必达法则，但分子分母求导前应先变形. 由于

$$\int_0^x f(x-t)dt \xlongequal{x-t=u} \int_x^0 f(u)(-du)=\int_0^x f(u)du,$$

于是

$$\lim_{x\to 0}\frac{\int_0^x (x-t)f(t)dt}{x\int_0^x f(x-t)dt}=\lim_{x\to 0}\frac{x\int_0^x f(t)dt-\int_0^x tf(t)dt}{x\int_0^x f(u)du}=\lim_{x\to 0}\frac{\int_0^x f(t)dt+xf(x)-xf(x)}{\int_0^x f(u)du+xf(x)}$$

$$=\lim_{x\to 0}\frac{\int_0^x f(t)dt}{\int_0^x f(u)du+xf(x)}=\lim_{x\to 0}\frac{\dfrac{\int_0^x f(t)dt}{x}}{\dfrac{\int_0^x f(u)du}{x}+f(x)}$$

$$=\frac{f(0)}{f(0)+f(0)}=\frac{1}{2}.$$

本题容易出现的错误解法是：在应用一次洛必达法则后，继续用洛必达法则，即

$$\lim_{x\to 0}\frac{\int_0^x f(t)dt}{\int_0^x f(u)du+xf(x)}=\lim_{x\to 0}\frac{f(x)}{f(x)+f(x)+xf'(x)}=\frac{1}{2}.$$

错误的原因是 $f(x)$ 未必可导.

例4 设 $f(x)$ 在 $[-a,a]$ 上连续，证明

$$\int_{-a}^a f(x)dx=\int_0^a[f(x)+f(-x)]dx.$$

证 因为 $\int_{-a}^a f(x)dx=\int_0^a f(x)dx+\int_{-a}^0 f(x)dx$，对积分 $\int_{-a}^0 f(x)dx$ 作变换 $x=-t$，得

$$\int_{-a}^0 f(x)dx=\int_a^0 f(-t)(-dt)=\int_0^a f(-t)dt=\int_0^a f(-x)dx,$$

所以

$$\int_{-a}^{a} f(x)\,\mathrm{d}x = \int_{0}^{a} f(x)\,\mathrm{d}x + \int_{0}^{a} f(-x)\,\mathrm{d}x = \int_{0}^{a} [f(x) + f(-x)]\,\mathrm{d}x.$$

特别地,若 $f(x)$ 是 $[-a,a]$ 上的偶函数,即

$$f(x)+f(-x)=2f(x),$$

则有

$$\int_{-a}^{a} f(x)\,\mathrm{d}x = 2\int_{0}^{a} f(x)\,\mathrm{d}x.$$

若 $f(x)$ 是奇函数,则有 $f(x)+f(-x)=0$,所以

$$\int_{-a}^{a} f(x)\,\mathrm{d}x = 0.$$

利用例 4 的结论常可简化计算偶函数、奇函数在对称区间上的定积分,读者应该记住.

#**例 5**　计算 $\int_{-\frac{\pi}{2}}^{\frac{\pi}{2}} |\sin x| \arctan \mathrm{e}^{x}\,\mathrm{d}x$.

解　令 $f(x)=\arctan \mathrm{e}^{x} |\sin x|$,则

$$f(x) + f(-x) = \sin x(\arctan \mathrm{e}^{x} + \arctan \mathrm{e}^{-x})\left(x \in \left(0,\frac{\pi}{2}\right)\right).$$

而在 $(-\infty,+\infty)$ 上,

$$\arctan \mathrm{e}^{x}+\arctan \mathrm{e}^{-x}=C.$$

令 $x=0$,得 $C=\dfrac{\pi}{2}$,即

$$\arctan \mathrm{e}^{x}+\arctan \mathrm{e}^{-x}=\frac{\pi}{2},$$

由例 4,有

$$\begin{aligned}\int_{-\frac{\pi}{2}}^{\frac{\pi}{2}} f(x)\,\mathrm{d}x &= \int_{0}^{\frac{\pi}{2}} [f(x) + f(-x)]\,\mathrm{d}x \\ &= \int_{0}^{\frac{\pi}{2}} \sin x \cdot \frac{\pi}{2}\mathrm{d}x = \frac{\pi}{2}(-\cos x)\Big|_{0}^{\frac{\pi}{2}} = \frac{\pi}{2}.\end{aligned}$$

例 6　求 $\int_{-1}^{1} \dfrac{x\cos x}{1 + x^{2} + x^{4}}\mathrm{d}x$.

解　由于 $\dfrac{x\cos x}{1+x^{2}+x^{4}}$ 在 $[-1,1]$ 上是奇函数,所以由例 4,有

$$\int_{-1}^{1} \frac{x\cos x}{1 + x^{2} + x^{4}}\mathrm{d}x = 0.$$

例 7　设 $f(x)=\begin{cases} x\mathrm{e}^{x^{2}}, & -\dfrac{1}{2}\leqslant x<\dfrac{1}{2}, \\ -1, & x\geqslant\dfrac{1}{2}, \end{cases}$ 求 $\int_{\frac{1}{2}}^{2} f(x-1)\,\mathrm{d}x$.

解　本题属于求分段函数的定积分,先换元:$x-1=t$,再利用对称区间上奇偶函数的积分性质即可.

令 $x-1=t$，则

$$\int_{\frac{1}{2}}^{2} f(x-1)\,dx=\int_{-\frac{1}{2}}^{1} f(t)\,dt=\int_{-\frac{1}{2}}^{1} f(x)\,dx$$

$$=\int_{-\frac{1}{2}}^{\frac{1}{2}} x e^{x^2}\,dx+\int_{\frac{1}{2}}^{1}(-1)\,dx$$

$$=0+\left(-\frac{1}{2}\right)=-\frac{1}{2}.$$

一般地，对于分段函数的定积分，按分界点划分积分区间进行求解.

例 8　若 $f(x)$ 在 $[0,1]$ 上连续，证明：

(1) $\int_0^{\frac{\pi}{2}} f(\sin x)\,dx=\int_0^{\frac{\pi}{2}} f(\cos x)\,dx$；

(2) $\int_0^{\pi} x f(\sin x)\,dx=\frac{\pi}{2}\int_0^{\pi} f(\sin x)\,dx$.

证　(1) 设 $x=\frac{\pi}{2}-t$，则 $dx=-dt$，且当 $x=0$ 时，$t=\frac{\pi}{2}$；当 $x=\frac{\pi}{2}$ 时，$t=0$. 于是

$$\int_0^{\frac{\pi}{2}} f(\sin x)\,dx=\int_{\frac{\pi}{2}}^{0} -f\left(\sin\left(\frac{\pi}{2}-t\right)\right)dt=\int_0^{\frac{\pi}{2}} f(\cos t)\,dt=\int_0^{\frac{\pi}{2}} f(\cos x)\,dx.$$

特别地，

$$\int_0^{\frac{\pi}{2}} \sin^n x\,dx=\int_0^{\frac{\pi}{2}} \cos^n x\,dx.$$

(2) 设 $x=\pi-t$，则 $dx=-dt$，且当 $x=0$ 时，$t=\pi$；当 $x=\pi$ 时，$t=0$. 于是

$$\int_0^{\pi} x f(\sin x)\,dx=-\int_{\pi}^{0}(\pi-t) f(\sin(\pi-t))\,dt=\int_0^{\pi}(\pi-t) f(\sin t)\,dt$$

$$=\pi\int_0^{\pi} f(\sin t)\,dt-\int_0^{\pi} x f(\sin x)\,dx,$$

所以

$$\int_0^{\pi} x f(\sin x)\,dx=\frac{\pi}{2}\int_0^{\pi} f(\sin x)\,dx.$$

例 9　计算 $\int_0^{\frac{\pi}{2}} \frac{\cos x}{\cos x+\sin x}dx$ 与 $\int_0^{\frac{\pi}{2}} \frac{\sin x}{\cos x+\sin x}dx$.

解　令 $I_1=\int_0^{\frac{\pi}{2}} \frac{\cos x}{\cos x+\sin x}dx$，$I_2=\int_0^{\frac{\pi}{2}} \frac{\sin x}{\cos x+\sin x}dx$，由例 8(1) 知

$$I_1=I_2,$$

而

$$I_1+I_2=\int_0^{\frac{\pi}{2}} dx=\frac{\pi}{2},$$

所以 $I_1=I_2=\frac{\pi}{4}$.

例 10　计算 $I=\int_0^{\pi} \frac{x\sin x}{1+\cos^2 x}dx$.

解法一　利用例 8(2),有

$$I=\int_0^{\pi}\frac{x\sin x}{1+\cos^2 x}\mathrm{d}x=\frac{\pi}{2}\int_0^{\pi}\frac{\sin x}{1+\cos^2 x}\mathrm{d}x$$

$$=-\frac{\pi}{2}\int_0^{\pi}\frac{\mathrm{d}(\cos x)}{1+\cos^2 x}=-\frac{\pi}{2}\arctan(\cos x)\Big|_0^{\pi}$$

$$=-\frac{\pi}{2}\left(-\frac{\pi}{4}-\frac{\pi}{4}\right)=\frac{\pi^2}{4}.$$

解法二　本题中,积分区间关于原点不对称,但可以通过换元 $x=\frac{\pi}{2}+t$,利用奇偶性计算.

$$I=\int_{-\frac{\pi}{2}}^{\frac{\pi}{2}}\frac{\left(\frac{\pi}{2}+t\right)\cos t}{1+\sin^2 t}\mathrm{d}t=\frac{\pi}{2}\int_{-\frac{\pi}{2}}^{\frac{\pi}{2}}\frac{\cos t}{1+\sin^2 t}\mathrm{d}t+\int_{-\frac{\pi}{2}}^{\frac{\pi}{2}}\frac{t\cos t}{1+\sin^2 t}\mathrm{d}t$$

$$=\pi\int_0^{\frac{\pi}{2}}\frac{\cos t}{1+\sin^2 t}\mathrm{d}t+0=\pi\arctan(\sin t)\Big|_0^{\frac{\pi}{2}}$$

$$=\frac{\pi^2}{4}.$$

5.3.2　定积分的分部积分法

设函数 $u(x),v(x)$ 在 $[a,b]$ 上有连续导数 $u'(x),v'(x)$,那么

$$(uv)'=uv'+u'v.$$

在等式的两边分别求由 a 到 b 的定积分,得

$$(uv)\Big|_a^b=\int_a^b uv'\mathrm{d}x+\int_a^b u'v\mathrm{d}x,$$

即

$$\int_a^b uv'\mathrm{d}x=(uv)\Big|_a^b-\int_a^b vu'\mathrm{d}x\quad 或\quad \int_a^b u\mathrm{d}v=(uv)\Big|_a^b-\int_a^b v\mathrm{d}u.$$

这就是**定积分的分部积分法**.

例 11　计算 $\int_1^{\mathrm{e}}\ln x\mathrm{d}x$.

解　$\int_1^{\mathrm{e}}\ln x\mathrm{d}x=(x\ln x)\Big|_1^{\mathrm{e}}-\int_1^{\mathrm{e}}x\mathrm{d}(\ln x)=\mathrm{e}-\int_1^{\mathrm{e}}\mathrm{d}x=\mathrm{e}-(\mathrm{e}-1)=1.$

例 12　计算 $\int_0^{\frac{\pi}{2}}x\cos x\mathrm{d}x$.

解

$$\int_0^{\frac{\pi}{2}}x\cos x\mathrm{d}x=\int_0^{\frac{\pi}{2}}x\mathrm{d}(\sin x)=(x\sin x)\Big|_0^{\frac{\pi}{2}}-\int_0^{\frac{\pi}{2}}\sin x\mathrm{d}x$$

$$=\frac{\pi}{2}-(-\cos x)\Big|_0^{\frac{\pi}{2}}=\frac{\pi}{2}-1.$$

微课
5.3节例13

例 13　$I_n=\int_0^{\frac{\pi}{2}}\sin^n x\mathrm{d}x$，证明

$$I_n=\frac{n-1}{n}I_{n-2}\quad(n=2,3,\cdots).$$

证　$I_n=\int_0^{\frac{\pi}{2}}\sin^n x\mathrm{d}x=\int_0^{\frac{\pi}{2}}\sin^{n-1}x\mathrm{d}(-\cos x)$

$$=(-\sin^{n-1}x\cos x)\Big|_0^{\frac{\pi}{2}}+\int_0^{\frac{\pi}{2}}\cos x\mathrm{d}(\sin^{n-1}x)$$

$$=\int_0^{\frac{\pi}{2}}(n-1)\cos^2 x\sin^{n-2}x\mathrm{d}x=\int_0^{\frac{\pi}{2}}(n-1)(1-\sin^2 x)\sin^{n-2}x\mathrm{d}x$$

$$=(n-1)\int_0^{\frac{\pi}{2}}\sin^{n-2}x\mathrm{d}x-(n-1)\int_0^{\frac{\pi}{2}}\sin^n x\mathrm{d}x$$

$$=(n-1)I_{n-2}-(n-1)I_n,$$

所以

$$I_n=\frac{n-1}{n}I_{n-2}\quad(n=2,3,\cdots).$$

这个等式叫做 I_n 关于下标的递推公式.如果把 n 换成 $n-2$，则得

$$I_{n-2}=\frac{n-3}{n-2}I_{n-4},$$

同样可依次进行下去，直到 I_n 的下标为 0 或 1 为止，于是

$$I_{2m}=\frac{2m-1}{2m}\cdot\frac{2m-3}{2m-2}\cdot\frac{2m-5}{2m-4}\cdot\cdots\cdot\frac{5}{6}\cdot\frac{3}{4}\cdot\frac{1}{2}I_0,$$

$$I_{2m+1}=\frac{2m}{2m+1}\cdot\frac{2m-2}{2m-1}\cdot\frac{2m-4}{2m-3}\cdot\cdots\cdot\frac{6}{7}\cdot\frac{4}{5}\cdot\frac{2}{3}I_1\,(m=1,2,\cdots).$$

而

$$I_0=\int_0^{\frac{\pi}{2}}\mathrm{d}x=\frac{\pi}{2},I_1=\int_0^{\frac{\pi}{2}}\sin x\mathrm{d}x=1.$$

因此

$$I_n=\int_0^{\frac{\pi}{2}}\sin^n x\mathrm{d}x=\int_0^{\frac{\pi}{2}}\cos^n x\mathrm{d}x$$

$$=\begin{cases}\dfrac{n-1}{n}\cdot\dfrac{n-3}{n-2}\cdot\cdots\cdot\dfrac{3}{4}\cdot\dfrac{1}{2}\cdot\dfrac{\pi}{2}, & n\text{ 是偶数},\\[2ex]\dfrac{n-1}{n}\cdot\dfrac{n-3}{n-2}\cdot\cdots\cdot\dfrac{4}{5}\cdot\dfrac{2}{3}, & n\text{ 是奇数}.\end{cases}$$

例 14　计算 $\int_0^2 x^2\sqrt{4-x^2}\,\mathrm{d}x$.

解　令 $x=2\sin t$，则 $\mathrm{d}x=2\cos t\mathrm{d}t$，且当 $x=0$ 时，$t=0$；当 $x=2$ 时，$t=\dfrac{\pi}{2}$，于是

$$\int_0^2 x^2\sqrt{4-x^2}\,\mathrm{d}x=\int_0^{\frac{\pi}{2}}4\sin^2 t\cdot 2\cos t\cdot 2\cos t\mathrm{d}t=16\int_0^{\frac{\pi}{2}}(\sin^2 t-\sin^4 t)\,\mathrm{d}t$$

$$=16\left(\frac{1}{2}\cdot\frac{\pi}{2}-\frac{3}{4}\cdot\frac{1}{2}\cdot\frac{\pi}{2}\right)=\pi.$$

#例 15　设 $f(x)$，$g(x)$ 在 $[a,b]$ 上连续，且满足

$$\int_a^x f(t)\,\mathrm{d}t\geqslant\int_a^x g(t)\,\mathrm{d}t,\quad x\in[a,b),\int_a^b f(t)\,\mathrm{d}t=\int_a^b g(t)\,\mathrm{d}t.$$

证明：

$$\int_a^b xf(x)\,\mathrm{d}x\leqslant\int_a^b xg(x)\,\mathrm{d}x.$$

证　令 $F(x)=f(x)-g(x)$，$G(x)=\int_a^x F(t)\,\mathrm{d}t$，将积分不等式转化为函数不等式即可.

由题设 $G(x)\geqslant 0, x\in[a,b]$，则

$$G(a)=G(b)=0,G'(x)=F(x).$$

从而

$$\int_a^b xF(x)\,\mathrm{d}x=\int_a^b x\mathrm{d}G(x)=xG(x)\Big|_a^b-\int_a^b G(x)\,\mathrm{d}x=-\int_a^b G(x)\,\mathrm{d}x,$$

由于 $G(x)\geqslant 0, x\in[a,b]$，故有 $-\int_a^b G(x)\,\mathrm{d}x\leqslant 0$，即

$$\int_a^b xF(x)\,\mathrm{d}x\leqslant 0.$$

因此

$$\int_a^b xf(x)\,\mathrm{d}x\leqslant\int_a^b xg(x)\,\mathrm{d}x.$$

引入变限积分转化为函数等式或不等式是证明积分等式或不等式的常用的方法.

微课
5.3 节例 16

#例 16　如图 5-9 所示，曲线 C 的方程为 $y=f(x)$，点 $(3,2)$ 是它的一个拐点，直线 l_1 与 l_2 分别是曲线 C 在点 $(0,0)$ 与 $(3,2)$ 处的切线，其交点为 $(2,4)$．设函数 $f(x)$ 具有三阶连续导数，计算定积分 $\int_0^3(x^2+x)f'''(x)\,\mathrm{d}x$.

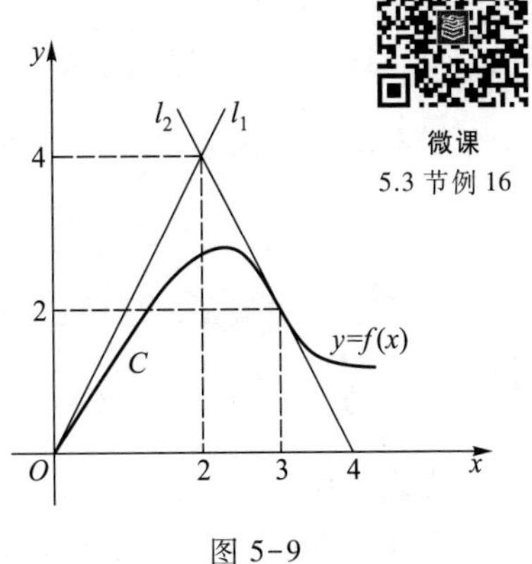

图 5-9

解　题设图形相当于已知 $f(x)$ 在 $x=0$ 处的函数值与导数值，在 $x=3$ 处的函数值及一阶、二阶导数值.

由题设图形知，$f(0)=0, f'(0)=2$；$f(3)=2$，$f'(3)=-2, f''(3)=0$.

由分部积分，知

$$\begin{aligned}\int_0^3 (x^2+x)f'''(x)\,dx &= \int_0^3 (x^2+x)\,df''(x)\\ &= (x^2+x)f''(x)\Big|_0^3 - \int_0^3 f''(x)(2x+1)\,dx\\ &= -\int_0^3 (2x+1)\,df'(x)\\ &= -(2x+1)f'(x)\Big|_0^3 + 2\int_0^3 f'(x)\,dx\\ &= 16+2[f(3)-f(0)] = 20.\end{aligned}$$

本题$f(x)$在两个端点的函数值及导数值通过几何图形给出,问题比较新颖,综合利用了导数的几何意义和定积分的计算.

*5.3.3　定积分的近似计算法

虽然牛顿-莱布尼茨公式提供了用原函数计算定积分的计算方法,但是很多函数的定积分不能或不宜用上述方法计算.例如有些函数的原函数不能用初等函数表示,有些函数是用表格或图形给出的.因此,我们需要研究定积分的近似计算法.本段给出比较简单常用的三种:矩形法、梯形法和抛物线法.

积分中值定理指出,若$f(x)$在区间$[a,b]$上连续,则

$$\int_a^b f(x)\,dx = f(\xi)(b-a),$$

其中$f(\xi)$是连续函数$f(x)$在区间$[a,b]$上的平均值(5.6.4中介绍).随机取$f(x)$在$[a,b]$上的n个值$y_1,y_2,\cdots,y_n$,其算术平均值$\frac{1}{n}\sum_{i=1}^{n} y_i$就是平均值$f(\xi)$的一个较好近似,因此有积分近似公式

$$\int_a^b f(x)\,dx \approx \frac{b-a}{n}(y_1+y_2+\cdots+y_n). \tag{5-2}$$

将区间$[a,b]$ n等分,每个小区间的长度为$\frac{b-a}{n}$,该分点为$a=x_0<x_1<x_2<\cdots<x_{n-1}<x_n=b$,对应分点处的函数值记为$y_i=f(x_i)(i=0,1,2,\cdots,n)$.按分点将曲边梯形分成$n$个窄条,在每一个窄条上取左端点的高为小窄条的高,则得近似公式

$$\int_a^b f(x)\,dx \approx \frac{b-a}{n}(y_0+y_1+\cdots+y_{n-1}). \tag{5-3}$$

以右端点的高为小窄条的高,则得另一个近似公式

$$\int_a^b f(x)\,dx \approx \frac{b-a}{n}(y_1+y_2+\cdots+y_n). \tag{5-4}$$

这两个公式就是矩形法的公式,把这两个公式"平均一下"得

$$\int_a^b f(x)\,dx \approx \frac{b-a}{n}\left(\frac{y_0+y_n}{2}+y_1+\cdots+y_{n-1}\right). \tag{5-5}$$

此公式称为**梯形法公式**.

直观上看梯形法公式比矩形公式应该好一些,梯形法实质上是在每一个小区间上用直

线段(一次函数)去近似曲线 $y=f(x)$.自然可以想,若用高次曲线段去近似效果应更好,但公式又需要简洁,抛物线法就是这种尝试.

如图 5-10 所示,用小抛物线段近似代替小曲线段,用小抛物线梯形面积代替小曲边梯形面积,可得抛物线法公式.

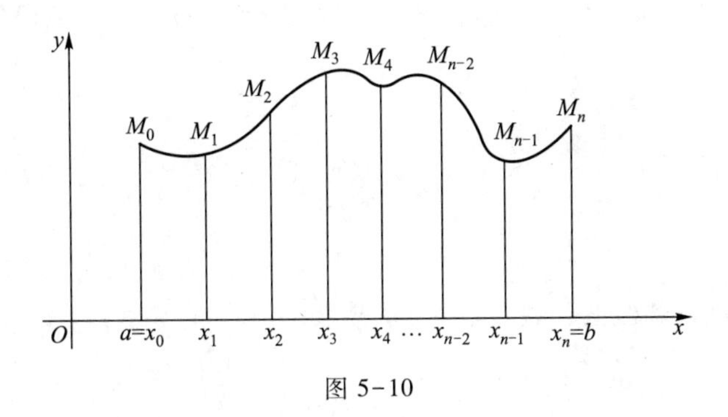

图 5-10

具体作法如下

用分点 $a=x_0<x_1<x_2<\cdots<x_{n-1}<x_n=b$ 把区间 $[a,b]$ 分成 n(偶数)个长度相等的小区间,每个小区间的长度为 $\Delta x_i=\dfrac{b-a}{n}$,对应曲线 $y=f(x)$ 上的分点依次为 $M_0,M_1,\cdots,M_n$.过 $M_0(x_0,y_0)$,$M_1(x_1,y_1)$,$M_2(x_2,y_2)$ 三点可唯一确定一抛物线 $y=px^2+qx+r$,其中 p,q,r 满足方程组

$$\begin{cases} y_0=px_0^2+qx_0+r, \\ y_1=px_1^2+qx_1+r, \\ y_2=px_2^2+qx_2+r. \end{cases}$$

于是以这条抛物线为曲边的小抛物线梯形的面积为

$$\begin{aligned} S_1 &= \int_{x_0}^{x_2}(px^2+qx+r)\,\mathrm{d}x \\ &= \frac{p}{3}(x_2^3-x_0^3)+\frac{q}{2}(x_2^2-x_0^2)+r(x_2-x_0) \\ &= \frac{1}{6}(x_2-x_0)\left[(px_0^2+qx_0+r)+(px_2^2+qx_2+r)+p(x_2+x_0)^2+2q(x_2+x_0)+4r\right], \end{aligned}$$

由于

$$x_2+x_0=2x_1, x_2-x_0=(x_2-x_1)+(x_1-x_0)=\Delta x+\Delta x=2\Delta x,$$

所以

$$S_1=\frac{1}{6}(x_2-x_0)\left[y_0+y_2+4(px_1^2+qx_1+r)\right]=\frac{\Delta x}{3}(y_0+4y_1+y_2).$$

由这个公式还可以推出,过 M_2,M_3,M_4 三点,M_4,M_5,M_6 三点,$\cdots$,M_{n-2},M_{n-1},M_n 三点的

抛物线所对应的小抛物线梯形面积依次为

$$S_2=\frac{\Delta x}{3}(y_2+4y_3+y_4),S_3=\frac{\Delta x}{3}(y_4+4y_5+y_6),\cdots,S_{\frac{n}{2}}=\frac{\Delta x}{3}(y_{n-2}+4y_{n-1}+y_n).$$

把这$\frac{n}{2}$个小抛物线曲边梯形面积加起来,并注意到$\Delta x=\frac{b-a}{n}$,就得到定积分$\int_a^b f(x)\,\mathrm{d}x$的近似值为

$$\int_a^b f(x)\,\mathrm{d}x\approx\frac{b-a}{3n}[(y_0+y_n)+4(y_1+y_3+\cdots+y_{n-1})+2(y_2+y_4+\cdots+y_{n-2})].\tag{5-6}$$

公式(5-6)叫做**抛物线法公式**,也称为**辛普森**(Simpson)**公式**.

例17　计算定积分$\int_0^1 \mathrm{e}^{-x^2}\mathrm{d}x$的近似值.

解　由于e^{-x^2}的原函数不能用初等函数表示,下面分别用矩形法、梯形法和抛物线法计算它的近似值.

把[0,1]区间十等分,即$n=10$,并将x_i,y_i列表如下

i	x_i	y_i
0	0	1.000 00
1	0.1	0.990 05
2	0.2	0.960 79
3	0.3	0.913 93
4	0.4	0.852 14
5	0.5	0.778 80
6	0.6	0.697 68
7	0.7	0.612 63
8	0.8	0.527 29
9	0.9	0.444 86
10	1	0.367 88

利用矩形公式(5-3),得

$$\begin{aligned}\int_0^1 \mathrm{e}^{-x^2}\mathrm{d}x&\approx\frac{1-0}{10}(y_0+y_1+\cdots+y_9)\\&=0.1\times(1+0.990\,05+0.960\,79+0.913\,93+0.852\,14+\\&\quad 0.778\,80+0.697\,68+0.612\,63+0.527\,29+0.444\,86)\end{aligned}$$

$$= 7.778\,17 \times 0.1 \approx 0.777\,82.$$

利用矩形公式(5-4),得

$$\int_0^1 e^{-x^2}dx \approx \frac{1-0}{10}(y_1+y_2+\cdots+y_{10})$$

$$= 0.1 \times (0.990\,05 + 0.960\,79 + 0.913\,93 + 0.852\,14 + 0.778\,80 +$$

$$0.697\,68 + 0.612\,63 + 0.527\,29 + 0.444\,86 + 0.367\,88)$$

$$= 7.146\,05 \times 0.1 \approx 0.714\,61.$$

利用梯形公式(5-5),实际上是求前两值的平均值,得

$$\int_0^1 e^{-x^2}dx \approx \frac{1}{2}(0.777\,82 + 0.714\,61) = 0.746\,21.$$

利用抛物线公式(5-6),得

$$\int_0^1 e^{-x^2}dx \approx \frac{1-0}{3\times 10}[(y_0+y_{10})+2(y_2+y_4+y_6+y_8)+4(y_1+y_3+y_5+y_7+y_9)]$$

$$= \frac{0.1}{3} \times 22.404\,76 \approx 0.746\,83.$$

在数学表中查出这个积分精确到五位小数的数值也是 0.746 83.由此可见,抛物线法是有较高精度的,矩形法误差较大,梯形法也比较好,且计算简单.

习题 5.3

A

1. 计算下列定积分:

(1) $\int_0^4 e^{\sqrt{x}}dx$;
(2) $\int_0^{\pi} x\sin x dx$;

(3) $\int_0^1 x\sqrt{1-x}dx$;
(4) $\int_1^4 \frac{dx}{x(1+\sqrt{x})}$;

(5) $\int_0^{\pi} \sqrt{1-\sin x}dx$;
(6) $\int_0^{\frac{\pi}{4}} \frac{x}{1+\cos 2x}dx$;

(7) $\int_e^{e^2} \frac{1}{x\ln x}dx$;
(8) $\int_0^1 \sqrt{4-x^2}dx$;

(9) $\int_0^1 \arcsin x dx$;
(10) $\int_0^{\frac{\pi}{2}} \cos^5 x \sin 2x dx$;

(11) $\int_0^{\ln 2} \sqrt{e^x-1}dx$;
(12) $\int_0^{\ln 2} xe^{-x}dx$;

(13) $\int_0^{2\pi} x^2\cos x dx$;
(14) $\int_{-1}^1 \frac{x}{x^2+x+1}dx$;

(15) $\int_0^{\pi} e^x\cos^2 x dx$;
(16) $\int_0^1 (1-x^2)^{\frac{m}{2}}dx$($m$ 为自然数).

2. 利用函数的奇偶性计算下列积分:

(1) $\int_{-\frac{\pi}{2}}^{\frac{\pi}{2}}\frac{\sin^3 x}{1+x^4}dx$; (2) $\int_{-2}^{2}\frac{x+|x|}{2+x^2}dx$;

(3) $\int_{-1}^{1}\frac{2+\sin x}{\sqrt{4-x^2}}dx$; (4) $\int_{-\pi}^{\pi}(\sqrt{1+\cos 2x}+|x|\sin x)dx$.

3. 证明：$\int_0^1 x^m(1-x)^n dx=\int_0^1 x^n(1-x)^m dx$.

4. 设$f(x)$连续，证明：$\int_a^b f(x)dx=(b-a)\int_0^1 f[a+(b-a)x]dx$.

5. 已知函数$f(x)=\begin{cases}x, & 0\leqslant x\leqslant 1,\\ 2-x, & 1<x\leqslant 2,\end{cases}$试计算下列各题：

(1) $s_0=\int_0^2 f(x)e^{-x}dx$; (2) $s_1=\int_2^4 f(x-2)e^{-x}dx$;

(3) $s_n=\int_{2n}^{2n+2}f(x-2n)e^{-x}dx \quad (n=2,3,\cdots)$;

(4) $s=\lim\limits_{n\to\infty}\sum\limits_{n=0}^{\infty}s_n$.

*6. 用三种定积分的近似计算法计算$\int_1^2\frac{dx}{x}$，并求 ln 2 的近似值（取$n=10$，被积函数值取四位小数）.

B

1. 证明：$\int_0^{\pi}\sin^n x dx=2\int_0^{\frac{\pi}{2}}\sin^n x dx$.

2. 计算下列定积分：

(1) $\int_{-a}^{a}\sqrt{x^2(a^2-x^2)}dx$; (2) $\int_{\frac{1}{e}}^{e}|\ln x|dx$;

(3) $\int_0^1\frac{\ln(1+x)}{(2-x)^2}dx$; (4) $\int_0^1 x(1-x^4)^{\frac{3}{2}}dx$;

(5) $\int_{-1}^{1}(x^2-1)^n dx \quad$ (n为自然数)；

(6) $J_m=\int_0^{\pi}x\sin^m x dx \quad$ (m为自然数)；

(7) $\int_1^3 f(x-2)dx$，其中$f(x)=\begin{cases}1+x^2, & x\leqslant 0,\\ e^{-x}, & x>0;\end{cases}$

(8) $\int_{-1}^{1}(|x|+x)e^{-|x|}dx$.

3. 已知$f(2)=\frac{1}{2}$，$f'(2)=0$及$\int_0^2 f(x)dx=1$，求$\int_0^1 x^2 f''(2x)dx$.

4. 设函数$f(x)$在$(-\infty,+\infty)$内满足$f(x)=f(x-\pi)+\sin x$，且$f(x)=x$，$x\in[0,\pi]$，求$\int_{\pi}^{3\pi}f(x)dx$.

5. 若$f(x)$是连续函数，证明：

(1) $f(x)$是奇函数时，$\int_0^x f(t)dt$为偶函数；

(2) $f(x)$是偶函数时，$\int_0^x f(t)dt$为奇函数.

6. 设$a_n=\frac{3}{2}\int_0^{\frac{n}{n+1}}x^{n-1}\sqrt{1+x^n}dx$，求极限$\lim\limits_{n\to\infty}na_n$.

5.4 反常积分

5.4 预习检测

在前面我们遇到的定积分中，被积函数须是有界函数，积分区间为有限区间，但在一些实际问题中，我们常遇到积分区间为无穷区间，或者被积函数在积分区间上有无穷间断点的积分，它们已不属于前面所说的积分了.因此，我们需要对定积分进行推广，形成了反常积分的概念.

5.4.1 积分区间为无穷区间的反常积分

定义 1 设函数 $f(x)$ 在 $[a,+\infty)$ 上连续，$\forall b>a$，若 $F(b)=\int_a^b f(x)\mathrm{d}x$ 存在，则

$$\int_a^{+\infty} f(x)\mathrm{d}x=\lim_{b\to+\infty}\int_a^b f(x)\mathrm{d}x=\lim_{b\to+\infty}F(b)$$

称为函数 $f(x)$ 在无穷区间 $[a,+\infty)$ 上的**反常积分**.如果函数极限

$$\lim_{b\to+\infty}F(b)=\lim_{b\to+\infty}\int_a^b f(x)\mathrm{d}x$$

存在，称反常积分 $\int_a^{+\infty} f(x)\mathrm{d}x$ 收敛.如果上述极限不存在，就说反常积分 $\int_a^{+\infty} f(x)\mathrm{d}x$ 发散.

类似地，设 $f(x)$ 在 $(-\infty,b]$ 上连续，可定义 $f(x)$ 在无穷区间 $(-\infty,b]$ 上的反常积分

$$\int_{-\infty}^b f(x)\mathrm{d}x=\lim_{a\to-\infty}\int_a^b f(x)\mathrm{d}x.$$

极限 $\lim_{a\to-\infty}\int_a^b f(x)\mathrm{d}x$ 存在时，称反常积分 $\int_{-\infty}^b f(x)\mathrm{d}x$ 收敛，否则称反常积分 $\int_{-\infty}^b f(x)\mathrm{d}x$ 发散.

如果 $f(x)$ 在 $(-\infty,+\infty)$ 上连续，$f(x)$ 在无穷区间 $(-\infty,+\infty)$ 上的反常积分定义为

$$\int_{-\infty}^{+\infty} f(x)\mathrm{d}x=\int_{-\infty}^{c} f(x)\mathrm{d}x+\int_{c}^{+\infty} f(x)\mathrm{d}x=\lim_{a\to-\infty}\int_a^c f(x)\mathrm{d}x+\lim_{b\to+\infty}\int_c^b f(x)\mathrm{d}x,$$

其中 c 是任意取定的一个实数.如果反常积分 $\int_{-\infty}^{c} f(x)\mathrm{d}x$ 和 $\int_{c}^{+\infty} f(x)\mathrm{d}x$ 都收敛，则称函数 $f(x)$ 在 $(-\infty,+\infty)$ 上的反常积分收敛，否则称反常积分 $\int_{-\infty}^{+\infty} f(x)\mathrm{d}x$ 发散.

注 当反常积分收敛时，反常积分是一个确定的实数；当反常积分发散时，反常积分就只是一个记号而已.反常积分曾称为广义积分.

例 1 求反常积分 $\int_0^{+\infty}\dfrac{\mathrm{d}x}{1+x^2}$.

解 $$\int_0^{+\infty}\frac{\mathrm{d}x}{1+x^2}=\lim_{b\to+\infty}\int_0^b\frac{\mathrm{d}x}{1+x^2}=\lim_{b\to+\infty}\arctan x\Big|_0^b=\lim_{b\to+\infty}\arctan b=\frac{\pi}{2}.$$

例 2 讨论 $\int_{-\infty}^{+\infty}\dfrac{x\mathrm{d}x}{1+x^2}$ 的敛散性.

解 $$\int_0^{+\infty}\frac{x\mathrm{d}x}{1+x^2}=\lim_{b\to+\infty}\int_0^b\frac{x\mathrm{d}x}{1+x^2}=\lim_{b\to+\infty}\frac{1}{2}\ln(1+x^2)\Big|_0^b$$

$$=\frac{1}{2}\lim_{b\to+\infty}\ln(1+b^2)=+\infty,$$

所以$\int_{-\infty}^{+\infty}\frac{x\mathrm{d}x}{1+x^2}$发散.

例3　求反常积分$\int_{\sqrt{2}}^{+\infty}\frac{\mathrm{d}x}{x\sqrt{x^2-1}}$.

利用变量代换法和形式上的牛顿-莱布尼茨公式可得所求的反常积分.

解法一　$\int_{\sqrt{2}}^{+\infty}\frac{\mathrm{d}x}{x\sqrt{x^2-1}}\xlongequal{x=\sec t}\int_{\frac{\pi}{4}}^{\frac{\pi}{2}}\frac{\sec t\tan t}{\sec t\tan t}\mathrm{d}t=\int_{\frac{\pi}{4}}^{\frac{\pi}{2}}\mathrm{d}t=\frac{\pi}{4}.$

解法二　$\int_{\sqrt{2}}^{+\infty}\frac{\mathrm{d}x}{x\sqrt{x^2-1}}\xlongequal{x=\frac{1}{t}}\int_{\frac{\sqrt{2}}{2}}^{0}\frac{t}{\sqrt{\frac{1}{t^2}-1}}\left(-\frac{1}{t^2}\right)\mathrm{d}t=\int_{0}^{\frac{\sqrt{2}}{2}}\frac{1}{\sqrt{1-t^2}}\mathrm{d}t$

$$=\arcsin t\Big|_0^{\frac{\sqrt{2}}{2}}=\frac{\pi}{4}.$$

例4　求反常积分$\int_0^{+\infty}\frac{x\mathrm{d}x}{(1+x^2)^2}$.

解　利用凑微分法和牛顿-莱布尼茨公式求解.

$$\int_0^{+\infty}\frac{x\mathrm{d}x}{(1+x^2)^2}=\frac{1}{2}\lim_{b\to+\infty}\int_0^b\frac{\mathrm{d}(1+x^2)}{(1+x^2)^2}=-\frac{1}{2}\lim_{b\to+\infty}\frac{1}{1+x^2}\Big|_0^b$$

$$=-\frac{1}{2}\lim_{b\to+\infty}\frac{1}{1+b^2}+\frac{1}{2}=\frac{1}{2}.$$

例5　讨论$\int_2^{+\infty}\frac{\mathrm{d}x}{x\ln^p x}$的敛散性,其中$p$是任意常数.

解　当$p=1$时,

$$\int_2^{+\infty}\frac{\mathrm{d}x}{x\ln x}=\lim_{b\to+\infty}\int_2^b\frac{\mathrm{d}x}{x\ln x}=\lim_{b\to+\infty}(\ln\ln b-\ln\ln 2)=+\infty,$$

所以当$p=1$时,$\int_2^{+\infty}\frac{\mathrm{d}x}{x\ln^p x}$发散.

当$p\neq1$时,$\int_2^{+\infty}\frac{\mathrm{d}x}{x\ln^p x}=\lim_{b\to+\infty}\int_2^b\frac{\mathrm{d}x}{x\ln^p x}$

$$=\lim_{b\to+\infty}\frac{1}{1-p}((\ln b)^{1-p}-(\ln 2)^{1-p}),$$

所以当$p>1$时,收敛;当$p<1$时,发散.

在中学阶段我们讨论过简单随机事件及其概率的计算.比如掷一枚骰子,设X表示朝上的一面出现的点数,则X可能的取值是1,2,3,4,5,6,称X是一个离散型随机变量.如果用$P(X=k)$表示出现点数k的概率,那么根据古典概率的定义$P(X=k)=\frac{1}{6}$.假如在某灯泡制造厂生产的一批灯泡中随机抽出一个灯泡来试验测量其寿命,用 X 来表示其寿命,则理论上 X 可能的取值是$(0,+\infty)$范围内的任意一个数,称 X 是一个连续型随机变量.每个连续型随机变量都有一个概率密度函数 $f(x)$,随机变量 X 在区间$[a,b]$上取值的概率记为 $P(a\leqslant X\leqslant b)$,可用积分 $\int_a^b f(x)\mathrm{d}x$ 来计算,即

$$P(a\leqslant X\leqslant b)=\int_a^b f(x)\mathrm{d}x.$$

由概率的性质,必然有 $f(x)\geqslant 0$ 且 $\int_{-\infty}^{+\infty}f(x)\mathrm{d}x=1$,这也是 $f(x)$ 能够成为概率密度函数的充分条件.

医院门诊就医、公交车站等车等排队等候服务现象在实际生活中随处可见,假设从排队到得到服务的等候时间为 T,则随机变量 T 的取值范围为$[0,+\infty)$,概率密度函数为

$$f(t)=\begin{cases}0, & t<0,\\ \dfrac{1}{c}\mathrm{e}^{-\frac{t}{c}}, & t\geqslant 0\end{cases}\quad(c>0\text{ 是常数}).$$

概率论中,用 $E(T)=\int_{-\infty}^{+\infty}tf(t)\mathrm{d}t$ 来表示平均等候时间,一般称为随机变量 T 的数学期望,则有

$$E(T)=\int_{-\infty}^{+\infty}tf(t)\mathrm{d}t=\int_0^{+\infty}t\frac{1}{c}\mathrm{e}^{-\frac{t}{c}}\mathrm{d}t=c,$$

这是概率密度函数的常数 c 的实际意义.假设 $c=5$,即平均等待时间为 5 min,则在前 1 min 内得到服务和等候时间超过 5 min 的概率为

$$P(0\leqslant T\leqslant 1)=\int_0^1 0.2\mathrm{e}^{-\frac{t}{5}}\mathrm{d}t=1-\mathrm{e}^{-\frac{1}{5}}\approx 0.18,$$

$$P(5\leqslant T<+\infty)=\int_5^{+\infty}0.2\mathrm{e}^{-\frac{t}{5}}\mathrm{d}t=\mathrm{e}^{-1}\approx 0.37.$$

这两个式子的意义分别是大概有 18%的顾客在前 1 min 内得到服务,而等候时间超过 5 min的顾客有大约 37%.

一个班的学生考试成绩 s 的分布,一个人群的身高 H 的分布,某个地区的年降雨量 R 的分布,做一次测量的误差 D 的分布等大量的随机变量,其概率密度函数是正态函数

$$f(x)=\frac{1}{\sigma\sqrt{2\pi}}\mathrm{e}^{-(x-\mu)^2/2\sigma^2}(\sigma>0,\mu\in(-\infty,+\infty)\text{ 是常数},x\in(-\infty,+\infty)).$$

通过实验观察,智商指数 IQ 符合 $\mu=100,\sigma=15$ 的正态分布,由定积分的近似计算方法或者数学软件 Mathematica 可以算得

$$P(85\leqslant \mathrm{IQ}\leqslant 115)=\int_{85}^{115}\frac{1}{15\sqrt{2\pi}}\mathrm{e}^{-(x-100)^2/2\times 15^2}\mathrm{d}x\approx 0.682\,6,$$

$$P(140 \leqslant \mathrm{IQ} \leqslant +\infty)=\int_{140}^{+\infty}\frac{1}{15\sqrt{2\pi}}\mathrm{e}^{-(x-100)^2/2\times 15^2}\mathrm{d}x \approx 0.003\ 8.$$

因此,68.26%的人的智商指数在 85 到 115 之间,而智商指数超过 140 的人约为 3.8‰.

5.4.2　无界函数的反常积分

如果函数 $f(x)$ 在点 a 的任意小的右半开邻域或者左半开邻域内无界,则称 a 为函数 $f(x)$ 的一个**瑕点**.

定义 2　设函数 $f(x)$ 在 $(a,b]$ 上连续,a 为函数 $f(x)$ 的瑕点,任取 $a<t<b$,则

$$\int_a^b f(x)\mathrm{d}x=\lim_{t\to a^+}\int_t^b f(x)\mathrm{d}x$$

称为函数 $f(x)$ 在区间 $(a,b]$ 上的**反常积分**.

如果极限

$$\lim_{t\to a^+}\int_t^b f(x)\mathrm{d}x$$

存在,则称 $f(x)$ 在 $(a,b]$ 上的反常积分 $\int_a^b f(x)\mathrm{d}x$ 收敛,否则称反常积分发散.

同样地,设函数 $f(x)$ 在 $[a,b)$ 上连续,b 为函数 $f(x)$ 的瑕点,任取 $a<t<b$,可定义 $f(x)$ 在 $[a,b)$ 上的反常积分为

$$\int_a^b f(x)\mathrm{d}x=\lim_{t\to b^-}\int_a^t f(x)\mathrm{d}x,$$

如果极限 $\lim\limits_{t\to b^-}\int_a^t f(x)\mathrm{d}x$ 存在,称 $\int_a^b f(x)\mathrm{d}x$ 收敛,否则称其发散.

设函数 $f(x)$ 在 $[a,c)$ 与 $(c,b]$ 上连续,且 c 为函数 $f(x)$ 的瑕点,定义 $f(x)$ 在 $[a,c)\cup(c,b]$ 上的反常积分为

$$\int_a^b f(x)\mathrm{d}x=\int_a^c f(x)\mathrm{d}x+\int_c^b f(x)\mathrm{d}x=\lim_{t\to c^-}\int_a^t f(x)\mathrm{d}x+\lim_{t'\to c^+}\int_{t'}^b f(x)\mathrm{d}x,$$

如果反常积分 $\int_a^c f(x)\mathrm{d}x$ 与 $\int_c^b f(x)\mathrm{d}x$ 都收敛,称反常积分 $\int_a^b f(x)\mathrm{d}x$ 收敛,否则称其发散.

需要注意的是,有限区间上无界函数的反常积分其记号与定积分的记号相同,因此,对给出的积分要会判断是本章 5.1 节定义的常规的定积分还是反常积分.如果 $f(x)$ 在区间 $[a,b]$ 上的某些点是瑕点,积分就是反常积分.例如积分 $\int_0^1\frac{\sin x}{x}\mathrm{d}x$ 中的被积函数 $\frac{\sin x}{x}$ 在 0 点无定义,但是 $\lim\limits_{x\to 0^+}\frac{\sin x}{x}=1$,因此积分 $\int_0^1\frac{\sin x}{x}\mathrm{d}x$ 是正常积分.

从几何意义上来看,非负函数的反常积分是一个无界平面图形的面积.

例 6　求反常积分 $\int_0^a\frac{\mathrm{d}x}{\sqrt{a^2-x^2}}\quad(a>0)$.

解 由于 $\lim\limits_{x\to a^-}\dfrac{1}{\sqrt{a^2-x^2}}=+\infty$,所以 $x=a$ 是被积函数的无穷间断点.于是

$$\int_0^a \frac{\mathrm{d}x}{\sqrt{a^2-x^2}}=\lim_{t\to a^-}\int_0^t \frac{\mathrm{d}x}{\sqrt{a^2-x^2}}=\lim_{t\to a^-}\arcsin\frac{x}{a}\Big|_0^t$$

$$=\lim_{t\to a^-}\arcsin\frac{t}{a}=\arcsin 1=\frac{\pi}{2}.$$

例 7 讨论 $\displaystyle\int_0^1 \frac{\mathrm{d}x}{x^p}$ 的敛散性($p>0$).

解 当 $p=1$ 时,

$$\int_0^1 \frac{\mathrm{d}x}{x^p}=\int_0^1 \frac{\mathrm{d}x}{x}=\lim_{t\to 0^+}\int_t^1 \frac{1}{x}\mathrm{d}x=\lim_{t\to 0^+}\ln x\Big|_t^1=\lim_{t\to 0^+}(-\ln t)=+\infty;$$

当 $0<p\neq 1$ 时,

$$\int_0^1 \frac{\mathrm{d}x}{x^p}=\lim_{t\to 0^+}\int_t^1 \frac{\mathrm{d}x}{x^p}=\lim_{t\to 0^+}\frac{x^{1-p}}{1-p}\Big|_t^1=\frac{1}{1-p}-\lim_{t\to 0^+}\frac{t^{1-p}}{1-p}$$

$$=\begin{cases}\dfrac{1}{1-p}, & 0<p<1,\\ +\infty, & p>1.\end{cases}$$

因此,当 $0<p<1$ 时,反常积分收敛于$\dfrac{1}{1-p}$;当 $p\geqslant 1$ 时,反常积分发散.

例 8 求 $\displaystyle\int_0^1 \frac{x\mathrm{d}x}{(2-x^2)\sqrt{1-x^2}}$.

解 作三角代换求积分即可.令 $x=\sin t$,则

$$\int_0^1 \frac{x\mathrm{d}x}{(2-x^2)\sqrt{1-x^2}}=\int_0^{\frac{\pi}{2}} \frac{\sin t\cos t}{(2-\sin^2 t)\cos t}\mathrm{d}t$$

$$=-\int_0^{\frac{\pi}{2}} \frac{\mathrm{d}\cos t}{1+\cos^2 t}=-\arctan(\cos t)\Big|_0^{\frac{\pi}{2}}=\frac{\pi}{4}.$$

注 本题为反常积分,但仍可以与普通积分一样作变量代换等.

*5.4.3 反常积分的判别法

对比较简单的反常积分,判断其敛散性时,可以通过求被积函数的原函数,然后按定义取极限,根据极限的存在与否判定.但有时被积函数可能比较复杂,原函数很难算出,直接根据定义判断其敛散性实际上不可行,因此通过寻找被积函数的特点直接判定反常积分的敛散性的方法是有意义的.

非负函数的反常积分只有两种可能,或者是正数,或者是$+\infty$.因而由几何意义可知:

(1) 如果 $0\leqslant f(x)\leqslant g(x)$,$x\in[a,+\infty)$,且 $g(x)$ 下的面积存在,则 $f(x)$ 下的面积也

存在;

(2) 如果$f(x)\geqslant g(x)\geqslant 0, x\in[a,+\infty)$,且$g(x)$下的面积为$+\infty$,则$f(x)$下的面积也为$+\infty$.

为此有下面的判别法:

定理1(比较判别法)　设$f(x)$,$g(x)$在$[a,+\infty)$内连续,且$\forall x\in[a,+\infty)$有不等式$0\leqslant f(x)\leqslant g(x)$,则

(i) 当$\int_a^{+\infty} g(x)\,\mathrm{d}x$收敛时,$\int_a^{+\infty} f(x)\,\mathrm{d}x$也收敛;

(ii) 当$\int_a^{+\infty} f(x)\,\mathrm{d}x$发散时,$\int_a^{+\infty} g(x)\,\mathrm{d}x$也发散.

证　(i) 设$a<b<+\infty$,则由$0\leqslant f(x)\leqslant g(x)$及$\int_a^{+\infty} g(x)\,\mathrm{d}x$收敛,得

$$\int_a^b f(x)\,\mathrm{d}x\leqslant\int_a^b g(x)\,\mathrm{d}x\leqslant\int_a^{+\infty} g(x)\,\mathrm{d}x,$$

因为$\int_a^b f(x)\,\mathrm{d}x$是随$b$单调增加的,而上式表明它又是有界的,所以其极限$\lim\limits_{b\to+\infty}\int_a^b f(x)\,\mathrm{d}x$存在,即反常积分$\int_a^{+\infty} f(x)\,\mathrm{d}x$收敛.

(ii) 由于$g(x)\geqslant f(x)$,则对于$a<b$有$\int_a^b g(x)\,\mathrm{d}x\geqslant\int_a^b f(x)\,\mathrm{d}x$,又由$\int_a^{+\infty} f(x)\,\mathrm{d}x$发散及$f(x)\geqslant 0$知,

$$\lim_{b\to+\infty}\int_a^b f(x)\,\mathrm{d}x=+\infty,$$

所以

$$\lim_{b\to+\infty}\int_a^b g(x)\,\mathrm{d}x=+\infty,$$

即反常积分$\int_a^{+\infty} g(x)\,\mathrm{d}x$发散.

对于$(-\infty,b]$及$(-\infty,+\infty)$上的反常积分有类似的结论.

例9　判断$\int_1^{+\infty}\dfrac{\mathrm{d}x}{x\sqrt{x+1}}$的敛散性.

解　因为$0<\dfrac{1}{x\sqrt{x+1}}<\dfrac{1}{x^{\frac{3}{2}}}, x\in[1,+\infty)$,而

$$\int_1^{+\infty}\frac{1}{x^{\frac{3}{2}}}\mathrm{d}x=\frac{1}{-\frac{3}{2}+1}x^{-\frac{3}{2}+1}\bigg|_1^{+\infty}=\frac{-2}{\sqrt{x}}\bigg|_1^{+\infty}=2,$$

所以　$\int_1^{+\infty}\dfrac{\mathrm{d}x}{x\sqrt{x+1}}$收敛.

例10　判断$\int_1^{+\infty}\dfrac{\mathrm{d}x}{\sqrt{x^2+x+1}}$的敛散性.

解 因为 $\dfrac{1}{\sqrt{x^2+x+1}} > \dfrac{1}{\sqrt{x^2+2x+1}} = \dfrac{1}{x+1} > 0, x \in [1,+\infty)$，而

$$\int_1^{+\infty} \frac{1}{x+1}\mathrm{d}x = +\infty,$$

所以 $\int_1^{+\infty} \dfrac{\mathrm{d}x}{\sqrt{x^2+x+1}}$ 发散.

比较判别法需要寻找不等式关系，有时使用起来不大方便，运用其极限形式更为方便.

定理 2(比较判别法的极限形式) 设 $f(x)$ 在 $[a,+\infty)$ 上连续，且 $f(x)\geqslant 0, a>0$. 若 $\lim\limits_{x\to+\infty} x^p f(x) = l$，则

(i) 当 $0\leqslant l<+\infty, p>1$ 时，$\int_a^{+\infty} f(x)\mathrm{d}x$ 收敛；

(ii) 当 $0<l\leqslant+\infty, p\leqslant 1$ 时，$\int_a^{+\infty} f(x)\mathrm{d}x$ 发散.

证明略.

例 11 判断 $\int_1^{+\infty} \dfrac{\mathrm{e}^{-x}}{x}\mathrm{d}x$ 的敛散性.

解 由于 $\lim\limits_{x\to+\infty} x^2 f(x) = \lim\limits_{x\to+\infty} \dfrac{x}{\mathrm{e}^x} = 0$，由定理知 $\int_1^{+\infty} \dfrac{\mathrm{e}^{-x}}{x}\mathrm{d}x$ 收敛.

对于无界函数的反常积分，有类似的判别法.

定理 3 设 $f(x)$ 在 $(a,b]$ 上连续，$f(x)\geqslant 0$ 且 $\lim\limits_{x\to a^+} f(x)=\infty$，若 $\lim\limits_{x\to a^+}(x-a)^p f(x) = l$，则

(i) 当 $0\leqslant l<+\infty, p<1$ 时，$\int_a^b f(x)\mathrm{d}x$ 收敛；

(ii) 当 $0<l\leqslant+\infty, p\geqslant 1$ 时，$\int_a^b f(x)\mathrm{d}x$ 发散.

证明略.

例 12 判断 $\int_1^2 \dfrac{4+x}{\sqrt{x^2-1}}$ 的敛散性.

解 瑕点为 $x=1$. 由于

$$\lim_{x\to1^+}(x-1)^{\frac{1}{2}}f(x) = \lim_{x\to1^+}(x-1)^{\frac{1}{2}}\frac{4+x}{\sqrt{x^2-1}} = \frac{5}{\sqrt{2}}, p=\frac{1}{2}<1.$$

所以 $\int_1^2 \dfrac{4+x}{\sqrt{x^2-1}}$ 收敛.

5.4.4 Γ 函数与 B 函数

称反常积分

$$\int_0^{+\infty} \mathrm{e}^{-x}x^{s-1}\mathrm{d}x \quad (s>0)$$

为 Γ 函数,记为 $\Gamma(s)=\int_0^{+\infty} e^{-x}x^{s-1}dx \quad (s>0)$.

该积分的特点是:

(1) 积分区间为无穷.

(2) 当 $s<1$ 时,点 $x=0$ 是瑕点.可以把该积分分开为

$$\int_0^{+\infty} e^{-x}x^{s-1}dx=\int_0^1 e^{-x}x^{s-1}dx+\int_1^{+\infty} e^{-x}x^{s-1}dx.$$

设 $I_1=\int_0^1 e^{-x}x^{s-1}dx,\quad I_2=\int_1^{+\infty} e^{-x}x^{s-1}dx.$

1) 当 $s\geqslant 1$ 时,I_1 是常义积分;当 $0<s<1$ 时,因为 $e^{-x}x^{s-1}=\frac{1}{x^{1-s}}\frac{1}{e^x}<\frac{1}{x^{1-s}}$,而 $1-s<1$,由比较判别法知,I_1 收敛;

2) 因为 $\lim\limits_{x\to+\infty} x^2(e^{-x}x^{s-1})=\lim\limits_{x\to+\infty}\frac{x^{s+1}}{e^x}=0$,由比较判别法的极限形式知,$I_2$ 也收敛.

由 1),2) 知 $\int_0^{+\infty} e^{-x}x^{s-1}dx$ 对 $s>0$ 均收敛.Γ 函数的图形如图 5-11 所示.

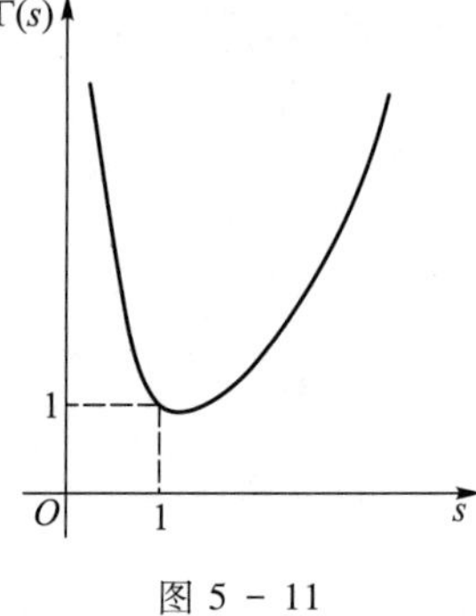

图 5 - 11

下面给出 Γ 函数的几个重要性质:

性质 1 递推公式 $\Gamma(s+1)=s\Gamma(s)\,(s>0)$. (5-7)

证 $\Gamma(s+1)=\int_0^{+\infty} e^{-x}x^s dx=-\int_0^{+\infty} x^s de^{-x}=-x^s e^{-x}\Big|_0^{+\infty}+\int_0^{+\infty} e^{-x}dx^s$

$$=s\int_0^{+\infty} e^{-x}x^{s-1}dx=s\Gamma(s).$$

由此得,对一切自然数 n 有

$$\begin{aligned}\Gamma(n+1)&=n\Gamma(n)=n(n-1)\Gamma(n-1)=\cdots\\&=n(n-1)(n-2)\cdots 3\cdot 2\cdot 1\cdot\Gamma(1),\end{aligned}$$

又 $\Gamma(1)=\int_0^{+\infty} e^{-x}dx=1$,所以

$$\Gamma(n+1)=n!. \tag{5-8}$$

利用式(5-8)和式(5-7),我们可以推广阶乘的定义,很自然,我们令

$$x!=\Gamma(x+1)\,(x>0), \tag{5-9}$$

则

$$(x+1)!=\Gamma(x+2)=(x+1)\Gamma(x+1)=(x+1)x!.$$

因此由式(5-9)定义的 $x!\,(x>0)$ 具有 $n!$ 类似的性质.

性质 2 当 $s\to 0^+$ 时, $\Gamma(s)\to+\infty$.

证 因为

$$\Gamma(s)=\frac{\Gamma(s+1)}{s},\quad \Gamma(1)=1,$$

所以,当 $s\to 0^+$ 时, $\Gamma(s)\to+\infty$.

性质 3 $\Gamma(s)\Gamma(1-s)=\dfrac{\pi}{\sin \pi s}\quad(0<s<1)$.

这个公式称为余元公式,在此不作证明.

在 $\Gamma(s)=\int_0^{+\infty}\mathrm{e}^{-x}x^{s-1}\mathrm{d}x$ 中,作代换 $x=u^2$,有

$$\Gamma(s)=2\int_0^{+\infty}\mathrm{e}^{-u^2}u^{2s-1}\mathrm{d}u. \tag{5-10}$$

再令 $2s-1=t$ 或 $s=\dfrac{t+1}{2}$,即有

$$\int_0^{+\infty}\mathrm{e}^{-u^2}u^t\mathrm{d}u=\frac{1}{2}\Gamma\left(\frac{t+1}{2}\right)\quad(t>-1),$$

在式(5-10)中,令 $s=\dfrac{1}{2}$,得 $2\int_0^{+\infty}\mathrm{e}^{-u^2}\mathrm{d}u=\Gamma\left(\dfrac{1}{2}\right)=\sqrt{\pi}$,从而

$$\int_0^{+\infty}\mathrm{e}^{-u^2}\mathrm{d}u=\frac{\sqrt{\pi}}{2}.$$

上式左端的积分是在概率论中常用的积分.

称积分

$$\mathrm{B}(p,q)=\int_0^1 x^{p-1}(1-x)^{q-1}\mathrm{d}x\quad(p>0,q>0)$$

定义的函数为 B 函数.

当 $0<p<1,0<q<1$ 时,积分是收敛的反常积分.

作变换 $x=\sin^2 t$,可得 $\mathrm{B}(p,q)=2\int_0^{\frac{\pi}{2}}(\sin x)^{2p-1}(\cos x)^{2q-1}\mathrm{d}x$.

B 函数与 Γ 函数之间有关系式

$$\mathrm{B}(p,q)=\frac{\Gamma(p+q)}{\Gamma(p)\Gamma(q)}.$$

Γ 函数与 B 函数是用反常积分定义的两个重要的特殊函数.

习题 5.4

A

1. 计算下列反常积分:

(1) $\int_a^{+\infty}\dfrac{\mathrm{d}x}{x^2}\quad(a>0)$;　　(2) $\int_0^1 \ln x\mathrm{d}x$;

(3) $\int_{-1}^1\dfrac{\mathrm{d}x}{\sqrt{1-x^2}}$;　　(4) $\int_2^{+\infty}\dfrac{\mathrm{d}x}{x^2+x-2}$;

(5) $\int_0^{+\infty}\frac{\arctan x}{(1+x^2)^{\frac{3}{2}}}dx$；　　(6) $\int_0^{+\infty}\frac{dx}{\sqrt{x}(4+x)}$.

2. 利用递推公式计算反常积分：

$$I_n=\int_0^{+\infty}x^n e^{-x}dx \quad (n\text{ 为自然数}).$$

3. 判断下列反常积分的敛散性：

(1) $\int_0^{+\infty}\frac{x^2}{x^4-x^2+1}dx$；　　(2) $\int_1^{+\infty}\frac{dx}{x\sqrt[3]{x^2+1}}$；

(3) $\int_0^2\frac{dx}{\ln x}$；　　(4) $\int_1^{+\infty}\frac{x\arctan x}{1+x^3}dx$.

4. 用 Γ 函数表示下列定积分，并指出这些积分的收敛范围：

(1) $\int_0^{+\infty}e^{-x^n}dx \quad (n>0)$；　　(2) $\int_0^{+\infty}x^m e^{-x^n}dx \quad (n\neq 0)$；

(3) $\int_0^1\left(\ln\frac{1}{x}\right)^p dx$.

B

1. 计算下列反常积分：

(1) $\int_3^{+\infty}\frac{dx}{(x-1)^4\sqrt{x^2-2x}}$；　　(2) $\int_1^{+\infty}\frac{\ln x}{x^2}dx$；

(3) $\int_1^{+\infty}\frac{dx}{x(x^2+1)}$；　　(4) $\int_0^{+\infty}\frac{x}{(1+x)^3}dx$；

(5) $\int_0^{+\infty}\frac{xe^{-x}}{(1+e^{-x})^2}dx$；　　(6) $\int_0^{+\infty}\frac{dx}{x^2+4x+8}$；

(7) $\int_{\frac{1}{2}}^{\frac{3}{2}}\frac{dx}{\sqrt{|x-x^2|}}$；　　(8) $\int_1^{+\infty}\frac{\arctan x}{x^2}dx$.

2. 判别下列反常积分的敛散性：

(1) $\int_1^{+\infty}\frac{|\sin x|}{\sqrt{x^3}}dx$；　　(2) $\int_1^2\frac{dx}{\sqrt{(x-1)(2-x)}}$.

3. 讨论反常积分 $\int_2^{+\infty}\frac{dx}{x(\ln x)^k}$ 的敛散性.

*4. 证明 $\Gamma\left(\frac{2k+1}{2}\right)=\frac{1\cdot 2\cdot 5\cdot\cdots\cdot(2k-1)\sqrt{\pi}}{2^k}$，其中 k 为自然数.

5. 证明：

(1) 正态分布随机变量的密度函数满足概率密度函数的要求 $\int_{-\infty}^{+\infty}f(x)dx=1$；

(2) 正态分布的数学期望为 μ.

6. 设 $f(x)=\begin{cases}\frac{\pi}{20}\sin\frac{\pi x}{10}, & 0\leqslant x\leqslant 10,\\ 0, & x<0\text{ 或者 }x>10,\end{cases}$ 验证 $f(x)$ 符合概率密度函数的要求 ($f(x)\geqslant 0$, $\int_{-\infty}^{+\infty}f(x)dx=1$)，并计算概率 $P(X<4)$ 和期望.

5.5 定积分在几何上的应用

5.5.1 建立定积分模型的微元法

应用定积分理论解决实际问题的第一步是将实际问题化为定积分的计算问题,这一步最关键,也较为困难.下面介绍将实际问题化为定积分的计算问题的方法.

定积分的应用问题都具有一个固定的模式:求与某个区间$[a,b]$上的变量x有关的总量Q.这个量具有某种可加性,$Q=\sum\limits_{i=1}^{n}\Delta Q_i$,$Q$可以是面积、体积、弧长、功等.我们用如下的步骤去确定这个量.

本节和下节的应用问题中,都以下述步骤和符号表示建立积分模型的过程.

(1) 分割:用分点

$$a=x_0<x_1<\cdots<x_n=b$$

将$[a,b]$分为n个子区间.

(2) 近似:找一个连续函数$f(x)$,使得在第i个子区间$[x_{i-1},x_i]$上的ΔQ_i可以用量

$$f(\xi_i)\Delta x_i,\qquad \xi_i\in[x_{i-1},x_i],\quad i=1,2,\cdots,n$$

来近似,这一步是问题的核心.

(3) 求和:将所有这些近似量加起来,得总量Q的近似值

$$\sum_{i=1}^{n}f(\xi_i)\Delta x_i,\quad \Delta x_i=x_i-x_{i-1}.$$

(4) 取极限:当分割无限细密时,得出

$$Q=\int_a^b f(x)\,\mathrm{d}x.$$

对上述步骤作简化处理,把前两步合并,在$[a,b]$内任意取一个很小的代表区间$[x,x+\mathrm{d}x]$,设存在$[a,b]$上的一个连续函数$f(x)$,使得ΔQ_i在$[x,x+\mathrm{d}x]$上的量可以近似地表示为

$$\mathrm{d}Q=f(x)\,\mathrm{d}x,\quad 即\ \Delta Q_i-f(x)\,\mathrm{d}x=o(\mathrm{d}x),$$

$\mathrm{d}Q=f(x)\,\mathrm{d}x$称为$Q$的微元或者元素.再把后两步合并,即把微元连续求和,即得待求量Q积分的表示式

$$Q=\int_a^b f(x)\,\mathrm{d}x.$$

这种在微小的局部上进行数量分析,建立定积分模型的方法称为微元法或者元素法.

微元法的关键是"以常代变""以直代曲",建立Q的微分表达式$\mathrm{d}Q=f(x)\,\mathrm{d}x$,这需要具体问题具体分析.

例如,已知质点运动的速度为$v(t)$,计算在时间间隔$[a,b]$上质点所走过的路程.

任取一小段时间间隔$[t,t+\mathrm{d}t]$,在这一段时间$\mathrm{d}t$内,以匀速代变速,得到路程的微元

$$\mathrm{d}s=v(t)\,\mathrm{d}t,$$

有了这个微分式,只要从a到b积分,就得到质点在$[a,b]$这段时间内走过的路程

$$s=\int_a^b v(t)\,\mathrm{d}t.$$

5.5.2　平面图形的面积

1. 直角坐标系中的平面图形的面积

(1) 设连续函数$f(x)$和$g(x)$满足条件$g(x)\leqslant f(x)$,$x\in[a,b]$.求曲线$y=f(x)$,$y=g(x)$及直线$x=a$,$x=b$所围成的平面图形的面积S(见图5-12).

用微元法求:

① 在区间$[a,b]$上任取一小区间$[x,x+\mathrm{d}x]$,并考虑它上面的图形的面积,这块面积可用以$[f(x)-g(x)]$为高,以$\mathrm{d}x$为底的矩形面积近似,于是

$$\mathrm{d}S=[f(x)-g(x)]\,\mathrm{d}x.$$

② 在区间$[a,b]$上将$\mathrm{d}S$积分,得到

$$S=\int_a^b[f(x)-g(x)]\,\mathrm{d}x.$$

类似地,用微元法可得:

(2) 由连续曲线$x=\varphi(y)$,$x=\psi(y)$($\varphi(y)\geqslant\psi(y)$)与直线$y=c$,$y=d$所围成的平面图形(图5-13)的面积为

$$S=\int_c^d[\varphi(y)-\psi(y)]\,\mathrm{d}y.$$

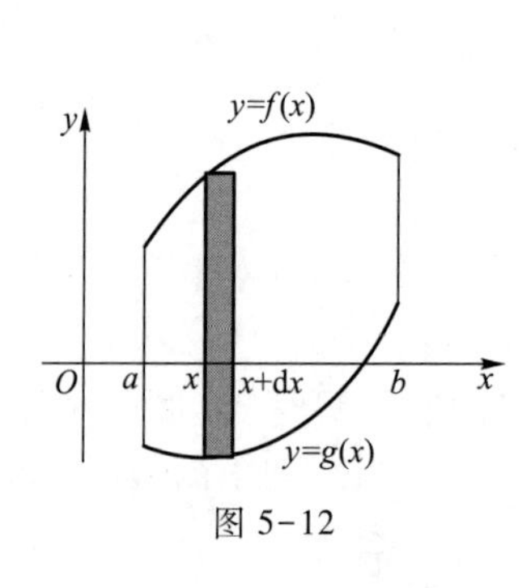

图5-12

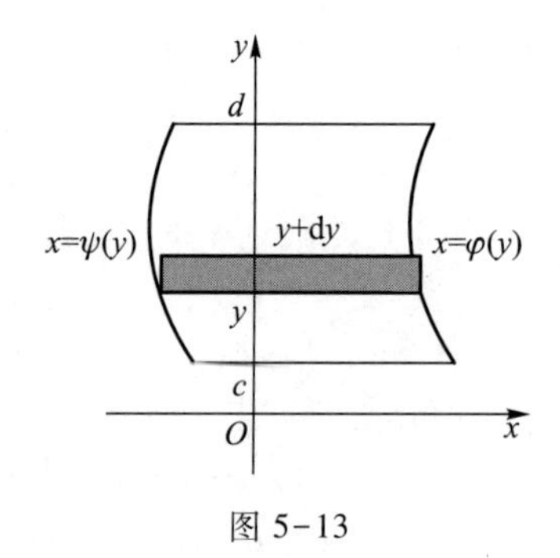

图5-13

例1　计算抛物线$y^2=2x$与直线$y=x-4$所围的图形的面积.

解　如图5-14所示,为了定出图形所在范围,先求出所给抛物线和直线的交点,解方程组

$$\begin{cases}y^2=2x,\\ y=x-4,\end{cases}$$

得交点$(2,-2)$和$(8,4)$,从而知道该图形在直线$y=-2$及$y=4$之间.

现在选取坐标y为积分变量,它的变化区间为$[-2,4]$,并在$[-2,4]$上任取一个子区间$[y,y+\mathrm{d}y]$,此子区间上的窄曲边梯形的面积为

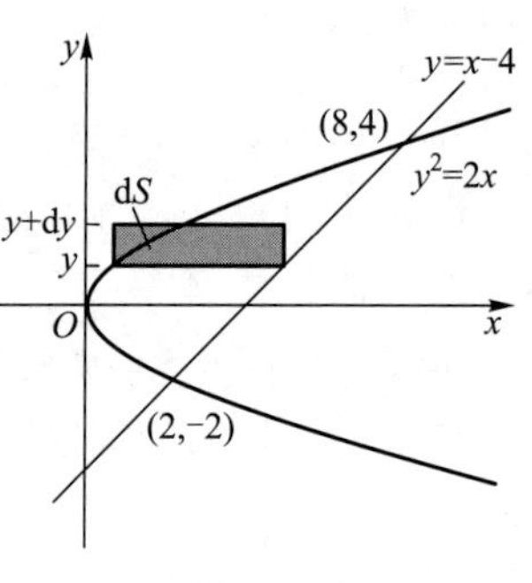

图5-14

$$dS = \left(y + 4 - \frac{1}{2}y^2\right) dy.$$

积分得

$$S = \int_{-2}^{4}\left(y + 4 - \frac{1}{2}y^2\right) dy = \left(\frac{1}{2}y^2 + 4y - \frac{y^3}{6}\right)\Bigg|_{-2}^{4} = 18.$$

本题若选 x 为积分变量，则必须注意，积分区间不只是[2,8]，需要参考几何图形，可得

$$S = \int_0^2 [\sqrt{2x} - (-\sqrt{2x})]\, dx + \int_2^8 [\sqrt{2x} - (x - 4)]\, dx = 18.$$

例 2 求由曲线 $y = x^2$ 与 $y = \sqrt{x}$ 所围成的图形的面积.

解 先求出 $y=x^2$ 与 $y=\sqrt{x}$ 的交点，得(0,0)，(1,1)，如图 5－15 所示，任取 $[x,x+dx] \subset [0,1]$，有

$$dS = (\sqrt{x} - x^2)\, dx.$$

积分得

$$S = \int_0^1 (\sqrt{x} - x^2)\, dx = \left(\frac{2}{3}x^{\frac{3}{2}} - \frac{x^3}{3}\right)\Bigg|_0^1 = \frac{1}{3}.$$

例 3 求椭圆 $\begin{cases} x = a\cos t, \\ y = b\sin t \end{cases}$ $(a > 0, b > 0)$ 所围图形的面积.

解 因为图形是中心对称图形，所以所求面积 A 为(图 5-16)

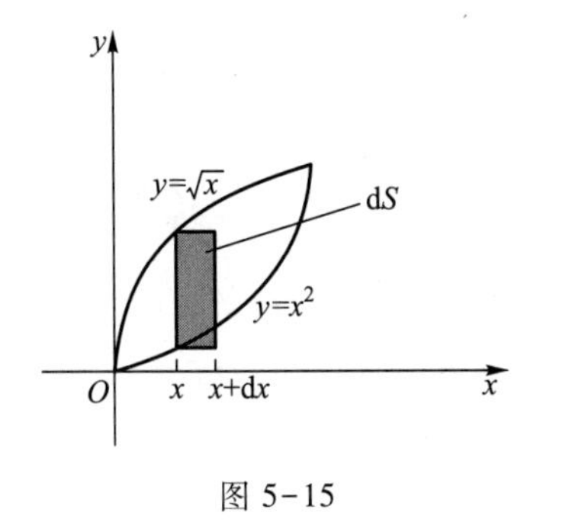

图 5-15

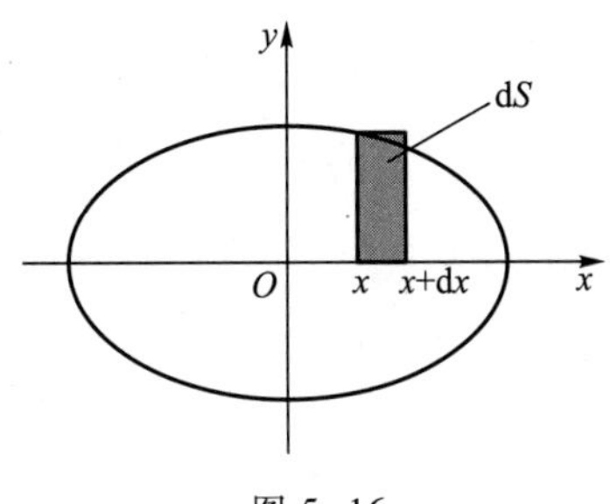

图 5-16

$$S = 4\int_0^a y\, dx.$$

将 $x=a\cos t, y=b\sin t, dx=-a\sin t dt$ 代入，且当 $x=0$ 时，$t=\frac{\pi}{2}$，当 $x=a$ 时，$t=0$，于是

$$S = 4\int_0^a y\, dx = 4\int_{\frac{\pi}{2}}^{0} b\sin t(-a\sin t)\, dt = 4ab\int_0^{\frac{\pi}{2}} \sin^2 t\, dt = 4ab \cdot \frac{1}{2} \cdot \frac{\pi}{2} = \pi ab.$$

特别地，当 $a=b=R$ 时，得到半径为 R 的圆的面积 $S=\pi R^2$.

遇到曲线用参数方程 $x=\varphi(t), y=\psi(t)$ 表示时，都可用上述方法处理，即作变量代换 $x=\varphi(t), y=\psi(t)$.

#例 4 如图 5-17 所示，C_1 和 C_2 分别是 $y=\frac{1}{2}(1+e^x)$ 和 $y=e^x$ 的图像，过点(0,1)的曲线

C_3 是一单调递增函数的图像.过 C_2 上任一点 $M(x,y)$ 分别作垂直于 x 轴和 y 轴的直线 l_x 和 l_y.记 C_1,C_2 与 l_x 所围图形的面积为 $S_1(x)$；C_2,C_3 与 l_y 所围图形的面积为 $S_2(y)$，如果总有 $S_1(x)=S_2(y)$，求曲线 C_3 的方程 $x=\varphi(y)$.

解　利用定积分的几何意义可确定面积 $S_1(x),S_2(y)$，再根据 $S_1(x)=S_2(y)$ 建立积分等式，然后求导，最终可得所需函数关系.

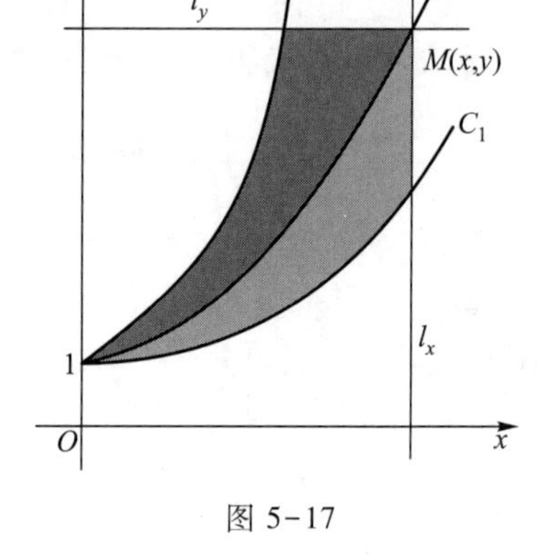

图 5-17

如图 5-17 所示，有

$$S_1(x)=\int_0^x\left[\mathrm{e}^t-\frac{1}{2}(1+\mathrm{e}^t)\right]\mathrm{d}t=\frac{1}{2}(\mathrm{e}^x-x-1),$$

$$S_2(y)=\int_1^y(\ln t-\varphi(t))\,\mathrm{d}t,$$

由题设，得

$$\frac{1}{2}(\mathrm{e}^x-x-1)=\int_1^y(\ln t-\varphi(t))\,\mathrm{d}t,$$

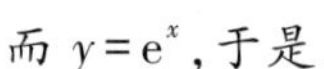
而 $y=\mathrm{e}^x$，于是

$$\frac{1}{2}(y-\ln y-1)=\int_1^y(\ln t-\varphi(t))\,\mathrm{d}t,$$

两边对 y 求导得

$$\frac{1}{2}\left(1-\frac{1}{y}\right)=\ln y-\varphi(y),$$

故所求的函数关系为

$$x=\varphi(y)=\ln y-\frac{y-1}{2y}.$$

注意点 $M(x,y)$ 在曲线 C_2 上，因此满足 $y=\mathrm{e}^x$.

例 5　设 $F(x)=\begin{cases}\mathrm{e}^{2x}, & x\leqslant 0,\\ \mathrm{e}^{-2x}, & x>0,\end{cases}$ S 表示夹在 x 轴与曲线 $y=F(x)$ 之间的面积.对任何 $t>0$，$S_1(t)$ 表示矩形 $-t\leqslant x\leqslant t,0\leqslant y\leqslant F(t)$ 的面积.求

(1) $S(t)=S-S_1(t)$ 的表达式；

(2) $S(t)$ 的最小值.

解　曲线 $y=F(x)$ 关于 x 轴对称，x 轴与曲线 $y=F(x)$ 围成一无界区域，所以，面积 S 可用反常积分表示.

(1) $S=2\int_0^{+\infty}\mathrm{e}^{-2x}\mathrm{d}x=-\mathrm{e}^{-2x}\Big|_0^{+\infty}=1,S_1(t)=2t\mathrm{e}^{-2t}$，

因此

$$S(t)=1-2t\mathrm{e}^{-2t},t\in(0,+\infty).$$

(2) 由于 $S'(t)=-2(1-2t)\mathrm{e}^{-2t}$，故 $S(t)$ 的唯一驻点为 $t=\dfrac{1}{2}$，又

$$S''(t)=8(1-t)\mathrm{e}^{-2t},S''\left(\frac{1}{2}\right)=\frac{4}{\mathrm{e}}>0,$$

所以，$S\left(\frac{1}{2}\right)=1-\frac{1}{e}$ 为极小值，它也是最小值.

本题综合了面积问题与极值问题，但这两问题本身并不难.

2. 极坐标系中的平面图形的面积

在平面上选一定点 O，由 O 出发一条射线 Ox，规定一个长度单位和角的正方向（通常以逆时针旋转为正方向）称其为极坐标系，其中 O 为极点，射线 Ox 为极轴，对于平面内任意一点 M，用 ρ 或 r 表示线段 OM 的长度，θ 表示从 Ox 到 OM 的角度，ρ 叫做点 M 的**极径**，θ 叫做点 M 的**极角**，有序数对 (ρ,θ) 就叫做点 M 的**极坐标**.若点 M 在极点，则其极坐标为 $\rho=0$，θ 可以取任意值.如图 5－18 所示.

把直角坐标系的原点作为极点，x 轴的正半轴作为极轴，并在两种坐标系中取相同的长度单位，设 M 是平面内任意一点，其直角坐标是 (x,y)，极坐标是 (ρ,θ)，从点 M 作 $MN\perp Ox$，由三角函数定义，得：$x=\rho\cos\theta$，$y=\rho\sin\theta$，进一步有：$\rho^2=x^2+y^2$，$\tan\theta=\frac{y}{x}(x\neq 0)$，如图 5-19所示.

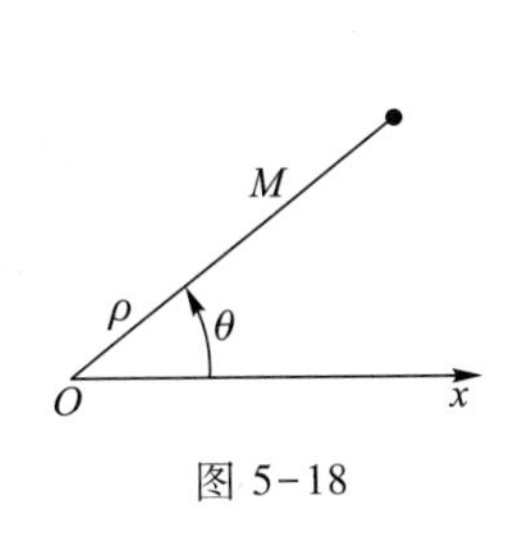

图 5-18

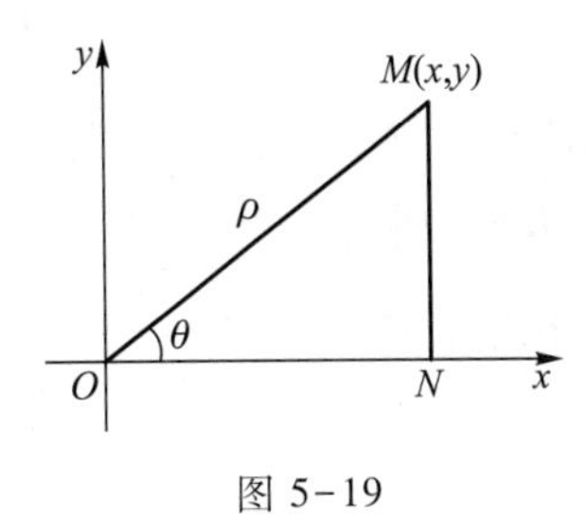

图 5-19

掌握曲线在极坐标系中的方程是非常有用的，下面给出极坐标系中几类直线和圆的方程.

（1）过极点 O 且与 Ox 夹角为 θ_1 的一条直线，其极坐标方程为 $\theta=\theta_1(\rho\in\mathbf{R})$；

（2）过点 $M(a,\theta_1)$，且与极径 OM 垂直的直线的极坐标方程为

$$\rho\cos(\theta-\theta_1)=a;$$

（3）圆心为极点，半径为 r 的圆的极坐标方程为 $\rho=r(\theta\in\mathbf{R})$；

（4）一般圆的极坐标方程：圆心 $O(\rho_0,\theta_0)$，半径为 r 的极坐标方程为

$$\rho^2-[2\rho_0\cos(\theta-\theta_0)]\rho+\rho_0^2=r^2.$$

设曲线由 $\rho=\rho(\theta)$ 表示，求由曲线 $\rho=\rho(\theta)$ 及射线 $\theta=\alpha,\theta=\beta$ 所围图形（图 5-20）的面积.此类图形称为曲边扇形.

在 $[\alpha,\beta]$ 上任取一子区间 $[\theta,\theta+\mathrm{d}\theta]$，此区间上的面积记为 $\mathrm{d}S$，将其近似看作扇形，得

$$\mathrm{d}S=\frac{1}{2}\rho^2(\theta)\,\mathrm{d}\theta.$$

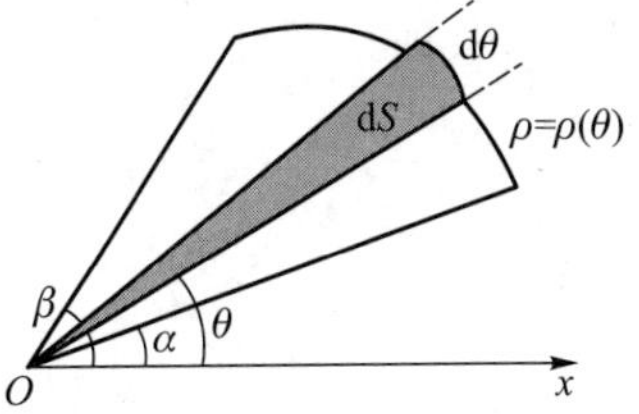

图 5-20

积分得

$$S=\frac{1}{2}\int_{\alpha}^{\beta}\rho^{2}(\theta)\,\mathrm{d}\theta.$$

例6　计算心形线 $\rho=a(1+\cos\theta)(a>0)$ 所围图形的面积.

解　心形线所围成的图形如图5-21所示，这个图形对称于极轴，因此所求图形的面积 S 是极轴以上部分图形面积 S_1 的两倍.任取一子区间 $[\theta,\theta+\mathrm{d}\theta]\subset[0,\pi]$，则

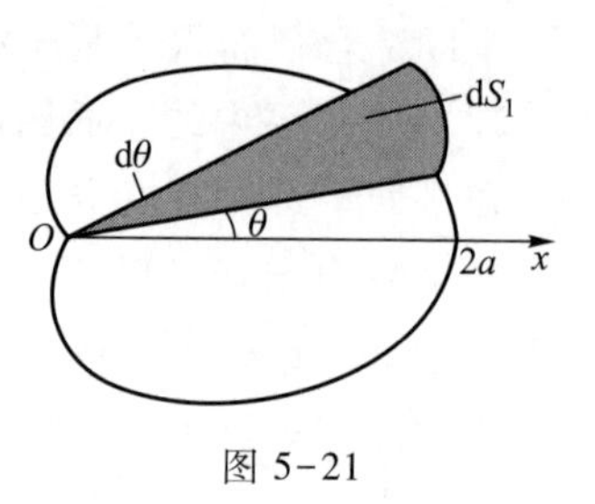

图5-21

$$\mathrm{d}S_1=\frac{1}{2}\rho^{2}(\theta)\,\mathrm{d}\theta=\frac{1}{2}a^{2}(1+\cos\theta)^{2}\mathrm{d}\theta,$$

所以

$$\begin{aligned}S=2S_1&=\int_{0}^{\pi}a^{2}(1+\cos\theta)^{2}\mathrm{d}\theta=a^{2}\int_{0}^{\pi}\left(\frac{3}{2}+2\cos\theta+\frac{1}{2}\cos 2\theta\right)\mathrm{d}\theta\\&=a^{2}\left(\frac{3}{2}\theta+2\sin\theta+\frac{1}{4}\sin 2\theta\right)\Big|_{0}^{\pi}\\&=\frac{3}{2}\pi a^{2}.\end{aligned}$$

例7　设曲线的极坐标方程为 $\rho=\mathrm{e}^{a\theta}(a>0)$，求该曲线上相应于 θ 从0变到 2π 的一段弧与极轴所围成的图形的面积.

解　利用极坐标下的面积计算公式 $S=\dfrac{1}{2}\displaystyle\int_{\alpha}^{\beta}\rho^{2}(\theta)\,\mathrm{d}\theta$ 即可.

所求面积为

$$S=\frac{1}{2}\int_{0}^{2\pi}\rho^{2}(\theta)\,\mathrm{d}\theta=\frac{1}{2}\int_{0}^{2\pi}\mathrm{e}^{2a\theta}\mathrm{d}\theta=\frac{1}{4a}\mathrm{e}^{2a\theta}\Big|_{0}^{2\pi}=\frac{1}{4a}(\mathrm{e}^{4\pi a}-1).$$

注　此平面图形的面积在极坐标下计算，也可化为参数方程或者直角坐标方程求解，但计算过程比较复杂.

5.5.3　体积

1. 旋转体的体积

旋转体是指一条曲线绕同一平面内一直线旋转一周所形成的几何形体，这条曲线称为旋转体的**母线**，直线称为**旋转轴**.

设旋转体的母线为 xOy 平面内的曲线 $y=f(x)$，$x\in[a,b]$，旋转轴为 x 轴，求其体积.

如图5-22所示，任取一子区间 $[x,x+\mathrm{d}x]\subset[a,b]$，体积微元记为 $\mathrm{d}V$，其值近似为以 $f(x)$ 为底面半径，高为 $\mathrm{d}x$ 的圆柱体体积，即

$$\mathrm{d}V=\pi f^{2}(x)\,\mathrm{d}x,$$

积分得

$$V=\pi\int_{a}^{b}f^{2}(x)\,\mathrm{d}x.$$

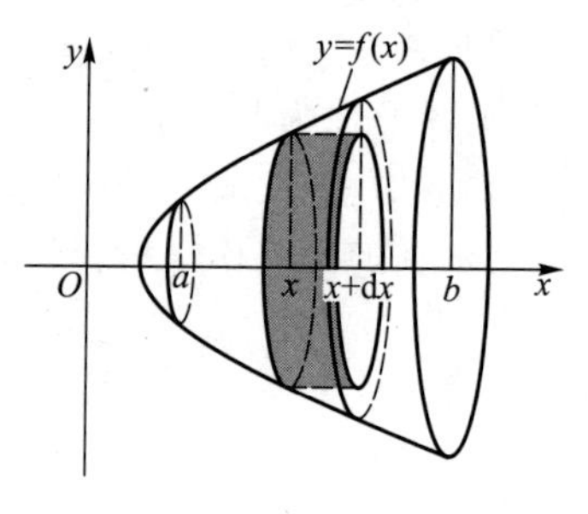

图5-22

例 8 计算由椭圆$\dfrac{x^2}{a^2}+\dfrac{y^2}{b^2}=1$所围成的图形绕 x 轴旋转而成的旋转体(叫做旋转椭球体)的体积.

解 这个旋转椭球体可以看作由半个椭圆 $y=\dfrac{b}{a}\sqrt{a^2-x^2}$ 及 x 轴所围平面图形绕 x 轴旋转而成的立体.于是

$$V=\pi\int_{-a}^{a}y^2\mathrm{d}x=\pi\int_{-a}^{a}\frac{b^2}{a^2}(a^2-x^2)\mathrm{d}x$$
$$=\pi\frac{b^2}{a^2}\left(a^2x-\frac{x^3}{3}\right)\Big|_{-a}^{a}=\frac{4}{3}\pi ab^2.$$

当 $a=b$ 时,旋转椭球体就成为半径为 a 的球体,其体积 $V=\dfrac{4}{3}\pi a^3$.

用与上面类似的方法可以推出,由曲线 $x=\varphi(y)$,直线 $y=c,y=d(c<d)$ 与 y 轴所围图形绕 y 轴旋转一周所得立体的体积为

$$V=\pi\int_{c}^{d}\varphi^2(y)\mathrm{d}y.$$

设旋转体的母线为 xOy 平面内的曲线 $y=f(x),x\in[a,b](a\geqslant 0)$,旋转轴为 y 轴,则其旋转一周所得立体的体积为

$$V=2\pi\int_{a}^{b}x|f(x)|\mathrm{d}x.$$

#例 9 计算由摆线$\begin{cases}x=a(t-\sin t),\\ y=a(1-\cos t)\end{cases}$的一拱,直线 $y=0$ 所围图形分别绕 x 轴、y 轴旋转一周所得立体的体积.

解 按旋转体的体积公式,所述图形绕 x 轴旋转而成的旋转体体积为

$$V_x=\pi\int_{0}^{2\pi a}y^2(x)\mathrm{d}x=\pi\int_{0}^{2\pi}a^2(1-\cos t)^2a(1-\cos t)\mathrm{d}t$$
$$=\pi a^3\int_{0}^{2\pi}(1-3\cos t+3\cos^2 t-\cos^3 t)\mathrm{d}t=5\pi^2a^3.$$

所述图形绕 y 轴旋转所得立体的体积可看成平面图形 $OABC$ 与 OBC(图 5-23)分别绕 y 轴旋转而成的旋转体体积之差,因此所求的体积为

$$V_y=\pi\int_{0}^{2a}x_2^2(y)\mathrm{d}y-\pi\int_{0}^{2a}x_1^2(y)\mathrm{d}y$$
$$=\pi\int_{2\pi}^{\pi}a^2(t-\sin t)^2a\sin t\mathrm{d}t-$$
$$\pi\int_{0}^{\pi}a^2(t-\sin t)^2a\sin t\mathrm{d}t$$
$$=-\pi a^3\int_{0}^{2\pi}(t-\sin t)^2\sin t\mathrm{d}t=6\pi^3a^3.$$

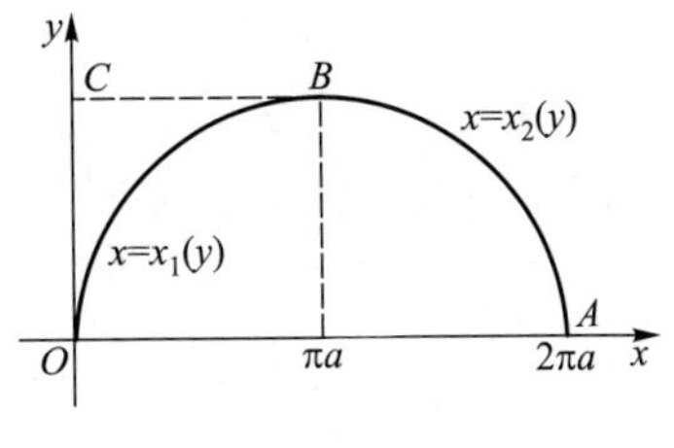

图 5-23

计算 V_y 也可以用公式 $V=2\pi\int_a^b x|f(x)|\mathrm{d}x$ 来进行.

$$\begin{aligned}V_y &= 2\pi\int_0^{2\pi a} xy\mathrm{d}x \\ &= 2\pi\int_0^{2\pi} a(t-\sin t)a(1-\cos t)a(1-\cos t)\mathrm{d}t \\ &= 2\pi a^3\int_0^{2\pi}(t-\sin t)(1-\cos t)^2\mathrm{d}t = 6\pi^3 a^3.\end{aligned}$$

微课
5.5 节例 10

例 10　过坐标原点作曲线 $y=\ln x$ 的切线,该切线与曲线 $y=\ln x$ 及 x 轴围成平面图形 D.

(1) 求 D 的面积 S;

(2) 求 D 绕直线 $x=\mathrm{e}$ 旋转一周所得旋转体的体积 V.

解　先求出切点坐标及切线方程,再用定积分求面积 S;旋转体体积可用一大立体(圆锥)体积减去一小立体体积进行计算,如图 5-24 所示.

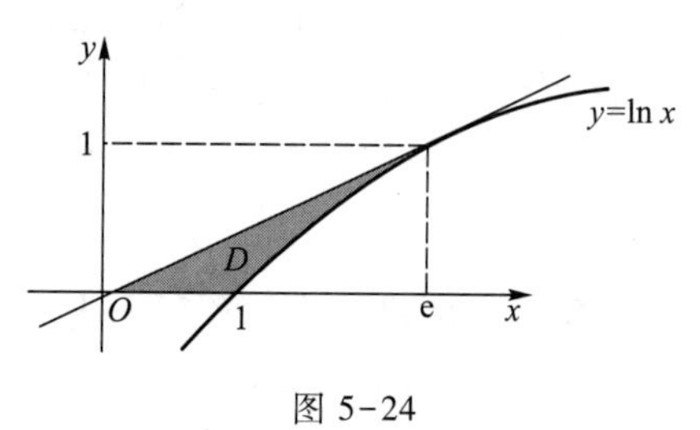

图 5-24

(1) 设切点的横坐标为 x_0,则曲线 $y=\ln x$ 在点 $(x_0,\ln x_0)$ 处的切线方程是

$$y=\ln x_0+\frac{1}{x_0}(x-x_0).$$

由该切线过原点知 $\ln x_0-1=0$,从而 $x_0=\mathrm{e}$,所以该切线的方程为

$$y=\frac{1}{\mathrm{e}}x.$$

平面图形 D 的面积

$$S=\int_0^1(\mathrm{e}^y-\mathrm{e}y)\mathrm{d}y=\frac{1}{2}\mathrm{e}-1.$$

(2) 切线 $y=\frac{1}{\mathrm{e}}x$ 与 x 轴及直线 $x=\mathrm{e}$ 所围成的三角形绕直线 $x=\mathrm{e}$ 旋转所得的圆锥体积为

$$V_1=\frac{1}{3}\pi\mathrm{e}^2.$$

曲线 $y=\ln x$ 与 x 轴及直线 $x=\mathrm{e}$ 所围成的图形绕直线 $x=\mathrm{e}$ 旋转所得的旋转体的体积为

$$V_2=\pi\int_0^1(\mathrm{e}-\mathrm{e}^y)^2\mathrm{d}y,$$

因此所求旋转体的体积为

$$V=V_1-V_2=\frac{1}{3}\pi\mathrm{e}^2-\pi\int_0^1(\mathrm{e}-\mathrm{e}^y)^2\mathrm{d}y=\frac{\pi}{6}(5\mathrm{e}^2-12\mathrm{e}+3).$$

注　本题不是求绕坐标轴旋转的体积,因此不能直接套用现有公式.可考虑用微元法

分析.

2. 平行截面面积为已知的立体的体积

设有一立体,夹在垂直于 x 轴且过点 $x=a,x=b(a<b)$ 的两个平面之间.如果对任意的 $x\in[a,b]$,垂直于 x 轴且过点 x 的平面截这个立体所得截面的面积为 $S(x)$,且 $S(x)$ 在 $[a,b]$ 上连续,则该立体的体积可以用定积分表示.为此,取 x 为积分变量,它的变化区间为 $[a,b]$.如图 5-25 所示,在 $[a,b]$ 上任取小区间 $[x,x+\mathrm{d}x]$,将由过点 x 和 $x+\mathrm{d}x$ 且垂直于 x 轴的平面在立体上所截出的薄片近似地看做一个小柱体,其底面积为 $S(x)$,高为 $\mathrm{d}x$,则体积元素为 $\mathrm{d}V=S(x)\mathrm{d}x$.以 $S(x)\mathrm{d}x$ 为被积表达式,在闭区间 $[a,b]$ 上作定积分便得到所求立体的体积 $V=\int_a^b S(x)\mathrm{d}x$.

例 11 求底面积为 Q,高为 h 的三棱锥的体积.如图 5-26 所示.

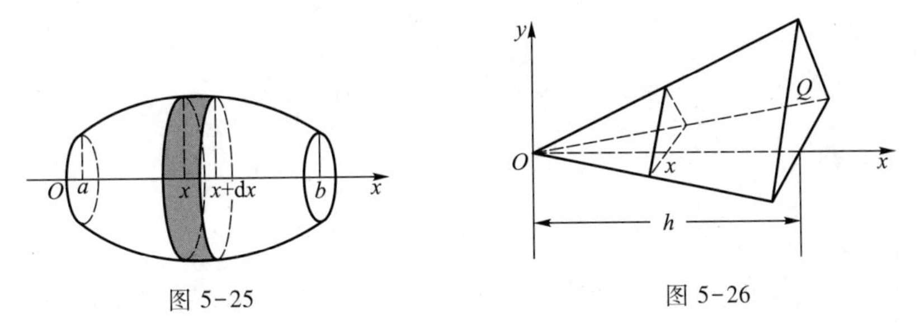

图 5-25　　图 5-26

解 取棱锥的顶点 O 为坐标原点,过 O 点且垂直于底面的直线为 Ox 轴.以 x 为积分变量,积分区间为 $[0,h]$,设过点 x 且垂直于 x 轴的平面截三棱锥所得截面的面积为 $S(x)$.

由相似三角形理论知 $\dfrac{S(x)}{Q}=\dfrac{x^2}{h^2}$,则 $S(x)=\dfrac{Q}{h^2}x^2$,由此得体积元素为

$$\mathrm{d}V=S(x)\mathrm{d}x=\frac{Q}{h^2}x^2\mathrm{d}x.$$

在 $[0,h]$ 上积分,使得所求立体的体积

$$V=\int_0^h \frac{Q}{h^2}x^2\mathrm{d}x=\frac{Q}{h^2}\left(\frac{1}{3}x^3\right)\Big|_0^h=\frac{1}{3}Qh.$$

例 12 一个正圆劈锥体,其底为半径为 r 的圆,顶为平行于底面且在直径正上方的直线段,高为 a,试求其体积.

解 以底圆上平行于顶直线的直径为 x 轴,原点取在底圆中心.如图 5-27,则用垂直于 x 轴且过点 $x(-r\leqslant x\leqslant r)$ 的平面截此劈锥体所得截面是等腰三角形.因为底圆的方程为 $x^2+y^2=r^2$,故此三角形的底边长为 $2\sqrt{r^2-x^2}$,高为 a,截面面积为

$$S(x)=a\sqrt{r^2-x^2},$$

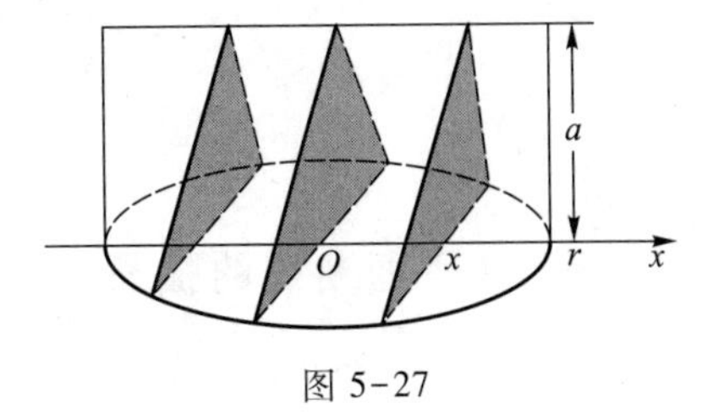

图 5-27

由此所得体积

$$V=\int_{-r}^{r} a\sqrt{r^2-x^2}\,\mathrm{d}x=2a\int_{0}^{r}\sqrt{r^2-x^2}\,\mathrm{d}x=2a\cdot\frac{\pi r^2}{4}=\frac{a\pi r^2}{2}.$$

#**例 13** 一平面经过半径为 R 的圆柱体的底圆中心,并与底面交成角 α,计算该平面截圆柱体所得立体的体积.

解法一 取坐标系如图 5-28 所示,取平面与圆柱底面的交线为 x 轴,底面上过圆心且垂直于 x 轴的直线为 y 轴,那么底圆的方程为

$$x^2+y^2=R^2.$$

如果用一组垂直于 x 轴的平行平面截该立体,则所得的平行截面都是直角三角形,此直角三角形截面的面积为

$$S(x)=\frac{1}{2}(R^2-x^2)\tan\alpha,$$

从而体积元素为

$$\mathrm{d}V=S(x)\,\mathrm{d}x=\frac{1}{2}(R^2-x^2)\tan\alpha\mathrm{d}x,$$

所以该立体的体积为

$$V=\frac{1}{2}\int_{-R}^{R}(R^2-x^2)\tan\alpha\mathrm{d}x=\frac{2}{3}R^3\tan\alpha.$$

解法二 取坐标系如图 5-29 所示,如果用一组垂直于 y 轴的平行平面截该立体,则所得的平行截面都是矩形,此矩形截面的面积为

$$S(y)=2y\sqrt{R^2-y^2}\tan\alpha,$$

从而体积元素为

$$\mathrm{d}V=S(y)\,\mathrm{d}y=2y\sqrt{R^2-y^2}\tan\alpha\mathrm{d}y,$$

所以该立体的体积为

$$V=\int_{0}^{R}2y\sqrt{R^2-y^2}\tan\alpha\mathrm{d}y=\frac{2}{3}R^3\tan\alpha.$$

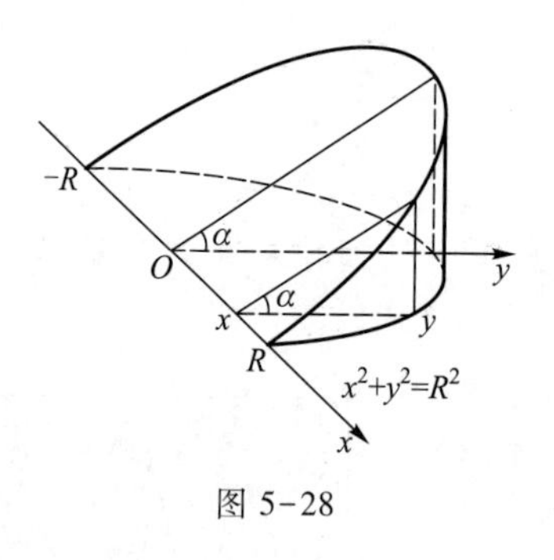

图 5-28

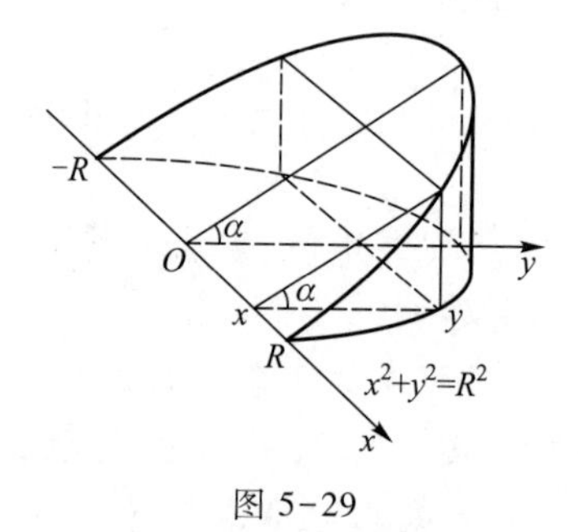

图 5-29

5.5.4 平面曲线的弧长

若曲线 l 由直角坐标方程给出 $l:y=y(x),x\in[a,b]$,则由弧微分公式

$$\mathrm{d}s=\sqrt{1+y'^2(x)}\,\mathrm{d}x$$

知，曲线 $y=y(x)$ 对应于 $a\leqslant x\leqslant b$ 上的一段弧的长度

$$s=\int_a^b\sqrt{1+y'^2(x)}\,\mathrm{d}x.$$

若曲线 l 由参数方程给出 $l:\begin{cases}x=x(t),\\ y=y(t),\end{cases}\alpha\leqslant t\leqslant\beta$，可得弧微分公式为

$$\mathrm{d}s=\sqrt{x'^2(t)+y'^2(t)}\,\mathrm{d}t,$$

所以 $\alpha\leqslant t\leqslant\beta$ 对应的弧长是

$$s=\int_\alpha^\beta\sqrt{x'^2(t)+y'^2(t)}\,\mathrm{d}t.$$

若曲线 l 由极坐标方程给出 $l:\rho=\rho(\theta),\alpha\leqslant\theta\leqslant\beta$，则弧微分公式为

$$\mathrm{d}s=\sqrt{\rho^2(\theta)+\rho'^2(\theta)}\,\mathrm{d}\theta,$$

所以 $\alpha\leqslant\theta\leqslant\beta$ 对应的弧长为

$$s=\int_\alpha^\beta\sqrt{\rho^2(\theta)+\rho'^2(\theta)}\,\mathrm{d}\theta.$$

例 14 计算曲线 $y=\dfrac{2}{3}x^{\frac{3}{2}}$ 上相应于 x 从 0 到 1 的一段弧（图 5-30）的弧长.

解 $y'=x^{\frac{1}{2}}$，从而弧长元素

$$\mathrm{d}s=\sqrt{1+y'^2}\,\mathrm{d}x=\sqrt{1+x}\,\mathrm{d}x,$$

因此，所求弧长为

$$s=\int_0^1\sqrt{1+x}\,\mathrm{d}x=\frac{2}{3}(1+x)^{\frac{3}{2}}\Big|_0^1=\frac{2}{3}(2^{\frac{3}{2}}-1)=\frac{2}{3}(2\sqrt{2}-1).$$

例 15 计算摆线（图 5-31）$\begin{cases}x=a(\theta-\sin\theta),\\ y=a(1-\cos\theta)\end{cases}$ 的一拱（$0\leqslant\theta\leqslant2\pi$）的长度.

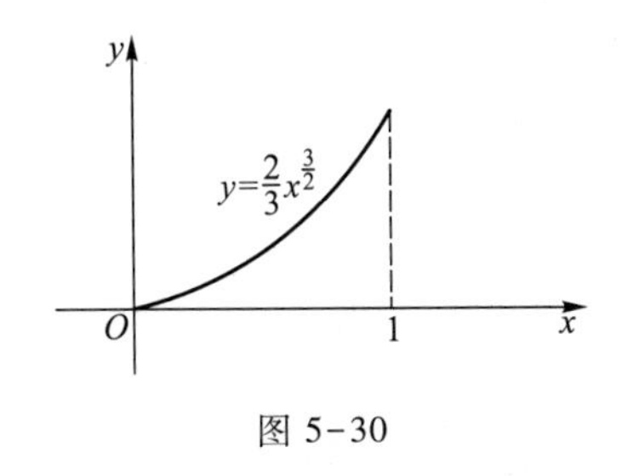

图 5-30

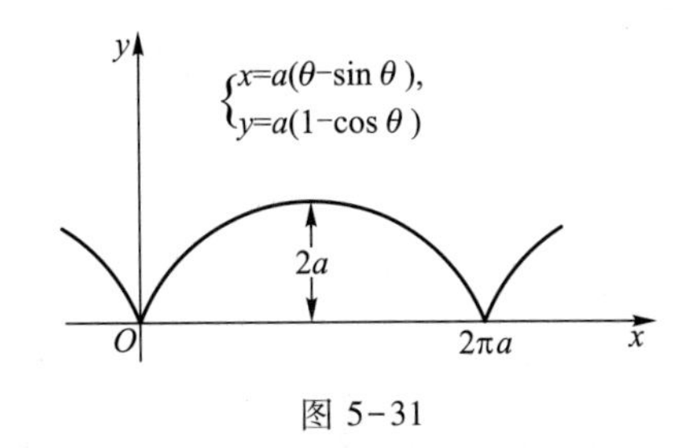

图 5-31

解 弧长元素

$$\begin{aligned}\mathrm{d}s&=\sqrt{x'^2(\theta)+y'^2(\theta)}\,\mathrm{d}\theta=\sqrt{a^2(1-\cos\theta)^2+a^2\sin^2\theta}\,\mathrm{d}\theta\\&=a\sqrt{2(1-\cos\theta)}\,\mathrm{d}\theta=2a\sin\frac{\theta}{2}\mathrm{d}\theta,\end{aligned}$$

从而所求弧长

$$s=\int_0^{2\pi}2a\sin\frac{\theta}{2}\mathrm{d}\theta=2a\left(-2\cos\frac{\theta}{2}\right)\Big|_0^{2\pi}=8a.$$

例 16 求阿基米德螺线 $\rho=a\theta(a>0)$ 相应于 θ 从 0 到 2π 一段(图 5-32)的弧长.

解 弧长元素为

$$\mathrm{d}s=\sqrt{\rho^2(\theta)+\rho'^2(\theta)}\,\mathrm{d}\theta=\sqrt{a^2\theta^2+a^2}\,\mathrm{d}\theta=a\sqrt{1+\theta^2}\,\mathrm{d}\theta,$$

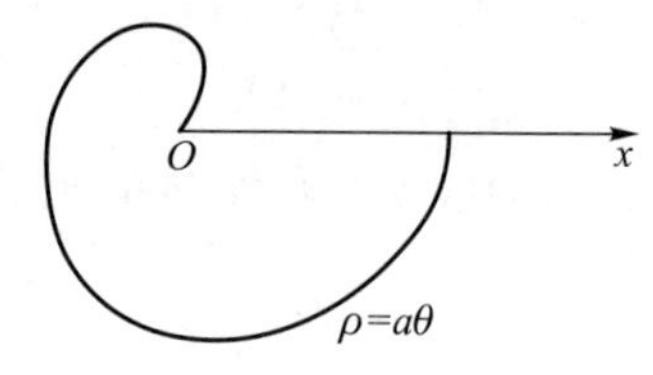

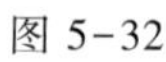

图 5-32

于是所求弧长

$$s=a\int_0^{2\pi}\sqrt{1+\theta^2}\,\mathrm{d}\theta=\frac{a}{2}\left[2\pi\sqrt{1+4\pi^2}+\ln(2\pi+\sqrt{1+4\pi^2})\right].$$

微课
5.5 节例 17

例 17 设位于第一象限的曲线 $f(x)$ 过点 $\left(\frac{\sqrt{2}}{2},\frac{1}{2}\right)$,其上任一点 $P(x,y)$ 处的法线与 y 轴的交点为 Q,且线段 PQ 被 x 轴平分.

(1) 求曲线 $y=f(x)$ 的方程;

(2) 已知曲线 $y=\sin x$ 在 $[0,\pi]$ 上的弧长为 l,试用 l 表示曲线 $y=f(x)$ 的弧长 s.

解 (1) 先求出法线方程与交点 Q 的坐标,再由题设,线段 PQ 被 x 轴平分,可转化为 y 的微分表达式,求解此方程即可得曲线 $y=f(x)$ 的方程.

曲线 $f(x)$ 在点 $P(x,y)$ 处的法线方程为

$$Y-y=-\frac{1}{y'}(X-x),$$

其中 (X,Y) 为法线上任意一点的坐标.令 $X=0$,则

$$Y=y+\frac{x}{y'},$$

故 Q 点的坐标为 $\left(0,y+\frac{x}{y'}\right)$. 由题设知

$$\frac{1}{2}\left(y+y+\frac{x}{y'}\right)=0,\text{即 } 2y\mathrm{d}y+x\mathrm{d}x=0.$$

积分得

$$x^2+2y^2=C \quad (C\text{ 为任意常数}).$$

由 $y\Big|_{x=\frac{\sqrt{2}}{2}}=\frac{1}{2}$ 知 $C=1$,故曲线 $y=f(x)$ 的方程为

$$x^2+2y^2=1.$$

(2) 将曲线 $y=f(x)$ 化为参数方程,再利用弧长公式 $s=\int_a^b\sqrt{x'^2+y'^2}\,\mathrm{d}t$ 进行计算即可.

曲线 $y=\sin x$ 在 $[0,\pi]$ 上的弧长为

$$l=\int_0^{\pi}\sqrt{1+\cos^2x}\,\mathrm{d}x=2\int_0^{\frac{\pi}{2}}\sqrt{1+\cos^2x}\,\mathrm{d}x.$$

曲线 $y=f(x)$ 的参数方程为

$$\begin{cases}x=\cos t,\\ y=\dfrac{\sqrt{2}}{2}\sin t,\end{cases}\qquad 0\leqslant t\leqslant\frac{\pi}{2}.$$

故

$$s=\int_0^{\frac{\pi}{2}}\sqrt{\sin^2 t+\frac{1}{2}\cos^2 t}\,\mathrm{d}t=\frac{1}{\sqrt{2}}\int_0^{\frac{\pi}{2}}\sqrt{1+\sin^2 t}\,\mathrm{d}t,$$

令 $t=\frac{\pi}{2}-u$，则

$$s=\frac{1}{\sqrt{2}}\int_{\frac{\pi}{2}}^{0}\sqrt{1+\cos^2 u}\,(-\mathrm{d}u)=\frac{1}{\sqrt{2}}\int_0^{\frac{\pi}{2}}\sqrt{1+\cos^2 u}\,\mathrm{d}u=\frac{l}{2\sqrt{2}}=\frac{\sqrt{2}}{4}l.$$

注 只在第一象限考虑曲线 $y=f(x)$ 的弧长，所以积分限应从 0 到 $\frac{\pi}{2}$，而不是从 0 到 2π.

*5.5.5 旋转体的侧面积

设旋转体是由光滑曲线 $y=f(x)$，直线 $x=a,x=b(a<b)$ 及 x 轴所围成的曲边梯形绕 x 轴旋转一周而生成（如图 5-33），求其侧面积.

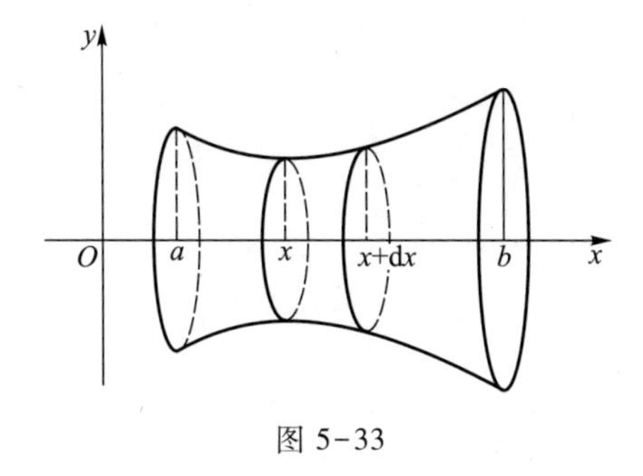

图 5-33

取 x 为积分变量，$x\in[a,b]$，在 $[a,b]$ 上任取一微小区间 $[x,x+\mathrm{d}x]$，对应于 $[x,x+\mathrm{d}x]$ 上那部分曲线段绕 x 轴旋转一周形成的曲面，可近似地看成以过点 $(x,f(x))$，$(x+\mathrm{d}x,f(x+\mathrm{d}x))$ 的线段为母线，半径分别为 $|f(x)|$ 和 $|f(x+\mathrm{d}x)|$ 的圆台的侧面积，因此面积微元为

$$\mathrm{d}S=2\pi|f(x)|\sqrt{1+f'^2(x)}\,\mathrm{d}x,$$

所以，旋转体的侧面积为

$$S=2\pi\int_a^b|f(x)|\sqrt{1+f'^2(x)}\,\mathrm{d}x.$$

例 18 用定积分求半径为 R 的球面面积.

解 球面可看成如图 5-34 的上半圆绕 x 轴旋转生成的.

用一般方程 $y=\sqrt{R^2-x^2}$，$x\in[-R,R]$，得

$$S=2\pi\int_{-R}^{R}\sqrt{R^2-x^2}\sqrt{1+\frac{x^2}{R^2-x^2}}\,\mathrm{d}x=4\pi R^2.$$

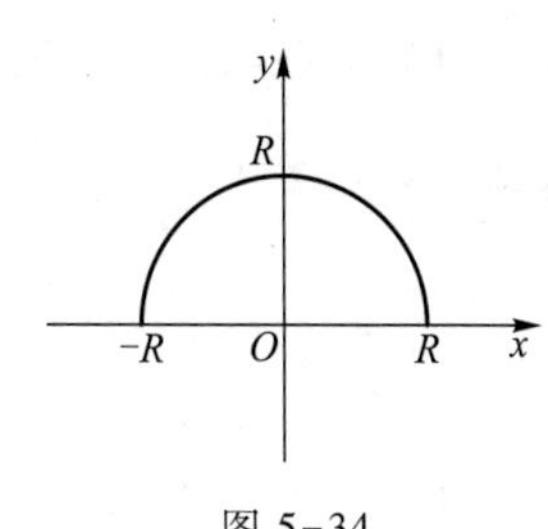

图 5-34

也可以用参数方程 $x=R\cos t$，$y=R\sin t$，$t\in[0,\pi]$，则

$$ds=\sqrt{x'^2(t)+y'^2(t)}\,dt=R\,dt,$$

$$S=2\pi\int_a^b |y|\,ds=2\pi\int_0^{\pi} R|\sin t|R\,dt=4\pi R^2.$$

例 19　曲线 $y=\dfrac{e^x+e^{-x}}{2}$ 与直线 $x=0$，$x=t(t>0)$ 及 $y=0$ 围成一曲边梯形.该曲边梯形绕 x 轴旋转一周得一旋转体，其体积为 $V(t)$，侧面积为 $S(t)$，在 $x=t$ 处的底面积为 $F(t)$.

（1）求 $\dfrac{S(t)}{V(t)}$ 的值；

（2）计算极限 $\lim\limits_{t\to+\infty}\dfrac{S(t)}{F(t)}$.

解　用定积分表示旋转体的体积和侧面积，二者及截面积都是 t 的函数，然后计算它们之间的关系.

（1）$$S(t)=2\pi\int_0^t y\sqrt{1+y'^2}\,dx=2\pi\int_0^t\left(\frac{e^x+e^{-x}}{2}\right)\sqrt{1+\frac{e^{2x}-2+e^{-2x}}{4}}\,dx$$

$$=2\pi\int_0^t\left(\frac{e^x+e^{-x}}{2}\right)^2 dx,$$

$$V(t)=\pi\int_0^t y^2\,dx=\pi\int_0^t\left(\frac{e^x+e^{-x}}{2}\right)^2 dx,$$

所以

$$\frac{S(t)}{V(t)}=2.$$

（2）$$F(t)=\pi y^2\big|_{x=t}=\pi\left(\frac{e^t+e^{-t}}{2}\right)^2,$$

$$\lim_{t\to+\infty}\frac{S(t)}{F(t)}=\lim_{t\to+\infty}\frac{2\pi\int_0^t\left(\frac{e^x+e^{-x}}{2}\right)^2 dx}{\pi\left(\frac{e^t+e^{-t}}{2}\right)^2}=\lim_{t\to+\infty}\frac{2\left(\frac{e^t+e^{-t}}{2}\right)^2}{2\left(\frac{e^t+e^{-t}}{2}\right)\left(\frac{e^t-e^{-t}}{2}\right)}$$

$$=\lim_{t\to+\infty}\frac{e^t+e^{-t}}{e^t-e^{-t}}=1.$$

在 t 固定时，此题属于利用定积分表示旋转体的体积和侧面积的题型，它是定积分几何应用的公式和用洛必达法则求与变限积分有关的极限问题的混合问题，综合性较强.

习题 5.5

A

1. 求下列各曲线所围成的图形的面积：

（1）$y=x^2$ 与直线 $y=x+2$；　　（2）$y=xe^x$ 与直线 $y=ex$；

(3) $y=\frac{1}{x}$与直线 $y=x$ 及 $x=2$；　　(4) $y=\ln x, x=\frac{1}{\mathrm{e}}, x=\mathrm{e}$ 及 x 轴；

(5) 摆线 $x=a(t-\sin t), y=a(1-\cos t)(0\leqslant t\leqslant 2\pi)$ 及 x 轴；

(6) $\rho=2a\cos\theta(a>0)$.

2. 求由曲线 $\rho=\sqrt{2}\sin\theta$ 及 $\rho^2=\cos 2\theta$ 所围成图形的公共部分的面积.

3. 求下列各曲线所围成的图形绕指定轴旋转所成的旋转体的体积：

(1) 曲线 $y=(x-1)(x-2)$ 及 x 轴，绕 y 轴；

(2) $x^2+y^2=a^2$，绕 $x=-b(b>a>0)$；

(3) 摆线 $x=a(t-\sin t), y=a(1-\cos t)(0\leqslant t\leqslant 2\pi)$ 及 x 轴，绕直线 $y=2a$.

4. 求下列各曲线的弧长：

(1) 心形线 $\rho=a(1+\cos\theta)$ 的全长$(a>0)$；

(2) 摆线 $x=a(t-\sin t), y=a(1-\cos t)(0\leqslant t\leqslant 2\pi)$；

(3) $y=\int_{-\frac{\pi}{2}}^{x}\sqrt{\cos t}\,\mathrm{d}t$ 的全长.

*5. 求下列各曲线所围成的图形绕指定轴旋转所成的旋转体的侧面积：

(1) $x^2+(y-b)^2=a^2(b\geqslant a)$，绕 x 轴；

(2) 摆线 $x=a(t-\sin t), y=a(1-\cos t)(0\leqslant t\leqslant 2\pi)$ 及 x 轴，绕 x 轴.

B

1. 分别求抛物线 $y=-x^2+4x-3$，与其上点$(1,0)$处的法线和 y 轴所围成的图形及该法线与抛物线所围成的图形的面积.

2. 求界于直线 $x=0$ 与 $x=2\pi$ 之间，由曲线 $y=\sin x$ 和 $y=\cos x$ 所围成的平面图形的面积.

3. 求由曲线 $y=\mathrm{e}^{-x}$与过点$(-1,\mathrm{e})$的切线及 x 轴所围图形的面积.

4. 抛物线 $y=ax^2+bx+c$ 通过点$(0,0)$及$(1,2)$且 $a<0$，确定 a,b,c 的值，使抛物线与 x 轴所围成图形的面积最小.

5. 求由曲线 $y=x^2-2x, y=0, x=1, x=3$ 所围成的平面图形的面积 S，以及该平面图形绕 y 轴旋转一周所得旋转体的体积.

6. 求由曲线 $y=4-x^2, y=0$ 所围平面图形绕直线 $x=3$ 旋转一周所得旋转体的体积.

7. 已知星形线 $x=a\cos^3 t, y=a\sin^3 t(0\leqslant t\leqslant 2\pi)$，如图 5-35 所示，求：

(1) 它所围成的图形的面积；

(2) 它所围成的图形绕 x 轴旋转一周所成的旋转体体积；

(3) 它的弧长.

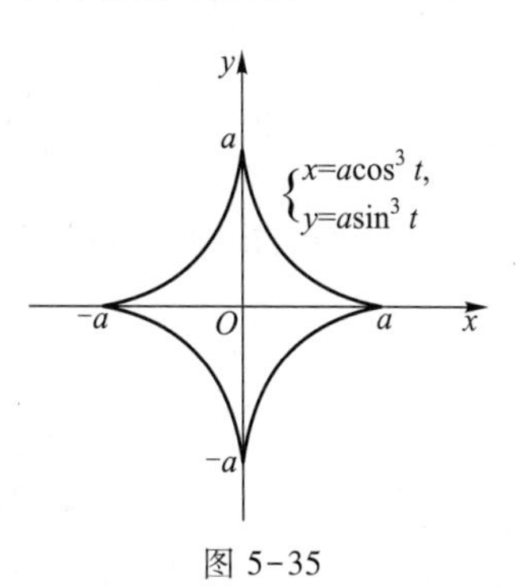

图 5-35

5.6　定积分在物理上的应用

5.6 预习检测

5.6.1　变力做功

设质点由点 A 移动到点 B(点 A 的坐标为 a，点 B 的坐标为 b)，作用于质点上的力 F 是坐标 x 的连续函数 $F=F(x)$(图 5-36). 在 5.1 节引例 3 中我们已用定积分给出了功的计算公式，我们再用微元法分析如下.

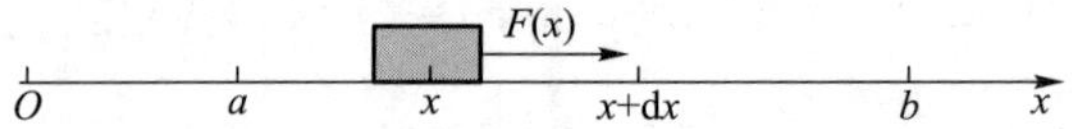

图 5-36

在$[a,b]$上任取子区间$[x,x+\mathrm{d}x]$,质点从点 x 移动到 $x+\mathrm{d}x$ 时,力 $F(x)$所做的功为

$$\mathrm{d}W=F(x)\,\mathrm{d}x,$$

积分得

$$W=\int_a^b F(x)\,\mathrm{d}x.$$

例 1 一弹簧原长 10 cm,有一力 F 把它由原长拉长 6 cm,计算力 F 克服弹力所做的功.

解 如图 5-37 选取坐标系,根据胡克定律可知,力 F 与弹簧的伸长量 x 成正比,即

$$F=kx,$$

其中 k 为弹簧的弹性系数,显然力 F 随 x 的变化而变化,它是一个变力.

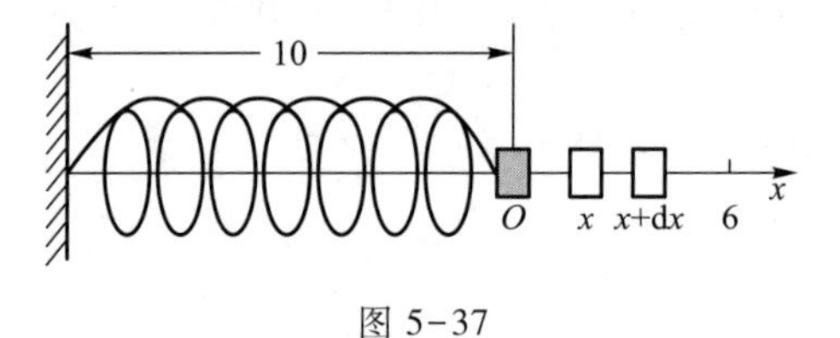

图 5-37

取弹簧伸长量 x 为积分变量,$x\in[0,6]$,在$[0,6]$上任取子区间$[x,x+\mathrm{d}x]$,功元素为 $\mathrm{d}W=kx\mathrm{d}x$,所以功

$$W=\int_0^6 kx\mathrm{d}x=\frac{kx^2}{2}\bigg|_0^6=18k(\mathrm{N}\cdot\mathrm{cm})\ (\text{等于 }0.18k\ \mathrm{J}).$$

注 如果按图 5-38 选取坐标系,那么伸长量为 $x-10$,x 的变化区间为$[10,16]$,力为$F=k(x-10)$.

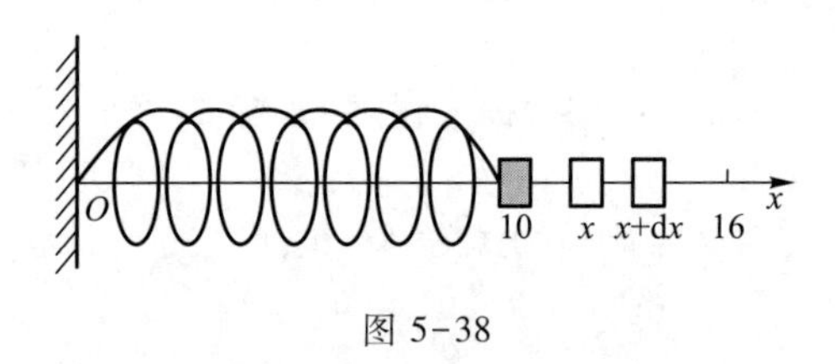

图 5-38

于是功元素 $\mathrm{d}W=k(x-10)\mathrm{d}x$.因此所求功为

$$W=\int_{10}^{16}k(x-10)\,\mathrm{d}x=\frac{k}{2}(x-10)^2\bigg|_{10}^{16}=18k(\mathrm{N}\cdot\mathrm{cm})(\text{等于 }0.18k\ \mathrm{J}).$$

例 2 半径为 R,高为 H 的圆柱体水桶,盛满了水,问水泵将水桶内的水全部抽出来要做多少功(水密度为 $\rho=1.0\times10^3\ \mathrm{kg/m^3}$)?

解 可以理解为水是一层一层地抽到桶口的,取坐标系如图 5-39 所示.

在区间$[y,y+\mathrm{d}y]$上取一小薄层圆柱体，其水柱体积为$\pi R^2\mathrm{d}y$，将这一薄层水提高到桶口的距离可看成$H-y$，于是功元素为

$$\mathrm{d}W=\rho g\pi R^2(H-y)\mathrm{d}y,$$

所以所求功为

$$W=\pi\int_0^H\rho g(H-y)R^2\mathrm{d}y$$

$$=\pi R^2\rho g\left(Hy-\frac{1}{2}y^2\right)\Big|_0^H$$

$$=\frac{\pi}{2}\rho gR^2H^2.$$

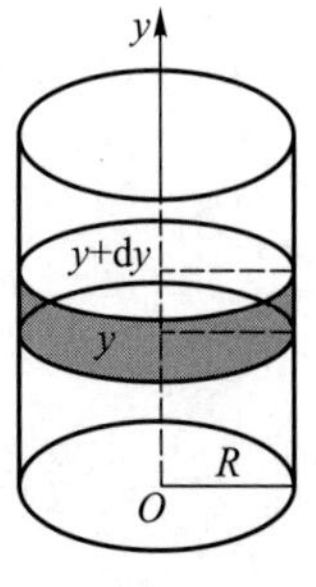

图 5-39

#**例 3** 某建筑工程打地基时，需用汽锤将桩打进土层.汽锤每次击打，都将克服土层对桩的阻力而做功.设土层对桩的阻力的大小与桩被打进地下的深度成正比(比例系数为k，$k>0$).汽锤第一次击打将桩打进地下a m.根据设计方案，要求汽锤每次击打桩时所做的功与前一次击打时所做的功之比为常数$r(0<r<1)$，问：

(1) 汽锤击打桩 3 次后，可将桩打进地下多深?

(2) 若击打次数不限，汽锤至多能将桩打进地下多深?

解 本题属变力做功问题，可用定积分进行计算，而击打次数不限，相当于求数列的极限.

(1) 设第n次击打后，桩被打进地下x_n m，第n次击打时，汽锤所做的功为$W_n(n=1,2,3,\cdots)$.由题设，当桩被打进地下的深度为x m 时，土层对桩的阻力的大小为kx，所以

$$W_1=\int_0^{x_1}kx\mathrm{d}x=\frac{k}{2}x_1^2=\frac{k}{2}a^2,$$

$$W_2=\int_{x_1}^{x_2}kx\mathrm{d}x=\frac{k}{2}(x_2^2-x_1^2)=\frac{k}{2}(x_2^2-a^2).$$

由$W_2=rW_1$可得

$$x_2^2-a^2=ra^2,$$

即

$$x_2^2=(1+r)a^2.$$

$$W_3=\int_{x_2}^{x_3}kx\mathrm{d}x=\frac{k}{2}(x_3^2-x_2^2)=\frac{k}{2}[x_3^2-(1+r)a^2].$$

由$W_3=rW_2=r^2W_1$可得

$$x_3^2-(1+r)a^2=r^2a^2,$$

从而

$$x_3=\sqrt{1+r+r^2}\,a,$$

即汽锤击打 3 次后，可将桩打进地下$\sqrt{1+r+r^2}\,a$ m.

(2) 由归纳法，可得$x_n=\sqrt{1+r+r^2+\cdots+r^{n-1}}\,a$，则

$$W_{n+1}=\int_{x_n}^{x_{n+1}}kx\mathrm{d}x=\frac{k}{2}(x_{n+1}^2-x_n^2)=\frac{k}{2}[x_{n+1}^2-(1+r+\cdots+r^{n-1})a^2].$$

由于 $W_{n+1}=rW_n=r^2W_{n-1}=\cdots=r^nW_1$，故得

$$x_{n+1}^2-(1+r+\cdots+r^{n-1})a^2=r^na^2,$$

从而

$$x_{n+1}=\sqrt{1+r+\cdots+r^n}\,a=\sqrt{\frac{1-r^{n+1}}{1-r}}\,a.$$

于是

$$\lim_{n\to\infty}x_{n+1}=\sqrt{\frac{1}{1-r}}\,a,$$

即若击打次数不限，汽锤至多能将桩打进地下 $\sqrt{\frac{1}{1-r}}\,a$ m.

5.6.2 水压力

由物理学知道，水深 h 处的水压力强度为

$$p=\rho gh\quad(\rho\text{ 为水的密度}),$$

其方向垂直于物体表面.如果物体表面上各点压强 p 的大小与方向皆不变，则物体所受的总压力为

$$F=\text{压强}\times\text{面积}.$$

例 4 设半径为 R 的圆形水闸门，水面与闸顶平齐，求闸门的一侧所受的总压力.

解 建立坐标系如图 5-40 所示，在 $[0,2R]$ 上任取一子区间 $[y,y+\mathrm{d}y]$，压力微元为

$$\mathrm{d}F=p2x\mathrm{d}y,$$

其中压强 $p=\rho gy$，于是

$$\mathrm{d}F=\rho gy2x\mathrm{d}y,$$

所以压力

$$F=\int_0^{2R}\rho g2xy\mathrm{d}y,$$

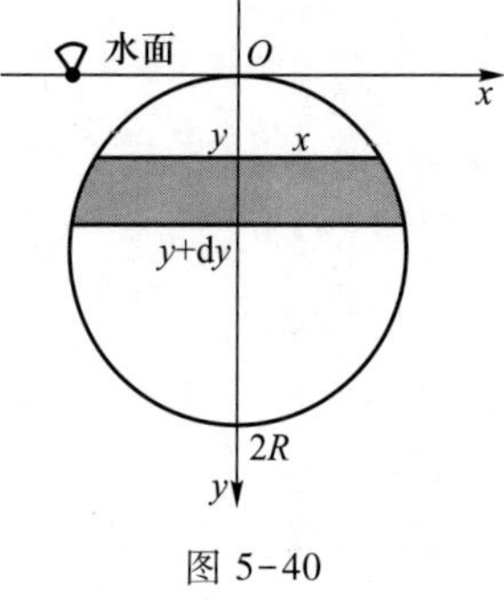

图 5-40

其中 $x^2+(y-R)^2=R^2$，即 $x=\sqrt{R^2-(y-R)^2}$，代入上式，得

$$\begin{aligned}F&=2\int_0^{2R}\rho gy\sqrt{R^2-(y-R)^2}\mathrm{d}y\\&=2\int_0^{2R}\rho g(y-R+R)\sqrt{R^2-(y-R)^2}\mathrm{d}y\\&=2\int_0^{2R}\rho g(y-R)\sqrt{R^2-(y-R)^2}\mathrm{d}(y-R)+2R\rho g\int_0^{2R}\sqrt{R^2-(y-R)^2}\mathrm{d}y\\&=-\frac{2}{3}\rho g[R^2-(y-R)^2]^{\frac{3}{2}}\Big|_0^{2R}+2R\rho g\cdot\frac{1}{2}\pi R^2=\rho g\pi R^3.\end{aligned}$$

积分 $\int_0^{2R}\sqrt{R^2-(y-R)^2}\mathrm{d}y$ 是一半圆的面积.

#**例 5** 边长为 a 和 b 的矩形薄板,与水面成 α 角斜沉于水中,长边平行于水面而位于水深 h 处.设 $a>b$,水的密度为 ρ,试求薄板所受的水压力 F.

解 如图 5-41 所示,由于薄板与水面成 α 角斜放置于水中,则它位于水中最深的位置是 $h+b\sin\alpha$.

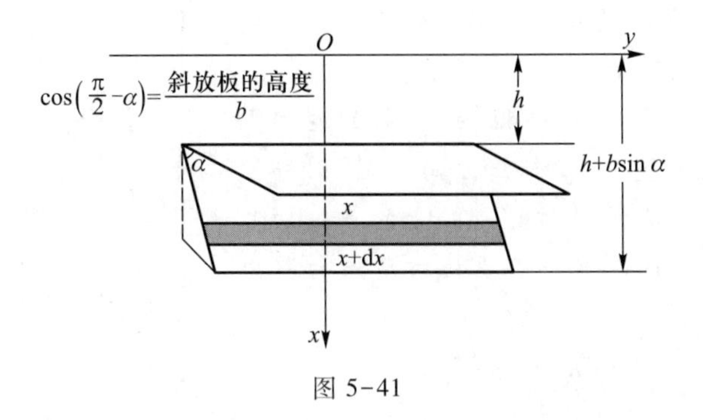

图 5-41

取 x 为积分变量,则 $x\in[h,h+b\sin\alpha]$ (注:x 表示水深).

在$[h,h+b\sin\alpha]$中任取一小区间$[x,x+\mathrm{d}x]$,与此小区间相对应的薄板上一个小窄条的面积是

$$a\frac{\mathrm{d}x}{\sin\alpha},$$

它所承受的水压力约为

$$\rho gxa\frac{\mathrm{d}x}{\sin\alpha},$$

于是,压力元素为

$$\mathrm{d}F=\frac{a\rho gx}{\sin\alpha}\mathrm{d}x,$$

故水压力为

$$F=\int_h^{h+b\sin\alpha}\frac{a\rho g}{\sin\alpha}x\mathrm{d}x=\frac{a\rho g}{2\sin\alpha}[(h+b\sin\alpha)^2-h^2]$$

$$=\frac{a\rho g}{2\sin\alpha}(2bh\sin\alpha+b^2\sin^2\alpha)=abh\rho g+\frac{1}{2}ab(b\sin\alpha)\rho g.$$

这一结果的实际意义十分明显,$abh\rho g$ 正好是薄板水平放置在深度为 h 的水中时所受到的压力,而$\frac{1}{2}ab(b\sin\alpha)\rho g$ 是将薄板斜放置所产生的压力,它相当于将薄板水平放置在深度为$\frac{1}{2}b\sin\alpha$ 处所受的水压力.

5.6.3 引力

由万有引力定律知,质量分别为 m_1,m_2,距离为 r 的两个质点间的引力为 $F=G\frac{m_1m_2}{r^2}$

(G 为万有引力常数).下面举例说明怎样用定积分解决某些引力问题.

#例6 设有线密度为 μ,长度为 l 的均匀细杆,在杆的左端垂线上距杆左端 b 处有一质量为 m 的质点,如图5-42所示.

(1) 求杆对这个质点的引力;

(2) 如将质点沿该垂线由距左端 b 处移至距左端 h 处($b<h$),求克服引力所做的功.

解 (1) 建立坐标系如图5-42所示,杆的左端点为坐标原点,x 轴正方向朝右,y 轴正方向朝上,则杆位于 x 轴上的区间 $0\leqslant x\leqslant l$,质点位于 y 轴上的点 $(0,b)$.在 x 轴上取区间 $[x,x+\mathrm{d}x]$,这一小段杆对质点的引力大小为

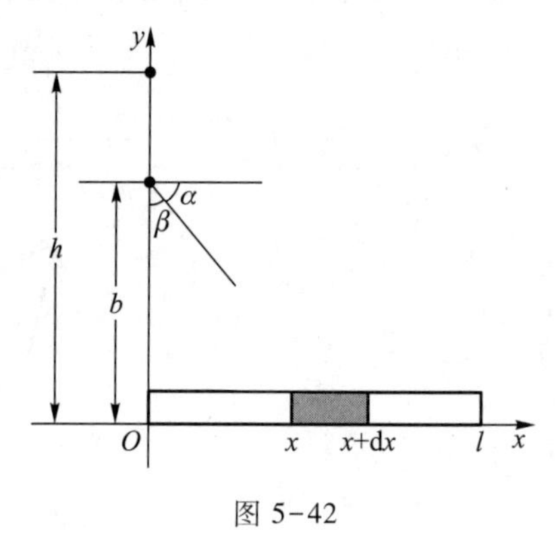

图 5-42

$$|\mathrm{d}F|=G\frac{\mu m\mathrm{d}x}{x^2+b^2}.$$

另外,应当注意力是有方向的,平行的力可直接相加,不平行的力不能直接相加,将力分解为水平分力 $\mathrm{d}F_1$ 与垂直分力 $\mathrm{d}F_2$.记 α 为力与 x 轴正向的夹角,β 为力与 y 轴负向的夹角,则

$$\cos\alpha=\frac{x}{\sqrt{x^2+b^2}},\quad \cos\beta=\frac{b}{\sqrt{x^2+b^2}}.$$

于是

$$\mathrm{d}F_1=|\mathrm{d}F|\cos\alpha=G\mu mx\frac{\mathrm{d}x}{(x^2+b^2)^{\frac{3}{2}}},$$

$$\mathrm{d}F_2=-|\mathrm{d}F|\cos\beta=-G\mu mb\frac{\mathrm{d}x}{(x^2+b^2)^{\frac{3}{2}}},$$

从而

$$F_1=G\mu m\int_0^l\frac{x\mathrm{d}x}{(x^2+b^2)^{\frac{3}{2}}}=G\mu m\left(\frac{1}{b}-\frac{1}{\sqrt{b^2+l^2}}\right),$$

$$F_2=-G\mu mb\int_0^l\frac{\mathrm{d}x}{(x^2+b^2)^{\frac{3}{2}}}=-\frac{G\mu ml}{b\sqrt{b^2+l^2}}.$$

(2) 当质点沿垂线移动时,水平分力不做功,只有垂直分力做功.如果质点位于 y 轴上坐标为 $(0,y)$ 处,那么只需将 F_2 中的 b 换成 y,则得到杆对该质点引力的垂直分力 $F_2(y)=-\dfrac{G\mu ml}{y\sqrt{y^2+l^2}}$,于是质点由 $y=b$ 移到 $y=h$ 克服引力所需做的功为

$$W=-\int_b^h F_2(y)\mathrm{d}y=G\mu ml\int_b^h\frac{\mathrm{d}y}{y\sqrt{y^2+l^2}}$$

$$=G\mu m\left(\ln\frac{\sqrt{h^2+l^2}+l}{h}-\ln\frac{\sqrt{b^2+l^2}+l}{b}\right).$$

5.6.4 函数的平均值

在实际问题中，常常用一组数据的算术平均值来描绘这组数据的概貌.例如用一个篮球队里各个队员身高的算术平均值来描述该篮球队身高的概貌.又如对某一零件的长度进行 n 次测量，测得的值为 $y_1,y_2,\cdots,y_n$，这时可以用 $y_1,y_2,\cdots,y_n$ 的算术平均值

$$\bar{y}=\frac{y_1+y_2+\cdots+y_n}{n}$$

来作为这一零件长度的近似值.

对于区间$[a,b]$上的连续函数 $f(x)$，怎样定义其平均值呢？

把区间$[a,b]$ n 等分，设分点为

$$a=x_0<x_1<\cdots<x_{n-1}<x_n=b,$$

每个小区间的长度为 $\Delta x_i=\dfrac{b-a}{n}(i=1,2,\cdots,n)$，可以用 n 个小区间右端点处的函数值 $f(x_i)$ $(i=1,2,\cdots,n)$ 的平均值

$$\frac{f(x_1)+f(x_2)+\cdots+f(x_n)}{n}$$

来近似表达 $f(x)$ 在$[a,b]$上的平均值.显然，n 越大，分点越多，上述平均值反映平均状态的近似程度越高，因此，我们定义

$$\bar{y}=\lim_{n\to\infty}\frac{f(x_1)+f(x_2)+\cdots+f(x_n)}{n}=\lim_{n\to\infty}\frac{1}{n}\sum_{i=1}^{n}f(x_i)$$

为 $f(x)$ 在$[a,b]$上的平均值.

因为 $f(x)$ 在$[a,b]$上连续，故 $f(x)$ 在$[a,b]$上可积，于是

$$\begin{aligned}\bar{y}&=\lim_{n\to\infty}\frac{1}{n}\sum_{i=1}^{n}f(x_i)=\frac{1}{b-a}\lim_{n\to\infty}\sum_{i=1}^{n}f(x_i)\frac{b-a}{n}\\&=\frac{1}{b-a}\lim_{n\to\infty}\sum_{i=1}^{n}f(\xi_i)\Delta x_i=\frac{1}{b-a}\int_a^b f(x)\,\mathrm{d}x,\end{aligned}$$

可见，$f(x)$ 在$[a,b]$上的平均值为

$$\frac{1}{b-a}\int_a^b f(x)\,\mathrm{d}x.$$

这个值恰好是定积分中值定理中的 $f(\xi)$.

例 7 计算从 0 到 T 这段时间内自由落体的平均速度.

解 平均速度

$$\bar{v}=\frac{1}{T-0}\int_0^T v(t)\,\mathrm{d}t=\frac{1}{T}\int_0^T gt\,\mathrm{d}t=\frac{1}{T}\left(\frac{g}{2}t^2\right)\Big|_0^T=\frac{gT}{2}.$$

习题 5.6

A

1. 设一弹簧原长 45 cm, 垂直悬挂一质量为 18 g 的物体, 将弹簧拉长 3 cm, 求把弹簧从 50 cm 拉长到 70 cm 所做的功.

2. 一物体按规律 $x=ct^3$ 做直线运动,媒质的阻力与速度的平方成正比 k,计算物体由 $x=0$ 移至 $x=a$ 时,克服媒质阻力所做的功.

3. 一底为 8 cm,高为 6 cm 的等腰三角形片,铅直地沉没在水中,顶在上,底在下且与水面平行,而顶离水面 3 cm,试求它的侧面所受的压力.

4. 设有一长为 l_1 的细直棒 A,位于水平直线 L 上,距该棒左端点 x 处线密度为 $\rho_1(x)$.另有一长为 l_2 的细直棒 B,也位于 L 上,距该棒左端点 y 处线密度为 $\rho_2(y)$.B 棒的左端点在 A 棒右端点右侧距离 $h(h>0)$ 处.求两段细棒之间的吸引力(用积分式表示即可).

5. 计算函数 $y=2xe^{-x}$ 在 $[0,2]$ 上的平均值.

B

1. 用铁锤将一铁钉击入木板,设木板对铁钉的阻力与铁钉击入木板的深度成正比,在击第一次时,铁钉击入木板 1 cm.如果铁锤每次打击铁钉所做的功相等,问击第二次时,铁钉又击入多少?

2. 设有盛满水的半球形蓄水池,其深为 10 m,计算抽完池中水所需做的功.

3. 有一半径为 R m 的半圆形薄板,垂直地沉入水中,直径在上,且水平置于距水面 a m 的地方,求薄板一侧所受的水压力.

4. 设有一半径为 R,中心角为 φ 的圆弧形细棒,其线密度为常数 ρ,在圆心处有一质量为 m 的质点 M,试求这个细棒对质点 M 的引力.

5. 一物体以速度 $v=3t^2+2t$(m/s)做直线运动,算出它在 $t=0$ s 到 $t=3$ s 这段时间内的平均速度.

复习题五

1. 叙述定积分的定义,定积分有哪些性质?

2. 由定积分存在的必要条件,无界函数是不可积的,那么有界函数是否一定可积? 可积的充分条件是什么?

3. 计算:(1) $\int \sin x\mathrm{d}x$; (2) $\int_0^{\frac{\pi}{2}} \sin x\mathrm{d}x$; (3) $\int_0^x \sin x\mathrm{d}x$;并由此说明不定积分、定积分、变上限的定积分三者之间的关系.

4. 下列说法对吗? 为什么?

(1) $\int_a^b f(x)\mathrm{d}x$ 的几何意义是曲线 $y=f(x)$ 与直线 $x=a,x=b$ 及 x 轴所围图形的面积;

(2) 对 $[a,b]$ 的某一分法,ξ_i 的若干种不同取法,都有 $\lim\limits_{\lambda\to 0}\sum\limits_{i=1}^{n} f(\xi_i)\Delta x_i$ 为一定值,则 $f(x)$ 在 $[a,b]$ 上可积;

(3) 若 $f(x)$ 在 $[a,b]$ 上连续,则 $\int_a^x f(t)\mathrm{d}t$ 是 $[a,b]$ 上的可导函数;

(4) 若 $f(x)$ 在 $[a,b]$ 上连续,则 $f(x)$ 在 $[a,b]$ 上必有原函数.

5. (1) 求曲线 $y=\sin x(0\leqslant x\leqslant 2\pi)$ 与 x 轴所围图形的面积;

(2) 计算 $\int_0^{2\pi}\sin x\mathrm{d}x$;

(3) 上述两问题的定积分有什么区别?

6. 下列计算是否正确? 为什么?

(1) $\dfrac{\mathrm{d}}{\mathrm{d}x}\left[\int_0^{x^2}\dfrac{t\sin t}{1+\cos^2 t}\mathrm{d}t\right]=\dfrac{x^2\sin x^2}{1+\cos^2 x^2}$;

(2) $\int_0^{2\pi}\sqrt{1+\cos 2x}\,\mathrm{d}x=\int_0^{2\pi}\sqrt{2\cos^2 x}\,\mathrm{d}x=\sqrt{2}\int_0^{2\pi}\cos x\mathrm{d}x=0$;

(3) $\int_{\frac{\pi}{4}}^{\frac{3\pi}{4}}\dfrac{1}{\cos^2 x}\mathrm{d}x=\tan x\Big|_{\frac{\pi}{4}}^{\frac{3\pi}{4}}=-1-1=-2$;

(4) $\int_{-1}^{1}\dfrac{\mathrm{d}x}{x^2+x+1}\overset{\text{令}x=\frac{1}{t}}{=\!=\!=}-\int_{-1}^{1}\dfrac{\mathrm{d}t}{t^2+t+1}$,所以 $\int_{-1}^{1}\dfrac{\mathrm{d}x}{x^2+x+1}=0$;

(5) $\int_{-\infty}^{+\infty}\dfrac{x}{\sqrt{1+x^2}}\mathrm{d}x=\lim\limits_{A\to+\infty}\int_{-A}^{A}\dfrac{x}{\sqrt{1+x^2}}\mathrm{d}x=0$;

(6) $\int_{-\frac{\pi}{2}}^{\frac{\pi}{2}}\dfrac{1}{1+\cos x}\mathrm{d}x=\int_{-\frac{\pi}{4}}^{\frac{\pi}{4}}\dfrac{1}{\cos^2\dfrac{x}{2}}\mathrm{d}\left(\dfrac{x}{2}\right)=\tan\dfrac{x}{2}\Big|_{-\frac{\pi}{4}}^{\frac{\pi}{4}}=2\tan\dfrac{\pi}{8}$;

(7) 由 $y=x^2$,x 轴,$x=2$ 所围平面图形绕 y 轴旋转一周而成的旋转体体积为

$$V=\int_0^4\pi(2-\sqrt{y})^2\mathrm{d}y;$$

(8) 上题平面图形绕 $x=2$ 旋转一周而成的旋转体的体积为

$$V=\int_0^4\pi(2-x)^2\mathrm{d}y=\pi\int_0^4(2-\sqrt{y})^2\mathrm{d}y;$$

(9) 星形线 $\begin{cases}x=a\cos^3 t,\\ y=a\sin^3 t\end{cases}$ 所围图形的面积 $A=4\int_0^{\frac{\pi}{2}}a\sin^3 t\mathrm{d}(a\cos^3 t)$;

(10) 星形线 $\begin{cases}x=a\cos^3 t,\\ y=a\sin^3 t\end{cases}$ 的弧长 $s=4\int_{\frac{\pi}{2}}^{0}\sqrt{(-3a\cos^2 t\sin t)^2+(3a\sin^2 t\cos t)^2}\,\mathrm{d}t$.

7. 具有什么特点的量可用定积分表示?

8. 用微元法求解问题的步骤是什么? 应用微元法时应注意什么问题?

9. 用定积分求平面图形的面积,平行截面面积为已知的立体的体积,旋转体的体积及侧面积,平面曲线的弧长的计算公式各是什么?

10. 如何用定积分求功、水压力、引力及函数的平均值?

总习题五

1. 求下列极限:

(1) $\lim\limits_{n\to\infty}\int_0^1\dfrac{x^{2n}}{1+x}\mathrm{d}x$;

(2) $\lim\limits_{n\to\infty}\sum\limits_{i=1}^{n}\dfrac{1}{\sqrt{n^2+i^2}}$;

(3) $\lim\limits_{n\to\infty}\dfrac{1^p+2^p+\cdots+n^p}{n^{p+1}}\quad(p>0)$;

(4) $\lim\limits_{n\to\infty}\ln\dfrac{\sqrt[n]{n!}}{n}$;

(5) $\lim\limits_{a\to 0}\int_{-a}^{a}\frac{1}{a}\left(1-\frac{|x|}{a}\right)\cos(b-x)\,\mathrm{d}x$，其中 a,b 与 x 无关；

(6) $\lim\limits_{x\to 0}\frac{\int_0^x\left[\int_0^{u^2}\arctan(1+t)\,\mathrm{d}t\right]\mathrm{d}u}{x(1-\cos x)}$；

(7) $\lim\limits_{x\to 12}\frac{\int_{12}^x\left[t\int_t^{12}f(\theta)\,\mathrm{d}\theta\right]\mathrm{d}t}{(12-x)^3}$，其中 $f(x)$ 在 $x=12$ 的邻域内可导，且 $f(12)=0,\lim\limits_{x\to 12}f'(x)=2$.

2. 设 $f(x),g(x)$ 在区间 $[a,b]$ 上均连续，证明：

(1) $\left(\int_a^b f(x)g(x)\,\mathrm{d}x\right)^2\leqslant\int_a^b f^2(x)\,\mathrm{d}x\int_a^b g^2(x)\,\mathrm{d}x$ （柯西－施瓦茨不等式）；

(2) $\left(\int_a^b[f(x)+g(x)]^2\,\mathrm{d}x\right)^{\frac{1}{2}}\leqslant\left(\int_a^b f^2(x)\,\mathrm{d}x\right)^{\frac{1}{2}}+\left(\int_a^b g^2(x)\,\mathrm{d}x\right)^{\frac{1}{2}}$ （闵可夫斯基不等式）.

3. 设 $f(x)$ 为连续函数，证明 $\int_0^x f(t)(x-t)\,\mathrm{d}t=\int_0^x\left(\int_0^t f(u)\,\mathrm{d}u\right)\mathrm{d}t$.

4. 计算下列积分：

(1) $\int_0^{\frac{\pi}{2}}\frac{x\sin 2x}{1+\cos^2(2x)}\mathrm{d}x$； (2) $\int_0^a\frac{\mathrm{d}x}{x+\sqrt{a^2-x^2}}$ $(a>0)$；

(3) $\int_0^{\frac{\pi}{2}}\sqrt{1-\sin 2x}\,\mathrm{d}x$； (4) $\int_0^{\frac{\pi}{2}}\frac{x+\sin x}{1+\cos x}\mathrm{d}x$；

(5) $\int_{-\frac{\pi}{2}}^{\frac{\pi}{2}}\frac{\mathrm{e}^x}{1+\mathrm{e}^x}\sin^4 x\,\mathrm{d}x$； (6) $\int_0^{\frac{\pi}{2}}\frac{\mathrm{d}x}{1+\cos^2 x}$.

5. 已知函数 $f(x)$ 连续，且 $\int_0^x tf(2x-t)\,\mathrm{d}t=\frac{1}{2}\arctan x^2,f(1)=1$，求 $\int_1^2 f(x)\,\mathrm{d}x$.

6. 若 $f(x)=\frac{1}{1+x^2}+\sqrt{1-x^2}\int_0^1 f(x)\,\mathrm{d}x$，求 $\int_0^1 f(x)\,\mathrm{d}x$.

7. 讨论函数 $f(x)=\begin{cases}\frac{\sin(2\mathrm{e}^x-2)}{\mathrm{e}^x-1}, & x>0,\\ 2, & x=0,\\ \frac{1}{x}\int_0^x\cos t^2\,\mathrm{d}t, & x<0\end{cases}$ 的连续性.

8. 设 $f(x)=\begin{cases}\frac{\int_0^{x^2}(\mathrm{e}^{t^2}-1)\,\mathrm{d}t}{x^5}, & x\neq 0,\\ 0, & x=0,\end{cases}$ 求 $f'(0)$.

9. 设函数 $f(x)$ 在 $[0,+\infty)$ 上可导，$f(0)=0$，且其反函数为 $g(x)$，若 $\int_0^{f(x)}g(t)\,\mathrm{d}t=x^2\mathrm{e}^x$，求 $f(x)$.

10. 奇函数 $f(x)$ 在 $(-\infty,+\infty)$ 上连续且单调增加，$F(x)=\int_0^x(x-2t)f(t)\,\mathrm{d}t$，证明：

(1) $F(x)$ 为奇函数；(2) $F(x)$ 在 $[0,+\infty)$ 上单调减少.

11. 设函数 $f(x)$ 在 $[a,b]$ 上连续，且 $f(x)>0$，证明在 (a,b) 内有且仅有一点 ξ，使得

$$\int_a^{\xi}f(x)\,\mathrm{d}x=\int_{\xi}^b\frac{1}{f(x)}\mathrm{d}x.$$

12. (1) 已知 $\lim\limits_{x\to\infty}\left(\frac{x-a}{x+a}\right)^x=\int_a^{+\infty}4x^2\mathrm{e}^{-2x}\,\mathrm{d}x$，求常数 a 的值；

(2) 试求 a, b 的值,使得 $\int_1^{+\infty}\left[\dfrac{2x^2+bx+a}{x(2x+a)}-1\right]\mathrm{d}x=1$.

13. 如图 5-43 所示,设曲线 $L_1: y=1-x^2(0\leqslant x\leqslant 1)$ 与 x 轴和 y 轴所围区域被曲线 $L_2: y=ax^2$ 分成面积相等的两部分,其中常数 $a>0$,试确定 a 的值.

14. 一容器的内表面是由曲线 $x=y+\sin y\left(0\leqslant y\leqslant\dfrac{\pi}{2}\right)$ 绕 y 轴旋转一周所得的旋转曲面.如果以 $\pi\ \mathrm{m}^3/\mathrm{s}$ 的速率注入液体,求当液面高度为 $\dfrac{\pi}{4}$ m 时液面上升的速率.

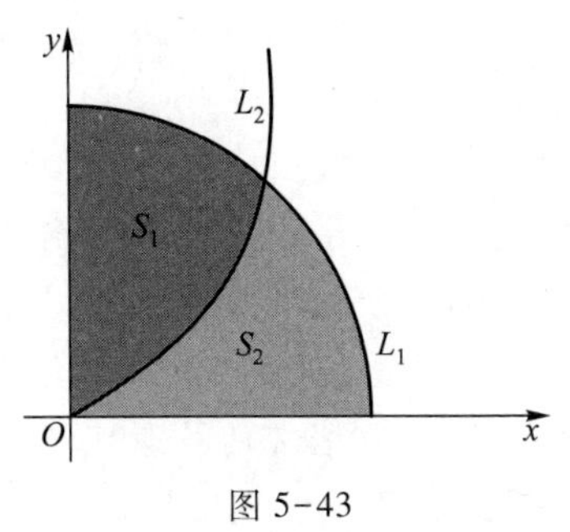

图 5-43

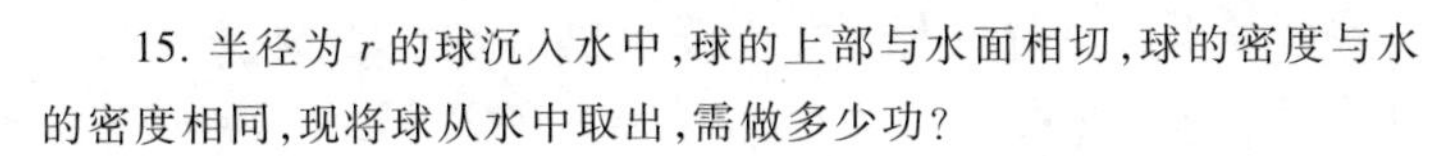
15. 半径为 r 的球沉入水中,球的上部与水面相切,球的密度与水的密度相同,现将球从水中取出,需做多少功?

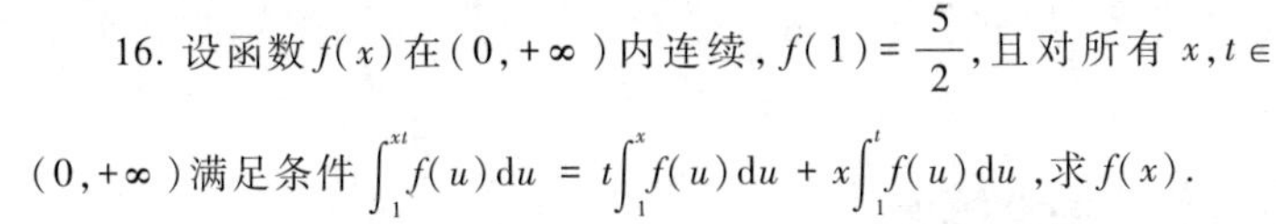
16. 设函数 $f(x)$ 在 $(0,+\infty)$ 内连续,$f(1)=\dfrac{5}{2}$,且对所有 $x,t\in(0,+\infty)$ 满足条件 $\int_1^{xt}f(u)\mathrm{d}u=t\int_1^x f(u)\mathrm{d}u+x\int_1^t f(u)\mathrm{d}u$,求 $f(x)$.

17. 设 $f(x)$ 在 $[0,1]$ 上连续,在 $(0,1)$ 内可导,且满足 $f(1)=k\int_0^{\frac{1}{k}}x\mathrm{e}^{1-x}f(x)\mathrm{d}x\ (k>1)$,证明至少存在一点 $\xi\in(0,1)$,使得 $f'(\xi)=(1-\xi^{-1})f(\xi)$.

18. 设 $f(x)$ 在闭区间 $[a,b]$ 上连续,在开区间 (a,b) 内可导,且 $f'(x)>0$.若极限 $\lim\limits_{x\to a^+}\dfrac{f(2x-a)}{x-a}$ 存在,证明:

(1) 在 (a,b) 内 $f(x)>0$;

(2) 在 (a,b) 内存在 ξ,使 $\dfrac{b^2-a^2}{\int_a^b f(x)\mathrm{d}x}=\dfrac{2\xi}{f(\xi)}$;

(3) 在 (a,b) 内存在与(2)中 ξ 相异的点 η,使 $f'(\eta)(b^2-a^2)=\dfrac{2\xi}{\xi-a}\int_a^b f(x)\mathrm{d}x$.

19. 设函数 $f(x)$ 在 $[0,\pi]$ 上连续,且 $\int_0^{\pi}f(x)\mathrm{d}x=0$, $\int_0^{\pi}f(x)\cos x\mathrm{d}x=0$,试证明:在 $(0,\pi)$ 内至少有两点 $\xi_1\neq\xi_2$,使 $f(\xi_1)=f(\xi_2)=0$.

20. 为清除井底的污泥,用缆绳将抓斗放入井底,抓起污泥后提出井口(见图 5-44).

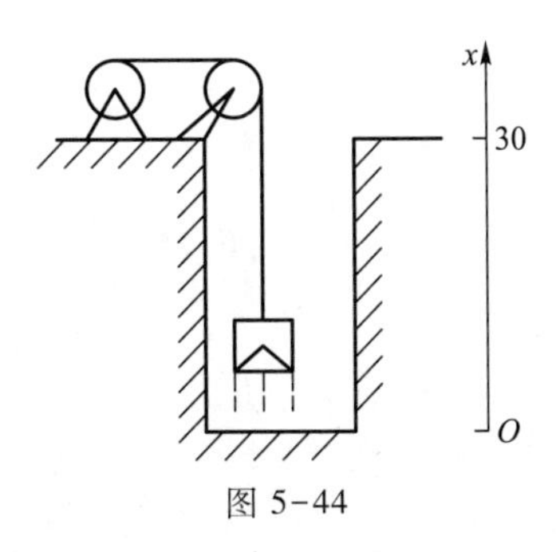

图 5-44

已知井深 30 m,抓斗自重 40 kg,缆绳每米重 5 kg,抓斗抓起的污泥重 200 kg,提升速度为 3 m/s,在提升过程中,污泥以 2 kg/s 的速率从抓斗缝隙中漏掉.现将抓起污泥的抓斗提升至井口,问克服重力需做多少焦耳的功?(说明:(1) 1 N×1 m=1 J;(2) 抓斗的高度及位于井口上方的缆绳长度忽略不计;(3) 重力加速度为 $g=10\ \mathrm{m/s^2}$.)

21. 已知曲线 L 的方程 $\begin{cases} x=t^2+1, \\ y=4t-t^2 \end{cases}$ $(t\geqslant 0)$,

(1) 讨论 L 的凸性;

(2) 过点 $(-1,0)$ 引 L 的切线,求切点 (x_0,y_0),并写出切线的方程;

(3) 求此切线与 L(对应于 $x\leqslant x_0$ 的部分)及 x 轴所围成的平面图形的面积.

选 读

积分学在经济分析中的应用:总量与贴现

现代经济学,尤其是西方经济学的一个突出特点是在经济分析中广泛、系统地运用数学符号、公式、图表和方法,产生了计量经济学、数理经济学这样的经济学方法.经济学的理论指导作用,在当前的社会环境中愈发明显,其中积分学在总量计算以及资本贴现等方面有着广泛的应用.

第 6 章　微分方程初步

引述　当人们对导数的概念和记号有了足够的理解时,导数很快就出现在了方程中.18世纪初,微分方程就已经广泛应用于物理科学与天文学,并产生了一些特殊类型方程的解法,同时也发现了像里卡蒂方程那样的简单微分方程求解中的困难.对微分方程求解做出系统贡献的是欧拉.欧拉详细研究了函数的概念和性质,理解了指数函数、对数函数、三角函数及其他初等函数的作用,并发现函数是理解和求解微分方程的关键.欧拉发明的待定系数法、常数变易法是微方程求解的基本方法,此外,欧拉还提出了微分方程的幂级数解法和数值逼近解法.从 19 世纪末开始,微分方程的研究转向理论方面.1876 年利普希茨证明了一阶微分方程解的一个存在性定理.由于大量的微分方程求不出解析解,20 世纪中叶以后,随着计算机技术的发展,寻找有效的微分方程数值解法成为重要的研究方向.微分方程基础理论和数值求解理论的发展使微分方程成为解决科学、工程实践中大量问题的基本方法之一.

本章以不定积分方法为基础,介绍一些简单类型的常微分方程及其初等积分求解法,主要介绍微分方程的概念与简单一阶与二阶微分方程的求解方法.在第 12 章还将进一步研究利用多元函数微分法、无穷级数理论求解的微分方程.

6.1　微分方程的基本概念

6.1 预习检测

在中学数学中我们遇到过两类等式,一类是恒等式,它是无条件等式,如

$$(x+y)^2=x^2+2xy+y^2,\quad \cos^2 x+\sin^2 x=1.$$

另一类是方程,它是条件等式,如

$$x^2+2x-3=0,\quad 2^{x+1}=4,\quad \sin x-2=0,$$

只有在 x 取一些特定值时等式才能成立,也可能 x 的任何值都不会使等式成立.

在中学阶段讨论的方程主要是代数方程,方程的解是一些数值.在实践中描述问题的数学模型往往是变量的函数,且该函数的具体表达式是未知的,但是根据力学、几何、化学、工程等学科的一些基本原理,未知函数及其微分或导数之间的关系能建立起来.这样一来,我们将得到含有未知函数导数或微分的方程,这种方程就是**微分方程**.

例 1(几何问题)　一曲线通过点(1,0),曲线上任意一点处的法线斜率等于 $1+x^2$,求这条曲线的方程.

解　设该曲线的方程为 $y=y(x)$,则 $y(x)$ 应满足

$$\begin{cases}\dfrac{\mathrm{d}y}{\mathrm{d}x}=-\dfrac{1}{1+x^2}, & (6-1)\\ y(1)=0, & (6-2)\end{cases}$$

对式(6-1)求不定积分可得

$$y=-\arctan x+C, \tag{6-3}$$

由式(6-2)得 $C=\frac{\pi}{4}$,故所求曲线为

$$y=\frac{\pi}{4}-\arctan x. \tag{6-4}$$

例2(物理问题)　设有质量为 m 的物体,在距离地面高度为 h_0 的地方由静止开始自由下落到地面(自由下落即只考虑重力对物体的作用,忽视空气阻力等其他因素的影响).求下落过程中物体的高度随时间变化的规律.

解　建立如图6-1所示的坐标轴.

设时刻 t 时物体距地面高为 $h(t)$,则物体受力 $f=-mg$.负号表示力的方向与 h 轴正方向相反.由牛顿第二定律,$m\frac{\mathrm{d}^2h}{\mathrm{d}t^2}=-mg$,问题的数学模型为

$$\begin{cases}\frac{\mathrm{d}^2h}{\mathrm{d}t^2}=-g, & (6-5)\\ h(0)=h_0,h'(0)=0. & (6-6)\end{cases}$$

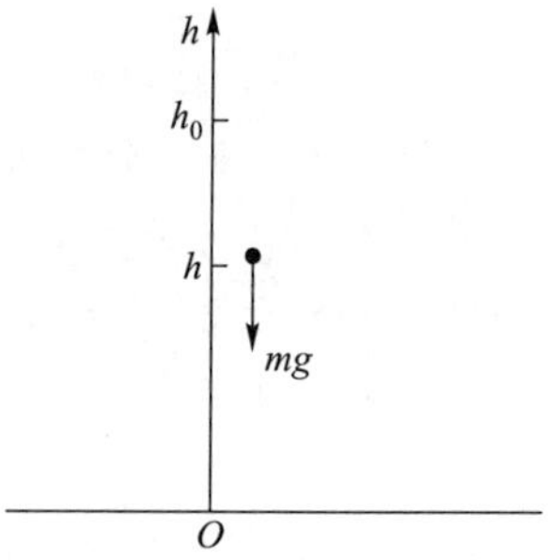

图6-1

对式(6-5)的两边积分一次得

$$\frac{\mathrm{d}h}{\mathrm{d}t}=-gt+C_1,$$

再积分一次得

$$h(t)=-\frac{g}{2}t^2+C_1t+C_2. \tag{6-7}$$

由式(6-6)得 $C_1=0,C_2=h_0$,从而所求物体运动规律为

$$h(t)=-\frac{g}{2}t^2+h_0. \tag{6-8}$$

通过例1、例2我们看到,在一些问题中,建立数学模型后得到的是含有未知函数的导数或微分的一个方程.首先引入一些基本概念.

定义　(i) 含有自变量 x,自变量的未知函数 $y=y(x)$ 及其直到 n 阶导数在内的方程,叫做**常微分方程**①,简称微分方程,记作

$$F(x,y,y',\cdots,y^{(n)})=0, \tag{6-9}$$

方程中实际出现的导数的最高阶数 n 称为微分方程的**阶**,$n\geqslant 2$ 时方程称为**高阶微分方程**.

(ii) 设函数 $y=\varphi(x)$ 在区间 I 上有直到 n 阶的导数.如果把 $\varphi(x)$ 代入式(6-9)中使式(6-9)在 I 上成为恒等式,即

$$F(x,\varphi(x),\varphi'(x),\cdots,\varphi^{(n)}(x))\equiv 0,\quad \forall x\in I,$$

就称 $y=\varphi(x)$ 为方程(6-9)在 I 上的一个**解**.

① 除常微分方程外,还有各种其他类型的微分方程,如偏微分方程、泛函微分方程、积分-微分方程等.

(iii) 设 n 阶微分方程(6-9)的解 $y=\varphi(x,C_1,C_2,\cdots,C_n)$ 包含 n 个独立的任意常数[①] C_1, $C_2,\cdots,C_n$,则称它为式(6-9)的**通解**.不包含任何任意常数的解称为**特解**.

(iv) n 阶微分方程中,如果方程关于未知函数及其各阶导数都是一次方,就称其为**线性微分方程**,否则称为**非线性微分方程**.n 阶线性微分方程的一般形式为

$$y^{(n)}+a_1(x)y^{(n-1)}+\cdots+a_n(x)y=f(x). \tag{6-10}$$

方程(6-1)、(6-5)分别是一阶、二阶线性微分方程.式(6-3)是方程(6-1)的通解,式(6-4)是方程(6-1)的特解.又如,式(6-7)是方程(6-5)的通解,式(6-8)是方程(6-5)的特解.

由例 1 和例 2 还可以看出,在求解一个简单的微分方程时,通常用积分方法,这缘于积分是微分的逆运算.在积分过程中,通解中的任意常数作为积分常数而自然地出现.为了由通解确定特解,还需要提出一些附加条件,称为**定解条件**.形如(6-2)、(6-6)的定解条件称为**初值条件**(或者**初始条件**,此外还有边界条件,混合条件等).方程(6-1)与(6-2)结合起来,(6-5)与(6-6)结合起来形成一个**定解问题**,称为**初值问题**.

一般地,n 阶微分方程的初值问题为

$$\begin{cases}F(x,y,y',\cdots,y^{(n)})=0,\\ y(x_0)=y_0,y'(x_0)=y_0',\cdots,y^{(n-1)}(x_0)=y_0^{(n-1)},\end{cases}$$

其中 $x_0,y_0,y_0',\cdots,y_0^{(n-1)}$ 是 $n+1$ 个已知常数.

下面再举几个建立微分方程的例子,其解法见后面各节.

例 3(信息传播问题) 在一人群中推广新技术是通过其中已掌握该项技术的人进行的.设该人群的总人数为 N,在 $t=0$ 时刻已掌握新技术的人数为 x_0,在任意时刻 t 已掌握新技术的人数为 $x(t)$.由于人数很多,可视 $x(t)$ 为连续可微变量,根据经验,其变化率与已掌握新技术和未掌握新技术人数之积成正比,比例常数为 $k>0$.求 $x(t)$.

解 由题设,$x(t)$ 满足微分方程

$$\begin{cases}\dfrac{\mathrm{d}x}{\mathrm{d}t}=kx(N-x),\\ x(0)=x_0.\end{cases} \tag{6-11}$$

这是一个一阶非线性微分方程的初值问题.

疾病的传染规律也可以用模型(6-11)来描述.

例 4(人口问题) 英国人口统计学家马尔萨斯(Malthus,1766—1834)在担任牧师期间,分析了教堂一百多年间出生孩子的统计资料,发现在人口自然增长过程中,净相对增长率(增长率与人口总数之比)是一个常数,即单位时间内人口增长量与人口成正比,设比例系数为 r,$r=$平均生育率-死亡率.设 t_0 时刻某地区人口数为 N_0,预测在未来时刻 t 时的人口数 $N(t)$.

解 由于人口数 $N(t)$ 很大,可设 $N(t)$ 连续可导,则在 t 到 $t+\Delta t$ 的时间段 Δt 内人口的增长量为

$$N(t+\Delta t)-N(t)=rN(t)\Delta t,$$

---

① n 个常数 $C_1,C_2,\cdots,C_n$ 独立指它们不能通过四则运算合并而使常数个数减少.如 C_1+xC_2,$C_1\sin x+C_2\cos x$ 中 C_1,C_2 独立,而 $C_1+C_2+x=C+x$,$C_1\cdot C_2x=Cx$ 中 C_1,C_2 就不是独立的任意常数.

上式两边同除以 Δt,并令 $\Delta t\to 0$,即得马尔萨斯人口数学模型

$$\begin{cases}\dfrac{\mathrm{d}N}{\mathrm{d}t}=rN,\\ N(t_0)=N_0.\end{cases}\tag{6-12}$$

生物种群的数量变化,放射性元素的衰减规律,银行存款(连续复利)本利和等许多问题可由初值问题(6-12)近似地描述.如果 $N(t)$ 是递增的,则 r 是正数,如果 $N(t)$ 是递减的,则 r 是负数.

微课
6.1节例5

例5(环境问题)　有一个车间的容积为 $30\times 30\times 12\ \mathrm{m}^3$,空气中有0.12%的 CO_2.为保证工人身体健康,用一台鼓风量为 $1\ 500\ \mathrm{m}^3/\mathrm{min}$ 的鼓风机通入含有0.04% CO_2 的新鲜空气.假定通入的空气与车间原有的空气很快混匀后以相同风量排出.试问鼓风机开启10 min后,车间中 CO_2 的百分比降到多少?

解　设时刻 t 时车间内 CO_2 含量是 $x(t)(\mathrm{m}^3)$.从 t 到 $t+\mathrm{d}t$ 这段时间内,车间内 CO_2 的含量由 $x(t)$ 降到 $x(t)+\mathrm{d}x(t)\ (\mathrm{d}x(t)<0)$,有

$$\begin{aligned}CO_2\text{ 的改变量 }\mathrm{d}x&=CO_2\text{ 输入量}-CO_2\text{ 输出量}\\&=1\ 500\ \mathrm{d}t\cdot 0.04\%-1\ 500\mathrm{d}t\cdot\frac{x}{30\times 30\times 12}\\&=\left(0.6-\frac{5}{36}x\right)\mathrm{d}t.\end{aligned}$$

此处由于 $\mathrm{d}t$ 很小,可以认为在 $\mathrm{d}t$ 时间段内,车间中 CO_2 百分比变化很小,即百分比为 $\dfrac{x}{30\times 30\times 12}$.开始时车间内 CO_2 含量为

$$30\times 30\times 12\times 0.12\%=12.96(\mathrm{m}^3),$$

因此问题的数学模型为

$$\begin{cases}\dfrac{\mathrm{d}x}{\mathrm{d}t}+\dfrac{5}{36}x=0.6,\\ x(0)=12.96.\end{cases}\tag{6-13}$$

化学中溶液混合的一些问题也可用类似于例5的方式解决.

例6　已知函数 $y=y(x)$ 在任意一点 x 处的改变量满足 $\Delta y=\dfrac{y}{1+x^2}\Delta x+\alpha$,且当 $\Delta x\to 0$ 时,$\alpha=o(\Delta x)$,$y(0)=\pi$,计算 $y(1)$.

解　由条件及微分的定义,$y=y(x)$ 满足

$$\mathrm{d}y=\frac{y}{1+x^2}\mathrm{d}x,$$

因此,

$$\mathrm{d}\ln|y|=\frac{1}{1+x^2}\mathrm{d}x.$$

积分得

$$\ln|y|=\arctan x+C_1,\quad y=C\mathrm{e}^{\arctan x},$$

由 $y(0)=\pi$ 得 $C=\pi$，因此 $y(1)=\pi e^{\frac{\pi}{4}}$.

习题 6.1

A

1. 指出下列方程的阶数及方程是线性还是非线性的：

(1) $xy'-2x+1=0$；　　(2) $xy''-(\sin x)y'+y=0$；

(3) $x(y')^2-2yy'=0$；　　(4) $\dfrac{d^2s}{dt^2}+\sin s\cos t=0$；

(5) $(3x-4y)dx+(x-y)dy=0$.

2. 验证下列结论是否成立：

(1) $y=5x^2$ 是方程 $xy'=2y$ 的特解；

(2) $y=C_1e^{\lambda_1x}+C_2e^{\lambda_2x}(\lambda_1\neq\lambda_2)$ 是方程 $y''-(\lambda_1+\lambda_2)y'+\lambda_1\lambda_2y=0$ 的通解；

(3) $x^2-xy+y^2=C$ 是方程 $(x-2y)y'=2x-y$ 的通解.

B

1. 验证 $y=\sin x\cos x-\cos x$ 是初值问题 $y'+(\tan x)y=\cos^2 x,y(0)=-1$ 在区间 $\left(-\dfrac{\pi}{2},\dfrac{\pi}{2}\right)$ 上的解.

2. 对 r 的哪些值，$y=e^{rt}$ 是方程 $y''+y'-6y=0$ 的解？

3. 证明：对任何常数 C，函数 $y=\dfrac{1}{x+C}$ 满足方程 $y'=-y^2$，你能否找到一个特解使其不能包含在函数族 $y=\dfrac{1}{x+C}$ 中？

4. 设曲线 $y=y(x)$ 上任一点 $P(x,y)$ 处的法线与 x 轴的交点为 Q，线段 PQ 被 y 轴平分，求该曲线所满足的微分方程.

5. 放射性元素铀不断地有原子放射出微粒子而变成其他元素，使铀的含量不断减少，这种现象称为衰变.已知铀的衰变速度与当时未衰变的原子的含量 $M(t)$ 成正比.设 $t=0$ 时铀的含量为 M_0，写出衰变过程中 $M(t)$ 所满足的微分方程.

6.2　一阶微分方程

6.2 预习检测

一阶微分方程的一般形式是

$$F(x,y,y')=0. \tag{6-14}$$

如果一阶导数可以解出，则可写为

$$\frac{dy}{dx}=f(x,y)\quad\text{或者}\quad P(x,y)dx+Q(x,y)dy=0. \tag{6-15}$$

6.2.1　可分离变量的微分方程

可以写为形如

$$\frac{dy}{dx}=f(x)g(y) \tag{6-16}$$

的方程称为**可分离变量的微分方程**.

设 $g(y)\neq 0$,由式(6-16)得

$$\frac{\mathrm{d}y}{g(y)}=f(x)\,\mathrm{d}x, \tag{6-17}$$

对式(6-17)两端求不定积分,得方程(6-16)的隐函数形式解

$$\int\frac{\mathrm{d}y}{g(y)}=\int f(x)\,\mathrm{d}x.$$

若 $g(y_0)=0$,常数函数 $y=y_0$ 也是方程(6-16)的解.

例 1　解微分方程 $y'=\dfrac{y(1-x)}{x}$.

解　对方程变形,分离变量得

$$\frac{\mathrm{d}y}{y}=\frac{1-x}{x}\mathrm{d}x.$$

两边积分得

$$\ln|y|=\ln|x|-x+C_1,$$

即

$$|y|=\mathrm{e}^{C_1}|x|\mathrm{e}^{-x},$$

整理得

$$y=Cx\mathrm{e}^{-x},\quad C\text{ 为任意常数}.$$

从求解过程可以看出,通解中的任意常数是求不定积分时自然产生的.为了使解的形式简洁,一般需要对任意常数进行改写.比如本例中,$C=\pm\mathrm{e}^{C_1}$,另外,从原方程可见,$y=0$ 也是一个解,允许 $C=0$ 时,这个解包含在通解的表达式中.习惯上最后的常数写成 C,中间步骤中的过渡常数写成其他形式,如本例中的 C_1.

例 2　求解下列初值问题

$$(1+x)\,\mathrm{d}y+(1-2\mathrm{e}^{-y})\,\mathrm{d}x=0,\quad y(0)=0.$$

解　先求通解,方程可写为

$$\frac{\mathrm{d}y}{2\mathrm{e}^{-y}-1}=\frac{\mathrm{d}x}{1+x},$$

两边积分得

$$-\ln|2-\mathrm{e}^{y}|=\ln|1+x|+C_1,$$

$$\ln|(2-\mathrm{e}^{y})(1+x)|=C_2,$$

整理得

$$(2-\mathrm{e}^{y})(1+x)=C\quad(C=\pm\mathrm{e}^{C_2}).$$

$y=\ln 2$ 是一个常数解.当允许 $C=0$ 时此解可包含在上述通解公式中.

由初值条件 $y(0)=0$ 得 $C=1$.因此初值问题的解为

$$(2-\mathrm{e}^{y})(1+x)=1.$$

#**例 3**　某山区实行封山育林政策,现有木材约 10 万立方米.在每一时刻 t,木材的变化率与当时的木材数成正比.假设 10 年后该山区的木材达到 20 万立方米.若规定,该山区的木材

达到 40 万立方米时才可砍伐,问至少需要多少年?

解 假设在任意时刻 t(单位:年),木材的数量为 $q(t)$ 万立方米.

由题意可得:

$$\begin{cases} \dfrac{\mathrm{d}q}{\mathrm{d}t}=kq, & k \text{ 为常数}, \\ q\big|_{t=0}=10, \end{cases}$$

该方程的通解为 $q(t)=C\mathrm{e}^{kt}$.

由初值条件,得 $C=10$;又因为 $t=10$ 时,$q=20$,从而 $k=\dfrac{\ln 2}{10}$.于是

$$q(t)=10\mathrm{e}^{\frac{\ln 2}{10}t}=10\cdot 2^{\frac{t}{10}},$$

欲使 $q=40$,则 $t=20$,即至少需要 20 年后才能砍伐.

读者可用分离变量法求解 6.1 中例 3、例 4 和例 5 中的定解问题,并用所得的解解释相应的问题.

6.2.2 齐次微分方程

可以写为形如

$$\frac{\mathrm{d}y}{\mathrm{d}x}=\varphi\left(\frac{y}{x}\right) \tag{6-18}$$

的方程称为**齐次**[①]**微分方程**,其中 $\varphi(u)$ 是一元函数.令 $\dfrac{y}{x}=u$,即 $y=ux$,$u=u(x)$ 为未知函数.
$\dfrac{\mathrm{d}y}{\mathrm{d}x}=x\dfrac{\mathrm{d}u}{\mathrm{d}x}+u$,代入式(6-18)得

$$x\frac{\mathrm{d}u}{\mathrm{d}x}=\varphi(u)-u.$$

这是变量分离方程.求出解后,以 $u=\dfrac{y}{x}$ 代入即得原方程的通解.

例 4 求解方程 $(x^2+3y^2)\mathrm{d}x-2xy\mathrm{d}y=0$.

解 方程可以变形为

$$\frac{\mathrm{d}y}{\mathrm{d}x}=\frac{x^2+3y^2}{2xy}=\frac{1+3\left(\dfrac{y}{x}\right)^2}{2\dfrac{y}{x}}.$$

令 $\dfrac{y}{x}=u$,$y=ux$,$\dfrac{\mathrm{d}y}{\mathrm{d}x}=x\dfrac{\mathrm{d}u}{\mathrm{d}x}+u$,原方程变形为

---

① 函数 $f(x,y)$ 称为 k 次齐次的,如果 $f(tx,ty)=t^kf(x,y)$,$\forall t>0$ 成立.当 $k=0$ 时,$f(tx,ty)=f(x,y)$ 为 0 次齐次函数.取 $t=\dfrac{1}{x}$,对 0 次齐次函数,$f(x,y)=f\left(1,\dfrac{y}{x}\right)=\varphi\left(\dfrac{y}{x}\right)$.

$$x\frac{\mathrm{d}u}{\mathrm{d}x}+u=\frac{1+3u^2}{2u},$$

即

$$\frac{2u\mathrm{d}u}{1+u^2}=\frac{\mathrm{d}x}{x}.$$

两边积分得

$$\ln(1+u^2)=\ln|x|+C',$$

整理得

$$1+u^2=xC,$$

以 $u=\frac{y}{x}$ 代入,得所求通解为

$$x^2+y^2=x^3C.$$

在力学及几何学上,常常要讨论如下所谓正交轨线问题.即已给曲线族

$$C_F: F(x,y,a)=0 \quad (a \text{ 是参数}), \tag{6-19}$$

求另一曲线族

$$C_G: G(x,y,b)=0 \quad (b \text{ 是参数}), \tag{6-20}$$

使族 C_F 中任一条曲线与族 C_G 中任一条曲线的交角是$\frac{\pi}{2}$(两条相交曲线的交角 α 是交点处曲线切线的夹角,$0\leqslant\alpha\leqslant\frac{\pi}{2}$).

正交轨线的求法如下.

先求方程(6-19)满足的微分方程.方法是对方程(6-19)按隐函数求导法求导,再与方程(6-19)联立消去 a,由于式(6-19)中只有一个任意常数 a,以它作为通解的方程是一个一阶方程

$$\frac{\mathrm{d}y}{\mathrm{d}x}=f(x,y).$$

要求的曲线 $y(x)$ 在 (x,y) 处的斜率为$\frac{\mathrm{d}y}{\mathrm{d}x}=-\frac{1}{f(x,y)}$,从而正交轨线的微分方程是

$$\frac{\mathrm{d}y}{\mathrm{d}x}=-\frac{1}{f(x,y)} \quad \text{或者} \quad -\frac{\mathrm{d}x}{\mathrm{d}y}=f(x,y).$$

#例 5　已给圆族 $x^2+y^2-ax=0$,求其正交轨线族.

解　先求已给曲线族满足的微分方程.把圆方程两边对 x 求导得

$$2x+2yy'-a=0.$$

两边同乘 x,与已给方程联立消去 a 得所求方程

$$2xy\frac{\mathrm{d}y}{\mathrm{d}x}+x^2-y^2=0.$$

正交轨线的微分方程为(以$-\frac{\mathrm{d}x}{\mathrm{d}y}$代替$\frac{\mathrm{d}y}{\mathrm{d}x}$)

$$2xy\frac{\mathrm{d}x}{\mathrm{d}y}-x^2+y^2=0,$$

即
$$\frac{dx}{dy}=\frac{x^2-y^2}{2xy}=\frac{\left(\frac{x}{y}\right)^2-1}{2\frac{x}{y}}.$$

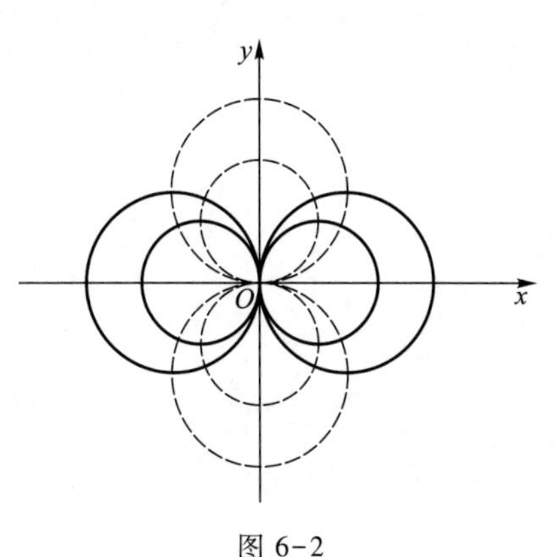

图 6-2

得到一个以 x 为未知函数，y 为自变量的一阶齐次方程. 令 $\frac{x}{y}=u(y)$，$x=uy$，$\frac{dx}{dy}=y\frac{du}{dy}+u$，代入并整理，求积分

$$\int\frac{2u}{1+u^2}du=-\int\frac{1}{y}dy,$$

解得

$$x^2+y^2=Cy.$$

可见 $x^2+y^2=ax$ 的正交轨线族也是圆族，见图 6-2.

微课
6.2 节例 6

#例 6 设 L 是一条平面曲线，其上任一点 $P(x,y)$ $(x>0)$ 到坐标原点的距离，恒等于该点处的切线在 y 轴上的截距，且 L 经过点 $\left(\frac{1}{2},0\right)$.

(1) 试求曲线 L 的方程；

(2) 求 L 位于第一象限部分的一条切线，使该切线与 L 以及两坐标轴所围图形的面积最小.

解 (1) 设曲线 L 为 $y=y(x)$，则过点 $P(x,y)$ 的切线方程为

$$Y-y=y'(X-x).$$

令 $X=0$ 得切线在 y 轴上的截距为 $y-xy'$.

由题设知

$$\sqrt{x^2+y^2}=y-xy'.$$

也即

$$y'=\frac{y}{x}-\sqrt{1+\left(\frac{y}{x}\right)^2}\quad(x>0).$$

令 $u=\frac{y}{x}$，方程化为

$$\frac{du}{\sqrt{1+u^2}}=-\frac{dx}{x},$$

解之得

$$y+\sqrt{x^2+y^2}=C.$$

由 $y\left(\frac{1}{2}\right)=0$，得 $C=\frac{1}{2}$，从而 L 的方程为

$$y+\sqrt{x^2+y^2}=\frac{1}{2},\quad 即\quad y=\frac{1}{4}-x^2.$$

（2）曲线 $y=\frac{1}{4}-x^2$ 在第一象限点 $P(x,y)$ 处的切线方程为

$$Y-\left(\frac{1}{4}-x^2\right)=-2x(X-x),$$

即

$$Y=-2xX+x^2+\frac{1}{4}\quad\left(0<x\leqslant\frac{1}{2}\right).$$

切线与 x 轴和 y 轴的交点分别为 $\left(\frac{x^2+\frac{1}{4}}{2x},0\right)$ 和 $\left(0,x^2+\frac{1}{4}\right)$.所求面积为

$$S(x)=\frac{1}{2}\cdot\frac{\left(x^2+\frac{1}{4}\right)^2}{2x}-\int_0^{\frac{1}{2}}\left(\frac{1}{4}-x^2\right)\mathrm{d}x.$$

对 x 求导，$S'(x)=\frac{1}{4x^2}\left(x^2+\frac{1}{4}\right)\left(3x^2-\frac{1}{4}\right)$.令 $S'(x)=0$，解得 $x=\frac{\sqrt{3}}{6}$.$x=\frac{\sqrt{3}}{6}$ 是 $S(x)$ 在 $\left(0,\frac{1}{2}\right)$ 内唯一的极值点且是极小值点，从而也是最小值点.于是所求切线为

$$Y=-2\cdot\frac{\sqrt{3}}{6}X+\frac{3}{36}+\frac{1}{4},$$

即

$$Y=-\frac{\sqrt{3}}{3}X+\frac{1}{3}.$$

6.2.3　一阶线性微分方程

可以写为形如

$$\frac{\mathrm{d}y}{\mathrm{d}x}+P(x)y=Q(x)\tag{6-21}$$

的方程是**一阶线性微分方程**.当 $Q(x)\neq0$ 时称为**非齐次微分方程**，$Q(x)=0$ 时称为**齐次微分方程**.方程

$$\frac{\mathrm{d}y}{\mathrm{d}x}+P(x)y=0\tag{6-22}$$

称为对应于方程(6-21)的齐次微分方程.

方程(6-22)是一个可分离变量的微分方程，通解为

$$y=C\mathrm{e}^{-\int P(x)\mathrm{d}x}.\tag{6-23}$$

式(6-23)中的函数当然不是方程(6-21)的通解，但是方程(6-22)与方程(6-21)有密切关系，可以从式(6-23)试探寻求方程(6-21)的通解.为此，将式(6-23)中的常数 C 换成一个待定函数 $C(x)$，并设方程(6-21)有形如 $y=C(x)\mathrm{e}^{-\int P(x)\mathrm{d}x}$ 的解.把这个函数代入式(6-21)得

$$\frac{\mathrm{d}C(x)}{\mathrm{d}x}\mathrm{e}^{-\int P(x)\mathrm{d}x}-C(x)\mathrm{e}^{-\int P(x)\mathrm{d}x}P(x)+P(x)C(x)\mathrm{e}^{-\int P(x)\mathrm{d}x}=Q(x).$$

即

$$\frac{\mathrm{d}C(x)}{\mathrm{d}x}=Q(x)\mathrm{e}^{\int P(x)\mathrm{d}x}.$$

两边积分得

$$C(x)=\int Q(x)\mathrm{e}^{\int P(x)\mathrm{d}x}\mathrm{d}x+C,$$

从而得到方程(6-21)的通解为

$$y=\mathrm{e}^{-\int P(x)\mathrm{d}x}\left[\int Q(x)\mathrm{e}^{\int P(x)\mathrm{d}x}\mathrm{d}x+C\right]. \tag{6-24}$$

若取 $C=0$,就得到方程(6-21)的一个特解

$$y^{*}=\mathrm{e}^{-\int P(x)\mathrm{d}x}\int Q(x)\mathrm{e}^{\int P(x)\mathrm{d}x}\mathrm{d}x. \tag{6-25}$$

式(6-24)可写为

$$y=y^{*}+C\mathrm{e}^{-\int P(x)\mathrm{d}x}. \tag{6-26}$$

从式(6-26)可以看出,方程(6-21)的通解等于对应齐次方程的通解加上其一个特解.

上述由对应齐次方程(6-22)的通解,通过把常数 C 变易为待定函数 $C(x)$ 求得方程(6-21)的通解的方法称为**常数变易法**.式(6-24)可作为方程(6-21)的通解公式.

例 7 求解定解问题 $\dfrac{\mathrm{d}y}{\mathrm{d}x}-\dfrac{2y}{x+1}=(x+1)^{\frac{5}{2}}, y(0)=1$.

解 用常数变易法.先解对应齐次微分方程

$$\frac{\mathrm{d}y}{\mathrm{d}x}-\frac{2y}{x+1}=0,$$

用分离变量法,可得其通解

$$y=C(x+1)^{2}.$$

设 $y=C(x)(x+1)^{2}$ 是原来非齐次方程的解,则

$$\frac{\mathrm{d}y}{\mathrm{d}x}=C'(x)(x+1)^{2}+2C(x)(x+1),$$

代入原方程并进行化简,得

$$\frac{\mathrm{d}C(x)}{\mathrm{d}x}=(x+1)^{\frac{1}{2}},$$

积分得

$$C(x)=\frac{2}{3}(x+1)^{\frac{3}{2}}+C.$$

因此,原方程通解为

$$y=(x+1)^{2}\left[\frac{2}{3}(x+1)^{\frac{3}{2}}+C\right].$$

满足初值条件 $y(0)=1$ 的特解为

$$y=\frac{1}{3}(x+1)^{2}[2(x+1)^{\frac{3}{2}}+1].$$

可以直接套用公式(6-24)，$P(x)=-\frac{2}{1+x}$，$Q(x)=(x+1)^{\frac{5}{2}}$，因此，可得

$$y=\mathrm{e}^{-\int\frac{-2}{1+x}\mathrm{d}x}\left[\int(x+1)^{\frac{5}{2}}\mathrm{e}^{\int\frac{-2}{1+x}\mathrm{d}x}\mathrm{d}x+C\right]$$

$$=(x+1)^{2}\left[\int(x+1)^{\frac{1}{2}}\mathrm{d}x+C\right]=(x+1)^{2}\left[\frac{2}{3}(x+1)^{\frac{3}{2}}+C\right].$$

微课
6.2节例8

例8　设函数 $y=f(x)$，$x\in[0,+\infty)$ 满足条件：$f(0)=0$ 且 $0\leqslant f(x)\leqslant \mathrm{e}^{x}-1$；平行于 y 轴的动直线 MN 与曲线 $y=f(x)$ 和 $y=\mathrm{e}^{x}-1$ 分别交于点 P_1 和 P_2；由曲线 $y=f(x)$，直线 MN 与 x 轴所围的封闭图形面积恒等于线段 P_1P_2 的长，求函数 $y=f(x)$.

解　依题设画示意图6-3，则 $f(x)$ 满足

$$\int_{0}^{x}f(t)\mathrm{d}t=\mathrm{e}^{x}-1-f(x),\tag{6-27}$$

两边求导数得

$$f(x)=\mathrm{e}^{x}-f'(x),$$

即

$$f'(x)+f(x)=\mathrm{e}^{x}.$$

从而

$$f(x)=\mathrm{e}^{-\int\mathrm{d}x}\left[\int\mathrm{e}^{x}\mathrm{e}^{\int\mathrm{d}x}\mathrm{d}x+C\right]=\frac{\mathrm{e}^{x}}{2}+C\mathrm{e}^{-x}.$$

由式(6-27)得 $f(0)=0$，故 $C=-\frac{1}{2}$，所求函数为

$$f(x)=\frac{1}{2}(\mathrm{e}^{x}-\mathrm{e}^{-x})=\mathrm{sh}\,x.$$

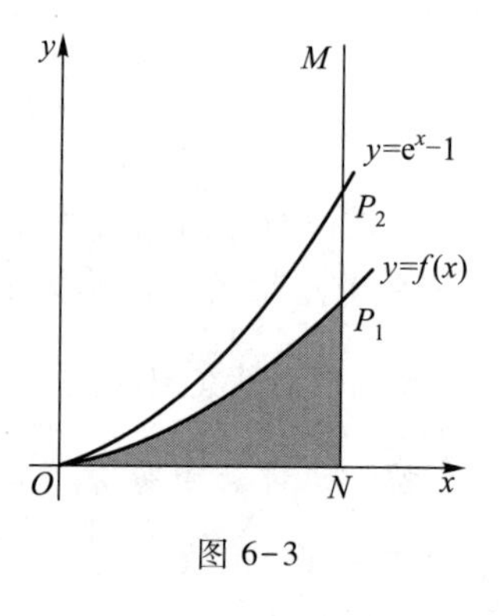

图6-3

微课
6.2节例9

例9　一个罐中装有100 L的水，把含盐浓度为0.4 kg/L的溶液以5 L/min的速率注入罐中，假设罐中液体能够立刻混匀.设 $m(t)$ 是 t min时罐中液体的含盐量(单位：kg).在下面两种情况下建立并求解 $m(t)$ 所满足的微分方程.计算20 min时罐中液体的含盐浓度.

(1) 设以与注入速度同样的速率5 L/min同时从罐中抽出液体；

(2) 设以与注入速度不同的速率3 L/min同时从罐中抽出液体.

解　由导数的意义，$\frac{\mathrm{d}m}{\mathrm{d}t}$ 是含盐量的变化率，因此

$$\frac{\mathrm{d}m}{\mathrm{d}t}=\text{注入罐中的盐量变化率}-\text{抽出罐中的盐量变化率}.$$

(1) $\frac{\mathrm{d}m}{\mathrm{d}t}=0.4\times5-\frac{m}{100}\times5=\frac{40-m}{20}$(kg/min).

即得初值问题

$$\frac{\mathrm{d}m}{\mathrm{d}t}=\frac{40-m}{20},\quad m(0)=0.$$

这个方程是可分离变量方程,可得 $\int \frac{\mathrm{d}m}{40-m}=\int \frac{\mathrm{d}t}{20}$, 积分得

$$-\ln|40-m|=\frac{t}{20}+C,$$

由初值条件 $m(0)=0$,可得 $C=-\ln 40$,因此

$$m(t)=40(1-\mathrm{e}^{-\frac{t}{20}}).$$

当 $t=20$ 时,$m(20)=40(1-\mathrm{e}^{-1})\approx 25.28(\mathrm{kg})$.

液体含盐浓度为$\frac{25.28}{100}\approx 0.253(\mathrm{kg/L})$,当 $t\to+\infty$ 时,极限含盐浓度为 0.4 kg/L.

(2) $\frac{\mathrm{d}m}{\mathrm{d}t}=0.4\times 5-\frac{m}{100+t(5-3)}\times 3$

$$=2-\frac{3m}{100+2t}(\mathrm{kg/min}).$$

即得初值问题

$$\frac{\mathrm{d}m}{\mathrm{d}t}+\frac{3}{100+2t}m=2,\quad m(0)=0.$$

这个方程不是可分离变量的微分方程,而是一个一阶线性微分方程,由求解公式

$$m=\mathrm{e}^{-\int\frac{3}{100+2t}\mathrm{d}t}\left[\int 2\mathrm{e}^{\int\frac{3}{100+2t}\mathrm{d}t}\mathrm{d}t+C\right]=\mathrm{e}^{-\ln(100+2t)^{\frac{3}{2}}}\left[\int 2\mathrm{e}^{\ln(100+2t)^{\frac{3}{2}}}\mathrm{d}t+C\right]$$

$$=\frac{1}{(100+2t)^{\frac{3}{2}}}\left[\int 2(100+2t)^{\frac{3}{2}}\mathrm{d}t+C\right]=\frac{2}{5}(100+2t)+\frac{C}{(100+2t)^{\frac{3}{2}}}.$$

由初值条件 $m(0)=0$,可得 $C=-40\ 000$,因此

$$m(t)=\frac{2}{5}(100+2t)-40\ 000(100+2t)^{-\frac{3}{2}}.$$

当 $t=20$ 时,$m(20)\approx 31.85\ (\mathrm{kg})$.

含盐浓度为

$$\frac{m(20)}{100+2\times 20}\approx\frac{31.85}{140}\approx 0.228(\mathrm{kg/L}).$$

设容器足够大,当 t 充分大时,含盐浓度$\frac{m(t)}{100+2t}\approx 0.4$ kg/L.

6.2.4 伯努利方程

可写为形式

$$\frac{\mathrm{d}y}{\mathrm{d}x}+P(x)y=Q(x)y^n\quad(n\neq 0,1)\tag{6-28}$$

的方程称为**伯努利**(Bernoulli)**方程**.

伯努利方程是一阶非线性微分方程.方程(6-28)两边同除以 y^n,得

$$\frac{\mathrm{d}y^{1-n}}{\mathrm{d}x}+(1-n)P(x)y^{1-n}=(1-n)Q(x).$$

令 $z=y^{1-n}$,得到关于以 z 为未知函数的一阶线性微分方程

$$\frac{\mathrm{d}z}{\mathrm{d}x}+(1-n)P(x)z=(1-n)Q(x),$$

解出 z 后代入变换关系 $z=y^{1-n}$ 即得方程(6-28)的通解.

例 10 求解微分方程 $\frac{\mathrm{d}y}{\mathrm{d}x}-\frac{4}{x}y=x\sqrt{y}\quad(x\neq0,y>0)$.

解 该方程是伯努利方程,两边同除以 $\sqrt{y}$ 整理得

$$\frac{\mathrm{d}\sqrt{y}}{\mathrm{d}x}-\frac{2}{x}\sqrt{y}=\frac{1}{2}x,$$

令 $z=\sqrt{y}$,得

$$\frac{\mathrm{d}z}{\mathrm{d}x}-\frac{2}{x}z=\frac{x}{2},$$

$$z=\mathrm{e}^{\int\frac{2}{x}\mathrm{d}x}\left(\int\frac{x}{2}\mathrm{e}^{\int\frac{-2}{x}\mathrm{d}x}\mathrm{d}x+C\right)=x^2\left(C+\frac{1}{2}\ln|x|\right),$$

原方程通解为

$$y=x^4\left(C+\frac{1}{2}\ln|x|\right)^2.$$

齐次方程(6-18)与伯努利方程(6-28)都是通过对方程进行变形或变量代换使之化成已知求解方法的方程,变换的思想始终是数学的基本思想.

例 11 求解微分方程 $\frac{\mathrm{d}y}{\mathrm{d}x}=\frac{1}{x+y}$. (6-29)

解法一 方程(6-29)可变形为

$$\frac{\mathrm{d}x}{\mathrm{d}y}=x+y,$$

这是以 x 为未知函数的一阶线性方程.

解法二 令 $x+y=u,y=u-x,\frac{\mathrm{d}y}{\mathrm{d}x}=\frac{\mathrm{d}u}{\mathrm{d}x}-1$,代入式(6-29)得

$$\frac{u}{1+u}\mathrm{d}u=\mathrm{d}x.$$

这又是变量分离方程,其通解为 $x=C\mathrm{e}^y-y-1$.

*6.2.5 里卡蒂方程与初值问题解的存在唯一性

形如

$$\frac{\mathrm{d}y}{\mathrm{d}x}=p(x)y^2+q(x)y+r(x)\quad(p(x)\neq0)\tag{6-30}$$

的方程称为**里卡蒂(Riccati)方程**.它是形式上最简单的非线性方程.考虑方程(6-30)的一个特殊情形

$$\frac{\mathrm{d}y}{\mathrm{d}x}+ay^2=bx^m \quad (a,b,m\text{ 是常数},a\neq0,b\neq0). \tag{6-31}$$

定理 1　(1)(伯努利,1725)当

$$m=0,-2,-\frac{4k}{2k+1},\frac{-4k}{2k-1} \quad (k=1,2,\cdots) \tag{6-32}$$

时方程(6-31)可通过变量代换化为可分离变量的微分方程.

(2)(刘维尔,1841)若方程(6-31)能用初等积分法求解,则条件(6-32)也是必要的.

证明从略(可参阅丁同仁、李承治,常微分方程,P41—43).

根据定理 1,即使形式简单的里卡蒂方程,例如方程$\frac{\mathrm{d}y}{\mathrm{d}x}=x^2+y^2$,一般不能用初等积分法求其解,因而提出下述问题是有意义的:一个微分方程的初值问题的解是否存在?是否唯一?如何从微分方程本身出发推断其解的性质?哪些微分方程可用初等积分法求解?求不出解析精确解时如何求得近似解?这些问题从理论及实践上都有重要意义,促进了微分方程定性理论及数值近似求解方法的发展.

关于解的存在唯一性问题,柯西在 19 世纪 20 年代第一个成功地建立起了微分方程初值问题的一个解的存在唯一性定理,后经许多数学家不断推广成各种形式.直到现在,讨论各种微分方程解的存在唯一性及解的性质等问题仍是数学的主流问题之一.

下面叙述一个存在唯一性结果.

设函数$f(x,y)$满足

$$|f(x,y_1)-f(x,y_2)|\leqslant L|y_1-y_2|,(x,y_1),(x,y_2)\in D,$$

其中$L>0$是常数,则称f在D上满足**利普希茨(Lipschitz)条件**.

定理 2　设初值问题

$$\frac{\mathrm{d}y}{\mathrm{d}x}=f(x,y),y(x_0)=y_0, \tag{6-33}$$

其中$f(x,y)$在矩形区域$D=\{(x,y)\mid |x-x_0|\leqslant a,|y-y_0|\leqslant b\}$上连续,且满足利普希茨条件,则定解问题(6-33)在区间$I=[x_0-h,x_0+h]$上存在唯一一个解,其中

$$h=\min\left\{a,\frac{b}{M}\right\},M=\max_{(x,y)\in D}|f(x,y)|.$$

关于二元函数连续性概念及最值概念见第 8 章,定理证明从略.

习题 6.2

A

1. 求下列微分方程的通解:

(1) $xy'-y\ln y=0$;　　(2) $\sec^2x\tan y\mathrm{d}x+\sec^2y\tan x\mathrm{d}y=0$;

(3) $\dfrac{dy}{dx}=2^{x+y}$；

(4) $x\dfrac{dy}{dx}=y\ln\dfrac{y}{x}$；

(5) $y'=\dfrac{x}{y}+\dfrac{y}{x}$；

(6) $(x^3+y^3)dx-3xy^2dy=0$；

(7) $\dfrac{dy}{dx}+y=e^{-x}$；

(8) $y'+y\tan x=\sin 2x$；

(9) $\dfrac{dy}{dx}+y=y^2(\cos x-\sin x)$；

(10) $\dfrac{dy}{dx}=(x+y)^2$.

2. 求解下列初值问题：

(1) $y'=e^{2x-y},y(0)=0$；

(2) $(y^2-3x^2)dy+2xydx=0,y\big|_{x=0}=1$；

(3) $\dfrac{dy}{dx}+\dfrac{y}{x}=\dfrac{\sin x}{x},y\big|_{x=\pi}=1$；

(4) $xy'+y=xy(\ln x+\ln y),y(1)=e$.

3. 求曲线族 $x^2+y^2=R^2$ 的正交轨线.

4. 求过点 $\left(\dfrac{1}{2},0\right)$ 且满足 $y'\arcsin x+\dfrac{y}{\sqrt{1-x^2}}=1$ 的曲线方程.

5. 关于热的转移问题，有牛顿冷却定律(也适用于加热)：物体的温度在任何给定时刻变化的速率(大致地)正比于它的温度和周围介质温度之差.一个煮硬了的鸡蛋有 98 ℃，把它放在 18 ℃的水池里，5 分钟之后鸡蛋的温度是 38 ℃.假定水池很大，没感到池中的温度产生明显变化，鸡蛋达到 20 ℃需多长时间？

6. 一个容量为 600 L 的容器，装满了水和氯的混合液，氯的浓度为 0.08 g/L.为了降低氯的浓度，给容器中以 6 L/s 的速率注入纯净的水，设注入水后立刻混匀，并以 12 L/s 的速率从容器中抽出液体，求时刻 t 时容器中氯的含量 $m(t)$ 的表达式.

B

1. 求下列方程的通解：

(1) $\dfrac{dy}{dx}=3xy+xy^2$；

(2) $y'\cot x+y=-3$；

(3) $y'=\cos(x+y)$；

(4) $(1+2e^{\frac{x}{y}})dx+2e^{\frac{x}{y}}\left(1-\dfrac{x}{y}\right)dy=0$；

(5) $y'-\dfrac{1}{x}y-x^2=0$；

(6) $xy'+y=xy^3$.

2. 求一曲线的方程，已知该曲线通过原点，并且在其上点 (x,y) 处的切线斜率为 $2x+y$.

3. 质量为 1 g 的质点受外力作用做直线运动，该外力大小和时间成正比，和质点运动的速度成反比.在 $t=10$ s 时，速度等于 50 cm/s，外力为 4 g · cm/s^2，问运动开始经过了 1 min 后的速度是多少？

4. 当 $x>0$ 时，$y(x)$ 连续可微且满足

$$x\int_0^x y(t)dt=(x+1)\int_0^x ty(t)dt,y(1)=e^{-1},$$

求 $y(x)$.

5. 求抛物线族 $y^2=ax$ 的正交轨线.

6. 某种飞机在机场降落时，为了减少滑行距离，在触地的瞬间，飞机尾部张开减速伞，以增大阻力，使飞机能迅速减速安全停下.现有一质量为 9 000 kg 的飞机，着陆时的水平速度为 700 km/h，减速伞打开后，飞机所受的总阻力与飞机的速度成正比(比例系数 $k=6.0\times10^6$ kg/h)，问从飞机着陆点算起，飞机滑行的最长距离是多少？

7. 设一个质量为 m 的物体从较高的空中某点开始落向地面.设下落过程中空气阻力与物体下落的速度

v 成正比.试建立 v 所满足的微分方程,并证明:

(1) $v=\frac{mg}{C}\left(1-e^{-\frac{ct}{m}}\right)$,其中 C 是空气阻力系数(取 $C>0$,即 $f_{阻力}=-Cv$),g 是重力加速度;

(2) 如果忽略空气阻力,则较重的物体与较轻的物体的下落速度是一样的,而当计入空气阻力时,通过计算 $\frac{dv}{dm}$,说明较重的物体的确比较轻的物体下落速度要快.

6.3 可降阶的二阶微分方程

6.3 预习检测

从 6.2 节可以看出,即便是一阶微分方程,也不是都能用初等积分法表示出其显式解的,对高阶微分方程求解则更加困难.本节将介绍三种可用降阶法求解的二阶微分方程,这些方程虽然特殊,但是在实践中是常用的.

二阶微分方程的一般形式是

$$F(x,y,y',y'')=0. \tag{6-34}$$

若从式(6-34)中可解出 y'',则方程的形式为

$$y''=f(x,y,y'). \tag{6-35}$$

6.3.1 $y''=f(x)$ 型方程

对形如

$$y''=f(x) \tag{6-36}$$

的方程,只要求两次不定积分就可得到通解.

$$y'=\int f(x)\,dx+C_1,$$

$$y=\int\left[\int f(x)\,dx\right]dx+C_1x+C_2.$$

例 1 求解方程 $y''=\frac{\ln x}{x^2}$.

解 $y'=\int\frac{\ln x}{x^2}dx=-\frac{1}{x}\ln x+\int\frac{dx}{x^2}=-\frac{\ln x}{x}-\frac{1}{x}+C_1,$

$$y=\int\left(-\frac{\ln x}{x}-\frac{1}{x}+C_1\right)dx=-\frac{\ln^2 x}{2}-\ln|x|+C_1x+C_2.$$

这种方法对高于二阶的微分方程显然也有效.

例 2 求解方程 $y^{(4)}=0$.

解 $y'''=C_1^*$,

$y''=C_1^*x+C_2^*$,

$y'=\frac{C_1^*x^2}{2}+C_2^*x+C_3$,

$y=\frac{C_1^*}{6}x^3+\frac{C_2^*}{2}x^2+C_3x+C_4=C_1x^3+C_2x^2+C_3x+C_4.$

6.3.2 $y''=f(x,y')$ 型方程

方程

$$y''=f(x,y') \tag{6-37}$$

的特点是其右边不显含 y.

设 $y'=p(x)$，则 $y''=\frac{\mathrm{d}p}{\mathrm{d}x}$，代入式(6-37)得关于 p 的一阶微分方程

$$\frac{\mathrm{d}p}{\mathrm{d}x}=f(x,p), \tag{6-38}$$

设其通解为

$$p=\varphi(x,C_1),$$

由于 $p=\frac{\mathrm{d}y}{\mathrm{d}x}$，又得可分离变量的一阶微分方程

$$\frac{\mathrm{d}y}{\mathrm{d}x}=\varphi(x,C_1),$$

积分得通解为

$$y=\int\varphi(x,C_1)\mathrm{d}x+C_2.$$

例 3 求解初值问题

$$y''=\frac{2xy'}{x^2+1},\quad y(0)=1, y'(0)=2.$$

解 令 $y'=p(x)$，则 $y''=p'$，原方程转化为可分离变量的微分方程

$$\frac{\mathrm{d}p}{\mathrm{d}x}=\frac{2x}{x^2+1}p.$$

解得

$$p=C_1(1+x^2),$$

即

$$\frac{\mathrm{d}y}{\mathrm{d}x}=C_1(1+x^2).$$

因此原方程通解为

$$y=C_1\left(x+\frac{x^3}{3}\right)+C_2.$$

由初值条件得 $C_1=2, C_2=1$，特解为

$$y=2x+\frac{2}{3}x^3+1.$$

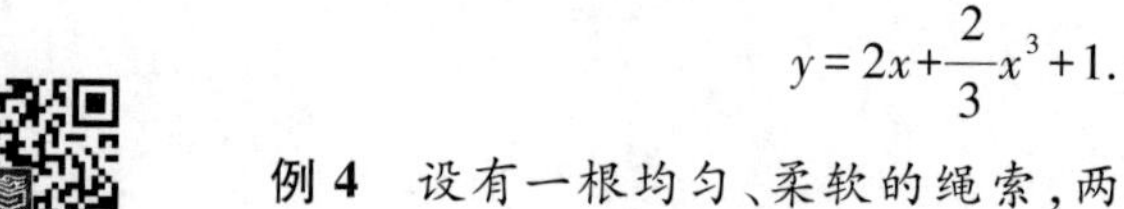

微课
6.3 节例 4

例 4 设有一根均匀、柔软的绳索，两端固定，绳索仅受重力的作用而下垂，求当绳索处于平衡状态时绳索的形状曲线.

解 建立如图 6-4 所示的直角坐标系，$A(0,y_0)$ 是曲线的最低点，其中 y_0 的选取使曲线的表示尽可能简单.

在绳索上任取一点 $P(x,y)$，对$\overset{\frown}{AP}$段进行受力分析.设绳索的线密度为 ρ，$|\overset{\frown}{AP}|=s$，在 A 点的张力平行于 x 轴且指向 x 轴负方向，大小为 H.

在 P 点的张力 $\boldsymbol{T}$ 沿曲线切线方向，设 $\boldsymbol{T}$ 与 x 轴正向夹角为 θ，则由于绳索处于平衡状态，弧$\overset{\frown}{AP}$既不左右移动，也不上下移动，从而有

$$|\boldsymbol{T}|\cos\theta=H,\quad |\boldsymbol{T}|\sin\theta=g\rho s.$$

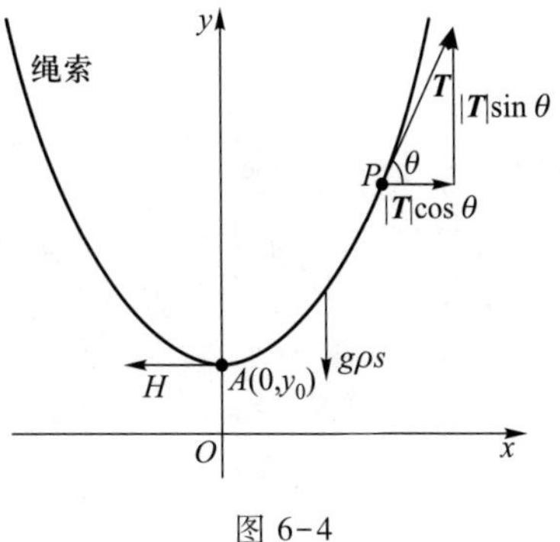

图 6-4

二式相除可得

$$\frac{\mathrm{d}y}{\mathrm{d}x}=\tan\theta=\frac{g\rho s}{H}.$$

由弧微分公式，得

$$\frac{\mathrm{d}s}{\mathrm{d}x}=\sqrt{1+\left(\frac{\mathrm{d}y}{\mathrm{d}x}\right)^2},$$

因此 $y(x)$ 满足方程

$$\begin{cases}\dfrac{\mathrm{d}^2y}{\mathrm{d}x^2}=\dfrac{g\rho}{H}\sqrt{1+\left(\dfrac{\mathrm{d}y}{\mathrm{d}x}\right)^2},\\ y(0)=y_0,\quad y'(0)=0.\end{cases}$$

方程是右端项不显含 y 的方程，记 $a=\dfrac{g\rho}{H}$，并令$\dfrac{\mathrm{d}y}{\mathrm{d}x}=p$，得

$$\frac{\mathrm{d}p}{\mathrm{d}x}=a\sqrt{1+p^2}.$$

分离变量并积分得

$$\begin{aligned}ax+C_1&=\int\frac{\mathrm{d}p}{\sqrt{1+p^2}}\xlongequal{p=\operatorname{sh}u}\int\frac{\operatorname{ch}u\mathrm{d}u}{\sqrt{1+\operatorname{sh}^2u}}\\&=\int\mathrm{d}u=u=\operatorname{arsh}p.\end{aligned}$$

由初始条件 $y'(0)=p(0)=0$，得 $C_1=0$，从而 $ax=\operatorname{arsh}p$，即

$$\frac{\mathrm{d}y}{\mathrm{d}x}=p=\operatorname{sh}ax.$$

再积分得

$$y=\frac{1}{a}\operatorname{ch}ax+C_2.$$

由初始条件 $y(0)=y_0$，得 $C_2=y_0-\dfrac{1}{a}$.因此，如果取 $y_0=\dfrac{1}{a}=\dfrac{H}{g\rho}$，曲线方程将有较简单形式.

$$y=\frac{1}{a}\operatorname{ch}ax=\frac{\mathrm{e}^{ax}+\mathrm{e}^{-ax}}{2a}.$$

基于这个原因，曲线 $y=\dfrac{1}{a}\operatorname{ch}ax$ 称为**悬链线**.

6.3.3 $y''=f(y,y')$ 型方程

方程

$$y''=f(y,y') \tag{6-39}$$

的特点是其右边不显含 x.

令 $\frac{\mathrm{d}y}{\mathrm{d}x}=p(y)$，则 $\frac{\mathrm{d}^2y}{\mathrm{d}x^2}=\frac{\mathrm{d}p}{\mathrm{d}y}\frac{\mathrm{d}y}{\mathrm{d}x}=p\frac{\mathrm{d}p}{\mathrm{d}y}$，代入式(6-39)得

$$p\frac{\mathrm{d}p}{\mathrm{d}y}=f(y,p),$$

设其通解为

$$p=\varphi(y,C_1),$$

即

$$\frac{\mathrm{d}y}{\mathrm{d}x}=\varphi(y,C_1).$$

解这个变量分离方程得方程(6-39)的通解为

$$\int\frac{\mathrm{d}y}{\varphi(y,C_1)}=x+C_2.$$

例 5 解方程 $yy''-y'^2=0$.

解 令 $y'=p$，则 $y''=p\frac{\mathrm{d}p}{\mathrm{d}y}$，代入原方程得

$$yp\frac{\mathrm{d}p}{\mathrm{d}y}-p^2=0.$$

当 $y\neq 0,p\neq 0$ 时，得 $\frac{\mathrm{d}p}{p}=\frac{\mathrm{d}y}{y}$，解得

$$p=C_1y.$$

再解方程 $\frac{\mathrm{d}y}{\mathrm{d}x}=C_1y$，得

$$\ln|y|=C_1x+C_2^*,$$

即

$$y=C_2\mathrm{e}^{C_1x}. \tag{6-40}$$

当 $C_2=0$ 时得特解 $y=0$；当 $C_1=0$ 时得特解 $y=C_2$，即 $y'=p=0$ 的解.因此，式(6-40)是所求的通解.

微课
6.3节例6

#例 6 在上半平面上求一条向下凸的曲线，其上任一点 $P(x,y)$ 处的曲率等于此曲线在该点的线段 PQ 长度的倒数，其中 Q 是过该点的法线与 x 轴的交点，并且要求曲线在点(1,1)处的切线与 x 轴平行.

解 设所求曲线为 $y=y(x)$，在 $P(x,y)$ 处的法线方程为

$$Y-y=-\frac{1}{y'}(X-x).$$

法线与 x 轴交点坐标 $Q(x+yy',0)$.

$$|PQ|=\sqrt{(yy')^2+y^2}=y(1+y'^2)^{\frac{1}{2}}.$$

由题意得

$$\frac{|y''|}{(1+y'^2)^{\frac{3}{2}}}=\frac{1}{y(1+y'^2)^{\frac{1}{2}}}.$$

曲线下凸,从而 $y''\geqslant 0$,即得所求曲线满足定解问题

$$\begin{cases} yy''=1+y'^2, \\ y(1)=1, y'(1)=0. \end{cases} \tag{6-41}$$

方程(6-41)不显含 x,令 $y'=p, y''=p\frac{\mathrm{d}p}{\mathrm{d}y}$代入式(6-41)得

$$\frac{p}{1+p^2}\mathrm{d}p=\frac{\mathrm{d}y}{y},$$

解得

$$\frac{1}{2}\ln(1+p^2)=\ln y+C_1^*,$$

$$1+p^2=y^2C_1.$$

由初值条件得 $C_1=1$,

$$\frac{\mathrm{d}y}{\mathrm{d}x}=\pm\sqrt{y^2-1},$$

即

$$\frac{\mathrm{d}y}{\sqrt{y^2-1}}=\pm\mathrm{d}x,$$

积分得

$$\ln(y+\sqrt{y^2-1})=\pm x+C_2.$$

再由初值条件得 $C_2=\mp 1$,因此所求曲线是

$$\ln(y+\sqrt{y^2-1})=\pm(x-1).$$

取+号($x\geqslant 1$)与-号($x<1$)都是 $y=\mathrm{ch}(x-1)$ 的反函数(见1.1.5及图 6-5),因此,解也可以写成

$$y=\frac{1}{2}[\mathrm{e}^{x-1}+\mathrm{e}^{-(x-1)}].$$

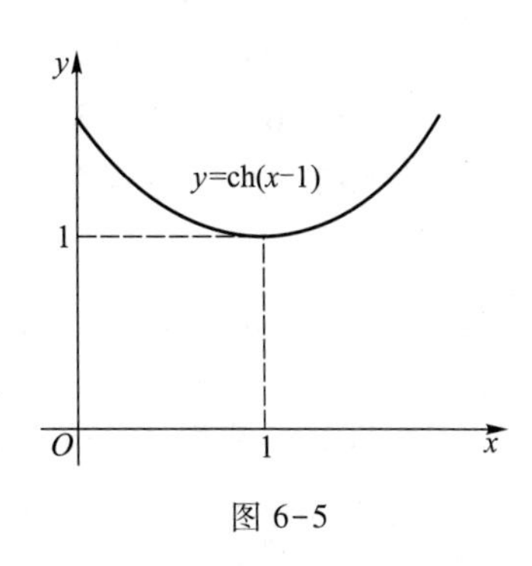

图 6-5

习题 6.3

A

1. 解下列微分方程:

(1) $y''=x+\sin x$;　　(2) $xy''+y'=0$;

(3) $y''=y'+x$;　　(4) $y''=1+y'^2$.

2. 解下列初值问题:

(1) $y'''=\mathrm{e}^{ax}(a\neq 0)$, $y\big|_{x=1}=0$, $y'\big|_{x=1}=0$, $y''\big|_{x=1}=0$;

(2) $y''=3\sqrt{y},y\big|_{x=0}=1,y'\big|_{x=0}=2.$

B

1. 解下列方程：

(1) $y''=\dfrac{1}{1+x^2}$；　　　　(2) $xy''=y'\ln\dfrac{y'}{x}$；

(3) $y''=(y')^2,y(0)=0,y'(0)=-1.$

2. 试求方程 $y''=x$ 的经过点 $P(0,1)$ 且与直线 $y=\dfrac{x}{2}+1$ 相切的积分曲线.

3. 设 $y=y(x)$ 是向上凸的连续曲线，其上任意一点 (x,y) 处的曲率为 $\dfrac{1}{\sqrt{1+(y')^2}}$，此曲线上点 $(0,1)$ 处的切线方程为 $y=x+1$，求此曲线的方程.

4. 设二阶微分方程 $y''+\psi(x)y'=f(x)$ 有一特解 $y=\dfrac{1}{x}$，方程 $y''+\psi(x)y'=0$ 有特解 $y=x^2$.

(1) 求 $\psi(x),f(x)$；

(2) 求微分方程的通解.

6.4　二阶线性微分方程

6.4 预习检测

二阶线性微分方程的一般形式是

非齐次方程　　$y''+p(x)y'+q(x)y=f(x).$　　(6-42)

齐次方程　　$y''+p(x)y'+q(x)y=0.$　　(6-43)

如果方程(6-43)与方程(6-42)的左边相同，就称(6-43)为(6-42)的对应齐次方程.

本节中所有定理的结论与求解方法都可以推广到一般的 n 阶线性微分方程情形，见第12章.

6.4.1　二阶线性微分方程解的性质与通解的结构

定理1(二阶线性齐次微分方程解的叠加原理)　设 $y_1(x),y_2(x)$ 是方程(6-43)的两个解，则对任意常数 C_1,C_2，函数

$$y=C_1y_1(x)+C_2y_2(x)\tag{6-44}$$

也是方程(6-43)的解.

证　把式(6-44)代入方程(6-43)的左边计算可得

$$\begin{aligned}&(C_1y_1''+C_2y_2'')+p(x)(C_1y_1'+C_2y_2')+q(x)(C_1y_1+C_2y_2)\\=&C_1(y_1''+p(x)y_1'+q(x)y_1)+C_2(y_2''+p(x)y_2'+q(x)y_2)=0.\end{aligned}$$

方程(6-43)是二阶方程，式(6-44)中函数有两个常数，但是这两个常数并不一定独立，因此式(6-44)并不一定就是方程(6-43)的通解.为了使式(6-44)中的函数的确是方程(6-43)的通解，函数 y_1,y_2 还要满足一些条件，即函数 y_1,y_2 要线性无关.

一般地，设 $y_1(x),y_2(x),\cdots,y_n(x)$ 是区间 I 上的 n 个函数.如果存在 n 个不全为零的常数 $k_1,k_2,\cdots,k_n$，使

$$k_1y_1(x)+k_2y_2(x)+\cdots+k_ny_n(x)=0,\quad \forall x\in I,\tag{6-45}$$

就称 $y_1(x),y_2(x),\cdots,y_n(x)$ 在 I 上**线性相关**,否则称为**线性无关**.式(6-45)的左边称为 $y_1,y_2,\cdots,y_n$ 的**线性组合**.

对两个函数 y_1,y_2,当其中一个为 0 函数时,显然 y_1,y_2 线性相关.当 y_1,y_2 都不为 0 函数时,有(请读者自己证明)

$$y_1,y_2\text{ 线性相关}\Leftrightarrow\frac{y_1}{y_2}\equiv C,\text{即 }y_1=Cy_2,\ \forall x\in I.$$

当 y_1,y_2 线性相关时,式(6-44)中函数不是方程(6-43)的通解.

事实上,设 $y_2=C^*y_1$,则

$$y=C_1y_1+C_2y_2=C_1y_1+C_2C^*y_1=(C_1+C_2C^*)y_1=Cy_1.$$

即式(6-44)中实际上只有一个任意常数.

显然,函数组 $\cos x,\sin x;\mathrm{e}^{r_1x},\mathrm{e}^{r_2x}(r_1\neq r_2);1,x;\mathrm{e}^x,x\mathrm{e}^x$ 都是线性无关的函数组.

定理 2(二阶线性齐次微分方程通解的结构)　如果 $y_1(x),y_2(x)$ 是方程(6-43)的两个线性无关的特解,那么函数

$$y=C_1y_1(x)+C_2y_2(x)\quad(C_1,C_2\text{ 是任意常数})$$

是方程(6-43)的通解.

定理 3(二阶线性非齐次微分方程通解的结构)　设 $y^*(x)$ 是方程(6-42)的一个特解,$Y(x)$ 是对应齐次方程(6-43)的通解,则

$$y=Y(x)+y^*(x)\tag{6-46}$$

是非齐次方程(6-42)的通解.

证　将式(6-46)代入式(6-42)的左边得

$$\begin{aligned}&(Y''(x)+y^{*\prime\prime}(x))+p(x)(Y'(x)+y^{*\prime}(x))+q(x)(Y(x)+y^*(x))\\&=(Y''(x)+p(x)Y'(x)+q(x)Y(x))+(y^{*\prime\prime}(x)+p(x)y^{*\prime}(x)+q(x)y^*(x))\\&=0+f(x)=f(x).\end{aligned}$$

因此,$y=Y(x)+y^*(x)$ 是方程(6-42)的解,又由于 $Y(x)$ 中含有两个独立的任意常数,因此它是方程(6-42)的通解.

定理 4(二阶线性非齐次微分方程解的叠加原理)　设非齐次方程(6-42)的右边项 $f(x)$ 是 n 项的和

$$f(x)=f_1(x)+f_2(x)+\cdots+f_n(x),$$

$y_i^*(x)$ 是方程

$$y''+p(x)y'+q(x)y=f_i(x)\quad(i=1,2,\cdots,n)$$

的特解,则

$$y^*=y_1^*(x)+y_2^*(x)+\cdots+y_n^*(x)$$

是方程

$$y''+p(x)y'+q(x)y=f_1(x)+f_2(x)+\cdots+f_n(x)$$

的特解.

定理 4 请读者自己证明.

*6.4.2 二阶线性非齐次微分方程的常数变易法

6.2节中求解一阶线性非齐次微分方程的常数变易法,是从对应齐次微分方程的通解出发,把常数变易为待定函数,设法确定出待定函数从而求得非齐次微分方程的通解.许多情况下对应齐次微分方程的通解易于求得,这种方法给我们寻找二阶线性非齐次微分方程(6-42)的解给予一定的启示.设

$$Y(x)=C_1y_1(x)+C_2y_2(x)$$

是方程(6-43)的通解.把 C_1,C_2 变易为待定函数,探求方程(6-42)的形如

$$y^*=C_1(x)y_1(x)+C_2(x)y_2(x) \tag{6-47}$$

的解.把 y^* 代入式(6-42)并整理得

$$C_1(y_1''+py_1'+qy_1)+C_2(y_2''+py_2'+qy_2)+C_1'y_1'+C_2'y_2'+(C_1'y_1+C_2'y_2)p+(C_1'y_1+C_2'y_2)'=f(x),$$

即

$$C_1'y_1'+C_2'y_2'+(C_1'y_1+C_2'y_2)p+(C_1'y_1+C_2'y_2)'=f(x).$$

这里有两个待定函数 C_1,C_2,只有一个约束方程,还需要再加一个约束条件.取 C_1,C_2 使 $C_1'y_1+C_2'y_2=0$,则得到一个关于 C_1',C_2'的方程组

$$\begin{cases}C_1'y_1+C_2'y_2=0,\\C_1'y_1'+C_2'y_2'=f(x).\end{cases} \tag{6-48}$$

解此方程组可得 C_1',C_2',再积分得 C_1,C_2,代入式(6-47)可得方程(6-42)的通解.

例1 已知齐次微分方程 $(x-1)y''-xy'+y=0$ 的通解 $Y(x)=C_1x+C_2e^x$,求非齐次微分方程

$$(x-1)y''-xy'+y=(x-1)^2 \tag{6-49}$$

的通解.

解 设非齐次微分方程有解

$$y^*=C_1(x)x+C_2(x)e^x.$$

把方程(6-49)变形为标准形式(6-42)得

$$y''-\frac{x}{x-1}y'+\frac{y}{x-1}=x-1.$$

套用方程组(6-48),得到

$$\begin{cases}C_1'x+C_2'e^x=0,\\C_1'+C_2'e^x=x-1,\end{cases}$$

解得 $C_1'=-1,C_2'=xe^{-x}$,从而

$$C_1(x)=-x+C_1,C_2(x)=-(x+1)e^{-x}+C_2.$$

所求非齐次微分方程的通解为

$$y=C_1x+C_2e^x-(x^2+x+1).$$

6.4.3 二阶常系数线性齐次微分方程的解法

方程(6-43)中 p,q 若为常数,即得二阶常系数线性齐次微分方程

$$y''+py'+qy=0. \tag{6-50}$$

根据6.4.1节定理2,求方程(6-50)的通解,关键是设法求它的两个线性无关解.根据指数函数的导数的性质,试求方程(6-50)的形如 $y=\mathrm{e}^{rx}$ 的解.

$y'=r\mathrm{e}^{rx}$, $y''=r^2\mathrm{e}^{rx}$,代入式(6-50)得

$$r^2+pr+q=0. \tag{6-51}$$

因此,若函数 $y=\mathrm{e}^{rx}$ 是方程(6-50)的解,r 必满足代数方程(6-51).反过来,若 r 是代数方程(6-51)的解,则 $y=\mathrm{e}^{rx}$ 就是方程(6-50)的解.代数方程(6-51)称为微分方程(6-50)的**特征方程**,其根称为**特征根**.根据方程(6-51)的根的不同情况,方程(6-50)的通解有如下三种情形:

(1) 特征方程有两个相异实根 $r_1\neq r_2$.

这时 $y_1=\mathrm{e}^{r_1x}$, $y_2=\mathrm{e}^{r_2x}$ 是方程(6-50)的两个线性无关解,从而方程(6-50)的通解为

$$y=C_1\mathrm{e}^{r_1x}+C_2\mathrm{e}^{r_2x}.$$

(2) 特征方程有两个相等的实根 $r_1=r_2$.

这时由特征根只能得到一个特解 $y_1=\mathrm{e}^{r_1x}$,还需要求出另一个与 y_1 线性无关的解 y_2,使 $\dfrac{y_2}{y_1}=u(x)\neq C$.设 $y_2=u(x)\mathrm{e}^{r_1x}$, $u(x)$ 为待定函数,把 y_2 代入方程(6-50)得

$$u''+(2r_1+p)u'+(r_1^2+pr_1+q)u=0.$$

由于 r_1 是特征根且是二重根,有 $2r_1+p=0$ 及 $r_1^2+pr_1+q=0$,得

$$u''(x)=0.$$

积分得

$$u(x)=C_1x+C_2.$$

我们只需要与 y_1 线性无关的某个特解 y_2,因此取 $C_1=1$, $C_2=0$,则

$$y=x\mathrm{e}^{r_1x}$$

是方程(6-50)的一个与 y_1 线性无关的特解.从而方程(6-50)的通解为

$$y=(C_1+C_2x)\mathrm{e}^{r_1x}.$$

(3) 特征方程有一对共轭复根 $r_{1,2}=\alpha\pm\mathrm{i}\beta(\beta\neq0)$.

此时方程(6-50)的两个复值函数形式的线性无关解

$$\overline{y}_1=\mathrm{e}^{(\alpha+\mathrm{i}\beta)x},\quad \overline{y}_2=\mathrm{e}^{(\alpha-\mathrm{i}\beta)x}.$$

我们希望能得到实值函数形式的解.

欧拉在1748年出版的《无穷小分析引论》一书中借助于复变量统一了指数函数与三角

函数,给出了联系复指数与实变量的正弦和余弦的欧拉公式[①]

$$e^{i\theta}=\cos\theta+i\sin\theta \quad (\theta \text{ 是实变量}). \tag{6-52}$$

由欧拉公式可得

$$\overline{y}_1=e^{\alpha x+i\beta x}=e^{\alpha x}e^{i\beta x}=e^{\alpha x}(\cos\beta x+i\sin\beta x),$$

$$\overline{y}_2=e^{\alpha x-i\beta x}=e^{\alpha x}e^{-i\beta x}=e^{\alpha x}(\cos\beta x-i\sin\beta x).$$

由齐次微分方程叠加原理,

$$y_1=e^{\alpha x}\cos\beta x=\frac{1}{2}(\overline{y}_1+\overline{y}_2),y_2=e^{\alpha x}\sin\beta x=\frac{-i}{2}(\overline{y}_1-\overline{y}_2)$$

是方程(6-50)的解.显然,y_1,y_2 是实函数且线性无关,因此,方程(6-50)的通解为

$$y=e^{\alpha x}(C_1\cos\beta x+C_2\sin\beta x).$$

例 2 解下列各题.

(1) 求初值问题

$$y''+2y'-3y=0,y(0)=0,y'(0)=1$$

的解;

(2) 设函数 $y(x)$ 满足

$$y''+4y'+4y=0,y(0)=2,y'(0)=-4,$$

求积分 $\int_0^{+\infty}y(x)\mathrm{d}x$;

(3) 设 $y=e^{-x}(C_1\cos 2x+C_2\sin 2x)$($C_1,C_2$ 是任意常数)是某个二阶常系数齐次微分方程的通解,写出该方程.

解 (1) 特征方程为

$$r^2+2r-3=(r-1)(r+3)=0,$$

特征根 $r_1=-3,r_2=1$.方程的通解为

$$y=C_1e^{x}+C_2e^{-3x}.$$

---

① 欧拉公式的推导如下(也可见 11.4.3).

考虑如图 6-6 所示单位圆周上的点表示的复数 z.把 z 写成极坐标形式,有

$$z=f(\theta)=\cos\theta+i\sin\theta.$$

对上式求导得

$$f'(\theta)=-\sin\theta+i\cos\theta=i\cos\theta+i^2\sin\theta$$
$$=i(\cos\theta+i\sin\theta),$$

即 $f'(\theta)=if(\theta)$,又有 $f(0)=1$,解此方程得

$$f(\theta)=e^{i\theta},$$

从而

$$e^{i\theta}=\cos\theta+i\sin\theta.$$

利用此式还可得到 z 的指数表示形式 $z=re^{i\theta}$,其中 $r=|z|$.

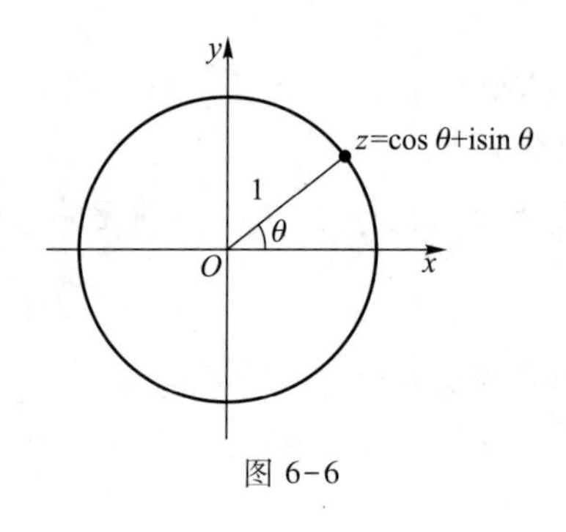

图 6-6

由欧拉公式可得

$$e^{i\pi}+1=0.$$

想想看,0,1,e,π,i 是数学里不同时期、不同方式产生的似乎没有什么联系的五个常数,欧拉公式使它们和谐地联系在一个等式中.这个公式因此被公认为体现数学和谐、统一美的公式.

利用初值条件，

$$\begin{cases} y(0)=C_1+C_2=0, \\ y'(0)=C_1-3C_2=1, \end{cases}$$

解得 $C_1=\frac{1}{4}, C_2=-\frac{1}{4}$，因此，所求的特解为

$$y=\frac{1}{4}(e^x-e^{-3x}).$$

（2）先求出 $y(x)$. 特征方程 $r^2+4r+4=(r+2)^2=0$. 特征根 $r_1=r_2=-2$，通解为

$$y=(C_1+C_2x)e^{-2x}.$$

由条件 $y(0)=2, y'(0)=-4$ 得 $C_1=2, C_2=0$，因此微分方程特解 $y(x)=2e^{-2x}$，

$$\int_0^{+\infty} y(x)\,dx=\int_0^{+\infty} 2e^{-2x}\,dx=1.$$

（3）由通解形式可见，方程的两个特征根是 $r_{1,2}=-1\pm 2i$，特征方程 $r^2-(r_1+r_2)r+r_1r_2=r^2+2r+5=0$，因此，所求微分方程是 $y''+2y'+5y=0$.

在第 12 章中我们将把上述方法推广到更高阶方程，在此仅举一例说明.

例 3 求解微分方程 $y^{(4)}+4y''=0$.

解 特征方程

$$r^4+4r^2=r^2(r^2+4)=0,$$

特征根

$$r_1=r_2=0,\quad r_{3,4}=\pm 2i,$$

所求通解为

$$y=C_1+C_2x+C_3\cos 2x+C_4\sin 2x.$$

6.4.4 二阶常系数线性非齐次微分方程的解法

方程(6-42)中 p,q 为常数时，即得二阶常系数线性非齐次微分方程

$$y''+py'+qy=f(x). \tag{6-53}$$

根据二阶线性非齐次微分方程通解的结构定理 3 及 6.4.3 段的讨论，求方程(6-53)的通解，关键是求其一个特解. 下面针对两种比较常用的函数类型 $f(x)$，给出用待定系数法求方程(6-53)的一个特解的方法.

Ⅰ. $f(x)=P_n(x)e^{\lambda x}$，其中 $P_n(x)=a_0+a_1x+\cdots+a_nx^n$ 是 n 次多项式.

多项式函数与指数函数之积，求导数后还是同类型的函数. 探求方程(6-53)的形如

$$y^*=Q(x)e^{\lambda x}\quad (Q(x)\text{是一多项式})$$

的特解，其中的 λ 与 $f(x)=P_n(x)e^{\lambda x}$ 中的 λ 相同. 把 y^* 代入方程(6-53)整理得

$$Q''+(2\lambda+p)Q'+(\lambda^2+p\lambda+q)Q=P_n(x). \tag{6-54}$$

方程(6-54)的右边是一 n 次多项式，左边也必须是一个 n 次多项式. 根据 λ 是否对应齐次方程的特征根及根的分布情况讨论如下

（i）$\lambda^2+p\lambda+q\neq 0$，即 λ 不是对应齐次微分方程的特征根.

这时,可设 $Q=Q_n(x)=b_0+b_1x+\cdots+b_nx^n$,即 $Q_n(x)$ 与 $P_n(x)$ 是同次多项式,代入方程(6-54)比较系数,确定出 $b_0,b_1,\cdots,b_n$,即得特解

$$y^*=Q_n(x)e^{\lambda x}.$$

(ii) $\lambda^2+p\lambda+q=0,2\lambda+p\neq0$,即 λ 是特征单根.

这时,可设 $Q=xQ_n(x)$,代入式(6-54)同样得特解

$$y^*=xQ_n(x)e^{\lambda x}.$$

(iii) $\lambda^2+p\lambda+q=0,2\lambda+p=0$,即 λ 是特征重根.

这时,特解具有形式

$$y^*=x^2Q_n(x)e^{\lambda x}.$$

总之,对这种非齐次项,可用待定系数法求得一个如下形式的特解

$$y^*=x^kQ_n(x)e^{\lambda x},\quad k=\begin{cases}0,\lambda\text{ 不是特征根},\\1,\lambda\text{ 是特征单根},\\2,\lambda\text{ 是特征重根}.\end{cases}$$

微课
6.4 节例 4

例 4　求下列微分方程的通解:

(1) $y''-2y'-3y=x+1$;　　(2) $y''-2y'-3y=xe^{-x}$.

解　(1) 对应齐次方程 $y''-2y'-3y=0$ 的特征方程为

$$r^2-2r-3=(r-3)(r+1)=0.$$

解得特征根为

$$r_1=-1,\quad r_2=3,$$

齐次方程的通解为

$$y(x)=C_1e^{-x}+C_2e^{3x}.$$

$f(x)=(x+1)e^{0x}$,$\lambda=0$ 不是齐次方程的特征根,因此,可设非齐次方程有特解 $y^*=b_0+b_1x$,代入原方程得

$$-3b_1x-2b_1-3b_0=x+1,$$

比较系数得

$$\begin{cases}-3b_1=1,\\-2b_1-3b_0=1,\end{cases}\quad\text{解得}\quad\begin{cases}b_1=-\dfrac{1}{3},\\b_0=-\dfrac{1}{9}.\end{cases}$$

因此所求非齐次方程的通解为

$$y=C_1e^{-x}+C_2e^{3x}-\frac{x}{3}-\frac{1}{9}.$$

(2) $f(x)=xe^{-x}$ 中,$\lambda=-1$ 是齐次方程的特征单根.因此,可设

$$y^*=x(b_0+b_1x)e^{-x},$$

代入原方程得

$$-8b_1x+2b_1-4b_0=x.$$

比较系数得

$$\begin{cases}-8b_1=1,\\ 2b_1-4b_0=0,\end{cases}\quad 解得\quad \begin{cases}b_1=-\dfrac{1}{8},\\ b_0=-\dfrac{1}{16}.\end{cases}$$

所求通解为

$$y=C_1\mathrm{e}^{-x}+C_2\mathrm{e}^{3x}-\frac{1}{16}(x+2x^2)\mathrm{e}^{-x}.$$

Ⅱ.

$$f(x)=\begin{cases}P_n(x)\mathrm{e}^{\lambda x}\cos\omega x, & (\text{Ⅱ}')\\ P_n(x)\mathrm{e}^{\lambda x}\sin\omega x. & (\text{Ⅱ}'')\end{cases}$$

考察方程

$$y''+py'+qy=P_n(x)\mathrm{e}^{(\lambda+\mathrm{i}\omega)x},\tag{6-55}$$

即

$$y''+py'+qy=P_n(x)\mathrm{e}^{\lambda x}\cos\omega x+\mathrm{i}P_n(x)\mathrm{e}^{\lambda x}\sin\omega x.\tag{6-56}$$

若方程(6-55)的特解为

$$\bar{y}^*=Q(x)\mathrm{e}^{(\lambda+\mathrm{i}\omega)x}=R(x)+\mathrm{i}I(x),$$

其中 $Q(x)$ 是一个复系数多项式，$R(x)$，$I(x)$ 分别是 $\bar{y}^*$ 的实部与虚部，这里 $\lambda+\mathrm{i}\omega$ 中的 λ,ω 与Ⅱ′，Ⅱ″中的 λ,ω 相同，则把 $\bar{y}^*$ 代入式(6-56)得

$$\begin{aligned}&(R''(x)+pR'(x)+qR(x))+\mathrm{i}(I''(x)+pI'(x)+qI(x))\\ =&P_n(x)\mathrm{e}^{\lambda x}\cos\omega x+\mathrm{i}P_n(x)\mathrm{e}^{\lambda x}\sin\omega x.\end{aligned}$$

即 $\bar{y}^*$ 的实部 $R(x)$ 是右边项为Ⅱ′型方程的解，虚部 $I(x)$ 是右边项为Ⅱ″型方程的解.与Ⅰ型函数分析类似，可设方程(6-55)的特解为

$$\bar{y}^*=x^kQ_n(x)\mathrm{e}^{(\lambda+\mathrm{i}\omega)x},\quad k=\begin{cases}0,\lambda+\mathrm{i}\omega\ 不是特征根,\\ 1,\lambda+\mathrm{i}\omega\ 是特征根.\end{cases}\tag{6-57}$$

把 $\bar{y}^*$ 代入式(6-55)比较系数可确定 $Q_n(x)$，取 $\bar{y}^*$ 的实部和虚部即得Ⅱ型右边项 $f(x)$ 的非齐次方程的特解.

另外，我们还可以作如下的进一步分析.设 $Q_n(x)=R_n(x)+\mathrm{i}I_n(x)$，其中 $R_n(x)$，$I_n(x)$ 都是实系数多项式，则式(6-57)可写为

$$\begin{aligned}\bar{y}^*&=x^k(R_n(x)+\mathrm{i}I_n(x))\mathrm{e}^{\lambda x}(\cos\omega x+\mathrm{i}\sin\omega x)\\ &=x^k\mathrm{e}^{\lambda x}[R_n(x)\cos\omega x-I_n(x)\sin\omega x]+\mathrm{i}x^k\mathrm{e}^{\lambda x}[R_n(x)\sin\omega x+I_n(x)\cos\omega x].\end{aligned}\tag{6-58}$$

根据导数的性质，式(6-58)中 $\bar{y}^*$ 的实部与虚部分别是Ⅱ′和Ⅱ″型非齐次项的实函数型待定解，式(6-58)中实部与虚部是同类型的函数，即指数函数、多项式、正弦函数、余弦函数的积与和.一般地，这类函数求导数代入式(6-55)左边时得到形如

$$f(x)=\mathrm{e}^{\lambda x}(P_m(x)\cos\omega x+P_l(x)\sin\omega x)\tag{Ⅱ‴}$$

的函数，其中 $P_m(x)$，$P_l(x)$ 分别是 m 次多项式和 l 次多项式.因此一般地，对Ⅱ‴型的非齐次项(Ⅰ′，Ⅱ″是其特例)，为了避免复数运算，可直接设待定特解为

$$y^*(x)=x^k\mathrm{e}^{\lambda x}[R_n^{(1)}(x)\cos\omega x+R_n^{(2)}(x)\sin\omega x],\tag{6-59}$$

其中 $n=\max\{m,l\}$，$R_n^{(1)}(x)$，$R_n^{(2)}(x)$ 是 n 次实系数待定多项式，

$$k=\begin{cases}0,\lambda+\mathrm{i}\omega \text{ 不是特征根},\\1,\lambda+\mathrm{i}\omega \text{ 是特征根},\end{cases}\lambda,\omega \text{ 与 Ⅱ‴中的 } \lambda,\omega \text{ 相同}.$$

例 5 求下列微分方程的一个特解：

(1) $y''+y=4x\sin x$； (2) $y''+y=xe^{x}\cos x$.

解 (1)和(2)对应的齐次方程都是 $y''+y=0$，特征方程 $r^2+1=0$，特征根 $r=\pm\mathrm{i}$.

(1) $f(x)=4x\sin x$，$\lambda+\mathrm{i}\omega=0+\mathrm{i}=\mathrm{i}$ 是特征根.

解法一 可设实值函数形式的特解为

$$y^*=x[(a_0+a_1x)\cos x+(b_0+b_1x)\sin x],$$

代入方程化简得

$$(2b_0+2a_1+4b_1x)\cos x+(2b_1-2a_0-4a_1x)\sin x=4x\sin x.$$

先比较 $\cos x,\sin x$ 的系数，再比较多项式的系数得

$$\begin{cases}2b_0+2a_1=0,\\4b_1=0\end{cases} \quad \text{和} \quad \begin{cases}2b_1-2a_0=0,\\-4a_1=4.\end{cases}$$

解得 $b_1=0,a_0=0,a_1=-1,b_0=1$，从而特解为

$$y^*=x\sin x-x^2\cos x.$$

解法二 所求特解是方程

$$y''+y=4xe^{\mathrm{i}x} \tag{6-60}$$

解的虚部，$\lambda+\mathrm{i}\omega=\mathrm{i}$ 是特征根，可设方程(6-60)的特解为

$$\overline{y}^*=x(b_0+b_1x)e^{\mathrm{i}x},$$

代入方程(6-60)化简得

$$[(2b_1+2b_0\mathrm{i})+4b_1\mathrm{i}x]e^{\mathrm{i}x}=4xe^{\mathrm{i}x},$$

比较系数得

$$\begin{cases}2b_1+2b_0\mathrm{i}=0,\\4b_1\mathrm{i}=4,\end{cases} \quad \text{解得} \quad \begin{cases}b_0=1,\\b_1=-\mathrm{i}.\end{cases}$$

从而方程(6-60)复值函数形式的解为

$$\overline{y}^*=(x-\mathrm{i}x^2)e^{\mathrm{i}x}=x\cos x+x^2\sin x+\mathrm{i}(x\sin x-x^2\cos x).$$

$\overline{y}^*$ 的虚部 $y^*=x\sin x-x^2\cos x$ 即为原方程实值函数的特解.

(2) $f(x)=xe^{x}\cos x$，$\lambda+\mathrm{i}\omega=1+\mathrm{i}$ 不是特征根.可设实值函数形式的特解为

$$y^*=(a_0+a_1x)e^{x}\cos x+(b_0+b_1x)e^{x}\sin x.$$

代入原方程比较系数(从略)，或者考虑方程

$$y''+y'=xe^{(1+\mathrm{i})x}. \tag{6-61}$$

设方程(6-61)的特解为 $\overline{y}^*=(a_0+a_1x)e^{(1+\mathrm{i})x}$，代入式(6-61)比较系数可得

$$\overline{y}^*=\left[\left(\frac{1}{5}x-\frac{2}{25}\right)-\mathrm{i}\left(\frac{2}{5}x-\frac{14}{25}\right)\right]e^{x}(\cos x+\mathrm{i}\sin x).$$

取实部即得原方程特解为

$$y^*=e^{x}\left[\left(\frac{1}{5}x-\frac{2}{25}\right)\cos x+\left(\frac{2}{5}x-\frac{14}{25}\right)\sin x\right].$$

从例 5 的解题过程可见，当把方程转化为方程(6-55)(称为方程(6-53)的复化)，通过设形如(6-57)中复值函数形式的解，再取实部(Ⅱ′型)或虚部(Ⅱ″型)求特解时，待定系数较形如(6-59)中实值函数解的待定系数少一半.

前面针对两种常见形式的非齐次项用待定系数法可求得其特解.对一般的非齐次项 $f(x)$，由于对应的常系数齐次微分方程总可以求得两个线性无关解，因此可用 *6.4.2 的常数变易法求得非齐次微分方程的通解.我们举例加以说明.

例 6 设 $f(x)=\sin x-\int_0^x (x-t)f(t)\,\mathrm{d}t$，其中 f 为连续函数，求 $f(x)$.

分析 关系式两边对 x 求导数后化为二阶常系数非齐次线性微分方程，注意初值条件的确定.

解 由 $f(x)=\sin x-x\int_0^x f(t)\,\mathrm{d}t+\int_0^x tf(t)\,\mathrm{d}t$ 的两边对 x 求导得

$$f'(x)=\cos x-\int_0^x f(t)\,\mathrm{d}t.$$

两边再对 x 求导得

$$f''(x)=-\sin x-f(x)\text{，即}\quad f''(x)+f(x)=-\sin x,$$

这是二阶常系数非齐次线性微分方程，初值条件

$$y\big|_{x=0}=f(0)=0,y'\big|_{x=0}=f'(0)=1,$$

对应齐次方程通解为 $Y=C_1\sin x+C_2\cos x$，非齐次方程的特解可设为

$$y'=x(a\sin x+b\cos x).$$

用待定系数法求得：$a=0,b=\frac{1}{2}$；于是 $y'=\frac{x}{2}\cos x$，非齐次方程的通解为

$$y=Y+y'=C_1\sin x+C_2\cos x+\frac{x}{2}\cos x.$$

由初值条件定出 $C_1=\frac{1}{2},C_2=0$ 从而

$$f(x)=\frac{1}{2}\sin x+\frac{x}{2}\cos x.$$

习题 6.4

A

1. 设方程 $y''-4xy'+(4x^2-2)y=0$ 有两个特解 $y_1=\mathrm{e}^{x^2}$，$y_2=x\mathrm{e}^{x^2}$，求这个方程满足条件 $y(0)=0,y'(0)=2$ 的特解.

2. 已知函数 x 和 x^2 是某二阶线性非齐次微分方程对应的齐次方程的两个特解，而这个非齐次线性微分方程本身有一个特解 $y=\mathrm{e}^x$，求此二阶线性非齐次微分方程的通解，并写出这个微分方程.

3. 解下列微分方程：

(1) $y''-4y'-5y=0$；

(2) $y''-3y'+2y=0,y(0)=1,y'(0)=1$；

(3) $y''-4y'+4y=0$；

(4) $y''+4y=0,y(0)=0,y'(0)=2$；

(5) $y^{(4)}-2y'''+y''=0$.

4. 解下列微分方程：

(1) $y''+8y'=8x$；

(2) $y''-2y'-3y=e^x$；

(3) $y''+4y=\sin x, y(0)=1, y'(0)=1$；

(4) $y''+4y=\cos 2x$.

*5. 用常数变易法解微分方程

$$y''+y=\sec x.$$

已知对应的齐次方程 $y''+y=0$ 有通解

$$Y(x)=C_1\cos x+C_2\sin x.$$

6. 设函数 $f(x), g(x)$ 满足 $f'(x)=g(x), g'(x)=2e^x-f(x)$，且 $f(0)=0, g(0)=2$，求 $f(x)$ 及积分 $\int_0^{\pi}\left[\frac{g(x)}{1+x}-\frac{f(x)}{(1+x)^2}\right]dx$.

B

1. 设 $y_1=x^2, y_2=x+x^2, y_3=e^x+x^2$ 是微分方程 $(x-1)y''-xy'+y=-x^2+2x-2$ 的解，求这个方程的通解.

2. 设二阶常系数线性微分方程 $y''+\alpha y'+\beta y=\gamma e^x$ 有一个特解为 $y=e^{2x}+(1+x)e^x$，确定常数 α,β,γ，并写出该方程的通解.

3. 解下列微分方程：

(1) $y''+y'-2y=0$；

(2) $y''-4y'=0, y(0)=1, y'(0)=-\frac{4}{3}$；

(3) $y''+6y'+9y=0$；

(4) $y''+4y'+5y=0$.

4. 解下列微分方程：

(1) $y''+5y'+4y=3-2x$；

(2) $y''+3y'+2y=e^{-x}\sin x$；

(3) $y''+3y'+2y=e^{-x}+\sin x$；

(4) $y''+y=\cos x\sin x, y(0)=y'(0)=1$.

5. 设函数 $\varphi(x)$ 连续且满足

$$\varphi(x)=e^x+\int_0^x t\varphi(t)dt-x\int_0^x\varphi(t)dt,$$

求 $\varphi(x)$.

6. 设 a, b 和 c 是正常数且 $y(x)$ 是微分方程 $ay''+by'+cy=0$ 的一个解，证明 $\lim\limits_{x\to+\infty}y(x)=0$.

7. 一个单位质量的质点在数轴上运动，开始时质点在原点 O 处且速度为 v_0，在运动过程中，它受到一个力的作用，这个力的大小与质点到原点的距离成正比（比例系数 $k_1>0$），而方向与初速度一致，介质的阻力与速度成正比（比例系数 $k_2>0$）.求质点的运动规律 $s(t)$.

8. 设函数 $y=y(x)$ 在 $(-\infty,+\infty)$ 内具有二阶导数，且 $y'\neq0$，$x=x(y)$ 是 $y=y(x)$ 的反函数.试将 $x=x(y)$ 所满足的微分方程 $\frac{d^2x}{dy^2}+(y+\sin x)\left(\frac{dx}{dy}\right)^3=0$ 变换为 $y=y(x)$ 满足的微分方程，并求变换后的微分方程满足 $y(0)=0, y'(0)=\frac{3}{2}$ 的解.

*9. 用常数变易法解微分方程 $y''-3y'+2y=\frac{1}{1+e^{-x}}$.

6.5 微分方程的应用举例

6.5 预习检测

在本章前几节的讨论中我们看到,在物理、生物、社会、几何等学科领域中,有许多问题的数学模型是微分方程模型.一般情况下,对一个实际问题,根据问题所涉及的数学、力学、物理、化学等学科中的定律或实验结果,如牛顿运动定律、牛顿冷却定律、物质放射性的规律,曲线的切线、法线、凸性等,利用局部以常代变的微元法思想或导数的意义可建立微分或导数的方程.在本节中再举几个例子进一步说明微分方程在实际问题中的应用.

#**例 1(探照灯反射镜面的形状)** 探照灯的内表面可看成一条平面曲线绕平面内一条直线旋转一周所成的旋转曲面.设计时要求从旋转轴上某一点光源发出的光线在镜面反射后沿与旋转轴平行的直线方向反射出去,求该曲线的形状.

解 建立坐标系,将坐标原点取在点光源处,x 轴的正向取为反射光的方向(即 x 轴为旋转轴,图 6-7),并设所求曲线为 $y=f(x)$.

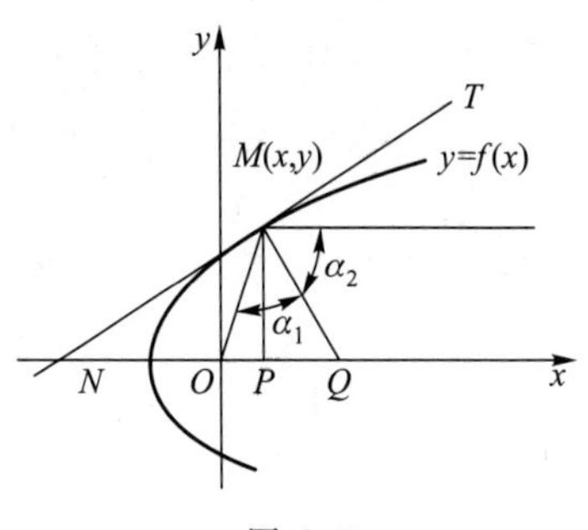

图 6-7

设 $M(x,y)$ 为所求曲线上任一点,MT,MQ 分别为曲线在 M 处的切线与法线,则根据光学原理,入射角 α_1 等于反射角 α_2.由此可推出,为使反射光线平行于 x 轴反射出去,必须有 $OM=ON$.由图 6-7 可看出,$\frac{\mathrm{d}y}{\mathrm{d}x}=\frac{MP}{NP}$,$MP=y$,$NP=ON+OP=OM+OP=\sqrt{x^2+y^2}+x$,从而得 y 所满足的微分方程

$$\frac{\mathrm{d}y}{\mathrm{d}x}=\frac{y}{x+\sqrt{x^2+y^2}}. \tag{6-62}$$

方程(6-62)可等价地改写为

$$\frac{\mathrm{d}x}{\mathrm{d}y}=\frac{x+\sqrt{x^2+y^2}}{y},$$

也即

$$\frac{\mathrm{d}x}{\mathrm{d}y}=\frac{x}{y}+\sqrt{1+\left(\frac{x}{y}\right)^2}, \tag{6-63}$$

方程(6-63)是以 $x=x(y)$ 为未知函数的齐次方程,令 $\frac{x}{y}=u$,可得

$$\frac{\mathrm{d}u}{\sqrt{1+u^2}}=\frac{\mathrm{d}y}{y}.$$

两边积分得

$$\ln(u+\sqrt{1+u^2})=\ln|y|+\ln|C_1|,$$

即

$$u+\sqrt{1+u^2}=C_2y\quad(C_2=\pm C_1),$$

代回到原来变量整理得 $1=C_2^2y^2-2C_2x$，令 $\frac{1}{C_2}=C$，得

$$y^2=2C\left(x+\frac{C}{2}\right).$$

这是以 x 轴为对称轴的抛物线.

如果凹镜面的底面直径为 d，从顶点到底面的距离是 h，则以 $x+\frac{C}{2}=h, y=\frac{d}{2}$ 代入曲线方程可得 $C=\frac{d^2}{8h}$，此时抛物线方程为

$$y^2=\frac{d^2}{4h}\left(x+\frac{d^2}{16h}\right). \tag{6-64}$$

例 2（减肥问题） 减肥的问题实际上是减少体重的问题.假定某人每天的饮食可产生 A J 热量，用于基本新陈代谢每天所消耗的热量为 B J，用于锻炼所消耗的热量为 C J/(d·kg)(d 为天).为简单起见，假定增加（或减少）体重所需热量全部由脂肪提供，脂肪的含热量为 D J/kg.求此人的体重随时间的变化规律.

解 (1) 建立微分方程.设 t 时刻的体重为 $w(t)$，根据热的平衡原理，在 $\mathrm{d}t$ 时间内，

人体热的改变量=吸收的热量-消耗的热量，

用微元法思想，即

$$D\mathrm{d}w=[A-B-Cw(t)]\mathrm{d}t, \tag{6-65}$$

记 $a=\frac{A-B}{D}, b=\frac{C}{D}$，设开始减肥时刻为 $t=0$，体重为 w_0，可得初值问题

$$\begin{cases}\frac{\mathrm{d}w}{\mathrm{d}t}=a-bw(t),\\ w(0)=w_0.\end{cases} \tag{6-66}$$

(2) 解微分方程.方程(6-66)是一个可分离变量的微分方程，可求得通解为

$$w(t)=\mathrm{e}^{-bt}\left(C_1+\frac{a}{b}\mathrm{e}^{bt}\right),$$

C_1 是任意常数.由初值条件可得特解为

$$w(t)=\frac{a}{b}+\left(w_0-\frac{a}{b}\right)\mathrm{e}^{-bt}=\frac{A-B}{C}+\left(w_0-\frac{A-B}{C}\right)\mathrm{e}^{-\frac{C}{D}t}. \tag{6-67}$$

(3) 结果讨论.根据式(6-67)，可得如下结论：

① $\lim\limits_{t\to+\infty}w(t)=\frac{A-B}{C}$.因此，在既定生活方式下，体重趋于常数 $\frac{A-B}{C}$.只要节制饮食（改变 A）、调节新陈代谢（改变 B）、加强体育锻炼（改变 C），可使体重达到所希望的值.

② $A=B, w=w_0\mathrm{e}^{-\frac{C}{D}t}\to0\ (t\to+\infty)$.这就是说，如果吃得太少，摄取热量仅够维持基础新陈代谢，则时间长了，对健康有害，甚至有生命危险.

③ $C=0$，则方程变为 $\frac{\mathrm{d}w}{\mathrm{d}t}=a$，解为 $w=at+w_0$，$\lim\limits_{t\to+\infty}w(t)=+\infty$.这表明，只吃饭，不锻炼，身体

会越来越胖,对健康也不利.

还可进一步讨论限时减肥或增肥的问题,即对 $a=\dfrac{A-B}{D}$, $b=\dfrac{C}{D}$设计出最佳组合,使在规定限期 $t=T$ 时达到理想体重 $\overline{w}$,即 $\overline{w}=\dfrac{a}{b}+\left(w_0-\dfrac{a}{b}\right)\mathrm{e}^{-bT}$,请读者思考之.

例 3(人口问题) 6.1 节例 4 给出了马尔萨斯人口问题的数学模型

$$\begin{cases}\dfrac{\mathrm{d}N}{\mathrm{d}t}=rN,\\ N(t_0)=N_0.\end{cases} \tag{6-68}$$

式(6-68)是可分离变量的微分方程,解为 $N(t)=N_0\mathrm{e}^{r(t-t_0)}$.

在实际应用中,一般以年为间隔考察人口变化情况,即取 $t-t_0=0,1,2,\cdots,n,\cdots$.这样得到 t_0 年后各年人口的总数为 $N_0\mathrm{e}^r, N_0\mathrm{e}^{2r},\cdots,N_0\mathrm{e}^{nr},\cdots$这个数列是以 e^r 为公比的等比数列.因此马尔萨斯提出“人口以几何级数增长”的论断.用马尔萨斯模型估计我国人口变化情况见表 6-1 第二列.此处取 1982 年人口普查时的人口总数为初始值 $N_0=10.154\,1$ 亿.自然增长率 $r=1.4\%$, $t_0=1\,982$,

$$N(t)=10.154\,1\mathrm{e}^{0.014(t-1\,982)}.$$

表 6-1　我国人口预测

年份	马尔萨斯模型预测值/亿	逻辑斯谛模型预测值/亿	实际统计值/亿
1982	10.154 1	10.154 1	10.154 1
1985	10.297 2	10.256 4	10.585 1
1988	11.043 9	10.777 5	11.102 6
1991	11.517 6	11.097 3	11.582 3
1994	12.011 7	11.422 3	11.985 0
1995	12.181 0	11.531 7	12.112 1
1996	12.352 7	11.641 7	12.238 9
2000	13.064 2	12.087 1	12.674 3
2010	15.027 4	13.235 7	13.409 1
2020	17.285 6	14.427 6	14.117 8
2030	19.883 2	15.652 9	
2040	22.871 1	16.900 9	
2050	26.308 1	18.159 5	

注 数据摘自国家统计局网站.

从表 6-1 可以看出,在 1983 年—2000 年这 18 年内用马尔萨斯模型预测人口误差不超过 2%.但人口总数不会趋于无穷,预测时段越长,误差越大,因此对模型(6-68)应该进行修改.在现实情况下,随着人口的增加,环境、资源等因素对人口增长起制约作用.1838 年荷兰生物学家韦吕勒(Verhulst)考虑“密度制约”因素,引入环境容量 K,不把相对增长率$\dfrac{1}{N}\dfrac{\mathrm{d}N}{\mathrm{d}t}$看

成常数 r,而是 r 乘以一个"密度制约"因子.这个因子随 $N(t)$ 的增大而减小,设其为 $1-\frac{N(t)}{K}$,于是将式(6-68)修改为模型

$$\frac{\mathrm{d}N}{\mathrm{d}t}=r\left(1-\frac{N(t)}{K}\right)N(t), \tag{6-69}$$

即相对增长率 $r\left(1-\frac{N}{K}\right)$ 随 N 的增长而减少,式(6-69)称为逻辑斯谛(logistic)模型.方程(6-69)也是可分离变量的微分方程,解为

$$N(t)=\frac{K}{1+\left(\frac{K}{N_0}-1\right)\mathrm{e}^{-r(t-t_0)}}, \tag{6-70}$$

从解(6-70)可得出如下结论:当 $t\to+\infty$ 时 $N\to K$,即人口数量趋向环境容量 K;当 $0<N<K$ 时 $\frac{\mathrm{d}N}{\mathrm{d}t}>0$, $\frac{\mathrm{d}^2N}{\mathrm{d}t^2}=r^2\left(1-\frac{N}{K}\right)\left(1-\frac{2N}{K}\right)N$,当 $N<\frac{K}{2}$ 时,$\frac{\mathrm{d}^2N}{\mathrm{d}t^2}>0$,当 $N>\frac{K}{2}$ 时,$\frac{\mathrm{d}^2N}{\mathrm{d}t^2}<0$,即在人口总数达到极限值一半之前是加速增长阶段,这一点过后是减速增长期.逻辑斯谛模型的预测情况见表 6-1 的第三列(此处取 $K=36$ 亿).

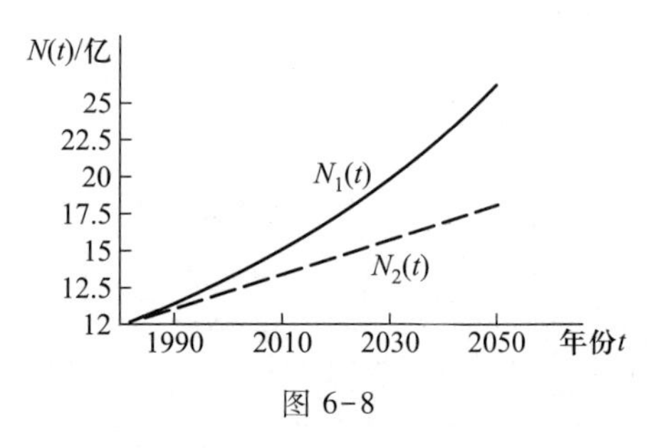

图 6-8

函数 $N_1(t)=10.154\,1\mathrm{e}^{0.014(t-1\,982)}$ 与 $N_2(t)=\frac{36}{1+\left(\frac{36}{10.154\,1}-1\right)\mathrm{e}^{-0.014(t-1\,982)}}$ 的图形见图 6-8.

人口问题是一个十分复杂的政治、经济、社会问题.人们可通过实行计划生育政策减少增长率,可通过科技、改造自然等手段增大环境容量 K.前述模型还需要进一步改进、完善,请读者参阅有关专著.

从表 6-1 可看出,在较短的时间段内马尔萨斯模型比较符合事实,但时间延续越长,误差越大,用逻辑斯谛模型更符合实际.

#例 4(机械振动问题) 物体在平衡位置附近往复地做周期性运动叫做机械振动.考察图 6-9 的弹簧振子的振动.将弹簧的左端固定,右端系质量为 m 的物体.

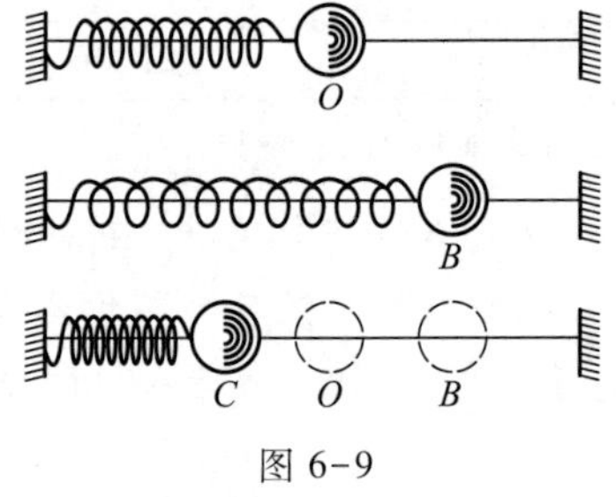

图 6-9

(1) 简谐振动.假设物体放在摩擦力可忽略不计的光滑水平面上.取物体的平衡位置为坐标原点,向右的方向为 x 轴方向.把物体移开原点一段距离 x_0 后放开.设在时刻 t 时物体在距坐标原点 $x(t)$ 处.此时物体仅受弹力作用,根据胡克定律,在弹性限度内所受弹力 $f=-k_1x$,负号表示弹力方向与位移方向相反.由牛顿第二运动定律得

$$m\frac{\mathrm{d}^2x}{\mathrm{d}t^2}=-k_1x,$$

即得微分方程模型为

$$\begin{cases}\dfrac{\mathrm{d}^2x}{\mathrm{d}t^2}+\omega^2x=0 \quad \left(\omega^2=\dfrac{k_1}{m}\right),\\ x(0)=x_0,x'(0)=0.\end{cases} \tag{6-71}$$

方程(6-71)是二阶常系数线性齐次微分方程,通解为

$$x(t)=C_1\cos\omega t+C_2\sin\omega t,$$

由定解条件得特解为

$$x(t)=x_0\cos\omega t. \tag{6-72}$$

式(6-72)是一个周期为 $T=\dfrac{2\pi}{\omega}$ 的周期函数,$\omega=\sqrt{\dfrac{k_1}{m}}$ 完全由系统常数 m 和 k_1 确定,称为固有频率,x_0 为振幅.式(6-72)的位移时间曲线见图 6-10(a).

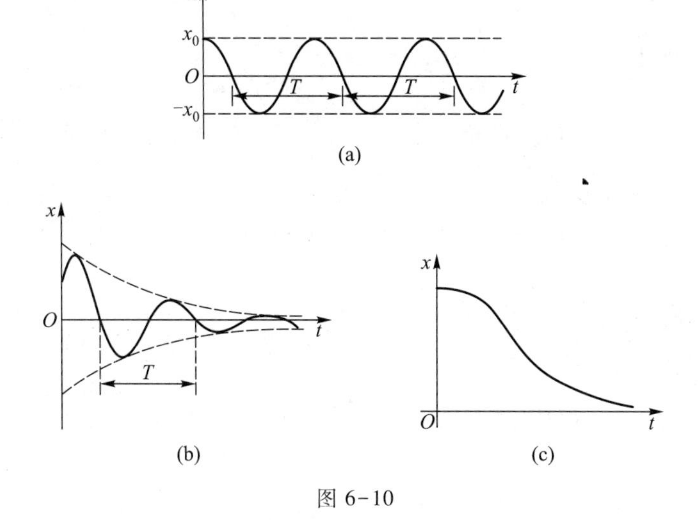

图 6-10

一般当位移是时间的正弦或余弦函数时,该运动称为**简谐振动**.

(2) 有阻尼振动.简谐振动的特点是物体在运动过程中仅受到一个与位移成正比且方向相反的力的作用,振动一直无止境地进行下去.但是,任何实际的振动总要受阻力作用,由于克服阻力做功,振动系统的能量越来越小,以致最后停止振动.这种振幅随时间而减少的振动称为**阻尼振动**.

实验表明,当物体的振动速率不太大时,阻力与物体振动的速率成正比.因而,有阻尼振动物体受力 $f=-k_1x-k_2\dfrac{\mathrm{d}x}{\mathrm{d}t}(k_1>0,k_2>0)$.由牛顿第二运动定律

$$m\frac{\mathrm{d}^2x}{\mathrm{d}t^2}=-k_1x-k_2\frac{\mathrm{d}x}{\mathrm{d}t},$$

得数学模型

$$\begin{cases}\dfrac{d^2x}{dt^2}+2n\dfrac{dx}{dt}+\omega^2x=0 \quad \left(2n=\dfrac{k_2}{m}>0,\omega^2=\dfrac{k_1}{m}\right),\\ x(0)=x_0,x'(0)=0.\end{cases} \tag{6-73}$$

式(6-73)是二阶常系数线性齐次微分方程,特征方程

$$r^2+2nr+\omega^2=0,$$

特征根

$$r_{1,2}=-n\pm\sqrt{n^2-\omega^2}.$$

① 小阻尼情形:$n<\omega,r_{1,2}=-n\pm ik \quad (k=\sqrt{\omega^2-n^2})$.

通解为

$$x(t)=e^{-nt}(C_1\cos kt+C_2\sin kt),$$

特解为

$$x(t)=e^{-nt}\left(x_0\cos kt+\frac{nx_0}{k}\sin kt\right)=Ae^{-nt}\sin(kt+\varphi), \tag{6-74}$$

其中 $A=\sqrt{x_0^2+\dfrac{n^2x_0^2}{k^2}},\tan\varphi=\dfrac{k}{n}$.

从式(6-74)看出,物体的运动是周期为 $T=\dfrac{2\pi}{k}$ 的衰减振动,与简谐振动不同的是,振幅 $Ae^{-nt}\to 0(t\to+\infty)$.振幅减少的速率由阻尼系数 n 确定.实际上,只要 t 充分大,振动系统就趋于平衡位置.当阻尼充分小时,在短时间内可近似地看成简谐振动.式(6-74)的位移时间曲线见图6-10(b).

② 大阻尼情形:$n>\omega$.

方程(6-73)的通解为

$$x(t)=C_1e^{-(n-\sqrt{n^2-\omega^2})t}+C_2e^{-(n+\sqrt{n^2-\omega^2})t}. \tag{6-75}$$

从式(6-75)看出,这时运动很快趋于平衡位置而停止振动.

③ 临界阻尼:$n=\omega$.

这时方程(6-73)的通解为

$$x(t)=e^{-nt}(C_1+C_2t), \tag{6-76}$$

特解为

$$x(t)=e^{-nt}x_0(1+nt),$$

$$x'(t)=-n^2x_0te^{-nt}<0.$$

$x(t)$ 单调递减趋于0,实际上没有振动,见图6-10(c).

(3) 受迫振动.实际振动系统中,阻尼始终存在,为使振动得以维持,在振动系统之外需要加上一个周期性的外力.系统在周期性外力持续作用下发生的振动称为**受迫振动**.式(6-71)、(6-73)中的振动称为自由振动.例如,机器运转时引起底座的振动,收音机喇叭的振动等都是受迫振动.

设周期性外力为 $H\sin pt$,那么受迫振动中物体受力

$$f=-k_1x-k_2\frac{\mathrm{d}x}{\mathrm{d}t}+H\sin pt.$$

由牛顿第二运动定律得

$$\begin{cases}\dfrac{\mathrm{d}^2x}{\mathrm{d}t^2}+2n\dfrac{\mathrm{d}x}{\mathrm{d}t}+\omega^2x=h\sin pt,\\ x(0)=x_0,x'(0)=0\quad\left(n=\dfrac{k_2}{m},\omega^2=\dfrac{k_1}{m},h=\dfrac{H}{m}\right).\end{cases}\tag{6-77}$$

方程(6-77)是一个二阶常系数线性非齐次方程.为叙述简单起见下面仅讨论方程(6-77)的无阻尼受迫振动.此时方程(6-77)的解为

$$p\neq\omega\ 时,\quad x(t)=x_0\cos\omega t+\frac{h}{\omega^2-p^2}\sin pt,\tag{6-78}$$

$$p=\omega\ 时,\quad x(t)=x_0\cos\omega t+\frac{h}{2p}t\cos pt.\tag{6-79}$$

从式(6-78)看出,$p\neq\omega$ 时振动分解成两部分:第一部分表示自由振动;第二部分由外加干扰引起,随着外加干扰力的角频率 p 接近系统的固有频率 ω,振幅$\dfrac{h}{\omega^2-p^2}$增大.特别当 $p=\omega$ 时,式(6-79)表明外加干扰力引起的振动项$\dfrac{h}{2p}t\cos pt$ 的振幅$\dfrac{h}{2p}t$ 可无限增大,引起共振现象.

共振有时有用,如乐器利用共振来提高音响效果,收音机利用共振来调谐.共振有时是有害的,古典的例子是齐步走的一队士兵过桥时,若步伐接近桥的自然频率,会引起共振使桥梁坍塌,故应该设法避免,如散步走.

#例 5(电路振荡) 考察如图 6-11 所示的只含四个元件的简单电路.四个元件是:电动势为 E 的电源,如电池或发电机,它推动电荷产生电流 I,随电源性质不同,E 是常量或时间 t 的函数;电阻为 R 的电阻器,它引起量值为 RI 的电势降,阻挡电流(欧姆定律);电感为 L 的电感器,它产生量值为 $L\dfrac{\mathrm{d}I}{\mathrm{d}t}$的电势降,阻挡电流的任何变动;电容为 C 的电容器,它能储存电荷 Q,储存的电荷阻挡电荷的进一步流入,由此产生的电势降为$\dfrac{Q}{C}$.电流是电荷的流动率,即电荷在电容器上的储蓄率,$I=\dfrac{\mathrm{d}Q}{\mathrm{d}t}$.

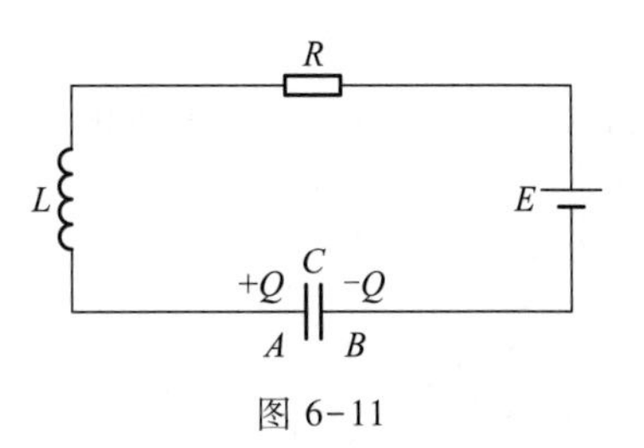

图 6-11

电工学上的基尔霍夫定律:沿闭回路上的电动势的代数和等于 0,即

$$E-RI-L\frac{\mathrm{d}I}{\mathrm{d}t}-\frac{Q}{C}=0.\tag{6-80}$$

对式(6-80)两边关于 t 求导,即得电流 I 的微分方程

$$L\frac{\mathrm{d}^2I}{\mathrm{d}t^2}+R\frac{\mathrm{d}I}{\mathrm{d}t}+\frac{1}{C}I=\frac{\mathrm{d}E}{\mathrm{d}t},$$

或者

$$\frac{\mathrm{d}^2I}{\mathrm{d}t^2}+2\beta\frac{\mathrm{d}I}{\mathrm{d}t}+\omega^2I=f(t)\quad\left(2\beta=\frac{R}{L},\omega^2=\frac{1}{LC},f(t)=\frac{I}{L}\frac{\mathrm{d}E}{\mathrm{d}t}\right).\tag{6-81}$$

若以 $I=\frac{\mathrm{d}Q}{\mathrm{d}t}$ 代入电路方程(6-80)可得用电量 Q 描述的微分方程

$$L\frac{\mathrm{d}^2Q}{\mathrm{d}t^2}+R\frac{\mathrm{d}Q}{\mathrm{d}t}+\frac{1}{C}Q=E,$$

或者

$$\frac{\mathrm{d}^2Q}{\mathrm{d}t^2}+2\beta\frac{\mathrm{d}Q}{\mathrm{d}t}+\omega^2Q=g(t)\quad\left(g(t)=\frac{E}{L}\right).\tag{6-82}$$

当电路中没有电容时,电路方程为

$$L\frac{\mathrm{d}I}{\mathrm{d}t}+RI=E.\tag{6-83}$$

式(6-81)或式(6-82)所描述的电路称为 $R-L-Q$ 电路,式(6-83)所描述的电路称为 $R-L$ 电路,它们分别是二阶线性微分方程与一阶线性微分方程.

显然,从数学的角度看,描述机械振动的方程(6-77)与描述电路振荡的方程(6-81)(设 $E=E_0\sin pt$)是完全相同类型的方程,因而解的性质也完全一样$\left(m\leftrightarrow L,k_2\leftrightarrow R,k_1\leftrightarrow\frac{1}{C},x(t)\leftrightarrow I(t)\right)$.

机械系统与电路系统的这种类比使两种系统的处理完全一致,也使我们可以把一种系统的数学结论立即转用于第二种系统,或者用一个系统模拟另一个系统.

***例 6(速降线问题)** 伯努利在1696年提出了如下问题:给定竖直平面内两点 A,B.确定过 A,B 的曲线 $y=f(x)$ 使质点从 A 点沿曲线滑至 B 点所用时间最短(介质的摩擦力和阻力不计).

或许有些读者认为速降线应是连接 A 和 B 的直线段.其实不然,牛顿做过一个实验:在竖直平面内,取同样的两个球,其中一个沿圆弧从 A 滑到 B,另一个沿直线从 A 滑到 B,结果发现沿圆弧的球先到 B.

先从一个似乎不相干的光学问题开始.如图6-12(a)所示,一道光以速度 v_1 从介质 A 到达 P,进入较密介质 B 后以较低速度 v_2 从 P 到 B.按图中记号,经过整个路径从 A 到 B 所需的时间是

$$T=\frac{\sqrt{a^2+x^2}}{v_1}+\frac{\sqrt{b^2+(c-x)^2}}{v_2}.$$

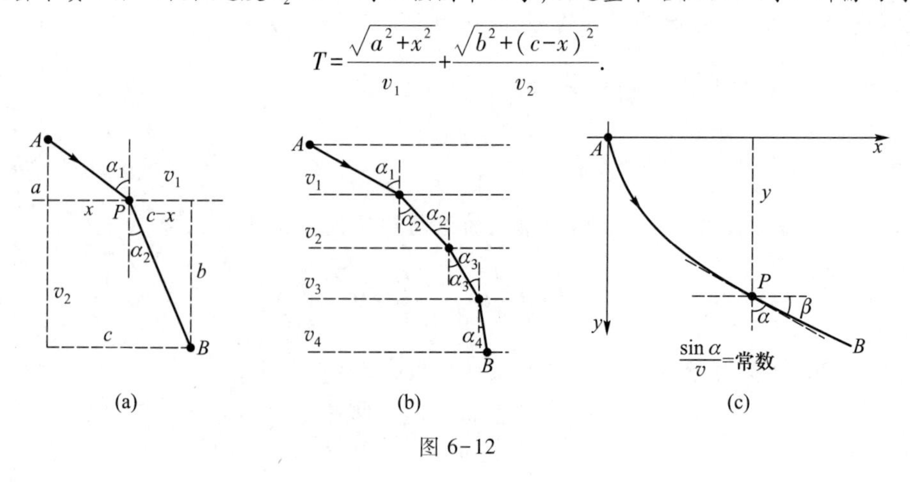

图 6-12

根据光学中的费马原理,光线能自动选取从 A 到 B 的路线使 T 为极小,从而 $\frac{\mathrm{d}T}{\mathrm{d}x}=0$,得

$$\frac{x}{v_1\sqrt{x^2+a^2}}=\frac{c-x}{v_2\sqrt{b^2+(c-x)^2}},$$

即

$$\frac{\sin\alpha_1}{v_1}=\frac{\sin\alpha_2}{v_2},$$

如果光穿过多层介质从 A 到 B,如图 6-12(b)所示,则有

$$\frac{\sin\alpha_1}{v_1}=\frac{\sin\alpha_2}{v_2}=\frac{\sin\alpha_3}{v_3}=\frac{\sin\alpha_4}{v_4}.$$

如果各层介质越来越薄而层数越来越多,到达极限情况,如太阳光那样穿过连续变化密度的介质,则有

$$\frac{\sin\alpha}{v}=\text{常数}. \tag{6-84}$$

这个结论称为**斯内尔折射定律**,原来是通过实验发现的.

对速降线问题,由于重力作用,质点速度会越来越快,类比于光线,把质点看成能自动选择最速降线的光粒子.建立如图 6-12(c)所示坐标系,设时刻 t 时质点位于 $P(x,y)$,则根据机械能守恒原理

$$\frac{1}{2}mv^2=mgy,\quad \text{即 } v=\sqrt{2gy}. \tag{6-85}$$

由几何关系

$$\sin\alpha=\cos\beta=\frac{1}{\sec\beta}=\frac{1}{\sqrt{1+\tan^2\beta}}=\frac{1}{\sqrt{1+y'^2}}. \tag{6-86}$$

综合式(6-84)、(6-85)和(6-86)(光学、力学、几何学)得到

$$\begin{cases}y(1+y'^2)=C,\\ y(0)=0.\end{cases} \tag{6-87}$$

式(6-87)就是速降线的微分方程模型,是一个可分离变量的微分方程.式(6-87)可变形为

$$\mathrm{d}x=\left(\frac{y}{C-y}\right)^{\frac{1}{2}}\mathrm{d}y.$$

设 $\left(\frac{y}{C-y}\right)^{\frac{1}{2}}=\tan t$,得

$$y=C\sin^2 t,\quad \mathrm{d}y=2C\sin t\cos t\mathrm{d}t.$$

$$\mathrm{d}x=\tan t\mathrm{d}y=2C\sin^2 t\mathrm{d}t=C(1-\cos 2t)\mathrm{d}t.$$

积分得

$$x=\frac{C}{2}(2t-\sin 2t)+C_1,$$

由初始条件,$t=0$ 时 $x=0,y=0$,得 $C_1=0$.从而

$$\begin{cases}x=\dfrac{C}{2}(2t-\sin 2t),\\ y=C\sin^2 t=\dfrac{C}{2}(1-\cos 2t).\end{cases}\tag{6-88}$$

令 $a=\dfrac{C}{2},\theta=2t$，方程(6-88)简化为

$$\begin{cases}x=a(\theta-\sin\theta),\\ y=a(1-\cos\theta).\end{cases}\tag{6-89}$$

式(6-89)为定解问题(6-87)的参数形式的解，是曾见到过的旋轮线，即当一个半径为 a 的圆沿直线无滑动地滚动时，圆周上一个固定点的运动轨迹(见图 6-13).研究速降线问题还是变分学这一数学分支的开端.

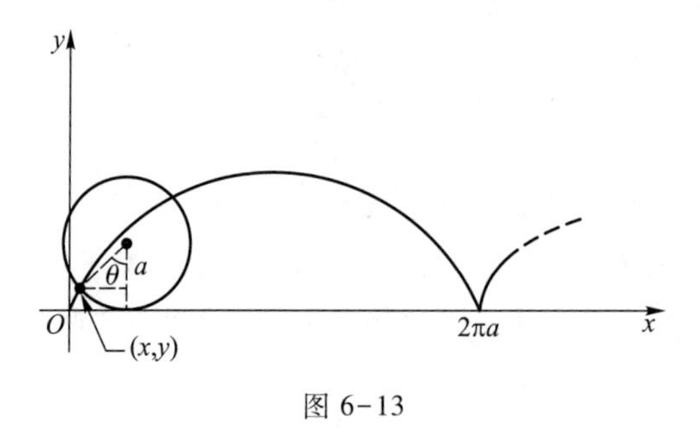

图 6-13

由式(6-85)，$\dfrac{\mathrm{d}s}{\mathrm{d}t}=v=\sqrt{2gy}$，即

$$\mathrm{d}t=\frac{\mathrm{d}s}{\sqrt{2gy}}=\sqrt{\frac{1+y'^2}{2gy}}\,\mathrm{d}x.$$

设 $P(x_0,y_0)$ 是图 1-24(b)中旋轮线上异于最低点 $B(a\pi,2a)$ 的任一点，点 P 对应参数为 $t_0(0\leqslant t_0<\pi)$，则质点从点 P 到 B 所花时间为

$$T=\int_{x_0}^{a\pi}\sqrt{\frac{\mathrm{d}x^2+\mathrm{d}y^2}{2g(y-y_0)}}=\int_{t_0}^{\pi}\sqrt{\frac{a^2(2-2\cos t)}{2ag(\cos t_0-\cos t)}}\mathrm{d}t$$

$$=\sqrt{\frac{a}{g}}\int_{t_0}^{\pi}\sqrt{\frac{1-\cos t}{\cos t_0-\cos t}}\mathrm{d}t=\sqrt{\frac{a}{g}}\int_{t_0}^{\pi}\sqrt{\frac{\sin^2\dfrac{t}{2}}{\cos^2\dfrac{t_0}{2}-\cos^2\dfrac{t}{2}}}\mathrm{d}t$$

$$=\sqrt{\frac{a}{g}}\int_{t_0}^{\pi}\frac{\sin\dfrac{t}{2}}{\sqrt{\cos^2\dfrac{t_0}{2}-\cos^2\dfrac{t}{2}}}\mathrm{d}t=2\sqrt{\frac{a}{g}}\left(-\arcsin\frac{\cos\dfrac{t}{2}}{\cos\dfrac{t_0}{2}}\right)\Bigg|_{t_0}^{\pi}=\pi\sqrt{\frac{a}{g}}.$$

显然 T 与 t_0 无关，此即旋轮线的等时性.

从这些实际例子可见，有许多问题的微分方程并不复杂，但对描述问题非常有效.

习题 6.5

A

1. 求曲线方程 $y=y(x)$，它满足方程 $\frac{dy}{dx}=4x^3y$，且在 y 轴上的截距等于 7.

2. 曲线过点(1,1)且其上任一点处的切线在 y 轴上的截距等于在同一点处法线在 x 轴上的截距.

3. 一弹簧的一端系着 3 kg 的物体，在 20 N 力的作用下，弹簧比它的自然长度伸长 0.6 m.如果弹簧离开平衡位置时，有一初速度 $v_0=1.2$ m/s，求 t s 后物体的位置.

B

1. 设由电阻 $R=20\ \Omega$，电感 $L=1$ H，电容 $C=0.002$ F 和一个 12 V 的电池串联成一个回路.若初电量和电流为 0，求电路中的电量 $Q(t)$ 和电流 $I(t)$.

2. 当冰雹由高空落下时，它除了受地球重力作用之外，还受到空气阻力的作用.阻力的大小与冰雹的形状和运动速度有关，一般可对阻力作两种假设：

(1) 阻力大小与下落速度成正比(比例系数 $k_1>0$)；

(2) 阻力大小与速度的平方成正比(比例系数 $k_2>0$).

根据两种不同假设，分别计算冰雹的下落速度(设冰雹的质量为 m，冰雹从静止开始下落).

3. 一个直圆柱体贮水池，内半径为 5 m，高为 16 m，起初装满了水，以 $0.5\sqrt{x}$ m^3/min 的速率从池底的一个孔排水，此处 x 是水深.求在任一时刻 t，池中水的深度和总量的公式，以及把池中水排空需要多少时间？

复习题六

1. 什么样的等式是方程？什么样的等式是微分方程？

2. 什么是微分方程的阶、解、通解、特解、初始条件、定解问题、初值问题？

3. 什么样的方程是线性微分方程？什么样的方程是非线性微分方程？

4. 本课程中能够用初等积分法求解的一阶微分方法是哪些类型的方程？如何求解？是否任何一阶微分方程都可用初等积分法求出其通解？

5. 利用降阶法能够求出解的二阶微分方程有哪些类型？如何降阶？如何求解？

6. 二阶线性微分方程解的叠加原理是指微分方程的哪些性质？通解结构定理是什么内容？

7. 二阶常系数线性齐次微分方程的两个线性无关解及通解是如何求得的？

8. 二阶常系数线性非齐次微分方程的特解如何求得？通解如何写出？

9. 一阶、二阶常系数线性差分方程如何求解？

总习题六

1. 判断下列说法的正确性：

(1) 方程 $e^{2xy}dx+e^{(x+y)^2}dy=0$ 不是可分离变量的微分方程；

(2) 方程 $(xy-y^2)y'=xy^2$ 是齐次微分方程；

(3) 方程$(x^2y+xy^2)\mathrm{d}y-x\mathrm{d}x=0$不是线性微分方程；

(4) 方程$y'-xy=x\cos y^2$是伯努利方程；

(5) 如果y_1,y_2是方程$y''+P(x)y'+Q(x)y=0$的两个解，则$y=C_1y_1+C_2y_2$是其通解，其中C_1,C_2是两个任意常数；

(6) $x^2y''+P_1xy'+P_2y=f(x)$，其中P_1,P_2是常数，通过变换$x=\mathrm{e}^t$或$t=\ln x$可化为以t为自变量的常系数线性微分方程.

2. 求解下列微分方程：

(1) $(1+y^2)\mathrm{d}x-yx(1-x)\mathrm{d}y=0$；

(2) $\dfrac{\mathrm{d}y}{\mathrm{d}x}=-xy+x^3y^3$；

(3) $y''+a^2y=\mathrm{e}^x$ （a为非负实常数）；

(4) $yy''-y'^2-1=0$；

(5) $y'''+y''-2y'=x(\mathrm{e}^{-x}+1)$；

(6) $y''+y=x+\cos x$.

3. 已知$y_1=\mathrm{e}^{mx}$是方程$(x^2+1)y''-2xy'-y(ax^2+bx+c)=0$的一个特解.

(1) 求a,b,c；

(2) 设$y_2=C(x)\mathrm{e}^{mx}$为另一个线性无关解，代入方程确定$C(x)$并写出原方程的通解.

4. 微分方程$y'''-y'=0$的哪一条积分曲线在原点处有拐点，且在原点处以$y=2x$为它的切线.

5. 求微分方程$y'+f'(x)y=f(x)f'(x)$的通解，其中$f(x)$是给定的有连续导数的函数.

6. 设某地区的人口函数为$P(t)$，α,β,m分别为出生速率、死亡速率和迁出人口速率，此处$\alpha>\beta$.α,β,m是正常数.假定人口对时间t的变化率满足

$$\frac{\mathrm{d}P}{\mathrm{d}t}=kP-m \quad (k=\alpha-\beta).$$

(1) 求此人口方程在初值条件$P(0)=P_0$下的解；

(2) m在什么条件下，人口将按指数增长？

(3) m在什么条件下，人口将是常数？人口将衰减？

7. 一容器装有含盐15 kg的盐水1 000 L，若以10 L/min的速率往容器中注入纯水，并经充分混合后（可以看成瞬时混匀），盐水以同样的速率从容器中流出.求：

(1) 经t min后容器中含盐多少千克；

(2) 20 min后含盐多少千克.

8. 一弹簧上端固定，下端悬挂一个质量为m的质点，组成一个振动系统，在真空中，测得其振动周期为T_1，在某种介质中测得其振动周期为T_2，假设介质的阻力与运动速度成正比，确定介质的阻尼系数.

选 读

文物年代的鉴定

数学是一切科学的基础.尤其是近些年来，很多看起来和数学没有任何关联的学科都开始大量地使用数学，例如，最近30年来人们见证了生物科学、地质科学、心理学和社会学等学科的定量化.另外，国内外考古学研究中数学方法的应用正在愈益普遍.

附录 I　高等数学常用数学名词英文注释

第 1 章

区间 interval
实数 real number
有理数 rational number
有序集 ordered set
绝对值 absolute value
函数 function
集合 set
变量 variable
定义 definition
定理 theorem
例题 example
概念 concept
证明 proof
定义域 domain
单值函数 uniform function
映射 mapping
满射 surjective
符号函数 sign function
整值函数 integer-valued function
性质 property
有界的 bounded
有界函数 bounded function
单调 monotone
单调函数 monotone function
对称 symmetry
奇函数 odd function
周期函数 periodic function
直接函数 direct function
幂函数 power function
对数函数 logarithmic function
反三角函数 inverse trigonometric function
双曲函数 hyperbolic function
整数 integer
自然数 natural number
无理数 irrational number
稠密性 density
有界集 bounded set
极限 limit
常量 constant
邻域 neighborhood
引理 lemma
推论 corollary
练习 exercise
理论 theory
解 solution
值域 range
多值函数 multivalued function
单射 injective
双射 bijective
绝对值函数 absolute value function
分段函数 piecewise function
上有界的 bounded above
下有界的 bounded below
无界函数 unbounded function
单调递增 monotone increasing
单调递减 monotone decreasing
偶函数 even function
周期 period
反函数 inverse function
初等函数 elementary function
指数函数 exponential function
三角函数 trigonometric function
复合函数 composite function
序列 sequence

数列 sequence of numbers
收敛 convergence
子列 subsequence
单侧极限 one-sided limit
右极限 right limit
无穷大 infinity
连续性 continuity
连续函数 continuous function
(差)减 (difference)subtraction
商 divide
跳跃不连续点 jump discontinuous point
最大值 maximum(value)
振荡性 oscillatory
零点 zero point
一致连续性 uniform continuity
一般项 general term
发散 divergence
双侧极限 two-sided limit
左极限 left limit
无穷小 infinitesimal
渐近线 asymptote
间断性 discontinuity
和 addition
积 multiplication
不连续函数 discontinuous function
第一(二)类不连续点 discontinuity point of the first (second) kind
最小值 minimum(value)
介值 intermediate value

第 2 章

微积分 calculus
微分学 differential calculus
速度 velocity
斜率 slope
几何意义 geometric meaning
高阶导数 higher derivative
隐函数 implicit function
相关变化率 correlation rate of change
可微性 differentiability
绝对误差 absolute error
导数(微商) derivative
微分 differential
切线 tangent line
左(右)导数 derivative on the left (right)
切线方程 tangential equation
二阶导数 second order derivative
参数方程 parameter equation
可微的 differentiable
相对误差 relative error

第 3 章

微分学中值定理 mean value theorem for differential calculus
必要条件 necessary condition
充要条件 necessary and sufficient condition, if and only if, iff
驻点(临界点) stationary(critical) point
凸性 convexity
凸曲线 convex curve
曲率 curvature
曲率半径 radius of curvature
洛必达法则 L'Hospital rule
泰勒公式 Taylor formula
充分条件 sufficient condition
局部极大(小)值 local maximum (minimum)
凹性 concavity
凹曲线 concave curve
曲线的拐点 inflection point of curve
曲率圆 circle of curvature
曲率中心 center of curvature

第 4 章

不定积分 indefinite integral
积分学 integral calculus
被积函数 integrand
积分曲线 integral curve
可积性 integrability
可积函数 integrable function
积分性质 integral property
积分公式 integral formula
有理分式函数 rational fractional function
原函数 primitive function
积分变量 variable of integration
积分 integral
积分常数 integral constant
可积的 integrable
积分运算 integral operation
积分变换 integral transform
分部积分 integration by parts

第 5 章

曲边梯形的面积 the area under a curve
哑变量 dummy variable
定积分 definite integral
积分上(下)限 upper(lower)limit of integration
$[a,b]$上f的黎曼和 Riemann sum for f on$[a,b]$
原函数(反导数) primitive function(antiderivative)
矩形 rectangle
抛物线 parabola
瑕积分 improper integral of unbounded function
平面区域的面积 area of a plane region
体积 volume
旋转体 solid of rotation
柱壳法 shell method
圆锥 circular cone(taper)
功 work
引力 gravitation(gravitational force)
二次根(平方根) square root
积分限 limits of integration
积分区间 interval of integration
牛顿-莱布尼茨公式 Newton-Leibniz formula
微积分基本定理 fundamental theorem of the calculus
梯形 trapezoid
无穷积分 infinite integral
平面图形 plane figure
平面坐标 plane coordinates
面积元素 element of area
极坐标 polar coordinates
体积元素 element of volume
旋转曲面 surface of revolution
圆柱 cylinder
弧长 length of arc
压力 pressure
平均值 mean value

第 6 章

微分方程 differential equation
偏微分方程 partial differential equation
积分曲线 integral curve
齐次方程 homogeneous equation
任意常数 arbitrary constant
微分方程的解(阶) solution(order) of a differential equation
常微分方程 ordinary differential equation
一阶微分方程 differential equation of first order
高阶微分方程 differential equation of higher order
可分离变量方程 equation of separated variable

降阶法 method of reduction of order
初值问题 initial value problem
微分方程的通解 general solution of a differential equation
微分方程的特解 particular solution of a differential equation
伯努利微分方程 Bernoulli differential equation
常数变易法 method of variation of constant
特征方程 characteristic equation
特征根 characteristic root
一阶线性微分方程 linear differential equation of first order
自由振动 free oscillation
强迫振动 forced oscillation

附录Ⅱ　几种常用的曲线

（1）三次抛物线

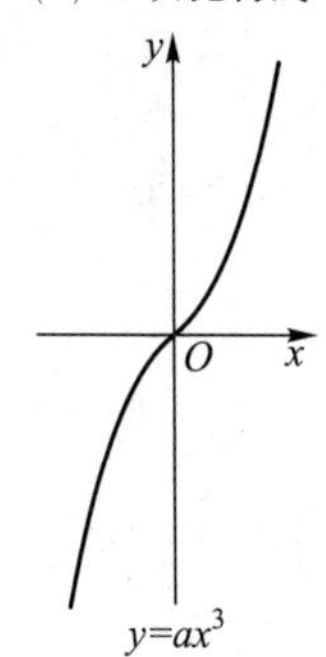

$y=ax^3$

（2）半立方抛物线

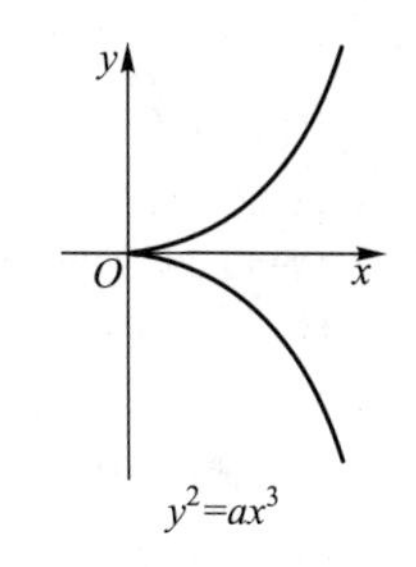

$y^2=ax^3$

（3）概率密度曲线

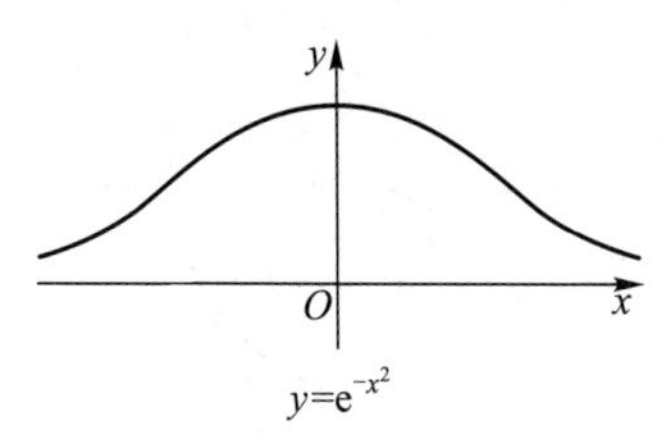

$y=\mathrm{e}^{-x^2}$

（4）箕舌线

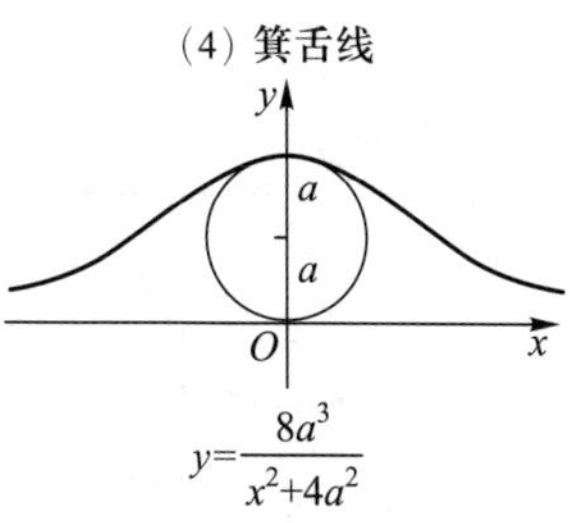

$y=\dfrac{8a^3}{x^2+4a^2}$

（5）蔓叶线

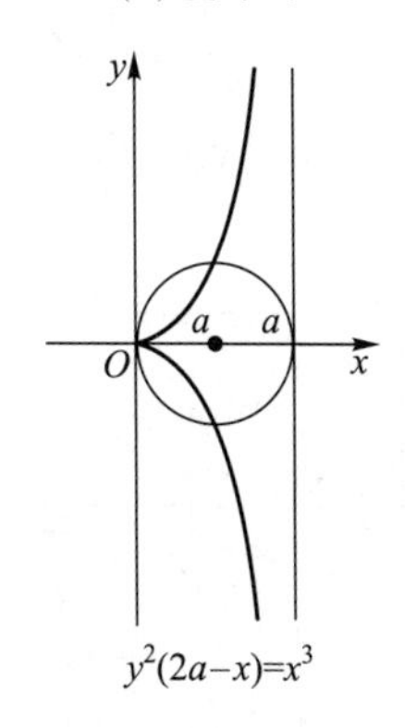

$y^2(2a-x)=x^3$

（6）笛卡儿叶形线

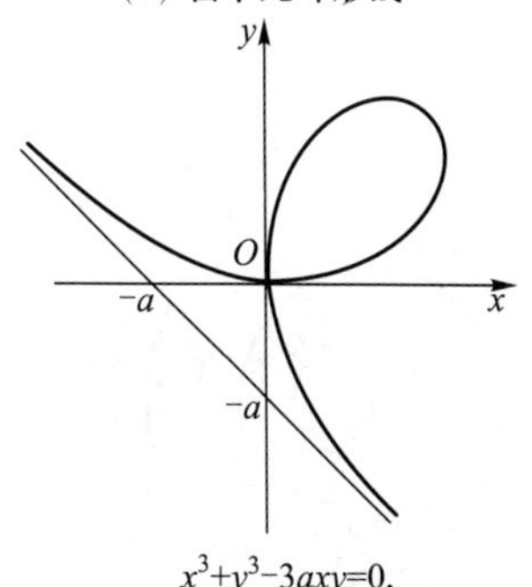

$x^3+y^3-3axy=0,$

$x=\dfrac{3at}{1+t^3},\ y=\dfrac{3at^2}{1+t^3}$

(7) 星形线(内摆线的一种)

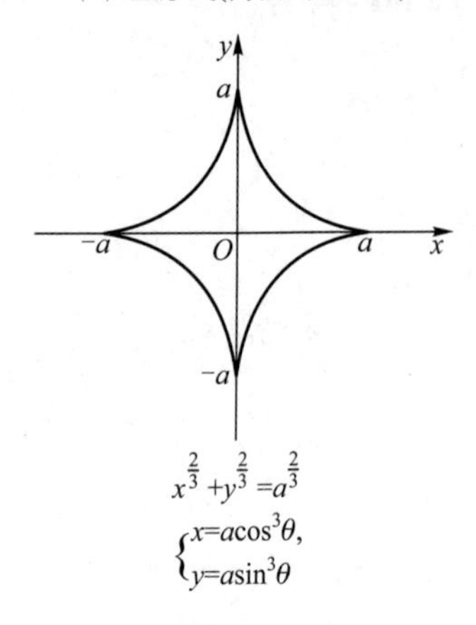

$x^{\frac{2}{3}}+y^{\frac{2}{3}}=a^{\frac{2}{3}}$

$\begin{cases}x=a\cos^3\theta,\\y=a\sin^3\theta\end{cases}$

(8) 摆线

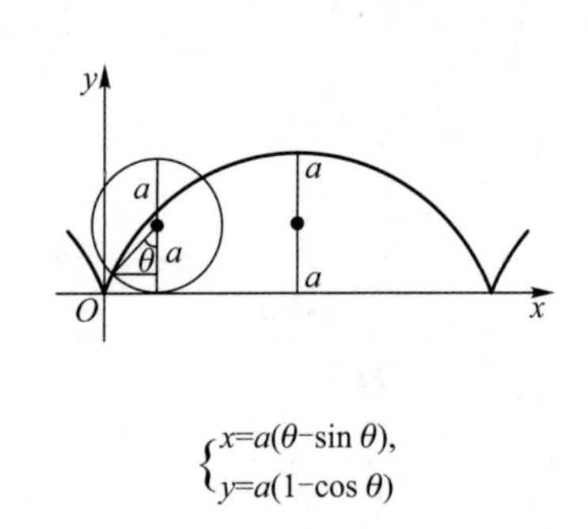

$\begin{cases}x=a(\theta-\sin\theta),\\y=a(1-\cos\theta)\end{cases}$

(9) 心形线(外摆线的一种)

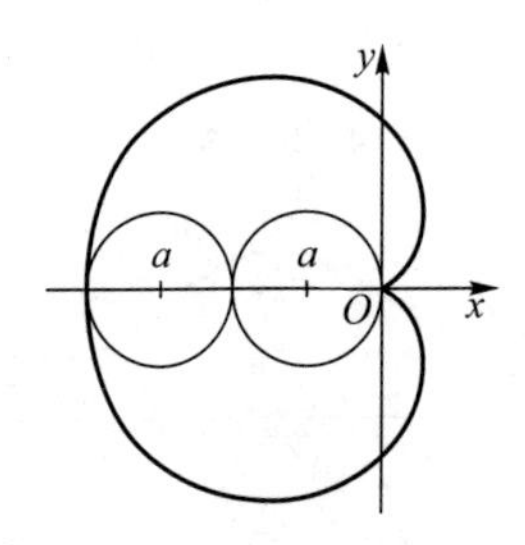

$x^2+y^2+ax=a\sqrt{x^2+y^2}$,

$\rho=a(1-\cos\theta)$

(10) 阿基米德螺线

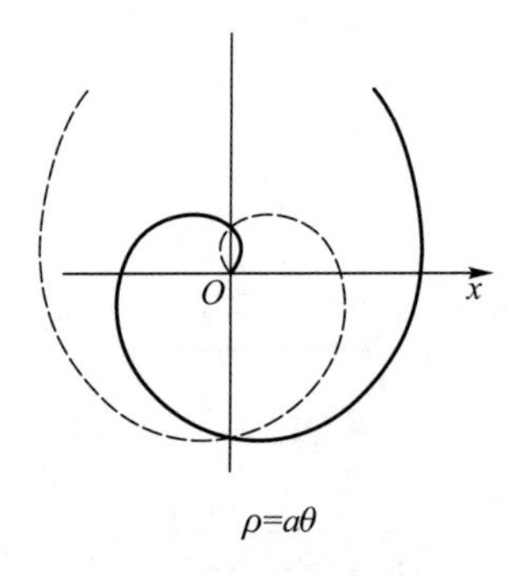

$\rho=a\theta$

(11) 对数螺线

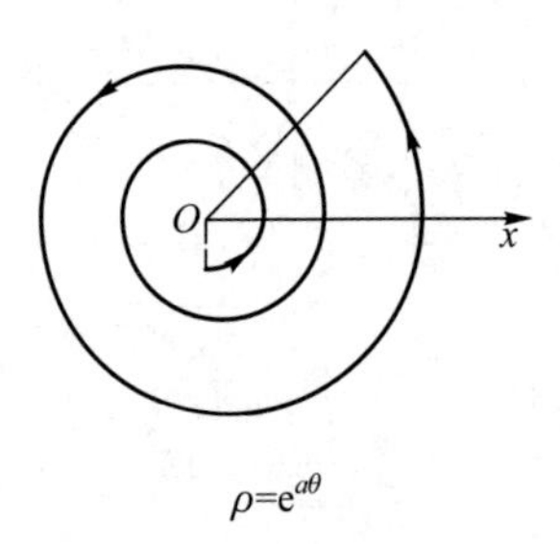

$\rho=e^{a\theta}$

(12) 双曲螺线

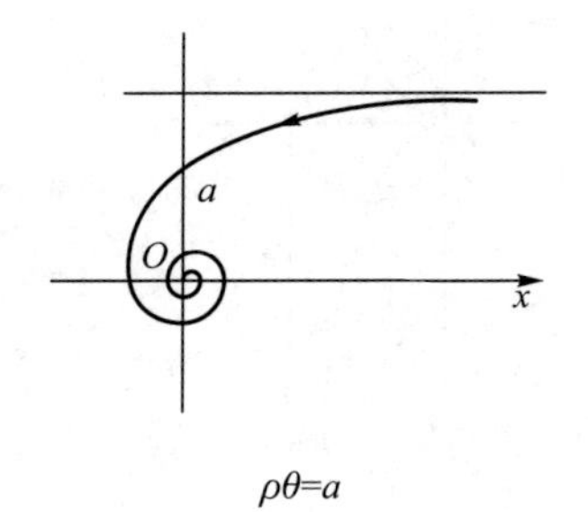

$\rho\theta=a$

（13）伯努利双纽线

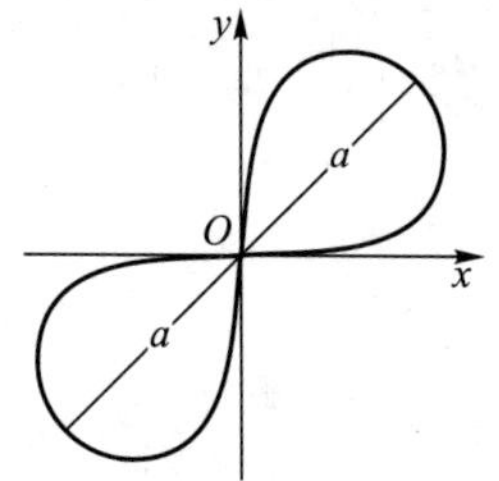

$(x^2+y^2)^2=2a^2xy$,
$\rho^2=a^2\sin 2\theta$

（14）伯努利双纽线

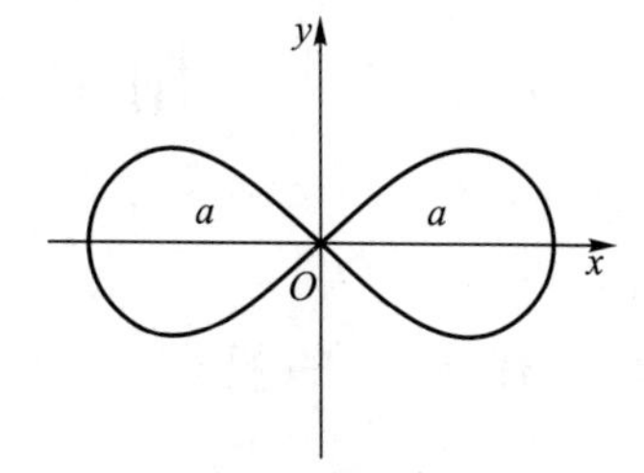

$(x^2+y^2)^2=a^2(x^2-y^2)$,
$\rho^2=a^2\cos 2\theta$

（15）三叶玫瑰线

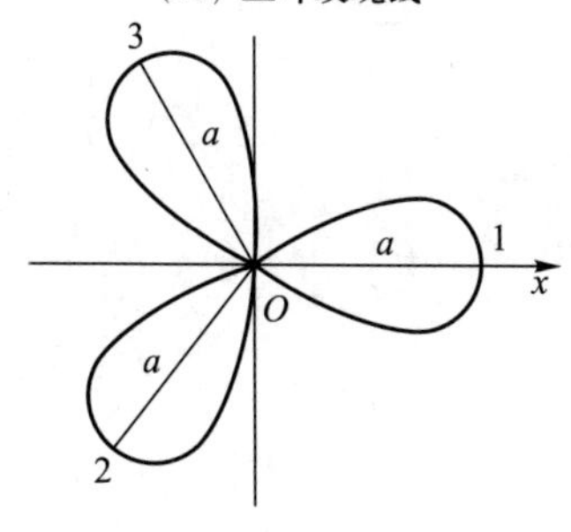

$\rho=a\cos 3\theta$

（16）三叶玫瑰线

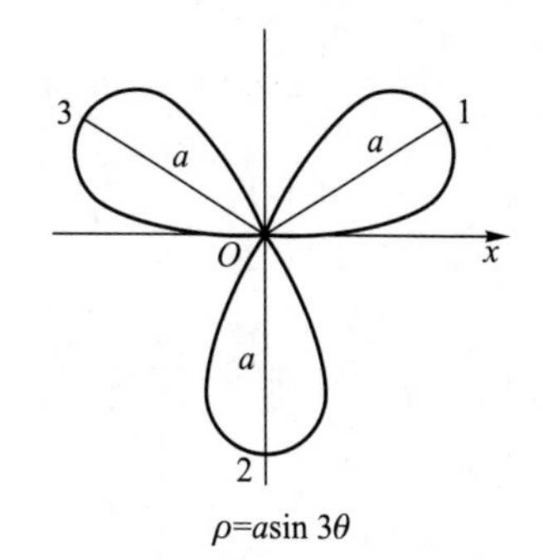

$\rho=a\sin 3\theta$

（17）四叶玫瑰线

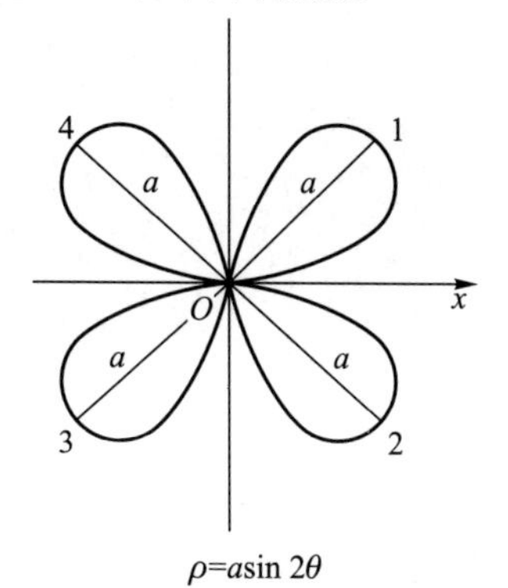

$\rho=a\sin 2\theta$

（18）四叶玫瑰线

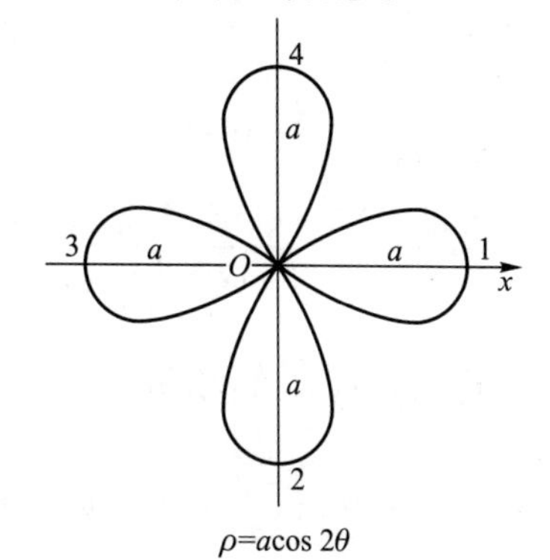

$\rho=a\cos 2\theta$

附录Ⅲ 积 分 表

（一）含有 $ax+b$ 的积分

1. $\int \frac{\mathrm{d}x}{ax+b} = \frac{1}{a}\ln|ax+b| + C.$

2. $\int (ax+b)^{\mu}\mathrm{d}x = \frac{1}{a(\mu+1)}(ax+b)^{\mu+1} + C \quad (\mu \neq -1).$

3. $\int \frac{x}{ax+b}\mathrm{d}x = \frac{1}{a^2}(ax+b-b\ln|ax+b|) + C.$

4. $\int \frac{x^2}{ax+b}\mathrm{d}x = \frac{1}{a^3}\left[\frac{1}{2}(ax+b)^2 - 2b(ax+b) + b^2\ln|ax+b|\right] + C.$

5. $\int \frac{\mathrm{d}x}{x(ax+b)} = -\frac{1}{b}\ln\left|\frac{ax+b}{x}\right| + C.$

6. $\int \frac{\mathrm{d}x}{x^2(ax+b)} = -\frac{1}{bx} + \frac{a}{b^2}\ln\left|\frac{ax+b}{x}\right| + C.$

7. $\int \frac{x}{(ax+b)^2}\mathrm{d}x = \frac{1}{a^2}\left(\ln|ax+b| + \frac{b}{ax+b}\right) + C.$

8. $\int \frac{x^2}{(ax+b)^2}\mathrm{d}x = \frac{1}{a^3}\left(ax+b-2b\ln|ax+b| - \frac{b^2}{ax+b}\right) + C.$

9. $\int \frac{\mathrm{d}x}{x(ax+b)^2} = \frac{1}{b(ax+b)} - \frac{1}{b^2}\ln\left|\frac{ax+b}{x}\right| + C.$

（二）含有 $\sqrt{ax+b}$ 的积分

10. $\int \sqrt{ax+b}\,\mathrm{d}x = \frac{2}{3a}\sqrt{(ax+b)^3} + C.$

11. $\int x\sqrt{ax+b}\,\mathrm{d}x = \frac{2}{15a^2}(3ax-2b)\sqrt{(ax+b)^3} + C.$

12. $\int x^2\sqrt{ax+b}\,\mathrm{d}x = \frac{2}{105a^3}(15a^2x^2-12abx+8b^2)\sqrt{(ax+b)^3} + C.$

13. $\int \frac{x}{\sqrt{ax+b}}\mathrm{d}x = \frac{2}{3a^2}(ax-2b)\sqrt{ax+b} + C.$

14. $\int \frac{x^2}{\sqrt{ax+b}}\mathrm{d}x = \frac{2}{15a^3}(3a^2x^2-4abx+8b^2)\sqrt{ax+b} + C.$

15. $$\int \frac{\mathrm{d}x}{x\sqrt{ax+b}}=\begin{cases}\dfrac{1}{\sqrt{b}}\ln\left|\dfrac{\sqrt{ax+b}-\sqrt{b}}{\sqrt{ax+b}+\sqrt{b}}\right|+C & (b>0),\\ \dfrac{2}{\sqrt{-b}}\arctan\sqrt{\dfrac{ax+b}{-b}}+C & (b<0).\end{cases}$$

16. $$\int \frac{\mathrm{d}x}{x^2\sqrt{ax+b}}=-\frac{\sqrt{ax+b}}{bx}-\frac{a}{2b}\int\frac{\mathrm{d}x}{x\sqrt{ax+b}}.$$

17. $$\int \frac{\sqrt{ax+b}}{x}\mathrm{d}x=2\sqrt{ax+b}+b\int\frac{\mathrm{d}x}{x\sqrt{ax+b}}.$$

18. $$\int \frac{\sqrt{ax+b}}{x^2}\mathrm{d}x=-\frac{\sqrt{ax+b}}{x}+\frac{a}{2}\int\frac{\mathrm{d}x}{x\sqrt{ax+b}}.$$

（三）含有 $x^2\pm a^2$ 的积分

19. $$\int \frac{\mathrm{d}x}{x^2+a^2}=\frac{1}{a}\arctan\frac{x}{a}+C.$$

20. $$\int \frac{\mathrm{d}x}{(x^2+a^2)^n}=\frac{x}{2(n-1)a^2(x^2+a^2)^{n-1}}+\frac{2n-3}{2(n-1)a^2}\int\frac{\mathrm{d}x}{(x^2+a^2)^{n-1}}(n>1).$$

21. $$\int \frac{\mathrm{d}x}{x^2-a^2}=\frac{1}{2a}\ln\left|\frac{x-a}{x+a}\right|+C.$$

（四）含有 $ax^2+b(a>0)$ 的积分

22. $$\int \frac{\mathrm{d}x}{ax^2+b}=\begin{cases}\dfrac{1}{\sqrt{ab}}\arctan\sqrt{\dfrac{a}{b}}x+C & (b>0),\\ \dfrac{1}{2\sqrt{-ab}}\ln\left|\dfrac{\sqrt{a}x-\sqrt{-b}}{\sqrt{a}x+\sqrt{-b}}\right|+C & (b<0).\end{cases}$$

23. $$\int \frac{x}{ax^2+b}\mathrm{d}x=\frac{1}{2a}\ln|ax^2+b|+C.$$

24. $$\int \frac{x^2}{ax^2+b}\mathrm{d}x=\frac{x}{a}-\frac{b}{a}\int\frac{\mathrm{d}x}{ax^2+b}.$$

25. $$\int \frac{\mathrm{d}x}{x(ax^2+b)}=\frac{1}{2b}\ln\frac{x^2}{|ax^2+b|}+C.$$

26. $$\int \frac{\mathrm{d}x}{x^2(ax^2+b)}=-\frac{1}{bx}-\frac{a}{b}\int\frac{\mathrm{d}x}{ax^2+b}.$$

27. $$\int \frac{\mathrm{d}x}{x^3(ax^2+b)}=\frac{a}{2b^2}\ln\frac{|ax^2+b|}{x^2}-\frac{1}{2bx^2}+C.$$

28. $$\int \frac{\mathrm{d}x}{(ax^2+b)^2}=\frac{x}{2b(ax^2+b)}+\frac{1}{2b}\int\frac{\mathrm{d}x}{ax^2+b}.$$

（五）含有 $ax^2+bx+c(a>0)$ 的积分

29. $$\int \frac{dx}{ax^2+bx+c}=\begin{cases}\dfrac{2}{\sqrt{4ac-b^2}}\arctan\dfrac{2ax+b}{\sqrt{4ac-b^2}}+C & (b^2<4ac),\\ \dfrac{1}{\sqrt{b^2-4ac}}\ln\left|\dfrac{2ax+b-\sqrt{b^2-4ac}}{2ax+b+\sqrt{b^2-4ac}}\right|+C & (b^2>4ac).\end{cases}$$

30. $$\int \frac{x}{ax^2+bx+c}dx=\frac{1}{2a}\ln|ax^2+bx+c|-\frac{b}{2a}\int\frac{dx}{ax^2+bx+c}.$$

（六）含有 $\sqrt{x^2+a^2}(a>0)$ 的积分

31. $$\int\frac{dx}{\sqrt{x^2+a^2}}=\operatorname{arsh}\frac{x}{a}+C_1=\ln(x+\sqrt{x^2+a^2})+C.$$

32. $$\int\frac{dx}{\sqrt{(x^2+a^2)^3}}=\frac{x}{a^2\sqrt{x^2+a^2}}+C.$$

33. $$\int\frac{x}{\sqrt{x^2+a^2}}dx=\sqrt{x^2+a^2}+C.$$

34. $$\int\frac{x}{\sqrt{(x^2+a^2)^3}}dx=-\frac{1}{\sqrt{x^2+a^2}}+C.$$

35. $$\int\frac{x^2}{\sqrt{x^2+a^2}}dx=\frac{x}{2}\sqrt{x^2+a^2}-\frac{a^2}{2}\ln(x+\sqrt{x^2+a^2})+C.$$

36. $$\int\frac{x^2}{\sqrt{(x^2+a^2)^3}}dx=-\frac{x}{\sqrt{x^2+a^2}}+\ln(x+\sqrt{x^2+a^2})+C.$$

37. $$\int\frac{dx}{x\sqrt{x^2+a^2}}=\frac{1}{a}\ln\frac{\sqrt{x^2+a^2}-a}{|x|}+C.$$

38. $$\int\frac{dx}{x^2\sqrt{x^2+a^2}}=-\frac{\sqrt{x^2+a^2}}{a^2x}+C.$$

39. $$\int\sqrt{x^2+a^2}\,dx=\frac{x}{2}\sqrt{x^2+a^2}+\frac{a^2}{2}\ln(x+\sqrt{x^2+a^2})+C.$$

40. $$\int\sqrt{(x^2+a^2)^3}\,dx=\frac{x}{8}(2x^2+5a^2)\sqrt{x^2+a^2}+\frac{3}{8}a^4\ln(x+\sqrt{x^2+a^2})+C.$$

41. $$\int x\sqrt{x^2+a^2}\,dx=\frac{1}{3}\sqrt{(x^2+a^2)^3}+C.$$

42. $$\int x^2\sqrt{x^2+a^2}\,dx=\frac{x}{8}(2x^2+a^2)\sqrt{x^2+a^2}-\frac{a^4}{8}\ln(x+\sqrt{x^2+a^2})+C.$$

43. $$\int\frac{\sqrt{x^2+a^2}}{x}dx=\sqrt{x^2+a^2}+a\ln\frac{\sqrt{x^2+a^2}-a}{|x|}+C.$$

44. $\int \frac{\sqrt{x^2+a^2}}{x^2}dx = -\frac{\sqrt{x^2+a^2}}{x} + \ln(x+\sqrt{x^2+a^2}) + C.$

（七）含有$\sqrt{x^2-a^2}\ (a>0)$的积分

45. $\int \frac{dx}{\sqrt{x^2-a^2}} = \frac{x}{|x|}\text{arch}\frac{|x|}{a} + C_1 = \ln|x+\sqrt{x^2-a^2}| + C.$

46. $\int \frac{dx}{\sqrt{(x^2-a^2)^3}} = -\frac{x}{a^2\sqrt{x^2-a^2}} + C.$

47. $\int \frac{x}{\sqrt{x^2-a^2}}dx = \sqrt{x^2-a^2} + C.$

48. $\int \frac{x}{\sqrt{(x^2-a^2)^3}}dx = -\frac{1}{\sqrt{x^2-a^2}} + C.$

49. $\int \frac{x^2}{\sqrt{x^2-a^2}}dx = \frac{x}{2}\sqrt{x^2-a^2} + \frac{a^2}{2}\ln|x+\sqrt{x^2-a^2}| + C.$

50. $\int \frac{x^2}{\sqrt{(x^2-a^2)^3}}dx = -\frac{x}{\sqrt{x^2-a^2}} + \ln|x+\sqrt{x^2-a^2}| + C.$

51. $\int \frac{dx}{x\sqrt{x^2-a^2}} = \frac{1}{a}\arccos\frac{a}{|x|} + C.$

52. $\int \frac{dx}{x^2\sqrt{x^2-a^2}} = \frac{\sqrt{x^2-a^2}}{a^2x} + C.$

53. $\int \sqrt{x^2-a^2}\,dx = \frac{x}{2}\sqrt{x^2-a^2} - \frac{a^2}{2}\ln|x+\sqrt{x^2-a^2}| + C.$

54. $\int \sqrt{(x^2-a^2)^3}\,dx = \frac{x}{8}(2x^2-5a^2)\sqrt{x^2-a^2} + \frac{3}{8}a^4\ln|x+\sqrt{x^2-a^2}| + C.$

55. $\int x\sqrt{x^2-a^2}\,dx = \frac{1}{3}\sqrt{(x^2-a^2)^3} + C.$

56. $\int x^2\sqrt{x^2-a^2}\,dx = \frac{x}{8}(2x^2-a^2)\sqrt{x^2-a^2} - \frac{a^4}{8}\ln|x+\sqrt{x^2-a^2}| + C.$

57. $\int \frac{\sqrt{x^2-a^2}}{x}dx = \sqrt{x^2-a^2} - a\arccos\frac{a}{|x|} + C.$

58. $\int \frac{\sqrt{x^2-a^2}}{x^2}dx = -\frac{\sqrt{x^2-a^2}}{x} + \ln|x+\sqrt{x^2-a^2}| + C.$

（八）含有$\sqrt{a^2-x^2}\ (a>0)$的积分

59. $\int \frac{dx}{\sqrt{a^2-x^2}} = \arcsin\frac{x}{a} + C.$

60. $\int \frac{\mathrm{d}x}{\sqrt{(a^2-x^2)^3}} = \frac{x}{a^2\sqrt{a^2-x^2}} + C.$

61. $\int \frac{x}{\sqrt{a^2-x^2}}\mathrm{d}x = -\sqrt{a^2-x^2} + C.$

62. $\int \frac{x}{\sqrt{(a^2-x^2)^3}}\mathrm{d}x = \frac{1}{\sqrt{a^2-x^2}} + C.$

63. $\int \frac{x^2}{\sqrt{a^2-x^2}}\mathrm{d}x = -\frac{x}{2}\sqrt{a^2-x^2} + \frac{a^2}{2}\arcsin\frac{x}{a} + C.$

64. $\int \frac{x^2}{\sqrt{(a^2-x^2)^3}}\mathrm{d}x = \frac{x}{\sqrt{a^2-x^2}} - \arcsin\frac{x}{a} + C.$

65. $\int \frac{\mathrm{d}x}{x\sqrt{a^2-x^2}} = \frac{1}{a}\ln\frac{a-\sqrt{a^2-x^2}}{|x|} + C.$

66. $\int \frac{\mathrm{d}x}{x^2\sqrt{a^2-x^2}} = -\frac{\sqrt{a^2-x^2}}{a^2x} + C.$

67. $\int \sqrt{a^2-x^2}\,\mathrm{d}x = \frac{x}{2}\sqrt{a^2-x^2} + \frac{a^2}{2}\arcsin\frac{x}{a} + C.$

68. $\int \sqrt{(a^2-x^2)^3}\,\mathrm{d}x = \frac{x}{8}(5a^2-2x^2)\sqrt{a^2-x^2} + \frac{3}{8}a^4\arcsin\frac{x}{a} + C.$

69. $\int x\sqrt{a^2-x^2}\,\mathrm{d}x = -\frac{1}{3}\sqrt{(a^2-x^2)^3} + C.$

70. $\int x^2\sqrt{a^2-x^2}\,\mathrm{d}x = \frac{x}{8}(2x^2-a^2)\sqrt{a^2-x^2} + \frac{a^4}{8}\arcsin\frac{x}{a} + C.$

71. $\int \frac{\sqrt{a^2-x^2}}{x}\mathrm{d}x = \sqrt{a^2-x^2} + a\ln\frac{a-\sqrt{a^2-x^2}}{|x|} + C.$

72. $\int \frac{\sqrt{a^2-x^2}}{x^2}\mathrm{d}x = -\frac{\sqrt{a^2-x^2}}{x} - \arcsin\frac{x}{a} + C.$

（九）含有$\sqrt{\pm ax^2+bx+c}\,(a>0)$的积分

73. $\int \frac{\mathrm{d}x}{\sqrt{ax^2+bx+c}} = \frac{1}{\sqrt{a}}\ln\left|2ax+b+2\sqrt{a}\sqrt{ax^2+bx+c}\right| + C.$

74. $\int \sqrt{ax^2+bx+c}\,\mathrm{d}x = \frac{2ax+b}{4a}\sqrt{ax^2+bx+c} + \frac{4ac-b^2}{8\sqrt{a^3}}\ln\left|2ax+b+2\sqrt{a}\sqrt{ax^2+bx+c}\right| + C.$

75. $\int \frac{x}{\sqrt{ax^2+bx+c}}\mathrm{d}x = \frac{1}{a}\sqrt{ax^2+bx+c} - \frac{b}{2\sqrt{a^3}}\ln\left|2ax+b+2\sqrt{a}\sqrt{ax^2+bx+c}\right| + C.$

76. $\int \frac{dx}{\sqrt{c+bx-ax^2}} = -\frac{1}{\sqrt{a}}\arcsin\frac{2ax-b}{\sqrt{b^2+4ac}}+C \quad (b^2+4ac>0).$

77. $\int \sqrt{c+bx-ax^2}\,dx = \frac{2ax-b}{4a}\sqrt{c+bx-ax^2}+$

$\frac{b^2+4ac}{8\sqrt{a^3}}\arcsin\frac{2ax-b}{\sqrt{b^2+4ac}}+C \quad (b^2+4ac>0).$

78. $\int \frac{x}{\sqrt{c+bx-ax^2}}dx = -\frac{1}{a}\sqrt{c+bx-ax^2}\,dx+\frac{b}{2\sqrt{a^3}}\arcsin\frac{2ax-b}{\sqrt{b^2+4ac}}+C \quad (b^2+4ac>0).$

（十）含有$\sqrt{\pm\frac{x-a}{x-b}}$或$\sqrt{(x-a)(b-x)}$的积分

79. $\int \sqrt{\frac{x-a}{x-b}}dx = (x-b)\sqrt{\frac{x-a}{x-b}}+(b-a)\ln(\sqrt{|x-a|}+\sqrt{|x-b|})+C.$

80. $\int \sqrt{\frac{x-a}{b-x}}dx = (b-x)\sqrt{\frac{x-a}{b-x}}+(b-a)\arcsin\sqrt{\frac{x-a}{b-a}}+C \quad (a<b).$

81. $\int \frac{dx}{\sqrt{(x-a)(b-x)}} = 2\arcsin\sqrt{\frac{x-a}{b-a}}+C \quad (a<b).$

82. $\int \sqrt{(x-a)(b-x)}\,dx = \frac{2x-a-b}{4}\sqrt{(x-a)(b-x)}+$

$\frac{(b-a)^2}{4}\arcsin\sqrt{\frac{x-a}{b-a}}+C \quad (a<b).$

（十一）含有三角函数的积分

83. $\int \sin x\,dx = -\cos x+C.$

84. $\int \cos x\,dx = \sin x+C.$

85. $\int \tan x\,dx = -\ln|\cos x|+C.$

86. $\int \cot x\,dx = \ln|\sin x|+C.$

87. $\int \sec x\,dx = \ln\left|\tan\left(\frac{\pi}{4}+\frac{x}{2}\right)\right|+C = \ln|\sec x+\tan x|+C.$

88. $\int \csc x\,dx = \ln\left|\tan\frac{x}{2}\right|+C = \ln|\csc x-\cot x|+C.$

89. $\int \sec^2 x\,dx = \tan x+C.$

90. $\int \csc^2 x\,dx = -\cot x+C.$

91. $\int \sec x\tan x\,dx = \sec x+C.$

92. $\int \csc x \cot x \mathrm{d}x = -\csc x + C.$

93. $\int \sin^2 x \mathrm{d}x = \frac{x}{2} - \frac{1}{4}\sin 2x + C.$

94. $\int \cos^2 x \mathrm{d}x = \frac{x}{2} + \frac{1}{4}\sin 2x + C.$

95. $\int \sin^n x \mathrm{d}x = -\frac{1}{n}\sin^{n-1} x \cos x + \frac{n-1}{n}\int \sin^{n-2} x \mathrm{d}x.$

96. $\int \cos^n x \mathrm{d}x = \frac{1}{n}\cos^{n-1} x \sin x + \frac{n-1}{n}\int \cos^{n-2} x \mathrm{d}x.$

97. $\int \frac{\mathrm{d}x}{\sin^n x} = -\frac{1}{n-1}\frac{\cos x}{\sin^{n-1} x} + \frac{n-2}{n-1}\int \frac{\mathrm{d}x}{\sin^{n-2} x}.$

98. $\int \frac{\mathrm{d}x}{\cos^n x} = \frac{1}{n-1}\frac{\sin x}{\cos^{n-1} x} + \frac{n-2}{n-1}\int \frac{\mathrm{d}x}{\cos^{n-2} x}.$

99. $$\begin{aligned}\int \cos^m x \sin^n x \mathrm{d}x &= \frac{1}{m+n}\cos^{m-1} x \sin^{n+1} x + \frac{m-1}{m+n}\int \cos^{m-2} x \sin^n x \mathrm{d}x \\ &= -\frac{1}{m+n}\cos^{m+1} x \sin^{n-1} x + \frac{n-1}{m+n}\int \cos^m x \sin^{n-2} x \mathrm{d}x.\end{aligned}$$

100. $\int \sin ax \cos bx \mathrm{d}x = -\frac{1}{2(a+b)}\cos(a+b)x - \frac{1}{2(a-b)}\cos(a-b)x + C \quad (a^2 \neq b^2).$

101. $\int \sin ax \sin bx \mathrm{d}x = -\frac{1}{2(a+b)}\sin(a+b)x + \frac{1}{2(a-b)}\sin(a-b)x + C \quad (a^2 \neq b^2).$

102. $\int \cos ax \cos bx \mathrm{d}x = \frac{1}{2(a+b)}\sin(a+b)x + \frac{1}{2(a-b)}\sin(a-b)x + C \quad (a^2 \neq b^2).$

103. $\int \frac{\mathrm{d}x}{a + b\sin x} = \frac{2}{\sqrt{a^2 - b^2}}\arctan \frac{a\tan \frac{x}{2} + b}{\sqrt{a^2 - b^2}} + C \quad (a^2 > b^2).$

104. $\int \frac{\mathrm{d}x}{a + b\sin x} = \frac{1}{\sqrt{b^2 - a^2}}\ln \left| \frac{a\tan \frac{x}{2} + b - \sqrt{b^2 - a^2}}{a\tan \frac{x}{2} + b + \sqrt{b^2 - a^2}} \right| + C \quad (a^2 < b^2).$

105. $\int \frac{\mathrm{d}x}{a + b\cos x} = \frac{2}{a+b}\sqrt{\frac{a+b}{a-b}}\arctan\left(\sqrt{\frac{a-b}{a+b}}\tan \frac{x}{2}\right) + C \quad (a^2 > b^2).$

106. $\int \frac{\mathrm{d}x}{a + b\cos x} = \frac{1}{a+b}\sqrt{\frac{a+b}{b-a}}\ln \left| \frac{\tan \frac{x}{2} + \sqrt{\frac{a+b}{b-a}}}{\tan \frac{x}{2} - \sqrt{\frac{a+b}{b-a}}} \right| + C \quad (a^2 < b^2).$

107. $\int \frac{\mathrm{d}x}{a^2\cos^2 x + b^2\sin^2 x} = \frac{1}{ab}\arctan\left(\frac{b}{a}\tan x\right) + C.$

108. $\int \frac{dx}{a^2\cos^2 x - b^2\sin^2 x} = \frac{1}{2ab}\ln\left|\frac{b\tan x + a}{b\tan x - a}\right| + C.$

109. $\int x\sin ax dx = \frac{1}{a^2}\sin ax - \frac{1}{a}x\cos ax + C.$

110. $\int x^2\sin ax dx = -\frac{1}{a}x^2\cos ax + \frac{2}{a^2}x\sin ax + \frac{2}{a^3}\cos ax + C.$

111. $\int x\cos ax dx = \frac{1}{a^2}\cos ax + \frac{1}{a}x\sin ax + C.$

112. $\int x^2\cos ax dx = \frac{1}{a}x^2\sin ax + \frac{2}{a^2}x\cos ax - \frac{2}{a^3}\sin ax + C.$

（十二）含有反三角函数的积分（其中 $a>0$）

113. $\int \arcsin\frac{x}{a}dx = x\arcsin\frac{x}{a} + \sqrt{a^2 - x^2} + C.$

114. $\int x\arcsin\frac{x}{a}dx = \left(\frac{x^2}{2} - \frac{a^2}{4}\right)\arcsin\frac{x}{a} + \frac{x}{4}\sqrt{a^2 - x^2} + C.$

115. $\int x^2\arcsin\frac{x}{a}dx = \frac{x^3}{3}\arcsin\frac{x}{a} + \frac{1}{9}(x^2 + 2a^2)\sqrt{a^2 - x^2} + C.$

116. $\int \arccos\frac{x}{a}dx = x\arccos\frac{x}{a} - \sqrt{a^2 - x^2} + C.$

117. $\int x\arccos\frac{x}{a}dx = \left(\frac{x^2}{2} - \frac{a^2}{4}\right)\arccos\frac{x}{a} - \frac{x}{4}\sqrt{a^2 - x^2} + C.$

118. $\int x^2\arccos\frac{x}{a}dx = \frac{x^3}{3}\arccos\frac{x}{a} - \frac{1}{9}(x^2 + 2a^2)\sqrt{a^2 - x^2} + C.$

119. $\int \arctan\frac{x}{a}dx = x\arctan\frac{x}{a} - \frac{a}{2}\ln(a^2 + x^2) + C.$

120. $\int x\arctan\frac{x}{a}dx = \frac{1}{2}(a^2 + x^2)\arctan\frac{x}{a} - \frac{a}{2}x + C.$

121. $\int x^2\arctan\frac{x}{a}dx = \frac{x^3}{3}\arctan\frac{x}{a} - \frac{a}{6}x^2 + \frac{a^3}{6}\ln(a^2 + x^2) + C.$

（十三）含有指数函数的积分

122. $\int a^x dx = \frac{1}{\ln a}a^x + C.$

123. $\int e^{ax}dx = \frac{1}{a}e^{ax} + C.$

124. $\int xe^{ax}dx = \frac{1}{a^2}(ax - 1)e^{ax} + C.$

125. $\int x^n e^{ax} dx = \frac{1}{a} x^n e^{ax} - \frac{n}{a} \int x^{n-1} e^{ax} dx \quad (n > 0).$

126. $\int x a^x dx = \frac{x}{\ln a} a^x - \frac{1}{(\ln a)^2} a^x + C.$

127. $\int x^n a^x dx = \frac{1}{\ln a} x^n a^x - \frac{n}{\ln a} \int x^{n-1} a^x dx \quad (n > 0).$

128. $\int e^{ax} \sin bx dx = \frac{1}{a^2 + b^2} e^{ax} (a\sin bx - b\cos bx) + C.$

129. $\int e^{ax} \cos bx dx = \frac{1}{a^2 + b^2} e^{ax} (b\sin bx + a\cos bx) + C.$

130. $\int e^{ax} \sin^n bx dx = \frac{1}{a^2 + b^2 n^2} e^{ax} \sin^{n-1} bx (a\sin bx - nb\cos bx) + \frac{n(n-1)b^2}{a^2 + b^2 n^2} \int e^{ax} \sin^{n-2} bx dx.$

131. $\int e^{ax} \cos^n bx dx = \frac{1}{a^2 + b^2 n^2} e^{ax} \cos^{n-1} bx (a\cos bx + nb\sin bx) + \frac{n(n-1)b^2}{a^2 + b^2 n^2} \int e^{ax} \cos^{n-2} bx dx.$

（十四）含有对数函数的积分

132. $\int \ln x dx = x\ln x - x + C.$

133. $\int \frac{dx}{x\ln x} = \ln |\ln x| + C.$

134. $\int x^n \ln x dx = \frac{1}{n+1} x^{n+1} \left(\ln x - \frac{1}{n+1} \right) + C \quad (n \neq -1).$

135. $\int (\ln x)^n dx = x(\ln x)^n - n \int (\ln x)^{n-1} dx \quad (n \neq -1).$

136. $\int x^m (\ln x)^n dx = \frac{1}{m+1} x^{m+1} (\ln x)^n - \frac{n}{m+1} \int x^m (\ln x)^{n-1} dx \quad (n \neq -1).$

（十五）含有双曲函数的积分

137. $\int \text{sh}\, x dx = \text{ch}\, x + C.$

138. $\int \text{ch}\, x dx = \text{sh}\, x + C.$

139. $\int \text{th}\, x dx = \ln \text{ch}\, x + C.$

140. $\int \text{sh}^2 x dx = -\frac{x}{2} + \frac{1}{4} \text{sh}\, 2x + C.$

141. $\int \operatorname{ch}^2 x\mathrm{d}x = \frac{x}{2} + \frac{1}{4}\operatorname{sh}2x + C.$

（十六）定积分

142. $\int_{-\pi}^{\pi} \cos nx\mathrm{d}x = \int_{-\pi}^{\pi} \sin nx\mathrm{d}x = 0.$

143. $\int_{-\pi}^{\pi} \cos mx \sin nx\mathrm{d}x = 0.$

144. $\int_{-\pi}^{\pi} \cos mx \cos nx\mathrm{d}x = \begin{cases} 0, & m \neq n, \\ \pi, & m = n. \end{cases}$

145. $\int_{-\pi}^{\pi} \sin mx \sin nx\mathrm{d}x = \begin{cases} 0, & m \neq n, \\ \pi, & m = n. \end{cases}$

146. $\int_{0}^{\pi} \sin mx \sin nx\mathrm{d}x = \int_{0}^{\pi} \cos mx \cos nx\mathrm{d}x = \begin{cases} 0, & m \neq n, \\ \pi/2, & m = n. \end{cases}$

147. $I_n = \int_0^{\frac{\pi}{2}} \sin^n x\mathrm{d}x = \int_0^{\frac{\pi}{2}} \cos^n x\mathrm{d}x,$

$$I_n = \frac{n-1}{n}I_{n-2} = \begin{cases} \frac{n-1}{n} \cdot \frac{n-3}{n-2} \cdot \cdots \cdot \frac{4}{5} \cdot \frac{2}{3}(n\text{为大于1的正奇数}), & I_1 = 1, \\ \frac{n-1}{n} \cdot \frac{n-3}{n-2} \cdot \cdots \cdot \frac{3}{4} \cdot \frac{1}{2} \cdot \frac{\pi}{2}(n\text{为正偶数}), & I_0 = \frac{\pi}{2}. \end{cases}$$

部分习题参考答案

习题 1.1

A

1. $A\cup B=[0,2]$, $A\cap B=[1,2]$, $A-B=[0,1)$, $A\times B=\{(x,y)\mid 0\leqslant x\leqslant 2,1\leqslant y\leqslant 2\}$.

2. $\forall \varepsilon>0$, $\forall M>0$, $\exists n\in\mathbf{N}$, 使 $n\varepsilon>M$.

3. $n>99$.　　　　4. $x\in \mathring{U}(2,0.01)$.

5. $f(0)=-1$, $f(-x)=x^2-5x-1$, $f(x-1)=x^2+3x-5$, $f(x^2)=x^4+5x^2-1$.

6. $f(-1)=0$, $f(0)=1$, $f(1)=0$, $f(-x^2)=1-x^2$, $f(x^2+1)=x^4+2x^2$.

7. $f(x)$的定义域与值域: $D=(-\infty,0]\cup[3,+\infty)$, $W=[0,+\infty)$.

   $g(x)$的定义域与值域: $D=(-1,1)$, $W=(-\infty,+\infty)$.

8. (1) $2x+h$;　　　　(2) $-2x+h$.

9. (1) 不是;　　　　(2) 是.

10. (1) 有界; (2) 有下界,无上界; (3) 有上界,无下界.

11. (1) 单调递增; (2) 不是单调的; (3) 单调递减.

12. (1) 奇函数; (2) 偶函数; (3) 非奇非偶.

13. (1) 周期函数,周期 2; (2) 周期函数,周期 π; (3) 非周期函数.

14. $f(x)+g(x)=\sqrt{x}(x-1)+\sin\pi x$, $x\in[0,+\infty)$,

    $f(x)g(x)=\sqrt{x}(x-1)\sin\pi x$, $x\in[0,+\infty)$,

    $\dfrac{g(x)}{f(x)}=\dfrac{\sin\pi x}{\sqrt{x}(x-1)}$, $x\in(0,1)\cup(1,+\infty)$.

15. $(f\circ g)(x)=\sqrt{\ln(x^2-1)}$, $x\in(-\infty,-\sqrt{2}]\cup[\sqrt{2},+\infty)$,

    $(g\circ f)(x)=\ln(x-1)$, $x\in(1,+\infty)$.

16. $y=\sin u$, $u=\ln v$, $v=\sqrt{t}$, $t=x+1$; $z=\mathrm{e}^u$, $u=v^2$, $v=\sin t$, $t=\sqrt{x}$.

17. $y=\dfrac{1-x}{1+x}$, $y=\mathrm{e}^{x-1}-2$.　　　　18. $A=3\ 600\pi t^2\ \mathrm{cm}^2$.

19. $R(x)=\begin{cases}250x, & 0\leqslant x\leqslant 600,\\ 230x+12\ 000, & 600<x\leqslant 800,\\ 196\ 000, & x>800.\end{cases}$

B

1. (1) $[-a,1-a]$;　　　　(2) $[2k\pi,(2k+1)\pi]\quad(k\in\mathbf{Z})$;

   (3) 当 $0<a\leqslant\dfrac{1}{2}$时, $D=[a,1-a]$; 当 $a>\dfrac{1}{2}$时, $D=\varnothing$, 函数无定义.

2. $D=(-1,1)$, 奇函数.

3. （1）$\varphi(x)$是偶函数，$\psi(x)$是奇函数； （2）略.

4. $f(x)=\ln\dfrac{1+\sqrt{1+x^2}}{x}$.

5. $\varphi(x)=-\sqrt{-x-x^2},-1\leqslant x<0$. 6. $y=2\varphi(x)$.

7. $f(g(x))=x,0\leqslant x\leqslant 4$； $g(f(x))=x,0\leqslant x\leqslant 6$.

习题 1.2

A

1. $x_{2k}=\dfrac{1}{2^{2k-1}},x_{2k-1}=0,\lim\limits_{n\to\infty}x_n=0$.

2. $\lim\limits_{n\to\infty}\dfrac{n!}{n^n}=0$.

4. （1）0； （2）不存在； （3）-1； （4）不存在.

5. 2. 6. 0.

7. 1. 8. 2.

9. 3. 10. e^{-5}.

11. 2.

B

1. （1）0； （2）1； （3）不存在.

4. $\lim\limits_{n\to\infty}x_n=1$. 5. $\lim\limits_{n\to\infty}x_n=\max\{a_1,a_2,\cdots,a_n\}$.

6. 不存在.

习题 1.3

A

3. （1）$\dfrac{1}{2}$； （2）-1； （3）$\dfrac{1}{2}$； （4）0.

5. （1）2； （2）2； （3）$\cos x_0$； （4）na^{n-1}； （5）e^{-2} （6）e^{-2}；

（7）$a=1$ 时极限为 1，$a\neq 1$ 时极限不存在； （8）$-\dfrac{\sqrt{2}}{6}$.

6. 极限不存在.

B

2. （1）$-\dfrac{1}{2}$；（2）$\dfrac{3\sqrt{5}}{5}$；（3）$-\dfrac{1}{2}$；（4）$k=2$ 时极限为 2，$k\neq 2$ 时极限不存在.

3. $a=-1,b=-2$.

5. -1 6. π.

习题 1.4

A

4. 当 $x\to-1$ 时，$f(x)$ 是无穷小；当 $x\to0$ 时，$f(x)$ 是无穷大.

5. (1) $\frac{3}{2}$； (2) 当 $n=m$ 时，极限为 1；当 $n>m$ 时，极限为 0；当 $n<m$ 时，为无穷大；

   (3) 1； (4) 1.

6. (1) 不是有界函数； (2) $\lim\limits_{x\to0^+}f(x)$ 不存在； (3) 当 $x\to0^+$ 时，$f(x)$ 不是无穷大.

B

1. (1) 4； (2) $\frac{5}{3}$； (3) 1； (4) 1.

4. 不存在.　　　　5. -4.

习题 1.5

A

2. (1) $x=1,x=2$ 是间断点，$x=1$ 是可去间断点，补充定义 $f(1)=-2$；$x=2$ 是无穷间断点；

   (2) $x=k\pi$ 及 $x=k\pi+\frac{\pi}{2}(k\in\mathbf{Z})$ 都是间断点；$x=0$ 及 $x=k\pi+\frac{\pi}{2}$ 是可去间断点，补充定义 $f(0)=1$，

   $f\left(k\pi+\frac{\pi}{2}\right)=0$；$x=k\pi(k\in\mathbf{Z}-\{0\})$ 是无穷间断点；

   (3) 没有间断点； (4) $x=0$ 是可去间断点，补充定义 $f(0)=0$；

   (5) $x=1$ 是跳跃间断点.

3. (1) 1； (2) 1； (3) $\ln 2$； (4) e^3.

B

1. (1) 函数在 $(-\infty,+\infty)$ 上连续；

   (2) $x=k(k\in\mathbf{Z})$ 是间断点，$x=0,\pm1$ 是可去间断点，其他间断点是无穷间断点.

2. (1) e；(2) e^{-1}.　　　　3. $a=-2$.

4. $a=\ln 2$.　　　　5. $x=1$ 是间断点.

总习题一

1. 1.　　　　2. $y=1+\lg(x+2),x>-2$.

4. (1) $\max\{a,b,c\}$； (2) $\frac{1}{1-2a}$； (3) e^{-2}； (4) 1； (5) 1； (6) $\frac{3}{2}$； (7) 1.

5. (1) 不存在； (2) 不存在； (3) 不存在；

   (4) 当 $k=0$ 时，极限是 0；当 $k\neq0$ 时，极限不存在.

6. $a=2$.

7. $x=0$ 及 $x=\dfrac{1}{\ln\dfrac{2}{3}}$,前者是跳跃间断点,后者是无穷间断点.

9. (1) $a=4,b=4$;(2) $a=1,b=-4$. 11. 2.

12. $f(x)=\mathrm{e}^{\frac{x}{\sin x}}$,$x=0$ 是第一类(可去)间断点, $x=k\pi(k=\pm1,\pm2,\cdots)$是第二类(无穷)间断点.

习题 2.1

A

1. $10-gt_0$. 2. $\left.\dfrac{\mathrm{d}m}{\mathrm{d}x}\right|_{x=x_0}$. 3. $\left.\dfrac{\mathrm{d}T}{\mathrm{d}t}\right|_{t=t_0}$.

4. (1) $-f'(x_0)$; (2) $2f'(x_0)$.

5. (1) 0; (2) -3; (3) -1; (4) $\dfrac{1}{4}$; (5) $-\dfrac{1}{8}$.

6. 切线方程为$\sqrt{2}y-x-1+\dfrac{\pi}{4}=0$,法线方程为$\dfrac{\sqrt{2}}{2}y+x-\dfrac{1}{2}-\dfrac{\pi}{4}=0$.

B

1. $f'(0)$. 3. $-\dfrac{2f'(x_0)}{a}$.

5. $a=2x_0,b=-x_0^2$.

6. 切线方程为 $y-\dfrac{x}{\mathrm{e}}=0$,法线方程为 $y+\mathrm{e}x=1+\mathrm{e}^2$.

7. $(2,4)$. 8. -1.

9. 有两个点不可导:$x=0,x=1$. 10. 可导.

习题 2.2

A

1. (1) $\dfrac{4}{3\sqrt[3]{x}}+\dfrac{2}{x^3}$; (2) $4t+\dfrac{5}{2}t^{\frac{3}{2}}$; (3) $\dfrac{9}{8}x^{\frac{1}{8}}+\dfrac{1}{8}x^{-\frac{7}{8}}$;

(4) $\sqrt{\varphi}\left(\dfrac{\sin\varphi}{2\varphi}+\cos\varphi\right)$; (5) $3\mathrm{e}^x(\cos x-\sin x)$;

(6) $\dfrac{(1+\sqrt{y})^2}{2y\sqrt{y}}$; (7) $\mathrm{e}^\theta(2+\theta+\ln\theta+\theta\ln\theta)$;

(8) $\dfrac{1}{1+x^2}+\dfrac{\sec^2x(2^x+1)-2^x\ln 2\tan x}{(2^x+1)^2}$; (9) $-2\csc^2x+\sec x\tan x$;

(10) $\arcsin x+\dfrac{x}{\sqrt{1-x^2}}+\dfrac{2\csc x(x\cot x+1)}{x^2}+\dfrac{a^x}{2\sqrt{x}}+\sqrt{x}a^x\ln a$.

2. $y+2=-5(x-2)$,$y+2=\dfrac{1}{5}(x-2)$. 3. $\dfrac{x}{x+1}$.

4. $x-2y+\frac{\pi}{2}-1=0, 2x+y-\frac{\pi}{4}-2=0$.　　5. $\frac{e-1}{e^2+1}$.

B

1. (1) $\frac{-1}{\sqrt{3-2x}}$; (2) $-2q\sin 2(q^2+1)$;

(3) $-2e^{-2x}\sec^2(e^{-2x}+1)+\frac{3}{x^2}e^{-\sin^2\frac{3}{x}}\sin\frac{6}{x}$;

(4) $\frac{(3x^2-2)}{2\sqrt{x^3-2x}(x^3-2x+1)}$; (5) $\frac{-v}{1+v^2}$; (6) $\frac{4\cos a}{4-\sin^2 a}$;

(7) $-2\tan x\sec^2 x\sin(2\tan^2 x)\cos[\cos^2(\tan^2 x)]$;

(8) $-\frac{1}{2e^{\sqrt{x}}\sqrt{(1-e^{-2\sqrt{x}})x}}$; (9) $-\frac{1}{x^2}e^{\tan\frac{1}{x}}\left(\sec^2\frac{1}{x}\sin\frac{1}{x}+\cos\frac{1}{x}\right)$;

(10) $-2x\sin x^2\sin^2\frac{1}{x}-\frac{1}{x^2}\sin\frac{2}{x}\cos x^2$; (11) $\frac{2}{3}(x+e^{-\frac{x}{2}})^{-\frac{1}{3}}(1-\frac{1}{2}e^{-\frac{x}{2}})$;

(12) $\frac{1}{2}\left(\frac{1}{x-1}-\frac{2x}{1+x^2}\right)$.

2. $\sin 2x[f'(\sin^2 x)-f'(\cos^2 x)]$.　　3. $\varphi'(x)[2\varphi(x)+1]f'[\varphi^2(x)+\varphi(x)]$.

4. 9 m/s.　　5. $\left(-\frac{1}{6},0\right)$.　　6. $(1+2t)e^{2t}$.　　7. $\lambda>2$.

习题 2.3

A

1. $\frac{-a^2}{(a^2-x^2)^{\frac{3}{2}}}$.

2. $-2\cos 2x\ln x-\frac{2\sin 2x}{x}-\frac{\cos^2 x}{x^2}$.

3. $a^n e^{ax}$.

4. $\mu(\mu-1)(\mu-2)\cdots(\mu-n+1)x^{\mu-n}$.

5. $8e^{2x}-e^{-x}$.

6. $-\frac{x}{(1+x^2)^{\frac{3}{2}}}$.

7. $\frac{(-1)^n(n!)2^n}{(1+2x)^{n+1}}$.

8. $f''(x)=\begin{cases}12x, & x\geqslant 0,\\ -12x^2, & x<0.\end{cases}$

B

1. $6x\ln(2x+1)+\frac{20x^3+12x^2}{(2x+1)^2}$.

2. $f''[x\varphi(x)][\varphi(x)+x\varphi'(x)]^2+f'[x\varphi(x)][2\varphi'(x)+x\varphi''(x)]$.

3. $\frac{1}{m}\left(\frac{1}{m}-1\right)\left(\frac{1}{m}-2\right)\cdots\left(\frac{1}{m}-n+1\right)(1+x)^{\frac{1}{m}-n}$.

4. $(-1)^n n!\left[\frac{1}{(x-2)^{n+1}}-\frac{1}{(x-1)^{n+1}}\right]$.

5. $(870-x^2)\cos x-60x\sin x$.　　6. $2^{20}e^{2x}(x^2+20x+95)$.

7. $y^{(n)}=4^{n-1}\cos\left(4x+n\cdot\dfrac{\pi}{2}\right)$.

习题 2.4

A

1. (1) $-\dfrac{3x}{y}$; (2) $\dfrac{-[y\cos x+\sin(x+y)]}{\sin x+\sin(x+y)}$; (3) $\dfrac{e^x-y\cos xy}{e^y+x\cos xy}$;

(4) $\dfrac{y^2-2x\cos(x^2+y^2)-e^x}{2y\cos(x^2+y^2)-2xy}$.

2. (1) $(x^2+1)^3(x+2)^3x^6\left(\dfrac{6x}{x^2+1}+\dfrac{2}{x+2}+\dfrac{6}{x}\right)$; (2) $x^x\sin x(\ln x+1)+x^x\cos x$;

(3) $\left[\ln(x+\sqrt{1+x^2})+\dfrac{x}{\sqrt{1+x^2}}\right](x+\sqrt{1+x^2})^x$.

3. 1. 4. 0. 5. $x-y=0$.

6. $\dfrac{1}{2t},-\dfrac{1+t^2}{4t^3}$. 7. $\dfrac{1}{t}(6t+5)(t+1)$.

8. 0.14 rad/min.

B

1. (1) $\dfrac{-y}{[1+\sin(x+y)]^3}$; (2) $\dfrac{e^{2y}(2-xe^y)}{(1-xe^y)^3}$.

2. $-4(1+\sin^2 t),-8(1+\sin^2 t)$. 3. $\dfrac{1}{f''(t)}$.

4. $x+y-5=0$. 5. (1) $\dfrac{1}{2\pi}$ m/min; (2) 1 m^2/min;

6. 106 km/h. 7. $x-2y+2=0$.

习题 2.5

A

1. $\Delta y=-0.119\ 1,\mathrm{d}y=-0.12$. 2. 4.

3. (1) $3(1+x-x^2)^2(1-2x)\mathrm{d}x$; (2) $\dfrac{(x^2-1)\sin x+2x\cos x}{(1-x^2)^2}\mathrm{d}x$;

(3) $e^x(\sin^2 x+\sin 2x)\mathrm{d}x$; (4) $\dfrac{e^x}{1+e^{2x}}\mathrm{d}x$.

4. 同阶无穷小. 5. 0.5.

6. $\dfrac{\mathrm{d}x}{\sec^2 y-1}$. 7. $\dfrac{2+\ln(x-y)}{3+\ln(x-y)}\mathrm{d}x$.

B

1. (1) $-\dfrac{1}{2}e^{-2x}+C$; (2) $\dfrac{1}{3}\tan 3x+C$; (3) $\dfrac{3^x}{\ln 3}+C$;

(4) $\frac{1}{2}\ln(1+x^2)+C$; (5) $x^x(\ln x+1)+\frac{1}{1+x^2}$;

(6) $2(\sin 2x+\frac{\cos 2x}{x})xe^{x^2}dx$.

2. $-2x\Phi'(2-x^2)f'[\Phi(2-x^2)]\Delta x$. 3. $9.6\pi\approx 30\ \text{cm}^2$.

4. 约 1.16 g. 5. $L(x)=1-8x$.

6. $L(x)=1+\frac{x}{n}$, 2.005 2.

复习题二

1. 否. 2. 是. 3. 否

4. 充分必要. 5. 否,有切线.

6. 可导,$f'(x)$ 在 $x=0$ 处连续但不可导. 7. 可能不同.

8. (1) 错; (2) 对; (3) 错; (4) 对; (5) 错; (6) 错.

总习题二

1. $f(x_0)-x_0f'(x_0)$. 2. $y=\frac{1}{e}$, $x=1$.

3. $4\tan\frac{x}{4}$. 4. $(n+x)e^x$.

5. $2\cos xf(\sin x)f'(\sin x)f'[f^2(\sin x)]$.

6. $a=b=-1$, $f'(x)=\begin{cases} b\cos x, & x<0,\\ ae^{ax}, & x\geqslant 0.\end{cases}$

7. $\arcsin\frac{x}{3}dx$. 8. $-2e^{-2x}\sec^2(e^{-2x}+1)$.

9. $\sqrt{a^2-x^2}\,dx$. 10. $(\cos x)^{\sin x}(\cos x\ \ln\cos x-\tan x\ \sin x)$.

11. 1,2. 12. $1,\frac{1}{2},-\frac{1}{2},x+y+1=0$.

13. $\frac{1+t^4}{4t^2}$. 14. 1,2.

15. 2. 16. $f'(x)=\begin{cases} 2x\sin\frac{1}{x}-\cos\frac{1}{x}, & x>0,\\ 3x^2, & x\leqslant 0.\end{cases}$

17. (1) 错; (2) 对; (3) 错; (4) 对; (5) 错; (6) 错.

19. (1) $\frac{3}{8}$m/s; (2) $\frac{1}{5}$rad/s.

20. $\frac{(y^2-e^t)(1+t^2)}{2-2ty}$.

习题 3.1

A

1. 否.　　2. 否.　　6. $\frac{1}{2}$.

B

1. 有分别位于(1,2),(2,3),(3,4)内的三个实根.

习题 3.2

A

1. (1) $\frac{a}{b}$;　(2) 1;　(3) 2;　(4) $\frac{1}{2}$;　(5) 1;　(6) $\frac{1}{3}$.

2. 极限为 1,不能用洛必达法则求出.

B

1. (1) $-\frac{1}{8}$;　(2) 1;　(3) 1;　(4) $\frac{1}{6}$;　(5) 1;　(6) $\sqrt[n]{a_1a_2\cdots a_n}$.

2. 连续.　　3. (B).

习题 3.3

A

1. $f(x)=-56+21(x-4)+37(x-4)^2+11(x-4)^3+(x-4)^4$.

2. $\frac{1}{1-x}=1+x+x^2+\cdots+x^n+\frac{x^{n+1}}{(1-\xi)^{n+2}}$,$\xi$ 在 0 与 x 之间.

3. $\ln x=(x-1)-\frac{1}{2}(x-1)^2+\cdots+(-1)^{n-1}\frac{(x-1)^n}{n}+\frac{(-1)^n(x-1)^{n+1}}{(n+1)[1+\theta(x-1)]^{n+1}},0<\theta<1$.

4. $\frac{1}{x}=-[1+(x+1)+(x+1)^2+\cdots+(x+1)^n]+(-1)^{n+1}\frac{(x+1)^{n+1}}{[-1+\theta(x+1)]^{n+2}},0<\theta<1$.

B

1. $\tan x=x+\frac{1+2\sin^2(\theta x)}{3\cos^4(\theta x)}x^3,0<\theta<1$.

2. $xe^x=x+x^2+\frac{x^3}{2!}+\cdots+\frac{x^n}{(n-1)!}+\frac{1}{(n+1)!}(n+1+\theta x)e^{\theta x}x^{n+1},0<\theta<1$.

3. $\sqrt{x}=2+\frac{1}{4}(x-4)-\frac{1}{64}(x-4)^2+\frac{1}{512}(x-4)^3-\frac{15(x-4)^4}{4!\ 16[4+\theta(x-4)]^{\frac{7}{2}}},0<\theta<1$.

4. (1) $\frac{1}{6}$;　(2) $\frac{1}{2}$;　(3) $\frac{1}{3}$;　(4) $-\frac{1}{6!}$.

5. 36.　　6. $\dfrac{(-1)^{n-1}n!}{n-2}$.

习题 3.4

A

1. (1) $(-\infty,+\infty)\searrow$;　　(2) $(-\infty,0]\nearrow,[0,+\infty)\searrow$;

   (3) $(0,1]\nearrow,[1,+\infty)\searrow$;　(4) $(-\infty,+\infty)\nearrow$.

2. (1) $\left(-\infty,\dfrac{5}{3}\right]$上凸,$\left[\dfrac{5}{3},+\infty\right)$下凸,拐点$\left(\dfrac{5}{3},\dfrac{20}{27}\right)$;

   (2) $(-\infty,2]$ 上凸,$[2,+\infty)$下凸,拐点$\left(2,\dfrac{2}{e^2}\right)$;

   (3) $(-\infty,+\infty)$下凸;

   (4) $(-\infty,-1]$上凸,$[1,+\infty)$上凸,$[-1,1]$下凸,拐点$(-1,\ln 2)$和$(1,\ln 2)$.

B

3. $a>\dfrac{1}{e}$时无实根,$0<a<\dfrac{1}{e}$时有两个实根,$a=\dfrac{1}{e}$时只有 $x=e$ 一个实根.

4. 三个拐点为$(-1,-1)$,$\left(2+\sqrt{3},\dfrac{-1+\sqrt{3}}{4}\right)$,$\left(2-\sqrt{3},\dfrac{-1-\sqrt{3}}{4}\right)$.

5. $k=\pm\dfrac{\sqrt{2}}{8}$.　　6. $a=-\dfrac{3}{2},b=\dfrac{9}{2}$.　　7. 是拐点.

习题 3.5

A

1. (1) 极大值 $y(0)=0$,极小值 $y(1)=-1$;

   (2) 极大值 $y(-1)=17$,极小值 $y(3)=-47$;

   (3) 极小值 $y(0)=0$;　　(4) 极大值 $y(\pm1)=1$,极小值 $y(0)=0$;

   (5) 极大值 $y(e)=e^{\frac{1}{e}}$;　　(6) 极大值 $y(1)=2$;

   (7) 没有极值;　　(8) 没有极值.

2. 最大值 $y(4)=142$,最小值 $y(1)=7$.

3. 最大值 $y\left(\dfrac{3}{4}\right)=\dfrac{5}{4}$,最小值 $y(-5)=-5+\sqrt{6}$.

4. 最小值 $y(-3)=27$.

B

1. $a=2$,极大值 $f\left(\dfrac{\pi}{3}\right)=\sqrt{3}$.　　2. x_0 不是极值点,$(x_0,f(x_0))$是拐点.

3. $S_{\max}=2ab$.　　4. 小方块边长为$\dfrac{a}{6}$m.

5. $\frac{1}{8}L^2$.　　6. $\left(\frac{16}{3},\frac{256}{9}\right)$.

7. $\frac{30}{\pi+4}$m.　　8. 2 个.

习题 3.6

A

1. $K=2$　　2. $K=2,\rho=\frac{1}{2}$.

3. $K=\left|\frac{2}{3a\sin 2t_0}\right|$.　　4. $y=1$.

5. $x=-3,x=1,y=x-2$.

B

1. $\left(\frac{\sqrt{2}}{2},-\frac{\ln 2}{2}\right),\frac{3\sqrt{3}}{2}$.　　2. $K=\frac{1}{(1+2x^2)^{\frac{3}{2}}},K(0)=1$.

复习题三

9.（1）错；（2）错；（3）对；（4）对；（5）错；（6）对.

总习题三

2.（1）$\frac{1}{6}$；（2）1；（3）$a_1a_2\cdots a_n$；（4）2.

3. $x+\frac{x^3}{6}+\frac{1}{4!}\frac{9(\theta x)+6(\theta x)^3}{[1-(\theta x)^2]^{\frac{7}{2}}}x^4,0<\theta<1$.

4. $\sqrt[3]{3}$.　　8. $P\left(\frac{\sqrt{3}}{3},-\frac{2}{3}\right)$.

12.（1）$a=g'(0)$;（2）$f'(0)=\frac{g''(0)+1}{2}$;（3）$f'(x)$在 $x=0$ 处连续.

习题 4.1

A

1.（1）$\frac{5}{4}x^4+2x^2+x+C$；　　（2）$6\sqrt{x}-\frac{5}{x}-2x+C$；

（3）$\frac{1}{3}x^3-\frac{2}{3}x^{\frac{3}{2}}+\frac{2}{5}x^{\frac{5}{2}}-x+C$；　　（4）$2x^{\frac{1}{2}}-\frac{4}{3}x^{\frac{3}{2}}+\frac{2}{5}x^{\frac{5}{2}}+C$；

（5）$2\arctan x-x+C$；　　（6）$\frac{6}{13}x^{\frac{13}{6}}-\frac{6}{7}x^{\frac{7}{6}}+C$；

(7) $\frac{1}{5}x^5+\frac{2}{3}x^3+x+C$;　(8) $\frac{2}{3}x^{\frac{3}{2}}-x+C$;

(9) $x-\arctan x+C$;　(10) $3\arctan x-2\arcsin x+C$;

(11) $\frac{2^x}{\ln 2}+\frac{1}{3}x^3+C$;　(12) $2e^x+3\ln|x|+C$;

(13) $\frac{3^x e^x}{1+\ln 3}+C$;　(14) $4x-\frac{2}{5}\sqrt{x}-3\cos x+C$;

(15) $\frac{1}{2}(x+\sin x)+C$;　(16) $\tan x-x+C$;

(17) $\frac{8}{15}x^{\frac{15}{8}}+C$;　(18) $\frac{3}{2}\arcsin x-\cos x+C$;

(19) $3\tan x-\cot x+C$;　(20) $-\cot x-\tan x+C$.

B

1. (1) $\frac{2}{5}x^{\frac{5}{2}}+C$;　(2) $\sqrt{\frac{2h}{g}}+C$;

(3) $x^3+\arctan x+C$;　(4) $e^x-2\sqrt{x}+C$;

(5) $\frac{2^{2x}}{2\ln 2}+\frac{3^{2x}}{2\ln 3}+\frac{2\cdot 6^x}{\ln 6}+C$;　(6) $\sin x-\cos x+C$;

(7) $\frac{1}{2}\tan x+C$;　(8) $\frac{4}{7}x^{\frac{7}{4}}+4x^{-\frac{1}{4}}+C$.

2. $y=\ln|x|+1$.　4. $x+e^x+C$.

习题 4.2

A

1. (1) 3;　(2) $-\frac{1}{2}$;　(3) $\frac{1}{2}$;　(4) $-\frac{1}{9}$;　(5) 2;

(6) $-\frac{1}{4}$;　(7) $\frac{1}{3}$;　(8) 3;　(9) $-\frac{1}{2}$;　(10) -1.

2. (1) $\frac{1}{k}e^{kx}$;　(2) $\frac{1}{2}x^2$;　(3) $\frac{1}{3}x^3$;　(4) $-\frac{1}{x}$;　(5) $-\frac{1}{2x^2}$;

(6) $\ln x$;　(7) $\arctan x$;　(8) $\frac{1}{\omega}\sin(\omega t+\varphi)$　(9) $\sqrt{x^2+a^2}$;　(10) $\frac{1}{2}\sin^2 x$.

(**注**　在每一答案后加一任意常数,也是正确的.)

3. (1) $-\frac{1}{2}\sin(1-2x)+C$;　(2) $-\frac{1}{2}e^{-x^2}+C$;

(3) $\arcsin\frac{x}{2}+C$;　(4) $-\frac{1}{18}(1-2x)^9+C$;

(5) $-\frac{2}{9}(8-3x)^{\frac{3}{2}}+C$;　(6) $-\frac{1}{2}(2-3x)^{\frac{2}{3}}+C$;

(7) $-\frac{1}{3}\tan(1-3x)+C$;　(8) $\frac{\sqrt{6}}{12}\arctan\frac{2x}{\sqrt{6}}+C$;

(9) $-\frac{1}{3}\sqrt{2-3x^2}+C$;

(10) $\frac{\sqrt{2}}{4}\ln\left|\frac{\sqrt{2}x-1}{\sqrt{2}x+1}\right|+C$;

(11) $\ln(x^2-3x+8)+C$;

(12) $-\frac{1}{\ln x}+C$;

(13) $\frac{1}{2}\ln(1+e^{2x})+C$;

(14) $\frac{2}{\sqrt{\cos x}}+C$;

(15) $\frac{2^{2x+2}}{\ln 2}+C$;

(16) $\frac{1}{2}t+\frac{1}{4\omega}\sin 2(\omega t+\varphi)+C$;

(17) $\frac{2}{9}(1+x^3)^{\frac{3}{2}}+C$;

(18) $\frac{1}{2}\arctan x^2+C$;

(19) $\frac{1}{4}\arcsin x^4+C$;

(20) $\cos\frac{1}{x}+C$;

(21) $-2\ln|\cos\sqrt{x}|+C$;

(22) $-\frac{1}{3\sin^3 x}+C$;

(23) $-2\sqrt{1-x^2}-\arcsin x+C$;

(24) $\frac{1}{6}\arctan\frac{2x}{3}-\frac{1}{8}\ln(9+4x^2)+C$;

(25) $-\frac{1}{2}x-\frac{3}{4}\ln|3-2x|+C$;

(26) $x-2\arctan\frac{x}{2}+C$;

(27) $\arcsin\frac{x}{\sqrt{3}}+\frac{1}{\sqrt{3}}\arcsin\sqrt{3}x+C$;

(28) $\frac{1}{2}e^{x^2-2x+2}+C$;

(29) $\arctan e^x+C$;

(30) $\frac{1}{2}x^2-\frac{9}{2}\ln(9+x^2)+C$;

(31) $\frac{1}{2}x+\frac{1}{4}\sin 2x+C$;

(32) $\sin x-\frac{1}{3}\sin^3 x+C$;

(33) $\frac{1}{2}\tan^2 x+\ln|\cos x|+C$;

(34) $\tan\frac{x}{2}+C$;

(35) $\frac{1}{2}\cos x-\frac{1}{10}\cos 5x+C$;

(36) $\frac{3}{2}(\sin x-\cos x)^{\frac{2}{3}}+C$;

(37) $\frac{1}{3}\sin\frac{3}{2}x+\sin\frac{1}{2}x+C$;

(38) $\frac{x}{a^2\sqrt{a^2-x^2}}+C$;

(39) $\arccos\frac{1}{x}+C$;

(40) $\frac{x}{\sqrt{x^2+1}}+C$;

(41) $\ln|\sec x+\tan x|-\csc x+C$;

(42) $\frac{\sqrt{3}}{6}\arctan\left(\frac{\sqrt{3}}{2}\tan x\right)+C$.

B

1. $\frac{(1+x)^{n+1}}{n+1}+C$.

2. $\frac{1}{3}(1+x^2)^{\frac{3}{2}}-(1+x^2)^{\frac{1}{2}}+C$.

3. $\frac{1}{4}\ln|x|-\frac{1}{24}\ln(x^6+4)+C$.

4. $-\frac{1}{x\ln x}+C$.

5. $\frac{1}{2}x-\frac{1}{2}\ln(e^x+2)+C$.

6. $\arcsin x-\frac{x}{1+\sqrt{1-x^2}}+C$.

7. $\frac{1}{7}\ln\left|\frac{2x+1}{2-3x}\right|+C.$

8. $\frac{1}{2}(\ln\tan x)^2+C.$

9. $-\frac{1}{2\ln 10}10^{2\arccos x}+C.$

10. $(\arctan\sqrt{x})^2+C.$

11. $-2\arctan\sqrt{1-x}+C.$

12. $2\arcsin\frac{\sqrt{x}}{2}+C$ 或 $\arcsin\frac{x-2}{2}+C.$

13. $\frac{1}{3}\sec^3 x-\sec x+C.$

14. $\frac{1}{3}\ln\left|\frac{x-1}{x+2}\right|+C.$

15. $\sqrt{x^2-9}-3\arccos\frac{3}{x}+C.$

16. $\frac{2}{3}(\ln x+1)^{\frac{3}{2}}-2(\ln x+1)^{\frac{1}{2}}+C.$

习题 4.3

A

1. $-x\cos x+\sin x+C.$

2. $2x\sin\frac{x}{2}+4\cos\frac{x}{2}+C.$

3. $\frac{1}{3}x^3\ln x-\frac{1}{9}x^3+C.$

4. $-e^{-x}(x+1)+C.$

5. $\frac{1}{2}e^{-x}(\sin x-\cos x)+C.$

6. $\frac{1}{2}x^2\arctan x-\frac{1}{2}x+\frac{1}{2}\arctan x+C.$

7. $x\arcsin x+\sqrt{1-x^2}+C.$

8. $x\ln^2 x-2x\ln x+2x+C.$

9. $-x\cot x+\ln|\sin x|+C.$

10. $-\frac{1}{4}x\cos 2x+\frac{1}{8}\sin 2x+C.$

11. $\frac{1}{2}x^2\ln(x-1)-\frac{1}{4}x^2-\frac{1}{2}x-\frac{1}{2}\ln(x-1)+C.$

12. $\frac{1}{2}x[\cos(\ln x)+\sin(\ln x)]+C.$

13. $x\tan x+\ln|\cos x|-\frac{1}{2}x^2+C.$

14. $\frac{1}{2}\ln|\csc x-\cot x|-\frac{1}{2}\cot x\csc x+C.$

15. $x^2\cos x-4x\sin x-6\cos x+C.$

B

1. $\frac{1}{4}x^2-\frac{1}{4}x\sin 2x-\frac{1}{8}\cos 2x+C.$

2. $\frac{1}{2}e^{x^2}(x^2-1)+C.$

3. $\left(1-\frac{1}{x}\right)\ln(1-x)+C.$

4. $\frac{\ln x}{1-x}+\ln\left|\frac{1-x}{x}\right|+C.$

5. $-\frac{\ln x}{x}+C.$

6. $x\arctan x-\frac{1}{2}\ln(1+x^2)-\frac{1}{2}(\arctan x)^2+C.$

7. $x(\arcsin x)^2+2\sqrt{1-x^2}\arcsin x-2x+C.$

8. $e^{2x}\tan x+C.$

9. $\frac{1}{2}(x^2+2x-2)e^{2x}+C.$

习题 4.4

A

1. (1) $\ln|x|-\frac{1}{2}\ln(x^2+1)+C$;

(2) $-\frac{1}{2}\ln|x+1|+2\ln|x+2|-\frac{3}{2}\ln|x+3|+C$;

(3) $x+\frac{1}{6}\ln|x|-\frac{9}{2}\ln|x-2|+\frac{28}{3}\ln|x-3|+C$;

(4) $\frac{1}{3}\ln\frac{|x+1|}{\sqrt{x^2-x+1}}+\frac{\sqrt{3}}{3}\arctan\frac{2x-1}{\sqrt{3}}+C$;

(5) $\ln|x|-\frac{1}{2}\ln|x+1|-\frac{1}{4}\ln(1+x^2)-\frac{1}{2}\arctan x+C$;

(6) $\frac{1}{3}x^3+\frac{1}{2}x^2+x+8\ln|x|-3\ln|x-1|-4\ln|x+1|+C$.

2. (1) $\frac{1}{\sqrt{5}}\arctan\frac{3\tan\frac{x}{2}+1}{\sqrt{5}}+C$;　　(2) $\tan x-\frac{1}{\cos x}+C$;

(3) $\frac{1}{\sqrt{2}}\arctan\frac{\tan\frac{x}{2}}{\sqrt{2}}+C$;　　(4) $\frac{\sqrt{3}}{6}\arctan\frac{2\tan x}{\sqrt{3}}+C$;

(5) $\frac{1}{\cos x}-\tan x+x+C$;　　(6) $\frac{1}{2}\sec x+\frac{1}{2}\ln|\csc x-\cot x|+C$.

3. (1) $\frac{3}{2}\sqrt[3]{(x+1)^2}-3\sqrt[3]{x+1}+3\ln|\sqrt[3]{x+1}+1|+C$;

(2) $\frac{1}{2}x^2-\frac{2}{3}x^{\frac{3}{2}}+x+C$;　　(3) $x-4\sqrt{x+1}+4\ln(\sqrt{x+1}+1)+C$;

(4) $\ln|x+5+\sqrt{x^2+10x+21}|+C$;　　(5) $2\sqrt{x}-4\sqrt[4]{x}+4\ln(\sqrt[4]{x}+1)+C$;

(6) $\frac{1}{3}(x^2+x+4)\sqrt{x^2-2x-1}-2\ln|x-1+\sqrt{x^2-2x-1}|+C$.

4. (1) $\frac{x}{2}\sqrt{2x^2+9}+\frac{9\sqrt{2}}{4}\ln|\sqrt{2}x+\sqrt{2x^2+9}|+C$;

(2) $-\sqrt{1+x-x^2}+\frac{1}{2}\arcsin\frac{2x-1}{\sqrt{5}}+C$;　　(3) $\frac{1}{2}\arctan\frac{x+1}{2}+C$;

(4) $\frac{1}{13}e^{-2x}(-2\sin 3x-3\cos 3x)+C$;　　(5) $x\ln^3 x-3x\ln^2 x+6x\ln x-6x+C$;

(6) $\frac{1}{2}\left(-\frac{\cos x}{\sin^2 x}+\ln\left|\tan\frac{x}{2}\right|\right)+C$;　　(7) $2\sqrt{x-1}-2\arctan\sqrt{x-1}+C$;

(8) $\frac{1}{9}\left(\ln|2+3x|+\frac{2}{2+3x}\right)+C$.

B

1. $\frac{1}{2}\ln\left|x^2-1\right|+\frac{1}{x+1}+C.$

2. $\ln\left|x-1\right|-\frac{1}{2}\ln(x^2+1)-\arctan x+\frac{1}{x^2+1}+C.$

3. $\frac{1}{8}\tan^2\frac{x}{2}+\frac{1}{4}\ln\left|\tan\frac{x}{2}\right|+C.$

4. $\frac{1}{2}(\sin x-\cos x)-\frac{1}{2\sqrt{2}}\ln\left|\csc\left(x+\frac{\pi}{4}\right)-\cot\left(x+\frac{\pi}{4}\right)\right|+C.$

5. $-\frac{3}{4}\sqrt[3]{\left(\frac{x+1}{x-1}\right)^2}+C.$

6. $-\frac{\sqrt{x^2+2x+2}}{x+1}+C.$

总习题四

1. $-\frac{2}{\sqrt{x}}-\frac{2}{3}x\sqrt{x}+C.$

2. $-\frac{1}{8}\ln\left|\sec(1-4x^2)+\tan(1-4x^2)\right|+C.$

3. $x+\sin 2x+C.$

4. $\ln\ln\sin x+C.$

5. $\frac{1}{4}e^{2x^2}+C.$

6. $\frac{1}{6}\ln\left|\tan^2x-\tan x+1\right|+\frac{1}{\sqrt{3}}\arctan\frac{2\tan x-1}{\sqrt{3}}-\frac{1}{3}\ln\left|\tan x+1\right|+C.$

7. $\frac{1}{3}\tan^3x-\tan x+x+C.$

8. $x\arctan\sqrt{x}-\sqrt{x}+\arctan\sqrt{x}+C.$

9. $\sqrt{2}\ln\left|\csc\frac{x}{2}-\cot\frac{x}{2}\right|+C.$

10. $\frac{1}{2}x^2\ln(4+x^2)-\frac{x^2}{2}+2\ln(4+x^2)+C.$

11. $\frac{1}{2}(x+\tan x)+C.$

12. $\frac{1}{2}\sec x\tan x-\frac{1}{2}\ln\left|\sec x+\tan x\right|+C.$

13. $x\ln(1+x^2)-2x+2\arctan x+C.$

14. $\frac{1}{4}\ln\left|4x+1+\sqrt{16x^2+8x+5}\right|+C.$

15. $-\frac{\sqrt{(1+x^2)^3}}{3x^2}+\frac{\sqrt{1+x^2}}{x}+C.$

16. $\frac{a^2}{2}\left[\frac{x\sqrt{a^2+x^2}}{a^2}+\ln(\sqrt{a^2+x^2}+x)\right]+C.$

17. $\tan x\ln\cos x+\tan x-x+C.$

18. $\sqrt{x^2-4x+3}+4\ln\left|x-2+\sqrt{x^2-4x+3}\right|+C.$

19. $-2\sqrt{2-x}\arcsin\frac{x}{2}+4\sqrt{2+x}+C.$

20. $\arcsin\frac{x-a}{a}+C.$

21. $\frac{\sqrt{2}}{4}\arctan\frac{x^2-1}{\sqrt{2}x}-\frac{\sqrt{2}}{8}\ln\left|\frac{x^2-\sqrt{2}x+1}{x^2+\sqrt{2}x+1}\right|+C.$

22. $-2x\cos\sqrt{x}+4\sqrt{x}\sin\sqrt{x}+4\cos\sqrt{x}+C.$

23. $\frac{1}{2}\sec x+\frac{1}{2}\ln\left|\csc x-\cot x\right|+C.$

24. $-\frac{1}{2}\ln^2\cos x+C.$

25. $\ln(e^x+\sqrt{e^{2x}-1})+\arcsin e^{-x}+C.$

26. $\frac{x-1}{2\sqrt{1+x^2}}e^{\arctan x}+C.$

27. $2\sqrt{\sin x}\,e^{-\frac{x}{2}}+C.$

28. $\frac{1}{a}\ln\left|x\right|-\frac{1}{na}\ln\left|x^n+a\right|+C.$

29. $-\frac{1}{8}x\csc^2\frac{x}{2}-\frac{1}{4}\cot\frac{x}{2}+C$.

30. $\frac{1}{2}(\arcsin x+\ln|x+\sqrt{1-x^2}|)+C$.

31. $(x-\sec x)e^{\sin x}+C$.

32. $-\ln|\csc x+1|+C$ 或 $\ln\left|\frac{\sin x}{1+\sin x}\right|+C$.

33. $\frac{2}{5}\tan^{\frac{5}{2}}x+2\tan^{\frac{1}{2}}x+C$.

34. $\frac{x^4}{4}+\ln\frac{\sqrt[4]{x^4+1}}{x^4+2}+C$.

35. $\arcsin e^x-\sqrt{1-e^{2x}}+C$.

36. $x\tan\frac{x}{2}+C$.

37. $-\frac{\sqrt{1-x^2}}{x}\arcsin x+\ln|x|+\frac{1}{2}(\arcsin x)^2+C$.

38. $-\frac{1}{2}(e^{-2x}\arctan e^x+e^{-x}+\arctan e^x)+C$.

39. $\arctan\left(\frac{x}{\sqrt{1+x^2}}\right)+C$.

40. $-\frac{1}{2}x^2-\ln(1-x)+C$.

41. $e^{-\frac{n}{x}}$.

42. $t=6$ h.

习题 5.1

A

1. (1) $\frac{1}{2}(b^2-a^2)$; (2) $\frac{1}{3}$.

2. (1) $\int_{-2}^{-1}e^{-x^3}dx > \int_{-2}^{-1}e^{x^3}dx$; (2) $\int_1^2 x dx < \int_1^2 x^2 dx$;

 (3) $\int_0^1 e^x dx \geqslant \int_0^1 e^{x^2}dx$; (4) $\int_3^4 \ln x dx \leqslant \int_3^4 (\ln x)^2 dx$.

3. (1) $6 \leqslant \int_1^4 (x^2+1)dx \leqslant 51$; (2) $\pi \leqslant \int_{\frac{\pi}{4}}^{\frac{5}{4}\pi}(1+\sin^2 x)dx \leqslant 2\pi$;

 (3) $\frac{\pi}{9} \leqslant \int_{\frac{1}{\sqrt{3}}}^{\sqrt{3}} x\tan x dx \leqslant \frac{2}{3}\pi$; (4) $-2e^2 \leqslant \int_2^0 e^{x^2-x}dx \leqslant -2e^{-\frac{1}{4}}$.

4. $2\int_0^1 \ln(1+x)dx$.

B

1. $\frac{32}{3}$.

6. (D).

习题 5.2

A

1. (1) $2x\sqrt{1+x^4}$; (2) $\cot t$.

2. (1) 1; (2) $\frac{\pi^2}{4}$; (3) $\frac{\pi}{6}$; (4) 2.

4. $\dfrac{\cos x}{\sin x-1}$或$-e^{-y}\cos x$.

5. $x=0$ 时 $I(x)$ 有极小值，且 $I(0)=0$.

6. (1) $\dfrac{25}{2}-\dfrac{1}{2}\ln 26$； (2) 0； (3) -2； (4) $e^{-a}-e^{-b}$； (5) $\dfrac{\pi}{2}$； (6) $\dfrac{7}{12}\pi$； (7) 1.

7. (1) $\dfrac{\pi}{4}$； (2) $\dfrac{2}{\pi}$.

9. $\Phi(x)=\begin{cases}\dfrac{1}{3}x^3, & 0\leqslant x<1,\\ \dfrac{1}{2}x^2-\dfrac{1}{6}, & 1\leqslant x\leqslant 2,\end{cases}$ $\Phi(x)$在$(0,2)$内连续、可导.

10. $y=x$；2.

B

1. (1) $\dfrac{1}{2\sqrt{x}}\cos x+\dfrac{1}{x^2}\cos\dfrac{1}{x^2}$； (2) 0；

 (3) $-\sin a^2$； (4) $\sin b^2$；

 (5) $2x\displaystyle\int_{2x}^{0}\cos t^2\mathrm{d}t-2x^2\cos(4x^2)$.

2. (1) -1； (2) 0.

3. (1) 4； (2) $\dfrac{5}{6}$.

4. $F(x)=\begin{cases}\dfrac{1}{2}(1+x)^2, & -1\leqslant x<0,\\ 1-\dfrac{1}{2}(1-x)^2, & x\geqslant 0.\end{cases}$

5. (1) 连续区间$(-\infty,+\infty)$； (2) $f'(0)=0$.

7. α,γ,β.

习题 5.3

A

1. (1) $2(e^2+1)$； (2) π； (3) $\dfrac{4}{15}$； (4) $2\ln\dfrac{4}{3}$； (5) $4(\sqrt{2}-1)$； (6) $\dfrac{\pi}{8}-\dfrac{1}{4}\ln 2$；

 (7) $\ln 2$； (8) $\dfrac{\sqrt{3}}{2}+\dfrac{\pi}{3}$； (9) $\dfrac{\pi}{2}-1$； (10) $\dfrac{2}{7}$； (11) $2\left(1-\dfrac{\pi}{4}\right)$； (12) $\dfrac{1}{2}(1-\ln 2)$；

 (13) 4π； (14) $\dfrac{1}{2}\ln 3-\dfrac{\pi}{2\sqrt{3}}$； (15) $\dfrac{3}{5}(e^{\pi}-1)$；

 (16) $\begin{cases}\dfrac{m}{m+1}\cdot\dfrac{m-2}{m-1}\cdot\cdots\cdot\dfrac{3}{4}\cdot\dfrac{1}{2}\cdot\dfrac{\pi}{2}, & m\text{ 为大于 1 的奇数},\\ \dfrac{m}{m+1}\cdot\dfrac{m-2}{m-1}\cdot\cdots\cdot\dfrac{4}{5}\cdot\dfrac{2}{3}\cdot 1, & m\text{ 为正偶数}.\end{cases}$

2. (1) 0； (2) $\ln 3$； (3) $\dfrac{2}{3}\pi$； (4) $4\sqrt{2}$.

5. (1) $s_0=(1-e^{-1})^2$； (2) $s_1=s_0e^{-2}$； (3) $s_n=s_0e^{-2n}$； (4) $s=\frac{e-1}{e+1}$.

*6. (1) 0.718 8； (2) 0.693 8； (3) 0.693 1.

B

2. (1) $\frac{2}{3}a^3$； (2) $2\left(1-\frac{1}{e}\right)$； (3) $\frac{1}{3}\ln 2$； (4) $\frac{3\pi}{32}$；

(5) $(-1)^n\frac{2n}{2n+1}\frac{2n-2}{2n-1}\cdot\cdots\cdot\frac{4}{5}\cdot\frac{2}{3}\cdot 2$；

(6) $J_m=\begin{cases}\frac{m-1}{m}\cdot\frac{m-3}{m-2}\cdot\cdots\cdot\frac{3}{4}\cdot\frac{1}{2}\cdot\frac{\pi^2}{2}, & m\text{ 为正偶数},\\ \frac{m-1}{m}\cdot\frac{m-3}{m-2}\cdot\cdots\cdot\frac{4}{5}\cdot\frac{2}{3}\cdot\pi, & m\text{ 为大于 1 的奇数},\end{cases}$ $J_1=\pi$；

(7) $\frac{7}{3}-\frac{1}{e}$； (8) $2-\frac{4}{e}$.

3. 0.

4. π^2-2.

6. $(1+e^{-1})^{\frac{3}{2}}-1$.

习题 5.4

A

1. (1) $\frac{1}{a}$； (2) -1； (3) π； (4) $\frac{2}{3}\ln 2$； (5) $\frac{\pi}{2}-1$； (6) $\frac{\pi}{2}$.

2. $n!$.

3. (1) 收敛； (2) 收敛； (3) 发散； (4) 收敛.

4. (1) $\frac{1}{n}\Gamma\left(\frac{1}{n}\right)$； (2) $\frac{1}{n}\Gamma\left(\frac{m+1}{n}\right)$； (3) $\Gamma(p+1)$.

B

1. (1) $\frac{2}{3}-\frac{3\sqrt{3}}{8}$； (2) 1； (3) $\frac{1}{2}\ln 2$； (4) $\frac{1}{2}$；(5) $\ln 2$； (6) $\frac{\pi}{8}$；

(7) $\frac{\pi}{2}+\ln\left(1+\frac{\sqrt{3}}{2}\right)-\ln\frac{1}{2}$； (8) $\frac{\pi}{4}+\frac{1}{2}\ln 2$.

2. (1) 收敛； (2) 收敛.

3. 当 $k>1$ 时，收敛；当 $k\leqslant 1$ 时，发散.

6. $P(X<4)\approx 0.35, E(X)=5$.

习题 5.5

A

1. (1) $\frac{9}{2}$； (2) $\frac{e}{2}-1$； (3) $\frac{3}{2}-\ln 2$； (4) $2\left(1-\frac{1}{e}\right)$； (5) $3\pi a^2$； (6) πa^2.

2. $\frac{\pi}{6}+\frac{1-\sqrt{3}}{2}$.

3. (1) $\frac{\pi}{2}$; (2) $2\pi^2a^2b$; (3) $7\pi^2a^3$.

4. (1) $8a$; (2) $8a$; (3) 4.

*5. (1) $2\pi^2a^2b$; (2) $\frac{64}{3}\pi a^2$.

B

1. $\frac{19}{12};\frac{125}{48}$. 2. $4\sqrt{2}$. 3. $\frac{e}{2}$. 4. $a=-4,b=6,c=0$.

5. 2;9π. 6. 64π.

7. (1) $\frac{3}{8}\pi a^2$; (2) $\frac{32}{105}\pi a^3$; (3) $6a$.

习题 5.6

A

1. 17 640 J. 2. $\frac{27}{7}kc^{\frac{2}{3}}a^{\frac{7}{3}}$. 3. 1.646 4 N.

4. $F=\int_0^{l_1}\left(\int_0^{l_2}\frac{G\rho_1(x)\rho_2(y)}{(l_1-x+h+y)^2}dx\right)dy$, G 为引力常数. 5. $1-\frac{3}{e^2}$.

B

1. $(\sqrt{2}-1)$ cm. 2. 76 930 kJ. 3. $9.8R^2\left(\frac{2}{3}R+\frac{a}{2}\pi\right)$ kN.

4. $F_x=\frac{2Gm\rho}{R}\sin\frac{\varphi}{2}$;$F_y=0$(其中 G 为引力常数).

5. 12 m/s.

总习题五

1. (1) 0; (2) $\ln(1+\sqrt{2})$; (3) $\frac{1}{1+p}$; (4) -1; (5) $\cos b$; (6) $\frac{\pi}{6}$; (7) 4.

4. (1) $\frac{\pi^2}{16}$; (2) $\frac{\pi}{4}$; (3) $2(\sqrt{2}-1)$; (4) $\frac{\pi}{2}$; (5) $\frac{3}{16}\pi$; (6) $\frac{\pi}{2\sqrt{2}}$.

5. $\frac{3}{4}$. 6. $\frac{\pi}{4-\pi}$. 7. 在 $x\neq0$ 处连续. 8. $\frac{1}{3}$. 9. $(x+1)e^x-1$.

12. (1) 0 或 -1; (2) $a=b=2(e-1)$. 13. $a=3$. 14. $\frac{16}{(\pi+2\sqrt{2})^2}$m/s.

15. $\frac{4}{3}\pi r^4g$. 16. $f(x)=\frac{5}{2}(\ln x+1)$. 20. $W=91\ 500$ J.

21. (1) 上凸； (2) $y=x+1$； (3) $S=\frac{7}{3}$.

习题 6.1

A

1. (1) 一阶、线性； (2) 二阶、线性； (3) 一阶、非线性；
   (4) 二阶、非线性； (5) 一阶、非线性.
2. (1)、(2)、(3)中结论都成立.

B

2. $r_1=-3, r_2=2$.
3. $y=0$.
4. $yy'+2x=0$.
5. $\frac{\mathrm{d}M}{\mathrm{d}t}=-\lambda M, M(0)=M_0$.

习题 6.2

A

1. (1) $y=\mathrm{e}^{Cx}$； (2) $\tan x\tan y=C$；
   (3) $2^{-y}+2^{x}=C$； (4) $\ln\frac{y}{x}=Cx+1$；
   (5) $y^2=2x^2(\ln|x|+C)$； (6) $x^3-2y^3=Cx$；
   (7) $y=\mathrm{e}^{-x}(x+C)$； (8) $y=C\cos x-2\cos^2 x$；
   (9) $\frac{1}{y}=-\sin x+C\mathrm{e}^{x}$； (10) $y=-x+\tan(x+C)$.
2. (1) $\mathrm{e}^{y}=\frac{1}{2}(\mathrm{e}^{2x}+1)$； (2) $y^3=y^2-x^2$；
   (3) $y=\frac{\pi-1-\cos x}{x}$； (4) $y=\frac{1}{x}\mathrm{e}^{\mathrm{e}^{x-1}}$.
3. $y=Cx\left(方程\frac{\mathrm{d}x}{\mathrm{d}y}=\frac{x}{y}\right)$.
4. $y\arcsin x=x-\frac{1}{2}$.
5. $t=\frac{\ln 40}{0.4\ln 2}\approx 13\ \mathrm{min}\left(方程：\frac{\mathrm{d}T}{\mathrm{d}t}=-k(T-18)，其中\ k=0.2\ln 4\right)$.
6. $m=0.004\,8(t-100)^2, 0\leqslant t<100$.

B

1. (1) $\frac{y}{3+y}=C\mathrm{e}^{\frac{3}{2}x^2}$； (2) $y=C\cos x-3$；
   (3) $\tan\frac{x+y}{2}=x+C$； (4) $x+2y\mathrm{e}^{\frac{x}{y}}=C$；
   (5) $y=Cx+\frac{1}{2}x^3$； (6) $\frac{1}{y^2}=Cx^2+2x$.

2. $y=-2x-2+2e^{x}$. 3. $v=50\sqrt{29}\,\text{cm/s}$.

4. $y=\frac{1}{x^{3}}e^{-\frac{1}{x}}$（微分方程：$x^{2}y'=(1-3x)y$）. 5. $2x^{2}+y^{2}=C$（微分方程：$2x\mathrm{d}x+y\mathrm{d}y=0$）.

6. 1.05 km.

7. 微分方程 $m\frac{\mathrm{d}v}{\mathrm{d}t}=mg-CV$.（1）求解方程并注意 $v(0)=0$ 即得所证；（2）忽略空气阻力时，$v(t)=gt$ 与 m 无关，计入空气阻力时，$\frac{\mathrm{d}v}{\mathrm{d}m}=ge^{-\frac{ct}{m}}$.

习题 6.3

A

1.（1）$y=\frac{1}{6}x^{3}-\sin x+C_{1}x+C_{2}$；（2）$y=C_{1}\ln x+C_{2}$；

（3）$y=C_{1}e^{x}-\frac{1}{2}x^{2}-x+C_{2}$；（4）$y=-\ln|\cos(x+C_{1})|+C_{2}$.

2.（1）$y=\frac{1}{a^{3}}e^{ax}-\frac{e^{a}}{2a}x^{2}+\frac{e^{a}}{a^{2}}(a-1)x+\frac{e^{a}}{2a^{3}}(2a-a^{2}-2)$；

（2）$y=\left(\frac{1}{2}x+1\right)^{4}$.

B

1.（1）$y=x\arctan x-\frac{1}{2}\ln(1+x^{2})+C_{1}x+C_{2}$；

（2）$y=\frac{1}{C_{1}}\left(x-\frac{1}{C_{1}}\right)e^{C_{1}x+1}+C_{2}$；（3）$y=-\ln|1+x|$.

2. $y=\frac{x^{3}}{6}+\frac{x}{2}+1$.

3. $y=\ln\cos\left(\frac{\pi}{4}-x\right)+1+\frac{1}{2}\ln 2, x\in\left(-\frac{\pi}{4},\frac{3\pi}{4}\right)$ （微分方程：$-y''=1+(y')^{2}$）.

4.（1）$\psi(x)=-\frac{1}{x}, f(x)=\frac{3}{x^{3}}$；（2）$y=\frac{1}{x}+C_{1}x^{2}+C_{2}$.

习题 6.4

A

1. $y=2xe^{x^{2}}$.

2. $y=C_{1}x+C_{2}x^{2}+e^{x}$, $x^{2}y''-2xy'+2y=x^{2}e^{x}+2e^{x}-2xe^{x}$.

3.（1）$y=C_{1}e^{-x}+C_{2}e^{5x}$；（2）$y=e^{x}-e^{2x}$；

（3）$y=(C_{1}+C_{2}x)e^{2x}$；（4）$y=\sin 2x$；

（5）$y=C_{1}+C_{2}x+C_{3}e^{x}+C_{4}xe^{x}$.

4.（1）$y=C_{1}+C_{2}e^{-8x}+\frac{1}{2}x^{2}-\frac{1}{8}x$；（2）$y=C_{1}e^{-x}+C_{2}e^{3x}-\frac{e^{x}}{4}$；

(3) $y=\cos 2x-\frac{1}{3}\sin 2x+\frac{1}{3}\sin x$;　　(4) $y=C_1\cos 2x+C_2\sin 2x+\frac{x}{4}\sin 2x$.

*5. $y=C_1\cos x+C_2\sin x+x\sin x+\cos x\ \ln|\cos x|$.

6. $f(x)=\sin x-\cos x+e^x$;积分 $I=\frac{1+e^{\pi}}{1+\pi}$.

B

1. $y=C_1x+C_2e^x+x^2$.

2. $\alpha=-3,\beta=2,\gamma=-1,y=C_1e^x+C_2e^{2x}+xe^x$.

3. (1) $y=C_1e^x+C_2e^{-2x}$;　　(2) $y=\frac{4}{3}-\frac{1}{3}e^{4x},y=1$;

(3) $y=(C_1+C_2x)e^{-3x}$;　　(4) $y=e^{-2x}(C_1\cos x+C_2\sin x)$.

4. (1) $y=C_1e^{-x}+C_2e^{-4x}-\frac{x}{2}+\frac{11}{8}$;　　(2) $y=C_1e^{-x}+C_2e^{-2x}-\frac{1}{2}e^{-x}(\cos x+\sin x)$;

(3) $y=C_1e^{-x}+C_2e^{-2x}+xe^{-x}-\frac{3}{10}\cos x+\frac{1}{10}\sin x$;

(4) $y=\cos x+\frac{4}{3}\sin x-\frac{1}{6}\sin 2x$.

5. $\varphi(x)=\frac{1}{2}(\cos x+\sin x)+\frac{1}{2}e^x$.

7. 方程$\frac{d^2s}{dt^2}=k_1s-k_2\frac{ds}{dt},s(0)=0,s'(0)=v_0$,

$$s=\frac{v_0}{\sqrt{k_2^2+4k_1}}\left(e^{\frac{-k_2+\sqrt{k_2^2+4k_1}}{2}}-e^{\frac{-k_2-\sqrt{k_2^2+4k_1}}{2}}\right).$$

8. $y''-y=\sin x;y(x)=e^x-e^{-x}-\frac{1}{2}\sin x$.

*9. $y=C_1e^x+C_2e^{2x}+\ln(1+e^{-x})(e^{2x}+e^x)$.

习题 6.5

A

1. $y=7e^{x^4}$.

2. $\arctan\frac{y}{x}+\ln\sqrt{x^2+y^2}=\frac{\pi}{4}+\ln 2$　$\left(微分方程:y'=\frac{y-x}{y+x}\right)$.

3. $x(t)=0.36\sin\frac{10}{3}t$　$\left(微分方程:\frac{d^2x}{dt^2}+\frac{100}{9}x=0\right)$.

B

1. $Q(t)=-\frac{1}{250}e^{-10t}(6\cos 20t+3\sin 20t)+\frac{3}{125}$,　$I(t)=\frac{3}{5}e^{-10t}\sin 20t$.

2. (1) $v(t)=-\frac{mg}{k}\left(1-e^{-\frac{k}{m}t}\right)$　(微分方程:$my''=-mg-ky'$);

(2) $v(t)=-\sqrt{\frac{mg}{k}}\frac{1-\mathrm{e}^{-2\sqrt{\frac{kg}{m}}t}}{1+\mathrm{e}^{-2\sqrt{\frac{kg}{m}}t}}$ (微分方程:$my''=-mg+ky'^2$).y 表示时刻 t 时冰雹的高度.

3. $x=\left(4-\frac{t}{100\pi}\right)^2, v=25\pi\left(4-\frac{t}{100\pi}\right)^2$; $t=400\pi\,\mathrm{min}\approx 21$ h $\left(\frac{\mathrm{d}x}{\mathrm{d}t}=-\frac{\sqrt{x}}{50\pi}, x(0)=16\right)$.

总习题六

1. (1) 不正确; (2) 不正确;

(3) 是关于未知函数 $x(y)$ 的一阶线性方程;

(4) 不正确; (5) 不正确;

(6) 正确;可变为线性方程 $\frac{\mathrm{d}^2y}{\mathrm{d}t^2}+(p_1-1)\frac{\mathrm{d}y}{\mathrm{d}t}+by=f(\mathrm{e}^t)$.

2. (1) $y^2=C\left(\frac{x}{x+1}\right)^2-1$; (2) $y^{-2}=C\mathrm{e}^{x^2}+x^2+1$;

(3) $a=0$ 时 $y=\mathrm{e}^x+C_1x+C_2$, $a>0$ 时 $y=C_1\cos ax+C_2\sin ax+\frac{\mathrm{e}^x}{1+a^2}$;

(4) $y=\frac{1}{C_1}\mathrm{ch}(C_1x+C_2)$; (5) $y=C_1+C_2\mathrm{e}^x+C_3\mathrm{e}^{-2x}-\frac{x}{4}(x+1)$;

(6) $y=C_1\cos x+C_2\sin x+x+\frac{x}{2}\sin x$.

3. (1) $a=m^2, b=-2m, c=m^2$;

(2) $C(x)=-\frac{1}{2m}\left(x^2+\frac{x}{m}+\frac{1}{2m^2}+1\right)\mathrm{e}^{-2mx}$, $y=C_1\mathrm{e}^{mx}+C_2\left(x^2+\frac{x}{m}+\frac{1}{2m^2}+1\right)\mathrm{e}^{-mx}$.

4. $y=\mathrm{e}^x-\mathrm{e}^{-x}=2\mathrm{sh}\,x$. 5. $y=f(x)-1+C\mathrm{e}^{-f(x)}$.

6. (1) $P(t)=\frac{m}{k}+\left(P_0-\frac{m}{k}\right)\mathrm{e}^{kt}$; (2) $m<kP_0$; (3) $m=kP_0$; $m>kP_0$.

7. (1) $15\mathrm{e}^{-t/100}$ kg; (2) $15\mathrm{e}^{-0.2}\approx 12.3$ kg.

8. $T_1=\frac{2\pi}{\omega}, T_2=\frac{2\pi}{\sqrt{\omega^2-\mu^2}}\left(\mu=\frac{h}{2m}\right)$,阻尼系数 $h=4m\pi\sqrt{\frac{1}{T_1^2}-\frac{1}{T_2^2}}$.